PRODROME

DE

PALÉONTOLOGIE STRATIGRAPHIQUE

UNIVERSELLE

DES ANIMAUX MOLLUSQUES ET RAYONNÉS.

OUVRAGES DU MÊME AUTEUR.

———

Paléontologie française, description zoologique et géologique de tous les Animaux mollusques et rayonnés fossiles de France, comprenant leur application à la reconnaissance des couches ; avec des figures de toutes les espèces, lithographiées d'après nature par M. J. DELARUE.

Cours élémentaire de Paléontologie et de géologie stratigraphiques, faisant suite au Prodrome de Paléontologie stratigraphique universelle des Animaux mollusques et rayonnés. 3 vol. in-18, avec 628 figures dans le texte et 18 tableaux réunis en un atlas in-4°.
15 fr.

Paléontologie française (TERRAINS CRÉTACÉS). Les 186 livraisons publiées contiennent les Mollusques céphalopodes, gastéropodes, acéphales, brachiopodes et bryozoaires, formant 5 volumes de texte et 5 volumes de planches.

Paléontologie française (TERRAINS JURASSIQUES). Il a déjà paru 74 livraisons comprenant les Céphalopodes et les Gastéropodes.
Les prix, sont par livraison comprenant 4 planches in-8° et du texte correspondant : 1 fr. 25 c. pour Paris, 1 fr. 35 c. pour les départements.

Foraminifères fossiles du terrain tertiaire de Vienne (Autriche), découverts par Joseph de Hauer et décrits par Alcide d'Orbigny. Ouvrage publié sous les auspices de l'empereur d'Autriche. Paris, 1846. 1 vol. in-4, avec 21 planches litthographiées par Delarue.
25 fr.

Histoire naturelle générale et particulière des **Crinoïdes** vivants et fossiles, comprenant la description zoologique et géologique de ces animaux. Il a paru trois livraisons composées chacune de 6 planches, gravées par la Plante, et du texte correspondant. Prix de la livraison :
7 fr.

CORBEIL, typ. et stéréot. de CRÉTÉ.

PRODROME

DE

PALÉONTOLOGIE

STRATIGRAPHIQUE UNIVERSELLE

DES

ANIMAUX MOLLUSQUES & RAYONNÉS

FAISANT SUITE

AU COURS ÉLÉMENTAIRE DE PALÉONTOLOGIE

ET DE GÉOLOGIE STRATIGRAPHIQUES,

PAR

M. ALCIDE D'ORBIGNY

Docteur ès sciences,

Chevalier de l'ordre national de la Légion d'honneur, de l'ordre de Saint-Wladimir de Russie, de l'ordre de la Couronne-
de-Fer d'Autriche; officier de la Légion d'honneur Bolivienne; membre des Sociétés philomathique, de géologie,
de géographie et d'ethnologie de Paris; membre honoraire de la Société géologique de Londres; membre
des Académies et Sociétés savantes de Turin, de Madrid, de Moscou, de Philadelphie,
de Ratisbonne, de Montevideo, de Bordeaux, de Normandie, de la Rochelle,
de Saintes, de Blois, etc.

———

TROISIÈME VOLUME.

———

VICTOR MASSON,

Place de l'École-de-Médecine, 17. — Paris.

1852"

TERRAINS TERTIAIRES.

VINGT-SIXIÈME ÉTAGE : — FALUNIEN.

(**A.** — PARTIE INFÉRIEURE OU TONGRIEN.)

MOLLUSQUES GASTÉROPODES.

HELIX, Linné, 1758.
1. **Desmarestina,** Brong., Ann. du Mus., t. 15, p. 376, pl. 23, fig. 10. Deshayes, 1824, t. 2, p. 57, pl. 6, fig. 7, 8. Palaiseau.
2. **Ferrantii,** Deshayes, 1824, t. 2, p. 56, pl. 7, fig. 10. Oigny près Villers-Cotterets.
3. **Lemani,** Brong., Ann. du Mus., t. 15, p. 378, pl. 23, fig. 9. Deshayes, 1824, t. 2, p. 56, pl. 6, fig. 5, 6. Palaiseau, Damerie-Fay, près Orléans.
4. **Coquandiana,** Mathéron, 1843, Catalogue, p. 197, pl. 33, fig. 5, 6. Éguilles, près d'Aix (B.-du-Rhône).
5. **Aquensis,** Marcel de Serre, p. 98, pl. 1, fig. 18. Aix.
6. **galloprovincialis,** Mathéron, 1843, Catalogue, p. 198, pl. 33, fig. 7-9. France, Aix (B.-du-Rhône).
7. **Beaumonti,** Mathéron, 1843, Catalogue, p. 200, pl. 33, fig. 18, 19. Aix.
8. **Massiliensis,** Mathéron, 1843, Catalogue, p. 200, pl. 33, fig. 20. France, Marseille (B.-du-Rhône).
9. **torus,** Mathéron, 1843, Catalogue, p. 200, pl. 33, fig. 21. France, Marseille (B. du Rhône).
10. **subdepressa,** d'Orb., 1847. *H. depressa,* Gratteloup, 1838. Moll. terr., n° 6, pl. 1, fig. 7, 8 (non Montagu, 1803). France, Gaas (Landes).
11. **aspera,** Grat., 1838, Moll. terr., n° 7, pl. 1, fig. 9. Gaas.
12. **subtrochoides,** d'Orb., 1847. *H. trochoides,* Gratteloup, 1838, Moll. terr., n° 5, pl. 4, fig. 5 (non Gmel., 1789). Gaas, Lesbarr (Landes).
13. **subcontorta,** d'Orb., 1847. *Helix contorta,* Gratteloup, 1845, Conch. foss. hel., pl. 1, fig. 15, 16, 17 (non Donovan, 1799). Dax Gaas, Lesbarritz.

BULIMUS, Bruguière, 1791.

14. subcylindricus, Mathéron, 1843, Catalogue, p. 206, pl. 34, fig. 6, 7. France, Aix (B.-du-Rhône).

15. Aquensis, Mathéron, 1843, Catalogue, p. 207, pl. 34, fig. 8, 9. France, Aix (B.-du-Rhône).

16. galloprovincialis, Mathéron, 1843, Catalogue, p. 207, pl. 34, fig. 10. France, Peyrolles (B.-du-Rhône).

17. Christolianus, Mathéron, 1843, Catalogue, p. 207, pl. 34, fig. 11, 12. France, Peyrolles (B.-du-Rhône).

18. Matheronianus, d'Orb.,1847. *Cyclostoma aquensis*, Mathéron, 1843, Catalogue, p. 210, pl. 35, fig. 14, 15 (non *Bul. aquensis*, Mathéron). C'est un *Bulimus* et non un *Cyclostoma*. France, Aix (Bouches-du-Rhône).

19. crassilabrum, d'Orb.,1847. *Cyclostoma, idem*, Mathéron, 1843, Catalogue, p. 211, pl. 35, fig. 18, 21. Ce n'est pas un *Cyclostoma*. France, Vaucluse.

AURICULA, Lamarck, 1796.

20. subjudæ, d'Orb., 1847. *Auricula Judæ*, Gratteloup, 1847, Aur., pl. 1, n° 11, fig. 1 (non Lamarck). Dax, Gaas, Lesbarritz (Landes).

LYMNEA, Lamarck, 1801.

* **21. cornea,** Brong., Ann. du Mus., t. 15, p. 373, pl. 22, fig. 12. Desh., 1824, t. 2, p. 94, pl. 11, fig. 13, 14. Milon, Palaiseau, Saint-Prix, Montmorency, Serans.

* **22. cylindrica,** Brard, Journ. de Physiq., 1811, pl. 2, fig. 6, 7. Deshayes, 1824, p. 98, pl. 10, fig. 18, 19. Saint-Prix, Jouy, Montmélian.

* **23. inflata,** Brong., Ann. du Mus., t. 15, pl. 22, fig. 18. Desh., 1824, t. 2, p. 98, pl. 11, fig. 17, 18. Saint-Prix, Milon, Montmorency, Sanois.

* **24. fabula,** Brong., Ann. du Mus., t. 15, p. 374, pl. 22, fig. 16. Desh., 1824, t. 2, p. 374, pl. 22, fig. 16. Jouy, Saint-Prix, Montmorency, Serans, Mont-Javoult. Belgique, Kleyn-Spauwen.

25. obtusa, Brard, Ann. du Mus., t. 15, pl. 24, fig. 3, 4. Deshayes, 1824, t. 2, p. 96, pl. 10, fig. 16, 17. Saint-Prix, Montmorency.

* **26. symetrica,** Brard, Ann. du Mus., t. 15, pl. 27, fig. 9, 10. Desh., 1824, t. 2, p. 97, pl. 11, fig. 19. Jouy, Milon, Mont-Javoult (Oise).

PLANORBIS, Guettard, 1756.

* **27. cornu,** Brong., Ann. du Mus., t. 15, p. 371, pl. 22, fig. 6. Desh., 1824, t. 2, p. 83, pl. 9, fig. 5, 6. Saint-Prix, Palaiseau, Milon, la Villette, Serans.

* **28. rotundatus,** Brong., Ann. du Mus., t. 15, p. 370, pl. 22, fig. 4. Desh., 1824, t. 2, p. 83, pl. 9, fig. 7, 8. Saint-Prix, Palaiseau, Milon, Triel, Forêt de Fontainebleau, la Villette, canal Saint-Martin, Plailly (Oise).

29. Massiliensis, Mathéron, 1843, Catal., p. 213, pl. 35, fig. 30, 31. Marseille (B.-du-Rhône).

* **29'. depressus,** Nyst., 1843, Belgiq., p. 471, pl. 38, fig. 19. Kleyn-Spauwen, Looz.

ANCYLUS, Geoffroy.

30. depressus, Deshayes, 1824, t. 2, p. 101, pl. 10, fig. 13. Jouy.

CYCLOSTOMA, Lamarck, 1801.

'31. elegans-antiquum, Brong. *C. elegans*, Desh.,1824, Paris, t. 2, p. 75, pl. 7, fig. 415 (non Draparneau). Étampes (Seine-et-Oise), Aix (B.-du-Rhône).

32. plicata, d'Archiac. Bulletin sc. géol., 1845, p. 336. France, Saint-Christophe-en-Halatte (Oise).

33. Coquandii, Mathéron, 1843, Catalogue, p. 211, pl. 35, fig. 16, 17. France, Aix (B.-du-Rhône).

34. Draparnaudii, Mathéron, 1843, p. 211, pl. 35, fig. 22, 23. Aix.

35. cancellata, Grateloup, 1845, Conc. foss. cyclost., pl. 1, fig. 30. Dax, Saint-Jean de Marsac, Saubrigues.

PALUDESTRINA, d'Orb., 1839. Voy. t. 2, p. 300.

'36. pygmæa, d'Orb., 1847. *Paludina pygmæa*. Deshayes, 1824, t. 2, p. 130, pl. 15, fig. 9, 10. Montmorency, Palaiseau, Serans (Oise).

'37. terebra, d'Orb., 1847. *Paludina terebra*, Deshayes, 1824, t. 2, p. 131, pl. 16, fig. 5. Fontenay-sur-Bois près Vincennes, Quincy près Meaux.

'37'. Draparnaudii, d'Orb., 1847. *Paludina Draparnaudii*, Nyst., 1843, Belgique, p. 405, pl. 37, fig. 12. Kleyn-Spauwen, Vieux-Jonc Looz, Hosselt, Lethen, Nurpen, Heenis, Heerderen.

'37". pupa, d'Orb., 1847. *Paludina pupa*, Nyst., 1843, Belgique, p. 405, pl. 37, fig. 13. Kleyn-Spauwen, Looz, Nurpen, Vieux-Jonc, Hoesselt, Heerderen.

PALUDINA, Lamarck, 1822.

'38. semicarinata, Brard, 3ᵉ mém., Jour. de Physiq., juin 1811, fig. 4, 5. Desh., 1824, t. 2, p. 127, pl. 15, fig. 11, 12. Beaurain, Crissay, Pontchartrain, Septeuil.

39. Gratteloupi, d'Orb., 1847. *Globulus*, Grateloup, 1845, Conch. foss. pal., pl. 1, fig. 43, 44 (non Deshayes, 1828). Dax, Gaas.

MELANOPSIS, Ferussac, 1807.

40. gibbosula, Grateloup, 1845, Conch. foss. melan., pl. 1, fig. 59. Dax, Quillac.

41. nereis, d'Orb., 1847. *Costata*, Grateloup, 1845, Conch. foss. melan., pl. 1, fig. 61 (non Lamarck, Olivier. Voy. pl. 31, fig. 3). Dax, Saint-Geours, Abesse.

42. laurœa, Mathéron, 1847, Catalogue, p. 219, pl. 36, fig. 23, 24. Vaucluse.

RISSOA, Freminville, 1814.

'43. nerina, d'Orb., 1847. *R. nitida*. Grateloup, 1847, Conch. foss. Riss., pl. 1, (n° 4), fig. 63, 64, 65, 66 (non Defrance, 1827). *Rissoa polita*, Desm. Dax, Gaas, au Tartas.

'44. Montagui, Payradeau, Grateloup, 1847, Riss., pl. 1 (n° 4), fig. 57, 58. Dax, Gaas.

'45. Aquensis, Grateloup, 1847, Riss., pl. 1, n° 4, fig. 44, 45, 46. Dax, Saubrigues.

'45'. plicata, Dehayes, 1838. *Turbo plicatus*. Desh., Paris, pl. 34, fig. 12-14. *Rissoa Michaudii*, Nyst., 1843, Belgique, p. 417, pl. 37, fig. 18. Parc de Versailles, Jeur, près d'Étampes ; Kleyn-Spauwen, Vieux-Jonc, Looz, Lethen, Heerderen.

45 a. **Duboisii,** Nyst., 1843, Belg., p. 418, pl. 37, fig. 19. Kleyn-Spauwen.

45 b. **succincta,** Nyst., 1843, Belgique, p. 419, pl. 38, fig. 13. Kleyn-Spauwen.

*45 c. **Chastellii,** d'Orb., 1847. *Paludina Chastellii,* Nyst., 1843, Belgique, p. 403, pl. 38, fig. 10. *Paludina cuspidata,* Nyst. 1836. Kleyn-Spauwen, Hœsselt, Neerepen, Vieux-Jonc, Vliermael, Tongres, Heerderen, Looz, Galgenberghe près Kielce.

RISSOINA, d'Orb., 1839. Voy. t. 1, p. 183.

*46. **elegans,** d'Orb., 1847. *Rissoa elegans,* Gratteloup, 1847, Conch. foss. Riss., pl. 1, n° 4, fig. 42, 43. Dax, Saubrigues.

*46'. **Nystii,** d'Orb., 1847. *Melania Nystii,* Duch., Nyst., 1843, Belgique, p. 411, pl. 38, fig. 11. Kleyn-Spauwen, Looz, le Vieux-Jonc, Heenis, Hœsselt, Neerepen, Heerderen, Rickhoven, Limbourg.

SCALARIA, Lamarck, 1801. Voy. t. 2, p. 2.

*47. **clandestina,** Gratteloup, 1845, Scal., pl. 1, fig. 5 (non Sow., 1845). Dax, Saint-Jean-de-Marsac.

47'. costulata, Nyst., 1843, Belgique, p. 392, pl. 38, fig. 6. Kleyn-Spauwen.

TURRITELLA, Lamarck, 1801. Voy. t. 2, p. 67.

*48. **submarginalis,** d'Orb., 1847. *T. marginalis,* Gratteloup, 1845, Conch. foss. turr., pl. 1, fig. 11 (non Brocchi, 1814). Dax, Saubrigues.

49. Gratteloupi, d'Orb., 1847. *T. incisa,* Gratteloup, 1845, pl. 1, fig. 12 (non Brongniart, 1823). Dax, Saint-Jean-de-Marsac.

*50. **Calliopæ,** d'Orb., 1847. *T. multisulcata,* Gratteloup, 1845, pl. 1, fig. 13 (non Lamarck, 1804). Dax, Saint-Jean-de-Marsac.

51. punctulata, Gratteloup, 1845, pl. 1, fig. 14. Dax, Saint-Jean-de-Marsac.

52. subimbricata, d'Orb., 1847. *T. imbricata,* Gratteloup, 1845, pl. 2, fig. 10-12 (non Lam.). Dax, Gaas, Lesbarritz.

*53. **strangulata,** Gratteloup, 1845, pl. 2, fig. 13. *T. gigantea?* Bonelli. Dax, Gaas, Lesbarritz.

*54. **subreplicata,** d'Orb., 1847. *T. replicata,* Gratteloup, 1845, pl. 2, fig. 4 (non Brocchi). Dax, Gaas.

55. Cytherea, d'Orb., 1847. *T. asperula,* Grattel., 1845, pl. 2, fig. 15 (non Brongniart, 1823). Dax, Gaas.

56. cingulata, Gratteloup, 1845, pl. 1, fig. 7. Dax, Saint-Jean-de-Marsac.

57. subsuturalis, d'Orb., 1847. *T. suturalis,* Gratteloup, Tabl., n° 235. *T. terebralis,* Gratt., pl. 1, fig. 3 (exclus. fig. 1, 2, non Phillips, 1836). Gaas.

58. quinquesulcata, d'Orb., 1847. *T. vermicularis,* Gratteloup, 1845, pl. 1, fig. 8 (exclus. fig. 4). Gaas.

59. sublamellosa, Gratteloup, 1845, pl. 1, fig. 15. Dax, Gaas, Lesbarritz.

60. subcancellata, d'Orb., 1847. *T. cancellata,* Gratteloup, 1845, pl. 1, fig. 16 (non Risso). Dax, Saint-Paul, Abesse.

*61. **Thetis,** d'Orb., 1847. *T. Archimedis,* Gratteloup, 1845, pl. 1, fig. 17, 18 (non Brongniart, 1823). Les côtes sont plus grosses. Dax, Saint-Jean-de-Marsac, Saubrigues.

62. subacutangula, d'Orb., 1847. *T. acutangulata*, Gratteloup, 1845, pl. 1, fig. 19 (non Brocchi, 1814). Dax, Saint-Jean-de-Marsac, Saubrigues.

63. simplex, Gratteloup, Tab. *T. varicosa*, Gratteloup, 1845, pl. 2, fig. 7, 8 (non Brocchi, 1814). Dax, Saubrigues.

64. Desmarestina, Bast., pl. 4, fig. 4. Gratteloup, 1845, pl. 2, fig. 9-11. Dax, Gaas; Piémont, Turin.

64'. crenulata, Nyst., 1843, Belg., p. 399, pl. 37, fig. 6. Hœsselt, le Bolderberg, Boom, Vliermael, Grimittingen.

64''. planispira, Nyst., 1843, Belgique, p. 401, pl. 38, fig. 9. Hœsselt, le Bolderberg et Boom, Vliermael, Lethen, Grimittingen.

CHEMNITZIA, d'Orb., 1839. Voy. t. 1, p. 172.

65. semi-decussata, d'Orb., 1847. *Melania semi-decussata*. Lamk., Desh., 1824, 2, p. 106, pl. 12, fig. 11, 12. *Melania corrugata*, Lamk., Anim. s. vert., t. 7, p. 545, n° 6. Pontchartrain, le parc de Versailles, Chavançon, Aumont, Jeur (Seine-et-Oise).

66. Grattcloupi, d'Orb., 1847. *Melania costellata*, Gratteloup, 1847, Conch. foss. melan., pl. 1, n° 4, fig. 1 (non Lamarck, 1804 ; non var. *romana*, Brongniart, 1823). Dax, Gaas, au Tartas.

TURBONILLA, Risso, 1825.

67. miliaris, d'Orb., 1847. *Auricula miliaris*, Desh., 1824, 2, p. 69, pl. 8, fig. 8, 9. Le parc de Versailles, à la ménagerie.

68. terebralis, d'Orb., 1847. *Acteon terebralis*, Gratteloup, 1847, Conch. foss. Acteon, pl. 1, n° 11, fig. 67, 68. Dax, Saint-Jean-de-Marsac.

69. tornatella, d'Orb., 1847. *Acteon tornatella*, Gratteloup, 1847, pl. 1, n° 11, fig. 53, 54, 55, 56, 57, 58. Dax, Gaas.

70. nitidula, d'Orb., 1847. *Acteon nitidula*, Gratteloup, 1847, pl. 1, n° 11, fig. 59, 60. Dax, Gaas, Bordeaux.

70'. Aonis, d'Orb., 1848. *Auricula acicula*, Nyst., 1843, pl. 87, fig. 25 (non Lam.). Belgique, Kleyn-Spauwen.

70''. Nystii, d'Orb., 1848. *Auricula spina*, Nyst., 1843, pl. 87, fig. 26 (non Desh.). Belg., Kleyn-Spauwen.

71. intermedia, d'Orb., 1847. *Acteon intermedia*, Gratteloup, 1847, pl. 1, n° 11, fig. 71, 72. Dax, Saubrigues.

71'. cancellata, d'Orb., 1847. *Pyramidella cancellata*, Nyst, 1843, Belg., p. 430, pl. 38, fig. 14. Kleyn-Spauwen, Hœsselt, le Bolderberg et Boom, Looz, Vieux-Jonc, Neereepen, Lethen, Heerderen, Henis.

PYRAMIDELLA, Lamarck, 1796. Voy. t. 2, p. 191.

72. striatella, Gratteloup, 1847, Conch. foss. Pyr., pl. 1, n° 11, fig. 82, 83. Dax, Gaas.

ACTEON, Montfort, 1810. Voy. t. 1, p. 263.

73. cancellatus, d'Orb., 1847. *Tornatella cancellata*, Gratteloup, 1847, Torn., pl. 1, n° 11, fig. 30, 31. France, Dax, Cazordite.

74. alligatus, d'Orb., 1847. *Tornatella alligata*, Deshayes, 1824, 2, p. 188, pl. 23, fig. 3, 4. A la ménagerie dans le parc de Versailles.

74'. Nystii, d'Orb., 1848. *Tornatella Nystii*, Duchâtel. *Tornatella* *simulata*, Nyst., 1843, Belgique, pl. 37, fig. 21 (non Sow.). Kleyn-Spauwen, Boom.

RINGICULA, Deshayes, 1838.

***75. subventricosa,** d'Orb., 1847. *Ringicula ventricosa*, Gratteloup, 1847, Conch. foss. auricules, pl. 1, nᵒ 11, fig. 10 (non Sow., 1824). France, Dax, Gaas.

***76. Gratteloupi,** d'Orb., 1847. *Ringicula ringens*, Gratteloup, 1847, pl. 1, nᵒ 11, fig. 6, 7 (non Lamarck, 1804). Dax, Saubrigues, Saint-Jean-de-Marsac.

NATICA, Adanson, 1757. Voy. t. 1, p. 29.

***77. crassatina,** Deshayes, 1824, 2, p. 171, pl. 20, fig. 1, 2. Gratteloup, 1847, Conch. foss. nat., pl. 1, fig. 3. *Ampullaria crassatina*, Lam. *Natica maxima*, Gratteloup, pl. 1, fig. 1, 2. Pontchartrain, le parc de Versailles, Jeur, Dax, Larrat, Lesplaces, Gaas, Lesperon (Landes); Allem., Alzey.

***78. Delbosii,** Hébert, *Natica ponderosa*, Gratteloup, 1845, pl. 2, fig. 2, 3, 5, 6 (non Deshayes, 1828, pl. 17). Dax, Gaas, au Tartas, Lesperon.

***79. ferruginea,** Gratteloup, 1845, pl. 2, fig. 4, pl. 1, fig. 4. Dax, Gaas, au Tartas, Lesperon.

***80. gibberosa,** Gratteloup, 1845, pl. 4, fig. 1-4. Dax, Gaas, Lesbarritz.

81. auriculata, Gratteloup, 1845, pl. 4, fig. 5-8. Dax, Saint-Paul, Vielle.

***82. subpatula,** d'Orb., 1847. *N. patula*, Gratteloup, 1845, pl. 4, fig. 9 (non Desh., 1828, pl. 21, fig. 3, 4). Dax, Gaas, Lesbarritz.

83. angustata, Gratteloup, 1845, pl. 3, fig. 1-5. Dax, Gaas.

84. parvula, Gratteloup, 1845, pl. 3, fig. 6. Dax, Gaas.

85. subdepressa, Gratteloup, 1845, Conch. foss. nat., pl. 3, fig. 7, 8. Dax, Saint-Paul, Vielle, Abesse, Gaas.

***86. compressa,** d'Orb., 1847. *Ampullaria compressa*, Bast., nᵒ 1, pl. 4, fig. 17. *N. globosa*, Gratteloup, 1845, pl. 3, fig. 9, 10, 11, 12, 13, 14. Dax, Saint-Paul, Quillac, Vielle, Abesse, Mainot; Piémont, Turin.

***87. semisphaerica,** d'Orb., 1847. *N. cepacea*, Gratteloup, 1845, pl. 3, fig. 15, 16 (non Desh., 1828, pl. 22). Dax, Gaas, Lesbarritz, St-Paul, Mainot.

88. eburnoides, Gratteloup, 1845, pl. 3, fig. 17, 18. Dax, Saint-Paul, environs de Bordeaux.

***89. sublabellata,** d'Orb., 1847. *N. labellata*, Gratteloup, 1845, pl. 5, fig. 20, 21 (non Deshayes, 1828, pl. 20, fig. 3, 4). Dax, Saubrigues, Saint-Jean-de-Marsac.

89'. submutabilis, d'Orb., 1848. *Ampullaria mutabilis*, Nyst., 1843, pl. 37, fig. 14 (non Brander). Belgique, Vliermael.

***89". Nystii,** d'Orb., 1848. *N. glaucinoides*, Nyst., 1843, p. 442, pl. 37, fig. 32 (non Sow.). Belg., Kleyn-Spauwen, etc.

***89'". subhautoniensis,** d'Orb., 1848. *N. Hautoniensis*, Nyst., 1843, p. 407, pl. 39, fig. 2 (non Sow.). Belg., Kleyn-Spauwen.

DESHAYESIA, Raulin, 1844.

***90. Parisiensis,** Raulin, 1844, Magasin de zoologie, pl. 3. France, Morigny, près d'Étampes.

91. neritoides, d'Orb., 1847. *Naticella neritoides*, Gratteloup, 1845, Conch. foss. nat., pl. 5, fig. 27, 28. *Natica neritoides*, Gratt., Bull. Soc. de Bordeaux, 2, p. 8, nº 7. Dax, Gaas, Lesbarritz.

SIGARETUS, Adanson, 1757.

'**92. sublævigatus,** d'Orb., 1847. *Sigaretus lævigatus*, Gratteloup, 1847, Suppl., pl. 3, nº 48, fig. 22 (non Deshayes, 1828). Dax, Gaas, Lesbarritz.

NERITA, Linné, 1758. Voy. t. 1, p. 214.

'**93. Duchasteli,** d'Orb., 1847. *Neritina Duchasteli*, Deshayes, 1824, 2, p. 154, pl. 17, fig. 23, 24 (non Gratteloup). Parc de Versailles, à la ménagerie.

'**94. Aquensis,** d'Orb., 1847. *Neritina id.*, Mathéron, 1843, Catal., p. 227, pl. 38, fig. 6-8. Aix (Bouches-du-Rhône).

'**94'. pseudo-concava,** d'Orb., 1848. *N. concava*, Nyst., 1843, Belgique, pl. 37, fig. 30 (non Sow., 1823). Kleyn-Spauwen.

PHORUS, Montfort, 1810.

'**95. Deshayesi,** Michelotti. *T. Benetiæ*, Brongniart, Vicentin, pl. 6, fig. 3 (non Sow.). *Trochus conchyliophorus*, Gratteloup, 1845, Conch. foss. troch., pl. 1, fig. 1 (exclus. fig. 2-4, non Born). France, Dax, Saubrigues (Landes); Piémont, Turin.

'**96. Gratteloupi,** d'Orb., 1847. *Trochus conchyliophorus*, Grattel., 1845, Conch. troch., pl. 1, fig. 2 (exclus. fig. 1, 3, 4). France, Dax, Saubrigues.

96'. subextensus, d'Orb., 1848. *Trochus extensus*, Nyst., pl. 36, fig. 9 (non Sowerby). Boom.

TROCHUS, Linné, 1758. Voy. t. 1, p. 64.

97. cyclostoma, Desh., 1824, 2, p. 237, pl. 29, fig. 9, 10, 14. Longjumeau (Seine-et-Oise).

98. bicarinatus, Lamck., Desh., 1824, 2, p. 243, pl. 40, fig. 17, 18. Longjumeau.

'**99. subincrassatus,** d'Orb., 1847. *T. incrassatus*, Desh., 1824, 2, p. 239, pl. 30, fig. 1-5 (non Chemnitz, 1781). Parc de Versailles, Montmorency.

'**100. submonilifer,** d'Orb., 1847. *T. monilifer*, Gratteloup, 1845, Conch. foss. troch., pl. 1, fig. 9 (non Lam., 1804). Dax, Gaas, Lesbarritz.

'**101. Noe,** d'Orb., 1847. *T. Boscianus*, Gratteloup, 1845, pl. 1, fig. 10, 11 (non Brongniart, 1823). Dax, Gaas, au Tartas.

'**102. Labarum,** Basterot, Bord., pl. 1, fig. 23. Gratteloup, 1845, pl. 1, fig. 12. Dax, Gaas, au Tartas.

103. subcingulatus, d'Orb., 1847. *T. cingulatus*, Grattel., 1845, pl. 1, fig. 14 (non Brocchi, 1814). Dax, Gaas.

104. labiosus, Gratteloup, 1845, pl. 1, fig. 5, 6 (exclus. syn.). Dax, Saubrigues.

105. Dargelasii, Gratteloup, 1845, pl. 1, fig. 20, 21. Dax, Gaas, Lesbarritz.

'**106. Bucklandi,** Bast., 1825, Bord., pl. 1, fig. 21. Grattel., 1845, pl. 1, fig. 17. Dax, Gaas, Lesbarritz.

107. Napoleonis, d'Orb., 1847. *M. Napoleonis*, Gratteloup, 1845, Mon., pl. 1, fig. 5. Dax, Saubrigues.

108. Moulinsii, d'Orb., 1847. *Monodonta Moulinsii,* Gratteloup, 1845, pl. 1, fig. 2. Dax, Gaas.

109. elegantissimus, d'Orb., 1847. *T. elegans,* Gratteloup, 1845, pl. 1, fig. 15 (non Gmelin, 1789). Dax, Gaas, Lesbarritz.

?110. subexcavatus, d'Orb., 1847. *T. excavatus,* Brongniart, 1823, Vicentin, p. 57, pl. 6, fig. 10 (non Lamarck, 1822). Mayence.

110'. subcalliferus, d'Orb., 1849. *T. calliferus,* Nyst. (non Deshayes). Kleyn-Spauwen.

SOLARIUM, Lamarck, 1801.

111. Gratteloupi, d'Orb., 1847. *S. pseudo-perspectivum,* Grattel., 1845, Cadram., pl. 1, fig. 30-32 (non Brocchi, 1814). Dax, Saubrigues, Bordeaux.

111'. Dumontii, Nyst., 1843, Belg., p. 369, pl. 36, fig. 6. Hœsselt, le Bolderberg et Boom, Lethen, Grimittingen (Limbourg).

TURBO, Linné, 1758. Voy. t. 1, p. 5.

***112. Anthonii,** Grattel., 1845, Conch. foss. Turbo, pl. 1, fig. 20. Dax, Gaas.

113. sublævigatus, d'Orb., 1847. *T. lævigatus,* Gratteloup, 1845, pl. 1, fig. 21 (non Deshayes, 1824). Dax, Gaas.

***114. Gratteloupi,** d'Orb., 1847. *Turbo Asmodei,* Gratteloup, 1845, pl. 1, fig. 22, 23 (non Brongniart, 1823). Dax, Cazordite.

115. Perrissii, d'Orb., 1847. *Delphinula Perrissii,* Grattel., 1845, pl. 1, fig. 13 a, 13 b. Caneux.

***116. Parkinsoni,** Bast., 1825, Bord., pl. 1, fig. 1. Grattel., 1845, pl. 1, fig. 14, 15, 16, 17. Dax, Gaas, Bordeaux.

117. Meleagris, Gratteloup, 1845, pl. 1, fig. 18. Dax, Gaas.

118. variabilis, Gratteloup, 1845, pl. 1, fig. 6, 7, 8, 10. Dax, Cazordite.

119. multicarinatus, Gratteloup, 1845, Turb., pl. 1, fig. 9. Dax, Lesbarritz.

***121. subscobinus,** d'Orb., 1847. *Delphinula scobina,* Gratteloup, 1845, Conch. foss. Dauph., pl. 1, fig. 19 (non Brongniart, 1823). Dax, Cazordite, Launeille; Piémont, Turin?

122. pyramidatus, d'Orb., 1847. *Delphinula pyramidata,* Gratt., 1845, Conch. foss. Dauph., pl. 1, fig. 15. Dax, Gaas.

***123. subsulcatus,** d'Orb., 1847. *Delph. sulcata,* Gratteloup, 1845, Dauph., pl. 1, fig. 16 (non Lam., 1804; non *sulciferus,* Desh., 1828). Dax, Gaas.

DELPHINULA, Lamarck, 1804. Voy. t. 1, p. 191.

124. Hellica, d'Orb., 1847. *Delph. marginata,* Gratteloup, 1845, Conch. foss. Dauph., pl. 1, fig. 19-21 (non Lam., 1804). Dax, Gaas.

CYPRÆA, Linné, 1740.

125. rugosa, Gratteloup, 1845, Conch. foss. Cypræa, pl. 2, fig. 7 (exclus. syn.). Dax, Gaas, Lesbarritz.

126. subphysis, d'Orb., 1847. *C. physis,* Brocchi, pl. 2, fig. 3. Gratteloup, 1845, pl. 2, fig. 8. Dax, Gaas, Lesbarritz.

***127. splendens,** Gratteloup, 1845, pl. 2, fig. 9-14. Dax, Gaas, au Tartas.

128. Michaudiana, Gratteloup, 1847, Suppl., pl. 2, n° 47, fig. 4 a, b. Dax, Saubrigues.

129. Prevostina, Grattel., 1847, Suppl., pl. 2, nᵒ 47, fig. 6 a, b. Dax, Gaas, Lesbarritz.

130. subcolumbaria, d'Orb., 1847. *C. columbaria,* Gratteloup, 1845, pl. 1, fig. 17, pl. 2, fig. 5 (non Lamarck). Dax, Gaas, Lesbarritz.

131. ovulina, Gratteloup, pl. 2, fig. 1 a, b (exclus. syn.). Dax, Gaas, Lesbarritz.

***132. pseudo-annulus,** d'Orb., 1847. *C. annulus,* Gratteloup, 1845, pl. 2, fig. 3; Suppl., pl. 2, fig. 10, 11 (non Brocchi). Dax, Saubrigues.

133. flavicula, Lam., Gratteloup, 1845, pl. 2, fig. 21. Dax, Gaas.

MARGINELLA, Lamarck, 1801.

***134. splendens,** Gratteloup, 1845, Conch. foss. Margin., pl. 1, fig. 36, 37. France, Dax, Gaas.

***135. subeburnea,** d'Orb., 1847. *M. eburnea,* Gratteloup, 1845, pl. 1, fig. 38, 39, 40 (non Lamarck). Dax, Gaas, Cazordite.

OLIVA, Lamarck, 1801.

***136. pseudo-clavula,** d'Orb., 1847. *O. clavula,* Gratteloup, 1845, Conch. oliv., pl. 1, fig. 27 (exclus. fig. 25, 26, et syn.). Saubrigues.

***137. Noe,** d'Orb., 1847. *O. flammulata,* Gratteloup, 1845, pl. 1, fig. 32 (exclus. syn., non Lamarck). Dax, Garrey, Clermont.

ANCYLLARIA, Lamarck, 1801.

***138. subinflata,** d'Orb., 1847. *A. inflata,* Gratteloup, 1845, pl. 1, fig. 4, 5 (exclus. fig. 13, 14). Saubrigues.

***139. subglandiformis,** d'Orb., 1847. *A. glandiformis,* Gratteloup, 1845, Anc., pl. 1, fig. 6, 7, 8, 9, 10, 11, 12, 15, 16, 17, 18 (non Lam., 1822). Dax, Saint-Paul, Saubrigues, Saint-Jean-de-Marsac.

TEREBELLUM, Lamarck, 1801.

140. subconvolutum, d'Orb., 1847. *T. convolutum,* Gratteloup, 1845, Conch. foss. tereb., pl. 1, fig. 1 (non Lamarck, 1804; elle est plus étroite). Dax, Gaas, Lesbarritz, Lesperon.

141. subfusiformis, d'Orb., 1847. *Terebellum fusiformis,* Gratt., 1845, pl. 1, fig. 2, 3 (non Deshayes, 1828). Dax, Gaas, Lesbarritz, Lesperon.

VOLUTA, Linné, 1758.

142. picturata, Gratteloup, 1845, Conch. foss. voluta, pl. 2, fig. 5, 6, 7, 8, 9, 10, 11; Suppl., pl. 1, fig. 24. Dax, Saubrigues, Saint-Jean-de-Marsac.

143. subcostaria, d'Orb., 1847. *V. costaria,* Gratteloup, 1845, pl. 2, fig. 12 (non Lamarck, 1804). Dax, Gaas, Lesbarritz.

144. subharpula, d'Orb., 1847. *V. harpula,* Gratteloup, 1845, pl. 2, fig. 13, 14, 17 (non Lamarck, 1804; elle est bien plus large). Dax, Gaas, Lesbarritz.

145. subcytharella, d'Orb., 1847. *V. cytharella,* Gratteloup, 1845, pl. 2, fig. 15, 16 (non Brongniart, 1823; elle est plus courte). Dax, Gaas, Lesbarritz.

146. submitræformis, d'Orb., 1847. *V. mitræformis,* Gratteloup, 1845, pl. 2, fig. 18, 19, 21, 22 (non Lamarck, 1822). Dax, Gaas, Lesbarritz.

147. leporis, d'Orb., 1847. *V. auris-leporis,* Gratteloup, 1845, pl. 2, fig. 20 (non Brocchi). Dax, Saubrigues.

148. subelegans, d'Orb., 1847. *V. elegans*, Gratteloup, 1845, pl. 1, fig. 2-5 (non Gmelin, 1789). Dax, Saint-Paul, Vielle.

***149. ficulina,** Lamarck, 1822, Ann. du Mus., 1, p. 479. Grattel., 1845, pl. 1, fig. 4, 6, 10, 11. Dax, Saubrigues, Saint-Paul, Lavar.

***150. subambigua,** d'Orb., 1847. *V. ambigua*, Gratteloup, 1845, pl. 1, fig. 14, 15 (non Lam., 1804). Dax, Gaas, Lesbarritz.

***151. subaffinis,** d'Orb., 1847. *Voluta affinis*, Brongniart? pl. 2, fig. 6? Gratteloup, 1845, pl. 1, fig. 16, 20, 17. Dax, Saubrigues, St-Jean-de-Marsac.

152. Tarbelliana, Gratteloup, 1845. pl. 2, fig. 1, 2. Dax, Saubrigues, Saint-Jean de Marsac.

153. subcostata, d'Orb., 1847. *V. costata*, Gratteloup, 1847. Suppl. pl. 1, (n° 46), fig. 14, a, b (non Sowerby). Dax, Saubrigues.

153'. suturalis, Nyst., 1843, Belgique, p. 592, pl. 45, fig. 6. Klein-Spauwen ; Hoesselt, le Bolderberg et Boom, Lethen, Vliermael; France, Jeur (Seine-et-Oise).

***153''. cingulata,** Nyst., 1843, p. 593, pl. 45, fig. 7. Hoesselt, le Bolderberg, Boom, Vliermael, Lethen.

153'''. semiplicata, Nyst., 1843, Belgique, p. 593, pl. 44, fig. 10. Hoesselt, le Bolderberg, Boom.

153''''. semi-granosa, Nyst., 1843. Belgiq., p. 594, pl. 44, fig. 11. Hoesselt, le Bolderberg, Boom, Lethen.

***153 a. Rathieri,** Hebert, 1849. *V. depressa*, Nyst., 1844. Id., p. 588, pl. 45, fig. 5 (non Desh., 1824). Klein-Spauwen, Lembourg, Jeur (Seine-et-Oise).

MITRA, Lamarck, 1801. Voy. t. 2, p. 154.

154. eburnea, Gratteloup, 1845, Conch. foss. Mitr., pl. 1, fig. 26, 28. Dax, Cazordite.

155. laevissima, Gratteloup, 1845, pl. 1, fig. 27. Dax, Gaas, Lesbarritz.

156. Aquensis, d'Orb., 1847. *M. pyramidella*, Gratteloup, 1845, pl. 1, fig. 12, 13 (non Brocchi, 1814; elle en diffère par les stries de ses tours). Dax, Saubrigues, Saint-Jean-de-Marsac.

157. substriatula, d'Orb., 1847. *M. striatula*, Gratteloup, 1845, pl. 1, fig. 14 (non Lamarck, 1804). Dax, Saubrigues.

***158. submutica,** d'Orb., 1847. *M. mutica*, Gratteloup, 1845, pl. 1, fig. 22 (non Lamk., 1804). Dax, Cazordite.

159. subventricosa, d'Orb., 1847. *M. ventricosa*, Gratteloup, 1847, Suppl., pl. 1, n° 46, fig. 16 (non Risso, 1826). Dax, Saubrigues.

CANCELLARIA, Lamark, 1801.

***160. Gratteloupi,** d'Orb., 1847. *C. acutangula,* Var. B. D. Gratt., 1845, Conch. foss. cancell., pl. 1, fig. 2, 4 (exclus. fig. 1, 3, 20). Saubrigues (Landes).

161. subsuturalis, d'Orb., 1847. *C. suturalis*, 1836. Gratteloup, 1845, pl. 1, fig. 11, 12 (non Sow.). Dax, Saubrigues.

*?**162. Dufourii,** Gratteloup, 1832, 1845, pl. 1, fig. 26, 29. *C. Bronnii.* Bellardi, 1841, Canc., pl. 4, fig. 11, 12 ? Dax, Saint-Jean-de-Marsac, Saubrigues. Piémont, Turin.

***163. spinifera,** Gratteloup, 1845, pl. 1, fig. 15. Dax, Saubrigues.

164. Laurensii, 1832, Gratteloup, 1845, pl. 1, fig. 24. Dax, Saubrigues.

165. stromboides, Gratteloup, 1845, pl. 1, fig. 6. Dax, St.-Jean-de-Marsac, Saubrigues.

'165'. Pseudo-evulsa, d'Orb., 1847. *V. evulsa*, Nyst., Belgique, pl. 39, fig. 13 (non Sow.). Belgique, Boom, Lethen.

165''. elongata, Nyst., 1843, Belgique, p. 476, pl. 38, fig. 21. Hoesselt, le Bolderberg et Boom, Vliermael, Lethen.

165'''. planispira, Nyst., 1843, Belgique, p. 481, pl. 38, fig. 22. Bolderberg.

'165 a. granulata, Nyst., 1843, Coq. Belg., p. 479, pl. 39, fig. 14. Klein-Spauwen.

CONUS, Linné, 1758.

'166. clavatulus, d'Orb., 1847. *Conus clavatus*, Gratteloup, 1845. Conch. foss. canc., pl. 2, fig. 4 (exclus. fig. 1, non Lam). Saubrigues.

167. maculosus, Gratteloup, 1845, pl. 2, fig. 17 ; pl. 3, fig. 4-6. Dax, Saubrigues, Orthez.

'168. Gratteloupi, d'Orb., 1847. *C. deperditus*, Gratteloup, 1845, pl. 2, fig. 18, 19 (non Brug., 1789). Dax, Gaas, Cabanes.

'169. subfigulinus, d'Orb., 1847. *C. figulinus*, Gratteloup, 1845, pl. 2, fig. 11 (non Lamarck). Dax, Orthez, Soustons.

'170. Belus, d'Orb., 1847. *C. pyrula*, Gratteloup, 1845, pl. 2, fig. 12, 13 (non Brocchi, 1814). Dax, Saubrigues.

171. Bathis, d'Orb., 1847. *C. betulinoides*, Gratteloup, 1845, pl. 3, fig. 20 (non Lamarck). Dax, Saubrigues.

'172. Baldus, d'Orb., 1847. *C. Noe*, Gratteloup, 1845, pl. 1, fig. 10 (non Brocchi). Dax, Saubrigues.

'173. avellana, Lam.? Gratteloup, 1845, pl. 2, fig. 5. Dax, Saubrigues.

'174. Aquensis, d'Orb., 1847. *C. antediluvianus*, Gratteloup, 1845, pl. 2, fig. 2, 6 (non Brug., 1789). Dax, Saubrigues, Saint-Jean-de-Marsac.

175. Tarbellianus, Gratteloup, 1845, Conch. foss. con., pl. 1, fig. 2, 5, 8 ; pl. 3, fig. 23. Dax, Saubrigues, Castelmon.

STROMBUS, Linné, 1758. Voy. t. 2, p. 132.

176. fasciolarioides, Gratteloup, 1845, Conch. foss. Stromb., pl. 2, fig. 2. Dax, Gaas, Lesbarritz.

177. sublatissimus, d'Orb., 1847. *S. latissimus*, Gratteloup, 1847, Suppl., pl. 1, n° 46, fig. 5 (non Linné, 1767). Dax, Gaas, Lesbarritz.

178. fusoides, Gratteloup, 1845, pl. 1, fig. 17. Dax, Gaas, Lesbarritz.

179. conoideus, Gratteloup, 1845, pl. 2, fig. 5. Dax, Gaas, Lesbarritz.

180. auricularius, Gratteloup, 1847, pl. 1, n° 46. Supp., fig. 1. Dax, Gaas, Lesbarritz.

CHENOPUS, Philippi, 1837.

180'. crassus, d'Orb., 1847. *Rostellaria crassa*, Van-Reneden, 1835. *R. Margerini*, de Koninck, 1837. *Chenopus Sowerbyi*, Nyst., 1844, pl. 44, fig. 4 (non Sow.). Belgique, Klein-Spauwen.

PLEUROTOMA, Lamarck, 1801.

*181. glaberrima, Gratteloup, 1847, Conch. foss. Pleurotomes,
pl. 2, n° 20, fig. 6. France, Dax, Saubrigues, Saint-Jean-de-Marsac
(Landes).

182. Aquensis, Gratteloup, 1847, pl. 2, n° 20, fig. 14 et 14 *bis*,
pl. 3, fig. 7. Dax, Saubrigues, Saint-Jean-de-Marsac.

183. Laurensii, Gratteloup, 1847, pl. 1, n° 19, fig. 3. Dax, Saubrigues.

*184. Cytherœ, d'Orb., 1847. *P. Moulinsii*, Gratteloup, 1847, pl. 2,
n° 20, fig. 15 ; pl. 3, fig. 14 (non Bellardi). Dax, Saubrigues.

184'. Selysii, de Koninck, p. 25, n° 25, pl. 1, fig. 4. Nyst., 1843,
Belgique, p. 515, pl. 40, fig. 11. Boom.

185. aciculina, Gratteloup, 1847, pl. 2, n° 20, fig. 53, 54, 55. Dax,
Saint-Jean-de-Marsac.

*186. Partschii, Gratteloup, 1847, pl. 2, n° 20, fig. 56, 72. Dax.

187. Meyracina, Gratteloup, 1847, pl. 3, n° 21, fig. 16. Dax, Saubrigues.

*188. obeliscus, Desmoulins, Revinc. du Pleur., n° 59. *P. multi-
noda*, Gratteloup, 1847, pl. 2, n° 20, fig. 19, 20, 21 (non Lam.). Dax,
Saint-Jean-de-Marsac, Saubrigues.

*188'. ᶠsubturbida, d'Orb., 1847. *P. turbidus*, Nyst., Belgiq., 1843,
pl. 40, fig. 31. *P. colon*, Nyst., 1836. Lethen.

189. Gratteloupii, Desmoulins, Gratteloup, 1847, pl. 3, n° 21, fig.
24; pl. 2, fig. 42, 44. Dax, Gaas, Lesbarritz.

*190. subturris, d'Orb., 1847. *P. turris*, Gratteloup, 1847, pl. 3,
n° 21, fig. 13 ; pl. 1, fig. 18 (non Lam.). Dax, Saubrigues.

191. gibberula, Gratteloup, 1847, pl. 3, n° 21, fig. 29. Dax, Saubrigues, Lesbarritz.

192. Broderipii, Gratteloup, 1847, pl. 2, n° 20, fig. 74. Dax, Saubrigues.

*193. plicatula, Gratteloup, 1847, pl. 2, n° 20, fig. 31. Dax, Sau-
brigues.

*194. subfilosa. *P. filosa*, Gratteloup, 1847, pl. 2, n° 20, fig. 45
(non Lam., 1804). Dax, Gaas, Lesbarritz.

*195. emarginata, d'Orb., 1847. *P. marginata*, Gratteloup, 1847,
pl. 2, n° 20, fig. 46 (non Lam., 1804. Elle manque de la bordure inférieure). Dax, Gaas, Lesbarritz.

195'. Morreni, De Kon., Nyst., 1843 ,Belgiq., p. 510, pl. 40, fig. 6.
Hoesselt, le Bolderberg et Boom.

195". crenata, Nyst., 1843, Belgique, p. 511, pl. 40, fig. 7. Hoesselt,
le Bolderberg, Boom, Baescle, Klein-Spauwen.

*195 a. subconoides, d'Orb., 1847. *P. conoides*, Nyst., 1843, Belg.,
p. 515, pl. 40, fig. 10 (non *Murex conoides*, Brander, 1766, pl. 1, fig.
17). Hoesselt, le Bolderberg et Boom, Lethen, Vliermael.

*195 b. Belgica, Munster, Nyst., 1843, Belg., p. 524, pl. 41, fig. 6.
Goldfuss, p. 20, pl. 181, fig. 2. Klein-Spauwen, Hoesselt, le Bolderberg et Boom.

*195 c. costellaria, Duch., Nyst., 1843, Belgiq., p. 529, pl. 41, fig.
7. France, Jeurre. Klein-Spauwen, Heerderen et Looz.

195 d. subacuminata, d'Orb., 1847. *P. acuminata*, Nyst., 1843,
p. 519, pl. 42, fig. 1 (non Sow., 1826). *P. multicostata*, de Koninck,

1837 (non Deshayes). Belgique, Hoesselt, le Bolderberg et Boom, Baescle, Klein-Spauwen.

195 e. Bosquetii, Nyst., 1843, Belgiq., p. 514, pl. 40, fig. 9. Hoesselt, le Bolderberg et Boom, Vliermael.

195 f. Dumontii, Nyst., 1843, Belgiq., p. 527, pl. 42, fig. 4. Hoesselt, le Bolderberg et Boom, Grimittingen.

195 g. Nystii, d'Orb., 1847. *P. semi–colon*, Nyst., 1843, Coq. tert. de Belgiq., p. 527 (non Sow., 1816). Hoesselt, le Bolderberg et Boom, Vliermael.

195 h. Koninckii, Nyst., 1843, p. 517, pl. 41, fig. 3. Belgique, Hoesselt, le Bolderberg et Boom, Baescle, Lethen.

195 i. Nisus, d'Orb., 1847. *P. Deluci*, Nyst., 1843, p. 532, pl. 41, fig. 10 (non Defrance). Belgique, Hoesselt, le Bolderberg et Boom, Vliermael.

***195 j. acuticosta,** Nyst., 1843, Belgique, p. 529, pl. 42, fig. 5. Hoesselt, le Bolderberg et Boom, Grimittingen, dans le Limbourg ?

195 k. Waterkenii, Nyst., 1843, Belgique, p. 518, pl. 41, fig. 4. *P. striatula*, de Koninck, 1837, pl. 1, fig. 6 (non Desjardin, 1836). Hoesselt, le Bolderberg et Boom, Klein-Spauwen.

195 l. Stoffelsii, Nyst., 1843, p. 521, pl. 44, fig. 1. Belgique, Bolderberg.

195 m. exorta, Nyst., 1835. *P. rostrata*, Nyst., 1843. Belgique, pl. 42, fig. 2 (non *murex rostratus*, Brander, pl. 11, fig. 34). *P. regularis*, de Koninck, 1837, pl. 3, fig. 7. Belgique, Beascle, Boom, Schella.

FUSUS, Bruguière, 1791. Voy. vol. 1, p. 303.

196. pagodula, Gratteloup, 1847, Conch. foss. Fusus, pl. 3, nº 24, fig. 5. France, Dax, Gaas, Lesbarritz (Landes).

197. sublongævus, d'Orb., *F. longævus*, Gratteloup, 1847, pl. 3, nº 24, fig. 6 (non Lamarck, 1804). Dax, Gaas, Lesbarritz, Bordeaux ?

198. stromboides, Gratteloup, 1847, pl. 3, nº 24, fig. 7. Dax, Gaas, Lesbarritz.

199. Serresii, Gratteloup, 1847, pl. 3, nº 24, fig. 42. Dax, Gaas, Lesbarritz.

200. decurrens, Gratteloup, 1847, pl. 3, nº 24, fig. 42, 44. Dax, Gaas, Lesbarritz.

201. subintortus,, d'Orb., 1847. *F. intortus*, Gratteloup, 1847, pl. 3, nº 24, fig. 12 (non Lamarck, 1804). Dax, Gaas, Lesbarritz.

202. subminax, d'Orb., 1847. *Pyrula minax*, Gratteloup, 1845, Pyrules, pl. 1, fig. 4–9 (non *Fusus minax*, Lam., Desh.). Dax, Gaas, Lesbarritz.

203. Tarbellianus, d'Orb., 1847. *Pyrula Tarbelliana*, Gratteloup, 1845, Pyr., pl. 2, fig. 1, 7. Dax, Gaas, Lesbarritz.

204. subsimplex, d'Orb., 1847. *F. simplex*, Gratteloup, 1847, Fusus, pl. 3, nº 24, fig. 20 (non Deshayes, 1824). Dax, Gaas, Lesbarritz.

***204'. subelongatus,** d'Orb., 1847. *F. elongatus*, Nyst., 1843, Belgique, p. 493, pl. 38, fig. 25 (non Bronn, 1847). Jeurre. Belgique, Hoesselt, le Bolderberg et Boom, Baescle, Lethen, Rupelmonde.

204". erraticus, de Koninck, Nyst., 1843, Belgiq., p. 496, pl.

40, fig. 2. Hoesselt, le Bolderberg et Boom, Baescle, Rupelmonde.

204'''. Deshayesii, de Koninck, Nyst., 1843, Belgique, p. 502, pl. 40, fig. 3. Hoesselt, le Bolderberg et Boom, Baescle, Rupelmonde.

204 a. Koninckii, Nyst., 1843, p. 503, pl. 40, fig. 4. Belgique, Hoesselt, le Bolderberg et Boom, Baescle.

204 b. subscalariformis, d'Orb., 1847. *P. scalariformis,* Nyst., 1843, Belgique, p. 504, pl. 40, fig. 5 (non Gould, 1841). Hoesselt, le Bolderberg et Boom, Lethen.

204 c. multisulcatus, Nyst., 1843, p. 494, pl. 40, fig. 1. Klein-Spauwen, Hoesselt, le Bolderberg et Boom, Baescle, Schelle, Rupelmonde, dans le Limbourg.

204 d. cuniculosus, d'Orb., 1847. *Murex cuniculosus,* Duchatel, Nyst., 1826, 1843, p. 551, pl. 43, fig. 4 (exclus. Syn.). Jeurre, Klein-Spauwen, Hoesselt, le Bolderberg et Boom, Lethen, Anvers, Boom, Rupelmonde.

205. Thorei, Gratteloup, 1847, Suppl., pl. 1, n° 46, fig. 17. Dax, Gaas, Lesbarritz.

PYRULA, Lamk., 1801.

'205'. Nystii, d'Orb., 1847. *P. nexilis,* Nyst., 1843, pl. 39, fig. 26 (non Lam., 1803). Belgique, Vliermael.

206. subelegans, d'Orb., 1847. *P. elegans,* Gratteloup, 1845, Pyr., pl. 2, fig. 13, 14 (non Lam., 1804). Dax, Gaas, Lesbarritz.

207. longicauda, d'Orb., 1847. *P. cancellata,* Gratteloup, 1845, Pyr., pl. 3, fig. 8-11 (non Lamarck). Dax, Gaas, Lesbarritz.

FASCIOLARIA, Lamarck, 1801.

208. aculeata, Gratteloup, 1847, Conch. foss. fasciolaires, pl. 1, n° 22, fig. 2. Dax, Gaas.

209. clavata, Gratteloup, 1847, pl. 2, n° 23, fig. 15. Dax, Gaas, Lesbarritz.

210. polygonata, Gratteloup, 1847, pl. 1, n° 22, fig. 18; pl. 2, fig. 12. Dax, Gaas.

211. pyrulina, Gratteloup, 1847, pl. 1, n° 22, fig. 15. Dax, Gaas.

212. subcarinata, Gratteloup, 1847, pl. 2, n° 23, fig. 13. Dax, Gaas.

213. tuberosa, Gratteloup, 1847, pl. 1, n° 22, fig. 12. Dax, Gaas.

'214. Gratteloupi, d'Orb., 1847. *F. uniplicata,* Gratteloup, 1847, pl. 1, n° 22, fig. 4 (non Lam., 1804). Dax, Gaas, Lesbarritz, Bordeaux.

214'. pyruliformis, d'Orb., 1847. *Turbinella pyruliformis,* Nyst., 1843, Belgiq., p. 486, pl. 38, fig. 24. Hoesselt, le Bolderberg et Boom, Vliermael.

TURBINELLA, Lamarck, 1801.

'215. elegans, Gratteloup, 1847, Conch. foss. Turbinelles, pl. 1, n° 22, fig. 19. France, Gaas.

216. buccinoides, Gratteloup, 1847, pl. 1, n° 22, fig. 20. Dax, Gaas, Lesbarritz.

'217. cancellata, Gratteloup, 1847, pl. 1, n° 22, fig. 17. Dax, Gaas, Lesbarritz.

218. muricina, Gratteloup, 1847, pl. 3, n° 24, fig. 18. Dax, Gaas, Lesbarritz.

219. subpugillaris, d'Orb., 1847. *Turbinella pugillaris,* Gratteloup, 1847, pl. 1, n° 22, fig. 3 (non Lamarck). Dax, Gaas, Lesbarritz.

MUREX, Linné, 1758.

220. subtricarinatus, d'Orb., 1847. *M. tricarinatus,* Gratteloup, 1847, Conch. foss. Murex, pl. 3, n° 31, fig. 21 (non Lam., 1804). Dax, Gaas, Lesbarritz.

221. trifrons, Gratteloup, 1847, pl. 3, n° 31, fig. 9. Dax, Gaas.

222. subquadrifrons, d'Orb., 1847. *M. quadrifrons,* Gratteloup, 1847, pl. 3, n° 31, fig. 10 (non Lam., 1822.) Dax, Gaas, Lesbarritz.

223. ornatus, Gratteloup, 1847, pl. 3, n° 31, fig. 11. Dax, Gaas, Lesbarritz.

224. Lamarckii, Gratteloup, 1847, pl. 2, n° 30, fig. 27, 36. Dax, Gaas, Lesbarritz.

224'. subtricarinoides, d'Orb., 1850. *M. tricarinoides,* Hebert, 1849 (non Desh., 1824). *M. tricarinatus,* Nyst., 1843, pl. 42, fig. 12 (non Lam.). Belgique, Lethen, Vliermael.

224". Pauwelsii, de Kon., Nyst., 1843, Belgiq., p. 543, pl. 42, fig. 11. De Kon., 1837, Descript. coq. foss. de Belg., p. 40, n° 10, pl. 11, fig. 1. Hoesselt, le Bolderberg et Boom, Baescle et Rupelmonde.

224 a. subfusiformis, d'Orb., 1847. *M. fusiformis,* Nyst., 1843, Belgiq., p. 546, pl. 42, fig. 13 (non Gmel., 1789). Hoesselt, le Bolderberg et Boom, Vliermael.

224 b. dentatus, Van Beneden, 1835, Bull. de zool., Guérin, p. 148. *M. Deshayesii,* Nyst., 1843, Belgiq., p. 543, pl. 41, fig. 13. (Le premier nom imprimé est celui de *dentatus,* le second est un nom de collection qui ne peut prévaloir.) Klein-Spauwen, Hoesselt, le Bolderberg et Boom, Baescle, Rupelmonde, Vliermael, Grimittingen, Lethen.

TIPHIS, Montfort, 1810.

225. tripterus, d'Orb., 1847. *Murex tripterus,* Gratteloup, 1847, Conch. foss. Murex, pl. 2, n° 30, fig. 22. Dax, Gaas, Lesbarritz.

225'. Nystii, d'Orb., 1849. *Murex tubifer,* Nyst., Belgique (non Brug.). Klein-Spauwen.

TRITON, Montfort, 1810.

226. crassum, Gratteloup, 1847, Conch. foss. Tritons, pl. 1, n° 29, fig. 20. Dax, Gaas, Lesbarritz.

227. Hisingeri, Gratteloup, 1847, pl. 2, n° 30, fig. 25. Dax, Gaas, Lesbarritz.

227'. gracilis, Van Beneden, 1835. *T. flandricum,* de Konninck, 1837. *T. argutum,* Nyst., 1843, pl. 42, fig. 14 (non Sow., 1822). Le Bolderberg, Lethen, etc.

CERITHIUM, Adanson, 1757.

228. trochleare, Lamk., Ann. du Mus., t. 3, p. 349, n° 31, Anim. s. vert., t. 7, p. 83, n° 31. Desh., 1824, 2, p. 388, pl. 55, fig. 10, 11. Pontchartrain, la Ménagerie, dans le parc de Versailles, Jeur (Seine-et-Oise).

229. plicatum, Lamk., Ann. du Mus., t. 3, p. 345, n° 18, Anim.

s. vert., t. 7, p. 81, n° 18. Desh., 1824, 2, p. 389, pl. 55, fig. 5-9.
Goldf., pl. 174, fig. 15. *C. Galeotti*, Nyst. Pontchartrain, la Ména-
gerie, Montmorency, Jeur, forêt de Hallette (Oise), Dax; Allemagne,
Alzey, près de Mayence.

230. **conjunctum,** Desh., 1824, 2, p. 387, pl. 75, fig. 1-3. Le parc
de Versailles, à la Ménagerie, Jeur près d'Étampes.

231. **Boblayi,** Desh., 1824, 2, p. 423, pl. 61, fig. 1-4. Montmorency, la Ménagerie, parc de Versailles, Jeur près d'Étampes.

232. **sublima,** d'Orb., 1847. *C. lima*, Desh., 1824, 2, p. 362,
pl. 54, fig. 13-15 (non Linné). *C. variculosum*, Nyst., pl. 42, fig. 9.
Montmorency, le parc de Versailles, à la Ménagerie, Jeur près d'É-
tampes; Klein-Spauwen.

233. **dentatum,** Defr., Desh., 1824, 2, p. 363, pl. 54, fig. 22-24.
Montmorency, le parc de Versailles, à la Ménagerie, Jeur près d'É-
tampes; Allemagne, Alzey.

234. **Lamarckii,** Desh., 1824, 2, p. 410, pl. 59, fig. 27, 28. Montmorency, Meulière, Serans, la Croix-St-Ouen (Oise).

235. **elegans,** Desh., 1824, 2, p. 337, pl. 51, fig. 10-12. *C. margaritaceum*, Nyst., Belgique. Le parc de Versailles, à la Ménagerie; Klein-
Spauwen.

236. **conoidale,** Lamk., Ann. du Mus., t. 3, p. 350, n° 35, Anim.
s. vert., t. 7, p. 84, n. 35. Desh., 1824, 2, p. 425, pl. 61, fig. 5-8. Le
parc de Versailles, à la Ménagerie, Pontchartrain.

237. **Coquandianum,** Mathéron, 1843, Catalog., p. 245, pl. 40,
fig. 5. France, Aix (Bouches-du-Rhône).

238. **concisum,** Mathéron, 1843, Catalog., p. 245, pl. 40, fig. 6.
Venelles (Bouches-du-Rhône).

239. **Palinurus,** d'Orb., 1847. *C. provinciale*, Mathéron, 1843,
Catalogue, p. 246, pl. 40, fig. 7, 8 (non d'Orb., 1842). France, Venelles (Bouches-du-Rhône).

240. **Lauræ,** Mathéron, 1843, p. 246, pl. 40, fig. 9, 10. Aix.

241. **Ceres,** d'Orb., 1847. *C. lemniscatum*, Gratteloup, 1847, Conch.
foss. Cerithium, pl. 2, n° 18, fig. 21 (non Brongn., 1823). France,
Dax, Gaas.

242. **incertum,** Gratteloup, 1847, pl. 2, n° 18, fig. 25. Dax, Gaas,
Lesbarritz.

243. **subparvulum,** d'Orb., 1847. *C. parvulum*, Gratteloup, 1847,
pl. 2, n° 18, fig. 32 (non Koninck, 1847). Dax, Gaas.

244. **turellum,** Gratteloup, 1847, pl. 2, n° 18, fig. 30. Dax, Gaas.

245. **ocirrhoe,** d'Orb., 1847. *C. Koninckii*, Gratteloup, 1847, pl. 2,
n° 18, fig. 4, 5 (non d'Archiac, 1843). Dax, Gaas.

246. **nassoides,** Gratteloup, 1847, pl. 1, n° 17, fig. 20. Dax, Gaas,
Lesbarritz.

247. **subterebellum,** d'Orb., 1847. *C. terebellum*, Gratteloup,
1847, pl. 1, n° 17, fig. 24 (non Brocchi, 1814). Dax, Gaas.

248. **Orthesianum,** d'Orb., 1847. *C. spinosum*, var. A. Gratt.,
1847, pl. 1, fig. 1 (exclus. fig. 30. Non Deshayes). Orthez (Landes).

249. **Boryanum,** Gratteloup, 1847, pl. 2, n. 18, fig. 12. Dax, Gaas,
Lesbarritz.

*250. pseudo-spinosum, d'Orb., 1847. *C. spinosum*, Gratteloup, 1847, pl. 1, nᵒ 17, fig. 1, 30 (non Desh., 1824). Orthez.

251. subclathratum, d'Orb., 1847. *C. clathratum*, Gratteloup, 1847, pl. 1, nᵒ 17, fig. 14 (non Deshayes). Dax, Gaas.

252. submutabile, d'Orb., 1847. *C. mutabile*, Gratteloup, 1847, Cerith., pl. 1, nᵒ 17, fig. 18 (non Lam.). Dax, St-Paul, Blaye?

253. Testasii, Gratteloup, 1847, Suppl., pl. 3, nᵒ 48, fig. 3. Dax, Gaas, Testas.

254. subtrochleare, d'Orb., 1847. *C. trochleare*, Gratteloup, 1847, pl. 1, nᵒ 17, fig. 8, 26 (non Lamarck, 1804). Dax, Gaas, Cazordite.

255. impressum, Gratteloup, 1847, Cerith. suppl., pl. 3, nᵒ 48, fig. 5. Dax, Gaas, Lesbarritz.

*256. subconoideum, d'Orb., 1847. *Citherium conoideum*, Gratteloup, 1847, Suppl., pl. 3, nᵒ 48, fig. 6 (non Lamarck, 1804). Dax, Gaas, Lesbarritz.

257. Lesbarritziensis, Gratteloup, 1847, Suppl., pl. 3, nᵒ 48, fig. 9. Dax, Gaas, Lesbarritz.

*258. gibberosum, Gratteloup, 1847, pl. 2, n. 18, fig. 3, 26. Dax, Gaas, Bordeaux.

*259. Bellardi, Gratteloup, 1847, pl. 2, nᵒ 18, fig. 4. Dax, Gaas.

259'. Henckelii, Nyst., 1843, Belg., p. 540, pl. 41, fig. 12. Klein-Spauwen.

*259". subtricinctulum, d'Orb., 1849. *C. tricinctum*, Nyst. (non Brander). Klein-Spauwen.

COLUMBELLA, Lam., 1801.

260. turgidula, d'Orb., 1847. *Mitra turgidula*, Gratteloup, 1845, Colomb., pl. 1, fig. 23 (non Brocchi, 1814). France, Dax, Saubrigues; Turin.

BUCCINUM, Linné, 1758.

*260'. Gossardii, Nyst., 1843, Belgiq., p. 578, pl. 43, fig. 15. Klein-Spauwen, Hoesselt, le Bolderberg et Boom, Neerepen, Lethen.

*260". suturosum, Nyst., 1843, Belgiq., p. 579, pl. 43, fig. 16. Kleyn-Spauwen, Hoesselt, le Bolderberg et Boom, Grimittingen.

261. costellatum, Gratteloup, 1845, Buccin., pl. 1, fig. 42. Dax, Gaas, Lesbarritz.

TEREBRA, Lamarck, 1801.

*262. melaniana, Gratteloup, 1845, Conch. foss. Terebra, pl. 1, fig. 23. France, Dax, Abesse.

MORIO, Montfort, 1810. *Cassidaria*, Lam., 1811.

262'. Nystii, d'Orb., 1847. *Cassidaria Nystii*, Kickx, Nyst., Belgique, pl. 44, fig. 5. Klein-Spauwen, Boom.

262". subambiguus, d'Orb., 1847. *Cassidaria ambigua*, Nyst., 1843, pl. 43, fig. 3 (exclus. Syn. Non *Buccinum ambiguum*, Brander). Vliermael.

HARPA, Lamarck, 1801.

263. submutica, d'Orb., 1847. *H. mutica*, Gratteloup, 1847, Conch. foss. Harpa, suppl., pl. 1, nᵒ 46, fig. 21, 22 (non Lamarck, 1804). France, Dax, Gaas, Lesbarritz.

CASSIS, Bruguière, 1791.

264. elegans, Gratteloup, 1845, Conch. foss. Cassis, pl. 1, fig. 1. Dax, Gaas, Lesbarritz.

CAPULUS, Montfort, 1810. Voy. vol. 1, p. 31.

265. anciliformis, d'Orb., 1847. *Pileopsis anciliformis*, Gratteloup, 1845, Conch. foss. fissur., pl. 1, fig. 40, 41, 42, 43. France, Dax, Gaas.

INFUNDIBULUM, Montfort, 1810. Voy. vol. 2, p. 232.

*266. crassiusculum,** d'Orb., 1847. *Calyptræa crassiuscula*, Gratteloup, 1845, Conch. foss. calyptreis, pl. 1, fig. 64, 65. France, Dax, Soustons.

266'. striatellum, d'Orb., 1847, *Calyptræa striatella*, Nyst., 1843, Belgiq., p. 362, pl. 36, fig. 4. *Calyptræa lamellosa*, Nyst., 1836 (non Desh., 1824). France, Jeur; Klein-Spauwen, Hoesselt, le Bolderberg et Boom.

266". sublævigatum, d'Orb., 1847. *Calyptræa lævigata*, Nyst., pl. 35, fig. 12 (non Desh., 1824). Kleyn-Spauwen.

FISSURELLA, Bruguière, 1791.

267. intermedia, Gratteloup, 1845, Conch. foss. fissurelles, pl. 1, fig. 27, 28. France, Dax, Gaas (Landes).

*268. clypeata,** Gratteloup, 1845, pl. 1, fig. 23, 24, 25, 26. Dax, Gaas.

EMARGINULA, Lamarck, 1801. Voy. vol. 1, p. 197.

269. subclathrata, d'Orb., 1847. *E. clathrata*, Gratteloup, 1845, Conch. foss. Emarginules, pl. 1, fig. 11, 12, 13, 14 (non Deshayes, 1824). Dax, Gaas, Lesbarritz.

HELCION, Montfort, 1810. Voy. vol. 1, p. 9.

*270. subcostaria,** d'Orb., 1847. *Patella costaria*, Gratteloup, 1845, Conch. foss. patelles, pl. 1, fig. 6, 7 (non Deshayes, Paris). Dax, Gaas.

271. acuminata, d'Orb., 1847. *Patella acuminata*, Gratteloup, 1845, pl. 1, fig. 8, 9, 10. Dax, Gaas.

BULLA, Linné, 1758.

*272. minuta,** Desh., 1824, 2, p. 43, pl. 5, fig. 16, 17, 21. Parc de Versailles, à la Ménagerie.

273. plicatula, Gratteloup, 1847, Conch. foss. Bulla, pl. 1, n° 2, fig. 23, 24, 25. Dax, Gaas, Lesbarritz.

274. crassatina, Gratteloup, 1847, pl. 1, n° 2, fig. 26. Dax, Gaas, Lesbarritz.

*275. marginata,** Gratteloup, 1847, pl. 1, n° 2, fig. 27, 28. Dax, Gaas, Lesbarritz.

276. fallax, Gratteloup, 1847, pl. 1, n° 2, fig. 19, 20. Dax, Gaas, au Tartas.

*277. cancellata,** Gratteloup, 1847, pl. n° 2, fig. 21, 22. Dax, Gaas, Lesbarritz.

DENTALIUM, Linné, 1758. Voy. vol. 1, p. 73.

*277'. Nystii,** d'Orb., 1847. *D. grande*, Nyst., 1843, Belgique, pl. 35, fig. 1 (non Deshayes, 1825). Klein-Spauwen, Hoesselt, Lethen; Jeur.

MOLLUSQUES LAMELLIBRANCHES.

PANOPÆA, Menard, 1807. Voy. vol. 1, p. 164.

277". suboblata, d'Orb., 1847. *P. oblata*, Nyst., 1843, Belgique, p. 76 (non Sow.). Boom.

***277'". subintermedia,** d'Orb., 1849. *P. intermedia*, Nyst., pl. 1, fig. 10, p. 54 (non Desh). Belgique, Klein-Spauwen.

DONACILLA, Lamarck, 1801. Voy. p. 75.

?277 a. donaciformis, d'Orb., 1847. *Ligula donaciformis*, Nyst., 1843, Belgique, p. 92, pl. 4, fig. 9. Klein-Spauwen? Lethen? Heerderen?

TELLINA, Linné, 1758.

277 b. subrostralis, d'Orb., 1847. *T. rostralis*, Nyst., 1843, Belgique, p. 113, pl. 5, fig. 6 (non Lamarck, 1806). Lacken.

DONAX, Linné, 1758.

277 c. Stoffelsii, Nyst., 1843, p. 117, pl. 6, fig. 3. Belgique, Bolderberg près Hoesselt.

VENUS, Linné, 1758. Voy. t. 2, p. 15.

***277 d. Kickxii,** Nyst., 1843, Belgiq., p. 176, pl. 13, fig. 3. Klein-Spauwen, Vieux-Jonc.

***277 e. Nystii,** d'Orb., 1847. *V. meroe*, Nyst., 1843, Belgiq., p. 181, pl. 13, fig. 6. Kleyn-Spauwen, Hoesselt, le Bolderberg et Boom, Bolderberg, Vliermael; Westphalie, Bunde?

***277 f. sublævigata,** Nyst., 1843, p. 166, pl. 12, fig. 1. Klein-Spauwen, Hoesselt.

277 g. Westendorpii, Nyst., 1843, p. 183, pl. 18, fig. 8. Klein-Spauwen.

***278. incrassatoides,** Nyst., 1847. *Cytherea incrassata*, Desh., 1824, 1, p. 136, pl. 22, fig. 1, 2, 3 (non Sow., 1817). Klein-Spauwen; Pontchartrain, le parc de Versailles, Orsay, Jeur (Seine-et-Oise), Montmeillan (Oise).

278'. Bosquetii, Hebert, 1849. *V. sulcataria*, Nyst., 1843, Belgiq., pl. 11, fig. 5 (non Desh). Grimittingen, Hoesselt.

CYCLAS, Bruguière, 1791. Voy. vol. 2, p. 60.

279. Gargasensis, Mathéron, 1842, Catal., p. 147, pl. 14, fig. 6. Gargas (Vaucluse), Aix (Bouches-du-Rhône).

280. Aquensis, Mathéron, 1842, p. 148, pl. 14, fig. 8, 9. Aix.

281. Coquandiana, Mathéron, 1842, p. 147, pl. 14, fig. 7. Gargas (Vaucluse), Aix (Bouches-du-Rhône).

?282. subpisum, d'Orb., 1847. *C. pisum*, Mathéron, 1842, p. 148, pl. 14, fig. 10, 11 (non Desh., 1824). Martigues, la Chapelle-St-Julien.

?283. globosa, d'Orb., 1847. *Cyrena globosa*, Mathéron, 1842, p. 148, pl. 14, fig. 12, 13. France, Martigues (B.-du-Rhône), Cadière, le Beausset (Var).

?284. Ferussaci, d'Orb., 1847. *Cyrena Ferussaci*, Mathéron, 1842, p. 149, pl. 14, fig. 14, 15. Martigues (B.-du-Rhône).

***284'. semistriata,** d'Orb., 1847. *Cyrena semistriata*, Desh., 1830,

Nyst., Belgique, p. 143, pl. 7, fig. 3, 4. Belgique, Klein-Spauwen, Looz, Vliermael, Colmont, etc., forêt de Hallatte (Oise).

CORBULA, Bruguière, 1791. Voy. vol. 1, p. 275.

*284 a. **Henckeliusiana,** Nyst., 1843, Belgiq., p. 63, pl. 2, fig. 3. Klein-Spauwen, Hoesselt, le Bolderberg, Boom, Lethen, Vliermael, Looz, prov. de Limbourg ; France, Jeur.

*284 b. **triangula,** d'Orb., 1847. *Corbulomya triangula*, Nyst., 1843, Belgiq., p. 61, pl. 1, fig. 12. Kleyn-Spauwen, Hoesselt, Rickhoven, Heerderen, Neerepen ; Limbourg, Weinheim, duché de Bade.

*284 c. **subpisum,** d'Orb., 1849. *Corbula pisum*, Nyst. (non Sow.). Klein-Spauwen.

ASTARTE, Sow., 1818.

*284 d. **Kickxii,** Nyst., 1843, p. 157, pl. 10, fig. 3. Belgique, Hoesselt, le Bolderberg et Boom, Baesele, Schelle, Rupelmonde, Lethen ; Limbourg, Griffel, près Winterswick, dans la Gueldre.

284 e. **Bosquetii,** Nyst., 1843, p. 158, pl. 6, fig. 16. Belgique, Hoesselt, le Bolderberg et Boom, Vliermael.

*284 f. **Henckeliusiana,** Nyst., 1843, p. 154, pl. 9, fig. 4. *A. Basterotii*, Goldf., p. 194, pl. 135, fig. 1 (non la Jonkaire). Belgique, Lacken, Klein-Spauwen, Colmont, Hoesselt, Jette, env. de Bruxelles.

*284 g. **trigonella,** Nyst., 1843, p. 161, pl. 6, fig. 18. Belgique, Klein-Spauwen et Hoesselt.

CRASSATELLA, Lamarck, 1801. Voy. vol. 2, p. 77.

284 h. **intermedia,** Nyst., 1843, p. 85, pl. 4, fig. 2. Hoesselt, le Bolderberg et Boom, Vliermael.

CARDITA, Bruguière, 1791. Voy. t. 2, p. 77.

*284 i. **latisulca,** Nyst., 1843, p. 209, pl. 15, fig. 5. Belgique, Hoesselt, le Bolderberg et Boom.

284 j. **Kickxii,** Nyst., 1839, 1843, p. 210. *Venericardia deltoidea*, Nyst., 1835 (non Sow.). *Venericardia orbicularis*, Kouinck, 1837 (non Sow.). Belgique, Boom, Schelle, Baescle, Rupelmonde ; Hoesselt, le Bolderberg et Boom, Vliermael, Lethen.

*284 k. **Omaliana,** Nyst., 1843, p. 212, pl. 16, fig. 8. *Venericardia chamæformis*, Nyst., 1836 (non Sow.). *C. orbicularis*, Goldf., pl. 134, fig. 1 (non Sow., 1825). Belgique, Klein-Spauwen, Hoesselt ; Prusse, Egeln, près Magdebourg et Bunde ?

CYPRINA, Lamarck, 1812. Voy. t. 1, p. 173.

*285. **rotundata,** Braun, Agass., 1845, Icon. des coq. tert., p. 53, pl. 14. Alzey, près Mayence.

*285'. **Nystii,** Hébert, 1849. *C. scutellaria*, Nyst., 1843, Belgique, p. 145, pl. 7, fig. 5, pl. 8, fig. 1 (non *scutellaria*, Lamarck, 1806). Ces deux espèces n'ont pas la même forme). Klein-Spauwen, Hoesselt.

*285". **neglecta?,** d'Orb., 1847. *Erycina neglecta*, Nyst., 1843, p. 89, pl. 3, fig. 134. Belgique, Klein-Spauwen, Looz, le Vieux-Jonc, Hoesselt et Heerderen (Limbourg).

LUCINA, Bruguière, 1791. Voy. t. 1, p. 76.

*286. **squamosa,** Lamk., Ann. du Mus., t. 7, p. 240, n. 10, et t. 12, pl. 42, fig. 10. Desh., 1824, 1, p. 106, pl. 17, fig. 12, 13, 14. Longjumeau, le parc de Versailles.

'286'. Thierensii, Hebert, 1849. *L. albella*, Nyst., 1844, pl. 5, fig. 8 (non Lam.). Belgique, Klein-Spauwen, Juirre.

'286''. striatula, Nyst., 1843, p. 131, pl. 4, fig. 9. France, Jeur; Belgique, Klein-Spauwen, Looz, Heerderen, Limbourg.

'286'''. gracilis, Nyst., 1843, p. 132, pl. 6, fig. 8. Belgiq., Hoesselt, le Bolderberg et Boom, Vliermael, Lethen.

'286 a. subangulata, d'Orb., 1847. *Axinus angulatus*, Nyst., 1843, p. 141, pl. 6, fig. 13 (non Sow., 1821). Belgique, Hoesselt, le Bolderberg et Boom, Baescle.

'286 b. tenuistria, Hebert, 1849. *L. uncinata*, Nyst., 1843, Belgique, p. 130, pl. 5, fig. 12 (non Defrance, 1823). Klein-Spauwen, Vieux-Jonc.

'286 c. Delbosii, d'Orb., 1847. C'est l'espèce de Morillac (Gironde), rapportée à tort au *Lucina gigantea*, Desh. de l'étage parisien, mais bien plus ovale, et moins ronde.

ERYCINA, Lamarck.

'286 d. striatula, Nyst., 1843, p. 90, pl. 4, fig. 7. Bolderberg, Baescle.

ANODONTA, Lamarck, 1801.

287. Aquensis, Mathéron, 1843, Catalogue, p. 171, pl. 24, fig. 9. France, Beaulieu, près d'Aix (B.-du-Rhône).

CARDIUM, Bruguière. Voy. t. 1, p. 33.

287'. subelegans, d'Orb., 1847. *C. elegans*, Nyst., 1843, Belgiq., p. 192, pl. 18, fig. 1 (non Münster, 1840). Hoesselt, le Bolderberg et Boom, Vliermael.

'287''. subtenuisulcatum, d'Orb., 1847. *C. tenuisulcatum*, Nyst., 1843, Belgiq., p. 191, pl. 14, fig. 7 (non Münster, 1840). France, Jeur; Klein-Spauwen, Hoesselt, le Bolderberg, Boom; Westphalie, Bunde?

287 a. Raulini, Hebert, 1849. *C. papillosum*, Nyst., 1843, Belg., p. 194, pl. 11, fig. 6 (non Poli, 1791, exclus. syn. et local.) Klein-Spauwen, Jeurre, Marigny.

287 b. Nystianum, d'Orb., 1847. *C. striatulum*, Nyst., 1843, Belgique, p. 195, pl. 11, fig. 7 (non Brocchi, 1814). (Cette espèce nous paraît distincte). Klein-Spauwen.

ISOCARDIA, Lamarck, 1799. Voy. t. 1, p. 132.

287 c. harpa, Goldf., Nyst., 1843, Belgiq., p. 199, pl. 16, fig. 2. Bolderberg, en Prusse, envir. de Santen?

287 d. subtransversa, d'Orb., 1847. *I. transversa*, Nyst., 1843, Belg., p. 201, pl. 16, fig. 3 (non Münster, 1835). Klein-Spauwen, Hoesselt, le Bolderberg et Boom, Vliermael.

287 e. submulticostata, d'Orb., 1847. *I. multicostata*, Nyst., 1843, Belgiq., p. 200, pl. 15, fig. 4 (non Philips, 1829). Hoesselt, le Bolderberg et Boom, Vliermael, Lethen.

287 f. carinata, Nyst., 1843, Belgiq., p. 200, pl. 18, fig. 2. Hoesselt, le Bolderberg et Boom, Lethen.

NUCULA, Lam., 1801. Voy. t. 1, p. 12.

287 g. Archiacana, Nyst., 1843, Belgiq., p. 234, pl. 24, fig. 1. *N. pectinata*, Nyst., 1835 (non Sow.). Hoesselt, le Bolderberg et Boom, Baescle.

287 h. Chastellii, Nyst., 1843, Belgiq., p. 235, *pl. 16, fig. 1.
Hoesselt, le Bolderberg et Boom, Baescle.

287 i. Rickholtiana, Nyst., 1843, Belgiq., p. 233, pl. 15, fig. 10.
Bolderberg (Limbourg).

*287 j. **subtransversa,** Nyst., 1843, Belgiq., p. 227, pl. 17, fig. 7.
(exclus. Syn.). Klein-Spauwen, Vliermael, Hoesselt, Rosmeer, dans
le Limbourg.

LIMOPSIS, Sassy. Voy. t. 1, p. 280.

*287 k. **Goldfussii,** d'Orb., 1847. *Trigonocœlia Goldfussii,* Nyst.,
1843, Belgiq., p. 243, pl. 19, fig. 4. *Pectunculus auritus,* Nyst., 1835
(non Brocch.). *Pectunculus minutus,* Goldf. (non Phillipi). Klein-
Spauwen, Vieux-Jonc, Colmont, Hoesselt, Looz, Rickhoven; Allemagne, Bunde?

*287 l. **subscalaris,** d'Orb., 1847. *Trigonocœlia scalaris,* Nyst.,
1843, Belgiq., p. 242, pl. 19, fig. 2. Hoesselt, le Bolderberg et Boom,
Vliermael.

PECTUNCULUS, Lamarck, 1801. Voy. t. 2, p. 80.

*288. **angusticostatus,** Lamk., Ann. du Mus., t. 6, p. 216, n. 1
et t. 9, pl. 18, fig. 7. Deshayes, 1824, 1, p. 224, pl. 34, fig. 20, 21. Le
parc de Versailles, Pontchartrain, Étampes, Alzey.

*289. **subterebratularis,** d'Orb., 1847. *P. terebratularis,* Lamk.,
Ann. du Mus., t. 6, p. 217, n. 3 (pars). Deshayes, 1824, 1, p. 221,
pl. 35, fig. 10, 11. Klein-Spauwen; Jeur, près d'Étampes (Seine-et-
Oise); Allemagne, Alzey, près de Mayence.

*290. **Goldfussii,** d'Orb., 1847. *P. angusticostatus,* Goldf., 1838,
Petref., 2, p. 16, pl. 126, fig. 10 (non Lamarck, 1804). Allemagne,
Kreuznach, Alzey et Tongre.

ARCA, Linné. Voy. t. 1, p. 13.

290'. latesulcata, Nyst., 1843, Belgiq., p. 256, pl. 18, fig. 8. Bolderberg.

*290". **sulcicosta,** Nyst., 1843. Belgiq., p. 257, pl. 18, fig. 9.
Hoesselt, le Bolderberg et Boom, Vliermael.

290 a. subcancellata, d'Orb., 1847. *A. cancellata,* Van Beneden,
1835, Bull. de zoolog., p. 149 (non Sow., 1827). *A. decussata,* Nyst.,
1839, 1843, Belgiq., p. 258, pl. 15, fig. 11 (non Linné, 1767). Hoesselt,
le Bolderberg et Boom, Baescle.

DREISSENA, Van Beneden, 1835. *Congeria,* Partsch, 1835.

290 b. Nystiana, d'Orb., 1847. *D. Basteroti,* Nyst., 1843, Belgiq.,
p. 265, pl. 7 (non Deshayes, Basterol., exclus. Syn.). Klein-Spauwen,
Looz (Limbourg).

MYTILUS, Linné, 1758. Voy. t. 1, p. 32.

290 c. subfragilis, d'Orb., 1847. *M. fragilis,* Nyst., 1843, Belg.,
p. 268, pl. 24, fig. 2 (non Eschwald, 1840). Klein-Spauwen, Looz, le
Vieux-Jonc (Limbourg).

PECTEN, Gualtieri, 1742. Voy. t. 1, p. 87.

*290 d. **subreconditus,** d'Orb., 1847. *Pecten reconditus,* Nyst.,
1843, Belgique, p. 302, pl. 25, fig. 2 (non *Ostrea recondita,* Brander,
1766). Vliermael, Lethen, etc.

290 e. Diomedes, d'Orb., 1847. *P. Deshayesii,* Nyst., 1843, Belg.,
p. 288, pl. 23, fig. 3 (non Lea, 1833). Klein-Spauwen, Weinheim.

290 f. **incurvatus,** Nyst., 1843, Belg., p. 289. Hoesselt, le Bolderberg et Boom, Vliermael.

SPONDYLUS, Linné, 1758. Voy. p. 83.

290 g. **auriculatus,** Nyst., 1843, Belg., p. 309. Hoesselt, le Bolderberg , Boom, Vliermael.

OSTREA, Linné, 1752. Voy. t. 1, p. 166.

*291. **callifera,** Lamk., Deshayes, 1824, 1, p. 339, pl. 50, fig. 1 ;
pl. 51, fig. 1, 2. *Ostrea hippopus,* Lamk., Ann. du Mus., t. 8, p. 159,
n. 2, et t. 14, pl. 21, fig. 1 ; Nyst., pl. 29, fig. 1. *Ostrea callifera,* Lam.,
Anim. s. vert., t. 6, p. 218, n. 19; Goldf., pl. 83, fig. 2. Le parc de
Versailles, Viroflay ; Allem., Alzey, Kreuznach, Dischengen ; Belgique, Pietrebais.

*292. **cochlearia,** Lamk., Ann. du Mus., t. 8, p. 162, n. 8. Desh.,
1824, 1, p. 370, pl. 62, fig. 3. Roquencourt, près Versailles, Viroflay ;
Belgique.

*293. **longirostris,** Lamk., Ann. du Mus., t. 8, p. 161, n. 9, et
t. 14, pl. 21, fig. 9. Deshayes, 1824, 1, p. 351, pl. 54, fig. 7, 8 ; pl. 60,
fig. 1, 2, 3 ; pl. 61, fig. 8, 9 ; pl. 62, fig. 4, 5 ; pl. 63, fig. 1. *O. spatulata,*
Lamk., Ann. du Mus., t. 8, p. 163, n. 13, et t. 14, pl. 22, fig. 4.
Desh., 1824, 1, p. 353, pl. 62, fig. 6, 7, 8, 9. *O. lamellaris,* Desh.,
1824, 1, p. 372, pl. 54, fig. 3, 4. France, Montmartre, Sceaux, Longjumeau, Pontchartrain, parc de Versailles, Viroflay. C'est bien cette
espèce qui se trouve dans le calcaire à astéries du bassin pyrénéen,
près de Blaye, à Ste-Foy-la-Grande, et partout ailleurs.

*294. **cyathula,** Lamk., Ann. du Mus., t. 8, p. 163, n. 12. Desh.,
1824, 1, p. 369, pl. 54, fig. 1, 2 ; pl. 61, fig. 1-4. *O. planicosta,* Desh.,
1824, 1, p. 368, pl. 55, fig. 4, 5, 6. France, Longjumeau, parc de
Versailles, Jeur (Seine-et-Oise).

294'. paradoxa, Nyst., 1843, Belgiq., p. 331, pl. 34, fig. 3. Hoesselt, le Bolderberg et Boom, Baescle, Anvers.

294". Nystii, d'Orb., 1847. *O. Meadii,* Nyst., 1843, Belg., p. 339
(non Sow., 1819). Bolderberg, arrondissement de Hoesselt.

*294'''. **ventilabrum,** Goldf., Nyst., 1843, Belgiq., p. 320, pl. 29,
fig. 2. Goldf.; 1833, 2, p. 13, n. 31, pl. 76, fig. 4. Hoesselt, le Bolderberg et Boom, Vliermael, Lethen, dans le Limbourg.

*294 a. **Belgica,** d'Orb., 1847. *O. Bellovacina,* Nyst., 1843, Belg.,
p. 318, pl. 30, 31, 32, fig. 1 (non Lamarck, 1806, espèce bien distincte). Belgique, Klein-Spauwen, Hoesselt, Lethen. Peut-être le
Ventilabrum.

MOLLUSQUES BRACHIOPODES

CRANIA, Retzius, 1781.

*295. **abnormis,** Defr., Goldf., Petref. Germ., pl. 162, fig. 13.
France, Terre-Nègre, Bordeaux.

MOLLUSQUES BRYOZOAIRES.

MEMBRANIPORA, Blainville, 1834.

*296. **philostracites,** Michelin, 1845, Iconog. zoophyt., p. 174, pl. 46, fig. 12. France, Longjumeau, Montmartre.

ÉCHINODERMES.

RUNA, Agassiz.

*297. **decemfissa,** Agass., 1847, Cat., p. 81 et Monog. des scutel., p. 33. France, Terre-Nègre, près Bordeaux (Gironde).

SCUTELLA, Lamarck.

*298. **striatula,** Marcel de Serres, Agass., 1847, Cat., p. 76, et Monog. des scutell., p. 81, pl. 18, fig. 1-5. France, Terre-Nègre, Combes près Bordeaux (Gironde), Beaurech, sur la Garonne, Belleville près de Paris.

ECHINARACHNIUS, Van Phels.

299. **porpita,** Agass., Cat., p. 76. *Scutella porpita,* Explic. des planch. de l'Encycl. méth., pl. 152, fig. 3, 4. *Cassidulus porpita,* Desmoulins. Terre-Nègre, près Bordeaux.

VINGT-SIXIÈME ÉTAGE : — FALUNIEN.

(B. — DEUXIÈME SOUS-ÉTAGE : FALUNIEN.)

MOLLUSQUES CÉPHALOPODES.

SPIRULIROSTRA, d'Orb., Moll. viv. et foss., p. 311.
*301. **Ballardii,** d'Orb., 1842. Paléont. univ., pl. 9. Colline de Turin.
NAUTILUS, Breynius, 1732. Voy. vol. 1, p. 52.
*302. **Michelottii,** d'Orb., 1847. *N. Bucklandi,* Michelotti, 1847, Prec. faun. mioc., pl. 15, fig. 6 (non Risso, 1825). Turin.
*303. **Allioni,** Mich., *N. excavatus,* Sismonda, Catalogue, 1847, p. 58 (non Sow., 1826). *N. Allioni,* Mich., Prec. faun. mioc., pl. 15, fig. 1. Turin.
MEGASIPHONIA, d'Orb., 1847. Voy. vol. 2, p. 309.
*304. **Aturi,** d'Orb., 1847. *Aganides Aturi,* d'Orb., 1825, Tab. des céph., p. 71. *Nautilus Aturi,* Basterot, 1825, Mem. Géol., p. 17 (non Syn. Auctorum). *Clymenia Morrisi,* Michelotti, 1848, Prec. mioc., pl. 15, fig. 315. Bordeaux (Gironde), Dax (Landes), Mantelan (Indre-et-Loire); Turin.

MOLLUSQUES GASTÉROPODES.

HELIX, Linné, 1758.
305. **Carryensis,** d'Orb., 1847. *H. Orbigniana,* Mathéron, 1843, Catalogue, p. 198, pl. 33, fig. 10-12 (non Webb., 1839). Carry (B.-du-Rhône).
306. **Micheliniana,** Mathéron, 1843, Catalogue, p. 199, pl. 33, fig. 14, 15. Rognes (B.-du-Rhône).
307. **pisum,** Mathéron, 1843, Cat., p. 199, pl. 33, fig. 16, 17. France, Rognes (B.-du-Rhône).
308. **Christolii,** Mathéron, 1843, Catalogue, p. 201, pl. 33, fig. 22, 23. France, Cucuron (Vaucluse).
309. **Dufrenoyii,** Mathéron, 1843, Catalogue, p. 201, pl. 33, fig. 24-26. France, Cucuron (Vaucluse).

310. pseudo-conspurcata, Mathéron, 1843, Catal., p. 202, pl. 33, fig. 27-29. France, Cucuron (Vaucluse).

312. subglobosa, Gratt., 1845, Conch. foss. Helix, pl. 1, fig. 4. Mandillot (Landes).

313. intermedia, Gratt., 1838, Moll. terr., n. 9, pl. 4, fig. 10, 11. St-Paul (Landes).

314. Haveri, Michelotti, 1848, Prec. fauss. mioc., pl. 5, fig. 15. Turin.

BULIMUS, Bruguière, 1791.

315. buccinulus, d'Orb., 1847. *Achatina buccinula,* Gratteloup, 1845, Conch. foss. Ach., pl. 1, fig. 28, 29. Dax, Mandillot.

316. sublubricus, d'Orb., 1847. *B. lubricus,* Gratteloup, 1845, Conch. foss. Bul., pl. 1, fig. 21 (non Brug., 1791). Dax, St-Paul.

PUPA, Draparnaud, 1801.

317. maxima, d'Orb., 1847. *Clausilia maxima,* Gratteloup, 1845, Conch. foss. claus., pl. 1, fig. 20. Dax, Mandillot.

318. subquadridens, d'Orb., 1847. *P. quadridens,* Gratteloup, 1845, Conch. foss. Pup., pl. 1, fig. 18 (non Draparnaud). Dax, Mandillot.

319. substriata, d'Orb., 1847. *P. striata,* Gratteloup, 1845, Conch. foss. Pup., pl. 1, fig. 19 (non Schumacher, 1817). Dax, Mainot.

AURICULA, Lamarck, 1796.

320. pyramidalis, Sow., 1822. Min. Conch., t. 4, p. 109, pl. 379, fig. 12. Nyst., 1843, Belgiq., p. 473, pl. 39, fig. 12. Anvers, Calloo, Stuyvenberg; Angl., Suffolk, Postwick, Thorpe, Sutton, Walton.

321. marginalis, Gratteloup, 1847, Conch. foss. Aur., pl. 1, n. 11, fig. 2. Dax. St-Paul.

322. subpisum, d'Orb., 1847. *Auricula pisum,* Gratteloup, 1847, Aur., pl. 1, n. 11, fig. 3 (non *Voluta pisum,* Brocchi). Dax, St-Paul.

323. subbiplicata, d'Orb., 1847. *A. biplicata,* Gratteloup, 1847, Aur., pl. 1, n. 11, fig. 4, 5 (non Deshayes, 1830). Dax, St-Paul.

324. Turonensis, Desh., Dujard., 1837, Mém. Soc. géol. de France, t. 2, p. 276. Mantelan.

LYMNEA, Lamarck, 1801.

'325. subfragilis, d'Orb., 1847. *L. fragilis,* Gratteloup, 1845, Conch. foss. Lym., pl. 1, fig. 36, 37 (non Montagu, 1804; Brown, 1827). Dax, Mandillot.

326. subinflata, d'Orb., 1847. *L. inflata,* Gratteloup, 1845, Lym., pl. 1, fig. 38 (non Brard). Dax, St-Paul, Mainot.

327. subauricularia, d'Orb., 1847. *L. auricularia,* Gratteloup, 1845, Lym., pl. 1, fig. 39 (non Linné). Dax, Mandillot.

328. pseudo-ovata, d'Orb., 1847. *L. ovata,* Gratteloup, 1845, Lym., pl. 1, fig. 40 (non Draparnaud). Dax, Mandillot.

'329. pseudo-palustris, d'Orb., 1847. *L. palustris,* Gratteloup, 1845, Conch. foss. Lym., pl. 1, fig. 41 (non Gmelin, 1839, non Brongniart). Dax, Mandillot.

330. striatella, Gratteloup, 1845, Lym., pl. , fig. 35. Dax, St-Paul, Mainot.

***331. peregrina,** Desh., 1838, Mém. Soc. géol. de France, t. 3, p. 63, pl. 5, fig. 8, 9. Crimée.

332. obtusissima, Desh., 1838, id., p. 63, pl. 5, fig. 10, 11. Crimée.

333. velutina, Desh., 1838, id., p. 64, pl. 5, fig. 12, 13, 14. Crimée.

CHILINA, Gray.

***333'. antiqua,** d'Orb., 1847, Pal. de l'Am. mér., p. 114, n. 101. Patagonie; embouchure du Rio-Negro.

PLANORBIS, Guettard, 1756.

***334. Gratteloupi,** d'Orb., 1847. *P. cornu*, Gratteloup, 1845, Conch. foss. Plan., pl. 1, fig. 33 (non Brongniart, 1821. Espèce totalement distincte). Dax, St-Paul, Mandillot.

CYCLOSTOMA, Lamarck, 1801.

***335. Lemani,** Gratteloup, 1845, Conch. foss. Cyclost., pl. 1, fig. 31, 32. Dax, Mandillot.

336. Serriana, Mathéron, 1843, Catal., p. 212, pl. 35, fig. 24, 25. Rognes (B.-du-Rhône).

FERUSSINA, Gratteloup, 1827. *Strophostoma*, Deshayes, 1828.

337. anostomæformis, Gratteloup, 1845, Conch. foss. Fer., pl. 1, fig. 12, 13, 14. *Strophostoma lævigata*, Desh., 1828. Dax, St-Paul, Abesse, Quillac, Gaas (Landes) ; Piémont, Turin.

PALUDINA, Lamarck, 1822.

***338. achatinoides,** Desh., 1838, Mém. Soc. géol. de France, t. 3, p. 64, pl. 5, fig. 6, 7. Crimée.

PALUDESTRINA, d'Orb., 1839. Voy. vol. 2, p. 300.

339. subvaricosa, d'Orb., 1847. *Phasianella varicosa*, Gratteloup, 1845, Conch. foss. Phas., pl. 1, fig. 37, 38, 39, 40. Dax, St-Paul.

***340. subglobulus,** d'Orb., 1847. *Bulimus globulus*, Gratteloup, 1845, Bul., pl. 1, fig. 22, 23. Dax, St-Paul.

***341. turrita,** d'Orb., 1847. *Bulimus turritus*, Gratteloup, 1845, Bul., pl. 1, fig. 24, 25. Dax, Mainot.

342. abbreviata, d'Orb., 1847. *Paludina abbreviata*, Gratteloup, 1845, Pal., pl. 1, fig. 47, 48. Dax, St-Paul.

***343. minutissima,** d'Orb., 1847. *Paludina minutissima*, Gratteloup, 1845, Pal., pl. 1, fig. 49, 50. Dax, St-Paul.

344. planata, d'Orb., 1847. *Cyclostoma planatum*, Dubois, 1831, Conch. foss., p. 48, pl. 3, fig. 38, 39. Podolie, Krzemienna.

345. Bialozurkensis, d'Orb., 1847. *Cyclostoma id.*, Dubois, 1831, id., p. 48, pl. 1, fig. 37, 38. Volhynie, Szuskowce.

346. rotundata, d'Orb., 1847. *Cyclostoma id.*, Dubois, 1831, id., p. 48, pl. 1, fig. 39, 40. Volhynie, Szuskowce.

***347. terebellata,** d'Orb., 1847. *Melania terebellata*, Nyst., 1843, Belgiq., p. 413, pl. 38, fig. 12. Calloo, Stuyvenberg, Anvers ; Angleterre.

***348. suboperta,** d'Orb., 1847. *Littorina suboperta*, Nyst., 1843, Belgiq., p. 388, pl. 37, fig. 1. *Vivipara suboperta*, Sow., 1813, Min. Conch., t. 2, p. 80, pl. 31, fig. 6. Calloo, Stuyvenberg, Anvers ; Angleterre, Holywell.

349. rimata, d'Orb., 1847. *Rissoa rimata*, Philippi, 1844, Beitr. zur Kenntn., p. 52, pl. 3, fig. 17. Cassel (Hesse).

MELANIA, Lamarck, 1801.

350. quadristriata, Philippi, 1844, Foss. tert. du N.-E. de l'Allemagne, p. 19. Cassel.

350'. secalina, Philippi, 1844, id., p. 19, pl. 3, fig. 15. Allem., Cassel.

'351. curvicosta, Deshayes, Ed. de Lam., An. s. vert., 8, p. 439. Michelotti, Prec. fauss. mioc., pl. 6, fig. 21. *M. granulosa*, Bonnelli, Mich., Riv. Gast., p. 4. Sismonda, 1847, Syn. meth., p. 55. Piémont, Dertona.

352. oryza, Bonnelli, E. Sismonda, 1847, Syn. meth., p. 31 et p. 55. Dertona.

353. patula, Bonnelli, Bellardi et Michelotti, Sagg. oritt., p. 71, pl. 7, fig. 8, 9. Sismonda, 1847, Syn. meth., p. 55. Piémont, Dertona.

354. semigranosa, Michelotti, Rivist. Gaster., p. 4. Sismonda, 1847, Syn., p. 55. Piémont, Dertona.

MELANOPSIS, Férussac, 1807.

'355. Dufourii, Férussac, 1807, Hauer, 1847, Naturwiss. Abhandl., p. 350. Grateloup, 1845, Conch. foss. Melan., pl. 1, fig. 60. St-Paul (Landes); Piémont, Dertona, Turin; Autriche, Gonersdorf, Korod.

356. Aquensis, Grateloup, 1845, Melan., pl. 1, fig. 56, 57, 58. Dax, St-Paul, Mandillot.

357. olivula, Grateloup, 1845, Melan, pl. 1, fig. 51, 52, 53. Dax, St-Paul, Mandillot.

'358. subbuccinoides, d'Orb., 1847. *M. buccinoides*, Grateloup, 1845, Melan., pl. 1, fig. 54, 55 (non Férussac, 1823). France, Dax, St-Paul, Mandillot; Vienne.

?359. Ius-hani, d'Archiac, Leym., 1846, Mém. Soc. géol. de France, 2e part., t. 1, pl. 16, fig. 4. Corbières.

'360. Bonellii, E. Sismonda, 1847, Syn. meth., p. 55. *M. carinata*, Bonelli (non Sow.), Denom. ined. Test. mus. Taurin. Piémont, Dertona.

'361. Narzolina, Bonelli, E. Sismonda, 1847, Syn. meth., p. 32 et p. 55. Piémont, Turin.

'362. Martinii, Férussac, Melanopsides foss., pl. 2, fig. 11-13. Autriche, Brunn.

363. Bouei, Férussac, Melanopsides foss., pl. 2, fig. 9, 10. Autriche, Brunn.

RISSOA, Freminville, 1814. Voy. vol. 2, p. 183.

'364. Venus, d'Orb., 1847. *R. cimex*, Grateloup, 1847, Conch. foss., pl. 1, fig. 55, 56 (exclus. fig. 53, 54). Dax (Landes); Autriche, Steinabrunn.

'365. Moulinsii, d'Orb., 1847. *R. decussata*, Desmoulins, Grateloup, 1847, Melanien, pl. 1, fig. 49 (exclus. fig. 47, 48). Dax.

366. affinis, Desmoulins. *R. decussata*, Grateloup, 1845, Melan., pl. 1, fig. 50 (exclus. fig. 47, 48, 49). Dax.

'367. Lachesis, *Turbo Lachesis*, Basterot, 1825, Mem., n. 3. *R. bu-*

limoides, Gratteloup, 1847, Riss., pl. 1, n. 4, fig. 34, 35. Dax, St-Paul, Bordeaux ; Autriche, Gainfaren.

368. Oceani, d'Orb., 1847. *R. crenulata*, Gratteloup, 1847, Riss., pl. 1, n. 4, fig. 59, 60 (non Michaud). Dax, St-Paul.

'369. intermedia, Gratteloup, 1847, Riss., pl. 1, n. 4, fig. 61, 62. France, Dax, St-Paul.

370. nana, d'Orb., 1847. *Paludina nana*, Gratteloup, 1845, Pal., pl. 1, fig. 45, 46. Dax, Gaas, Cazordite.

'371. subdecussata, d'Orb., 1847. *R. decussata*, Gratteloup, 1847, Riss., pl. 1, n. 49, fig. 47, 48 (exclus. fig. 49, 50 (non Dujardin, 1835). Dax, Mainot.

'372. Adela, d'Orb., 1847. *R. cancellata*, Gratteloup, 1847, Riss., pl. 1, n. 4, fig. 51, 52 (non Desmar.). Dax.

'373. Mariæ, d'Orb., 1847. *Rissoa cimex*, Basterot, Gratteloup, 1847, Riss., pl. 1, n. 4, fig. 53, 54 (exclus. fig. 55, 56 (non Brocc., 1815). Dax, St-Paul ; Autriche, Steinabrunn.

'374. varicosa, Bast., p. 37, pl. 1, fig. 2. Philippi, 1844, Foss. tert. du N.-E. de l'Allemagne, p. 19. *R. cancellata*, Gratteloup, 1845, pl. 1, fig. 31 (exclus. fig. 29-31). Bordeaux ; Allem., Cassel.

375. perpusilla, Gratteloup, 1847, Riss., pl. 1, n. 4, fig. 40, 41. Dax, St-Paul, Bordeaux.

'376. costellata, Gratteloup, 1847, Riss., pl. 1, n. 4, fig. 29, 30 (exclus. fig. 31). Dax, St-Paul, Touraine, Bordeaux.

'377. curta, Dujardin, 1837, Mém. Soc. géol. de France, t. 2, p. 279, pl. 19, fig. 5. Manthelan (Indre-et-Loire).

378. macrostoma, d'Orb., 1847. *Cancellaria macrostoma*, Dubois, 1831, Conch. foss., p. 32, pl. 3, fig. 36, 37. Volhynie, Szuskowce.

379. Koppii, Desh., 1838, *Melania id.*, Dubois, 1831, id., p. 45, pl. 3, fig. 32, 33. Podolie, Krzemienna.

380. scalare, d'Orb., 1847. *Cyclostoma id.*, Dubois, 1831, Conch. foss., p. 47, pl. 3, fig. 40, 41. Volhynie, Szuskowce.

'381. Calliopæa, d'Orb., 1847. *Rissoa nana*, Gratteloup, 1847, Riss., pl. 1, n. 4, fig. 26, 27 (non *Paludina nana*, Gratteloup, pl. 1, fig. 45, 46). Dax, St-Paul, Touraine, Bordeaux.

'382. Gratteloupi, de Basterot, 1825, Bordeaux, n. 4. Gratteloup, 1847, Riss., pl. 1, n. 4, fig. 28. Dax, St-Paul, Touraine, Bordeaux.

383. planaxoides, Desmoulins, Gratteloup, 1847, Riss., pl. 1, n. 4, fig. 36, 37 (exclus. fig. 38). Dax, St-Paul.

'384. Desmoulinsii, d'Orb., 1847. *R. planaxoides*, Gratteloup, Rissoa, pl. 1, fig. 38 (exclus. fig. 36, 37). *R. macrostoma*, Desmoulins (non Dubois, 1831). Dax.

385. ovulum, Philippi, 1844, Beitr. zur Kenntn., p. 51, pl. 3, fig. 12. Cassel (Hesse).

386. interrupta, Philippi, 1844, id., p. 52, pl. 3, fig. 13. Cassel.

387. unidentata?, Philippi, 1844, id., p. 52, pl. 3, fig. 14. Cassel.

RISSOINA, d'Orb., 1839. Voy. vol. 1, p. 297.

'388. subcochlearella, d'Orb., 1847. *Rissoa cochlearella*, Bast., 1825, Bordeaux, n. 4. Gratteloup, 1847, Riss., pl. 1, n. 4, fig. 17, 18 (exclus. fig. 19, 20, 21, 22, 23, 24, 25. Non Lamarck). Dax, St-Paul, Touraine, Bordeaux ; Autriche, Gainfaren.

389. Gratteloupi, d'Orb., 1847. *Rissoa cochlearella*, Gratteloup, 1847, id., pl. 1, fig. 19, 20 (exclus. fig. 17, 18, 22-25). Dax.

389'. Burdigalensis, d'Orb., 1847. *Rissoa cochlearella*, Gratteloup, 1847, id., pl. 1, fig. 22, 23 (exclus. fig. 17-20, 24, 25). Dax, Bordeaux.

390. Moulinsii, d'Orb., 1847. *Rissoa cochlearella*, Gratteloup, 1847, id., pl. 1, fig. 24, 25 (exclus. fig. 17-23). Dax.

390'. subpusilla, d'Orb., 1847, *Rissoa pusilla*, Gratteloup, 1847, Riss., pl. 4, n. 4, fig. 32, 33 (non Brocchi, 1814). Dax, St-Paul.

'391. decussata, d'Orb., 1847. *Rissoa decussata*, Dujard., 1837, Mém. Soc. géol. de France, t. 2, p. 279, pl. 19, fig. 23. Manthelan (Indre-et-Loire).

'392. pusilla, d'Orb., 1847. *Rissoa pusilla*, Desh., Lam., An. s. vert., 8, p. 479. *Pupa pusilla*, Brocc., Conch. subap., p. 381, pl. 6, fig. 5. Sismonda, 1847, Syn. meth., p. 53. Piémont, Turin.

SCALARIA, Lamarck, 1801. Voy. vol. 2, p. 2.

'393. terebralis, Michelin, 1831, Mag. de zoologie, pl. 34. *S. communis*, Gratteloup, 1845, Scal., pl. 1, fig. 1, 2 (non Lamarck, exclus. fig. 3). Dax, St-Paul, Cabanes, Mainot, Bordeaux.

'394. subscalaris, d'Orb., 1847. *S. communis*, Gratteloup, Scalaires, pl. 1, fig. 3 (exclus. fig. 42). Dax.

'395. multilamellata, Basterot, 1825, Coq. foss., Bordeaux, p. 31, n. 3, pl. 1, fig. 15. Gratteloup, Scal., pl. 1, fig. 8. *S. rugosa*, Mathéron, 1843, Cat., p. 233, pl. 39, fig. 2. St-Paul, Bordeaux, Carry (B.-du-Rhône).

396. crassicostata, Desh., Gratt., Cat., n. 229. *S. multilamellata*, Gratteloup, 1847, Coq. foss., pl. 1, fig. 9 (exclus. fig. 8). Dax, Bordeaux.

'397. subspinosa, Gratteloup, 1845, Scal., pl. 1, fig. 10. Dax, St-Paul, Bordeaux.

'398. subcancellata, d'Orb. *S. cancellata,* Gratteloup, 1845, Scal., pl. 1, fig. 11 (non Blainv., 1827). Dax, St-Paul.

399. pulchella, Bivon, *S. crispa*, Gratteloup, 1845, Scal., pl. 1, fig. 4 (non Lamarck, 1804, exclus. Syn.). Dax, St-Paul ; Piémont.

400. striata, Defrance, 1827, Gratteloup, 1845, Scal., pl. 1, fig. 6, 7 (exclus. Syn.). Dax, St-Paul.

401. similis, Sow., 1813, Min. Conch., t. 1, p. 49, pl. 16, fig. 1. Angl., Bramerton, près de Norwick, Holywell, près d'Ipswich.

'402. subulata, Sow., 1823, Min. Conch., t. 4, p. 125, pl. 390, fig. 1. Nyst., pl. 38, fig. 8. Angl., Suffolk ; Belgique, Anvers, Calloo.

403. foliacea, Sow., 1823, t. 4, p. 125, pl. 390, fig. 2. Suffolk.

404. minuta, Sow., 1823, t. 4, p. 125, pl. 390, fig. 3. Suffolk.

'405. frondosa, Sow., 1827, Min. Conch., t. 6, p. 149, pl. 577, fig. 1. Nyst., pl. 38, fig. 7. Angl., Sutton ; Belgique, Anvers.

406. Duboisiana, d'Orb., 1847. *Scalaria pseudo-scalaris*, Dubois, 1831, Conch. foss., p. 43, pl. 2, fig. 36, 37 (non Brocchi). Volhynie, Szuskowce.

***407. rugulosa,** Sowerby in Darw., 1846, South. Americ., p. 255, pl. 3, fig. 42, 43. San Julian (Patagonie).

***408. disjuncta,** Bronn., It. tert. geb., p. 66. *Scalaria oblita,* Michelotti, Rivist. Gaster., p. 10. Sismonda, 1847, Syn. meth., p. 53. Sismonda, 1847, Syn. meth., p. 54. Piémont, Dertona.

***409. lamellosa,** Sismonda, 1847, Syn. meth., p. 54. *Turbo lamellosa,* Brocc. Conch. subap., p. 379, pl. 7, fig. 2. Turin, Dertona.

***410. lanceolata,** Bronn., It. tert. geb., p. 66. *Turritella lanceolata,* Brocc., 1814, Conch. subap., p. 375, pl. 7, fig. 7. Sismonda, 1847, Syn. meth., p. 54. Dertona.

***412. retusa,** Bellardi et Michelotti, Sagg. oritt., pl. 6, fig. 14, 15. Sismonda, 1847, Syn. meth., p. 54. *Turbo retusus,* Brocc., Conch. subap., p. 380. Turin, Dertona.

413. subreticula, d'Orb., 1847. *S. reticula,* Michelotti, Prec. faun. mioc., pl. 6, fig. 13. Sismonda, 1847, Syn. meth., p. 54 (non Sow., 1827). Turin.

***414. scaberrima,** Michelotti, Rivist. Gaster., p. 9. Prec. faun. mioc., pl. 6, fig. 9, 10. *Scalaria fimbriata,* Bonelli, Sismonda, 1847, Syn. meth., p. 54. Turin, Dertona.

415. spinosa, Bonelli, Denom. ined. Test. Mus. Taurin. Sismonda, 1847, Syn. meth., p. 54. Dertona.

***416. torulosa,** Defr., Bronn., It. tert. geb., p. 66. *Turritella torulosa,* Brocc., Conch. subap., p. 377, pl. 7, fig. 4. Sismonda, 1847, Syn. meth., p. 54. *Scalaria rudis,* Philippi, 1844, Beitr., p. 21, pl. 3, fig. 27. Turin, Dertona; Cassel (Hesse).

417. insignis, Leunis, Philippi, 1844, Beitr. zur Kenntn., p. 54, pl. 3, fig. 21. Cassel (Hesse).

418. amœna, Philippi, 1844, Beitr., p. 54, pl. 3, fig. 23. Cassel.

419. pusilla, Philippi, 1844, Beitr., p. 54, pl. 3, fig. 29. Cassel.

***421. acicula,** Lea, 1845, Descrip. new. foss. tert., p. 33, pl. 36, fig. 65. États-Unis, Petersburg, Virginia.

***422. cornigera,** Lea, 1843, Descrip. new. foss. tert., p. 33, pl. 36, fig. 66. États-Unis, Petersburg, Virginia.

***423. micropleura,** Lea, 1843, Descrip. new. foss. tert., p. 34, pl. 36, fig. 67. États-Unis, Petersburg, Virginia.

***424. microstoma,** Lea, 1843, Descrip. new. foss. tert., p. 34, pl. 36, fig. 68. États-Unis, Petersburg, Virginia.

TURRITELLA, Lamarck, 1801. Voy. vol. 2, p. 68.

***425. Venus,** d'Orb., 1847. *T. vermicularis,* Gratteloup, 1845, Turr., pl. 1, fig. 4 (exclus. fig. 8, non Brocchi). Dax, St-Paul.

***426. terebralis,** Lamarck, 1822, Gratteloup, 1845, Turr., pl. 1, fig. 1, 2 (exclus. fig. 3). Basterot, 1825, pl. 1, fig. 14. Dax, St-Paul, Bordeaux; Piémont, Turin.

***427. cathedralis,** Alex. Brong., 1823, Vicentin, pl. 4, fig. 6. Bast., n. 6. Gratteloup, 1845, Turr., pl. 2, fig. 1-4. Dax, St-Paul, Bordeaux; Piémont, Turin.

428. cingulata, Gratteloup, 1845, Turr., pl. 2, fig. 16. Dax, St-Paul.

***429. Eryna,** d'Orb., 1847. *T. imbricataria,* Gratteloup, 1845, Turr., pl. 2, fig. 17 (non Lamarck, 1804). Dax, St-Paul.

***430. turris,** Bast., 1825, Bordeaux, pl. 1, fig. 11. Gratteloup, 1845, Conch. foss. Turr., pl. 1, fig. 9. Dax, St-Paul, Bordeaux.

***431. subtriplicata,** d'Orb., 1847. *T. triplicata,* Gratteloup, 1845, Turr., pl. 1, fig. 10 (non Brocchi). Nyst., pl. 37, fig. 7, 8. Dax, St-Paul, Bordeaux, Belgique, Anvers.

***432. quadriplicata,** Basterot, 1825, Bordeaux, pl. 1, fig. 13. Gratteloup, 1845, Turr., pl. 2, fig. 5. Dax, St-Paul, Bordeaux ; Piémont, Turin ; Autriche, Gainfaren, près de Vienne.

433. bistriata, Gratteloup, 1845, Turr., pl. 2, fig. 6. Dax, St-Paul.

***434. clathrata,** Gratteloup, 1845, Turr., pl. 1, fig. 5, 6. *Melania clathrata,* Bast., pl. 4, fig. 12. Dax, St-Paul.

***435. Doublieri,** Mathéron, 1843, Catalog., p. 242, pl. 39, fig. 18. Aren, St-Mitre (B.-du-Rhône).

***436. subterebra,** d'Orb., 1847. *T. terebra,* Sow., 1827, Min. Conch., 6, p. 125, pl. 565, fig. 3 (non Lamarck). Angleterre, Suffolk.

437. incrassata, Sow., 1814, t. 1, p. 109, pl. 51, fig. 6. Holywell.

***438. frondosa,** Sow., Min. Conch., 1827, t. 6, p. 149, pl. 577, fig. 1. Nyst., 1843, Belgiq., p. 393, pl. 38, fig. 7. Belgique, Anvers, Calloo, Stuyvenberg ; Angleterre, Sutton.

439. subulata, Sow., 1825, Min. Conch., t. 4, p. 125, pl. 390, fig. 1. Nyst., 1843, Belgiq., p. 394, pl. 38, fig. 8. Anvers, Calloo, Stuyvenberg ; Angleterre, Ramsholt, Sutton.

***440. subarchimedis,** d'Orb., 1847. *T. Archimedis,* Dubois, pl. 2, fig. 21. Hauer, 1847, Naturwiss. Abhandl., p. 350 (non Brongniart, 1823). Autriche, Korod.

?442. acuticarinata, Dunker, 1847, Palæontographica, n. 1, p. 132, pl. 18, fig. 10. Java.

***443. triplicata,** Brocc., Conch. subap., p. 369, pl. 6, fig. 14. Sismonda, 1847, Syn. meth., p. 55. Dertona.

***444. subangulata,** Brocc., Conch. subap., p. 374, pl. 6, fig. 16. *T. acutangula,* Brocc., p. 368, pl. 6, fig. 10. Sismonda, 1847, Syn. meth., p. 55. Piémont, Turin, Dertona ; Autriche, Vienne.

***445. biplicata,** Bronn., It. tert. geb., p. 53. *Turbo duplicatus,* Brocchi, Conch., p. 367, pl. 6, fig. 18. Sismonda, 1847, Syn. meth., p. 54. Dertona, Turin.

***446. Brocchii,** Bronn., It. tert. geb., p. 53. *T. imbricaria,* Brocc., Conch. subap., p. 371, pl. 6, fig. 12 (non Lamarck). Sismonda, 1847, Syn. meth., p. 54. Turin, Dertona ; Autriche, Korod.

***447. Torinensis,** d'Orb., 1847. *Turbo terebra,* Brocchi, p. 364, pl. 6, fig. 8 (non Lamarck). *T. communis,* Sismonda, 1847, Syn. meth., p. 54 (non Risso, 1845). Turin.

***448. subvariabilis,** d'Orb., 1847. *T. variabilis,* Conrad (non Defr., 1828). États-Unis.

449. octonarius, Conrad, États-Unis.

***450. alticostata,** Conrad, Etats-Unis.

451. laqueata, Conrad, États-Unis.

***451. æquistriata,** Conrad, États-Unis.

453. plebeia, Say, États-Unis.

454. terstriata, Conrad, États-Unis ; île de Wight.

455. scalaria, de Buch, Kasten, Arch., vol. 2, p. 132. Dubois,

1831, Conch. foss., p. 36, pl. 2, fig. 18. Volhynie, Szuskowce, près de Bialozurka.

156. indigena, Eichw., 1830. *T. duplicata*, Dubois, 1831, Conch. foss., p. 37, pl. 2, fig. 19, 20 (non Lam.). Volhynie, Szuskowce, Jukowce, Bilea, etc.

***457. Patagonica,** Sowerby in Darw., 1846, South. Amer., p. 256, pl. 3, fig. 48. Port Désiré (Patagonie), Navidad (Chili).

***458. ambulacrum,** Sowerby in Darwin, 1846, South. Amer., p. 257, pl. 3, fig. 49. Santa-Cruz, S.-Julian (Patagonie).

***459. Chilensis,** Sowerby in Darw., 1846, South. Amer., p. 257, pl. 4, fig. 51. Iles d'Huafo et de Mocha (Chili).

460. pseudo-suturalis, d'Orb., 1847. *T. suturalis*, Sow. in Darw., 1846, South. Amer., p. 257, pl. 3, fig. 50 (non Phillips, 1836). Navidad (Chili); archipel de Chonos.

461. angulata, Sow., 1837, Trans. geol. Soc. of London, 2ᵉ série, 5, p. 328, pl. 26, fig. 7. Inde, prov. de Cutch, Soomrow.

462. assimilis, Sow., 1837, Trans. geol. Soc. of London, 2ᵉ série, 5, p. 328, pl. 26, fig. 8. Inde, prov. de Cutch, Soomrow.

***463. Rippelii,** Partsch, Environs de Vienne.

CHEMNITZIA, d'Orb., 1839.

***464. subornata,** d'Orb., 1847. *Melania ornata*, Gratteloup, 1847, Mel., pl. 1, n. 4, fig. 2 (non 6, 163). Dax, St-Paul.

465. sublævigata, d'Orb., 1847. *Melania lævigata*, Dubois, 1831, Conch. foss., p. 46, pl. 3, fig. 28, 29 (non Deshayes). Podolie, Krzemienna; Volhynie, Szuskowce.

466. pupa, d'Orb., 1847. *Melania id.*, Dubois, 1831, id., p. 46, pl. 3, fig. 34, 35. Volhynie, Szuskowce.

467. spiratissima, d'Orb., 1847. *Melania id.*, Dubois, 1831, id., p. 46, pl. 3, fig. 30, 31. Volhynie, Szuskowce.

468. reticulata, d'Orb., 1847. *Melania id.*, Dubois, 1831, id., p. 47, pl. 3, fig. 26, 27. Volhynie, Szuskowce.

469. Leunisii, d'Orb., 1847. *Eulima Leunisii*, Philippi, 1844, Beitr. zur Kenntniss, p. 53, pl. 3, fig. 8. Cassel.

470. quadristriata, d'Orb., 1847. *Eulima quadristriata*, Philippi, 1844, p. 19, pl. 3, fig. 9. Cassel (Hesse).

471. Kochii, Philippi, 1844, Beitr., p. 53, pl. 3, fig. 7. Cassel.

472. terebellum, d'Orb., 1847. *Rissoa terebellum*, Philippi, 1844, Beitr., p. 52, pl. 3, fig. 19. Cassel.

***473. exarata,** d'Orb., 1847. *Pasithea exarata*, Lea, 1843, Descrip. new. foss. tert., p. 25, pl. 55, fig. 44. États-Unis, Petersburg, Virginia.

***474. subula,** d'Orb., 1847. *Pasithea subula*, Lea, 1843, id., p. 25, pl. 35, fig. 45. Petersburg.

475. ovulum, d'Orb., 1847. *Pasithea ovulum*, Lea, 1843, id., p. 26, pl. 35, fig. 48. Petersburg.

***476. diaphana,** d'Orb., 1847. *Pasithea diaphana*, Lea, 1848, id., p. 26, pl. 35, fig. 49. Petersburg.

477. eburnea, d'Orb., 1847. *Pasithea eburnea*, Lea, 1843, p. 25, pl. 45, fig. 46. États-Unis, Petersburg, Virginia.

EULIMA, Risso, 1825. Voy. vol. 1, p. 116.

*478. subula, d'Orb., 1847. *Melania nitida*, Basterot, 1825, Gratteloup, 1847, Mel., pl. 1, n. 4, fig. 5 (non Lamarck). *Helix subula*, Brocchi, 1814, pl. 3, fig. 5. Dax, St-Paul, Saubrigues, Bordeaux ; Allemagne, Cassel.

*479. spina, d'Orb., 1847. *Melania spina*, Gratteloup, 1847, Mel., pl. 1, n. 4, fig. 6, 7, Dax, St-Paul, Bordeaux.

*480. incerta, d'Orb., 1847. *Melania incerta*, Gratteloup, 1847, Mel., pl. 1, n. 4, fig. 8, 9. Dax, St-Paul.

*481. lactea, d'Orb., 1847. *Melania lactea*, Gratteloup, 1847, Mel., pl. 1, n. 4, fig. 10, 11, 12, 13 (non *M. lactea*, Lam., 1804). Dax, St-Paul, Bordeaux.

*482. similis, d'Orb., 1847. *Melania distorta*, Gratteloup, 1847, Mel., pl. 1, n. 4, fig. 14 (non *distorta*, Deshayes. Elle est plus large). Dax, St-Paul, Bordeaux.

483. Gratteloupi, d'Orb., 1847. *Rissoa Boscii*, Gratteloup, 1847, Riss., pl. 1, n. 4, fig. 67, 68 (non Payrodeau, 1825). Dax, St-Paul.

484. terebralis, d'Orb., 1847. *Rissoa terebralis*, Gratteloup, 1847, Riss., pl. 1, n. 4, fig. 69, 70. Dax, St-Paul.

*485. lævigata, d'Orb., 1847. *Pasithea lævigata*, Lea, 1843, Descrip. new. foss. tert., p. 26, pl. 35, fig. 47. États-Unis, Petersburg, Virginia.

NISO, Risso, 1825. *Bonellia*, Deshayes, 1830.

*486. Burdigalensis, d'Orb., 1847. *Bonellia terebellata*, Gratteloup, 1847, Bonel., pl. 1, n. 4, fig. 15, 16 (non Deshayes, Paris). Dax, St-Paul, Saubrigues. Bordeaux ; Piémont.

487. minor, Philippi, 1844, Beitr. zur Kenntn., p. 53, pl. 3, fig. 16. Cassel (Hesse).

488. subterebellatus, d'Orb., 1847. *Niso terebellatus*, Bronn. (non *Bulimus terebellatus*, Bast., 1825, p. 23 ; non Lamarck). Nyst., pl. 37, fig. 29. Belgique, Anvers.

PYRAMIDELLA, Lamarck, 1796.

*489. Gratteloupi, d'Orb., 1847. *Pyramidella terebellata*, Grat., 1847, Pyr., pl. 1, n° 11, fig. 79, 80 (non Desh., 1828). Nyst., pl. 37, fig. 28. Espèce bien distincte de forme. Dax, Saint-Paul, Bordeaux, Angers, Touraine ; Belgique, Anvers.

*490. mitrula, Basterot, 1825, pl. 1, fig. 5. Gratteloup, 1847, Pyr., pl. 1, n° 11, fig. 81. Dax, Saint-Jean-de-Marsac.

491. Alberti, Mathéron, 1843, Catalogue, p. 268, pl. 41, fig. 7-9. Cassy (Bouches-du-Rhône).

*492. suturalis, Lea, 1843, Descrip. new. foss. tert., p. 32, pl. 36, fig. 68. États-Unis, Petersburg, Virginia.

493. elaborata, Lea, 1843, id., p. 33, pl. 36, fig. 64. Petersburg.

494. arenosa, Conrad. États-Unis.

PEDIPES, Adanson, 1757.

495. umbilicata, d'Orb., 1847. *Auricula umbilicata*, Desh., Dujard., 1837, Mém. Soc. géol. de France, t. 2, p. 276, pl. 19, fig. 20. Env. de Tours.

TURBONILLA, Risso, 1825.

496. bulimoides, d'Orb., 1847. *Acteon bulimoides*, Grattel., 1847, Acteon, pl. 1, n° 11, fig. 44, 45. Dax, Saint-Paul.

***497. subacicula,** d'Orb., 1847. *Acteon acicula,* Gratteloup, 1847, Act., pl. 1, nᵒ 11, fig. 46, 47. Dax, Saint-Paul, Bordeaux.

498. dubia, d'Orb., 1847. *Acteon dubia,* Gratteloup, 1847, pl. 1, nᵒ 11, fig. 48, 49, 50. Dax, Saint-Paul, Bordeaux.

***499. subumbilicata,** d'Orb., 1847. *Acteon subumbilicata,* Gratt., 1847, Act., pl. 1, nᵒ 11, fig. 51, 52. Dax, Saint-Paul.

500. gracilis, d'Orb., 1847. *Acteon gracilis,* Gratteloup, 1847, Act., pl. 1, nᵒ 11, fig. 73, 74. Dax, Saint-Paul.

***501. pseudo-auricula,** d'Orb., 1847. *Acteon pseudo-auricula,* Gratteloup, 1847, Act., pl. 1, nᵒ 11, fig. 75, 76. Dax, Saint-Paul.

502. pygmæa, d'Orb., 1847. *Acteon pygmœa,* Gratteloup, 1847, Act., pl. 1, nᵒ 11, fig. 77, 78. Dax, Saint-Paul.

503. incerta, d'Orb., 1847. *Acteon incerta,* Gratteloup, 1847, Act., pl. 1, nᵒ 11, fig. 61, 62, 63, 64. Dax.

***504. Gratteloupi,** d'Orb., 1847. *Acteon spina,* Gratteloup, 1847, Act., pl. 1, nᵒ 11, fig. 65, 66 (non *Pyramidella spina,* Feruss. ; *Auricula spina,* Desh.). Dax, Saint-Paul.

***505. subcostellata,** d'Orb., 1847. *Acteon costellata,* Gratteloup, 1847, Act., pl. 1, nᵒ 11, fig. 69, 70 (non *costellata,* Dujardin, 1837). Dax, Saint-Paul.

***506. costellata,** d'Orb. *Tornatella costellata,* Dujard., 1837, Mém. Soc. géol. de France, t. 2, p. 282, pl. 19, fig. 25. Env. de Tours.

507. subgracilis, d'Orb., 1847. *Auricula gracilis,* Philippi, 1844, Beitr. zur Kenntniss, p. 73, pl. 3, fig. 6. Allemagne, Cassel (Hesse).

508. elongata, d'Orb., 1847. *Chemnitzia elongata,* Philippi, 1844, Beitr., p. 53, pl. 3, fig. 10. Cassel.

509. subcylindrica, d'Orb., 1847. *Auricula subcylindrica,* Philippi, 1844, Beitr., p. 73, pl. 3, fig. 11. Cassel.

510. interstincta, d'Orb., 1847. *Rissoa interstincta,* Philippi, 1844, Beitr., p. 73, pl. 3, fig. 18. Cassel.

511. conoidea, d'Orb., 1847. *Turbo conoideus,* Brocchi, 1814, pl. 16, fig. 2. *Tornatella conoidea,* Nyst., 1843, pl. 37, fig. 27. Belg., Anvers.

***512. turbinata,** d'Orb., 1847. *Acteon turbinatus,* Lea, 1843, Descrip. new. foss. tert., p. 30, pl. 36, fig. 56. États-Unis, Pétersburg, Virginia.

513. angulata, d'Orb., 1847. *Acteon angulatus,* Lea, 1843, Descr., p. 30, pl. 36, fig. 57. Pétersburg.

514. glans, d'Orb., 1847. *Acteon glans,* Lea, 1843, Descr., p. 30, pl. 36, fig. 58. Pétersburg.

***515. granulata,** d'Orb., 1847. *Acteon granulatus,* Lea, 1843, Descript., p. 29, pl. 36, fig. 54. Pétersburg.

516. nitens, d'Orb., 1847. *Acteon nitens,* Lea, 1843, Descr., p. 31, pl. 36, fig. 60. Pétersburg.

***517. milium,** d'Orb., 1847. *Acteon milium,* Lea, 1843, Descript., p. 31, pl. 36, fig. 61. Pétersburg.

518. simplex, d'Orb., 1847. *Acteon simplex,* Lea, 1843, Descr., p. 32, pl. 36, fig. 62. Pétersburg.

ACTEON, Montfort, 1810. Voy. t. 1, p. 263.

***519. Burdigalensis,** d'Orb., 1847. *Tornatella semi-striata,* Gratt.

1847, Conch. foss. torn., pl. 1, fig. 20, 21 (exclus. fig. 18, 19). Dax, Bordeaux.

*520. **Gratteloupi,** d'Orb., 1847. *Tornatella inflata*, Gratteloup, 1845, Conch. foss. torn., pl. 1, n° 11, fig. 15 (non Desh., 1828). Dax, Saint-Paul, Bordeaux.

*521. **pinguis,** d'Orb., 1847. *Tornatella sulcata*, Gratteloup, 1847, Torn., pl. 1, n° 11, fig. 16, 17 (non *sulcata*, Féruss., Deshayes). Dax, Saint-Paul, Bordeaux.

*522. **semi-striatus,** d'Orb., 1847. *Tornatella semi-striata*, Bast., 1825, n° 3. Gratteloup, 1847, Torn., pl. 1, n° 11, fig. 18, 19 (exclus. fig. 20, 21). Dax, St-Paul, Bordeaux, Plausantin ; Piémont, Turin.

523. ovula, d'Orb., 1847. *Tornatella miliola*, Gratteloup, 1847, Torn., pl. 1, n° 11, fig. 22, 23 (non Lamarck). Dax, St-Paul.

524. lævigatus, d'Orb., 1847. *Tornatella lævigata*, Grattel., 1847, Torn., pl. 1, n° 11, fig. 24, 25. Dax, St-Paul.

525. ovalis, d'Orb., 1847. *Tornatella ovalis*, Grattel., 1847, Torn., pl. 1, n° 11, fig. 26-43. Dax, St-Paul.

*526. **striatellus,** d'Orb., 1847. *Tornatella striatella*, Gratteloup, 1847, Torn., pl. 1, n° 11, fig. 27, 28, 29. Dax, St-Paul.

527. Dargelasii, d'Orb., 1847. *Tornatella Dargelasii*, Gratteloup, 1847, Torn., pl. 1, n° 11, fig. 37, 38. Dax, St-Paul, Bordeaux.

*528. **ovulina,** d'Orb., 1847. *Tornatella hordeola*, Grattel., 1847, Torn., pl. 1, n° 11, fig. 39, 40, 41, 42 (non *auricula hordeola*, Lamarck). Dax, St-Paul, Bordeaux.

*529. **papyraceus,** d'Orb., 1847. *Tornatella papyracea*, Bast., 1847, Bordeaux, pl. 1, fig. 9. Gratteloup, 1847, Torn., pl. 1, n° 11, fig. 32, 33, 34, 35. Dax, St-Paul, Bordeaux.

530. clavulus, d'Orb., 1847. *Tornatella elongata*, Gratteloup, 1847, Torn., pl. 1, n° 11, fig. 36. Dax, St-Paul.

*531. **punctulatus,** d'Orb., 1847. *Tornatella punctulata*, Baster., 1825, pl. 1, fig. 24. Gratteloup, 1847, Torn., pl. 1, n° 11, fig. 11, 12. *T. maculosa*, Gratt. Dax, St-Paul, Bordeaux ; Piémont, Turin.

532. globulosus, d'Orb., 1847. *Tornatella subglobosa*, Gratt., 1847, Torn., pl. 1, n° 11, fig. 13. Dax, St-Paul.

*533. **subfasciatus,** d'Orb., 1847. *Tornatella fasciata*, Gratteloup, 1847, Torn., pl. 1, n° 11, fig. 14 (non Lamarck). Dax, Saint-Paul, Mainot.

534. subauricula, d'Orb., 1847. *Melania auricula*, Gratt., 1847, Mel., pl. 1, n° 4, fig. 4 (non Blainville, 1829). Dax, St-Paul.

*535. **striatus,** Sow., 1824, Min. Conch., t. 5, p. 87, pl. 460, fig. 2, *Tornatella striata*, Nyst., 1843, Coq. tert. de Belg., p. 426, pl. 37, fig. 24. Hérenthals', Anvers; Angl., Sutton (S. Wood).

536. Noæ, Sow., 1822, Min. Conch., t. 4, p. 101, pl. 374. *Tornatella Noæ*, Nyst., 1843, Belg., p. 424, pl. 37, fig. 22. Calloo, Stuyremberg; Angl., Suffolk.

537. punctato-sulcatus, d'Orb., 1847. *T. punctato-sulcata*, Philippi, 1844, Foss. tert. du N.-E. de l'Allemagne, p. 20, pl. 3, fig. 22. Hesse-Cassel.

*538. **sculptus,** Lea, 1843, Descript. new. foss. tert., p. 31, pl. 36, fig. 59. États-Unis, Pétersburg, Virginia.

539. novellus? Conrad. États-Unis.

540. melanoides? Conrad. États-Unis.

541. ovoides? Conrad. États-Unis.

RINGICULA, Deshayes, 1838.

***542. buccinea,** Deshayes, 1838 (exclus. syn.). Gratteloup, 1847, Aur., pl. 1, n° 11, fig. 8, 9. *Voluta buccinea,* Brocchi, pl. 4, fig. 9. *Auricula buccinea,* Sow., 1824, M. C., pl. 463, fig. 2. Dax, St-Paul, Bordeaux, Angers, Tours; Angleterre, Suffolk ; Piémont, Turin.

543. ventricosa, d'Orb., 1847. *Auricula ventricosa,* Sow., 1824, Min. C., t. 5, p. 99, pl. 465, fig. 1. Angl., Suffolk.

***544. striata,** Philippi, 1844, Foss. tert. du N.-E. de l'Allemagne, p. 28, pl. 4, fig. 23. *Pedipes striatus,* Bonelli. Cassel ; Piémont.

545. exilis, d'Orb., 1847. *Marginella id*, Eschw., 1820. *M. auriculata,* Dubofs, pl. 1, fig. 15, 16. Volhynie, Szuskowce, près de Bialozurka.

545'. costata, d'Orb., 1847. *Marginella id.,* Eschw. *M. cancellata,* Dubois, 1831, Conchyl. foss., p. 24, pl. 1, fig. 17, 18. Volhynie, Szuskowce.

***546. Bonellii,** Desh., 1838, Lam., Ann. s. vert., 8, p. 344. Mich., Préc., pl. 5, fig. 12. *Pedipes punctilabrum,* Bon. *R. punctilabrum,* Michelotti, Rivist., p. 3. Sismonda, 1847, Syn. meth., p. 52. Piémont, Turin.

NATICA, Adanson, 1757. Voy. t. 1, p. 29.

547. subglobosa, d'Orb., 1847. *N. globosa,* Grattel., 1845, Nat., pl. 5, fig. 1 (non Rœmer, 1836). Dax, St-Paul.

***548. tigrina,** Defr., Gratt., 1845, Nat., pl. 5, fig. 2-5. *N. patula,* Bast. Dax, St-Paul, Bordeaux.

***549. subcrassatina,** d'Orb., 1847. *N. crassatina,* Grattel., 1845, Nat., pl. 5, fig. 6 (non pl. 1, fig. 3 ; non Desh.). Dax, St-Paul.

***550. subepiglottina,** d'Orb., 1847. *N. epiglottina,* Grat., 1845, Nat., pl. 5, fig. 7, 8, 17, 18, 19 (non Desh., pl. 20, fig. 5). Dax, St-Paul, Bordeaux.

***551. subglaucinoides,** d'Orb., 1847. *N. glaucinoides,* Grattel., 1845, Nat., pl. 5, fig. 9, 10, 11, 12, 13 (non Desh., pl. 20, fig. 7, 8; non Sowerby). Dax, St-Paul, Mainot, Cabanes, Bordeaux.

552. sulcata, Gratt., 1845, Nat., pl. 5, fig. 22, 23. Dax, St-Paul, Mainot.

553. striatella, Gratt., 1845, pl. 5, fig. 24. Dax, St-Paul.

554. turbinoides, Gratt., 1845, Nat., pl. 5, fig. 25, 26. Dax, Saint-Paul.

***555. Kieneriana,** Gratt., 1847, Nat. suppl., pl. 2, n° 47, fig. 1. Dax, St-Paul, Mainot.

556. saturnalis, Gratt., 1845, Nat., pl. 5, fig. 14, 14 *bis.* Dax, St-Paul, Vielle (Landes).

***557. eburnoides,** Gratt., 1845, Nat., pl. 5, fig. 15, 16. Dax, St-Paul.

***558. varians,** Dujardin, 1837, Mém. Soc. géol. de France, t. 2, p. 281, pl. 19, fig. 6. Env. de Tours.

***559. Marticensis,** d'Orb., 1847. *N. striata,* Mathéron, 1843, Ca-

III.

4

talogue, p. 268, pl. 41, fig. 5, 6 (non Sow., 1822). Carry (Bouches-du-Rhône).

560. Sowerbyi, Nyst., 1843, Coq. tert. de Belgiq., p. 441, pl. 37, fig. 31. *N. glaucinoides*, Sow., 1824, M. C., 5, p. 126, pl. 479, fig. 4 (non Sow., 1812; non Desh., 1828). Anvers, Calloo, Stuyvenberg; Angl., Suffolk.

561. crassa, Nyst., 1843, Belg., p. 443, pl. 37, fig. 33. *N. patula*, Sow., 1822, Min. Conch., 4, pl. 373, fig. infér. (non Lam.). *N. glaucina*, Dubois, 1831, pl. 3, fig. 42, 43 (non Lamarck). Anvers, Calloo, Stuyvenberg; Angl., Suffolk, Ipswich; France, Bordeaux, Dax, Léognan, Saucats; Szuskowce, en Volhynie.

562. cirriformis, Sow., 1824, Min. Conch., t. 5, p. 125, pl. 479, fig. 1. Nyst., 1843, Belg., p. 444, pl. 39, fig. 1. Anvers; Angleterre, Suffolk.

***565. submamilla,** d'Orb., 1847. *N. mamilla*, Sismonda, 1847, Syn. meth., p. 51 (non Lamarck). Piémont, Turin.

***566. submamillaris,** d'Orb., 1847. *N. mamillaris*, Sismonda, 1847, Syn. meth., p. 51 (non Lamarck). Piémont, Turin.

***567. Sismondiana,** d'Orb., 1847. *N. millepunctata*, Sismonda, 1847, Syn. meth., p. 51 (non Lamarck). *N. canvena*, Brocchi, Conch., p. 296 (non Linné). Piémont, Turin.

***568. olla,** Marc., de Serr., Geog. terr. tert., pl. 1, fig. 1, 2 (Desh., Lam., Ann. s. vert., 8, p. 650. *N. glaucina*, Brocchi, Conch., p. 296 (non Lam.). Sismonda, 1847, Syn. meth., p. 51. Piémont. Turin.

***569. pseudo-epiglottina,** Sismonda, 1847, Syn. meth., p. 51. *N. epiglottina*, Auct. Pedem. (non Lam.). Piémont, Turin.

570. redempta, Michelotti, Préc. Faun. mioc., pl. 6, fig. 6. Sismonda, 1847, Syn. meth., p. 51. Piémont, Dertona.

***571. scalaris.** Bellardi et Michelotti, Sagg. oritt., p. 72, pl. 8, fig. 11, 12. Sismonda, 1847, Syn. meth., p. 51. Piémont, Turin.

572. tectula, Bonnelli, Sismonda, 1847, Syn. meth., p. 27 et 51. Piémont.

***573. hemiclausa,** Sow., Nyst., 1843, Belgique, p. 446, pl. 38, fig. 15. Sow., 1824, Min. Conch., t. 5, p. 125, pl. 479, fig. 2. Belgiq., Hérenthals? Anvers, Calloo, Stuyvenberg; Angl., Suffolk, Norfolk; France, en Touraine.

***574. helicina,** Sismonda. *Nerita helicina*, Brocc., Conch. subap., p. 297, pl. 1, fig. 10. Sismonda, 1847, Syn. meth., p. 51. Piémont, Turin.

575. dilatata, Philippi, 1844, Foss. tert. du N.-E. de l'Allemagne, p. 20, pl. 3, fig. 20. Cassel (Hesse).

576. Volhynia, d'Orb., 1847. *N. epiglottina*, Dubois, 1831, Conch. foss., p. 44, pl. 2, fig. 34, 35 (non Lamarck). Volhynie, Szuskowce.

577. fasciolata, Bonelli et Sismonda, 1847, Syn. meth., p. 27 et 51. Piémont.

***578. crassilabrum,** Lea, 1843, Descript. new. foss. tert., p. 28, pl. 36, fig. 53. Pétersburg, Virginia.

579. sphærulus, Lea, 1843, Descript., p. 28, pl. 37, fig. 52. Pétersburg.

580. interna, Say. États-Unis.

581. heros, Say. États-Unis.

'582. duplicata, Say. États-Unis, Ile de Wight.

583. pumila, Sowerby in Darw., 1846, South. Amer., p. 254, pl. 3, fig. 38. Chiloe (Chili).

584. striolata, Sowerby in Darw., 1846, South. Amer., p. 255, pl. 3, fig. 39. Chiloe.

585. subsolida, d'Orb., 1847. *N. solida*, Sowerby in Darwin, 1846, South. Amer., p. 255, pl. 3, fig. 40, 41 (non Blainville, 1825). Navidad, Chili, S. Cruz, Patagonie?

586. obscura, Sow., 1837, Trans. geol. Soc. of London, 2e série, 5, p. 328, pl. 26, fig. 2. Indes, prov. de Cutch, Soomrow.

587. callosa, Sow., 1837, Trans., 2e série, 5, p. 328, pl. 26, fig. 3. Soomrow (Cutch).

588. angulifera, d'Orb., 1847. *Globulus anguliferus*, Sow., 1837, Trans., 2e série, 5, p. 328, pl. 26, fig. 4. Prov. de Cutch, Borders of the Runn.

SIGARETUS, Adanson, 1757.

'589. subcanaliculatus, d'Orb., 1847. *S. canaliculatus*, Bast. Bord., n° 1 (non Sow., 1823). *S. haliotideus*, Gratt., 1847, C. foss. sig. suppl., pl. 3, n° 48, fig. 19, 20 (non Linné). Dax, St-Paul, Bordeaux ; Autriche, Korod.

590. depressus, Gratteloup, 1847, Conch. foss. sig. suppl., pl. 3, n° 48, fig. 21. Dax, St-Paul, Bordeaux.

'591. striatulatus, Marcel de Serres, Gratteloup, 1847, Sig. suppl. pl. 3, n° 48, fig. 23. Dax, St-Paul, Bordeaux.

592. affinis, Eschwald, 1830. *S. haliotideus*, Dubois, 1831, Conch. foss., p. 43, pl. 3, fig. 47, 48 (non Linné). Volhynie, Szuskowce.

'593. subglobosus, Sow. in Darw., 1846, South. Amer., p. 254, pl. 3, fig. 36, 37. Navidad, Chili, Ile d'Ypun.

594. subelegans, d'Orb., 1847. *S. elegans*, Philippi, 1844, Beitr. zur Kenntn., p. 20, pl. 3, fig. 24 (non Blainville, 1827). Allem., Cassel (Hesse).

'595. apertus, d'Orb., 1847. *Natica aperta*, Lea, 1843, Descr. new. foss. tert., p. 28, pl. 36, fig. 51. États-Unis, Pétersburg, Virginia.

596. fragilis, Conrad. *Natica fragilis*, Conrad. États-Unis.

NERITOPSIS, Sowerby, 1825. Voy. t. 1, p. 172.

597. moniliformis, Gratteloup, 1845, Neritops., pl. 1, fig. 36, 37, 38. Dax, St-Paul.

NERITA, Linné, 1758. Voy. t. 1, p. 214.

'598. subpicta, d'Orb., 1847. *Neritina picta*, Féruss., Nerit. foss., fig. 4-7. Gratteloup, 1845, pl. 1, fig. 13, 17, 44. Eschwald, 1830. Dubois, 1831, Conch. f., p. 45, pl. 3, fig. 45, 46. Carry (Bouches-du-Rhône), St-Paul (Landes); Bordeaux; Kvzemienna, Podolie; Piémont, Turin.

'599. asperata, Dujard., 1837, Mém. Soc. géol. de France, t. 2, p. 280, pl. 19, fig. 15, 16. Env. de Tours.

'600. funata, Dujard., 1837, Mém., p. 281, pl. 19, fig. 14. Grattel., 1845, Conch. foss., Nerit., pl. 1, fig. 41. Env. de Tours, Dax, Saint-Paul.

601. subsulcosa, d'Orb., 1847. *N. sulcosa*, Grattel., 1845, Conch.

foss. Nerit., pl. 1, fig. 33 (non *sulcata*, Defrance ; non Brocchi, 1814).
Dax, St-Paul.

*602. **subcornea,** d'Orb., 1847. *N. cornea*, Grattel., 1845, Nerita,
pl. 1, fig. 34, 35 (non Born., 1780). Dax, St-Paul.

*603. **Burdigalensis,** d'Orb., 1847. *Neritina fluviatilis*, Grattel.,
1845, Nerit., pl. 1, fig. 1, 2, 3 (non Linné). Dax, Saint-Paul, Mandillot
(Landes); Autriche, Vienne.

604. **planospira,** d'Orb., 1847. *Neritina planospira*, Gratt., 1845,
Ner., pl. 1, fig. 4, 5. Dax, St-Paul.

*605. **Gratteloupiana,** d'Orb., 1847. *Neritina Gratteloupiana*,
Gratteloup, 1845, Ner., pl. 1, fig. 6, 7, 8, 10, 12, 39, 40. *N. Aquensis*,
Gratt. Dax, Mandillot.

*606. **polyzonalis,** d'Orb., 1847. *Neritina polyzonalis*, Gratteloup,
1845, Ner., pl. 1, fig. 13, 14, 15, 16, 17, 44. Dax, St-Paul, Cabanes,
Mainot.

607. **subconcava,** d'Orb., 1847. *Nerita concava*, Férussac, Gratteloup, 1845, Ner., pl. 1, fig. 18, 19, 20, 42, 43 (non Sow., 1823). Dax,
St-Paul.

*608. **subpisiformis,** d'Orb., 1847. *Neritina pisiformis*, Gratt.,
1845, Ner., pl. 1, fig. 21, 22, 23 (non Férussac, 1823). Dax, Saint-
Paul; Piémont, Turin.

*609. **Moulinsii,** d'Orb., 1847. *Neritina Duchasteli*, Gratt., 1845,
Ner., pl. 1, fig. 24 (non Desh., 1828). Dax, St-Paul.

*610. **subvirginea,** d'Orb., 1847. *Neritina virginea*, Grat., 1845,
Ner., pl. 1, fig. 25, 26 (non *virginea*, Linné). Dax, St-Paul, Mandillot.

611. **subplicata,** d'Orb., 1847. *Nerita plicata*, Gratt., 1845, Nerita,
pl. 1, fig. 27, 28 (non *plicata*, Linné). Dax, St-Paul.

*612. **Plutonis,** Bast., 1825, Bord., pl. 2, fig. 14. Grattel., 1845,
Nerita, pl. 1, fig. 29, 30. Dax, St-Paul, Mainot, Mandillot, Touraine,
Bordeaux ; Piémont, Turin.

613. **subintermedia,** d'Orb., 1847. *N. intermedia*, Grattel., 1845,
Ner., pl. 1, fig. 31, 32 (non Sowerby, 1832). Dax, St-Paul, Mainot,
Mandillot.

*614. **Gallo-provincialis,** Mathéron, 1843, Catalogue, p. 227,
pl. 38, fig. 14. France, Carry (Bouches-du-Rhône).

615. **sublævis,** Mathéron, 1843, id., p. 228, pl. 38, fig. 11. Carry.

*616. **Martiniana,** Mathéron, 1843, p. 228, pl. 38, fig. 12, 13.
Carry.

617. **subcarinata,** Mathéron, 1843, p. 229, pl. 38, fig. 14, 15.
Carry.

618. **Danubialis,** Desh., 1838, Mém. Soc. géol. de France, t. 3,
p. 65, pl. 5, fig. 4, 5. Crimée.

*619. **compressa,** Bonelli, Denom. ined. test. Mus. Turin. Sismonda, 1847, Syn. meth., p. 50. Turin.

620. **gigantea,** Bellardi et Michelotti, Sagg. oritt., p. 72, pl. 8,
fig. 1, 2. Sismonda, 1847, Syn. meth., p. 50. Turin.

621. **Misingeri,** Bellardi et Michelotti, Sagg. oritt., p. 73, pl. 8,
fig. 7, 8. Sismonda, 1847, Syn. meth., p. 50. Turin.

622. **Morellii,** Bellardi et Michelotti, Sagg. oritt., p. 73, pl. 8,
fig. 7, 8. Sismonda, 1847, Syn. meth., p. 50. Turin.

'623. Proteus, Bonelli et Sismonda, 1847, Syn. meth., p. 27 et 50. Turin.

'624. subcaronis, d'Orb., 1847. *Nerita Caronis,* Gratteloup, 1845, Nerita, pl. 1, fig. 45 (non Brongniart, 1823). Dax, St-Paul.

PHORUS, Montfort, 1810.

625. scrutarius, d'Orb., 1847. *Trochus scrutarius,* Philippi, 1844, Foss. tert. du N.-E. de l'Allemagne, p. 22, pl. 3, fig. 37. Cassel.

626. plicomphalus, d'Orb., 1847. *T. plicomphalus,* Pusch, 1837, Polen's Paléont., p. 110, pl. 10, fig. 7. Pologne, Zuckouce, Krzeminna.

'627. Aquensis? d'Orb., 1847. *T. conchyliophorus,* Grattel., 1845, Conch. troch., pl. 1, fig. 3, 4 (exclus., fig. 1, 2, et Syn.). France, St-Paul (Landes).

'628. Borsoni, Bellardi. *Phorus gigas,* Mich., Préc. Faun. mioc., pl. 7, fig. 1 (non *T. gigas,* Bors.). Sismonda, 1847, Syn. meth., p. 50. Turin.

'629. testigerus, Bronn, It. tert. geb., p. 61. *T. colligens,* Bonelli, Michelotti, Riv. gaster., p. 14. E. Sismonda, Syn. meth., p. 29 et 50. Piémont, Dertona.

TROCHUS, Linné, 1758. Voy. t. 1, p. 64.

630. Thorinus, Gratt., 1845, Troch., pl. 1, fig. 22. Dax, Mainot, Bordeaux.

'631. pseudo-magus, d'Orb., 1847. *T. magus,* Grattel., 1845, Troch., pl. 1, fig. 23 (non Lamarck, Linné). Dax, Cazorditte, Saint-Paul.

'632. trigonostomus, Gratt., 1845, Troch., pl. 1, fig. 24. Nyst., pl. 35, fig. 23. Dax, Mainot, Bordeaux, Anvers.

'633. subhelicinus, d'Orb., 1847. *T. helicinus,* Gratt., 1845, Troch., pl. 1, fig. 25 (non Gmelin, 1789). Dax, Bordeaux; Piémont, Turin.

'634. consobrinus, d'Orb., 1847. *Monodonta Araonis,* Gratteloup, 1845, Mon., pl. 1, fig. 4 (exclus. fig. 3 et Syn.). France, Saint-Paul (Landes).

635. subsolaris, d'Orb., 1847. *T. solaris,* Gratt., 1845, Conch. foss. troch., pl. 1, fig. 26, 27 (non Brocchi). France, Dax, Saint-Paul.

'636. patulus, Brocchi, pl. 5, fig. 19. Gratt., 1845, pl. 1, fig. 28, 29. *T. carinatus,* Eschw. (non Brongn.), Nyst., pl. 35, fig. 21. Dax, St-Paul, Bordeaux; Belgique, Anvers.

'637. Amedei, Brongn., 1823, pl. 6, fig. 2. Gratteloup, 1845, pl. 1, fig. 30, 31. Dax, St-Paul; Piémont, Turin.

'638. Araonis, d'Orb., 1847. *Monodonta Araonis,* Grattel., 1845, Mon., pl. 1, fig. 3 (exclus. fig. 4 et Syn.). Dax, St-Paul.

'639. Cypris, d'Orb., 1847. *Monodonta elegans,* Bast., 1825, pl. 1, fig. 22. Gratt., 1845, Mon., pl. 1, fig. 1 (non *Trochus elegans,* Gratt.). Dax, St-Paul.

640. rugosus, Gratt., 1845, pl. 1, fig. 7, 8 (exclus. Syn.). Dax, St-Paul.

'641. Audebardi, Bast., 1825, Bord., pl. 4, fig. 11. Gratt., 1845, Troch., pl. 1, fig. 13. Dax, St-Paul.

642. sublævigatus, d'Orb., 1847. *T. lævigatus,* Gratteloup, 1845, Troch., pl. 1, fig. 16 (non Sow., 1817). Dax, St-Paul.

*643. **subturgidulus,** d'Orb., 1847. *T. turgidulus.* Bast., 1825, Bord., pl. 1, fig. 20. Gratt., 1845, pl. 1, fig. 18, 19 (non Brocchi, 1814). Dax, St-Paul; Autriche, Vienne, Gainfaren.

*644. **Martinianus,** Mathéron, 1843, Catalogue, p. 236, pl. 39, fig. 10, 11. Carry (Bouches-du-Rhône).

*645. **similis,** Sow., 1817, Min. Conch., 2, p. 179, pl. 181, fig. 2. Nyst., 1843, Coq. tert. de Belgique, p. 377, pl. 35, fig. 19. Anvers. Calloo, Stuyvenberg; Angl., Holywell.

646. Dekinii, Nyst., 1843, Belg., p. 378, pl. 36, fig. 10. Anvers.

647. assimilis, d'Orb., 1847. *T. lævigatus,* Sow., 1817, Min. C., t. 2, p. 179, pl. 181, fig. 1. Nyst., 1843, Belg., p. 379, pl. 36, fig. 11 (non Gmelin, 1789). Anvers; Angl., Holywell, Ipswich.

*648. **Sedgwicki?** Sow., 1835, Min. Conch., t. 6, p. 247, Tab. syst., Nyst., 1843, Belg., p. 380, pl. 35, fig. 20. *T. concavus,* Sowerby, 1821, pl. 272, fig. 1 (non pl. 181). Anvers; Angl., Suffolk, Ramsholt (S. Wood).

649. octosulcatus, Nyst., 1843, Belg., p. 381, pl. 38, fig. 1. Anvers, Doel; Angl., Suffolk.

650. Kichxii, Nyst., 1843, p. 381, pl. 38, fig. 2. Anvers.

651. Robynsii, Nyst., 1843, p. 382, pl. 38, fig. 3. Anvers.

652. solarium, Nyst., 1843, p. 383, pl. 38, fig. 4. Belg., Anvers, Calloo, Stuyvenberg.

*653. **Hommairei,** d'Orb., 1844, Paléont. du Voyage de M. Hommaire, p. 445, pl. 2, fig. 1, 2. Bessarabie, Kichinew.

*654. **Blainvillei,** d'Orb., 1844, id., p. 445, pl. 2, fig. 3-5. Bessarabie, Kichinew.

*655. **Beaumontii,** d'Orb., 1844, Paléont. du Voyage de M. Hommaire, p. 447, pl. 2, fig. 6-8. Bessarabie, Kichinew.

*656. **Cordierianus,** d'Orb., 1844, Pal. du Voyage de M. Hommaire, p. 448, pl. 2, fig. 9-12. Bessarabie, Kichinew.

*657. **Feneonianus,** d'Orb., 1844, Pal. du Voyage de M. Hommaire, p. 449, pl. 2, fig. 13-15. Bessarabie, Kichinew.

*658. **Rollandianus,** d'Orb., 1844, Pal. du Voyage de M. Hommaire, p. 450, pl. 2, fig. 16-18. Bessarabie, Kichinew.

*659. **Pageanus,** d'Orb., 1844, Paléont. du Voyage de M. Hommaire, p. 451, pl. 2, fig. 19-21. Bessarabie, Kichinew.

*660. **Woronzofii,** d'Orb., 1844, Pal. du Voyage de M. Hommaire, p. 452, pl. 2, fig. 22-24. Bessarabie, Kichinew.

*661. **Adelæ,** d'Orb., 1844, Paléont. du Voyage de M. Hommaire, p. 453, pl. 2, fig. 25-27. Bessarabie, Kichinew.

*662. **elatior,** d'Orb., 1844, Paléont. du Voyage de M. Hommaire, p. 454, pl. 3, fig. 1-3. Bessarabie, Kichinew.

*663. **Podolicus,** Dubois, 1831, d'Orb., 1844, Paléont. du Voyage de M. Homm., p. 455, pl. 3, fig. 15, 16. Bessarabie, Kichinew, Doutchina, New-Konstantinow, Tessow, Jakowa, Brikow, Grigorcopol, sur les bords du Dniester.

*664. **Eschwaldi,** d'Orb., 1847, *T. carinatus,* Eschw., 1830 (non

Brongn.). *T. patulus*, Dubois, 1831, Conch. foss., p. 39, pl. 2, fig. 31-33 (non Brocchi). Volhynie, Szuskowce.

665. novemcinctus, de Buch, Dubois, 1831, Conch. foss., p. 39, pl. 3, fig. 17-19. Volhynie, Szuskowce.

666. Buchii, Dubois, 1831, Conch. foss., p. 39, pl. 3, fig. 9-11. *T. annulatus*, de Buch (non Lam.). Volhynie, Szuskowce.

668. semi-granulatus, Dubois, 1831, Conch. foss., p. 40, pl. 3, fig. 7, 8. Volhynie, Szuskowce.

669. quadristriatus, Dubois, 1831, Conch. foss., p. 41, pl. 3, f. 4-6. Volhynie, Szuskowce.

'670. subcinerarius, d'Orb., 1847. *T. cinerarius*, Sismonda, 1847, Syn. meth., p. 49 (non Linné). Turin.

'672. crenulatus, Brocchi, 1814, Conch. subap., p. 354, pl. 6, fig. 2. Sismonda, 1847, Syn. meth., p. 49 (exclus. Syn.). Turin.

673. divergens, Gené, E. Sismonda, 1847, Syn. meth., p. 29 et 49. Piémont.

674. gigas, Borson, Oritt. Piém., p. 82, pl. 2, fig. 1. Sismonda, 1847, Syn. meth., p. 49. Turin.

'675. rotellaris, Michelotti, E. Sismonda, 1847, Syn. meth., p. 29 et 50. Piémont, Dertona.

676. substrigosus, d'Orb., 1847. *Trochus strigosus*, Sismonda, 1847, Syn. meth., p. 50 (non Gmelin). Piémont.

'677. turritus, Bonelli, Bellardi et Michelotti, Sagg. oritt., p. 67, pl. 6, fig. 6. Sismonda, 1847, Syn. meth., p. 50. Piémont, Turin.

678. vertex, Michelotti, Préc. Faun. mioc., pl. 7, fig. 3. *T. Boscianus*, Bonelli (non Brongniart), E. Sismonda, 1847, Syn. meth., p. 29 et 50. Turin.

'679. carinatus, Borson, pl. 2, fig. 2. Brongniart, 1823, Vicentin, p. 56, pl. 4, fig. 5. Turin.

'680. subrudis, d'Orb., 1847. *Monodonta lævigata*, Michelotti, Préc. Faun. mioc., pl. 7, fig. 12, 13 (non Sow.). *Turbo rudis*, Bonelli (non Sow., non Maiton., 1804), Sismonda, 1847, Syn. meth., p. 49. Turin.

'681. polyodonta, d'Orb., 1847. *Monodonta polyodonta*, Bronn, It. tert. geb., p. 56. *M. corallina*, Mich. (non Gmelin). *M. Pharaonula*, Bonelli, E. Sismonda, 1847, Syn. meth., p. 30 et 49. Turin.

'682. quadrulus, d'Orb., 1847. *Monodonta quadrula*, Michelotti, Préc. Faun. mioc., pl. 7, fig. 15. *Turbo quadrulus*, Mich., Riv. gast., p. 18. *Troch. lima*, Gen., Sismonda, 1847, Syn. meth., p. 49. Turin.

'683. delphinuloides, d'Orb., 1847. *Delphinula concava*, Lea, 1843, Descript. new. foss. tert., p. 35, pl. 36, fig. 70 (non *concavus*, Gmelin, 1789). Pétersburg, Virginia.

'684. liparus, d'Orb., 1847. *Delphinula lipara*, Lea, 1843, Descr. new. foss. tert., p. 35, pl. 36, fig. 71. Pétersburg.

'685. Haffnii, Lea, 1843, Descrip., p. 40, pl. 37, fig. 86. Pétersburg.

686. armillus, Lea, 1843, Descr., p. 38, pl. 37, fig. 81. Pétersburg.

687. subconus, d'Orb., 1847. *T. conus*, Lea, 1843, Descr., p. 39, pl. 37, fig. 82 (non Gmelin, 1789). États-Unis, Pétersburg, Virginia.

'688. lens, Lea, 1843, Descr., p. 39, pl. 37, fig. 83. Pétersburg.

689. torquatus, Lea, 1843, Descr., p. 40, pl. 37, fig. 84. Pétersburg.

***690. aratus,** Lea, 1843, Descr., p. 40, pl. 37, fig. 85. Pétersburg.

691. humilis, Conrad. États-Unis.

692. reclusus, Conrad. États-Unis.

693. Mitchelli, Conrad. États-Unis.

694. philanthropus, Conrad. États-Unis.

695. lapidosus, Conrad. États-Unis.

696. bellus, Conrad. États-Unis.

697. elegantulus, Philippi, 1844, Foss. tert. du N.-E. de l'Allem., p. 22, pl. 3, fig. 35. Allem., Cassel.

698. subvariabilis, d'Orb. 1847. *T. variabilis,* Sow., 1821, Trans. geol. Soc. of London, 2e série, t. 3, pl. 39, fig. 9 (non Defr., 1828). Lower-Styria.

***699. collaris,** Sow. in Darw., 1846, South. Amer., p. 256, pl. 3, fig. 44, 45. Navidad (Chili); S. Cruz (Patagonie).

***700. Chilensis,** d'Orb., 1847. *T. lævis,* Sow. in Darw., 1846, South. Amer., p. 256, pl. 3, fig. 46, 47 (non Schloth., 1820). Amer. mérid., Navidad (Chili).

701. cognatus, Sow., 1837, Trans. geol. Soc. of London, 2e série, t. 5, p. 328, pl. 26, fig. 6. Indes orientales, province de Cutch, Soomrow.

PITONELLUS, Montfort, 1810. Voy. t. 1, p. 64.

***702. nanus,** d'Orb., 1847. *Rotella nana,* Gratt., 1845, Roulette, pl. 1, fig. 43, 44. Dax, St-Paul.

***703. Defrancii,** d'Orb., 1847. *Rotella Defrancii,* Baster., 1825, Bord., pl. 1, fig. 16. Gratt., 1845, Conch. foss. Roulette, pl. 1, fig. 45, 46, 47 (exclus. Syn.). Dax, St-Paul; Turin.

704. subconica, Lea, 1843, Descript. new. foss. tert., p. 37, pl. 36, fig. 77. États-Unis, Pétersburg, Virginia.

***705. carinata,** Lea, 1843, Descript., p. 37, pl. 36, fig. 78. Pétersburg.

***706. lenticularis,** Lea, 1843, Descr., p. 38, pl. 36, fig. 79. Pétersburg.

707. umbilicata, Lea, 1843, Descr., p. 38, pl. 36, fig. 80. Pétersburg.

***708. subsuturalis,** d'Orb., 1847. *Rotella suturalis,* Auct. pedem. (non Lamarck). Piémont, Tortona.

SOLARIUM, Lamarck, 1801. Voy. t. 1, p. 300.

***709. carocollatum,** Lam., 1822. Bast., 1825, Bord., pl. 1, fig. 12. Gratt., 1845, Conch. foss., Cadrans, pl. 1, fig. 27, 28 (exclus. fig. 29). Dax, Saint-Paul, Bordeaux, Saubrigues; Piémont, Turin; Autriche, Vienne.

710. trigonostomum, d'Orb., 1847. *Delphinula trigonostoma,* Gratteloup, 1845, Conch. foss. dauph., pl. 1, fig. 24-26. Dax, Saint-Paul.

***711. Doublieri,** Mathéron, 1843, Catal., p. 235, pl. 39, fig. 6, 7. Plandaren (Bouches-du-Rhône).

***712. miserum,** Dujard., 1837, Mém. Soc. géol. de France, t. 2, p. 282, pl. 19, fig. 11 a, b. Env. de Tours.

'713. planorbillus, Dujardin, 1837, Mém., t. 2, p. 282, pl. 19, fig. 13. Louans (Indre-et-Loire).

714. delphinulum, Grattel., 1845, Cadrans, pl. 1, fig. 33. Dax, St-Paul.

715. subconoideum, d'Orb., 1847. *S. conoideum*, Grattel., 1845, pl. 1, fig. 34 (non Sow., 1813). Dax, St-Paul.

716. subcanaliculatum, d'Orb., 1847. *S. canaliculatum*, Gratt., 1845, Cadrans, pl. 1, fig. 25 (non Lam., 1804). Dax, St-Paul, Bord., Montpellier.

'717. subplicatum, d'Orb., 1847. *S. plicatum*, Gratt., 1845, Cadrans, pl. 1, fig. 36 (non Lamarck, 1804). Dax, St-Paul.

718. bicarinatum, Gratt., 1845, Cadrans dauph., pl. 1, fig. 38, 39. Dax, St-Paul.

719. quadrifasciatum, Gratt., 1845, Cadrans, pl. 1, fig. 40, 41, 42 (non Dubois, 1831). Dax, St-Paul.

720. planulatum, Gratt., 1845, Conch. foss. solar., pl. 1, fig. 37. St-Paul (Landes).

721. turbinoides, Nyst., 1833, Coq. tert. de Belg., p. 370, pl. 36, fig. 7. Anvers, Cailloo, Stuyvenberg.

722. minimum, d'Orb., 1847. *Delphinula minima*, Philippi, 1844, Beitr. zur Kenntn., p 55, pl. 3, fig. 80. Cassel (Heese).

723. crispulum, d'Orb., 1847. *Delphinula crispula*, Philippi, 1844, Beitr., p. 21, pl. 3, fig. 31. Cassel.

723'. acies, Philippi, 1844, Beitr., p. 74, pl. 3, fig. 34. Cassel.

724. suturale, d'Orb., 1847. *Delphinula suturalis*, Philippi, 1844, Beitr., p. 55, pl. 3, fig. 34. Cassel.

725. subcarinatum, d'Orb., 1847. *Delphinula carinata*, Philippi, 1844, Beitr., p. 21, pl. 3, fig. 26 (non Schum., 1817). Cassel.

726. dubium, d'Orb., 1847. *Delphinula dubia*, Philippi, 1844, Beitr., p. 21, pl. 3, fig. 28. Cassel.

727. simplex, Bronn, It. tert. geb., p. 63. *S. pseudo-perspectivum*, Brocchi, var. (non Lam.). *S. sulcatum*, Bonelli (non Lam.). *S. neglectum*, Mich., de Solar., pl. 2, fig. 7-9. Sismonda, 1847, Syn. meth., p. 49. Turin.

'728. subvariegatum, Sismonda, 1847, Syn. meth., p. 49 (non Lamarck). Piémont, Dertona.

729. humile, Michelotti, de Solar. in Trans. Soc. Edinb., 15, p. 218, pl. 2, fig. 22-24. Sismonda, 1847, Syn. meth., 1847, p. 48. Turin.

730. subluteum, d'Orb., 1847. *S. luteum*, Michelotti, de Solar. in Trans. Soc. Edinb., 12, p. 213, pl. 2, fig. 10-12 (non Lamarck). Sismonda, 1847, Syn. meth., p. 48. Turin.

731. Lyelli, Michel., de Solar. in Trans. Soc. Edinb., 15, p. 217, pl. 2, fig. 28-30. Sismonda, 1847, Syn. meth., p. 48. Dertona.

'732. millegranum, Lam., Ann. s. vert., 9, p. 109. Bell. et Mich., Sagg. or., pl. 7, fig. 6, 7. *S. canaliculatum*, Brocchi (non Lamarck). *S. pulchellum* Michelotti, Sismonda, 1847, Syn. meth., p. 48. Piémont, Dertona.

'733. submoniliferum, d'Orb., 1847. *S. moniliferum*, Bronn, It. tert. geb., p. 63 (non Mich., 1833). *S. canaliculatum*, Mich., de

Solar., pl. 2, fig. 25-27 (non Lam.). *S. crenulosum*, Bonelli, Sismonda, 1847, Syn. meth., p. 49. Piémont.

734. pseudo-perspectivum, Brocchi, Conch. subap., p. 359, pl. 5, fig. 18. *S. complanatum*, Defrance, Sism., 1847, Syn. meth., p. 49. Piémont.

735. semi-squamosum, Bronn, Iter. tert. geb., p. 63. *S. sulcatum*, Bors. (non Lam.). Sismonda, 1847, Syn. meth., p. 49. Piémont, Turin.

***736. costulatum,** d'Orb., 1847. *Delphinula costulata*, Lea, 1843, Descript. new. foss. tert., p. 34, pl. 36, fig. 69. États-Unis, Pétersburg, Virginia.

737. obliquè-striatum, d'Orb., 1847. *Delphinula obliquè-striata*, Lea, 1843, Descr., p. 35, pl. 36, fig. 72. Pétersburg, Virginia.

738. quadristriatum, Dubois, 1831, Conch. foss., p. 42, pl. 3, fig. 20, 21. Volhynie, Szuskowce.

739. affine, Sow., 1837, Trans. geol. Soc. of London, 2e série, t. 5, p. 328, pl. 26, fig. 5. Indes, province de Kutch, Soomrow.

740. nuperum, Conrad. États-Unis.

DELPHINULA, Lamarck, 1804. Voy. t. 1, p. 191.

***741. rotellæformis,** Grattel., 1845, Conch. foss. dauph., pl. 1, fig. 22, 23. Dax, St-Paul.

***742. naticoides,** Lea, 1843, Descr. new. foss. tert., p. 37, pl. 36, fig. 76. Pétersburg, Virginia.

743. lyra? Conrad. États-Unis.

PHASIANELLA, Lamarck, 1804. Voy. t. 1, p. 67.

***744. Gratteloupi,** Desh. in Lam., 9, p. 213, n° 5. *Phasianella angulifera*, Gratt., 1845, Conch. foss. ph., pl. 1, fig. 26 (non Lamarck). Dax, St-Paul.

745. spirata. Gratt., 1845, Ph., pl. 1, fig. 27. Dax, Mainot.

***746. Aquensis,** d'Orb., 1847. *P. turbinoides*, Gratt., 1845, Phas., pl. 1, fig. 28 (non Lamarck, 1804). Dax, Castelarbe.

***747. Prevostina,** Bast., 1825, pl. 1, fig. 18. Gratt., 1845, pl. 1, fig. 29, 30. Dax, St-Paul, Bordeaux.

***748. subpulla,** d'Orb., 1847. *P. pulla*, Gratt., 1845, Phas., pl. 1, fig. 35, 36 (non Payrodeau, 1825). Dax, St-Paul.

***749. Alberti,** d'Orb., 1847. *Littorina Alberti*, Dujard., 1837, Mém. Soc. géol. de France, t. 2, p. 287, pl. 19, fig. 22. Dax, env. de Tours.

***750. Bessarabica,** d'Orb., 1844, Paléont. du Voyage de M. Hommaire, p. 459, pl. 3, fig. 4-6. Bessarabie, Kichinew.

***751. elongatissima,** d'Orb., 1844, Pal. du Voyage de M. Hommaire, p. 460, pl. 3, fig. 7-9. Bessarabie, Kichinew.

***752. Kichinewæ,** d'Orb., 1844, Paléont. du Voyage de M. Hommaire, p. 461, pl. 3, fig. 10-12. Bessarabie, Kichinew.

***753. subpunctata,** d'Orb., 1847. *Phasianella punctata*, E. Sismonda, 1847, Syn. meth., p. 48 (non *tricolia punctata*, Risso, Prod. Eur. mérid., 4, p. 123). Piémont.

***754. glaber,** d'Orb., 1847. *Turbo glaber*, Lea, 1843, Descript. new. foss. tert., p. 41, pl. 37, fig. 87. États-Unis, Pétersburg, Virginia.

TURBO, Linné, 1758. Voy. t. 1, p. 5.

***755. subgranulosus,** d'Orb., 1847. *Delphina granulosa,* Gratt., 1845, Conch. foss. dauph., pl. 1. fig. 17, 18. Dax, St-Paul.

***756. subsetosus,** d'Orb., 1847. *T. setosus,* Gratt., 1845, Turbo, pl. 1, fig. 11, 12 (non Gmelin, 1789). Dax, St-Paul.

757. Burdigalus, d'Orb., 1847. *T. minutus,* Michaud, Gratteloup, 1845, Turb., pl. 1, fig. 24, 25 (non *minutus,* Brown). *Purpura costata,* Bast. Dax, St-Paul.

***758. pisum,** Math., 1843, Cat., p. 236, pl. 39, f. 12, 13. Carry (Bouches-du-Rhône).

759. pustulosus, Münst., Goldf., 1844, Petref., p. 101, pl. 195, fig. 8. Brindes.

***760. Omalinsii,** d'Orb., 1844, Paléont. du Voyage de M. Hommaire, p. 457, pl. 3, fig. 13, 14. Bessarabie, Kichinew.

***761. Beaumontii,** d'Orb., 1844, Pal. du Voyage de M. Hommaire, p. 458. pl. 3, fig. 17-19. Kichinew.

***762. mamillaris,** Eschwald, 1830, p. 221. *Turbo rugosus,* Dub., 1831, Conch. foss., p. 48, pl. 2, fig. 23-25 (non Linné). France, Angers, Touraine ; Volhynie, Sawadynce, Alt-Poczacow, Bialozurka.

763. scabriculus, d'Orb., 1847. *Delphinula scabricula,* Philippi, 1844, Beitr. zur Kenntn., p. 55, pl. 3, fig. 33. Cassel (Hesse).

764. subexiguus, d'Orb., 1847. *T. exiguus,* Philippi, 1844, Beitr., p. 56, pl. 4, fig. 2 (non Rœmer, 1839). Cassel.

765. Palæmon, d'Orb., 1847. *T. bicarinatus,* Philippi, 1844, Beitr., p. 74, pl. 4, fig. 3 (non Valemberg). Cassel.

766. simplex, Philippi, 1844, Beitr., p. 56, pl. 4, fig. 4. Cassel.

767. granosus, E. Sismonda, 1847, Syn. meth., p. 48. *Trochus granosus,* Bors. (non Chemn.), Oritt. Piém., p. 87, pl. 2, fig. 6. *Trochus Borsoni,* Mich., Préc. Faun. mioc., pl. 7, fig. 5. Piémont, Dertona.

768. Meynardii, Michelotti, Préc. Faun. mioc., pl. 7, fig. 4. Sismonda, 1847, Syn. meth., p. 48. Turin.

769. speciosus, Michelotti, Préc. Faun. mioc., pl. 7, fig. 2. Sismonda, 1847, Syn. meth., p. 48. Piémont, Dertona.

***770. Bellardii,** d'Orb., 1847. *T. decussatus,* Bell. *Cyclostoma decussatum,* Bon., Mich., Rivist. gast., p. 4. E. Sismonda, 1847, Syn. meth., p. 27 et 48 (non Montagu, 1803). Piémont, Dertona.

***771. rusticus,** Lea, 1843, Descript. new. foss. tert., p. 41, pl. 37, fig. 83. États-Unis, Pétersburg, Virginia.

772. trochiformis, d'Orb., 1847. *Delphinula trochiformis,* Lea, 1843, Descript., p. 36, pl. 36, fig. 73. Pétersburg.

***773. globulus,** d'Orb., 1847. *D. globulus,* Lea, 1843, Descript., p. 36, pl. 36, fig. 74. Pétersburg.

***774. apertus,** d'Orb., 1847. *D. aperta,* Lea, 1843, Descript., p. 37 pl. 36, fig 75. Pétersburg.

VERMETUS, Adanson, 1757.

775. gigas. Biv., Ph. En., Moll. Sic., 1, p. 170, pl. 9, fig. 18 ; *Serpula bicarinata,* Bonelli. Piémont, Turin.

***776. sculpturatus,** d'Orb., 1847. *Petaloconchus sculpturatus,* Lea, 1843, Descript. new. foss. sh. tert., p. 7, pl. 34, fig. 73. États-Unis, Pétersburg, Virginia.

777. Virginicus, d'Orb., 1847. *Serpula virginica*, Conrad. États-Unis, Ile de Wight.

778. graniferus, d'Orb., 1847. *Serpula granifera*, Lea. États-Unis, Virginie.

HALIOTIS, Linné, 1740.

779. ovata, Bonelli, E. Sismonda, 1847, Syn. meth., p. 28 et 47. Mich., Préc. Faun. mioc., pl. 6, fig. 20. Turin.

780. monilifera, Bon., E. Sism., Syn. meth., p. 28, et 1847, p. 47. Michelotti, Préc. Faun. mioc., pl. 6, fig. 12. Turin.

SILIQUARIA, Bruguière, 1791.

781. subanguina, d'Orb., 1847. *S. anguina*, Phil., Enum. Moll. Sic., 1, p. 173, pl. 9, fig. 24 (non *anguina*, Lam.). Turin.

782. terebella, Lam., Ann. s. vert., 5, p. 584. Piémont, Dertona; France, Saint-Clément-de-la-Place (Maine-et-Loire).

783. Grantii, Sow., 1837, Trans. geol. Soc. of London, 2ᵉ série, t. 5, p. 327, pl. 25, fig. 2. Indes, prov. de Cutch, Runn.

CYPRÆA, Linné, 1740.

784. subatomaria, d'Orb., 1847. *C. atomaria*, Grattel., 1845, Conch. foss., Cypræa, pl. 2, fig. 18 (non Gmelin, 1789). France, St-Paul (Landes).

785. Gratteloupi, d'Orb., 1847. *C. Isabella*, Gratt., 1845, Cypr., pl. 2, fig. 11 a, b (non Lamarck, Linné). Dax, St-Paul.

786. sublyncoides, d'Orb., 1847. *C. lyncoides*, Gratteloup, 1845, Cypr., pl. 2, fig. 12 (non Brongniart, 1823). Dax, St-Paul, Bordeaux; Piémont, Turin.

787. subelongata, d'Orb., 1847. *C. elongata*, Gratt., 1845, Conch. foss. Cypr., pl. 2, fig. 13 (non Brocchi ; au moins sa forme est distincte). France, Dax, St-Paul ; Autriche, Vienne.

788. amygdalina, Gratt., 1845, Cypr., pl. 2, fig. 15 a, b. Dax, Saint-Paul.

789. Duclosiana, Bast., 1825, Bord., pl. 4, fig. 8. Grattel., 1845, Cypr., pl. 2, fig. 28 a, b. Dax, Saint-Paul, Bordeaux.

790. subnucleus, d'Orb., 1847. *C. nucleus*, Grattel., 1845, Cypr., pl. 2, fig. 29 a, b (non Linné). Dax, Mainot.

791. subpustulata, d'Orb., 1847. *C. pustulata*, Gratteloup, 1845, Cypr., pl. 2, fig. 30 a, b (non Lamarck). Dax, Saint-Paul.

792. subovum, d'Orb., 1847. *C. ovum*, Grattel., 1845, Cypr., pl. 1, fig. 1, 2. Dax, Saint-Paul, Cabanes.

793. subleporina, d'Orb., 1847. *C. leporina*, Gratteloup, 1845, Cypr., pl. 1, fig. 3 (non Lamarck). Dax, Saint-Paul, Cabanes.

794. subporcellus, d'Orb., 1847. *C. porcellus*, Gratteloup, 1845, Cypr., pl. 1, fig. 4 (non Brocchi, 1814). Dax, Saint-Paul, Cabanes.

795. tumida, Gratt., 1845, Cypr., pl. 1, fig. 5. Dax, Saint-Paul, Cabanes.

796. pseudo-mus, d'Orb., 1847. *C. mus*, Gratt., 1845, Cypr., pl. 1, fig. 6 ; pl. 2, fig. 6 (non Lamarck). Dax, Saint-Paul, Cabanes.

797. subglobosa, Gratt., 1845, Cypr., pl. 1, fig. 9-10. Dax, Saint-Paul, Mainot.

798. subannulus, d'Orb., 1847. *C. annulus*, Gratt., 1845, Cypr., pl. 1, fig. 11, 12, 13. Bast., 1825, pl. 40, nº 2 (non Lamarck, non Brocchi). Dax, Saint-Paul ; Autriche, Vienne.

799. subamygdalum, d'Orb., 1847. *C. amygdalum*, Gratt., 1845, Cypr., pl. 1, fig. 14, 15 (non Brocchi, 1814). Dax, Saint-Paul.

800. gibbosa, Borson, Oritt. Piem., p. 21, pl. 1, fig. 5. *C. pyrula*, Lam., Gratt., pl. 40, fig. 7, 8. Sismonda, 1847, Syn. meth., p. 47. St-Paul (Landes) ; Piémont, Turin.

***801. subambigua,** d'Orb., 1847. *C. ambigua*, Gratt., 1845, Cypr., pl. 2, fig. 19; Suppl., pl. 2, fig. 8 (non Gmelin, 1789). Dax, Saint-Paul.

***802. fabagina,** Lam., Gratt., 1845, Cypr., pl. 2, fig. 20. *C. rufa*, Bellardi. Dax, Saint-Paul ; Piémont, Turin.

803. pseudo-scarabæus, Gratt., 1845, Cypr., pl. 2, fig. 22. Dax, Saint-Paul.

***804. subursellus,** d'Orb., 1847. *C. ursellus*, Gratt., 1845, Cypr., pl. 2, fig. 21 (non Linné, Gmelin 1789). Dax, Saint-Paul.

805. pseudo-hirundo, d'Orb., 1847. *C. hirundo*, Grattel., 1845, pl. 2, fig. 25 (non Linné, Gmelin, 1789). Dax, Saint-Paul.

806. Orbignyana, Gratt., 1845, Cypr., pl. 2, fig. 2 a, b. Dax, St-Paul.

807. pseudo-inflata, d'Orb., 1847. *C. inflata*, Gratt., 1845, Cypr., pl. 1, fig. 18, 19 (non Lamarck, 1804). Dax, Saint-Paul.

808. Lessoniana, Gratt., 1847, Cypr. suppl., pl. 2, nº 47, fig. 8 a, b. Dax, Saint-Paul.

809. rhomboidalis, Gratt., 1845, Cypr., pl. 2, fig. 4. Dax, Saint-Paul, Cabanes.

811. Burdigalensis, d'Orb., 1847. *C. sphæriculata*, Gratt., 1845, Cypr., pl. 22, fig. 27 a, 27 b (non Lamarck). Dax, St-Paul, Mainot, Bordeaux.

***812. subannularia,** d'Orb., 1847. *C. annularia*, Grattel., 1845, Cypr., pl. 1, fig. 16; pl. 2, fig. 10 (non Brongniart, 1823). Dax, Saint-Paul.

***813. globosa,** Dujardin, 1837, Mém. Soc. géol. de France, t. 2, p. 303, pl. 19, fig. 21. Env. de Tours.

814. Provincialis, Mathéron, 1843, Catalog., p. 256, pl. 40, fig. 22, 23. Plandaren (Bouches-du-Rhône).

815. avellana, Sow., 1832, Min. Conch., t. 4, p. 107, pl. 378, fig. 3. Nyst., 1843, Belgique, p. 608, pl. 45, fig. 13. *C. affinis*, Dujard., 1837, pl. 19, fig. 12. Anvers; Angl., Suffolk ; France, Env. de Tours.

***816. coccinelloides,** Sow., 1822, Min. C., t. 4, p. 107, pl. 378, fig. 1. *C. coccinella*, Nyst., 1843, Belgique, p. 609, pl. 45, fig. 14. Gratteloup, pl. 2, fig. 31. Belgique, Anvers, Calloo, Stuyvenberg ; Angl., Suffolk ; Sicile ; Italie ; France, Saucats, Mérignac, env. de Tours ; Vienne (Autriche).

817. subinflata, Philippi, 1844, Foss. tert. du N.-E. de l'Allem., p. 28 (non Lam., S. Desh., p. 724, pl. 97, fig. 7, 8). Cassel.

***818. amygdalum,** Brocchi, Conch. subap., p. 285, pl. 2, fig. 4. Sism., 1847, Syn. meth., p. 46. Turin.

***819. annularia,** Brongniart, 1823, Vicentin, p. 62, pl. 4, fig. 10. Turin.

III.   5

820. Brocchii, Desh., Lam., Ann. s. v., 10, p. 575. *C. annulus*, Broc.,
pl. 2, fig. 1 (non Linné). Sismonda, 1847, Syn. meth., p. 46. Turin.

821. Dertonensis, Michelotti, Préc. Faun. mioc., pl. 14, fig. 10.
Sismonda, 1847, Syn. meth., p. 46. Piémont, Dertona.

*822. elongata,** Brocchi, Conch. subap., p. 284, pl. 1, fig. 12. Sismonda, 1847, Syn. meth., p. 46. Turin ; Autriche, Vienne.

*823. expansa,** Gené, E. Sism., 1847, Syn. meth., p. 43 et 46.
Turin.

824. Genei, Mich., Préc. Faun. mioc., pl. 14, fig. 1. *C. prunum*, Gen., E. Sismonda, 1847, Syn. meth., p. 42 et 46. Turin.

825. Grayi, Michelotti, Préc. Faun. mioc., pl. 14, fig. 11. Sism.,
1847, Syn. meth., p. 47. Piémont.

826. Haweri, Michelotti, Préc. Faun. mioc., pl. 14, fig. 8. *C. porcellus*, Bonelli (non Brocchi), E. Sismonda, 1847, Syn. meth., p. 43
et 47. Turin.

827. impura, Bellardi et Michelotti, Sagg. or., p. 64, pl. 6, fig. 1,
2. Sismonda, 1847, Syn. meth., p. 47. Turin.

*828. lyncoides,** Brong., 1823, Mém. sur le Vic., p. 62, pl. 4, fig. 11.
C. leporina, E. Sism., 1847, Syn. meth., p. 43 et 47. Turin, Dertona.

829. macrodonta, Gen., E. Sism., 1847, Syn. meth., p. 42 et 47.
Turin.

*830. ovulea,** Bon., Mich., Préc. Faun. mioc., pl. 14, fig. 7. Sismonda, 1847, Syn. meth., p. 47. Piémont, Turin.

*831. pinguis,** Gen., E. Sism., 1847, Syn. meth., p. 43 et 47. Piémont, Turin.

*832. porcellus,** Brocchi, Conch. subap., p. 283, pl. 2, fig. 2.
C. pyrula, E. Sismonda, 1847, Syn. meth., p. 42 et 47 (non Lam.).
Piémont.

*834. sphæriculata ?** Deshayes, Anim. s. vert., 10, p. 574. *Trivia
sphæriculata*, Gray, Sism., 1847, Syn. meth., p. 47. Piémont, Turin.

*835. sulcicauda,** Bon., Gratt., pl. 2, fig. 26. *C. staphyla*, E. Sismonda, 1847, Syn. meth., p. 43 et 47 (non Lam.). Piémont, Turin ;
Dax, Saint-Paul.

836. retusa, Sow., 1822, Min. Conch., t. 4, p. 107, pl. 378, fig. 2.
Angl., Suffolk.

837. humerosa, Sow., 1837, Trans. geol. Soc. of London, 2e série,
t. 5, p. 329, pl. 26, fig. 27. Indes, prov. de Cutch, Soomrow.

838. prunum, Sow., 1837, Trans., p. 329, pl. 26, fig. 28. Indes,
prov. de Cutch, Eyerau.

*839. digona,** Sowerby, 1837, pl. 26, fig. 29. Province de Cutch,
Soomrow.

840. nasuta, Sow., 1837, Trans., 5, p. 329, pl. 26, fig. 30. Prov. de
Cutch, Soomrow.

OVULA, Bruguière, 1791.

*841. Leathesi,** Sow., 1824, Min. Conch., t. 5, p. 124, pl. 478.
Nyst., 1843, Coq. tert. de Belgiq., p. 605, pl. 43, fig. 19. Belgique,
Calloo, Stuyvenberg, Anvers ; Angleterre, Walton et Sutton.

*842. subcarnea,** d'Orb., 1847. *O. carnea*, Dujardin, Mém. de la
Soc. géol. de France, 1, pl. 19, fig. 19 (non Lamarck). Touraine.

ERATO, Risso, 1825.

*843. subcypræola, d'Orb., 1847. *Marginella cypræola*, Bast.,
n. 1, Gratteloup, 1845, Marg., pl. 1, fig. 33, 34 (exclus. Syn.) (non
Voluta cypræola, Brocchi, Conch. sub., p. 321, pl. 4, fig. 10). Dax,
St-Paul; Autriche, Gainfaren, Vienne.

MARGINELLA, Lamarck, 1801.

*844. submiliacea, d'Orb., 1847. *M. miliacea*, Dujardin, 1837,
Mém. de la Soc. géol., pl. 19, fig. 18 (non Lamarck). Environs de
Tours.

*845. subovulata, d'Orb., 1847. *Marginella ovulata*, Gratteloup,
1845, Conch. foss. Marg., pl. 1, fig. 35 (non Lamarck). Dax, St-Paul;
Piémont, Turin.

846. elongata, Bellardi et Michelotti, Sagg. oritt., p. 63, pl. 5,
fig. 10, 11. Sismonda, 1847, Syn. meth., p. 46. Piémont, Turin.

847. emarginata, Bonelli, Michelotti, Préc. faun. mioc., pl. 13,
fig. 10, 11. Sismonda, 1847, Syn. meth., p. 46. Piémont, Dertona.

*848. Deshayesi, Mich., Préc., pl. 17, fig. 16. *M. glabrella*, Sismonda, 1847, Syn. meth., p. 46 (non Lamarck). Piémont, Dertona.

849. oblongata, Bonelli, Test. Mus. Taurin. Sismonda, 1847, Syn.
meth., p. 46. Piémont, Dertona.

850. plannlosa, Bonelli, E. Sismonda, 1847, Syn. meth., p. 46.
Piémont, Turin.

*851. Taurinensis, Michelotti, *M. eburnea*, Bon. (non Lam.). E.
Sismonda, 1847, Syn. meth., p. 42 et p. 46. Piémont, Turin.

*852. conulus, Lea, 1843, Descript. new. foss. tert., p. 47, pl. 37,
fig. 102. États-Unis, Pétersburg, Virginia.

853. subexilis, d'Orb., 1847. *M. exilis*, Lea, 1843, Descrip., p. 48,
pl. 37, fig. 103 (non Gmel., 1789). Pétersburg.

851. limatula, Conrad. États-Unis.

*855. eburneola, Conrad. États-Unis.

856. denticulata, Conrad. États-Unis.

*857. nana, Conrad. États-Unis.

OLIVA, Lamarck, 1801.

*858. Dufresnei, Bast., 1825, Bord., pl. 2, fig. 10, Gratteloup,
1845, Conch. foss. Oliv., pl. 1, fig. 23, 24 (exclus. Syn.). Nyst., 1843,
pl. 45, fig. 11. Dax, St-Paul, Saubrigues; Piémont, Turin; Belgique,
Boldenberg?; Autriche, Stemabrun, Vienne.

*859. subclavula, d'Orb., 1847. *O. clavula*, Bast., pl. 2, fig. 7.
Gratteloup, 1845, Oliv., pl. 1, fig. 25, 26 (exclus. fig. 27 et Syn.) (non
Lamarck). *O. luteola*, Linn. (non Lamarck). Dax, St-Paul; Piémont,
Turin.

*860. Basterotina, Gratteloup, 1845, Oliv., pl. 1, fig. 28, 29, 30
(exclus. Syn.). Dax, St-Paul, Saubrigues, Bordeaux.

*861. Grateloupii, d'Orb., 1847. *O. Laumontiana*, Gratteloup,
1845, Oliv., pl. 1, fig. 31 (non Lamarck). Dax, St-Paul.

*862. cylindracea, Borson, Oritt. Piem., p. 24, pl. 1, fig. 6. *O.
hispidula*, Auct. Pedem. (non Lam.). Sismonda, 1847, Syn. meth.,
p. 45. Turin, Dertona.

*863. rosacea, Bonelli, E. Sismonda, 1847, Syn. meth., p. 43 et
p. 45. Piémont, Turin.

864. Picholina, Brongniart, 1823, Vicentin, p. 63, pl. 3, fig. 4. Piémont, Turin.

***865. canaliculata,** Lea, 1843, Descrip. new. foss. tert., p. 48, pl. 37, fig. 104. États-Unis, Pétersburg, Virginia.

***866. ancillariæformis,** Lea, 1843, Descr., p. 48, pl. 37, fig. 105. Pétersburg.

867. serena, d'Orb., 1842, Paléont. de l'Amér. mérid., p. 116, pl. 14, fig. 9. Amér. mérid., Coquimbo (Chili).

***868. dimidiata,** Sowerby in Darw., 1846, South. Amer., p. 263, pl. 4, fig. 76, 77. Navidad (Chili).

869. pupa, Sow., 1837, Trans. geol. Soc. of London, 2e série, t. 5, p. 329, pl. 26, fig. 32. Indes, prov. de Cutch, Soomrow.

***870. littoralis,** Auct. des États-Unis, Virginia.

***871. zonalis,** Conrad. États-Unis, Virginia.

ANCILLARIA, Lamarck, 1801.

***872. subcanalifera,** d'Orb., 1847. *A. canalifera*, Gratteloup, 1845, Conch. foss. anc., pl. 1, fig. 19, 20 (non Lamarck, 1804). Dax, St-Paul, Saubrigues, St-Jean-de-Marsac.

873. papyracea, Gratteloup, 1845, Anc., pl. 1, fig. 21. Dax.

874. cinnamomea, Lam., Grat. *A. bullata*, Gratteloup, 1845, Anc., pl. 1, fig. 22 (non Sow.). Dax, St-Paul.

***875. glandiformis,** Lam., 1804, Ann. du Mus., 16, p. 305. *A. inflata*, Gratteloup, 1845, Tereb., pl. 1, fig. 13, 14 (exclus. fig. 4, 5), *Anolax inflata*, Borson. Orit. Pedem., pl. 1, fig. 7. Brongniart, pl. 4, fig. 12. Dax, St-Paul ; Piémont, Turin, Dertona ; Cassel (Hesse) ; Autriche, Vienne.

876. coniformis, Pusch, 1837, Polen's Paleont., p. 116, pl. 11, fig. 1. Pologne, Warowe.

***877. obsoleta,** Bronn, 1831, Nyst., 1843, Belgique, pl. 45, fig. 10. *Buccinum obsoletum*, Brocchi, 1814, Conch., sub., 2, p. 330, pl. 5, fig. 6. Gratteloup, pl. 42, fig. 11, 12. Piémont, Turin; France, Dax.

***878. suturalis,** Bonelli. *A. canalifera*, Sismonda, 1847, Syn. meth., p. 45 (non Lamarck). Piémont, Turin.

***879. Sismondana,** d'Orb., 1847. *A. subulata*, Sismonda, 1847, Syn. meth., p. 45 (non Lamarck). Piémont, Turin.

TEREBELLUM, Lamarck.

880. obtusum, Sow., 1837, Trans. geol. Soc. of London, 2e série, 5, p. 329, pl. 26, fig. 31. Indes, prov. de Cutch, Soomrow.

VOLUTA, Linné, 1758. Voy. t. 2, p. 154.

***881. rarispina,** Lamarck, Gratteloup, 1845, Conch. foss. vol., pl. 1, fig. 1-3-7-9-19-8-12-18. Basterot, pl. 2, fig. 1. Bronn, Leth. geog., pl. 42, fig. 40. France, Dax, St-Paul, Cabanes ; Autriche, Korod, Anzesfeld; Piémont, Turin, Dertona.

***882. Lamberti,** Sow., 1816, Min. Conch., t. 2, p. 65, pl. 129. Nyst., 1843, Coq. tert. de Belgiq., p. 587, pl. 45, fig. 4. Gratt., 1845, Conch. foss., pl. 2, fig. 3, 4. Belgique, Anvers, Calloo, Stuyvenberg; Angleterre, Sutton, Alborough, Barodsey, Harwich, Holyswell, Ramshold ; France, Bordeaux, envir. de Tours.

***883. magorum,** Brocchi, Conch. subap., p. 307, pl. 4, fig. 2. Sism., 1847, Syn. meth., p. 43. Piémont, Turin.

*884. affinis, Brocchi, 1814, Conch. subap., p. 306, pl. 15, fig. 8. Sismonda, 1847, Syn. meth., p. 43. Piémont.

*885. Taurina, Bonelli. *V. papillata*, Borson (non Sow.), Oritt. Piém., p. 26, pl. 1. *V. Swaisoni*, Mich., Pr. faun. mioc., pl. 13, fig. 3. Sismonda, 1847, Syn. meth., p. 43. Piémont, Turin.

*886. solitaria, Conrad. États-Unis.

887. subtriplicata, d'Orb., 1847. *V. triplicata*, Sowerby in Darw., 1846, South. Amer., p. 262, pl. 4, fig. 74 (non Donovan, 1799). Navidad (Chili).

*888. alta, Sowerby in Darw., 1846, South. Amer., p. 262, pl. 4, fig. 75. Navidad (Chili), Santa-Cruz (Patagonie).

889. jugosa, Sow., 1837, Trans. geol. Soc. of London, 2e série, 5, p. 329, pl. 26, fig. 25. Indes, prov. de Cutch, Soomrow.

MITRA, Lamarck, 1801.

890. striola, Gratteloup, 1845, Conch. foss. Mitres, pl. 1, fig. 16. Dax, St-Paul.

900. subsubulata, d'Orb., 1847. *M. subulata*, Gratteloup, 1845, Mit., pl. 1, fig. 18 (non Lam., 1822). Dax, St-Paul.

*901. subterebellum, d'Orb., 1847. *M. terebellum*, Gratteloup, 1845, Mit., pl. 1, fig. 19 (non Lam., 1804. Elle a des stries de plus). Dax, St-Paul.

902. rissoïdes, Gratteloup, 1845, Mit., pl. 1, fig. 20. Dax, Saint-Paul.

*903. subplicatula, d'Orb., 1847. *M. plicatula*, Gratteloup, 1845, Foss. mit., pl. 1, fig. 21, suppl., pl. 1, fig. 23 ? (non Brocchi). Dax, St-Paul ; Allem., Cassel.

*904. subdecussata, d'Orb., 1847. *V. decussata*, Dujard., 1837, Mém. Soc. géol. de France, t. 2, p. 301, pl. 20, fig. 13 (non Gmel., 1789). Env. de Tours.

*905. pupa, Dujard., 1837, Mém., p. 301, pl. 20, fig. 14. Envir. de Tours.

*906. olivæformis, Dujardin, 1837, Mém. Soc. géol. de France, t. 2, p. 301, pl. 20, fig. 25. Env. de Tours.

*907. tenuistria, Dujard., 1837, Mém. Soc. géol. de France, t. 2, p. 301, pl. 20, fig. 26. Env. de Tours.

*908. subcylindrica, Dujard., 1837, Mém. Soc. géol. de France, t. 2, p. 301, pl. 20, fig. 20. Env. de Tours.

*909. cupressina, Sismonda. *Voluta cupressina*, Brocc., Conch. subap., p. 319, pl. 4, fig. 6. Sismonda, 1847, Syn. méth., p. 42. Turin.

910. Dertonensis, Michelotti, Préc. faun. mioc., pl. 17, fig. 15. Sismonda, 1847, Syn. meth., p. 42. Piémont, Dertona.

911. subelegans, d'Orb., 1847. *M. elegans*, Michelotti, 1846, Préc. faun. mioc., pl. 13, fig. 12, 13 (non Lowel Reeve, 1845). *M. cancellata*, Bonelli (non Kien.). Sismonda, 1847, Syn. meth., p. 43. Piémont, Dertona.

*912. fusiformis, Deshayes, 1835. *Voluta fusiformis*, Brocchi, 1814, Conch. subap., p. 315. Desh., Exp. mor. moll., p. 201, pl. 24, fig. 32, 33. Var. *M. ancillaria*, Michelotti, Pr., pl. 17, fig. 12. Sismonda, 1847, Syn. meth., p. 43. Piémont, Turin, Dertona; Autriche, Vienne.

913. Michaudii, Michelotti, Préc. faun. mioc., pl. 13, fig. 5. Sismonda, 1847, Syn. meth., p. 43. Piémont, Turin.

914. obsoleta, Bronn, It. tert. geb., p. 20. *Voluta obsoleta,* Brocchi, Conch. subap., p. 646, pl. 15, fig. 30. Sismonda, 1847, Syn. meth., p. 43. Piémont, Turin.

·915. plicatula, Sismonda. *Voluta plicatula,* Brocc., Conch. sub., p. 318, pl. 4, fig. 7. Sismonda, 1847, Syn. meth., p. 43. Piémont, Dertona; Autriche, Vienne.

·916. subpulchella, d'Orb., 1847. *V. pulchella,* Michelotti, Préc. faun. mioc., pl. 13, fig. 14. Sismonda, 1847. Syn. meth., p. 43 (non Lowel Reeve, 1844). Piémont, Turin: Autriche, Vienne.

·918. pyramidella, Sismonda. *Voluta pyramidella,* Brocc., Conch. subapen., p. 318, pl. 4, fig. 5. *M. ebenus,* Phil. (pro parte) (non Lamarck), Sismonda, 1847, Syn. meth., p. 43. Piémont, Dertona; Autriche, Vienne.

·919. scrobiculata, Sismonda, 1847, Syn. meth., p. 43. *Voluta scrobiculata,* Brocch., Conch. subap., p. 317, pl. 4, fig. 3. Piémont, Dertona.

·920. striatula, Sismonda. *Voluta striatula,* Brocchi, Conch. sub., p. 318, pl. 4, fig. 8. *M. alligata,* Defr. *M. striosa,* Bon., E. Sismonda, 1847, Syn. meth., p. 41 et 43. Piémont, Turin.

921. Sowerbyi, d'Orb., 1847. *Mitra fusiformis,* Sow., 1837, Trans. geol. Soc. of London, 2ᵉ série, 5, p. 329, pl. 26, fig. 24 (non Brocchi, 1814). Indes, prov. de Cutch, Soomrow.

·922. subscrobiculata, d'Orb., 1847. *M. scrobiculata,* Sow., 1837, Trans., 2ᵉ série, 5, p. 329, pl. 26, fig. 23 (non Brocchi, 1814). Indes, prov. de Cutch, Soomrow.

·923. buccinula, Partsch. Autriche, Gainfaren, Vienne.

·923'. obtusangula, Partsch. Autriche, Gainfaren, Vienne.

CANCELLARIA, Lamarck, 1801.

·924. Geslini, de Bast., 1825, pl. 2, fig. 5. Gratteloup, 1845, Canc., pl. 1, fig. 16, 31. Bellardi, Cancell., pl. 2, fig. 5. Dax, Bordeaux; Piémont, Dertona.

925. Westziana, Gratteloup, 1845, Canc., pl. 1, fig. 18, 21. Dax, Bordeaux.

·926. contorta, Bast., 1825, pl. 2, fig. 3. Gratteloup, 1845, Canc., pl. 1, fig. 19. Bellardi, Cancell., p. 29, pl. 3, fig. 7, 8. Dax, Bordeaux; Autriche, Vienne.

927. intermedia, Bell., Canc., pl. 1, fig. 13, 14. *C. volutella,* Gratteloup, 1845, Canc., pl. 1, fig. 22 (non Lamarck, 1804). Dax, Saint-Paul, Grignon; Piémont, Dertona.

928. turricula, Lamarck, Gratteloup, 1845, Canc., pl. 1, fig. 23. Bronn, It., n. 214. Bellardi, pl. 5, fig. 1, 2. Dax, St-Paul.

·929. subcancellata, d'Orb., 1847. *C. cancellata,* Gratteloup, 1845, Canc., pl. 1, fig. 7, 10 (non *cancellata,* Lam.). Dax, St-Paul, Saubrigues; Piémont, Turin, Dertona; Autriche, Gainfaren, Vienne.

·930. subvaricosa, d'Orb., 1847. *C. varicosa,* Gratteloup, 1845,

Canc., pl. 1, fig. 8 (non Bellardi, Cancell., p. 11, pl. 1, fig. 7, 8). France, Dax, St-Jean-de-Marsac, Bordeaux.

*931. buccinula, Lam., Basterot., pl. 2, fig. 12. Gratteloup, 1845, Canc., pl. 1, fig. 9. Bellardi, Cancel., p. 31, pl. 4, fig. 3,4,19, 20. Dax, St-Paul ; Piémont, Turin.

*932. Deshayesana, Desmoulins, Gratteloup, 1845, Canc., pl. 1, fig. 13, 17. Dax, Bordeaux.

*933. umbilicaris, Bellardi, Cancell., p. 36, pl. 4, fig. 17, 18. Gratteloup, 1845, Canc., pl. 1, fig. 14. Nyst., pl. 39, fig. 16, *Voluta umbilicaris*, Brocchi, 1814, pl. 3, fig. 10, 11. Dax, St-Paul ; Piémont, Turin ; Belgique, Anvers.

*934. acutangula, Faujas, Gratteloup, 1845, Canc., pl. 1, fig. 1, 2, 3, 4-20. De Bast., 1825, pl. 2, fig. 4. Bellardi, Cancell., pl. 1, fig. 19, 20. Dax, St-Paul, Saubrigues; Piémont, Turin ; Autriche, Vienne.

*935. trochlearis, Faujas, Gratteloup, 1845, Canc., pl. 1, fig. 5. Bast., pl. 2, fig. 2. Dax, Bordeaux.

*936. ampullacea, Bellardi, 1841, Canc., pl. 4, fig. 7, 8,13, 14. Gratteloup, 1845, Conch. foss. Canc., pl. 1, fig. 28-32. *Voluta ampullacea*, Brocchi. France, Dax ; Piémont, Turin ; Autriche, Vienne, Enzesfeld.

*937. doliolaris, Bast., 1825, Bord., pl. 2, fig. 11. Gratteloup, 1845, Conch. foss. Canc., pl. 1, fig. 30. France, Dax, Bordeaux ; Piémont, Turin.

938. piscatoria, Gratteloup, 1845, Conch. foss. Canc., pl. 1, fig. 27. *Voluta piscatoria*, Brocc., pl. 3, fig. 12. *C. nodulosa*, Lam., Bellardi, 1841, Cancell., pl. 2, fig. 1,4,9,14. France, Dax, St-Jean-de-Marsac; Piémont, Dertona, Turin.

*939. subhirta, d'Orb., 1847. *C. hirta*, Gratteloup, 1845, Conch. foss. Canc., pl. 1, fig. 25 (non Brocc., 1814). France, Dax.

940. Bellardii, Michelotti. *C. evulsa*, Bell., Canc. foss. Piém., p. 25, pl. 2, fig. 17, 18 (non Sowerby). Piémont, Turin.

*941. Bonellii, Bellardi, Canc. foss. Piém., p. 24, pl. 3, fig. 3, 4, 11, 12, 15, 16. Turin, Dertona, Piémont.

*942. lyrata, Bell., Canc. foss. Piém., p. 14, pl. 1, fig. 1, 2. *Cancellaria turricula*, Lam. *Voluta lyrata*, Brocchi, 1814, pl. 3, fig. 6. Turin, Dertona, Piémont ; Autriche, Baden.

943. Michelini, Bell., Canc. foss. Piém., p. 37, pl. 4, fig. 5, 6. Nyst., pl. 39, fig. 17. Piémont, Turin ; Belgique, Anvers.

*944. mitræformis, Bell., Canc. foss. Piém., p. 9, pl. 1, fig. 5, 6. *Voluta mitræformis*, Brocchi, 1814. Piémont, Turin.

*945. calcarata, Bell., Canc. foss. Piém., p. 16, pl. 1, fig. 11, 12, 17, 18. *Voluta calcarata*, Brocchi, pl. 3, fig. 7. Piémont, Turin.

*946. inermis, Pusch, Polen's Palæontolog. Autriche, Vienne, Enzersfeld.

947. spinulosa. Bell., Cancell. foss. Piém., p. 15, pl. 1, fig. 9, 10. *Voluta spinulosa*, Brocchi, 1814, pl. 3, fig. 15. Piémont.

948. sulcata, Bell., Canc. foss. Piém., p. 29, pl. 3, fig. 1, 2. Piémont, Turin.

*949. uniangulata, Desh., Bell., Canc., p. 17, pl. 2, fig. 5, 6,15, 16,19, 20. *C. elegans*, Gené. Turin, Piémont.

950. crassicosta, Bell., Cancell., p. 23, pl. 2, fig. 7, 8. Piémont, Turin.

951. subacuminata, d'Orb., 1847. *C. acuminata,* Bell., Cancell., p. 38, pl. 4, fig. 15, 16 (non Sow., 1836). Piémont, Turin.

952. minuta, Nyst, 1843, Coq. tert. de Belgiq., p. 482, pl. 38, fig. 23. Belgiq., Hérenthals, Anvers.

***953. varicosa,** Bellardi, Cancellaria, p. 11, pl. 1, fig. 7, 8. *Voluta varicosa,* Brocchi, 1814, pl. 3, fig. 8. Piémont, Turin; Autriche, Gainfaren, Vienne.

***954. perspectiva,** Conrad. États-Unis.

955. lunata, Conrad. États-Unis.

***956. alternata,** Conrad. États-Unis.

STRUTHIOLARIA, Lamarck, 1822.

957. ornata?, Sowerby in Darw., 1846, South. Amer., p. 260, pl. 4, fig. 62. Santa-Cruz et S. Julian, Patagonie.

CONUS, Linné, 1758.

958. Ixion, d'Orb., 1847. *C. Aldrovandi,* Gratteloup, 1845, Conch. foss. Cones, pl. 1, fig. 3 (non Brocchi). Dax, St-Paul.

***959. submercati,** d'Orb., 1847. *C. mercati,* Gratteloup, 1845, Con., pl. 1, fig. 4 ; pl. 3, fig. 24 (non Brocchi, 1814). Dax, St-Paul.

960. subnicobaricus, d'Orb., 1847. *C. nicobaricus,* Gratteloup, 1845, Con., pl. 1, fig. 6 (non Lamarck). Dax, St-Paul.

961. subponderosus, d'Orb., 1847. *C. ponderosus,* Gratteloup, 1845, Con., pl. 1, fig. 7 (non Brocc.). Dax, St-Paul, Cabanes.

962. zonarius, Gratteloup, 1845, Con., pl. 1, fig. 9. Dax, Saint-Paul, Mainot.

963. subacuminatus, d'Orb., 1847. *C. acuminatus,* Bors., Oritt. Piém., p. 15, pl. 1, fig. 2. Sismonda, 1847, Syn. meth., p. 43 (non Brug., 1789). Piémont, Turin.

964. Allionii, Michelotti, Préc. faun. mioc., pl. 17, fig. 17. Sismonda, 1847, Syn. meth., p. 43. Piémont, Turin.

***965. Apenninensis,** Bronn, Laeth. geogn., pl. 42, fig. 15. Sismonda, 1847, Syn. meth., p. 43. *C. antidiluvianus,* Brocchi, pl. 2, fig. 11 (non Brug., 1791). Piémont, Dertona ; Autriche, Baden.

966. asperulus, Gené, E. Sismonda, 1847, Syn. meth., p. 44. Piémont, Turin.

967. Berghausi, Michelotti, Préc. faun. mioc., pl. 13, fig. 9. Sismonda, 1847, Syn. meth., p. 44. Piémont, Dertona.

969. Bredai, Michelotti, Préc. faun. mioc., pl. 13, fig. 15-17. Sismonda, 1847, Syn. meth., p. 44. Piémont, Turin.

970. elatus, Michelotti, Préc. faun. mioc., pl. 13, fig. 16. Sismonda, 1847, Syn. meth., p. 44. Piémont, Dertona.

971. Gastaldii, Michelotti. *C. imperialis,* Auct. Pedem. (non Linné), E. Sismonda, 1847, Syn. meth., p. 44. Piémont, Turin.

972. strombellus, Gratteloup, 1845, Conch., pl. 2, fig. 7 ; pl. 3, fig. 9. Dax, St-Paul.

***973. pelagicus,** Brocchi, 1814, pl. 2, fig. 9, p. 289. Gratteloup, 1845, Con., pl. 2, fig. 8-10. Dax, St-Paul, Mandillot ; Piémont, Turin; Autriche, Enzersfeld, Vienne.

974. subtessellatus, d'Orb., 1847. *C. tessellatus,* Gratteloup, 1845, Con., pl. 2, fig. 9 (non Lamarck). Dax, St-Paul.

975. pseudo-litteratus, Gratteloup, 1845, Con., pl. 3, fig. 7. France, Dax, St-Paul, Cabanes.

976. substriatulus, d'Orb., 1847. *C. striatulus,* Gratteloup, 1845, Cones, pl. 3, fig. 8-11 (non Brocchi). Dax, St-Paul, Cabanes.

977. costellatus, Gratteloup, 1845, Con., pl. 3, fig. 15. France, Dax, St-Paul.

978. nisus, d'Orb., 1847. *C. puncticulatus,* Gratteloup, 1845, pl. 2, fig. 16 (non Lamarck). Dax, Mandillot.

*979. subalsionus,** d'Orb., 1847. *C. alsionus,* Gratteloup, 1845, pl. 3, fig. 10,16,25 (non Brongniart). Dax, Saint-Paul, Cabanes, Mainot.

*980. subturritus,** d'Orb., 1847. *C. turritus,* Gratteloup, 1845, pl. 3, fig. 12,15,19 (non Lamarck, 1804). Dax, St-Paul, Mainot.

981. pseudo-textile, Gratteloup, 1845, pl. 3, fig. 1 a, b. Dax, St-Paul, Cabanes.

*982. fuscoangulatus,** Bronn. Autriche, Gainfaren, Vienne.

*983. lævigatus,** Defrance. Autriche, Gainfaren, Vienne.

*984. Rouei,** Partsch. Autriche, Baden.

*985. antiquus,** Lamk., Ann. du Mus., p. 439. Gratteloup, 1845, Cones, pl. 4, fig. 1. Dax, St-Paul ; Piémont, Turin.

986. granuliferus, Gratteloup, 1845, Con., pl. 3, fig. 21, 22. Dax, St-Paul, Cabanes.

*987. Noe,** Brocchi, 1814, p. 293, pl. 3, fig. 3. Gratteloup, 1845, Con., pl. 2, fig. 3. Dax, St-Paul, Cabanes ; Piémont, Turin.

988. trigonulus, Gratteloup, 1845, Con., pl. 2, fig. 14. Dax, Cabanes.

989. subnocturnus, d'Orb., 1847. *C. nocturnus,* Gratteloup, 1845, Con., pl. 2, fig. 20, 21 (non Lamarck). Dax, Cabanes.

*990. subclavatus,** d'Orb., 1847. *C. clavatus,* Gratteloup, 1845, Con., pl. 2, fig. 1-4 ; pl. 3, fig. 3 (non Lam). Dax, St-Paul ; Piémont, Turin.

*991. substromboides,** d'Orb., 1847. *C. stromboides,* Gratteloup, 1845, Cones, pl. 3, fig. 17 (non Lam., 1804). Dax, St-Paul, Mandillot, Mainot.

992. oblitus, Michelotti, Préc. faun. mioc., pl. 14, fig. 2. Var., *C. Bronni,* Mich., l. c., pl. 14, fig. 3. Sismonda, 1847, Syn. meth., p. 44. Piémont, Turin, Dertona.

993. ornatus, Michelotti, Préc. faun. mioc., pl. 14, fig. 4. *Conus scabriculus,* Bon. (non Lam.). Sismonda, 1847, Syn. meth., p. 44. Piémont, Turin.

*994. ponderosus,** Brocc., Conch. subap., p. 293, pl. 3, fig. 1. Sismonda, 1847, Syn. meth., p. 44. Piémont, Turin.

995. Puschi, Michelotti, Préc. faun. mioc., pl. 14, fig. 6. Sismonda, 1847, Syn. meth., p. 44. Piémont, Dertona.

996. raristriatus, Bellardi et Michelotti, Sagg. Oritt., p. 61, pl. 5, fig. 8, 9. Sismonda, 1847, Syn. meth., p. 44. Piémont, Dertona.

998. Wheatleyi, Michelotti, Préc. faun. mioc., pl. 13, fig. 18. Sismonda, 1847, Syn. meth., p. 44. Piémont, Turin.

999. diluvianus, Green. États-Unis.

1000. Marylandicus, Green. États-Unis.

1001. intermedius?, Lam., Gratteloup, 1845, Con., pl. 1, fig. 11; pl. 2, fig. 22. Dax, St-Paul ; Italie ?

**1003. subacutangulus,* d'Orb., 1847. *C. acutangulus,* Bronn, 1837. *Conus antidiluvianus,* Dubois, pl. 1, fig. 1 (non Brug., 1789). France, Bordeaux, Touraine ; Volhynie à Biatosurka, Belka, Jakowce; Autriche, Gainfaren, Vienne.

1004. militaris, Sow., 1837, Trans. geol. Soc. of London, 2e série, 5, p. 329, pl. 26, fig. 34. Indes, prov. de Cutch, Soomrow.

1005. catenulatus, Sow., 1837, Trans., 2e série, 5, p. 329, pl. 26, fig. 35. Prov. de Cutch, Soomrow.

1006. marginatus, Sow., 1837, Trans., 2e série, 5, p. 329, pl. 26, fig. 36. Prov. de Cutch, Soomrow.

1007. brevis, Sow., 1837, Trans., 2e série, 5, p. 329, pl. 26, fig. 33. Prov. de Cutch, Soomrow.

STROMBUS, Linné, 1758. Voy. t. 2, p. 132.

1008. gibbosulus, Gratteloup, 1845, Conch. foss. Strombes, pl. 1, fig. 7. Dax, St-Paul.

1009. intermedius, Gratteloup, 1845, Stromb., pl. 1, fig. 8-13. Dax, St-Paul.

1010. subcancellatus, Gratteloup, 1845, Stromb., pl. 1, fig. 9. Dax, St-Paul.

1011. pseudo-radix, d'Orb., 1847. *Strombus radix,* Gratteloup, 1845, Stromb., pl. 1, fig. 10,14, 15 (non Brongniart). Dax, St-Paul ; Piémont.

1012. varicosus, Gratteloup, 1845, Stromb., pl. 1, fig. 11. Dax, St-Paul.

**1013. Bonelli,* Brong., 1823, Vicent., p. 74, pl. 6, fig. 6. Gratteloup, 1845, Stromb., pl. 1, fig. 12 ; pl. 2, fig. 6. Dax, St-Paul ; Piémont, Turin ; Autriche, Gainfaren, Vienne.

1014. Gratteloupi, d'Orb., 1847. *S. lentiginosus,* Gratteloup,1845, Stromb., pl. 1, fig. 16 (non Linné, Lam.). Dax, St-Paul.

**1015. decussatus,* Defrance, Bast. *Rostellaria decussata,* Gratteloup, 1845, Stromb., pl. 2, fig. 3 a, b. *Strombus deflaxus,* Bonelli. Dax, St-Paul, Mainot ; Piémont, Turin.

1016. volutæformis, Gratteloup, 1845, Stromb., pl. 2, fig. 4. Dax, St-Paul, Cabanes.

1017. trigonus, Gratteloup, 1845, Stromb., pl. 2, fig. 1 a, b. Dax, St-Paul.

1018. sublucifer, d'Orb., 1847. *S. lucifer,* Gratteloup, 1845, Str., pl. 2, fig. 7 (non Gmel., 1789). Dax, St-Paul.

1020. deperditus, Sow., 1837, Trans. geol. Soc. of London, 2e série, 5, p. 329, pl. 26, fig. 19. Indes, prov. de Cutch, Soomrow.

1021. nodosus, Sow., 1837, Trans., 2e série, 5, p. 329, pl. 26, fig. 20. Soomrow.

ROSTELLARIA, Lamarck, 1801. Voy. t. 2, p. 71.

**1022. dentata,* Gratteloup, 1832, 1845, Conch. foss. Rostellaires, pl. 1, fig. 1-4. *R. curvirostris,* Bast., pl. 4, fig. 1. *R. bidentata,* Desh. Dax, St-Paul, Saubrigues ; Piémont, Turin.

1023. subrimosa, d'Orb., 1847. *R. rimosa,* Sow., 1837, Trans. geol. Soc. of London, 2ᵉ série, 5, p. 329, pl. 26, fig. 17 (non Brander, 1799; non Sow., M. C.). Indes, prov. de Cutch, Soomrow.

1024. Sowerbyi, d'Orb., 1847. *R. rectirostris,* Sow., 1837, Trans., 2ᵉ série, 5, p. 329, pl. 26, fig. 18 (non Lamarck). Indes, prov. de Cutch, Soomrow.

*1025. **Gaudichaudi,** d'Orb., 1842, Paléont. de l'Amér. mérid., p. 116, pl. 14, fig. 6-8. Amér. mérid., Payta (Pérou).

*1026. **Collegnoi,** Bellardi et Michelotti, Sagg. Oritt., p. 24, pl. 8, fig. 5, 6. E. Sismonda, 1847. Syn. meth., p. 39 et p. 45. Piémont, Turin.

CHENOPUS, Philippi, 1837.

*1027. **Burdigalensis,** d'Orb., 1847. *Rostellaria pes-pelicani,* Gratteloup, 1845, Conch. foss. Rostellaires, pl. 1, fig. 5 (non Linné). Dax, St-Jean-de-Marsac ; Autriche, Korod.

*1028. **Gratteloupi,** d'Orb., 1847. *Rostellaria pes-carbonis,* Gratteloup, 1845, Rost., pl. 1, fig. 6 a, b (non Brongniart, non Deshayes). Dax, St-Paul.

1029. alatus, d'Orb., 1847. *Rostellaria alata,* Eschw., 1830, p. 225. *R. pes-carbonis,* Dubois, 1831, p. 29, pl. 1, fig. 32-36 (non Brongn.). Volhynie, Bialozurka.

1030. paradoxus?, Philippi, 1844, Foss. tert. du N.-E. de l'Allemagne, p. 24, pl. 4, fig. 13. Cassel.

1031. Anglicus, d'Orb., 1847. *Rostellaria pes-pelicani,* Sow., 1837, Min. Conch., 6, p. 109, pl. 558, fig. 1. Nyst., pl. 43, fig. 7. Angleterre, Norfolk et Suffolk ; Belgique, Anvers, Doel.

*1032. **pes-graculi,** Phil. En. moll. sic., 1, p. 215. *Rostell. pes-graculi,* Bronn. *R. pes-ard.,* Sass., R. Brongn., Riss. Pr. Eur. mér., 4, 5, 94. Sismonda, 1847, Syn. meth., p. 45. Piémont, Turin.

PLEUROTOMA, Lamarck, 1801.

1033. subintorta, d'Orb., 1847. *P. intorta,* Gratteloup, 1847, Conch. foss. Pleurot., pl. 2, n. 20, fig. 40 (non *Murex intorta,* Brocc., pl. 8, fig. 17). *Pleurotoma Farinensis,* Marcel de Serres. Dax, St-Jean-de-Marsac, Saubrigues.

*1034. **cataphracta,** Bell., Pleur., pl. 1, fig. 14. Gratteloup, 1847, Pleur., pl. 2, n. 20, fig. 41-43. *Murex cataphracta,* Brocchi, pl. 1, fig. 14. Dax, St-Jean-de-Marsac, Saubrigues, Gaas, Lesbarritz ; Piémont, Turin ; Autriche, Baden.

*1035. **calcarata,** Gratteloup, 1847, Pleur., pl. 3, n. 21, fig. 23. Bell., Pleur., p. 36, pl. 2, fig. 11. Dax, Saubrigues, Bordeaux ; Piémont, Turin.

*1036. **subrotata,** d'Orb., 1847. *P. rotata,* Gratteloup, 1847, Pleur., pl. 3, n. 21, fig. 25 (non Brocchi, pl. 9, fig. 11). *P. subdentata,* Münster? Dax, Saubrigues ; Piémont, Dertona, Turin ; Autriche, Baden, Vienne.

*1037. **interrupta,** Brocc., Gratteloup, 1847, Pleur., pl. 2, n. 20, fig. 16, 17, 18. Bell., Pleur., pl. 1, fig. 16. Dax, Saubrigues, St-Jean-de-Marsac ; Piémont, Turin.

*1038. **semi-marginata,** Gratteloup, 1847, Pleur., pl. 3, n. 21, fig. 3, 4, 5, 6; pl. 1, fig. 5, 6, 14-16, 26. Bell., Pleur., p. 38, pl. 2, fig. 13, 14. Dax, Saubrigues.

*1039. **denticula,** Bast., pl. 3, fig. 2. Gratteloup, 1847, Pleur., pl. 2, n. 20, fig. 8. Bell., Pleur., pl. 3, fig. 7. Dax, St-Paul, St-Jean-de-Marsac; Piémont, Dertona.

*1040. **monilis,** Gratteloup, 1847, Pleur., pl. 2, n. 20, fig. 9. *Murex monilis,* Brocc., pl. 8, fig. 15. Bell., Pleurot., pl. 3, fig. 2. *P. coronata,* Münster, Goldf., pl. 171, fig. 8. Dax, Saubrigues, St-Jean-de-Marsac; Piémont, Dertona; Autriche, Vienne.

*1041. **rotata,** Gratteloup, 1847, Pleur., pl. 2, n. 20, fig. 10. *Murex rotatus,* Brocchi, pl. 9, fig. 11. *P. subdentata,* Münster, *P. monilis,* Defr. (non Brocc.). Dax, Saubrigues, St-Jean-de-Marsac; Piémont, Turin, Dertona.

*1042. **dimidiata,** Gratteloup, 1847, Pleur., pl. 2, n. 20, fig. 11, 12, 13. *Murex dimidiatus,* Brocc., pl. 8, fig. 18. Bell., Mon. Pleur., p. 57. Saubrigues, St-Jean-de-Marsac; Piémont, Dertona; Autriche, Gainfaren, Vienne.

*1043. **spinosa,** Defrance, 1826, Desmoulins, n. 23. *P. asperulata,* Gratteloup, 1847, Pleur., pl. 1, fig. 27; pl. 3, n. 21, fig. 17, 18, 19, 22. Bell., Mon., p. 33 (non Lamarck). Dax, Saubrigues, St-Jean-de-Marsac; Piémont, Dertona.

1044. **vermicularis,** Gratteloup, 1847, Pleur., pl. 3, n. 21, fig. 15. *P. circulata,* Bonn., Bell. et Mich., Sag. oritt., p. 4, pl. 1, fig. 7. Dax, Saubrigues; Piémont, Turin.

1046. **fusus,** Gratteloup, 1847, pl. 1, n. 19, fig. 7. Dax.

*1047. **Borsoni,** Bast., 1825, pl. 3, fig. 2. Gratteloup, 1847, Pleur., pl. 1, n. 19, fig. 1, 2. Dax, St-Paul, St-Jean-de-Marsac, Angers; Autriche, Baden, Vienne.

1048. **pseudo-fusus,** Desmoulins. *P. buccinoides,* Gratteloup, 1847, Pleur., pl. 1, n. 19, fig. 19 (non Lamarck). Dax, Bordeaux.

*1049. **reticulata,** d'Orb., 1847. *Murex reticulatus,* Brocchi, pl. 9, fig. 12. *P. ramosa,* Bast., 1825, pl. 3, fig. 15. Gratteloup, 1847, Pleur., pl. 1, n. 19, fig. 20, 21, 22, 23. Dax, Bordeaux; Piémont, Turin.

*1050. **tuberculosa,** Basterot, 1825, pl. 3, fig. 11. *P. asperula,* Desmoul. (non Lamk., 1803). *P. spinosa,* Gratteloup, 1847, Pleur., pl. 1, n. 19, fig. 24, 25 (non Defrance, 1826). Dax, Bordeaux; Autriche, Gainfaren.

*1051. **carinifera,** Gratteloup, 1847, Pleur., pl. 1, n. 19, fig. 17. Bell., Pleur., pl. 2, fig. 12. Dax, Bordeaux; Piémont, Turin.

1052. **Dufourii,** Desmoulins, Gratteloup, 1847, Pleur., pl. 2, n. 20, fig. 22. Bell., Pleur., pl. 4, fig. 12. Dax, Bordeaux; Piémont, Turin.

*1053. **terebra,** Basterot, 1825, pl. 3, fig. 20. Gratteloup, 1847, Pleur., pl. 2, n. 20, fig. 23, 24. Bell., Pleur., p. 78. Dax, Bordeaux; Piémont, Turin.

*1054. **subcostellata,** d'Orb., 1847. *P. costellata,* Bast., 1825, pl. 3, fig. 24. Gratteloup, 1847, Pleur., pl. 2, n. 20, fig. 25, 27, 28, 29 (non Lamarck). Dax, Bordeaux.

1055. **Milletii,** Desm., 1826, Ann. de la Soc. lin., pl. 9, fig. 5.

Gratteloup, 1847, Pleur., pl. 2, n. 20, fig. 26. Dax, Bordeaux, Anjou.

1055'. crassinoda, Desmoulins, 1826, Revis., n. 47. *P. pustulata,* Gratteloup, 1847, pl. 2, n. 20, fig. 30 (non Brocchi, 1814). Dax, Gaas, Lesbarritz.

1056. pseudo-Javana, d'Orb., 1847. *P. Javana,* Gratteloup, 1847, Pleur., pl. 1, n. 19, fig. 8, 12 ; pl. 3, fig. 1, 2 (non *Javana,* de Boissy). Dax, Saubrigues, Bordeaux.

1057. longirostris, Gratteloup, 1847, Pleur., pl. 1, n. 19, fig. 9, 10. Dax, St-Paul, Bordeaux.

***1058. opis,** d'Orb., 1847. *P. transversaria,* Gratteloup, 1847, Pleur., pl. 1, n. 19, fig. 11 (non Lamarck, 1804). Dax, Bordeaux.

1059. subpurpurea, d'Orb., 1847. *P. purpurea,* Gratteloup, 1847, Pleur., pl. 3, n. 21, fig. 30 (non Montagu). Dax, St-Paul.

***1060. pannus,** Bast., 1825, Bordeaux, n. 2. Gratteloup, 1847, Pleur., pl. 2, n. 20, fig. 33. Dax, Saubrigues.

***1061. Cypris,** d'Orb., 1847. *P. uniserialis,* Gratteloup, 1847, Pleur., pl. 2, n. 20, fig. 34 (non Desh., 1828). *P. undata,* Bast., n. 7 (non Lam.). Dax, Bordeaux ; Autriche, Gainfaren, Vienne.

***1062. subundata,** d'Orb., 1847. *P. undata,* Gratteloup, 1847, Pleur., pl. 2, n. 20, fig. 35 (non Lam., 1804). Dax, Bordeaux.

1063. variabilis, Desmoulins, Revist., n. 46, *P. plicata,* Gratteloup, 1847, Pleur., pl. 2, n. 20, fig. 36 (non Lamarck). Dax, St-Paul, Bordeaux.

1064. glabella, Bonelli, Gratteloup, 1847, Pleur., pl. 2, n. 20, fig. 37. Dax, Bordeaux.

1065. Requienii, Gratteloup, 1847, Pleur., pl. 2, n. 20, fig. 38, 68. Dax.

***1066. subvulpecula,** d'Orb., 1847. *P. vulpecula,* Gratteloup, 1847, Pleur., pl. 2, n. 20, fig. 39 (non *Murex vulpecula,* Brocc., pl. 8, fig. 10). Dax, Gaas.

1067. Cordieri, Gratteloup, 1847, Pleur., pl. 2, n. 20, fig. 57 (non Payrodeau, 1825). *P. purpurea,* Bast., pl. 3, fig. 13). Dax, St-Paul.

1068. obtusangula, Bronn, Gratteloup, 1847, Pleur., pl. 2, n. 20, fig. 58, 59. *Murex obtusangula,* Brocchi, 1814, pl. 8, fig. 19. Bell., Pleur., pl. 3, fig. 21. Dax, St-Paul ; Bologne ; Piémont, Dertona.

1069. polita, Bronn, Gratteloup, 1847, Pleur., pl. 2, n. 20, fig. 2. Dax, St-Jean-de-Marsac.

1070. striatulata, Lam., Gratteloup, 1847, Pleur., pl. 2, n. 20, fig. 47 ; pl. 3, fig. 8. Dax, St-Paul, Bordeaux.

1071. detecta, Desmoulins, n. 15. Gratteloup, 1847, Pleur., pl. 2, n. 20, fig. 48 ; pl. 3, fig. 9. Dax, St-Paul, Bordeaux.

1072. cheilotoma, Basterot, Bordeaux, pl. 4, fig. 3. Gratteloup, 1847, Pleur., pl. 2, n. 20, fig. 50. Dax, St-Paul, Bordeaux.

1073. Neptuni, d'Orb., 1847. *P. Nystii,* Gratteloup, 1847, Pleur., pl. 2, n. 20, fig. 60, 61 (non *Nystii,* Bell.). Dax, St-Paul, Castetarbe.

III.   6

1074. Dupuisii, Gratteloup, 1847, Pleur., pl. 2, n. 20, fig. 52. Dax, Castetarbe.

1075. fallax, Gratteloup, 1847, Pleur., pl. 2, n. 20, fig. 65. Dax, St-Paul.

***1076. cerithioides,** Desmoulins, Gratteloup, 1847, Pleur., pl. 2, n. 20, fig. 66, 73. Dax.

1077. subulata, Gratteloup, 1847, Pleur., pl. 2, n. 20, fig. 67. Dax, St-Paul.

1078. conulus, Gratteloup, 1847, Pleur., pl. 2, n. 20, fig. 69. Dax.

***1079. Jouannetii,** Desmoulins, Gratteloup, 1847, Pleur., pl. 3, n. 21, fig. 12. Bell., Pleur., pl. 2, fig. 15. Dax, Bordeaux; Piémont, Dertona.

1080. subturbida, d'Orb., 1847. *P. turbida,* Gratteloup, 1847, Pleur., pl. 3, n. 21, fig. 26 (non Lam.; non Brander, 1766). Dax, St-Paul.

1081. ornata, Defrance, Gratteloup, 1847, Pleur., pl. 3, n. 21, fig. 27; pl. 2, fig. 63. Dax, St-Paul, Bordeaux.

1082. vulgatissima, Gratteloup, 1847, Pleur., pl. 1, n. 19, fig. 28; pl. 2, fig. 3, 7, 49. Bell., Pleur., pl. 2, fig. 9. Dax, St-Paul, Saubrigues; Piémont, Turin.

***1083. subcrenulata,** d'Orb., 1847. *P. crenulata,* Gratteloup, 1847, Pleur., pl. 2, n. 20, fig. 32, 70, 71 (non Defrance, 1826). Dax, St-Paul.

***1084. concatenata,** Gratteloup, 1847, Pleur., pl. 2, n. 20, fig. 4, 5. Bell., Pleur., pl. 2, fig. 10. Dax; Piémont, Turin.

1085. Basteroti, Desmoulins, Gratteloup, 1847, Pleur., pl. 2, n. 20, fig. 61, 62, 64. Dax, St-Paul.

***1086. substriatula,** d'Orb., 1847. *P. striatula,* Dujard., 1847, Mém. Soc. géol. de France, t. 2, p. 292, pl. 20, fig. 27 (non Lam., 1822). Mantelin.

***1087. subincrassata,** d'Orb., 1847. *P. incrassata,* Dujard., 1837, Mém., p. 292. Bell., pl. 4, fig. 27 (non Sow., 1833); pl. 20, fig. 28. Mantelin.

***1088. strombillus,** Dujard., 1837, Mém., p. 290, pl. 20, fig. 15. Semblançay (Indre-et-Loire).

***1089. fascellina,** Dujard., 1837, Mém. Soc. géol. de France, t. 2, p. 290, pl. 20, fig. 16. Env. de Tours.

***1090. labeo,** Dujard., 1837, Mém. Soc. géol. de France, t. 2, p. 291, pl. 20, fig. 17, 18. Env. de Tours.

***1091. colus,** Dujard., 1837, Mém. Soc. géol. de France, t. 2, p. 291, pl. 20, fig. 21. Env. de Tours.

***1092. pseudo-attenuata,** d'Orb., 1847. *P. attenuata,* Dujard., 1837, Mém., p. 291, pl. 20, fig. 22 (non Sow., 1816). France, Touraine.

***1093. quadrillum,** Dujard., 1837, Mém. Soc. géol. de France, t. 2, p. 291, pl. 20, fig. 23. Env. de Tours.

***1094. amœna,** Dujard., 1837, Mém. Soc. géol. de France, t. 2, p. 291, pl. 20, fig. 24. Env. de Tours.

***1095. granaria,** Dujard., 1837, Mém. Soc. géol. de France, t. 2, p. 292, pl. 20, fig. 29. Env. de Tours.

***1096. subterebra,** d'Orb., 1847. *P. terebra,* Dujard., 1837, Mém., p. 292, pl. 20, fig. 30 (non Basterot, 1825). Env. de Tours.

***1097. subspirata,** d'Orb., 1847. *P. spirata,* Mathéron, 1843, Catalogue, p. 248, pl. 40, fig. 11 (non Lam., 1822). Carry (B.-du-Rhône).

***1098. Agassizi,** Bell., Monog. Pleur. Piém., p. 30, pl. 2, fig. 3. Piémont, Turin.

1099. intorta, Bell., *Murex intortus,* Brocchi, 1814, pl. 8, fig. 17. Piémont, Turin.

***1101. Bellardii,** Desm., Bell., Monog. Pleur. Piém., p. 79, pl. 4, fig. 8. Piémont, Dertona.

***1102. bracteata,** Bronn, It. tert. geb., p. 45. Bell., Mon. Pl. Piém., p. 18, pl. 1, fig. 5. *Murex bracteata,* Brocchi. *P. elegans,* Bon. P. Bonell., Bell. Turin, Dertona, Piémont ; Autriche, Baden, Vienne.

***1103. oblonga,** d'Orb., 1847. *P. brevirostrum,* Bell., Mon. Pleur. Piém., p. 79, pl. 4, fig. 9 (non Sow., 1823). *Murex oblonga,* Brocc. *P. dubia,* Jan. Piémont ; Autriche, Baden, Vienne.

1104. brevis, Bell., Monog. Pleur. Piém., p. 19, pl. 1, fig. 15. *P. abbreviata,* Bon. E. Sism., Syn. meth., p. 33. Piémont, Dertona.

1105. Calliope, Bell., Mon. Pleur. Piém., p. 63, pl. 1, fig. 9. *Murex Calliope,* Brocchi. Turin.

1106. Chinensis, Bon., Bell., Monog., p. 42, pl. 3, fig. 12. Turin.

***1107. cirrata,** Bell., Monog., p. 47, pl. 3, fig. 1. Dertona.

***1108. controversa,** Jan., Bell., Monog. Pleur. Piém., p. 63, pl. 1, fig. 12. Piémont, Dertona.

***1109. coronata,** Bell., Monog., p. 47, pl. 3, fig. 5. Turin.

1110. subcrebricosta, d'Orb., 1847. *P. crebricosta,* Bell., Monog. Pleur. Piém., p. 80, pl. 4, fig. 10 (non Revist., 1843). Piémont, Turin.

***1111. crispata,** Jan., Bell., Mon. Pl. Piém., p. 69, pl. 4, fig. 2. *Murex turriculatus,* Brocchi. *Turella,* Bast. (non Lam.). *P. turritella,* Bell. Piémont, Turin, Dertona.

1112. Gastaldii, Bellardi, Monog., p. 44, pl. 2, fig. 19. Turin.

1113. Genei, Bell., Monog., p. 14, pl. 1, fig. 1. Turin.

1114. gradata, Defrance, Bellardi, Monog. Pleur. Piém., p. 29, pl. 2, fig. 4. Piémont, Turin.

1115. hirsuta, Bellardi, Monog. Pleur. Piém., p. 17, pl. 1, fig. 10. *P. plicatula,* Bonelli. E. Sism., Syn. meth., p. 33. Piémont, Turin.

***1116. intermedia,** Bronn, Bell., Mon. Pl. Piém., p. 54, pl. 3, fig. 14. *P. fusoidea,* Bonelli. Piémont, Turin.

***1117. Jani,** Bellardi, Monog., p. 61, pl. 3, fig. 18. Dertona.

***1118. Lamarcki,** Bell., Mon. Pleur. Piém., p. 60, pl. 3, fig. 16. *P. semistriata,* Partsch. Piémont, Dertona.

1119. laevis, Bellardi, Monog. Pleur. Piém., p. 14, pl. 4, fig. 30.

Fusus fragilis, Bonelli, Bell. et Mich., Sagg. oritt., p. 17, pl. 2, fig., 1. Turin.

1120. Michelottii, Bell., Mon., p. 65, pl. 3, fig. 19. Turin.

*1121. **modiola**, Bellardi, Mon., Pl. Piém., p. 68, pl. 3, fig. 9. *Fusus modiolus*, Jan. *P. carinata*, Biv. *P. acuta*, Bell. Piémont, Dertona.

1122. Nysti, Bellardi, Monog., p. 31, pl. 1, fig. 18. Turin, Dertona.

*1123. **nodosa**, Bellardi, Mon., p. 58, pl. 3, fig. 9. Turin.

1124. Orbignyi, Bell., Monog., p. 15, pl. 1, fig. 2. Turin.

*1125. **rotulata**, Bonelli, Bell., Monog. Pleur. Piém., p. 64, pl. 3, fig. 22. Piémont, Dertona.

*1126. **rustica**, Bell., Mon. Pl. Piém., p. 28, pl. 1, fig. 17. *Murex rustica*, Brocchi. Piémont, Turin, Dertona.

1127. sinuata, Bellardi, Mon., p. 53, pl. 3, fig. 15. Dertona.

1128. Sismondai, Bell. et Mich., Sagg. oritt., p. 5, pl. 1, fig. 16, 17. *P. granulosa*, Bonelli. Piémont, Dertona.

*1129. **spinescens**, Partsch, Bell., Mon., p. 67, pl. 3, fig. 8. Piémont, Turin; Autriche, Baden, Vienne.

*1130. **spiralis**, Marcel de Serres, Bell., Mon. Pl. Piém., p. 52, pl. 3, fig. 6. *P. incarnata*, Bell. E. Sism., Syn. meth., p. 33. Piémont, Turin.

1131. sublævis, Bell., Monog., p. 75, pl. 4, fig. 3. Turin.

*1132. **subterebralis**, Bellardi, p. 75, pl. 4, fig. 3. Dertona.

*1133. **turricula**, Gratteloup. *Murex turricula*, Brocc., Conch. subap., p. 435, pl. 9, fig. 20. Var. *Murex contiguus*, Brocc. *P. Stoffelsii*, Nyst. *P. obsoleta*, Bonelli. Gratteloup, pl. 1, fig. 4. Turin, Dertona; Vienne ; Bordeaux, Dax.

*1134. **turritelloides**, Bell., Mon. Pl. Piém., p. 71, pl. 4, fig. 5. *P. Renierii*, Scacc. sec., Bell. E. Sism., Syn. meth., p. 34. Piémont.

1135. venusta, Bell., Monog., p. 72, pl. 4, fig. 6. Turin.

*1136. **suturalis**, Bronn. *Raphitoma gracilis*, Bell., Monog., p. 106 (non *Murex gracilis*, Montag., Test., Br., pl. 15, fig. 5). *P. suturalis*, Bronn. Turin.

1137. harpula, Phill. *Raphitoma harpula*, Bell., Mon., p. 101. *Murex harpula*, Brocc., pl. 8, fig. 12. *Fusus harpula*, Bors. *P. Philippi*, Bell. et Mich., pl. Biv. Bell. Piémont, Dertona.

1138. hispidula, Jan. *Raphitoma hispidula*, Bell., Mon. Pl. Piém., p. 92, pl. 4, fig. 17. Piémont, Dertona.

*1139. **hypothetica**, d'Orb., 1847. *Raphitoma hypothetica*, Bell., Mon. Pl. Piém., p. 110, pl. 4, fig. 28. Piémont, Dertona.

1140. columnæ. *Raphitoma columnæ*, Bell., p. 44, pl. 1, fig. 20. Scacc. foss. di Crav. Bell., Mon. Pl. Piém., p. 100. *Fusus costatus*, P. pl. 11, fig. 33. Piémont, Dertona.

*1141. **subsemistriata**, d'Orb., 1847. *P. semistriata*. Partsch (non Desh., 1830). Autriche, Baden.

1141'. brachyura, Partsch. Autriche, Gainfaren.

1142. subplicatella, d'Orb., 1847. *Raphistoma plicatella*, Bellardi, Mon., p. 92, pl. 4, fig. 18 (non 27, n. 155). *P. plicatilis*, Jan., Sismonda, 1847, Syn. meth., p. 36. Piémont, Dertona.

1143. scalaria, Jan. *Raphitoma scalaria*, Bellardi, Mon., p. 106, pl. 4, fig. 26. Sismonda, 1847, Syn. meth., p. 36. Piémont.

1144. subseptangula, d'Orb., 1847. *Raphitoma septangulata*, Bellardi, Monog., p. 99 (non *M. septangulatus*, Donov.). Piémont, Turin.

1146. textilis, d'Orb., 1847. *Raphitoma textilis*, Bellardi, Mon., p. 105. *Murex textilis*, Brocc., pl. 8, fig. 14. *Fusus textilis*, Riss. Sismonda, 1847, Syn. meth., p. 36. Piémont.

1147. undatellum, Philippi, 1844, Beitr. zur Kenntniss, p. 24, pl. 4, fig. 6. Allemagne, Cassel (Hesse).

1148. Leunisii, Philippi, 1844, Beitr., p. 56, pl. 4, fig. 7. Cassel.

1149. subsimplex, d'Orb., 1847. *P. simplex*, Philippi, 1844, Beitr. zur Kenntn., p. 57, pl. 4, fig. 8 (non Deshayes, 1830). Cassel (Hesse).

1150. Hausmanni, Philippi, 1844, Beitr., p. 57, pl. 4, fig. 9. Cassel.

1151. subdiscors, d'Orb., 1847. *P. discors*, Philippi, 1844, Beitr. zur Kenntn., p. 58, pl. 4, fig. 10 (non Sow., 1833). Cassel.

1152. lunatum, Lea, 1843, Descrip. new. foss. tert., p. 43, pl. 37, fig. 93. États-Unis, Pétersburg, Virginia.

1153. rotifera, Conrad. États-Unis.

1154. communis, Conrad. États-Unis.

1155. parva, Conrad. États-Unis.

1156. dissimilis, Conrad. États-Unis.

1157. limatula, Conrad. États-Unis.

1158. Virginiana, Conrad. États-Unis.

1159. pyrenoides, Conrad. États-Unis.

1160. biscatenaria, Conrad. États-Unis.

1161. inflata, Jan. *Raphitoma inflata*, Bellardi, Monog., p. 90. Dertona.

1162. prima, d'Orb., 1847. *Borsonia prima*, Bell., Mon. Pl. Piém., p. 83, pl. 4, fig. 13. Piémont, Turin.

1163. mitrula, Sow., Nyst., 1843, Coq. tert. de Belgiq., p. 528, pl. 44, fig. 3. *Buccinum mitrula*, Sow., 1822, Min. Conch., t. 4, p. 375, fig. 3. Calloo, Stuyvenberg; Angl., Ramsholt, Sutton (S.-Wood).

1164. subcanaliculata, Münst., Goldf., 1843, Petref., 3, p. 20, pl. 171, fig. 3. Vienne.

1165. granulato-cincta, Münst., Goldf., 1843, 3, p. 20, pl. 171, fig. 5. Enzersfeld, Vienne.

1166. subharpula, d'Orb., 1847. *Fusus harpula*, Dubois, 1831, Conch. foss., p. 31, pl. 1, fig. 47, 48. Dax; Volhynie, Szuskowie.

1167. subæqualis, Sow. in Darw., 1846, South. Amer., p. 257, pl. 4, fig. 52. Ile de Huafo, Chili.

1168. turbinelloides, Sowerby in Darw., 1846, South. Amer., p. 258, pl. 4, fig. 53. Navidad (Chili).

1169. pseudo-discors, d'Orb., 1847. *P. discors*, Sowerby in

, Darw., 1846, South. Amer., p. 258, pl. 4, fig. 54 (non Sow., 1833). Navidad (Chili).

1170. tricaternaria, Conrad. États-Unis.

1171. inclinifera, Conrad. États-Unis.

FUSUS. Bruguière, 1791.

1172. Moquinainus, Gratteloup, 1847, Conch. foss. Fusus, pl. 3, n. 24, fig. 21. France, Dax, St-Paul.

1173. suballigatus, d'Orb., 1847. *F. alligatus,* Gratteloup, 1847, Fus., pl. 3, n. 24, fig. 23 (non Lamarck). Dax, St-Paul.

'1174. quinquedentatus, Gratteloup, 1847, Fus., pl. 3, n. 24, fig. 24. France, Dax, St-Paul.

1175. subincisus, d'Orb., 1847. *F. incisus,* Gratteloup, 1847, Fus., pl. 3, n. 24, fig. 25 (non Lamarck). Dax, St-Paul.

1176. cœlatus, Gratteloup, 1847, Fus., pl. 3, n. 24, fig. 26. Dax, St-Paul.

'1177. sublavatus, d'Orb., 1847. *F. lavatus,* Gratteloup, 1847, Fus., pl. 3, n. 24, fig. 27 (non Sowerby). Dax, St-Paul, Bordeaux.

1178. fenestralis, Gratteloup, 1847, Fus., pl. 3, n. 24, fig. 28. Dax, St-Paul, Bordeaux.

1179. Gratteloupi, d'Orb., 1847. *F. variabilis,* Gratteloup, 1847, Fus., pl. 3, n. 24, fig. 29 (non Lam.). Dax, St-Paul, Bordeaux.

1180. echinatus, Brocc., Gratteloup, 1847, Fus., pl. 3, n. 24, fig. 30. Dax, St-Paul.

1181. nassatella, Gratteloup, 1847, Fus., pl. 3, n. 24, fig. 19. Dax, St-Paul.

'1182. buccinoides, Bast., n. 49, Gratteloup, 1847, pl. 3 (n. 24), fig. 33, 34, 35. Dax, St-Paul, Bordeaux, Plaix, Touraine.

1183. submitræformis, d'Orb., 1847. *F. mitræformis,* Gratteloup, 1847, Fus., pl. 3 (n. 24), fig. 36, 37, 38 (non *Murex mitræformis,* Brocch., pl. 8, fig. 20). Dax, Saubrigues, Bordeaux.

'1184. politus, Bronn, Gratteloup, 1847, Fus., pl. 3 (n. 24), fig. 39. Dax, Saubrigues; Autriche, Baden.

1185. Aturensis, Gratteloup, 1847, Fus., pl. 3 (n. 24), fig. 13. Dax, Saubrigues, St-Jean-de-Marsac.

1186. subrugosus, d'Orb., 1847. *F. rugosus,* Gratteloup, 1847, Fus., pl. 3 (n. 24), fig. 14 (non Lamarck, 1804). Dax, Saubrigues, St-Jean-de-Marsac.

1187. virgineus, Gratteloup, 1847, Fus., pl. 3 (n. 24), fig. 1, 2, 32. France, Dax, Saubrigues.

'1188. sublignarius, d'Orb., 1847. *F. lignarius,* Gratteloup, 1847, Fus., pl. 3 (n. 24), fig. 3 (non Lam.). *Murex cornus,* Brocc., p. 426. Dax, Soustons; Piémont, Dertona.

'1189. substromboides, d'Orb., 1847. *Pyrula stromboides,* Gratteloup, 1845, Pyr., pl. 2, fig. 3 (non n. 198). Dax, Saubrigues.

1190. nexilis, Gratteloup, 1847, Fus., pl. 5 (n. 24), fig. 15. Dax, St-Paul.

1191. oblongus, Gratteloup, 1847, Fus., pl. 3 (n. 24), fig. 16. Dax, St-Paul.

1192. diluvianus, Gratteloup, 1847, Fus., pl. 3 (n. 24), fig. 4. Dax ? Bordeaux, Mérignac.

'1193. cornutus, d'Orb., 1847. *Pyrula melongena*, Gratteloup, 1845, Pyrule, pl. 1, fig. 1-7 ; pl. 3, fig. 12-15 (non Lamarck). *Myristica cornuta*, Agassiz. Dax, St-Paul, Saubrigues, St-Jean-de-Marsac, Bordeaux ; Piémont, Turin.

1194. Marcelli-Serresii, Gratteloup, 1847, Fus., pl. 2 (n. 23), fig. 16. Dax, St-Paul.

1195. subsismondianus, d'Orb.,1847. *F. Sismondianus*,Grattel., 1847, Fus., pl. 2 (n. 23), fig. 5 (non Michelotti, 1846). Dax, St-Paul.

'1196. Lainei, d'Orb., 1847. *Pyrula Lainei*, Bast., pl. 7, fig. 8. Gratteloup, 1845, Pyr., pl. 1, fig. 2, 3, 8 ; pl. 2, fig. 2 ; pl. 3, fig. 13, 14. *Miristica Lainei*, Sismonda. Dax, St-Paul, Bordeaux ; Piémont, Turin, Carry.

'1197. Jauberti, d'Orb., 1847. *Pyrula Jauberti*, Gratteloup, 1845, Pyrules, pl. 2, fig. 11, 12. Dax, Saubrigues, Salles, près Bordeaux.

1198. Andrei, d'Orb., 1847. *Buccinum Andrei*, Gratteloup, 1845, Buccin., pl. 1, fig. 8. Dax, St-Paul.

1199. aduncus, Bronn, It. tert. geb., p. 40. *Fusus intortus*, Bors. (non Lam.). Sismonda. 1847, Syn. meth., p. 37. Turin, Dertona.

1201. armatus, Michelotti, Préc. faun. mioc., pl. 9, fig. 12. Sismonda, 1847, Syn. meth., p. 37. Turin.

1202. subarticulatus, d'Orb., 1847. *F. articulatus*, Michelotti, Préc. faun. miocr., pl. 9, fig. 21. Sismonda, 1847, Syn. meth., p. 37. (non Lam., 1822). Piémont, Dertona.

1203. fasciolarinus, Gratteloup, 1847, Fus., pl. 2 (n. 23), fig. 9. Dax, St-Paul.

'1204. bilineatus, Partsch. Autriche, Baden.

'1205. Zalbrukueri, Partsch. Autriche, Gainfaren.

'1206. Stutzii, Partsch. Autriche, Gainfaren.

'1207. Basteroti, Partsch. Autriche. Enzersfeld.

'1208. Hossii, Partsch. Autriche, Baden.

1210. Morsoni, Gené, Bellardi et Michelotti, Sagg. oritt., p. 18, pl. 2, fig. 8, 9. Sismonda, 1847, Syn. meth., p. 38. Turin.

1211. Bredai, Michelotti, Préc. faun. mioc., pl. 10, fig. 8. Sismonda, 1847, Syn. meth., p. 38. Piémont, Dertona.

1212. carcarensis, Michelotti, Préc. faun. mioc., pl. 16, fig. 21, 22. Sismonda, 1847, Syn. meth., p. 38. Piémont.

1213. cinctus, Bellardi et Michelotti, Sagg. oritt., p. 12, pl. 1, fig. 5. Sismonda, 1847, Syn. meth., p. 38. Turin.

'1214. crispus, Bors., Oritt. Piem., p. 71. Michelotti, Préc. faun. mioc., pl. 9, fig. 17, 18. Sismonda, 1847, Syn. meth., p. 38. Turin, Dertona.

1215. Genei, Michelotti, Préc. faun. mioc., pl. 9, fig. 15. Sismonda, 1847, Syn. meth., p. 38. Turin.

'1216. glomoides, Gené, Bellardi et Michelotti, Sagg. oritt., p. 22, pl. 2, fig. 6. Sismonda, 1847, Syn. meth., p. 38. Turin.

'1217. glomus, Gené, Bellardi et Michelotti, Sagg. oritt., p. 21, pl. 2, fig. 2, 3. Sismonda, 1847, Syn. meth., p. 38. Dertona.

1218. inflatus, Bonelli. *Murex inflatus*, Brocc., Conch. subap., p. 412, pl. 9, fig. 6. Sismonda, 1847, Syn. meth., p. 38. Turin.

'1219. intermedius, Michelotti, Sow., Mal. and conch. mag., pl. 3, fig. 5, 6. Mich., Préc. faun. mioc., pl. 9, fig. 16. *F. abbreviatus*, Bonn. *F. Agassizii*, Bell. Sismonda, 1847, Syn. meth., p. 38. Turin.

***1219'. Klipsteini,** Michelotti, Préc. faun. mioc., pl. 10, fig. 2. *F. longævus*, Bors. (non Lam.). *F. lignarius*, Auct. ped. (non Lam.). Sismonda, 1847, Syn. meth., p. 38. Dertona.

***1220. Lachesis,** E. Sismonda, 1847, Syn. meth., p. 38. *Fusus Syracusanus*, Auct. Pedem. (non Lam.). Turin.

1221. lamellosus, Borson, Oritt. Piem., p. 71, pl. 1, fig. 14. Michelotti, Préc. faun. mioc., pl. 9, fig. 14. Sismonda, 1847, Syn. meth., p. 38. Piémont, Dertona.

***1222. longiroster,** Sismonda, 1847, Syn. meth., p. 38. *Murex longiroster*, Brocc., Conch. subap., p. 418, pl. 8, fig. 7. Piémont, Dertona.

1223. maxillosus, Bonelli, Bell. et Mich., Sagg. oritt., p. 18, pl. 1, fig. 14. Sismonda, 1847, Syn. meth., p. 38. Turin.

1224. Michelini, E. Sismonda, 1847, Syn. meth., p. 33 et p. 38. *Pleurotoma Michelini*, Bell. et Mich., Préc. faun. mioc., pl. 17, fig. 7. Turin.

***1225. mitræformis,** Sismonda, 1847, Syn. meth., p. 38. *Murex mitræformis*, Brocchi, Conch. subap., p. 425, pl. 8, fig. 20. Turin.

***1226. obesus,** Michelotti, Préc. faun. mioc., pl. 10, fig. 17. E. Sismonda, 1847, Syn. méth., p. 36 et p. 38. Turin.

***1227. orditus,** Bellardi et Michelotti, Sagg. oritt., p. 16, pl. 1, fig. 18, 19. Sismonda, 1847, Syn. meth., p. 38. Turin.

1228. Philippii, Mich., Préc. faun. mioc., pl. 9, fig. 20. Sismonda, 1847, Syn. meth., p. 38. Piémont, Dertona.

***1229. pustulatus,** Bellardi et Michelotti, Sagg. oritt., p. 77, et p. 15, pl. 1, fig. 13. Sismonda, 1847, Syn. meth., p. 38. Turin.

***1230. Renierii,** Michelotti, Préc. faun. mioc., pl. 9, fig. 19. E. Sismonda, 1847, Syn. meth., p. 38. Turin.

***1231. reticulatus,** Bellardi et Michelotti, Sagg. oritt., p. 14, pl. 1, fig. 11. Sismonda, 1847, Syn. meth., p. 39. Turin.

***1232. rostratus,** Sismonda, 1847, Syn. meth., p. 39. Brocc., Conch. subap., p. 416, pl. 8, fig. 1. *Murex rostratus*, Oliv. Turin, Autriche, Gainfaren, Vienne.

***1233. semirugosus,** Bellardi et Michelotti, Sagg. oritt., p. 13, pl. 1, fig. 13. Sismonda, 1847, Syn. meth., p. 39. Turin.

1234. Sismondai, Michelotti, Préc. faun. mioc., pl. 17, fig. 14. Sismonda, 1847, Syn. meth., p. 39. Turin.

1235. incoustans, Michelin, 1831, Mag. de zoolog., pl. 33. Bordeaux.

***1236. cœlatus,** Dujard., 1837, Mém. Soc. géol. de France, t. 2, p. 294, pl. 19, fig. 1. Touraine.

***1237. pseudorugosus,** d'Orb., 1847. *F. rugosus*, Sow., 1820, Min. Conch., t. 3, p. 131, pl. 274, fig. 8, 9. *Murex rugosus*, pl. 34, (non Lam., 1804). Angleterre, Suffolk, Essex ; Allem., Cassel.

1238. striatus, Sow., 1813, Min. Conch., t. 5, p. 61, pl. 22. Angleterre, Suffolk ; Allem., Cassel.

1239. Duboisianus, d'Orb., 1847. *Ranella granifera*, Dubois,

1831, Conch. foss., p. 31, pl. 1, fig. 50, 51 (non Lamarck). Podolie, Krzemienna.

1240. echinatus, Dubois, 1831, Conch. foss., p. 31, pl. 1, fig. 45, 46. France, Dax ; Volhynie, Szuskowce.

1241. Peruvianus, d'Orb., 1847. *Murex Peruvianus,* Sow., 1823, Min. Conch., t. 5, p. 47, pl. 434, fig. 1. Angleterre, Suffolk.

1242. subsulcatus, d'Orb., 1847. *Buccinum sulcatum,* Sow., 1822, Min. Conch., t. 4, p. 103, pl. 375, fig. 2 (non Lam., 1804). Angleterre, Ramsholt.

1243. cancellatus, Sow., 1826, Min. Conch., t. 6, p. 45, pl. 525, fig. 2. Angleterre, Suffolk.

1244. elegans, d'Orb., 1847. *Buccinum elegans,* Sow., 1824, Min. Conch., pl. 477, fig. 1, 2. Angleterre, Suffolk.

1245. mitrula, d'Orb., 1847. *Buccinum mitrula,* Sow., 1822, Min. Conch., t. 4, p. 103, pl. 375, fig. 3. Angleterre, Ramsholt.

*1246. terebrinus,** Bon., Bellardi et Michelotti, Sagg. Oritt., p. 19, pl. 2, fig. 4. Sismonda, 1847, Syn. meth., p. 39. Piémont, Dertona.

1247. exilis, Philippi, 1844, Beitræge zur Kenntn., p. 25, pl. 4, fig. 12. Cassel (Hesse).

1248. Schwarzenbergii, Philippi, 1844, Beitræge zur Kenntn., p. 59, pl. 4, fig. 15. Cassel (Hesse).

1249. elegantulus, Philippi, 1844, Beitræge zur Kenntn., p. 59, pl. 4, fig. 16. Cassel (Hesse).

1250. Jung, d'Orb., 1847. *Derselbe Jung,* Philippi, 1844, Beitræge, p. 66, pl. 4, fig. 20. Cassel.

1251. Cheruscus, Philippi, 1844, Beitræge zur Kenntn., p. 59, pl. 4, fig. 21. Cassel (Hesse).

*1252. anomalus,** Lea, 1843, Descrip. new. foss. tert., p. 45, pl. 37, fig. 96. États-Unis, Pétersburg, Virginia.

*1254. quadricostatus,** Say. États-Unis.

*1255. trossulus,** Conrad. États-Unis.

1256. tetricus, Conrad. États-Unis.

*1257. Cleryanus,** d'Orb., 1842, Paléont. de l'Amér. méridion., p. 117, pl. 12, fig. 6-9. Amér. mérid., Coquimbo (Chili).

*1258. Petitianus,** d'Orb., 1842, Paléont. de l'Amér. mérid., p. 118, pl. 12, fig. 10. Amér. mérid., Coquimbo (Chili).

*1259. subcontrarius,** d'Orb., 1847. *F. contrarius,* Sow., 1813, Min. Conch., 5, p. 63, fig. 73 (non *Murex contrarius,* Linn., 1789). *F. contrarius,* Nyst., pl. 41, fig. 1. (Il se distingue du *contrarius* par ses côtes). Belgique, Anvers ; Angleterre, Essex ; Sicile, Palerme.

1260. parilis, Conrad. États-Unis.

1261. subrusticus, d'Orb., 1847. *F. rusticus,* Conrad (non Sow., 1831). États-Unis.

*1262. subregularis?,** d'Orb., 1847. *F. regularis,* Sowerby in Darwin, 1846, South. Amer., p. 253, pl. 4, fig. 55 (non Desh., 1824). Navidad (Chili).

1263. pyruliformis, Sowerby in Darw., 1846, South. Amer., p. 258, pl. 4, fig. 56. Navidad (Chili).

*1264. subreflexus,** Sowerby in Darw., 1846, South. Amer., p. 259, pl. 4, fig. 57. Navidad (Chili).

***1265. Nonchinus,** Sow. in Darw., 1846, South. Amer., p. 259, pl. 4, fig. 58, 59. San Julian (Patagonie).

***1266. Patagonicus,** Sow. in Darw., 1846, South. Amer., p. 259, pl. 4, fig. 60. Patagonie.

1267. granosus, Sow., 1837, Trans. geol. Soc. of London, 2ᵉ série, 5, p. 329, pl. 26, fig. 12. Indes, prov. de Cutch, Soomrow.

1268. læviusculus, Sow., 1837, Trans., p. 329, pl. 26, fig. 13. Soomrow.

1269. nodulosus, Sow., 1837, Trans., p. 329, pl. 26, fig. 14. Indes, Soomrow.

TRICHOTROPIS, Broderip, 1829. *Fulgur*, Conrad (non *Fulgur*, Montfort, 1810). Ce sont des *Fusus* largement ombiliqués, à épiderme.

***1270. coronatus,** d'Orb., 1847. *Fulgur id.*, Conrad, 1838, Foss. of the tert. form. couverture. États-Unis (Maryland), St-Mary's river.

1271. tuberculatus, d'Orb., 1847. *Fulgur id.*, Conrad, 1838, Foss. of the tert. form. couverture. États-Unis (Maryland), Patuxent-river, Mary-County.

1272. carina, d'Orb., 1847. *Fulgur carina*, Say. États-Unis.

1273. canaliculatus, d'Orb., 1847. *Fulgur canaliculatus*, Say. États-Unis.

1274. incilis, d'Orb., 1847. *Fulgur incilis*, Conrad. États-Unis.

***1275. quadricostatus,** d'Orb., 1847. *Fulgur quadricostatus*, Conrad. États-Unis, Ile de Wight (Virginie).

PYRULA, Lamarck, 1801.

***1276. clava,** Bast., 1825, Bord., pl. 7, fig. 12. Gratteloup, 1845, Pyr., pl. 1, fig. 5, 6; pl. 2, fig. 4, 6, 16; pl. 3, fig. 7. *Ficula clava*, Sismonda. Dax, St-Paul, Bordeaux; Piémont, Turin.

1277. subclathrata, d'Orb., 1847. *P. clathrata*, Gratteloup, 1845, Pyr., pl. 1, fig. 10; pl. 3, fig. 6 (non Lamarck). Dax, St-Paul, Castetarbe; Allem., Cassel.

1278. subficoides, d'Orb., 1847. *P. ficoides*, Gratteloup, 1845, Pyr., pl. 2, fig. 15 (non Brocchi, 1814; non Lamarck, 1822). Dax, Saint-Jean-de-Marsac.

***1279. condita,** Brongn., 1823, Vicent., p. 75, pl. 6, fig. 4. Gratteloup, 1845, Pyr., pl. 2, fig. 8, 9; pl. 3, fig. 9, 10. Bast., n. 1. *Ficula condita*, Sismonda. Dax, St-Paul, Bordeaux; Piémont, Turin; Autriche, Enzersfeld.

1280. distans, Sow. in Darw., 1846, South. Amer., p. 259, pl. 4, fig. 61. Navidad (Chili).

1281. megacephala, Philippi, 1844, Foss. tert. du N.-E. de l'Allemagne, p. 26, pl. 4, fig. 18. Cassel.

***1282. ficoides,** d'Orb., 1847. *Ficula ficoides*, E. Sismonda, 1847, Syn. meth., p. 37. *Bulla ficoides*, Brocchi, 1814, Conch. subap., p. 280, pl. 1, fig. 5. *Pyrula undata*, Bronn, Piémont.

FASCIOLARIA, Lamarck, 1801.

1283. clandestina, Gratt., 1847, Conch. foss. Fasciolaires, pl. 2, n. 23, fig. 3. Dax, St-Jean-de-Marsac.

1284. ornata, d'Orb., 1847. *F. Valenciennesii*, Gratt., 1847, Fasc., pl. 2, n. 23, fig. 4 (non Kiener). Dax, St-Paul, Bordeaux.

***1285. Burdigalensis,** Bast., 1825, pl. 7, fig. 11. Grattel., 1847, Fasc., pl. 2, n. 23, fig. 6, 7, 8, 10, 11 ; pl. 3, fig. 8, 10, 11, 22. Dax, St-Paul.

1286. nassæformis, Gratt., 1847, Fasc., pl. 1, n. 22, fig. 6. Dax, St-Paul.

***1287. fusoides,** Gratt., 1847, Fasc., pl. 1, n. 22, fig. 7. Dax, St-Paul.

1288. subafra, d'Orb., 1847. *F. Afra*, Grattel., 1847, Fasc., pl. 1, n. 22, fig. 14 (non Lamarck). Dax, St-Paul.

1289. Michelottiana, Gratt., 1847, Fasc., pl. 2, n. 23, fig. 1. Dax, St-Paul.

1290. punctifera, Gratt., 1847, Fasc., pl. 1, n. 22, fig. 10. Dax, St-Paul.

1291. Turbelliana, Gratt., 1847, Fasc., pl. 2, n. 23, fig. 14. Dax, Saubrigues, St-Jean-de-Marsac.

1292. fusus, Philippi, 1844, Foss. tert. du N.-E. de l'Allem., p. 25, pl. 4, fig. 14. Allem., Cassel.

1293. pusilla, Phil., 1844, Beitr. zur Kenntn., p. 59, pl. 4, fig 11. Cassel (Hesse).

***1294. Puschi,** E. Sismonda, 1847, Synopsis methodica, p. 37. *Fusus Polonica*, Pusch, sec. Bell., et Mich., Sagg. oritt., p. 27, pl. 2, fig. 15. *Lathira Puschi*, Andrez. Turin ; Autriche, Gainfaren.

1295. Taurina, Michelotti, Préc. faun. mioc., pl. 8, fig. 3-5. Sism., 1847, Syn. meth., p. 37. Turin.

1296. subtrapezium, d'Orb., 1847. *F. trapezium*, Sism., 1847, Syn. meth., p. 37 (non Lamarck). Piémont, Dertona.

***1297. subcostata,** d'Orb., 1847. *F. costata*, Bonelli, Sismonda, 1847, Syn. meth., p. 36 (non Defrance, 1820). Bellardi et Michelotti, Sagg. oritt., p. 27, pl. 2, fig. 16, 17. Turin.

1298. fusoidea, Michelotti, 1847, Préc. faun. mioc., pl. 16, fig. 20. Bellardi, 1847, Syn. meth., p. 36. Piémont, Dertona.

TURBINELLA, Lamarck, 1801.

***1299. Lynchii,** Bast., 1825, pl. 7, fig. 10. Gratt., 1847, Conch. foss. Turbinelles, pl. 1, n. 22, fig. 8-13 ; pl. 2, fig. 2 ; Suppl., pl. 2, fig. 9. Dax, St-Paul; Piémont, Turin.

1300. subcraticulata, d'Orb., 1847. *T. craticulata,* Gratt., 1847, Turb., pl. 1, n. 22, fig. 9 (non Lamarck). Dax, St-Paul.

1301. multistriata, Gratt., 1847, Turb., pl. 1, n. 22, fig. 16. Dax, St-Paul.

1302. heteroclita, Gratt., 1847, Turb., pl. 2, n. 23, fig. 12 *bis.* Dax, St-Paul.

1303. pleurotoma, Grattel., 1847, Turb., pl. 1, n. 22, fig. 5-11. Dax, St-Paul.

1304. Tritonina, Gratt., 1847, Turb., pl. 3, n. 24, fig. 17. Dax, Bordeaux, Mérignac.

1305. submuricata, d'Orb., 1847. *T. muricata,* Grattel., 1847, Turb., pl. 1, n. 22, fig. 1 (non Lamarck). Dax, St-Paul.

***1306. subpolygona,** d'Orb., 1847. *T. polygona,* Grattel., 1847,

Turb., pl. 3, n. 24, fig. 9 (non Lamarck, 1822). Dax, Saint-Paul, Bordeaux.

***1307. Basteroti,** Bell. et Michelotti, Sagg. Oritt., p. 28. Turin.

1308. Bellardii, Michelotti, Préc. faun. mioc., pl. 8, fig. 2. *Fasciolaria propinqua*, Mich., pl. 8, fig. 4 (Specim. senil.). Piémont, Dertona.

1309. coarctata, Michelotti, Préc., pl. 17, fig. 4. Turin.

***1310. crassa,** E. Sismonda, *T. infundibulum*, Auct. Pedem. (non Lamarck). Piémont, Turin.

1311. crassicostata, Michelotti, Préc. faun. mioc., pl. 8, fig. 6 (Ind. iun.). *T. Allionii*, Mich., l. c., pl. 8, fig. 1. Piémont, Dertona.

***1312. fusoidea,** Bonelli, E. Sism., Syn. meth., p. 34. *Fusus Bronni*, Mich., Préc. faun. mioc., pl. 10, fig. 15. Piémont, Dertona.

1313. labellum, Bonelli, Bell. et Mich., Sagg. oritt., p. 30, pl. 2, fig. 18, 19. Piémont, Dertona.

1314. affinis? Sow., 1837, Trans. geol. Soc. of London, 2e série, 5, p. 329, pl. 26, fig. 22. Indes, prov. de Cutch, Soomrow.

MUREX, Linné, 1758.

***1315. subbrandaris,** d'Orb., 1847. *M. brandaris*, Gratteloup, 1847, Conch. foss. Murex, pl. 3, n. 31, fig. 1 (non Linné). Dax, St-Paul ; Piémont, Turin.

1316. cancellaroides, Gratteloup, 1847, Mur., pl. 3, n. 31, fig. 2. Dax, St-Paul.

***1317. spinicosta,** Bronn, It. tert., p. 34. *M. rectispina*, Bonelli, Gratteloup, 1847, Mur., pl. 3, n. 31, fig. 3 a, b, 4. Michelotti, Mur., p. 13, n. 15. Dax, Saubrigues, St-Jean-de-Marsac ; Piémont, Turin.

1318. subdecussatus, d'Orb., 1847. *M. decussatus*, Gratteloup, 1847, Mur., pl. 3, n. 31, fig. 5 (non Gmelin, 1789). Dax, St-Paul.

1319. abbreviatus, Gratteloup, 1847, Mur., pl. 3, n. 31, fig. 6. Dax, St-Paul.

1320. subfrondosus, d'Orb., 1847. *M. frondosus*, Gratteloup, 1847, Mur., pl. 3, n. 31, fig. 7, 8 (non Lamarck, 1804). Dax, St-Paul.

1321. Bronnii, Gratteloup, 1847, Mur., pl. 2, n. 30, fig. 31. Dax, St-Paul.

***1322. Triton,** d'Orb., 1847. *M. Blainvillii*, Gratteloup, 1847, Mur., pl. 2, n. 30, fig. 32 (non Payrodeau). Dax, Gaas, Lesbarritz, Bordeaux.

1323. subexiguus, d'Orb., 1847. *M. exiguus*, Gratteloup, 1847, Mur., pl. 2, n. 30, fig. 33 (non Dujardin). Dax, Gaas, Lesbarritz.

***1324. curvicosta,** Gratteloup, 1847, Mur., pl. 2, n. 30, fig. 34. Dax, St-Paul, Bordeaux.

***1326. subtrunculus,** d'Orb., 1847. *M. trunculus*, Gratteloup, 1847, Mur., pl. 2, n. 30, fig. 1, 8. Bronn, Leth., pl. 41, fig. 25 (non Linné). Dax, St-Paul, Bordeaux ; Italie, Piémont, Turin, Dertona ; Autriche, Gainfaren.

1327. Brongniartii, Gratteloup, 1847, Mur., pl. 2, n. 30, fig. 2, 4. Dax, St-Paul, Bordeaux.

1328. Beaumontii, Gratteloup, 1847, Mur., pl. 2, n. 30, fig. 3. Dax, St-Paul, Bordeaux.

1329. suberinaceus, Bast., 1825, pl. 4, fig. 15. Gratteloup, 1847 Mur., pl. 2, n. 30, fig. 5. Dax, St-Paul, Bordeaux.

1330. complicatus, Gratteloup, 1847, Mur., pl. 2, n. 30, fig. 6 Dax, Saubrigues.

1331. Delbosianus, Gratteloup, 1847, Mur., pl. 2, n. 30, fig. 7, 10. Dax? Bordeaux.

***1332. Gratteloupi,** d'Orb., 1847. *M. tripteroides,* Gratteloup, 1847, Mur., pl. 2, n. 30, fig. 9, 24 ; pl. 3, fig. 14 (non Lamarck, 1804). Dax, St-Paul, Bordeaux, Salles.

1333. rusticulus, d'Orb., 1847. *Pyrula spirillus,* Gratteloup, 1845, Pyr., pl. 3, fig. 1-5 (non Lamarck). *Pyrula rusticula,* Bast., 1825, Bord., pl. 7, fig. 9. Dax, St-Paul, Saubrigues ; Piémont, Turin ; Autriche, Vienne.

1334. suboblongus, d'Orb., 1847. *M. oblongus,* Gratteloup, 1847, Mur., pl. 3, n. 31, fig. 13 (non Brocchi, 1814). Dax, St-Paul.

1335. pseudo-fusiformis, d'Orb., 1847. *Purpura fusiformis,* Gratteloup, 1845, Purp., pl. 1, fig. 3, 4, 8 (non Gmel., 1789). Dax, St-Paul.

***1336. Lassaignei,** d'Orb., 1847. *Purpura Lassaignei,* Gratteloup, 1845, Purp., pl. 1, fig. 5, 6, 7. Dax, St-Paul ; Turin, Dertona.

***1337. angulatus,** d'Orb., 1847, *Purpura angulata,* Dujardin, pl. 19, fig. 4. Gratteloup, 1845, Purpura, pl. 1, fig. 9. Dax, St-Paul, Touraine.

1338. torulosus, d'Orb., 1847. *Purpura torulosa,* Gratteloup, 1845, Purpura, pl. 1, fig. 10, 11. France, Dax.

1339. pseudo-oblongus, d'Orb., 1847. *Purpura oblonga,* Gratteloup, 1845, Purpura, pl. 1, fig. 12 (non Brocchi, 1814). Dax, St-Paul.

***1340. subasperrimus,** d'Orb., 1847. *M. asperrimus,* Gratteloup, 1847, Mur., pl. 3, n. 31, fig. 15. Mich., Mur., pl. 4, fig. 7 (non Lamarck). Dax, Saubrigues, Bordeaux ; Turin, Piémont.

1341. calcitrapoides, Gratteloup, 1847, Mur., pl. 3, n. 31, fig. 16, 20. Dax, St-Paul.

***1342. subvitulinus,** d'Orb., 1847. *M. vitulinus,* Gratteloup, 1847, Mur., pl. 3, n. 31, fig. 17, 18 (non Lamarck). Dax, St-Paul, Saubrigues, Bordeaux.

1343. excisus, Gratteloup, 1847, Mur., pl. 3, n. 31, fig. 19. Dax, St-Paul.

1344. Aquitanicus, Gratteloup, 1847, Mur., pl. 3, n. 31, fig. 12. Dax, Saubrigues.

1345. granuliferus, Gratteloup, 1847, Mur., pl. 2, n. 30; fig. 17. Dax, Saubrigues.

1346. consobrinus, d'Orb., 1847. *M. erinaceus,* Gratteloup, 1847, Mur., pl. 2, n. 30, fig. 18 (non Linné). Dax, Gaas, Bordeaux ; Piémont, Turin.

1347. Dufrenoyi, Gratteloup, 1847, Mur., pl. 2, n. 30, fig. 19. Dax, St-Paul.

1348. trifascialis, Gratteloup, 1847, Mur., pl. 2, n. 30, fig. 20. Dax, St-Paul.

***1349. submarginatus,** d'Orb., 1847. *Fusus marginatus*, Dujard., 1837, Mém. Soc. géol. de France, t. 2, p. 294, pl. 19, fig. 3 (non Brocchi, 1814). Env. de Tours.

***1350. subclathratus,** d'Orb., 1847. *Fusus clathratus*, Dujard., 1837, Mém., t. 2, p. 294, pl. 20, fig. 6 (non Linné, 1767). Env. de Tours.

***1351. Turonensis,** Dujard., 1837, Mém., t. 2, p. 295, pl. 19, fig. 27. Env. de Tours.

***1352. pseudo-exiguus,** d'Orb., 1847. *M. exiguus*, Dujard., 1837, Mém., t. 2, p. 296, pl. 19, fig. 2 (non Broderip, 1832). Env. de Tours.

***1353. rhombus,** d'Orb., 1847. *Fusus rhombus*, Dujardin, 1837, Mém., t. 2, p. 294, pl. 19, fig. 7. Env. de Tours.

1354. Swainsoni, Mich., Mong. gen., Mur., p. 9. *M. affinis*, Eschw., E. Sismonda, 1847, Syn. meth., p. 37 et p. 40 (non Linné), Turin.

***1355. Albertii,** Michelotti, Monog. gen. Mur., p. 25, pl. 5, fig. 11, 12. E. Sismonda, 1847, Syn. meth., p. 38 et p. 40. Turin.

1356. alternicosta, Michelotti, Monog. gen. Mur., p. 19, pl. 5, fig. 4, 5. Préc. faun. mioc., pl. 11, fig. 6. Sismonda, 1847, Syn. meth., p. 40. Turin, Dertona.

1357. Becki, Michelotti, Préc. faun. mioc., pl. 11, fig. 10. *M. elegans*, Mich., Monog. gen. Mur., p. 15. Sismonda, 1847, Syn. meth., p. 40. Turin.

***1358. bicaudatus,** Borson, Oritt. Piem., p. 61, pl. 1, fig. 5. *M. filosus*, Gen., Bellardi et Michelotti, Sagg. oritt., p. 36, pl. 3, fig. 1, 2. Sismonda, 1847, Syn. meth., p. 40. Turin, Dertona.

1359. Bonelli, Michelotti, Préc. faun. mioc., pl. 11, fig. 2. Var., *M. despect.*, Mich., l. c., fig. 5. Sismonda, 1847, Syn. meth., p. 40. Turin.

1360. Borsoni, Michelotti, Préc. faun. mioc., pl. 11, fig. 1. Sismonda, 1847, Synopsis methodica, p. 40. Turin.

1361. clavus, Michelotti, Monog. gen. Mur., p. 20, pl. 5, fig. 2, 3. E. Sismonda, 1847, Syn. meth., p. 38 et p. 40 (non Kiener). Turin.

1364. funiculosus, Borson, Oritt. Piem., p. 58, pl. 1, fig. 2. *M. craticulatus*, Brocc., Var., p. 663, pl. 16, fig. 3. Sismonda, 1847, Syn. meth., p. 40. Piémont.

1365. fusulus, Brocc., Conch. subap., p. 409, pl. 8, fig. 9. Sismonda, 1847, Syn. meth., p. 40. Piémont.

***1366. Genei,** Bellardi et Michelotti, Sagg. oritt., p. 42, pl. 3, fig. 7, 8. Mich., Monog. gen. Mur., p. 21, pl. 5, fig. 1. Sismonda, 1847, Syn. meth., p. 41. Turin.

***1367. graniferus,** Michelotti, Monog. gen. Mur., p. 11. Préc. faun. mioc., pl. 11, fig. 8. Sismonda, 1847, Syn. meth., p. 41. Piémont, Dertona.

1368. hordeolus, Michelotti, Monog. gen. Mur., p. 26, pl. 5, fig. 9, 10. E. Sismonda, 1847, Syn. meth., p. 38 et p. 41. Turin.

*1369. **imbricatus,** Brocchi, Conch. subap., p. 408, pl. 7, fig. 13. Sismonda, 1847, Syn. meth., p. 41. Turin; Autriche, Enzersfeld.

1370. intercisus, Michelotti, Monog. gen. Mur., p. 25, pl. 5, fig. 7, 8. Sismonda, 1847, Syn. meth., p. 41. Turin.

*1371. **labrosus,** Bonelli, Bellardi et Michelotti, Sagg. oritt., p. 40, pl. 3, fig. 15, 16. Sismonda, 1847, Syn. meth., p. 41. Turin.

*1372. **latilabris,** Bellardi et Michelotti, Sagg. oritt., p. 39, pl. 3, fig. 13, 14. Mich., Mon. gen. Mur., p. 8, pl. 1, fig. 8, 9. Sismonda, 1847, Syn. meth., p. 41. Piémont, Dertona.

*1373. **lingua-bovis,** Bast., Coq. foss. Bord., p. 59, pl. 3, fig. 10. *M. vitulinus,* E. Sismonda, 1847, Syn. meth., p. 38 et 41 (non Lam.). France, Bordeaux ; Piémont, Turin.

1374. misellus, Bonelli, E. Sismonda, 1847, Syn. meth., p. 38 et p. 41. Turin.

1375. subnodiferus, d'Orb., 1847. *M. nodiferus,* Michelotti, Monog. gen. Mur., p. 11. E. Sismonda, 1847, Syn. meth., p. 37 et p. 41 (non Costa, 1829). Turin.

1376. perfoliatus, Bonelli. *Murex phyllopterus,* Michelotti, Monog. gen. Mur., p. 7 (non Lamarck). Sismonda, 1847, Syn. meth., p. 41. Turin.

*1377. **polymorphus,** Brocchi, Conch. subap., p. 415, pl. 8, fig. 4. Michelotti, Monog. gen. Mur., p. 12, pl. 2, fig. 4-7. Sismonda, 1847, Syn. meth., p. 41. Turin, Dertona.

1378. pyrulatus, Bonelli, Bellardi et Michelotti, Sagg. oritt., p. 39, pl. 2, fig. 10, 11. Sismonda, 1847, Syn. meth., p. 41. Turin.

*1379. **subrudis,** Borson, Oritt. Piem., p. 62, pl. 1, fig. 6. E. Sismonda, 1847, Syn. meth., p. 37 et p. 41. Turin.

1380. Sedgwichi, Michelotti, Monog. gen. Mur., p. 15, pl. 4, fig. 1, 2. Préc. faun. mioc., pl. 12, fig. 1, Sismonda, 1847, Syn. meth., p. 41. Turin.

1381. Sowerbyi, Michelotti, Mon. gen. Mur., p. 8, pl. 1, fig. 14, 15. *M. phyllopterus,* E. Sismonda, 1847, Syn. meth., p. 37 et p. 41 (non Lamarck). Turin.

1382. striæformis, Michelotti, Préc. faun. mioc., pl. 11, fig. 7. Mon. gen. Mur., p. 18 et p. 41. Piémont, Turin.

1383. Taurinensis, Michelotti, Monog. gen. Mur., p. 15, pl. 4, fig. 8, 9. Préc. faun. mioc., pl. 12, fig. 2. Sismonda, 1847, Syn. meth., p. 41. Turin.

*1384. **varicosissimus,** Bonelli, Michelotti, Monog. gen. Mur., p. 9, pl. 5, fig. 13, 14. Sismonda, 1847, Syn. meth., p. 42. Piémont, Dertona.

1385. capito, Philippi, 1844, Beitr. zur Kenntn., p. 60, pl. 4, fig. 19. Allemagne, Cassel (Hesse).

*1386. **tortuosus,** Sow., Nyst., 1843, Coq. tert. de Belg., p. 545, pl. 44, fig. 14. Sow., 1823, Min. Conch., t. 5, p. 48, pl. 434, fig. 2. Belgique, Calloo, Stuyvenberg, Anvers; Angleterre, Suffolk; Volhynie, Zuckowie ; Podolie, Warowie.

1387. subincrassatus, d'Orb., 1847. *M. incrassatus,* Sow., Nyst.,

1843, Belgiq., p. 548, pl. 43, fig. 2 (non Gmel., 1789). Belgique, Calloo, Stuyvenberg; Angl., Norfolk, Suffolk, Sutton.

1388. alveolatus, Sow., 1823, Min. Conch., t. 5, p. 9, pl. 411, fig. 2. Nyst., 1843, Belgique, p. 547, pl. 43, fig. 1. Belgique, Anvers, Calloo, Stuyvenberg; Angl., Norfolk, Suffolk, Walton Naze.

1389. subcorneus, d'Orb., 1847. *M. corneus,* Sow., 1813, Min. Conch., t. 1, p. 79, pl. 35, fig. 1 (non Linné, 1767). Angl., Holywells, Walton, Aldborough, Suffolk.

1390. subrugosus, d'Orb., 1847. *M. rugosus,* Sow., 1818, Min. Conch., t. 2, p. 225, pl. 199, fig. 1, 2 (non Linné, 1767). Angl., env. de Malden, Plumsted.

1391. costellifer, Sow., 1818, Min. Conch., t. 2, p. 225, pl. 199, fig. 3. Angl., env. de Malden.

1392. echinatus, Sow., 1818, Min. Conch., t. 2, p. 225, pl. 199, fig. 4. Angleterre, Malden.

1393. vaginatus, de Crist. et Jan., Philippi, 1844, Foss. tert. du N.-E. de l'Allemagne, p. 26. S. Ph. Enum., p. 211, pl. 11, fig. 27. Cassel (Hesse).

1393'. subhexagonus, d'Orb., 1847. *M. hexagonus,* Sow., 1837, Trans. geol. Soc. of London, 2e série, 5, p. 329, pl. 26, fig. 15 (non Chemnitz, 1788). Indes, prov. de Cutch, Soomrow.

1394. tetragonus, d'Orb., 1847. *Buccinum tetragonum,* Sow., 1823, Min. Conch., t. 5, p. 13, pl. 414, fig. 1. Angleterre, Suffolk.

1395. umbrifer, Conrad. États-Unis.

TIPHIS, Montfort, 1810.

'1396. fistulosus, Gratt., 1832. *Murex fistulosus,* Gratteloup, 1847, Conch. foss. Murex, pl. 2, n. 30, fig. 12. Brocc., 1814. Subap., pl. 7, fig. 12. Dax, Gaas, Lesbarritz, Bordeaux; Piémont, Turin.

'1397. horridus, d'Orb., 1847. *Murex horridus,* Brocc., 1814, pl. 7, fig. 17. Gratteloup, 1847, Mur., pl. 2, n. 30, fig 21. Dax, Saubrigues; Piémont, Turin.

'1398. subtubifer, d'Orb., 1847. *Murex tubifer,* Gratteloup, 1847, Mur., pl. 2, n. 30, fig. 23 (non tubifer, Lam., 1804). Dax, Bordeaux; Autriche, Baden.

1399. simplex, Philippi, 1844, Foss. tert. du N.-E. de l'Allem., p. 26, pl. 4, fig. 22. Cassel (Hesse).

1401. acuticosta, Conrard. États-Unis.

RANELLA, Lamarck.

'1402. marginata, Defrance, 1826. *R. lævigata,* Lam., Gratteloup, 1847, Conch. foss. Ranelles, pl. 1, n. 29, fig. 1, 2, 3, 5. *Buccinum marginatum,* Brocc., pl. 4, fig. 17. Dax, St-Paul, Saubrigues, Bordeaux; Piémont, Turin.

1403. subgranulata, d'Orb., 1847. *R. granulata,* Gratteloup, 1847, Ran., pl. 1, n. 29, fig. 4 (non Lam.). Dax, Saint-Paul, Bordeaux.

1404. Gratteloupi, d'Orb., 1847. *R. semi-granosa,* Gratteloup, 1847, Ran., pl. 1, n. 29, fig. 6 (non Lam.). Dax, St-Jean-de-Marsac, Bordeaux.

1405. subtuberosa, d'Orb., 1847. *R. tuberosa,* Gratteloup, 1847,

Ran., pl. 1, n. 29, fig. 7 (non vivante). Dax, St-Paul, Bordeaux.

*1406. **reticularis?,** Desh., in Lam., 9, p. 540. *Ranella gigantea,* Gratteloup, 1847, Ran., pl. 1, n. 29, fig. 8 (non Lam.). Dax, Saubrigues; Piémont, Turin.

1407. **cancellata,** Gratteloup, 1847, Ran., pl. 1, n. 29, fig. 9; pl. 2, fig. 15. Dax, St-Paul.

1408. **subranina,** d'Orb., 1847. *R. ranina,* Gratteloup, 1847, Ran., pl. 2, n. 30, fig. 13 (non Lamarck). Dax, Saubrigues.

*1409. **scrobiculata,** Gratteloup, 1847, Ran., pl. 2, n. 30, fig. 14. *R. scrobiculata,* Bast., pl. 4, fig. 6 (non Kiener). Dax, St-Paul.

*1410. **subpygmæa,** d'Orb., 1847. *R. pygmæa,* Gratteloup, 1847, Ran., pl. 2, n. 30, fig. 16 (non Lamarck). Dax, Gaas, Lesbarritz, Bordeaux.

1411. **subanceps,** d'Orb., 1847. *R. anceps,* Gratteloup, 1847, Ran., pl. 2, n. 30, fig. 28, 30 (non Lamarck). Dax, Gaas, Lesbarritz.

1412. **subgranifera,** d'Orb., 1847. *R. granifera,* Gratteloup, 1847, Ran. Suppl., pl. 1, n. 46, fig. 2 (non Lamarck). Dax, Saubrigues.

1413. **subbufo,** d'Orb., 1847. *R. bufo,* Sow., 1837, Trans. geol. Soc. of London, 2ᵉ série, 5, p. 329 (non Lamarck), pl. 26, fig. 16. Indes, prov. de Cutch, Soomrow.

1414. **Deshayesi,** Michelotti, Préc. faun. mioc., pl. 16, fig. 24. Sismonda, 1847, Syn. meth., p. 39. Turin.

1415. **elongata,** Bellardi et Michelotti, Sagg. oritt., p. 32, pl. 2, fig. 12. Sismonda, 1847, Syn. meth., p. 39. Turin.

1416. **Michaudi,** Michelotti, Préc. faun. mioc., pl. 10, fig. 14. Sismonda, 1847, Syn. meth., p. 40. Piémont, Dertona.

*1417. **subspinosa,** d'Orb., 1847. *R. spinosa,* Bellardi et Michelotti, Sagg. oritt., p. 32 (non Lam., Kien. Icon., pl. 5). Michelotti, Préc., pl. 10, fig. 3. Sismonda, 1847, Syn. meth., p. 40. Piémont, Turin.

*1418. **pseudo-tuberosa,** d'Orb., 1847. *R. tuberosa,* Bon., E. Sismonda, 1847, Syn. meth., p. 37 et p. 40 (non Gratteloup). Turin.

TRITON, Montfort, 1810.

1419. **Tarbellianum,** Gratteloup, 1847, Conch. foss. Tritons, pl. 1, n. 29, fig. 11, 14. *T. gibbosum,* Bonelli. *T. obliquatum,* Bellardi. Dax, St-Jean-de-Marsac; Piémont, Turin.

1420. **subclathratum,** d'Orb., 1847. *T. clathratum,* Gratteloup, 1847, Trit., pl. 1, n. 29, fig. 12 (non Lamarck). Dax, Gaas, Lesbarritz, St-Paul, midi de la France.

1421. **subspinosum,** Gratteloup, 1847, Trit., pl. 1, n. 29, fig. 13. Dax, St-Paul.

*1422. **doliare,** Brong., 1823, Vicentin, pl. 6, fig. 5. Gratteloup, 1847, Trit., pl. 1, n. 29, fig. 16. *Murex doliare,* Brocc., n. 13. Dax, St-Paul; Piémont, Turin.

1423. **ventricosum,** Gratteloup, 1847, Trit., pl. 1, n. 29, fig. 17. Dax, St-Paul.

*1424. **subcorrugatum,** d'Orb., 1847. *T. corrugatum,* Gratteloup,

1847, Trit., pl. 1, n. 29, fig. 18,19 (non Lamarck). Dax, St-Paul, Bordeaux ; Autriche, Steinabrunn.

1425. subcolubrinum, d'Orb., 1847. *T. colubrinum*, Gratteloup, 1847, Trit., pl. 1, n. 29, fig. 21 (non *Murex colubrinus*, Brocc., pl. 9, fig. 9). Dax, St-Paul.

1426. subranelloides, d'Orb., 1847. *T. ranelloides*, Gratteloup, 1847, Trit., pl. 1, n. 29, fig. 22 (non Reever, 1844). Dax, Saubrigues.

1427. Tritonium, d'Orb., 1847. *Murex Tritonium*, Gratteloup, 1847, Mur., pl. 1, n. 29, fig. 23. Dax (Landes).

1428. Apenninicum, Sassi, Gior. lig., 1827. Michelotti, Préc. faun. mioc., pl. 10, fig. 10, 12. Bronn. *Triton nodulosum*, Borsd., Sismonda, 1847, Syn. meth., p. 39. Turin, Dertona ; Autriche, Steinabrunn, Baden.

1429. heptagonum, Defrance. *Murex heptagonum*, Brocc., Conch. subap., p. 104, pl. 9, fig. 2. Sismonda, 1847, Syn. meth., p. 39. Piémont, Turin, Dertona.

'1430. intermedium, Defrance. *Murex intermedius*, Brocc., Conch. subap., p. 400, pl. 7, fig. 10. Sismonda, 1847, Syn. meth., p. 39. Piémont, Turin.

1431. miocenicum, Michelotti. *Triton maculosum*, Bellardi et Mich., Sagg. oritt., p. 34 (non Lamarck). Sismonda, 1847, Syn. meth., p. 39. Piémont, Turin.

1432. parvulum, Michelotti, Préc. faun. mioc., pl. 17, fig. 10. Sismonda, 1847, Syn. meth., p. 39. Piémont, Turin.

1433. ranelliforme, E. Sismonda, 1847, Syn. meth., p. 39. Atti congr. Nap. *Triton variegatum*, Auct. Ped. (non Lamarck). Piémont, Turin.

'1434. tortuosum, E. Sismonda, 1847, Syn. meth., p. 39. Philipp., 1844, pl. 4, fig. 21. *Murex tortuosum*, Bors., Oritt. Piem., p. 60, pl. 1, fig. 4. *Trit. personatum*, Marcel, de Serres. *T. cnus*, Auct. Ped. (non Lam.). Piémont, Turin ; Hesse, Cassel.

1435. subvespaceum, d'Orb., 1847. *T. vespaceum?* Gratteloup, 1847, Tritons, pl. 1, n. 29, fig. 15 (non Lamarck). Dax, St-Paul.

1436. subnodularium, d'Orb., 1847. *T. nodularium*, Gratteloup, 1847, Trit., pl. 2, n. 30, fig. 26 (non Lam., 1804). Dax, St-Paul, Bordeaux.

1437. sublavatum, d'Orb., 1847. *Murex sublavatus*, Bast., pl. 3, fig. 23. Gratteloup, 1847, Mur., pl. 2, n. 30, fig. 11. Dax, Saint-Paul.

1438. subrugosum, d'Orb., 1847. *T. rugosum*, Philippi, 1844, Foss. tert. du N.-E. de l'Allemagne, p. 27, pl. 4, fig. 25 (non Schumacher, 1817). Cassel (Hesse).

'1439. verruculosum, Sowerby in Darw., 1846, South. Amer., p. 260, pl. 4, fig. 63. Navidad (Chili).

1440. leucostomoides, Sowerby in Darw., 1846, South. Amer., p. 260, pl. 4, fig. 64. Ile d'Huafo (Chili).

1441. elegans, d'Orb., 1847. *Buccinum elegans*, Sow., 1824, Min. Conch., t. 5, p. 121, pl. 477, fig. 1. Angleterre, Suffolk.

MONOCEROS, Lamarck, 1809.

1442. monacanthos, Bronn., It. Tert. Geb., p. 26. *Buccinum monacanthos,* Broce., pl. 4, fig. 12. Piémont.

*1443. ambiguus,** Sowerby in Darw., 1846. South. Amer., p. 261, pl. 4, fig. 66, 67. Amér. mérid., Coquimbo, Chili.

*1444. Blainvillei,** d'Orb., 1842, Paléont. de l'Amér. mérid., p. 116, pl. 6, fig. 18, 19. Amér. mér., Pérou.

1445. cepa, d'Orb., 1847. *Gastridium cepa,* Sowerby in Darw., 1846, South. Amer., p. 261, pl. 4, fig. 68, 69. Amér. mér., Navidad, Chili.

PURPURA, Bruguière, 1791.

1446. antiqua, d'Orb., 1847. *Magilus antiquus,* Gratteloup, 1847, Conch. foss. Suppl., pl. 3, n. 48, fig. 17 a, b. Dax, St-Paul.

1447. planaxoides, d'Orb., 1847. *Magilus planaxoides,* Gratteloup, 1847, Suppl., pl. 3, n. 48, fig. 18. Dax, St-Paul.

*1448. subtextilosa,** d'Orb., 1847. *P. textilosa,* Gratteloup, 1845, pl. 1, fig. 20 (non Lamarck). Dax, St-Paul, Cabanes.

1449. pleurotomoides, Gratteloup, 1845, Purp., pl. 1, fig. 1, 2. Dax, St-Paul.

1450. scabriuscula, Gratteloup, 1845, Purp., pl. 1, fig. 19. Dax, St-Paul, Cabanes.

*1451. angulata,** Dujard., 1837, Mém. Soc. géol. de France, t. 2, p. 297, pl. 19, fig. 4. Touraine.

*1452. exsculpta,** Dujard., 1837, id., 2, p. 297, pl. 19, fig. 8. Touraine.

*1453. intexta,** d'Orb., 1847. *Buccinum intextum,* Dujard., 1837, Mém., p. 298, pl. 20, fig. 9. Touraine.

1454. incrassata, d'Orb., 1847. *Buccinum incrassatum,* Sow., 1823, Min. Conch., t. 5, p. 13, pl. 414, fig. 2. Angleterre, Suffolk.

1455. crispata, d'Orb., 1847. *Buccinum crispatum,* Sow., 1823, Min. Conch., t. 5, p. 12, pl. 413, fig. 1. Angl., Suffolk.

*1456. Martinii,** Mathéron, 1843, Catal., p. 251, pl. 40, fig. 12, 13. Carry (Bouches-du-Rhône).

1457. Cyclopum, Phil. Enum., Moll. Sic., 1, p. 219, pl. 11, fig. 26. Piémont, Turin.

1458. subfusiformis, d'Orb., 1848. *P. fusiformis,* Michelotti, Préc. faun. mioc., pl. 16, fig. 17 (non Blainv., 1831). *P. rugosa,* E. Sism., Syn. meth., p. 39 (non Sow.). Turin.

*1459. neglecta,** Michelotti, Préc. faun. mioc., pl. 10, fig. 5. Dertona.

*1460. striolata,** Bronn., It. Tert. Geb., p. 26. Olim. *P. hœmastoma,* Auct. Ped. (non Lamarck). Turin, Dertona.

*1461. exilis,** Partsch. Autriche, Gaiafaren, Vienne.

SISTRUM, Montfort, 1810. *Ricinula,* Lamarck, 1819.

1462. subasperum, d'Orb., 1847. *Ricinula aspera,* Gratteloup, 1845, Conch. foss. Ric., pl. 1, fig. 14 (non Lamarck). Dax, Saint-Paul.

*1463. calcaratum,** d'Orb., 1847. *Ricinula calcarata,* Gratteloup, 1832, 1845, pl. 1, fig. 15, 18. *Purpura plicata,* Bell. et Mich., Sagg., pl. 5, fig. 6, 7. Dax, St-Paul, Cabanes; Piémont, Turin.

***1464. Gratteloupi,** d'Orb., 1847. *Ricinula morus,* Gratteloup, 1845, pl. 1, fig. 16, 17 (non Lam.). Dax, St-Paul, Cabanes.

CERITHIUM, Adanson, 1757. Voy. t. 1, p. 196.

***1465. subcinctum,** d'Orb., 1847. *C. cinctum,* Bast., n. 6. Gratteloup, 1847, Conch. foss. Cerith., pl. 2, n. 18, fig. 16 (non Lam., 1804). Dax, Gaas, Bordeaux ; Autriche, Gaumersdorf.

1466. Raulini, Gratteloup, 1847, Cerith., pl. 2, n. 18, fig. 17. Dax, Saint-Paul.

***1467. subplicatum,** d'Orb., 1847. *C. plicatum,* Gratteloup, 1847, Cerith., pl. 2, n. 18, fig. 19 (non Brug., 1789). Dax, St-Paul, Bordeaux.

***1468. subcorrugatum,** d'Orb., 1847. *C. corrugatum,* Gratteloup, 1847, pl. 2, n. 18, fig. 20 (non Brong., 1823). Dax, St-Paul, Bordeaux ; Piémont, Dertona.

1469. subgranosum, Gratteloup, 1847, Cerith., pl. 2, n. 18, fig. 6 (non *semigranulosum,* Lam., exclus. Syn.). Dax, St-Paul, Bordeaux.

1470. pseudo-tiara, d'Orb., 1847. *C. tiara,* Gratteloup, 1847, Cerith., pl. 2, n. 18, fig. 7, 9 (non Lam., 1804). Dax, St-Paul, Bordeaux.

***1471. pictu**m, Bast., 1825, pl. 3, fig. 6. Gratteloup, 1847, Cerith., pl. 2, n. 18, fig. 8. *C. baccatum,* Dubois, 1831, pl. 2, fig. 15-17. Dax, St-Paul, Bordeaux ; Podolie ; Autriche, Gaumersdorf.

1472. Burdigalinm, d'Orb., 1847. *C. diaboli,* Gratteloup, 1847, Cerith., pl. 2, n. 18, fig. 10 (non Brong., 1823). Dax, Gaas, Bordeaux.

1473. pupæforme, Bast., 1825, Bord., pl. 3, fig. 18. Gratteloup, 1847, Cerith., pl. 2, n. 18, fig. 11. Dax, St-Paul.

1474. subangulosum, d'Orb., 1847. *C. angulosum,* Bast., 1825, n. 13. Gratteloup, 1847, Cerith., pl. 1, n. 17, fig. 2 (non Lam., 1804). Dax, Gaas, Lesbarritz, Bordeaux.

***1475. Charpentieri,** Bast., 1825, Bord., pl. 3, fig. 3. Gratteloup, 1847, Cerith., pl. 1, n. 17, fig. 5. *Turritella ornata,* Mich., Revist. Dax, Gaas, Bordeaux ; Piémont, Dertona.

1476. pseudo-lamellosum, d'Orb., 1847. *C. lamellosum,* Bast., 1825, n. 12. Gratteloup, 1847, Cerith., pl. 1, n. 17, fig. 6 (non Lam., 1804). Dax, St-Paul, Bordeaux.

1477. intortum, Gratteloup, 1847, Cerith., pl. 1, n. 17, fig. 7. Dax, St-Jean-de-Marsac.

1478. fallax, Gratteloup, 1847, Cerith., pl. 1, n. 17, fig. 9. Dax, St-Paul.

***1479. salmo,** Bast., 1825, Bord., pl. 3, fig. 1. Gratteloup, 1847, Cerith., pl. 1, n. 17, fig. 10, 21, 25. Dax, Saint-Paul, Saubrigues, Bordeaux.

1480. pseudo-obeliscum, Gratteloup, 1847, Cerith., pl. 1, n. 17, fig. 12. Dax, St-Paul, Bordeaux.

***1481. calculosum,** Bast., 1825, pl. 3, fig. 5. Gratteloup, 1847, Cerith., pl. 1, n. 17, fig. 27. Dax, St-Paul, Bordeaux.

***1482. papaveraceum,** Bast., 1825, Gratteloup, 1847, Cerith., pl. 1, n. 17, fig. 28. Dax, St-Paul.

1483. pseudo-turritella, d'Orb., 1847. *C. turritella*, Gratteloup, 1847, Cerith., pl. 1, n. 17, fig. 29 (non Sow., 1830). Dax, Saint-Paul.

*1484. **bidentatum,** Defrance, Gratteloup, 1847, Cerith., pl. 1, n. 17, fig. 15 ; Suppl., pl. 3, fig. 1. Dax, St-Paul, Bordeaux.

1485. muricinum, Gratteloup, 1847, Cerith., pl. 1, n. 17, fig. 16. Dax, St-Paul.

1486. subclavatulatum, d'Orb., 1847. *C. clavatulatum*, Grattel., 1847, Cerith., pl. 1, n. 17, fig. 17 (non Lamarck). Dax, St-Paul.

*1487. **subalucoides,** d'Orb., 1847. *C. alucoides*, Grattel., 1847, Cerith., pl. 1, n. 17, fig. 22 (non *Murex alucoides*, Brocchi, 1814). Dax, St-Paul.

1488. subinterruptum, d'Orb., 1847. *C. interruptum*, Grattel., 1847, Cerith., pl. 1, n. 17, fig. 23 (non Lamarck). Dax, St-Paul.

*1489. **Gratteloupi,** d'Orb., 1847. *C. baccatum*, Grattel., 1847, Cerith., Suppl., pl. 3, n. 48, fig. 11 (non Defrance, Brongniart, 1823). Dax, St-Paul, Bordeaux.

1490. pseudo-tiarella, d'Orb., 1847. *C. tiarella*, Gratt., 1847, Cerith., pl. 2, n. 18, fig. 23, 24 (non Deshayes, 1828). Dax, St-Paul.

1491. subampullosum, d'Orb., 1847. *C. ampullosum*, Gratteloup, 1847, Cerith., pl. 2, n. 18, fig. 2 (non Brongn., 1823). Dax, Saint-Paul.

1492. subnodulosum, d'Orb., 1847. *C. nodulosum*, Gratt., 1847, Cerith., Suppl., pl. 1, n. 46, fig. 13 (non Lamarck). Dax ? Caneux, près de Mont-de-Marsan.

*1493. **scabrum,** Olivi, Gratteloup, 1847, Cerith., pl. 2, n. 18, fig. 29. *Murex scaber*, Brocchi, pl. 9, fig. 17 (non Lamarck). Dax, St-Paul, Bordeaux ; Piémont.

*1494. **inconstans,** Bast., 1825, pl. 3, fig. 19. Gratt., 1847, Cer., pl. 1, n. 17, fig. 19. Dax, St-Paul, Bordeaux.

1495. subgeminatum, d'Orb., 1847. *C. geminatum*, Gratteloup, 1847, Cerith., pl. 2, n. 18, fig. 13, 28 (non Sow., 1816). Dax, Saint-Paul.

1496. Colleguii, Gratt., 1847, Cerith., pl. 2, n. 18, fig. 14. Dax, St-Paul.

1497. Basterotinum, Gratt., 1847, Cerith., pl. 1, n. 17, fig. 13. Dax, St-Paul.

*1498. **Serresii,** d'Orb., 1847. *C. marginatum*, Marcel de Serr. (non Brug., 1790). *C. margaritaceum*, Gratteloup, 1847, Cerith., Suppl., pl. 3, n. 48, fig. 7 ; Cerith., pl. 1, fig. 2, 4 (non Brongn.). Dax, St-Paul, Caneux, Bordeaux.

*1499. **bicinctum,** Brocchi, Conch. subap., p. 446, pl. 9, fig. 13. *C. litteratum*, E. Sism., Syn. meth., p. 32 (non Bruguière). Piémont, Dertona.

1500. pseudo-elongatum, d'Orb., 1847. *C. elongatum*, Mich., Préc. Faun. mioc., pl. 16, fig. 16 (non Ziet., 1830). Turin.

*1501. **fimbriatum,** Mich., Préc. faun. mioc., pl. 16, fig. 23. *C. Rochettæ*, Bell., E. Sism., Syn. meth., p. 32. Dertona.

1502. Genei, Bell. et Mich., Sagg. oritt., p. 45, pl. 4, fig. 5, 6. Dertona.

'1503. granulinum, Bon., Bell. et Mich., Sagg. oritt., p. 46,
pl. 3, fig. 9, 10. Turin, Dertona.

1504. pseudo-marginatum, d'Orb., 1847. *C. marginatum,* Brocchi, Conch. subap., p. 440 (non Bruguière, 1790). Piémont, Dertona.

'1505. Taurinum, Bell. et Mich., Sagg. oritt., p. 47, pl. 3, fig. 20, 21. Piémont, Turin.

'1507. Zeuschneri, Pusch, Polens Paleont. Autriche, Gainfaren; Pologne.

1508. sinistratum, Nyst., 1843, Coq. tert. de Belg., p. 541, pl. 42, fig. 10. Belgique, Anvers.

1510. trilineatum, Philippi, 1844, Foss. tert. du N.-E. de l'Allemagne, p. 23; Enum., p. 195, pl. 11, fig. 13. Cassel.

1511. funiculatum? Sow., Nyst., 1843, Coq. tert. de Belgique, p. 539, pl. 42, fig. 8, Sow., 1816, Min. Conch., t. 2, p. 107, pl. 147, fig. 1, 2. Belgique, Calloo, Stuyvenberg, Anvers; Angleterre, Plumstead.

1512. suffarcinatum, Münst., Goldf., 1843, Petref., 3, p. 36, pl. 174, fig. 10. Neustadt.

1513. Kersteinii, Goldf., 1843, Petr., 3, p. 36, pl. 174, fig. 11. Neustadt.

1514. Hœninghausii, Keferst., Goldf., 1843, Petref., 3, p. 36, pl. 174, fig. 12. Neustadt.

1515. millegranum, Münst., Goldf., 1843, Petref., 3, p. 36, pl. 174, fig. 13. Tyrol.

1516. lævissimum, Schl., Goldf., 1843, Petref., 3, p. 39, pl. 175, fig. 3. Wienheim.

1517. subcrenatum, d'Orb., 1847. *C. crenatum,* Goldfuss, 1843, Petref., 3, p. 35, pl. 174, fig. 6 (non Brocchi, 1814). Gosau-Thal.

1518. erithea, d'Orb., 1847. *C. conicum,* Goldf., 1843, Petref., 3, p. 35, pl. 174, fig. 7 (non Blainville, 1827). Gosau-Thal.

1519. pulchellum, Sow., 1831, Trans. geol. Soc. of London, 2e série, t. 3, pl. 39, fig. 10. Lower Styria.

1520. lineolatum, Sowerby, 1831, Trans., pl. 39, fig. 11. Lower Styria.

1521. disjunctum, Sowerby, 1831, Trans., pl. 39, fig. 12. Lower Styria.

1522. turritella, Sowerby, 1831, Trans., pl. 39, fig. 13. Styrie, Radhersberg.

'1523. Menestrieri, d'Orb., 1847. Pal. du Voyage de M. Hommaire, p. 467, pl. 4, fig. 6. *C. plicatum,* Dubois, 1831 (non Bruguière, 1789). Bessarabie, Kichinev; Volhynie, Biasozurka; Podolie, Krzemienna.

'1524. Taitboutii, d'Orb., 1844, Paléont. du Voyage de M. Hommaire, p. 468, pl. 4, fig. 7-9. Bessarabie, Kichinev.

'1525. Comperei, d'Orb., 1844, Paléont. du Voyage de M. Hommaire, p. 469, pl. 4, fig. 10-12. Bessarabie, Kichinev, Dnieper.

1526. rubiginosum, Esch., 1830, Dubois, 1831, Conch. foss., p. 33, pl. 2, fig. 6-8. Podolie, Lys Sowody, Malcowa, Krzemienna, etc.; Volhynie, Salisze.

1527. subcoronatum, d'Orb., 1847. *C. coronatum,* Dubois, 1831,

Conch. foss., pl. 2, fig. 11 (non Brug.). Bordeaux; Volhynie, Szuskowce; Mayence.

*1528. subtiara, d'Orb., 1847. *Cerithium tiara*, Dubois, 1831,
Conch. foss., pl. 2, fig. 9, 10 (non Lamarck). Bordeaux, Dax; Autriche, Vienne; Podolie, Malcowce.

1529. irregulare, Dubois, 1831, Conch. foss., p. 35, pl. 2, fig. 4,
5. Volhynie, Szuskowce.

1530. difforme, Eschwald, 1830. *C. tima*, Dubois, 1831, Conch.
foss., p. 36, pl. 2, fig. 1-3 (non Brug., 1789). Volhynie, Szuskowce,
Poczalow, Jukowce; Podolie, Tutnaruda, Kamionka.

1531. rude, Sow., 1837, Trans. geol. Soc. of London, 2° série, 5,
p. 328, pl. 26, fig. 10. Indes, province de Cutch, Soomrow.

1532. pseudo-corrugatum, d'Orb., 1847. *C. corrugatum*, Sow.,
1837, Trans., 5, p. 328, pl. 26, fig. 11 (non Brongniart, 1822).
Soomrow.

1533. bitorquatum, Philippi, 1844, Foss. tert. du N.-E. de l'Allemagne, p. 23, pl. 4, fig. 5. *C. clavus*, Lamk., E. Desh., p. 391, pl. 58,
fig. 4, 5, 6, et fig. 14, 15, 17. Cassel.

†1534. margaritaceum, Brongniart, 1823, Vicentin, p. 72, pl. 6,
fig. 11. *Murex margaritaceus*, Brocchi, p. 447, n. 75, pl. 9, fig. 24.
Weinheim, près Mayence.

*1535. pseudo-clavulus, d'Orb., 1847. *C. clavulus*, Lea, 1843, Descript. new. foss. tert., p. 42, pl. 37, fig. 89 (non Deslongch., 1842).
États-Unis, Petersburg, Virginia.

1536. curtum, Lea, 1843, Descript. new. foss. tert., p. 42, pl. 37,
fig. 90. Petersburg, Virginia.

*1537. Dædaleum, Lea, 1843, Descript., p. 43, pl. 37, fig. 91.
Petersburg, Virginia.

*1538. submoniliferum, d'Orb., 1847. *C. moniliferum*, Lea, 1843,
Descript., p. 43, pl. 37, fig. 92 (non Desh., 1824). Petersburg, Virginia.

1539. dislocatum, Say. États-Unis.

NASSA (Klein), Lamarck, 1801.

*1540. asperula, Defrance. *Nassa Burdigalensis*, Basterot, p. 40.
Buccinum asperulum, Gratt., 1845. Conch. foss. Buccin., pl. 1, fig. 25,
29, 33. Brocchi, 1814, p. 339. Dax, Saubrigues, St-Paul; Piémont,
Autriche, Baden.

*1541. Basteroti, Michelotti, 1847, Prec. faun. mioc., pl. 17,
fig. 11. *N. angulata*, Bast., 1825, n. 3. *Buccinum angulatum*, Grattel.,
1845, Buccin., pl. 1, fig. 19 (non Brocchi, pl. 15, fig. 18). Dax, Saint-
Jean-de-Marsac; Piémont, Turin.

1542. subgibbosula, d'Orb., 1847. *Buccinum gibbosulum*, Gratt.,
1847, Bucc. Suppl., pl. 1, n. 46, fig. 15 (non Linné). Dax, Saubrigues.

1543. mirabilis, d'Orb., 1847. *Buccinum mirabile*, Gratt., 1845,
Buccin., pl. 1, fig. 24. Dax, St-Paul.

1544. submutabilis, d'Orb., 1847. *Buccinum mutabile*, Grattel.,
1845, Buccin., pl. 1, fig. 27 (non Brocchi, pl. 4, fig. 18). Dubois, pl. 1,
fig. 30-34. Dax, St-Paul; Volhynie, Szuskowce.

1545. papyracea, d'Orb., 1847. *Buccinum papyraceum*, Grattel.,
1845, Buccin., pl. 1, fig. 28. Dax, St-Paul.

*1546. phasianelloides, d'Orb., 1847. *Buccinum phasianelloides,*
Gratt., 1845, Buccin., pl. 1, fig. 43. Dax, St-Paul.

*1547. prismatica, Defrance. *Buccinum prismaticum,* Brocchi,
pl. 5, fig. 7. Grattel., 1845, Buccin., pl. 1, fig. 37. Dax, Saubrigues;
Piémont, Turin, Dertona ; Autriche, Steinabrunn.

*1548. semistriata, Borson, pl. 1, fig. 10. Brongn., pl. 6, fig. 8.
Buccinum semistriatum, Brocchi, Conch. subap., p. 651, pl. 15, fig. 15.
Buccinum corniculum, Brocchi, p. 342 (non Olivi). Gratteloup, 1845,
Conch., pl. 1, fig. 5-15. France, Dax, Saubrigues ; Piémont, Turin,
Dertona ; Autriche, Baden, Gainfaren.

1549. mutabilis, Desh., *Buccinum mutabile,* Brocchi, 1814, pl. 4,
fig. 18. Dertona.

*1550. Desnoyersi, Bast., 1825, pl. 2, fig. 13. *Buccinum Desnoyersi,*
Gratteloup, 1845, Buccin., pl. 1, fig. 22. Dax, St-Paul, Saubrigues;
Piémont, Turin.

1551. labiosa, Morris, 1843. *Buccinum labiosum,* Sow., 1824, M. C.
5, p. 122, pl. 477, fig. 3. Nyst., Belgique, pl. 43, fig. 14. Belgique,
Anvers, Calloo, ; Angleterre, Sutton, Norfolk.

*1552. costulata, Renieri, Brocchi, Conch. subap., p. 343, pl. 5,
fig. 9. Piémont, Dertona ; Autriche, Baden.

1553. Dujardini, Desh., Lam., Ann. s. vert., 10, p. 211. Mich.,
Préc. faun. mioc., pl. 12, fig. 5. *N. lævis,* Pusch, Pol. Pal., pl. 11,
fig. 8. Piémont, Dertona.

*1554. gibbosula, Defr. *Buccinum gibbosulum,* Brocchi, Conch.
subap., p. 658, pl. 15, fig. 29. Piémont.

1555. granularis, Borson, Oritt. Piem., p. 40. Mich., Préc. faun.
mioc., pl. 13, fig. 4. Dertona.

*1556. intercisa, Bell. *Buccinum intercisum,* Gen., Mich., Rivist.
Gaster., p. 25. Turin.

1557. substraminea, d'Orb., 1847. *Buccinum substramineum,*
Gratt., 1845, Buccin., pl. 1, fig. 12. Dax, St-Jean-de-Marsac.

1558. ventricosa, d'Orb., 1847. *Buccinum ventricosum,* Grattel.,
1845, Buccin., pl. 1, fig. 4. Dax, Soustons.

*1559. contorta, d'Orb., 1847. *Buccinum contortum,* Dujardin,
1837, Mém. Soc. géol. de France, t. 2, p. 298, pl. 20, fig. 1, 2. Env.
de Tours.

*1560. subelegans, d'Orb., 1847. *Buccinum elegans,* Duj., 1837,
Mém., p. 298, pl. 20, fig. 3,10 (non Sowerby, 1824). Env. de Tours.

*1561. granifera, d'Orb., 1847. *Buccinum graniferum,* Dujardin,
1837, Mém., p. 299, pl. 20, fig. 11, 12. Env. de Tours.

1562. granulata, Morris, 1843. *Buccinum granulatum,* Sow., 1815,
Min. Conch., t. 2, p. 15, pl. 110, fig. 4. Nyst., pl. 43, fig. 11. Angl.,
Suffolk ; Belgique, Anvers.

1563. reticosa, d'Orb., 1847. *Buccinum reticosum,* Sow., 1815,
Min. Conch., t. 2, p. 15, pl. 110, fig. 2. Angl., Suffolk.

1564. propinqua, Morris, 1843. *Buccinum propinquum,* Sowerby,
1824, Min. Conch., t. 5, p. 121, pl. 477, fig. 2. Nyst., pl. 43, fig. 10.
Angl., Suffolk ; Belgique, Anvers.

1565. Nystiana, d'Orb., 1847. *Nassa elegans,* Nyst., pl. 43, fig. 15.

(non *Buccinum elegans*, Sowerby, 1824, qui est un *Fusus*). Belgique, Anvers.

*1566. **interdentata**, Bellardi, *Buccinum interdentatum*, Bon., E. Sism., Syn. meth., p. 40. Piémont.

1567. **miocenica**, Michelotti, Préc. faun. mioc., pl. 17, fig. 1. Dertona.

*1568. **multisulcata**, Mich., Préc. faun. mioc., pl. 7, fig. 11 *Planaxis multisulcata*, Mich., Riv. Gast., p. 22. E. Sism., Syn. meth., p. 30. Turin.

*1569. **Neritea**, Lamarck, Ann. s. vert., 10, p. 184. Kiener, pl. 29, fig. 1. *Buccinum Neriteum*, Brocchi. Piémont.

*1570. **obliquata**. *Buccinum obliquatum*, Brocchi, Conch. subap., p. 336, pl. 4, fig. 16 (non pl. 15, fig. 21). *Buccinum gibbum*, E. Sism., Syn. meth., p. 40. Piémont.

1571. **ordita**, Bellardi, *Buccinum orditum*, Bon., E. Sism., Syn. meth., p. 40. Turin.

1572. **pseudo-clathrata**, Mich., Préc. faun. mioc., pl. 19, fig. 1. Dertona.

1573. **quadriserialis**, Bellardi. *Buccinum quadriseriale*, Bonelli, E. Sismonda, Syn. meth., p. 40. Dertona.

1574. **rhingens**, Bellardi. *Bucc. rhingens*, Bon., Mich., Riv. Gast., p. 24. Dertona.

1575. **semicostata**, Bell. *Buccinum semicostatum*, Brocchi, Conch. subap., p. 654, pl. 15, fig. 19. Piémont.

*1576. **serrata**, Sismonda. *Buccinum serratum*, Brocchi, Conch. sub., p. 338, pl. 5, fig. 4. Piémont.

*1577. **tessellata**, Bell. *Buccinum tessellatum*, Bon., Mich., Rivist. Gaster., p. 25. Piémont, Turin.

1578. **turbinella**, Bell. *Buccinum turbinellum*, Brocchi, Conch. subap., p. 653, pl. 15, fig. 17. Piémont, Dertona, Turin.

1579. **turrita**, Bors., Oritt. Piem., p. 39, pl. 1, fig. 11. *Buccinum pupa*, Brocchi (var.). *Buccinum conus*, Bronn. Piémont, Dertona.

*1580. **impressa**, Lea, 1843, Descr. new. foss. tert., p. 47, pl. 37, fig. 101. Petersburg, Virginia.

1581. **lunata**, Say. États-Unis.

*1582. **quadrata**, Conrad. États-Unis.

1584. **trivittata**, Say. États-Unis.

BUCCINUM, Linné, 1758.

*1585. **baccatum**, Bast., 1825, pl. 2. fig. 6. Gratt., 1845, Conch. foss. Buccin., pl. 1, fig. 1, 2, 20, 26. *Nassa baccata*, Bell. Dax, Saint-Paul; Piémont, Turin; Podolie, Krzemienna; Autriche, Gaunersdorf.

1586. **ancillariæformis**, Gratt., 1845, Buccin., pl. 1, fig. 3. Dax, St-Jean-de-Marsac.

1587. **subelathratum**, d'Orb., 1847. *B. clathratum*, Gratt., 1845, Buccin., pl. 1, fig. 16 (non Lamarck). Dax, St-Jean-de-Marsac.

1588. **Tarbellicum**, Gratt., 1845, Buccin., pl. 1, fig. 17. Dax.

1589. **mitreolum**, Gratteloup, 1845, Buccin., pl. 1, fig. 18. Dax.

1590. **planaxiforme**, Gratt., 1845, Buccin., pl. 1, fig. 30. Dax, St-Paul.

1591. terebrale, Gratteloup, 1845, Buccin., pl. 1, fig. 35. Dax, St-Paul.

1592. Eolus, d'Orb., 1847. *B. lineolatum,* Grattel., 1845, Buccin., pl. 1, fig. 36 (non Lam., 1822). Dax, St-Paul.

*** 1593. subpolitum,** d'Orb., 1847. *B. politum?* Lam., Bast., 1825, Bord., p. 48, pl. 2, fig. 11. Gratt., 1845, Buccin., pl. 1, fig. 40, 31, 39 (non Brocchi). Dax, St-Paul.

*** 1594. subflexuosum,** d'Orb., 1847. *B. flexuosum,* Grattel., 1845, Buccin., pl. 1, fig. 11, 40 (non Brocchi, 1814). Nyst., pl. 44, fig. 8. Dax ; Belgiq , Anvers.

1595. cancellarioides, Gratteloup, 1845, Buccin., pl. 1, fig. 26. *Nassa cancellarioides,* Bast., n. 6, pl. 3, fig. 8. Dax, St-Paul.

*** 1596. subpolygonum,** d'Orb., 1847. *Buccinum polygonum,* Gratteloup, 1845, Buccin., pl. 1, fig. 38 (non Brocchi, 1814). Dax, Saint-Jean-de-Marsac.

1597. subserratum, d'Orb., 1847. *Buccinum serratum,* Gratteloup, 1845, Buccin., pl. 1, fig. 41 (non Brocchi, 1814). Dax, St-Paul, Mainot.

*** 1598. Veneris,** Faujas, Ann. du Mus. Par., 3, pl. 10, fig. 2; Gratteloup, 1845, Buccin., pl. 1, fig. 7, 23 ; supp., pl. 3, fig. 24, 26; Basterot, pl. 2, fig. 15. Dax, St-Paul, Bordeaux.

*** 1599. substriatum,** d'Orb., 1847. *Planaxis striata,* Gratteloup, 1845, Plan., pl. 1, fig. 31, 32 (non Müller, 1774). Dax, St-Paul.

1600. subpunctatum, d'Orb., 1847. *Planaxis punctata,* Gratteloup, 1845, Plan., pl. 1, fig. 33, 34 (non Brug., 1791). Dax, St-Paul.

*** 1601. flexuosum,** Brocchi, 1814, Conch. sub., pl. 5, fig. 12. Piémont, Turin.

*** 1602. polygonum,** Brocchi, 1814, Conch. sub., pl. 5, fig. 10. Piémont, Turin ; Autriche, Enzersfeld.

1603. Dalei, Sow., 1835, Min. Conch., t. 5, pl. 486, fig. 2 ; Nyst., 1843, Coq. tert. de Belgiq., p. 570. Calloo, Stuyvenberg, Anvers; Angleterre, Suffolk, Walton, Ramsholt.

1604. tenerum, Sow., 1825, Min. Conch., 5, p. 139, pl. 486, fig. 3, 4 ; Nyst., 1843, p. 571, pl. 43, fig. 9. Anvers, Calloo, Stuyvenberg; Angleterre, Norfolk, Suffolk ; Pologue, Kamiouka ?

1605. elongatum, Sow., 1815, Min. Conch., t. 2, p. 15, pl. 110, fig. 1 ; Nyst., 1843, Belgiq., p. 572, pl. 45, fig. 1. Anvers, Calloo, Stuyvenberg ; Angleterre, Norfolk, Suffolk ; Pologne, Zuckowce, Warowe, Kamiouka, Holoskow.

1606. subrugosum, d'Orb., 1847. *B. rugosum,* Sow., 1815, Min. Conch., t. 2, p. 15, pl. 110, fig. 3 (non Gmel., 1789). Angleterre, Suffolk.

1607. maculosum?, Lam., Anim. s. vert., 10, p. 164. *Voluta striata,* Gmel. *Purpura maculata,* Bol. kien., Ic., pl. 42, fig. 98. ol. *Mur. lat.,* Sow., Sec. auct. ped. Dertona, Piémont.

1608. subminutum, d'Orb., 1847. *B. minutum,* Mich., Riv. Gaster., p. 26. E. Sism., Syn. meth., p. 44 (non Adams, 1795). Piémont, Turin.

1609. subduplicatum, d'Orb., 1847. *B. duplicatum,* Sow., 1831,

Trans. geol. of London, 2ᵉ série, t. 3, pl. 39, fig. 14 (non Born., 1780). Styrie, Radkersberg.

*1610. **Doutchinæ**, d'Orb., 1844, Paléont. du voy. de M. Hommaire, p. 462, pl. 3, fig. 20-22. *B. dissitum*, Dubois, 1831 (non Eschwald, 1830). Bords du Dnieper, Tissow, Simonawa, Salize, Sawadynce, Sarancea, Sosulanie, en Volhynie, en Podolie.

*1611. **Davelianum**, d'Orb., 1844, Paléont. du voy. de M. Hommaire, p. 463, pl. 3, fig. 23. Bessarabie, Kichinev.

*1612. **Verneuilii**, d'Orb., 1844, Paléont. du voy. de M. Hommaire, p. 465, pl. 4, fig. 1, 2. Bessarabie, Kichinev.

*1613. **Jacquemartii**, d'Orb., 1844, Paléontolog. du voyage de M. Hommaire, p. 466, pl. 4, fig. 3-5. Bessarabie, Kichinev.

*1614. **discitum**, Eschw., 1830, d'Orb., in Murch. de Keys. et de Vern., Russie, 2, p. 408, pl. 43, fig. 35-37. Russie, Taganrog, Bessarabie, Kichinev, Bords du Dnieper, Podolie, Lesowody, Krzemienna; Autriche, Szaxadat.

1615. **Tuomeyi**, Lea, 1843, Descrip. new. foss. tert., p. 45, pl. 37, fig. 97. États-Unis, Petersburg, Virginia.

*1616. **pusillum**, Lea, 1843, Descr., p. 46, pl. 37, fig. 98. Petersburg.

*1617. **frumentum**, Lea, 1843, Descr., p. 46, pl. 37, fig. 99. Petersburg.

*1618. **quadrulatum**, Lea, 1843, Descr., p. 46, pl. 37, fig. 100. Petersburg.

1619. **porcinum**, Say. États-Unis.

*1620. **laqueatum**, Conrad. États-Unis.

1621. **altile**, Conrad. États-Unis.

BUCCINANOPS, d'Orb., 1839. Voy. t. 2, p. 303.

*1622. **eburnoides**, d'Orb., 1847. *Buccinum id.*, Mathéron, 1843, Catalogue, p. 252, pl. 40, fig. 14-16. Carry (B.-du-Rhône).

*1623. **spiratum**, d'Orb., 1847. *Eburnea spirata*, Gratteloup, 1847, Conch. foss. Eburn., suppl., 1, n. 46, fig. 6. France, Dax, St-Paul.

*1624. **Brugadinum**, d'Orb., 1847. *Eburnea Brugadina*, Gratteloup, 1847, Eburn., suppl., pl. 1, n. 46, fig. 11. Dax, Saubrigues.

TEREBRA, Lamarck, 1801.

*1625. **Basteroti**, Nyst., 1845, p. 582. *T. duplicata*, Bast., 1825, p. 53. Gratteloup, 1845, Conch. foss. tert., pl. 1, fig 24 a, b (non Linné). Dax ; Piémont, Turin ; Belgique, Boldesberg.

*1626. **subcinerea**, d'Orb., 1847. *T. cinerea*, Bast., 1825, Bord., pl. 3, fig. 14. Gratteloup, 1845, Tert., pl. 1, fig. 25 a, b, 25, 25 f (non Lamarck). Dax, St-Paul, Saubrigues, St-Jean-de-Marsac ; Autriche, Gainfaren.

*1627. **striata**, Bast., 1825, Bord., pl. 3, fig. 16, Gratteloup, 1845, Tereb., pl. 1, fig. 26, 26 h. Dax, Saint-Paul ; Autriche, Gainfaren, Vienne.

*1628. **bistriata**, Gratteloup, 1845, Ter., pl. 1, fig. 27. Dax, St-Jean-de-Marsac, Saubrignes.

1629. **subsubulata**, d'Orb., 1847. *Terebra subulata*, Gratteloup, 1845, Ter., pl. 1, fig. 29. Dax, St-Paul.

1630. acuminata, Gratteloup, 1845, Tereb., pl. 1, fig. 30 a, 30 b (exclus. Syn.). Dax, Saubrigues.

***1631. murina,** Bast., 1825, pl. 3, fig. 7. Gratteloup, 1845, Tereb., pl. 1, fig. 31. Dax, St-Paul, Saubrigues, Bordeaux.

***1632. subplicatula,** d'Orb., 1847. *T. plicatula*, Bast., n. 2, Gratteloup, 1845, Tereb., pl. 1, fig. 32 a, b, c (non Brocchi, 1814). Dax, St-Paul, Bordeaux, Cassel.

***1633. pertusa,** Bast., 1825, Bord., p. 53, pl. 3, fig. 9. Gratteloup, 1845, Tereb., pl. 1, fig. 33. Dax, St-Paul, Bordeaux ; Piémont, Turin; Belgique, Boldesberg ; Autriche, Gainfaren, Baden.

***1634. plicaria,** Bast., 1825, Bord., pl. 3, fig. 4. Gratteloup, 1845, Ter., pl. 1, fig. 21 a, b, 22-28. Dax, St-Paul, Saubrigues, envir. de Bordeaux ; Piémont, Turin.

***1635. fuscata,** Bronn. *Buccinum fuscatum*, Brocc., Conch. subap., p. 344. Piémont, Turin ; Autriche, Gainfaren.

1636. neglecta, Mich., Préc. faun. mioc., pl. 17, fig. 8. Piémont, Dertona.

***1637. subtessellata,** d'Orb., 1847. *T. tessellata*, Mich., Préc. faun. mioc., pl. 17, fig. 9-13 (non Gray, 1834). Turin.

1638. inversa, Nyst., 1843, Coq. tert. de Belgiq., p. 581, pl. 44, fig. 9. Anvers, Calloo, Stuyvenberg.

1639. Duboisiana?, d'Orb., 1847. *T. plicatula*, Dubois, 1831, pl. 1, fig. 43, 44 (non Lam.). Volhynie, Sziukowce.

1640. Volhynia, d'Orb., 1847. *Tereb. duplicata*, Dubois, 1831, Conchyl., foss., p. 25, pl. 1, fig. 41, 42 (non Linné). Volhynie, Szuskowce.

***1641. costellata,** Sowerby in Darw., 1846, South. Amer., p. 262, pl. 4, fig. 70, 71. Navidad, Chili.

***1642. undulifera,** Sowerby in Darwin, 1846, p. 262, pl. 4, fig. 72, 73. Navidad, Chili.

1643. reticulata, Sow., 1837, Trans. geol. Soc. of London, 2ᵉ série, t. 5, p. 328, pl. 26, fig. 9. Indes, prov. de Cutch, Soomrow.

1644. Brocchii, d'Orb., 1847. *Turbo plicatulus*, Brocchi, 1814, Conch. sub., pl. 7, fig. 5 (non *Terebra plicatula*, Lam.). Piémont.

***1645. simplex,** Conrad. États-Unis.

***1645'. subplicaria,** d'Orb., 1847. *T. plicaria*, Gratteloup, 1845, pl. 1, fig. 22 b. France, Dax.

COLUMBELLA, Lamarck, 1822.

***1646. rissoides,** d'Orb., 1847. *Buccinum rissoides*, Gratteloup, 1845, Conch. foss. buccin., pl. 1, fig. 9. Dax.

***1647. subnassoides,** d'Orb., 1847. *Mitra nassoides*, Gratteloup, 1847, Mit., suppl., pl. 1, n. 46, fig. 18, 19 (non *Nassoides*, pl. 24, fig. 40, 41). Dax, Saubrigues.

***1648. columbelloides,** d'Orb., 1847. *Buccinum columbelloides*, Gratteloup, 1845, Buccin., pl. 1, fig. 14-21-32-34. *C. Borsoni*, Bellardi, 1848, pl. 1, fig. 11. Dax, Saubrigues; Piémont, Turin.

***1649. filosa,** Dujard., 1837, Mém. Soc. géol. de France, t. 2, p. 302, pl. 19, fig. 26. France, Ferrière-Larçon et Semblançay (Touraine).

1650. curta, d'Orb., 1847. *Buccinum curtum*, Dujardin, 1837, *id.*,
   p. 300, pl. 19, fig. 17 (non Bellardi, 1848). Env. de Tours.
1651. labiosa, Lowel Reeve. *Buccinum labiosum*, Sow., Nyst.,
   1843, Coq. tert. de Belgiq., p. 577, pl. 43, fig. 14. Sow., 1824, Min.
   Conch., t. 5, p. 122, pl. 477, fig. 3. Anvers, Calloo, Stuyvenberg;
   Angleterre, Norfolk, Sutton (S. Wood).
1652. discors, Deshayes, 1844. *C. semipunctata*, Bellardi et Mich.,
   pl. 3, fig. 5, 6 (non Lam., Anim. s. vert., 10, p. 269). *C. Klipsteini*,
   Michelotti, 1846, Préc. faun. mioc., pl. 17, fig. 5. Sismonda, 1847,
   Syn. meth., p. 42. Turin.
1653. compta, Bellardi. *Fusus complus*, Bronn. It. Tert. Geb.,
   p. 41. *F. Brocchii,* Mich., Préc. faun. mioc., pl. 10, fig. 7. Sismonda,
   1847, Syn. meth., p. 42. Piémont, Dertona.
1654. nassoides, Bellardi, 1848, Colomb., pl. 1, fig. 13. *Fusus
   nassoides,* Gratteloup, 1847, Conch. foss. fus., pl. 3, n. 24, fig. 40, 41.
   Dax, Saubrigues, St-Jean-de-Marsac; Piémont, Turin, Tortona,
   Castel nuovo.
1655. subscripta, d'Orb., 1847. *C. scripta*, Bellardi, 1848, Monog. des Columbel., p. 6, pl. 1, fig. 2 (non *Murex scriptum*, Linné).
   Tortona.
1656. tiara, Bonelli, Bellardi, 1848, Monog. des Columb., p. 19,
   pl. 1, fig. 17. Var. A, fig. 18. *Murex tiara*, Brocchi, 1814, p. 424,
   pl. 8, fig. 6. *Fusus tiara,* Bronn. *Columbella carinata*, Bonelli. Piémont, Castelnuovo, Tortonese, Turin.
1657. turgidula, Bellardi, 1848, Monog. des Columb., p. 10, pl. 1,
   fig. 7. *Voluta turgidula*, Brocchi, pl. 4, fig. 4. Piémont, Castelnuovo
   et Tortonese, Turin.
1658. subulata, Bellardi, 1848, Monog. des Columb., p. 14, pl. 1,
   fig. 12. *Murex subulatus*, Brocchi, 1814, p. 426, pl. 8, fig. 21. Piémont, Astigiana.
1659. marginata, Bellardi et Michelotti. *C. curta*, Bellardi, 1848,
   Monogr. des Columb., p. 12, pl. 1, fig. 8 (non *Curta*, Dujardin, 1837).
   Piémont, Turin.
1660. elongata, Bellardi, 1848, Monog. des Columb., p. 17, pl. 1,
   fig. 15. Piémont, Tortonese.
1660'. scabra, Bellardi, 1848, Monog. des Columb., p. 2, pl. 1,
   fig. 19. Piémont, Tortonese.
DOLIUM, Lamarck, 1801.
1661. Deshaysanum, Gratteloup, 1847, Conch. foss. Dol. suppl.,
   pl. 2, n. 47, fig. 3. Dax, Mugron.
ONISCIA, Sowerby, 1825.
1662. verrucosa, Bonelli, Mich., Riv. Gast., p. 23, Préc. faun.
   mioc., pl. 12, fig. 11, 12. *Cassis oniscia*, var. Gratt., Conch. Ad.,
   pl. 34, fig. 5, 6. Dax, St-Paul; Piémont, Turin.
1663. cithara, Sow. *Buccinum cithara*, Brocc., Conch. subap.,
   p. 330, pl. 5, fig. 5. *Cassidaria harpæformis*, Gratteloup, Conch. Ad.,
   pl. 34, fig. 8. Cass., pl. 1, fig. 7, 8, 9, 18. *Cassis cithara*, Bronn. Turin,
   Dax.
CASSIS, Bruguière, 1791.
1664. subareola, d'Orb., 1847. *C. areola*, Gratteloup, 1847, Conch.

foss. Cassis, Suppl., pl. 1, n. 46, fig. 9. Dax, St-Paul, Saubrigues, Bordeaux.

1665. subcrumena, d'Orb., 1847. *C. crumena*, Gratteloup, 1845, Cassid., pl. 1, fig. 2, 3 (non Brug., 1789). Dax, St-Paul.

*1666. **mamillaris,** Gratteloup, 1845, Cass., pl. 1, fig. 4, 19. *C. Thesei*, Auct. pedem. (non Brong.). Dax, St-Paul; Piémont, Turin.

*1667. **diadema,** Gratteloup, 1845, pl. 1, fig. 10, 11, suppl., pl. 1, fig. 4. Dax, St-Paul.

*1668. **Rondeleti,** Bast., 1825, pl. 3, fig. 22, pl. 4, fig. 13. Gratteloup, 1845, Cass., pl. 1, fig. 12. Dax, St-Paul, Vielle, Bordeaux, Labrède, Salles; Piémont, Turin; Cassel.

1669. subtesticulus, d'Orb., 1847. *C. testiculus*, Gratteloup, 1845, Cass., pl. 1, fig. 13 (non Brug., 1789). Dax.

*1670. **incrassata,** Gratteloup, 1845, Cass., pl. 1, fig. 14. Dax, Saubrigues, St-Jean-de-Marsac.

1671. subintermedia, d'Orb., 1847. *C. intermedia*, Gratteloup, 1847, Cass., suppl., pl. 1, n. 46, fig. 7 (non Brocchi). Dax, Saubrigues.

1672. striatella, Gratteloup, 1845, Cass., pl. 1, fig. 15. Dax.

*1673. **texta,** Bronn. It. Tert., p. 27. *Cassis saburon*, Bast., 1825, Bord., n. 1. Gratteloup, 1845, Cass., pl. 1, fig. 16. Brocchi (non Linné). *C. striata*, Defr., Dubois, pl. 1, fig. 4, 5. Dax, St-Paul, Bordeaux; Volhynie, Jukowce et Salesce; Piémont, Turin; Autriche, Enzersfeld, Baden.

1674. lævigata, Gratteloup, 1845, Cass., pl. 1, fig. 17, suppl., pl. 1, fig. 5. Dax, St-Paul, Bordeaux.

1675. subgranulosa, d'Orb., 1847. *C. granulosa*, Gratteloup, 1845, Cass., pl. 1, fig. 20 (non Lamarck). Dax, St-Paul.

*1676. **cypræiformis,** Bors., Oritt. Piém., p. 50, pl. 1, fig. 59. Piémont, Turin.

*1677. **subflammea,** d'Orb., 1847. *Cassis flammea*, Bell. et Mich., Sagg. Oritt., p. 52, pl. 4, fig. 4 et pl. 5, fig. 1 (non Lamarck). Turin.

*1678. **reticulata,** Bonelli, Bell. et Mich., Sagg. Oritt., p. 53. E. Sismonda, Syn. meth., p. 39. Turin.

*1679. **intermedia,** Brocchi, *C. variabilis*, Bell. et Mich., Sagg. Oritt., p. 54, pl. 4, fig. 1-3. *C. quadricincta*, Bonelli. Piémont.

*1680. **monilifer,** Sowerby in Darw., 1846, South. Amer., p. 260, pl. 4, fig. 65. Navidad (Chili).

1681. sculpta, Sow., 1837, Trans. geol. Soc. of London, 2e série, t. 5, p. 329, pl. 26, fig. 21. Indes, prov. de Cutch, Soomrow.

1682. dentata, Sow., 1837, *id.*, p. 329, pl. 26, fig. 26. Soomrow.

MORIO, Montfort, 1810. *Cassidaria*, Lamarck, 1811.

*1684. **fasciatus,** d'Orb., 1847. *Cassidaria fasciculata*, Bell. *Pyrula fasciata*, Bors., Oritt. Piem., p. 75, pl. 1, fig. 20. *Cassis striata*, Bonel. (non Sow.). E. Sism., Syn. meth., p. 39. Piémont, Turin.

*1685. **striatulus,** d'Orb., 1847. *Cassidaria striatula*, Bonnelli, Bell. et Mich., Sagg. Oritt., p. 51, pl. 4, fig. 7, 8. Piémont, Turin.

1686. bicatenatus, d'Orb., 1847. *Cassidaria bicatenata*, Nyst., 1843, Coq. tert. de Belgiq., p. 565, pl. 44, fig. 6. *Cassis bicatenatus*,

Sow., 1824, Min. Conch., t. 2, p. 117, pl. 151. Belgique, Hérenthals, Anvers; Angleterre, Bawdsey, Suffolk.

*1687. **Hodgii,** d'Orb., 1847. *Cassis Hodgii*, Conrad, Sill. journ., 41, p. 343-346, pl. 2, fig. 10. États-Unis, Caroline.

CAPULUS, Montfort, 1810. Voy. t. 1, p. 31.

*1688. **granulosus,** d'Orb., 1847. *Pileopsis granulosa*, Gratteloup, 1845, Conch. foss. fiss., pl. 1, fig. 29, 30, 31. *Hipponix granulata*, Bast., 1825, pl. 4, fig. 14. Dax, St-Paul.

1689. **subelegans,** d'Orb., 1847. *Pileopsis elegans*, Gratteloup, 1845, Fiss., pl. 1, fig. 32, 33, 34, 35 (non Deshayes, 1824). Dax, St-Paul.

1690. **Aquensis,** d'Orb., 1847. *Pileopsis Aquensis*, Gratteloup, 1845, Fiss., pl. 1, fig. 36, 37, 38, 39. Dax, St-Paul.

1691. **bistriatus,** d'Orb., 1847. *Pileopsis bistriata*, Gratteloup, 1845, Fiss., pl. 1, fig. 44, 45, 46, 47. Dax, St-Paul.

*1692. **unguiculus,** d'Orb., 1847. *Spiricella unguiculus*, Rang, 1828, Descrip. de 3 genres, Bull. d'hist. nat. de la Soc. Linn. de Bordeaux, 2, p. 3. Bordeaux.

1693. **favaniellus,** d'Orb., 1847. *Hipponix favaniella*, E. Sism., *Pileopsis favaniella*, Gené, Denom. ined. test. mus. Taurin. Piémont, Turin.

1694. **interruptus,** d'Orb., 1847. *Hipponix interrupta*, Michelotti, Préo. faun. mioc., pl. 16, fig. 18. Turin.

*1695. **sulcatus,** d'Orb., 1847. *Hipponix sulcata*, Desh. *Patella sulcata*, Bors., Brongn. Mém. sur le Vicent., p. 76, pl. 6, fig. 18. Turin, Dax, Bordeaux, Touraine.

*1696. **lævis,** d'Orb., 1847. *Brocchia lævis*, Bronn. It. Tert. Geb., p. 8, pl. 3, fig. 1. *Pileopsis dispar*, Bonelli, E. Sism., Syn. meth., p 24. Turin.

*1697. **lugubris,** Conrad. États-Unis.

INFUNDIBULUM, Montfort, 1810. Voy. t. 2, p. 232.

*1698. **subtrochiforme,** d'Orb., 1847. *Calyptræa trochiformis*, Gratteloup, 1845, Conch. foss. Cal., pl. 1, fig. 48-59 (non Lamarck, 1804). Dax, St-Paul.

1699. **costarium,** d'Orb., 1847. *Calyptræa costaria*, Gratteloup, 1845, Cal., pl. 1, fig. 60, 61, 61 bis, 62, 63. Dax, St-Paul.

1700. **depressum,** d'Orb., 1847. *Calyptræa depressa*, Bast., n. 2, Cal., pl. 1, fig. 66, 67, 68, 69, 70. Dax, St-Paul.

*1701. **subsinense,** d'Orb., 1847. *Calyptræa Sinensis*, Gratteloup, 1845, Cal., pl. 1, fig. 71, 72, 73, 74 (non Deshayes). Dax, St-Paul; Piémont, Turin.

1702. **muricatum,** d'Orb., 1847. *Calyptræa muricata*, Basterot, 1825, n. 3, Gratteloup, 1845, Cal., pl. 1, fig. 75-79. *Calyptræa squamulata*, Nyst., pl. 35, fig. 13. Bordeaux, Dax, St-Paul; Belgique, Anvers; Angleterre, Walton.

*1703. **Gualtierianum,** d'Orb., 1847. *Calyptræa Gualtieriana*, Gené, E. Sismond., Syn. meth., p. 24. Mich., Préc. faun. mioc., pl. 5, fig. 6. Turin.

1704. **rectum,** Sow., 1815, Min. Conch., t. 1, p. 219, pl. 97,

fig. 3. *Calyptræa recta*, Nyst., 1843, Belg., p. 361, pl. 35, fig. 11.
Angleterre, Holywell, près d'Ipswich ; Belgique, Anvers.

*1705. **centralis**, Conrad, Sillim. Journ., 42, p. 348, Foss. of
the tert. form., p. 80, pl. 45, fig. 5. États-Unis (Nord Caroline).

*1706. **perarmatum**, Conrad, Proceed Acad. nat. sc., 1,
p. 31, Foss. of the tert. form., p. 80, pl. 45. États-Unis, Calvert
Cliffs, Maryland.

*1707. **concentricum**, Lea, 1843, Descrip. new. foss. tert., p. 23,
pl. 35, fig. 39. États-Unis, Petersburg, Virginia.

CALYPEOPSIS, Lesson, 1830. D'Orb. Voy. Mollusques de l'Amér.
mérid.

*1708. **grandis**, d'Orb., 1847. *Dispotæa grandis*, Conrad. États-
Unis, King, Queen (Virginia).

CALYPTRÆA, Lamarck, 1801.

*1709. **deformis**, Lam., Bast., n. 1. Gratteloup, 1845, Conch.
foss. cal., pl. 1, fig. 80-82. Dax, St-Paul.

*1710. **pileolus**, Lea, 1843, Descrip. new. foss. tert., p. 22, pl. 35,
fig. 38. États-Unis, Petersburg, Virginia.

CREPIDULA, Lamarck, 1801.

*1711. **unguis**, d'Orb., 1847. *C. unguiformis*, Gratteloup, 1845,
Conch. foss. crep., pl. 1, fig. 83 (non Lamarck). Dax, Saubrigues,
Gaas, Bordeaux ; Autriche, Gainfaren.

*1712. **spirifera**, Bonn., E. Sism., Syn. meth., p. 25. Piémont.

*1713. **gregaria**, Sowerby in Darw., 1846, South. Amer., p. 254,
pl. 3, fig. 34. Santa-Cruz (Patagon e).

*1714. **ponderosa**, Lea, 1843, Descrip. new. foss. tert., p. 23,
pl. 35, fig. 40. États-Unis, Petersburg, Virginia.

1715. **cornucopiæ**, Lea, 1843, *id.*, p. 24, pl. 35, fig. 41. Petersburg.

*1716. **lamina**, Lea, 1843, *id.*, p. 24, pl. 35, fig. 42. Petersburg.

FISSURELLA, Bruguière, 1791. Voy. t. 1, p. 126.

*1720. **neglecta**, Deshayes, Lam., Anim. s. vert., t. 7, p. 601.
Sow. jun., Conch., pl. 3, fig. 30. *F. græca*, Gratteloup, 1845, pl. 1,
fig. 17, 18. Dax ; Piémont, Turin, Angleterre, Suffolk.

1721. **oblita**, Mich., Préc. faun. mioc., pl. 16, fig. 19. *F. hiantula*,
Bonn. et Sism. (non Lamarck). Piémont, Turin.

1722. **Aquensis**, d'Orb., 1847. *F. depressa*, Gratteloup, 1845,
Conch. foss. Fiss., pl. 1, fig. 22 (non Lam., 1822). Dax, St-Paul.

1723. **subminuta**, d'Orb., 1847. *F. minuta*, Gratteloup. 1845,
Fiss., pl. 1, fig. 19 (non Lamarck, 1822). Dax, St-Paul.

1724. **subcostaria**, d'Orb., 1847. *F. costaria*, Gratteloup, 1845,
Fiss., pl. 1, fig. 20, 21 (non Deshayes, 1824). Dax, St-Paul.

1725. **Martinii**, Mathéron, 1843, Catalogue, p. 195, pl. 33, fig. 1,
2. Carry (B.-du-Rhône).

*1725'. **Marylandica**, Conrad, Proceed. Acad. nat. sc., 1, p. 31,
Foss. of the tert. form., p. 79, pl. 45, fig. 1. États-Unis, Calvert Cliffs,
Maryland.

*1726. **nassula**, Conrad, 1845, Foss. of the tert. foss., p. 78, pl. 44,
fig. 6. États-Unis, St-Mary's river, Maryland.

1727. alticosta, Conrad, Journ. Acad. nat. sc., 7, p. 142, Foss. of the tert.form., p. 78, pl. 44, fig. 7. Mary's river.

'1728. redimicula, Conrad, Journ. Acad. nat. sc., 4, pl. 8, fig. 1, Foss. of the tert. form., p. 78. Surrey, Virginia.

'1729. Griscomi, Conrad, 1845, Foss. of the tert. form., p. 78, pl. 44, fig. 8. États-Unis, Comberland co., New Jersey.

SIPHONARIA, Sowerby, 1825.

1729'. Vasconiensis, Michelin, Magasin de zoologie, pl. 32. Dax.

1730. Lisiphites, Michelin, Mag. de zool., pl. 5. Dax.

EMARGINULA, Lamarck, 1801. Voyez t. 1, p. 197.

?1730'. squamata, Gratteloup, 1845, Conch. foss. Emarg., pl. 1, fig. 15, 16. France, Dax, Saint-Paul.

1731. Gratteloupi, Bell. et Mich., Sagg. oritt., p. 74, pl. 8, fig. 15-16. Turin.

'1732. crassa, Sow., 1813, Min. Conch., t. 1, p. 731, pl. 33. Nyst., 1843, Coq. Tert. de Belgiq., p. 352, pl. 36, fig. 3. Calloo, Stuyvenberg, Anvers, Doel ; Angleterre, Ipswich, Sutton, Ramsholo.

1733. reticulata, Sow., 1813, Min. Conch., t. 7, p. 73 bis, pl. 33, fig. 2. Angleterre, Suffolk.

1734. fenestrella, Dubois, 1831, Conch. foss., p. 50, pl. 4, fig. 7-9. Volhynie, Szuskowce.

1735. punctulata, Philippi, 1844, Beitr. zur Kenntn., p. 51, pl. 3, fig. 1. Cassel (Hesse).

RIMULA, Defrance, 1827.

'1736. oblonga, d'Orb., 1847. *Cemoria oblonga*, Lea, 1843, Descript. new. foss. tert., p. 21, pl. 35, fig. 37. États-Unis, Petersburg, Virginia,

HELCION, Montfort, 1810. Voy. t. 1, p. 9.

1737. vulgata, d'Orb., 1847. *Patella vulgata*, Gratteloup, 1845, Conch. foss. Pat., pl. 1, fig. 5 (non Linné). Dax, Saint-Paul.

1738. Bellardii, d'Orb., 1847. *Parmaphorus Bellardii*, Mich. Préc. faun. mioc., pl. 5, fig. 5. *P. elongatus*, Bell. et Mich., Sagg. oritt., p. 75 (non Lamark). Turin.

'1739. pileata, d'Orb., 1847. *Acmœa pileata*, E. Sism. *Patella pileata*, Bon., E. Sism., Syn. méth., p. 24 ; Mich., Préc. faun. mioc., pl. 5, fig. 4. Turin.

1740. æqualis, d'Orb., 1847. *Patella œqualis*, Sow., Nyst., 1843, Coq. tert. de Belgiq., p. 349, pl. 35, fig. 5 ; Sow., 1816, Min. Conch., t. 2, p. 87, pl. 139, fig. 2. Calloo, Stuyvenberg, Anvers ; Angleterre, Suffolk.

1741. neglecta, d'Orb., 1847. *Patella neglecta*, Michelotti, Préc. faun. mioc., pl. 16, fig. 11. *P. Klipsteini*, Mich., pl. 16, fig. 14. Turin.

'1742. unguis, d'Orb., 1847. *Patella unguis*, Sow., 1816, Min. Conch., 2, p. 85, pl. 139, fig. 7. Angleterre, Holywel.

1743. angulata, d'Orb., 1844, Paléont. du voy. de M. Hommaire, p. 470, pl. 4, fig. 13-15. Bessarabie, bords du Dniester.

1743'. Duboisiana, d'Orb., 1847 ; Dubois, Conch. foss., pl. 4, fig. 11. Volhynie.

PATELLA, Linné, 1758.

1744. subpolygona, E. Sism., Mich., Préc. faun. mioc., pl. 5, fig. 9. *P. saccharina*, Auct. pedem. (non Linné). Turin.

1745. Borni, Mich otti. *P. miniata*, Auct. pedem. (non Born.). Turin.

CHITON, Linné, 1758. Voy. t. 1, p. 127.

*1746. subcajetanus,** Poli, Lam., An. s. vert., 7, p. 495; Poli, Test., pl. 4, fig 1. *C. cinereus*, Linn. sec. bon. et sism. Turin.

1747. miocenicus, Michelotti. *C. Polii*, Sismonda (non Lam.), An. s. vert., 7, p. 504. Turin.

1748. transenna, Lea, 1843, Descript. new. foss. tert., p. 20, pl. 35, fig. 35. États-Unis, Petersburg, Virginia.

DENTALIUM, Linné. Voy. t. 1, p. 73.

1749. asperum, Michelotti, Préc. faun. mioc., pl. 5, fig. 20-21. *D. radula*, Auct. pedem. (non Gualtieri). Dertona.

*1750. Bouei,** Desh., Mém. Soc. hist nat. de Paris, p. 355, pl. 18, fig. 8. Turin, Dertona ; Autriche, Gainfaren.

1751. fossile, Linn., Desh., Mém. Soc. hist. natur. de Par., 2, p. 355, pl. 17, fig. 12. Piémont, Turin ; Allemagne, Cassel.

*1752. inæquale,** Bronn., Michelotti, Préc. faun. mioc., pl. 5, fig. 19. *D. orsum*, Bon., E. Sism., Syn. meth., **p. 25.** Dertona, Piémont.

1753. miocenicum, Michelotti, Préc. faun. mioc., pl. 16, fig. 12. Piemont, Dertona.

*1754. rectum,** Linné, Gmelin, p. 3738. Piémont, Dertona ; Autriche, Baden.

*1755. subsexangulare,** d'Orb., 1847. *D. sexangulare*, Desh., Mém. Soc. hist. natur. de Par., 2, p. 350, pl. 17, fig. 4-6 (non Gmelin, 1789). *D. elephantinum*, Sow. (non Lam.). Piémont, Dertona.

1756. striolatum? Risso, Prod. Europ. mérid., 4, p. 398. Piémont.

1757. triquetrum, Brocc., Conch. subap., p. 628; Sold. sagg., pl. 9, fig. 57. Piémont, Dertona.

1758. costatum, Sow., 1814, Min. Conch., 1, p. 159, pl. 70, fig. 8. Nyst., 1843, Coq. tert. de Belgiq., p. 344, pl. 35, fig. 2. Anvers? Angleterre, Holywell.

1759. semiclausum, Nyst., 1843, Belgiq., p. 343, pl. 36, fig. 2. Anvers.

?1760. geminatum,** Goldf., 1843, Petref., 3, p. 4, pl. 166, fig. 13. Bünde, Westph.

1761. elephantinum? Broc., Hauer, 1847, Naturwiss. Abhandl., p. 351. Autriche, Korod.

*1762. thallus,** Conrad, Journ. Acad. nat. sc., 7, p. 142, Foss. of the tert. form., p. 78, pl. 44, fig. 5. États-Unis, Suffolk, Nansemond co. Virginie.

*1763. attenuatum,** Say. *D. dentale*, Conrad, Foss. of the tert. form., p. 78, pl. 44, fig. 9 (non Linné). *D. attenuatum*, Say. Journ. Acad. nat. sc., 4, pl. 8, fig. 3. États-Unis, Virginie.

*1764. subgiganteum,** d'Orb., 1847. *D. giganteum*, Sowerby in Darw., 1846, South. Amer., p. 263, pl. 2, fig. 1 (non Phill., 1829). Amér. mérid., Navidad, Chili.

***1765. sulcosum,** Sowerby in Darw., 1846, South. Amer., p. 263, pl. 2, fig. 2. Navidad, Chili.

***1766. majus,** Sowerby in Darw., 1846, South. Amer., p. 263, pl. 2, fig. 3. Ile d'Huafo, côtes du Chili.

SCAPHANDER, Montfort, 1810.

***1767. sublignaria,** d'Orb., 1847. *Bulla lignaria,* Gratteloup, 1847, Conch. foss. Bulla, pl. 1, n. 2, fig. 1-2 (non Lamarck). Dax, St-Paul, Bordeaux.

***1768. Gratteloupi,** d'Orb., 1847. *Bulla Fortisii,* Gratteloup, 1847, Bulla, pl. 1, n. 2, fig. 3 (non Brongniart, 1823). *B. Gratteloupi,* Michelotti. Dax, Saint-Paul; Piémont, Turin.

1769. Sowerbyi, d'Orb., 1847. *Bulla lignaria.* Sow., 1837, Trans. geol. Soc. of London, 2° série (non Linné), 5, p. 328, pl. 26, fig. 1. Indes, prov. de Cutch. Soomrow.

BULLA, Linné, 1758.

1770. Tarbelliana, Gratteloup, 1847, Conch. foss. Bulla, pl. 1, n. 2, fig. 29-30. Dax, Saint-Paul.

1771. Burdigalensis, d'Orb., 1847. *B. semistriata,* Gratteloup, 1847, Bulla, pl. 1, n. 2, fig. 31, 32, 33, 34 (non Deshayes, Paris). Dax, Saint-Paul, Gaas.

***1772. sublævis,** d'Orb., 1847. *B. lævis,* Gratteloup, 1847, Bulla, pl. 1, n. 2, fig. 35, 36 (non Defrance, Desh.). Dax, Saint-Paul.

1773. pseudo-convoluta, d'Orb., 1847. *B. convoluta,* Brocch., pl. 1, fig. 7 ; Gratteloup, 1847, Bulla, pl. 1, n. 2, fig. 37, 38 (non Brocchi, 1814). *Bulla cylindrica,* Bart., n. 2. Dax, Saint-Paul.

***1774. subcylindrica,** d'Orb., 1847. *B. cylindrica,* Gratteloup, 1847, Bulla, pl. 1, n. 2, fig. 39-40 (non Bruguière). Dax, Saint-Paul; Autriche, Gainfaren.

***1775. minutissima,** d'Orb., 1847. *B. minuta,* Gratteloup, 1847, Bulla, pl. 1, n. 2, fig. 41-42 (non Deshayes, 1824). Dax, Saint-Paul.

***1776. acuminata,** Bruguière, Gratteloup, 1847, Bulla, pl. 1, n. 2, fig. 43-44, Nyst., pl. 39, fig. 11. *Bulla acuta,* Gratt., 1822, Tabl. Dax, Saint-Paul; Belgique, Anvers ; Angleterre, Sutton.

***1777. Lajonkaireana,** d'Orb., 1847. *Bulla Lajonkaireana,* Bast., 1825, Bord., pl. 1, fig. 25 ; Gratteloup, 1847. Bullin., pl. 1, n. 2, fig. 45-46. *B. spirata,* Dubois, pl. 0, fig. 9-12. *B. terebellata,* id. *B. clandestina,* id. Dax, Saint-Paul, Bordeaux, Tours ; Allem., Cassel; Volhynie, Szuskowce ; Autriche, Vienne.

***1778. subconulus,** d'Orb., 1847. *B. conulus,* Gratteloup, 1847. Bulla, pl. 1, n. 2, fig. 4-5 (non Deshayes, 1824). Dax, Saint-Paul.

***1779. subangistoma,** d'Orb., 1847. *B. angistoma,* Gratteloup, 1847, Bulla, pl. 1, n. 2, fig. 6-7 (non Desh., 1824). Dax, Saint-Paul, Mainot.

1780. subtruncatula, d'Orb., 1847. *B. truncatula,* Gratteloup, 1847, Bulla, pl. 1, n. 2, fig. 8-9 (non Brug., 1789). Dax, St-Paul.

1781. labrella, de Férussac, Bast., n. 4 ; Gratteloup, 1847, Bulla, pl. 1, n. 2, fig. 10, 11, 12, 13. Dax, Gaas, Lesbarritz, Bordeaux, Paucats.

1782. subutriculus, d'Orb., 1847. *. utriculus,* Gratteloup, 1847,

Bulla, pl. 1, n. 2, fig. 14, 15, 16. Nyst., pl. 39, fig. 9 (non Brocchi, 1814). Dax, Saint-Paul ; Belgiq., Anvers; Allem., Cassel.

*1783. submiliaris, d'Orb., 1847. *B. miliaris*, Gratteloup, 1847, Bulla, pl. 1, n. 2, fig. 17, 18 (non Brocchi, 1814). Dax, Saint-Paul.

1784. Duboisiana, d'Orb., 1837. *B. ovulata*, Dubois, 1831, Conch. foss., p. 49, pl. 1, fig. 13, 14. Podolie, Krzemienna ; Volhynie, Szuskowce.

*1785. subumbilicata, Mathéron, 1843, Catalog., p. 196, pl. 33, fig. 3, 4. Carry (B.-du-Rhône).

1786. uniplicata, Bellardi. *B. plicata*, Bell. (non Desh.), E. Sismonda, 1847. Syn. meth., p. 26 et p. 57. Piémont, Dertona.

1787. subconvoluta, d'Orb.,1847. *B. convoluta*, Sow., 1824, Min. Conch., t. 5, p. 95, pl. 464, fig. 1 (non Brocchi). *B. constricta*, Nyst., pl. 39, fig. 7 ? (non Sow.). Angleterre, Suffolk ; Belgique, Anvers.

1788. terebelloides, Philippi, 1844, Foss. tert. du N.-E. de l'Allemag., p. 18, pl. 3, fig. 5. Cassel.

*1789. Brocchii, Michelotti. *B. ovulata*, Auct. pedem. (non Lam.), Sismonda, 1847, Syn. meth., p. 56. *Bulla ovulata*, Brocchi, pl. 1, fig. 8. Turin ; Cassel.

1790. lineata, Philippi, 1844, Foss. Tert. du N.-E. de l'Allemag., p. 18, pl. 3, fig. 2. *B. linearis*, V. Münst., p. 442, Nr., 14? Cassel.

1791. intermedia, Philippi, 1844, id., p. 18, pl. 3, fig. 4. Cassel.

1792. subretusa, d'Orb., 1847. *B. retusa*, Philippi, 1844, id., p. 18, pl. 3, fig. 3 (non Matton., 1804). Cassel.

1793. cosmophila, Sowerby in Darw., 1846, South. Am., p. 264, pl. 3, fig. 35. Ile d'Huafo (Chili).

*1794. subambigua, d'Orb., 1847. *B. ambigua*, d'Orb., 1842, Paléont. de l'Amériq. mérid., p. 113, pl. 12, fig. 1-3 (non Gmel., 1789). Amér. mérid., Coquimbo (Chili).

*1795. cylindrus, Lea, 1843, Descript. new foss. tert., p. 24, pl. 35, fig. 43. États-Unis, Petersburg, Virginia.

CARINARIA, Lamarck, 1801.

*1796. Hugardi, Bellardi. *Argonauta Argo*, E. Sismonda, 1847, Syn. meth., p. 44 (non Lamarck). Turin.

HYALÆA, Lamarck, 1801.

*1797. Aquensis, Gratteloup,1825, Conch. foss. Hyal., pl. 1, fig. 1-2. *H. Orbignyi*, Rang, 1829, Ann. des sc. nat., p. 5, pl. 19, fig. 3. Dax, Saint-Paul, Mandillot.

*1798. sulcosa, Bonelli, E. Sismonda, 1847, Syn. meth., p. 26 et 57. *H. tridentata*, E. Sism. (non Lamarck). Turin.

1799. aurita, Bonelli, E. Sismonda, 1847, Syn. meth., p. 26 et 57. Turin.

*1800. interrupta, Bonelli, E. Sismonda, 1847, Syn. meth., p. 26 et 57. Turin.

1801. Taurinensis, E. Sismonda,1847, Syn. meth., p. 27 et 57, Mich. préc. faun. mioc., pl. 5, fig. 13, 14. *H. gibbosa*, Bonelli (non Rang). Turin.

VAGINELLA, Daudin, 1800. *Cleodora*, Péron, 1810.

*1802. depressa, Daudin, 1800, Bart., 1825, Bord., pl. 4, fig. 16. *Creseis vaginella*, Rang, 1829, Ann. des sc. nat., 16, p. 496, pl. 15, fig. 2. *Cleodora strangulata*, Desh., 1830, Encycl., 2, p. 244, Gratte-loup, 1835, Conch. foss. Cleod., pl. 1, fig. 3-4. Dax, Bordeaux; Piémont, Turin.

MOLLUSQUES LAMELLIBRANCHES.

ASPERGILLUM, Lamarck, 1819.
1803. Leognanum? Hœninghauss., Descript. d'un arrosoir fossile, fig. 1, Desh., Lam., 6, p. 22. Léognan (Gironde).
CLAVAGELLA, Lamarck, 1807.
†1804. Goldfussii, Philippi, 1846, Palæontographica, n. 1, p. 44, pl. 7, fig. 1. Envir. de Magdebourg.
TEREDO, Linné, 1758. Voy. t. 1, p. 251.
***1805. fistula**, Lea, 1843, Descript. new. foss., p. 8, pl. 34, fig. 5, Conrad, 1845, Proceed. phil. soc., 1, Foss. of the tert. form., p. 77, pl. 44, fig. 3. États-Unis, Petersburg and Surrey co., Virginie.
†1806. Hoffmanni, d'Orb., 1847. *Teredina Hoffmanni*, Philippi, 1846, Palæontographica, n. 1, p. 44, pl. 7, fig. 2. Allem., envir. de Magdebourg.
***1807. calamus**, Lea, 1843, Descript. new. foss. sh. tert., p. 8, pl. 34, fig. 4. États-Unis, Petersburg, Virginia.
PHOLAS, Linné, 1758. Voy. t. 1, p. 251.
***1808. semicauda**, d'Orb., 1847. *Jouannetia semicauda*, Desmoulins, Bull. Soc. Linn. Bord., 2, p. 244, fig. 1-13. *Ph. Jouannetii*, Desh., Lam., An. s. vert., 6, p. 47. Turin.
1809. palmula, Dujardin, 1837, Mém. Soc. géol. de France, t. 2, p. 254, pl. 18, fig. 3. Env. de Tours. Pont-Le-Roi.
1810. dimidiata, Dujardin, 1837, Mém., p. 254, pl. 18, fig. 1. Envir. de Tours.
***1811. Lamarckii**, Mather., 1842, Catal., p. 133, pl. 10, fig. 8.9. Lambesc, Roquse, Salon, Lançon, Aix, Saint-Canal (Bouches-du-Rhône).
1812. cylindricus, Sow., 1818, Min. Conch., t. 2, p. 223, pl. 198. Angleterre, Suffolk.
***1813. Hommairei**, d'Orb., 1844, Paléont. du voy. de M. Hommaire, p. 478, pl. 4, fig. 16-18. Podolie, bords du Dnieper.
***1814. acuminata**, Conrad, 1845, Foss. of the tert. form., p. 77, pl. 44, fig. 2. États-Unis, Suffolk, Virginie.
***1815. rhomboides**, Lea, 1843, Descript. new. foss. sh. Tert., p. 9, pl. 34, fig. 7. États-Unis, Petersburg, Virginia.
SOLEN, Linné, 1758. Voy. t. 2, p. 135.
***1816. subvagina**, d'Orb., 1847. *S. vagina*, Basterot, 1825, Mém. géol. env. de Bordeaux, p. 96 (non Linné), Lam., Ann. du Mus., t. 7, p. 423 et t. 12, pl. 43, fig. 3. Saucats.
***1817. ensiformis**, Conrad, 1845, Foss. of the tert. form., p. 76, pl. 43, fig. 8. États-Unis, Saint-Mary's river, Maryland.
1818. subensis, d'Orb., 1847. *S. ensis*, Nyst, 1843, Belgiq., p. 44, pl. 1, fig. 4 (non Linné). Belgique, Anvers.

III. 9

PANOPÆA, Menard, 1807. Voy. t. 1, p. 164.

?**1819. inflata,** Goldfuss, 1839, Petref., 2, p. 275, pl. 158, fig. 7.
Bünde.

1820. Munsterii, d'Orb., 1847. *P. elongata,* v. Münst., Philippi,
1844, Beitr. zur Kenntniss, p. 45, pl. 2, fig. 1 (non Rœmer, 1836). Cassel (Hesse).

1821. dubia, Lea, 1843, Descript. new foss. sh. tert., p. 10, pl. 34,
fig. 9. États-Unis, Petersburg, Virginia.

1822. Rudolphii, Eschw., 1830, id., d'Orb., 1844, Paléontol.
du voy. de M. Hommaire, p. 479. *P. Faujasii,* Dubois, 1831, pl. 6,
fig. 1-4 (non Men.). Gallicie, Lemberg; Volhynie, Szuscowce; France,
Bordeaux.

*1823. Coquimbensis,** d'Orb., 1842, Paléont. de l'Amér. mérid.,
p. 126, pl. 15, fig. 7-8. Coquimbo (Chili).

1824. Americana, Conrad, 1838, Foss. of the tert. form., p. 4,
pl. 2. États-Unis (Maryland), Patuxens river.

*1825. reflexa,** Say, Journ. Acad. nat. sc., 4, p. 453, pl. 13,
fig. 4; id., Conrad, 1838, id., p. 5, pl. 3, fig. 4. *Mia reflexa,* Lea, 1843,
pl. 34, fig. 10. États-Unis (Virginie), Yorktown, Suffolk.

1826. porrecta, Conrad, 1845, id., p. 71, pl. 41, fig. 2. États-
Unis, Patuxens river, Saint-Mary's co. Maryland, Calvert Cliffs, Maryland.

1827. Basteroti, d'Orb., 1847. *P. Faujas,* Basterot, 1825, p. 95,
n. 1 (non Menard). Bordeaux, Salles.

?**1828. sanna,** d'Orb., 1847. *Lutraria sanna,* Goldfuss, pl. 153, fig. 8
(non *L. sanna,* Basterot). Allem., Bünde.

GLYCIMERIS, Lamarck, 1801.

1829. angustata, Nyst. et West., 1839, Nyst., Belgique, p. 55, pl. 2,
fig. 1. Belgique, Anvers.

LUTRARIA, Lamarck, 1801.

1830. crassidens, Deshayes, édit. de Lamk., 1835, Anim. s. vert.,
p. 94. Touraine.

*1831. sanna,** Bast., Coq. foss. Bord., p. 94, pl. 7, fig. 13. France,
Bordeaux; Piémont, Turin.

MYA, Linné, 1758.

1832. producta, Conrad, 1838, Fossils of the Tert. form., p. 1,
pl. 1, fig. 1. États-Unis (Virginie). Patuxens river, Maryland, Yorktown.

*1833. corpulenta,** Conrad, 1845, id., p. 68, pl. 39, fig. 1. États-
Unis, Petersburg, Virginie.

1834. lata, Sow., 1815, Min. Conch., t. 15, p. 185, pl. 81. Angl.,
Suffolk.

1836. pullus? Sow., 1826, Min. Conch., t. 6, p. 57, pl. 531, fig. 2.
Angl., Butley (Suffolk).

PHOLADOMYA, Sowerby, 1826. Voy. t. 1, p. 164.

*1837. Alpina,** Mathéron, 1842, Catalog., p. 136, pl. 11, fig. 8.
Tanaron (B.-Alpes).

1838. subarcuata, d'Orb., 1847. *P. Agassizi,* Michelotti (non
d'Orb., 1845). *P. arcuata,* Agass. (pro parte), Étud. crit., liv. 2, p. 63,
pl. 2 b, fig. 1-8. Piémont.

*1839. **arcuata,** Agass., Étud. crit., liv. 2, p. 64, pl. 2, fig. 9-11.
  Trigonia arcuata, Lam.? Turin ; Suisse, St-Gall.
1840. **abrupta,** Conrad, 1838, Foss. of the tert. form., p. 3, pl. 1,
  fig. 4. États-Unis (Virginie), Yorktown, Jame's river.
THRACIA, Leach, 1825. Voy. t. 1, p. 216.
*1841. **transversa,** Lea, 1843, Descr. new foss. sh. tert., p. 11,
  pl. 34, fig. 11. États-Unis, Petersburg (Virginia).
PERIPLOMA, Schumacher, 1817. Voy. t. 1, p. 11.
1842. **antiqua,** Conrad, 1838, Foss. of the tert. form., p. 16, pl. 8,
  fig. 3. *Anatina id.,* Conrad. États-Unis (Virginie), Yorktown.
GASTROCHÆNA, Spengler, 1783.
1843. **subcontorta,** d'Orb., 1847. *G. contorta,* Nyst., 1843, Coq.
  de Belgique, p. 37, pl. 1, fig. 1 (non Deshayes, 1824). Belgique,
  Anvers.
*1844. **ligula,** Lea, 1843, Descr. new foss. sh. tert., p. 8, pl. 34,
  fig. 6. États-Unis, Petersburg, Virginia.
SAXICAVA, Fleuriau, 1802.
1845. **fragilis,** Nyst., 1843, Coq. tert. de Belgique, p. 97, pl. 4,
  fig. 10. Belg., Hérenthals, Anvers.
1846. **subrugosa,** d'Orb., 1847. *S. rugosa,* Sowerby, 1824, Min.
  Conch., t. 5, p. 101, pl. 466 (non Montagu, 1803). Angl., Suffolk.
*1847. **elongata,** Bronn, It. Tert. Geb., p. 91. *Mya elongata,* Brocchi, pl. 12, fig. 14. Piémont, Turin.
1848. **miocenica,** Michelotti, Préc. faun. mioc., pl. 4, fig. 15.
  Turin.
*1849. **turgida,** Michelotti, Préc. faun. mioc., pl. 4, fig. 17. Dertona.
1850. **bilineata,** Conrad, 1838, Foss. of the tert. form., p. 18,
  pl. 10, fig. 4. États-Unis (Virginie) ; Suffolk.
*1851. **arctica,** Philippi. *Mytilus carinatus,* Goldf., 1838, Petr., 2,
  p. 179, pl. 131, fig. 14 (non Brocchi). *Mya arctica,* Linné. Cassel, Plaisance ; Belg., Anvers.
*1852. **lancea,** d'Orb., 1847. *Hiatella lancea,* Lea, 1843, Descript.
  new. foss. tert., p. 16, pl. 34, fig. 24. États-Unis, Petersburg, Virginia.
SOLECURTUS, Blainville, 1824. Voy. t. 2, p. 75.
*1853. **affinis?** d'Orb., 1847. *Psammobia affinis,* Dujardin, 1837,
  Mém. Soc. géol. de France, t. 2, p. 257, pl. 18, fig. 4. Bordeaux,
  Dax, env. de Tours.
*1854. **subcaribæa,** d'Orb., 1847. *Cultellus caribæus,* Conrad,
  1845, Foss. of the tert. form., p. 75, pl. 43, fig. 1. États-Unis, Wilmington (Nord-Caroline).
*1855. **Hanetianus,** d'Orb., 1842, Paléont. de l'Amér. mérid.,
  p. 124, pl. 15, fig. 1, 2. Coquimbo (Chili).
*1856. **substrigillata,** d'Orb., 1847. *Solen strigillatus,* Basterot,
  1825, Mém. géol. Env. de Bordeaux, p. 96 (non Lam.). Ann. du Mus.,
  t. 7, p. 424 et t. 12, pl. 43, fig. 5. Dax.
1857. **magnodentata,** d'Orb., 1847. *Solen magnodentatus,* Lea,
  1843, Descr. new. foss. sh. tert., p. 34, pl. 10, fig. 8. États-Unis, Petersburg, Virginia.

MACTRA, Linné, 1758. Voy. t. 1, p. 216.

1858. inæquilatera, Nyst., 1843, Coq. tert. de Belg., p. 79, pl. 2, fig. 8. Belg., Calloo, Stuyvenberg.

1859. striata, Nyst., 1843, id., p. 80, pl. 4, fig, 1. Hérenthals:

1860. arcuata, Sow., 1817, Min. Conch., t. 2, p. 135, pl. 160, fig. 1, 6. Nyst., 1843, Coq. tert. de Belg., p. 78, pl. 2, fig. 2. Anglet., Suffolk ; Belg., Calloo, Stuyvenberg.

1861. dubia, Sowerby, 1817, Min. Conch., t. 2, p. 135, pl. 160, fig. 2, 3, 4. Suffolk.

1862. ovalis, Sow., 1817, Min. Conch., t. 2, p. 135, pl. 160, fig. 5, Angl., Suffolk.

1863. pseudo-cuneata, d'Orb., 1847. *M. cuneata*, Sow., 1817, Min. Conch., t. 2, p. 135, pl. 160, fig. 7 (non Gmel., 1789). Anglet., Suffolk.

***1864. ponderosa,** Eschw., 1830, d'Orb., in Murch. de Keys. et Vern. Russie, p. 499, pl. 43, fig. 40, 41. Russie, Taganrog ; Kuchenet en Bessarabie ; bords du Dniéper ; Podolie.

***1865. Vitaliana,** d'Orb., 1844, Paléont. du Voyage de M. Hommaire, p. 479, pl. 4, fig. 19-21. Bessarabie, Kichinew ; Podolie, bords du Dnieper, près de Doutchina.

***1866. Bignogniana,** d'Orb., 1844, Pal. du Voy. de M. Hommaire, p. 482, pl. 6, fig. 12-14. Podolie, Doutchina.

1867. Podolica, Echw., 1830, d'Orb., 1847. *M. deltoidea*, Dubois, 1831, Conch. foss., p. 52, pl. 4, fig. 5, 6 (non Lamarck). Volhynie, Bialozurka ; Podolie, Salisze, Sawadynce, Kamionka.

***1868. subtriangula,** d'Orb., 1847. *M. triangula*, Basterot, 1825, Bordeaux, p. 94 (non Brocchi). Saucats.

***1869. substriatella,** d'Orb. *M. striatella*, Basterot, 1825, Mém. Géol., env. de Bord., p. 94, pl. 7, fig. 2 (non Lam.), An. s. vert., t. 5, p. 473. Saucats (Gironde).

***1870. crassidens,** Conrad, 1842, Sillim. Journ., 42, pl. 2, fig. 11. Foss. of the tert. form., p. 69, pl. 39, fig. 5. États-Unis, Duplin co. (nord Caroline).

***1871. incrassata,** Conrad, 1838, Foss. of the tert. form., p. 24, pl. 13, fig. 2. États-Unis, Maryland, Patuxens river.

***1872. modicella,** Conrad, 1838, id., p. 25, pl. 13, fig. 3. Amer. Journ., 23, p. 340. *M. clathrodon*, Lea. États-Unis (Virginia), Yorktown.

1873. subponderosa, d'Orb., 1847. *M. ponderosa*, Conrad, 1838, id., p. 25, pl. 14, fig. 1. Journ. acad. nat. sc., vol. 6, p. 228, pl. 10, fig. 5 (non Eschwald, 1830). États-Unis (Maryland), St-Mary's river.

1874. fragosa, Conrad, 1838, id., p. 26, pl. 14, fig. 2. Amer. Journ., 23, p. 340. États-Unis (Maryland), St-Mary's river.

1875. delumbis, Conrad, 1838, id., p. 27, pl. 15, fig. 1. États-Unis (Virginia), Suffolk, Yorktown, Jame's river, près Smithfield.

***1876. congesta,** Conrad, 1838, id., p. 27, pl. 15, fig. 2. Amer. Journ., 23, p. 340. États-Unis (Virginia), Suffolk, James river.

***1877. subcuneata,** Conrad, 1838, id., p. 27, pl. 15, fig. 3. États-Unis (Maryland), St-Mary's river.

1878. triquetra, Conrad, 1842, Proceed. acad. nat. sc. i., p. 324. Foss. of the tert. form., p. 69, pl. 39, fig. 3. États-Unis, Pétersburg, Virginia.

1879. subparilis, Conrad, Sillim. Journ., 42, pl. 2, fig. 12. Foss. of the tert. form., p. 69, pl. 39, fig. 4. États-Unis, Wilmington (Nord Caroline).

***1880. Darwinii,** Sowerby in Darw., 1846, South. Amer., p. 249, pl. 2, fig. 9. Patagonie, Santa-Cruz.

1881. rugata, Sow. in Darw., 1846, South. Amer., p. 249, pl. 2, fig. 8. Patagonie, Santa-Cruz.

***1882. Anca,** d'Orb., 1842. Paléont. de l'Amér. mérid., p. 125, pl. 14, fig. 19, 20. Coquimbo (Chili).

DONACILLA, Lamarck, 1812.

***1883. constricta,** d'Orb., 1847. *Amphidesma constricta*, Conrad, 1842, Sillim. Journ., 42, p. 347. Foss. of the tert. form., p. 76, pl. 43, fig. 10. Wilmington.

1884. minima, d'Orb., 1847. *Amphidesma minima*, Sow., 1831, Trans. geol. Soc. of London, série 2e, vol. 3, pl. 39, fig. 5. Lower Styria.

***1885. Orientalis,** d'Orb., 1844. Paléont. du voy. de M. Hommaire, p. 482, pl. 6, fig. 15-17. Podolie, Doutcheria, sur les bords du Dnieper.

AMPHIDESMA, Lamarck, 1819.

1886. æqualis, Conrad, Journ. acad. nat. sc., ii, p. 308. Foss. of the tert. form., p. 76, pl. 43, fig. 9. Wilmington (Nord Caroline).

***1887. æquata,** Conrad, Proceed. acad. nat. sc., i, p. 367. Foss. of the tert. form., p. 65, pl. 36, fig. 5. Wilmington.

SINODESMIA, Reclus.

1888. subovata, d'Orb., 1847. *Amphidesma id.*, Say, Conrad, 1840, Foss. of the tert. form., p. 36. Say, Journ. acad. nat. sc., 4, p. 152, pl. 10, fig. 5. États-Unis (Maryland), Ste-Marie.

***1889. subreflexa,** d'Orb., 1847. *Amphidesma id.*, Conrad, 1840, id., p. 37, pl. 19, fig. 6. États-Unis (Virginia), Yorktown.

1890. carinata, d'Orb., 1847. *Amphidesma id.*, Conrad, 1840, id., p. 37, pl. 19, fig. 7. États-Unis (Maryland), St-Mary's river.

LAVIGNON, Cuvier, 1817. Voy. vol. 1, p. 306.

***1891. tellinoides,** d'Orb., 1847. *Cumingia id.*, Conrad, 1838, Foss. of the tert. form., p. 28, pl. 15, fig. 4. États-Unis (Virginia), près Smithfield.

1892. convexa?, d'Orb., 1847. *Lutraria convexa*, Sowerby, 1831, Trans. geol. Soc. of London, série 2e, vol. 3, pl. 39, fig. 1. Lower Styria.

***1893. subtellinoides,** d'Orb., 1847. *Anatina tellinoides*, Lea, 1843, Descrip. new. foss. sh. tert., p. 11, pl. 34, fig. 12 (non *tellinoides*, 1838). États-Unis, Petersburg, Virginia.

TELLINA, Linné, 1758. Voy. t. 1, p. 275.

***1894. Labordei,** d'Orb., 1847. *Soletellina Labordei*, Deshayes,

Dict. class., 15, p. 489. *Psammobia Labordei*, Bast., Coq. foss. Bord.,
p. 95, pl. 7, fig. 4. Bordeaux ; Piémont, Turin.

1896. muricata, Remeri, *Psammobia feroensis*, Phil., Enum. moll.
sic., 1, p. 23, pl. 3, fig. 7. Brocc., *Tellina muricata*, Ren. et Brocc.
Piémont, Turin ; Belgique, Anvers ; Bordeaux.

***1897. Duboisiana,** d'Orb., 1847. *T. planata*, Dubois, 1831,
Conch. foss., p. 54, pl. 5, fig. 42 (non Linné). Bordeaux, Volhynie,
Szuskowie.

***1898. pretiosa,** Eschw., 1830. *Tellina incarnata*, Dubois, 1830,
Conch. foss., p. 55, pl. 5, fig. 8-10 (non Poli). Volhynie.

1898'. Volhyniana, d'Orb., 1847. *T. rostralina*, Dubois, 1831,
Conch. foss., p. 56, pl. 5, fig. 5-7 (non Deshayes). Volhynie, Szuskowie.

1899. subdistorta, d'Orb., 1847. *T. distorta*, Dubois, 1831, Conch.
foss., p. 56, pl. 5, fig. 3, 4 (non Poli). Volhynie, Szuskowie.

***1900. bipartita,** Basterot, 1825, Mém. géol., env. de Bord., p. 85,
pl. 5, fig. 2. Saucats (Gironde).

1901. subangusta, d'Orb., 1847. *Psammobia angusta*, Philippi,
1844, Foss. tert. du N.-E. de l'Allem., p. 7, pl. 2, fig. 6 (non Gmelin,
1789). Cassel.

1902. obliqua, Sow., Nyst., 1843, Coq. tert. de Belg., p. 107, pl. 5,
fig. 2. Sow., 1817, Min. Conch., t. 2, p. 137, pl. 161, fig. 1. Belgique, Calloo, Stuyvenberg ; Angleterre, Norfolk, Suffolk.

1903. ovata, Sow., Nyst., 1843, id., p. 108, pl. 5, fig. 3. Belgique,
Calloo, Stuyvenberg, Anvers ; Angleterre, Brammerton et Sutton,
Frambingham.

1904. Benedenii, Nyst. et West., 1843, Coq. tert. de Belg.,
p. 111, pl. 5, fig. 5. *Tellina zonaria*, Nyst., 1836, Rech. coq. foss.
d'Anv., p. 14, n. 15. Belgique, Anvers, Calloo, Stuyvenberg.

1905. subsolida, d'Orb., 1847. *Psammobia solida*, Nyst., 1843,
id., p. 103, pl. 3, fig. 18 (non Sow., 1822). Belgique, Calloo, Stuyvenberg.

1906. Dumontii, d'Orb., 1847. *Psammobia Dumontii*, Nyst.,
1843, id., p. 103, pl. 4, fig. 12. Belgique, Calloo, Stuyvenberg.

1907. sublaevis, d'Orb., 1847. *Psammobia lævis*, Nyst., 1843,
id., p. 104, pl. 4, fig. 13 (non Romphius, 1739). Belgique, Calloo,
Stuyvenberg.

1908. subpusilla, d'Orb., 1847. *T. pusilla*, Phill., Gold., 1839,
Petref., 2, p. 236, pl. 148, fig. 3 (non Gmel., 1789). Cassel.

***1909. arctata,** Conrad, Proceed. acad. nat. sc., i, p. 306.
Foss. of the tert. form., p. 72, pl. 41, fig. 5. États-Unis, Foundin
(Nord Caroline).

1910. lenis, Conrad, Proceed. acad. nat. sc., i, p. 306.
Foss. of the tert. form., p. 72, pl. 41, fig. 9. États-Unis, Cliffs of Calvert, Maryland.

1911. declivis, Conrad, 1840, Foss. of the tert. form., p. 35, pl. 19,
fig. 1. États-Unis (Virginia), Yorktown.

***1912. egena,** Conrad, 1840, id., p. 35, pl. 19, fig. 2. États-Unis
(Virginia), Smithfield.

1913. lusoria, Conrad, 1840, Foss. of the tert. form., p. 35,

pl. 19, fig. 3. *Psammobia id.*, Say. États-Unis (Virginia), Yorktown.

*1914. biplicata, Conrad, 1840, Foss. of the tert. form., p. 36,
pl. 19, fig. 4. Journ. Acad., 7, p. 152. États-Unis (Maryland), Ear-
ton, Charlotte-Hall.

1915. producta, Conrad, 1840, Foss. of the tert. form., p. 36,
pl. 19, fig 5. États-Unis.

1916. nuculoides, d'Orb., 1847. *Amphidesma nuculoides*, Conrad,
1842, Sillim. Journ., 42, p. 347. Foss. of the tert. form., p. 73, pl. 41,
fig. 6. États-Unis, Wilmington (Nord-Caroline).

*1917. protexta, d'Orb., 1847. *Amphidesma protexta*, Conrad,
1842, Sillim. Journ., 42, p. 347. Foss. of the tert. form., p. 73, pl. 41,
fig. 7. Wilmington.

1918. suboblonga, d'Orb., 1847. *T. oblonga*, Sow. in Darw.,
1846, South. Amer., p. 259, pl. 2, fig. 12 (non Gmel., 1789). Chiloe
(Chili).

1919. exarata, Sow., 1837, Trans. geol. Soc. of London, 2ᵉ série, 5, p. 327, pl. 25, fig. 6. Indes, prov. de Cutch, Soomrow.

*1920. zonaria, Lam., Ann. du Mus., t. 7, p. 235. Basterot, 1825,
Mém. géol., env. de Bord., p. 85, pl. 5, fig. 5. Dax, Saucats, Léognan,
Mérignac.

ARCOPAGIA, Brown, 1827. Voy. t. 2, p. 75.

1921. obtusa, d'Orb., 1847. *Tellina obtusa*, Sow., 1817, Min.
Conch., t. 2, pl. 170, fig. 4. Nyst., 1843, Coq. tert. de Belgiq.,
p. 106, pl. 5, fig. 1. Belgique, Calloo, Stuyvenberg; Angleterre, Norfolk.

1922. articulata, d'Orb., 1847. *Tellina articulata*, Nyst., 1843,
p. 110, pl. 6, fig. 1. Belgique, Calloo, Stuyvenberg, Anvers.

*1923. subelegans, d'Orb., 1847. *Tellina elegans*, Basterot, 1825,
Mém. géol., env. de Bord., p. 85, pl. 5, fig. 8 (non Desh., 1824).
Saucats (Gironde).

CAPSA, Bruguière, 1791.

*1924. centenaria, d'Orb., 1847. *Petricola id.*, Conrad, 1838,
Foss. of the tert. form., p. 17, pl. 10, fig. 1. *Psammobia regia*, Lea,
1834, New foss., p. 43, pl. 34, fig. 7. États-Unis (Virginia), James
river, près Smithfield (Maryland), Patuxens river.

DONAX, Linné, 1758.

*1925. striatella, Nyst., 1843, Coq. tert. de Belgiq., p. 116, pl. 4,
fig. 15, exclus. Syn. *T. rostralina*, Goldf., 1841, p. 235, pl. 148, fig. 1
(exclus. Syn.). Belgique, Calloo, Stuyvenberg, Anvers; Angleterre,
Sutton; Italie, vallée d'Andone; Allem., Cassel.

1926. subfragilis, d'Orb., 1847. *D. fragilis*, Nyst., 1843, Coq.,
p. 116, pl. 6, fig. 2 (non Conrad, 1833). Belgique, Calloo, Stuyvenberg?

*1927. transversa, Desh., 1835, Lamk., Anim. s. vert., p. 250.
Donax anatinum, Basterot, Mém. de la Soc. d'hist. nat., 1825, p. 83,
pl. 6, fig. 8. Bordeaux, Dax, Touraine.

*1928. Sowerbyi, Basterot, 1825, Mém. géol., env. de Bord., p. 85,
pl. 6, fig. 6. Saucats (Gironde).

*1929. triangularis, Basterot, 1825, Mém. géol., env. de Bord., p. 84, pl. 6, fig. 3. Saucats (Gironde).

*1930. irregularis, Basterot, 1825, Mém. géol., env. de Bord., p. 84, pl. 4, fig. 19. Dax.

LEDA, Schumacher, 1817. Voy. t. 1, p. 11.

1931. lanceolata, d'Orb., 1847. *Nucula lanceolata*, Sow., 1817, Min. Conch., t. 2, p. 177, pl. 180, fig. 1. Angleterre, Suffolk.

1932. subminuta, d'Orb., 1847. *Nucula minuta*, Goldf., 1835, Petref., 2, p. 158, pl. 125, fig. 22 (non Brocchi, 1814). Allem., Bünde, Cassel.

1933. nitida, d'Orb., 1847. *Nucula nitida*, Brocchi, Goldf., 1838, Petref., 2, p. 158, pl. 125, fig. 23. Piémont ; Cassel.

*1934. liciata, d'Orb., 1847. *Nucula liciata*, Conrad, Proceed. Acad. nat. sc., 1, p. 305. Foss. of the tert. form., p. 64, pl. 36, fig. 3. États-Unis, Cliffs of Calvert (Maryland).

*1935. lunatula, d'Orb., 1847. *Nucula id.*, Say, Conrad, 1845, Foss. of the tert. form., p. 57, pl. 30, fig. 4. États-Unis (Virginia), Petersburg, N.-Caroline, Neuse river.

*1936. interrupta, d'Orb., 1847. *Nucula interrupta*, Nyst., Coq. et Pol. Belg., p. 226, pl. 17, fig. 6 (exclus. Syn.). Belgique, le Bolderberg.

*1937. minuta, d'Orb., 1847. *Nucula striata*, Sismonda (non Lamarck). *Area minuta*, Brocc., 1814, Conch. subap., p. 482, pl. 11, fig. 4. Piémont, Turin.

1938. depressa, d'Orb., 1847. *Nucula depressa*, Nyst., 1843, Coq. tert. de Belgiq., p. 220, pl. 15, fig. 7. *N. nitida*, Nyst., 1835 (non Brocchi). Belgique, Anvers, Calloo, Stuyvenberg.

*1939. concava, d'Orb., 1847. *Nucula concava*, Bronn, It. Tert. Geb., p. 110. Piémont.

*1940. glabra, d'Orb., 1847. *Nucula glabra*, Sowerby in Darw., 1846, South. Amer., p. 251, pl. 2, fig. 18. Santa-Cruz, Patagonie.

*1941. ornata, d'Orb., 1847. *Nucula ornata*, Sowerby in Darw., 1846, South. Amer., p. 251, pl. 2, fig. 19. Port-Désiré, Patagonie.

*1942. emarginata, d'Orb., 1847. *Nucula emarginata*, Lamarck, 1819, An. sans vert., 6, p. 60. Basterot, p. 77. Léognan, Saucats (Gironde).

*1943. carinata, d'Orb., 1847. *Nucula carinata*, Lea, 1843, Descrip. new foss. tert., p. 18, pl. 34, fig. 28. Petersburg, Virginia.

1944. acutidens, d'Orb., 1847. *Nucula acutidens*, Lea, 1843, Descrip. new foss. tert., p. 18, pl. 34, fig. 29. Petersburg, Virginia.

PETRICOLA, Lamarck, 1801.

*1945. rupestris, Dubois, 1831. Conch. foss., p. 53, pl. 7, fig. 3, 4 (*Venus id.*, Brocchi?). Volhynie, Szuskowce.

1946. laminosa, Sow., Min. Conch., t. 6, p. 142, pl. 573. Nyst., 1843, Coq. tert. de Belgiq., p. 99, pl. 3, fig. 16. Calloo, Stuyvenberg.

1947. pectorosa, d'Orb., 1847. *Saxicava id.*, Conrad, 1843, Foss.,

p. 18, pl. 10, fig. 3, id. Amer. Journ., 23, p. 130. États-Unis (Virginia), Suffolk.

1948. lucinoides, d'Orb., 1847. *Psammocola lucinoides*, Lea, 1843, Descrip. new foss. tert., p. 13, pl. 34, fig. 16. Petersburg, Virginia.

1949. compressa, Lea, 1843, Descrip. new. foss. tert., p. 13, pl. 34, fig. 15. États-Unis, Petersburg, Virginia.

1950. exilis, Deshayes, édition de Lamk., 1835, Anim. s. vert., 6, p. 158. France, Pont-Le-Roi (Loir-et-Cher).

1951. substriata, d'Orb., 1847. *Venerupis substriata*, Münst., Goldf., 1839, Petref., 2, p. 249, pl. 151, fig. 12, Autriche, Vienne.

GRATTELOUPIA, Desmoulins, 1828.

1952. donaciformis, Desmoulins, 1828, Descrip., 3 genr., Bull. de la Soc. d'hist. nat. de Bord., 2, p. 18. Dax, Mérignac et Saucats, près Bordeaux.

VENUS, Linné, 1758.

1953. islandicoides, d'Orb., 1847. *Cyprina islandicoides*, Basterot, 1825 (non Lam.). *Venus Brocchii*, Deshayes, 1835, in Lam., An. s. vert., 6, p. 286. *Cytherea Lamarckii*, Agass., 1845, Icon. des coq. tert., p. 39, pl. 7, fig. 1-4. France, Bordeaux; Autriche, Enzersfeld.

1954. erycinoides, d'Orb., 1847. *Cytherea erycinoides*, Lam., 1818, Agass., 1845, Icon. des coq. tert., p. 44, pl. 9, fig. 4-7. Brongniart, 1823, p. 80, pl. 5, fig. 4. *C. Burdigalensis*, Defrance, 1818. Bordeaux; Piémont, Turin; Autriche, Korod, Steinabrunn, près de Vienne.

1955. Basteroti, d'Orb., 1847. *Arthemis Basteroti*, Agass., 1845, Icon. des coq. tert., p. 24, pl. 3, fig. 7-10. *Cytherea lincta*, Bast., 1825, p. 90, pl. 6, fig. 10. Marcel de Serres, p. 147 (non *lincta*, Lam.). Bordeaux, Saucats.

1956. pseudo-turgida, d'Orb., 1847. *V. turgida*, Sow., 1820, Min. Conch., t. 3, p. 101, pl. 256 (non Lam., 1818). Nyst., 1843, Coq. tert. de Belgiq., p. 178, pl. 13, fig. 4. Belgique, Anvers; Angleterre, Norfolk, Suffolk; Pologne, Szuskowce.

1957. striatella, Nyst., 1843, id., p. 167, pl. 12, fig. 2. Belgique, Calloo, Stuyvenberg.

1958. chinoides, Nyst., 1843, id., p. 175, pl. 12, fig. 5. Belgique, Hérenthals, Anvers.

1959. multilamellosa, Nyst., 1843, Coq. tert. de Belgiq., p. 179, pl. 12, fig. 7. Belgique, Hérenthals.

1960. cycladiformis, Nyst., 1843, id., p. 171, pl. 12, fig. 3; et Coq. foss. d'Anv., p. 10, n. 38, pl. 2, fig. 38. Belgique, Anvers, Calloo, Stuyvenberg.

1961. trigona, Nyst., 1843, Coq. tert. de Belgiq., p. 172, pl. 12, fig. 4. Belgique, Anvers.

1962. subsulcata, d'Orb., 1847. *V. sulcata*, Nyst. et West., 1843, id., p. 155, pl. 9, fig. 5 (non *V. sulcata*, Lam.). Belgique, Anvers.

1963. lentiformis, Sow., 1818, Min. Conch., t. 2, p. 235, pl. 203. Angleterre, Suffolk.

1964. gibbosa, Sow., 1817, id., t. 2, p. 125, pl. 155, fig. 3, 4. Suffolk.

1965. lupinoides, Nyst., 1838, *Tellina lupinoides*, Nyst., 1843, Rech. coq. foss. d'Anv., p. 11, pl. 41, pl. 3, fig. 41. Coq. tert. de Belgiq., p. 111, pl. 5, fig. 4. Belgique, Anvers.

*__1966. casinoides,__ Lam., 1818, Bast., 1825, pl. 6, fig. 11. Dujard., 1837, Mém. Soc. géol. de France, t. 2, p. 261. Environs de Tours, Léognan, Saucats (Gironde) ; Autriche, Vienne.

*__1967. vetula,__ Bast., 1825, Mém. géol., pl. 6, fig. 7. Bordeaux, Saucats, Léognan, envir. de Tours ; Turin, Piémont ; Autriche, Korod.

*__1968. rudis,__ Dujardin, 1837, Mém. Soc. géol. de France, t. 2, p. 262, pl. 18, fig. 6 a, b. Env. de Tours.

*__1969. Deshayesiana,__ d'Orb., 1847. *Cytherea Deshayesiana*, Basterot, 1825, Mém. géol., env. de Bord., p. 90, pl. 6, fig. 13. Saucats, Léognan.

*__1971. subcincta?__ d'Orb., 1847. *V. cincta*, Agass., Ic. coq. tert., p. 36, pl. 4, fig. 7-10 (non Gmelin, 1789). *Venus rugosa*, Brocc. (non Lam.). Turin.

1972. extincta, Michelotti, Brach. ed. Acef., p. 29. Prec. faun. mioc., pl. 4, fig. 14. Piémont, Turin.

1973. miocenica, Michelotti, Prec. faun. mioc., pl. 4, fig. 19. *Venus ornata*, Mich., Brach. ed. Acef., p. 28. Turin.

1974. Pasinii, Michelotti, Prec. faun. mioc., pl. 4, fig. 18. Piémont, Dertona.

*__1975. spadicea,__ Renieri, Nyst., 1843, p. 165, pl. 11, fig. 3. *Venus radiata*, Brocc., Conch. subap., p. 543, pl. 14, fig. 3. *V. pectinula*, Lam. *Venus spadicea*, Renier. *V. pectinulata*, Lam., 1818, 5, p. 592. Turin ; Belgique, Anvers.

1976. Renierii, Michel., Brach. ed. Acef., p. 29. Prec. faun. mioc., pl. 16, fig. 8. Piémont.

*__1977. scalaris,__ Bronn, It. Tert. Geb., p. 100. *V. dysera*, Brocc. (non Linné). *V. complanata*, Bon. Piémont, Turin ; France, Bordeaux.

1978. gregaria, Partsch, Gold., 1839, Petref., 2, p. 247, pl. 151, fig. 7. Autriche, Enzersdorf, Vienne.

*__1979. subundata,__ d'Orb., 1847. *Cytherea undata*, Basterot, 1825, Env. de Bordeaux, p. 90, pl. 6, fig. 4. Goldf., 1839, 2, p. 240, pl. 149, fig. 13 (non Donovan, 1799). Saucats, Mérignac ; Allemagne, Bünde.

1980. subcuneata, d'Orb., 1847. *Cytherea cuneata*, Goldf., 1839, 2, p. 240, pl. 149, fig. 14 (non Desh., 1824). Cassel.

*__1981. subrugosa,__ d'Orb., 1847. *Cytherea rugosa*, Bronn, Goldf., 1839, 2, p. 241, pl. 150, fig. 1 (non Lamarck). Vienne, Korod, Gainfaren, Cassel (Hesse).

*?__1982. subcancellata,__ d'Orb., 1847. *Cytherea cancellata*, Bronn, 1839, 2, p. 242, pl. 150, fig. 2 (non Linné, 1767). Autriche, Vienne, St-Gallen.

*?__1983. inflata,__ d'Orb., 1847. *Cytherea inflata*, Goldf., 1839, 2, p. 239, pl. 148, fig. 6. Allem., Bünde, Alzey? Cassel. Piacenza.

?**1984. suborbicularis,** Goldf., 1839, 2, p. 289, pl. 148, fig. 7. Bünde.

?**1985. fragilis,** Münst., Goldf., 1839, 2, p. 239, pl. 148, fig. 8. Bünde.

1986. decipiens, Philippi, 1844, Foss. tert. du N.-E. de l'Allem., p. 11, pl. 2, fig. 9. Cassel.

1987. subplicata? d'Orb., 1847. *V. plicata,* Philippi, 1844, Foss. tert. du N.-E. de l'Allem., p. 11. Goldf., p. 278, pl. 151, fig. 9 (non Gmel., 1789). Dax; Vienne; Cassel; Piacenza.

*1988. subnitidula,** d'Orb., 1847. *Cytherea nitidula,* Basterot, 1825, Bordeaux, p. 91, n. 6. Saucats.

1989. lens, Philippi, 1844, Foss. tert. du N.-E. de l'Allem., p. 11, pl. 2, fig. 10. Cassel.

*1990. subponderosa,** d'Orb., 1847. *V. ponderosa,* d'Orb., 1844, Paléont. du voy. de M. Hommaire, p. 483, pl. 5, fig. 12-14 (non Gmel., 1789). Podolie, Doutchina.

*1991. Menestrieri,** d'Orb., 1844, Paléont. du voy. de M. Hommaire, p. 484, pl. 5, fig. 15-17. Podolie, Doutchina.

*1992. Jacquemarti,** d'Orb., 1844, Paléont. du voy. de M. Hommaire, p. 485, pl. 5, fig. 18-21. Podolie, Doutchina.

*1993. Vitaliana,** d'Orb., 1844, Paléont. du voy. de M. Hommaire, p. 486, pl. 5, fig. 22-25. Podolie, Doutchina.

*1994. Bessarabica,** d'Orb., 1844, Paléont. du voy. de M. Hommaire, p. 487, Bessarabie, Kichinew.

*1995. Duboisii,** d'Orb., 1847. *Cytherea id.,* Andr., Agass., 1845, Icon. des coq., p. 46, pl. 10, fig. 1-5. *Cytherea Chione,* Dubois, 1831, Conch. foss., p. 59, pl. 5, fig. 13, 14 (non Linné). Volhynie, Szuskowce.

1996. subpolita, d'Orb., 1847. *Cytherea polita,* Dubois, 1831, p. 60, pl. 7, fig. 30, 31 (non Lamarck). Volhynie, Szuskowce.

*1997. subsenilis,** d'Orb., 1847. *V. senilis,* Dubois, 1831, p. 60, pl. 5, fig. 22, 23 (non Brocchi). Touraine; Volhynie, Szuskowce.

1998. Volhyniana, d'Orb., 1847. *V. dycera,* Dubois, 1831, Conch. foss., p. 61, pl. 5, fig. 15-17 (non Linné). Volhynie, Szuskowce.

1999. astartoides, d'Orb., 1847. *V. incrassata,* Dubois, 1831, Conch. foss., p. 61, pl. 5, fig. 18, 19 (non Brocchi). Volhynie.

2000. modesta, Dubois, 1831, Conch. foss., p. 61, pl. 7, fig. 1, 2. Volhynie, Szuskowce.

2001. obtusa, Sow., 1831, Trans. geol. Soc. of London, série 2ᵉ, t. 3, pl. 39, fig. 6. Styrie inférieure.

2002. nana, d'Orb., 1847. *Pullastra nana,* Sow., 1831, Trans. geol. Soc. of London, série 2ᵉ, t. 3, pl. 39, fig. 7. Styrie inférieure.

2003. armata, d'Orb., 1847. *Astarte armata,* Münst., Goldf., 1839, Petref., 2, p. 196, pl. 135, fig. 9. Autriche, Vienne.

*2004. tetrica,** Conrad, 1838, Fossils of the tert. form., p. 7, pl. 4, fig. 1. États-Unis (Maryland), Mary's river.

2005. Ducatelli, Conrad, 1838, Foss. of the tert. format., p. 8, pl. 4, fig. 2. États-Unis (New-Jersey), Cumberland-County.

2006. submortoni, d'Orb., 1847. *V. Mortoni,* Conrad, 1838, Fossils of the tert. form., p. 8, pl. 5, fig. 1 (n. 25-846). États-Unis (Maryland), Mary's river.

***2007. alveata,** Conrad, 1838, id., p. 9, pl. 5, fig. 2. États-Unis (Maryland), Mary's river (Nord-Caroline), Wilmington (Virginia), City-Point.

***2008. Rileyi,** Conrad, 1838, id., p. 9, pl. 6, fig. 1. États-Unis (Virginia), Yorktown.

***2009. tridaenoides,** Conrad, 1838, id., p. 10, pl. 7, fig. 2. *Cyprina id.,* Lam., 1818, 5, p. 558. *Venus deformis,* Say. États-Unis (Virginia), James river, Yorktown.

2010. cortinaria, Rogers, Conrad, 1838, id., p. 11, pl. 8, fig. 1. États-Unis (Virginia), Williamsburg.

2011. Sayana, *Cytherea id.,* Conrad, 1838, Foss. of the tert. form., p. 13, pl. 7, fig. 3. *Cytherea convexa,* Say (non Brongniart). États-Unis (New-Jersey).

***2012. latilirata,** Conrad, Proceed. Acad. nat. sc., i, p. 28. Foss. of the tert. form., p. 68, pl. 38, fig. 3. États-Unis, Calvert-Cliffs (Maryland).

2013. capax, Conrad, Proceed. Acad. nat. sc., i, p. 324. Foss. of the tert. form., p. 68, pl. 38, fig. 4. États-Unis, Pamunkey river, Kent co. (Virginia).

***2014. inoceriformis,** Conrad, Journ. Acad. nat. sc., 8, pl. 1, fig. 2. Foss. of the tert. form., p. 70, pl. 40, fig. 1. États-Unis, St-Mary's river (Maryland).

***2015. elevata,** d'Orb., 1847. *Cytherea elevata,* Lea, 1843, Descrip. new foss. tert., p. 15, pl. 34, fig. 21. Petersburg (Virginia).

***2016. sphærica,** d'Orb., 1847. *Cytherea sphærica,* Lea, 1843, id., p. 15, pl. 34, fig. 22. États-Unis, Petersburg, Virginia.

2017. ascia, Lea, 1843, id., p. 16, pl. 34, fig. 23. Petersburg.

***2018. albaria,** d'Orb., 1847. *Cytherea id.,* Say, Conrad, 1838, Fossils of the tert. form., p. 13, pl. 8, fig. 2. États-Unis (Maryland), Patuxens river (S. Caroline), Santée river.

2019. obovata, d'Orb., 1847. *Cytherea id.,* Conrad, 1838, id., p. 14, pl. 8, fig. 4. États-Unis (Virginia), Suffolk.

2020. metastriata, d'Orb., 1847. *Cytherea id.,* Conrad, 1838, id., p. 14, pl. 8, fig. 5. États-Unis, Suffolk (Virginia).

***2021. Marylandica,** d'Orb., 1847. *Cytherea id.,* Conrad, 1838, p. 15, pl. 9, fig. 1. Id., Amer. Journ., 23, p. 343. États-Unis (Maryland), près Easton.

***2022. reposta,** d'Orb., 1847. *Cytherea id.,* Conrad, 1838, Foss. of the tert. form., p. 15, pl. 9, fig. 2. Id., Amer. Journ., 23, p. 132. États-Unis (Virginia), Suffolk (N. Caroline), près de Newbern.

***2023. acetabulum,** d'Orb., 1847. *Arthemis id.,* Conrad, 1838, id., p. 29, pl. 16, fig. 1. États-Unis (Maryland), St-Martyr's river, Patuxens river, près Easton (Virginia), Smithfield.

2024. subnasuta, d'Orb., 1847. *Cytherea subnasuta,* Conrad, Proceed. Acad. nat. sc., i, p. 28. Foss. of the tert. form., p. 72, pl. 41, fig. 3.

*2025. **Hanctiana,** d'Orb., 1842, Paléont. de l'Amér. mér., p. 123, pl. 13, fig. 3-6. Amér. mér., Coquimbo (Chili).

*2026. **Cleryana,** d'Orb., 1842, Paléont. de l'Amér. mér., p. 123, pl. 13, fig. 7, 8. Coquimbo (Chili).

*2027. **Petitiana,** d'Orb., 1842, Paléont. de l'Amér. mér., p. 123, pl. 13, fig. 9-11. Coquimbo (Chili), Payta (Pérou).

*2028. **subchilensis,** d'Orb., 1847. *V. Chilensis,* d'Orb., 1842, Paléont. de l'Amér. mér., p. 124, pl. 13, fig. 12, 13 (non Sowerby, 1835). Coquimbo (Chili).

*2029. **meridionalis,** Sowerb. in Darw., 1846, South. Amer., p. 250, pl. 2, fig. 13. Santa-Cruz, Patagonia, Navidad (Chili).

*2030. **sulculosa,** d'Orb., 1847. *Cytherea sulculosa,* Sowerb. in Darwn., 1846, South. Amer., p. 250, pl. 2, fig. 14. Chiloe, Ile d'Uafo et d'Ypun (Chili).

2031. **granosa,** Sow., 1837, Trans. geol. Soc. of London, 2ᵉ série, t. 5, p. 327, pl. 25, fig. 7. Indes, prov. de Cutch, Soomrow.

2032. **pseudo-cancellata,** d'Orb., 1847. *V. cancellata,* Sow., 1837, Trans. geol. of London, 2ᵉ série, t. 5, p. 327, pl. 25, fig. 7 (non Linné, 1767). Indes, prov. de Cutch, Soomrow, Kotra.

2033. **subvirgata,** d'Orb., 1847. *Pullastra virgata,* Sow., 1837, Trans. geol. of London, 2ᵉ série, t. 5, p. 327, pl. 25, fig. 9. Indes, prov. de Cutch, Soomrow (non Gmel., 1789),

2034. **nonscripta,** Sow., 1837, id., t. 5, p. 327, pl. 25, fig. 8. Indes, prov. de Cutch, Soomrow.

2035. **pseudo-elegans,** d'Orb., 1847. *Arthemis elegans,* Conrad, id., Foss. of the tert. form., p. 67, pl. 38, fig. 1 (non Lam., 1804). États-Unis, Neuse-River, Below-Newbern (North-Carolina).

*2036. **cribraria,** Conrad, Proceed. Acad. nat. sc., i, p. 311, Foss. of the tert. form., p. 67, pl. 38, fig. 2. États-Unis, Wilmington, N. C., Neuse-River, Below-Newbern, N. C.

CYCLAS, Bruguière, 1791. Voy. t. 2, p. 60.

*2037. **densata,** d'Orb., 1847. *Cyrena densata,* Conrad, 1845, Proceed. Acad. nat. sc., i, p. 324. Foss. of the tert. form., p. 68, pl. 39, fig. 2. États-Unis, Petersburg (Virginia).

*2038. **Geslini,** d'Orb., 1847. *Cyrena Geslini,* Desh., 1831, Encycl. méth. hist. nat. des vers, t. 2, p. 52, n. 15. Lam., 1835, Anim. s. vert., p. 280. Dax.

*2039. **Faujasii,** d'Orb., 1847. *Cyrena Faujasii,* Desh., 1831, Encycl. méth. hist. nat. des vers, t. 2, p. 51, n. 13. Lam., 1835, Anim. s. vert., p. 280. Env. de Mayence.

*2040. **Brongnartii,** d'Orb., 1847. *Cyrena Brongnartii,* Basterot, 1825, Bordeaux, p. 84 (exclus. Syn.). Saucats.

CORBULA, Bruguière, 1791. Voy. t. 1, p. 275.

*2041. **Deshayesi,** E. Sism., *C. rugosa,* Lam., Anim. s. vert., 6, p. 141 (in notis Desh.). *C. revoluta,* Bast. (non Brocchi, 1814). Saucats, Léognan ; Piémont, Turin.

*2042. **gibba?,** Sismonda, *Tellina gibba,* Brocchi, Conch. subap., p. 517. Sow., Gen. of Shells, pl. 18, fig. 1. *Corbula nucleus,* Lamk. Piémont, Turin, Dertona ; Autriche, Gainfaren.

*2043. **revoluta,** Sismonda. *Tellina revoluta,* Brocc., 1814, Conch.

III.   10

subap., p. 516, pl. 12, fig. 6 (non Basterot). Piémont, Turin ; Steinabrun.

2044. rotundata, Sowerby, 1827, Min. Conch., 6, p. 139, pl. 572,
fig. 4. Angleterre, Holywell.

2045. complanata, Sow., 1822, Min. Conch., t. 4, p. 85, pl. 362,
fig. 7. *Corbulomya complanata*, Nyst., 1843, Coq. tert., p. 59, pl. 2,
fig. 2. Angleterre. Roydon ; Belgique, Calloo, Stuyvenberg.

2046. granulata, Nyst. et Westend., 1843, Coq. tert. de Belgiq.,
p. 71, pl. 2, fig. 6. Nyst. et West., 1839, Nouv. rech. coq. foss.
d'Anvers, p. 6, n. 10, pl. 3, fig. 3. Belgique, Anvers.

2047. planulata, Nyst., Nyxt., 1843, Coq. tert. de Belgiq., p. 68,
pl. 2, fig. 4. Anvers, Calloo, Stuyvenberg.

2048. Wealii, Nyxt., 1843, Coq. tert. de Belgique, p. 69, pl. 2,
fig. 5. Hérenthals.

2049. Volhynica, Pusch, 1837, Polens Paleont., p. 80, pl. 8,
fig. 8. Pologne, Szydlow, Poczaiow.

2050. carinata, Philippi, 1844, Foss. tert. du nord-est de l'Allemagne, n. 7, pl. 2, fig. 5. Cassel.

2051. Duboisiana, d'Orb., 1847. *C. rugosa*, Dubois, 1831,
Conch. foss., p. 53, pl. 7, fig. 43-45. Volhynie, Szuskowce.

'2052. crassa, Bronn, Hauer, 1847, Naturwiss. Abhandl., p. 351.
Autriche, Korod, Gainfaren.

2053. subcuspidata, d'Orb., 1847. *C. cuspidata*, Bronn, 1832,
Goldf., 1839, Petref., 2, p. 251, pl. 152, fig. 1 (non Sow., 1823).
Cassel (Hesse).

'2054. cuneata, Say, Journ. Acad. nat. sc., 4, p. 152, pl. 13,
fig. 3. Id., Conrad, 1838, Foss. of the tert. form., p. 5, pl. 3, fig. 2.
États-Unis, Virginie.

'2055. inæqualis, Say, Journ. Acad. nat. Sc., 4, p. 153,
pl. 13, fig. 3. Id., Conrad, 1838, Foss. of the tert. form., p. 6, pl. 3,
fig. 3. États-Unis (Virginie) ; Suffolk, James-River.

2056. idotea, Conrad, 1838, Foss. of the tert. form., p. 6, pl. 10,
fig. 6. États-Unis (Maryland), Choplank-Riv., près Caston, Patuxent-
Riv.

'2057. elevata, Conrad, 1838, Foss. of the tert. form., p. 7, pl. 4,
fig. 1. États-Unis (New-Jersey), Stow, Creek, Cumberland-County.

2058. trigonalis, Sow., 1837, Trans. geol. Soc. of London, 2e série, t. 5, p. 327, pl. 25, fig. 4. Indes, prov. de Cutch, Borders of the
Runn.

2059. subrugosa, d'Orb., 1847. *C. rugosa*, Sow., 1837, Trans.
geol. of London, 2e série, t. 5, p. 327, pl. 25, fig. 5 (non Desh., 1824).
Indes, prov. de Cutch, Borders of the Runn.

2060. Kochii, Philippi, 1844, Beitrag zur Kenntniss, p. 70, pl. 2,
fig. 3. Cassel (Hesse).

PANDORA, Bruguière, 1791.

'2061. crassidens, Conrad, 1838, Foss. of the tert. form., p. 2,
pl. 1, fig. 2. États-Unis, James-River, près Smithfield (Virginie).

'2062. arenosa, Conrad, 1833, Foss. of the tert. form., p. 2, pl. 1,
fig. 3. États-Unis, Yorktown (Virginie).

ASTARTE, Sowerby, 1818. Voy. t. 1, p. 216.

'**2063. scalaris,** Dujard., 1837, Mém.' Soc. géol. de France. t. 2, p. 260, pl. 18, fig. 5 a, c. *Crassina scalaris,* Deshayes, Encycl., 2, p. 78, n. 7. Env. de Tours, env. d'Angers.

'**2064. striatula,** Deshayes, 1830, Magasin de zoologie, pl. 10. France, Angers.

2065. circinnaria, Michelotti, Prec. faun. mioci., pl. 4, fig. 20. *Crassina Damnoniensis,* Brocch. (non Lam.). Turin.

'**2066. Murchisoni,** Michelotti, Brach. ed. Acef., p. 26, Prec. faun. mioc., pl. 4, fig. 21. Turin.

2067. obtusa, Sow., 1817, Min. Conch., 2, p. 173, pl. 179, fig. 4. Angleterre, Bramerton.

2068. nitida, Sow., 1826, *id.,* t. 6, p. 37, pl. 521, fig. 2. Suffolk.

2069. bipartita, Sow., 1826, *id.,* t. 6, p. 37, pl. 521, fig. 3. Suffolk.

2070. oblonga, Sow., 1826, *id.,* t. 6, p. 37, pl. 521, fig. 4. Suffolk.

2071. plana, Sow., 1817, Min. Conch., t. 2, p. 173, pl. 179, fig. 2. Nyst., 1843, Coq. tert. de Belgiq., p. 161, pl. 11, fig. 2. Calloo, Stuyvenberg, Anvers; Angl., Bramerton, près Norwich.

2072. planata, Sow., 1820, Min. Conch., t. 3, p. 103, pl. 257, fig. 1. Angleterre, Suffolk.

'**2073. obliquata,** Sow., 1817, Min. Conch., t. 2, p. 173, pl. 179, fig. 3. Nyst., 1843, Coq. tert. de Belgiq., p. 160, pl. 7, fig. 7. Anvers, Calloo, Stuyvenberg; Angl., Holywell.

2074. Philippii, d'Orb., 1847. *Crassatella minuta,* Philippi, 1844, Beitr. zur Kenntn., p. 45, pl. 2, fig. 4 (non *A. minuta,* Phil., 1843). Cassel (Hesse).

2075. lunularis?, d'Orb., 1847. *Diplodonta lunularis,* Philippi, 1844, id., p. 46, pl. 2, fig. 7. Cassel (Hesse).

'**2076. solidula,** d'Orb., 1847. *Crassina solidula,* Desh., Encycl. méth. hist. nat. des vers, t. 2, p. 79, n. 9. Lamk., 1835, Anim. s. vert., 6, p. 260. Touraine.

'**2077. nuculina?,** d'Orb., 1847. *Cardita nuculina,* Dujard., 1837, Mém. Soc. géol. de France, t. 2, p. 265, pl. 18, fig. 13 a, f. Envir. de Tours.

'**2078. exigua?,** d'Orb., 1847, *Cardita exigua,* Dujard., 1837, Mém., t. 2, p. 265, pl. 18, fig. 17 a, b. Env. de Tours.

2079. imbricata, Sow., 1826, Min. Conch., t. 6, p. 37, pl. 521, fig. 1. Nyst., 1843, Coq. tert. de Belgiq., p. 153, pl. 9, fig. 3. Anvers; Anglet., Suffolk.

2080. Galeottii, Nyst., 1843, *id.,* p. 159, pl. 6, fig. 17. Anvers.

2081. Burtinii, Lajk., Nyst., 1843, *id.,* p. 160, pl. 9, fig. 7. *Ast. Burtinia,* Lajk., 1823, Icon., n. 4, pl. 6, fig. 4. Anvers.

2082. minuta, Nyst., 1843, *id.,* p. 163, pl. 9, fig. 8. Hérenthals.

2083. incrassata, De la Jonk., Goldf., 1839, Petref., 2, p. 194, pl. 135, fig. 2. Bünde (Westph)., Cassel; Sicile.

72084. propinqua, Münst., Goldf., 1839, Petref., 2, p. 194, pl. 135, fig. 3. Bünde (Westph.).

72085. gracilis, Münst., Goldf., 1839, Petref., 2, p. 194, pl. 135, fig. 4. Bünde (Westph.).

*2086. pygmæa, Münst., Goldf., 1839, Petref., 2, p. 195, pl. 135, fig. 5, 6. Cassel; Autriche, Steinabrun.

2087. lævigata, V. Münst., Bronn., Jahrb., p. 436, n. 31, 32. Philippi, 1844, Foss. tert. du N.-E. de l'Allemagne, p. 9, pl. 2, fig. 11. Cassel.

2088. suborbicularis, V. Münst., Leonh., p. 436, n. 28. Philippi, 1844, Foss. tert. du N.-E. de l'Allem., p. 9. Cassel.

2089. latisulcata, d'Orb., 1847. *Venus id.*, Conrad, 1840, Foss. of the tert. form., p. 40, pl. 20, fig. 6. États-Unis (Virginie), près d'Urbanna.

*2090. undulata, Say, Conrad, 1840, *id.*, p. 41, pl. 20, fig. 7; pl. 21, fig. 4. États-Unis, City-Point (Virginie).

*2091. vicina, Say, Journ. Acad. nat. sc., t. 4, p. 151, pl. 9, fig. 6. États-Unis (Maryland), St-Mary's-County.

2092. arata, Conrad, 1840, Foss. of the tert. form., p. 42, pl. 20, fig. 8. États-Unis (Virginie), City-Point.

2093. cuneiformis, Conrad, 1840, Foss. of the tert. form., p. 42, pl. 20, fig. 9. États-Unis (Maryland), Wye-Mills.

*2094. obruta, Conrad, 1840, Foss. of the tert. form., p. 43, pl. 21, fig. 2. États-Unis (Maryland), Choplank-River, près Caston.

*2095. perplana, Conrad, 1840, Foss. of the tert. form., p. 42, pl. 21, fig. 3. États-Unis (Maryland), Ste-Marie-River.

*2096. Copeni, Conrad, 1840, Foss. of the tert. form., p. 43, pl. 21, fig. 5. États-Unis (Virginie), Lancaster-County.

*2097. concentrica, Conrad, 1840, Foss. of the tert. form., p. 44, pl. 21, fig. 6. États-Unis (Virginie), Yorktown.

*2098. symetrica, Conrad, 1840, Foss. of the tert. form., p. 44, pl. 21, fig. 7. États-Unis (Virginie), Yorktown.

*2099. lunulata, Conrad, 1840, Foss. of the tert. form., p. 44, pl. 21, fig. 8. États-Unis (Virginie), Suffolk.

*2100. abbreviata, Conrad, 1845, Foss. of the tert. form., p. 77, pl. 43, fig. 12. *Cardita abbreviata*, Con., Sillim. Journ., 42, pl. 2, fig. 17.

*2101. radians, Conrad, 1845, *id.*, p. 77, pl. 43, fig. 13. *Cardita perplana*, Con., Sillim. Journ. 42, pl. 2, fig. 16.

*2102. exaltata, Conrad, Proceed. Acad. nat. sc., i, p. 29, Foss. of the tert. form., p. 66, pl. 37, fig. 6. États-Unis, Calvert-Cliffs (Maryland).

2103. varians, Conrad, 18.., Proceed. Acad. nat. sc., i, p. 29, Foss. of the tert. form., p. 67, pl. 37, fig. 7. États-Unis, Calvert-Cliffs (Maryland).

2104. lineolata, Lea, 1843, Descrip. new. foss. tert., p. 15, pl. 34, fig. 20. États-Unis, Petersburg (Virginie).

CRASSATELLA, Lamarck, 1801. Voy. t. 2, p. 77.

*2105. concentrica, Dujardin, 1837, Mém. Soc. géol. de France, t. 2, p. 256, pl. 18, fig. 2 a, b. Env. de Tours.

*2106. undulata, Say, Conrad, 1838, Foss. of the tert. form., p. 21, pl. 11, fig. 2. États-Unis (Virginie), James-River, Yorktown (N.-Caroline), Murfreesborough.

*2107. Marylandica, Conrad, 1838, Foss. of the tert. form.,

p. 21, pl. 12, fig. 1. États-Unis (Maryland), Choplank-River, près Easton, Patuxent-River.

2108. melina, Conrad, 1838, Foss. of the tert. form., p. 22, pl. 12, fig. 2. États-Unis (New-Jersey), Cumberland-County.

2109. turgidula, Conrad, 1840, Proceed. Acad. nat. sc., i, p. 307, Foss. of the tert. form., p. 69, pl. 39, fig. 7. États-Unis, Calvert co., (Maryland).

2110. Lyellii, Sowerb. in Darwn., 1846, South. Amer., p. 249, pl. 2, fig. 10. Patagonie, Santa-Cruz.

CARDITA, Bruguière, 1791. Voy. t. 2, p. 77.

*2111. **intermedia,** d'Orb., 1847. *Venericardia intermedia,* Basterot, 1825, p. 80, n. 3. *Chama intermedia,* Brocchi, 1814, pl. 12, fig. 15. Autriche, Nußdort, Piémont.

*2112. **affinis,** Dujardin, 1837, Mém. Soc. géol. de France, t. 2, p. 264, pl. 18, fig. 9. Env. de Tours.

*2113. **squamulata,** Dujardin, 1837, id., t. 2, p. 264, pl. 18, fig. 10 a, b. Env. de Tours.

*2114. **monilifera,** Dujard., 1837, id., t. 2, p. 265, pl. 18, fig. 11. Env. de Tours.

*2115. **alternans,** Dujard., 1837, Mém. Soc. géol. de France, t. 2, p. 265, pl. 18, fig. 12. France, env. de Tours.

*2116. **pinnula,** d'Orb., 1847. *Venericardia pinnula,* Baster., 1825, Mém. géol., env. de Bordeaux, p. 79, pl. 5, fig. 4. *C. Ajar,* Sismonda, (non Adanson, 1757). Saucats, Dax; Piémont, Turin.

2117. senilis, d'Orb., 1847. *Venericardia senilis,* Sow., 1820, Min. Conch., t. 3, p. 106, pl. 259, fig. 3. Angleterre, Suffolk; France, Angers.

2118. chamæformis, Goldf., 1839, pl. 134, fig. 3. Nyst., 1843, Coq. tert. de Belgiq., p. 211, pl. 16, fig. 7. *Venericardia chamæformis,* Sow., 1825, Min. Conch., t. 5, p. 145, pl. 490, fig. 1. Belgique, Anvers; Angleterre, Suffolk; Prusse, Bünde? Agirffel, près Winterswick, en Hollande.

*2119. **scalaris,** Goldf., 1839, Petref., 2, p. 188, pl. 134, fig. 2. Nyst., 1843, Coq. tert. de Belgiq., p. 213, pl. 16, fig. 9. *Venericardia scalaris,* Sow., 1825, Min. Conch., t. 5, p. 146, pl. 490, fig. 3. Anvers, Calloo, Stuyvenberg; Angleterre, Norfolk, Suffolk; en Prusse, Oster-Weddingen, près Magdebourg, Bünde, Cassel; Autriche, Nussdorf.

*2120. **Gallicana,** Deshayes, Lamk., 1835, Anim. s. vert., p. 428. Env. d'Angers.

2121. squamulosa, Nyst., 1843, Coq. tert. de Belgiq., p. 207, pl. 16, fig. 4. Hérenthals? Anvers; Angleterre, Sutton et Ramsholt (Wood).

2122. orbicularis, Nyst., 1843, Coq. tert. de Belgiq., p. 212, pl. 16, fig. 10. *C. tuberculata,* Goldfuss, 1839, Petref. Germ., p. 138, pl. 134, fig. 3. *Venericardia orbicularis,* Sow., 1825, Min. Conch., t. 5, p. 145, pl. 490, fig. 2. Hérenthals, Anvers; Angleterre, Norfolk, Suffolk; Allemagne, Cassel; Prusse, Bünde; Volhynie.

2123. aculeata?, Phil., Enum. moll. sic., 1, p. 54, pl. 4, fig. 18. *Chama aculeata,* Poli, Turin.

10.

2125. elongata, Bronn, It. Tert. Geb.,p. 105. *Chama calyculata*, Brocc. (non Linné). Turin.

'2126. hippopea, Basterot, 1825, Coq. Bord., p. 79, pl. 5, fig. 6. *C. subalpina*, Michelotti. Saucats (Gironde); Turin.

'2127. Jouanneti, Desh. *Venericardia Jouanneti*, Bast., 1825, Coq. Bord., p. 80, pl. 5, fig. 3; Goldf., pl. 133, fig. 15. *Cardita Brocchii*, Michelotti. France, Bordeaux, Léognan ; Turin ; Autriche, Vienne, Gainfaren.

2128. producta, Michel., Préc. faun. mioc., pl. 16, fig. 9. Turin.

'2129. rhomboidea, E. Sism. *Chama rhomboidea*, Brocc., Conch. subap.,p. 523, pl. 12,fig. 16. *Cardita rudista*, Lam. Turin, Dertona, Autriche, Gainfaren.

'2130. lævicosta, d'Orb., 1847. *Venericardia lævicosta*, Deshayes, Lamk., 1835, Anim. s. vert., p. 384. Touraine.

'2131. Partschii, Goldf., 1839, Petref., 2, p. 188, pl. 133, fig. 16. Vienne.

2132. Duboisiana, d'Orb., 1847. *Venericardia intermedia*, Dubois, 1831, Conch. foss., p. 61, pl. 5, fig. 20, 21 (non Brocchi, 1814; non Basterot, 1825). Volhynie, Szuskowce.

'2133. pseudo-carinata, d'Orb., 1847. *Carditamera carinata*, Conrad, 1840, Proceed. Acad. nat. sc., 1, p. 305. Foss. of the tert. form., p. 65, pl. 37, fig. 1 (non Brug., 1791). Newbern (Nord Caroline).

2134. protracta, d'Orb., 1847. *Carditamera protracta*, Conrad, 1840, Proceed. Acad. nat. sc., i, p. 105. Foss. of the tert. form., p. 65, pl. 37, fig. 2. Patuxent-River, St-Mary's co. (Maryland).

'2135. tridentata, Conrad, Journ. Acad. nat. sc., 5, p. 216. Foss. of the tert. form., p. 76, pl. 43, fig. 11. États-Unis.

'2136. arata, d'Orb., 1847. *Carditamera* id., Conrad, 1838, Foss. of the tert. form., p. 11, pl. 6, fig. 2. États-Unis (Virginie), James-River, Yorktown (N. Caroline), Newbern (New-Jersey), Cumberland (Maryland), près Easton.

'2137. granulata, Conrad, 1838, Foss. of the tert. form., p. 12, pl. 7, fig. 1. *Venericardia* id., Say. États-Unis (Virginie), Yorktown, City-Point.

'2138. Patagonica, Sowerby in Darw., 1846, South. Amer., p. 251, pl. 2, fig. 17. Santa-Cruz (Patagonie).

2139. Sowerbyi, d'Orb., 1847. *C. intermedia?*, Sow., 1837, Trans. geol. Soc. of London, 2e série, 5, p. 327, pl. 25, fig. 10 (non Brocchi, 1814), pl. 12, fig. 15. Indes, prov. de Cutch, Soomrow.

CYPRICARDIA, Lamarck, 1812.

2140. coralliophaga, d'Orb., 1847. *Venerupis coralliophaga*, E. Sism. *Chama coralliophaga*, Brocc., Conch. subap., p. 525, pl. 13, fig. 10. *Cypricardia coralliophaga*, L. Turin.

CYPRINA, Lamarck, 1812. Voy. t. 1, p. 173.

2141. tumida, Nyst., 1835, 1843, Coq. tert. de Belgiq., p. 148, pl. 10, fig. 1. *C. Lajonkairii*, Goldf., 1841, p. 237, pl. 148, fig. 9. Anvers, Calloo, Stuyvenberg.

2142. æqualis, Agass., 1838, 1845, Icon. des Coq. tert., p. 52, pl. 13, fig. 5; Goldf., Petref., 2, p. 236, pl. 148, fig. 5. *Venus æqualis*,

Sow., 1813, 4, p. 59, pl. 21. Crag. de Scavig; Allem., Dusseldorf;
Angleterre, Suffolk.

ERYCINA, Lamarck, 1805.

2143. faba, Nyst., 1843, Coq. tert. de Belg., p. 90, pl. 4, fig. 8.
Calloo, Stuyvenberg.

2144. depressa, Nyst., 1843, Coq. tert. de Belg., p. 88, pl. 4,
fig. 5. *Cyclas ? depressa*, 1836, Coq. foss. d'Anv., p. 36, n. 56, pl. 5,
fig. 5, 6. Anvers, Calloo, Stuyvenberg.

'**2148. dentata,** d'Orb., 1847. *Lucina dentata*, Basterot, Men.,
p. 87, pl. 4, fig. 20. Desh., Goldf., 1839, Petref., 2, p. 230, pl. 147,
fig. 2. France, Saucats; Allem., Cassel, Bünde.

2149. rugosior, d'Orb., 1847. *Psammobia id.*, Dubois, 1831,
Conch., foss., p. 54, pl. 6, fig. 15-17. Volhynie, Szuskowce.

2150. triangularis, d'Orb., 1847. *Cyclas id.*, Dubois, 1831,
p. 59, pl. 6, fig. 20-22. Szuskowce.

2151. globus, d'Orb., 1847. *Cyclas id.*, Dubois, 1831, p. 59, pl. 6,
fig. 18, 19. Szuskowce.

'**2152. subconvexa,** d'Orb., 1847. *Sphærella id.*, Conrad, 1838,
Foss. of the tert. form., p. 18, pl. 10, fig. 2. États-Unis (Virginie),
James-River, près Smithfield.

'**2153. mactroides,** d'Orb., 1847. *Lepton id.*, Conrad, 1838, Foss.
of the tert. form., p. 19, pl. 10, fig. 5. États-Unis (Maryland), près
Easton.

2154. granulata, d'Orb., 1847. *Corbula granulata*, Philippi, 1844,
Beitr. zur Kenntn., p. 45, pl. 2, fig. 2. Cassel (Hesse).

2155. ovalis, d'Orb., 1847. *Erycinella ovalis*, Conrad, 1845, Foss.
of the tert. form., p. 74, pl. 42, fig. 5. États-Unis, Yorktown (Virginia).

2156. subovata, d'Orb., 1847. *Myalina subovata*, Conrad, 1845,
id., p. 65, pl. 36, fig. 4. Virginia.

'**2157. substriata,** d'Orb., 1847. *Aligena striata*, Lea, 1843.
Descrip. new foss. sh. tert., p. 12, pl. 34, fig. 13. États-Unis, Petersburg (Virginia).

'**2158. sublævis,** d'Orb., 1847. *Aligena lævis*, Lea, 1843, Descrip.,
new foss. tert., 12, pl. 34, fig. 14 (non Defrance, 1817). États-Unis,
Petersburg (Virginia).

LUCINA, Bruguière, 1791. Voy. t. 1, p. 76.

2159. affinis, Eschwald, 1830. *L. circinaria*, Dubois, 1831, Conch.
foss., p. 56, pl. 6, fig. 4-7. W. Szuskowce.

'**2160. ornata,** Agass., 1845, p. 64. *L. divaricata*, Dubois, 1847,
Conch. foss., p. 57, pl. 6, fig. 12. Nyst., pl. 5, fig. 13 (non Linné).
Bordeaux; Volhynie, Szuskowce.

'**2161. hiatelloides,** Bast., Dujardin, 1837, Mém. Soc. géol. de
France, t. 2. p. 259. Basterot, pl. 5, fig. 13. Michelotti, Prec. faun.
mioc., pl. 4, fig. 11. Bordeaux, environs de Tours; Piémont, Turin,
Dertona; Sicile.

'**2162. columbella,** Lamarck, 1818, Basterot, 1825. *L. Basteroti*,
Agass., 1845, Icon. des coq. tert., p. 58, pl. 11, fig. 1-6. (M. Agassiz a
changé le nom de l'espèce fossile, la première décrite, tandis que
c'était le nom de l'espèce vivante qui y a été rapportée qu'il fallait

changer, comme nous l'avons fait en 1839 (Moll. des Canaries).
Bordeaux ; Turin ; Autriche, Gainfaren.

***2163. candida,** Eichw., Skizze, p. 206. Agass., 1845, Icon. des
coq. tert., p. 59, pl. 11, fig. 7-13. *L. columbella,* Dubois, 1831, Conch.,
foss., p. 57, pl. 6, fig. 8-11. Volhynie, Szuskowce.

2164. nivea, Eichwald , 1830, Dubois, Conch. foss., p. 58,
pl. 7, fig. 40-42. Volhynie, Szuskowce.

2165. incrassata, Dubois, pl. 6, fig. 1-3. Bordeaux ; Volhynie,
Szuskowce.

2166. antiquata, Sow., Nyst., 1843, Coq. tert. de Belg., p. 128,
pl. 6, fig. 7. Sow., 1827, Min. Conch., t. 6, p. 108, pl. 557, fig. 2.
Hérenthals ; Anvers ; Angl., Woodbudge, Suffolk.

2167. astartea, Nyst., 1843, id., p. 121, pl. 6, fig. 4. *Tellina astartea,* Nyst., 1835, Rech., coq. foss. d'Anv., p. 5, n. 18, pl. 1,
fig. 18. Anvers ; Calloo, Stuyvenberg.

2168. curviradiata, Nyst., 1843, id., p. 137, pl. 6, fig. 12. Anvers ; Calloo, Stuyvenberg.

***2169. subscopulorum,** d'Orb., 1847. *L. scopulorum,* Basterot,
1825, p. 87 (non Brongniart, 1823). Saucats.

***2170. neglecta,** Basterot, 1825, Mém. géol. env. de Bordeaux,
p. 88, pl. 4, fig. 18. Env. de Bordeaux, Dax.

***2171. angulata,** d'Orb., 1847. *Axinus angulatus,* Sow., 1843,
Coq. tert. de Belg., p. 141, pl. 6, fig. 13. Sow., 1821, Min. conch.,
t. 4, p. 11, pl. 315. *Ptychina biplicata,* Phill. Anvers ; Piémont,
Turin.

***2172. lupinus,** d'Orb., 1847. *Venus lupinus,* Brocc., Conch.
subap., p. 453, pl. 14, fig. 8. Turin.

***2173. dentata,** Basterot, 1825, Bordeaux, p. 87, pl. 4, fig. 20.
Dax, Saucats ; Autriche, Gainfaren.

***2174. subgibbosula,** d'Orb., 1847. *L. gibbosa,* Basterot, 1825,
Bordeaux, p. 87 (non Lamarck). Saucats.

***2175. subconcentrica,** d'Orb., 1847. *L. concentrica,* Gratteloup
(non Lamarck). Salles, près de Bordeaux.

***2176. Agassizii,** Mich., Prec. faun. mioc., pl. 4, fig. 4, 5-7.
Cardita Agassixii, Mich., Brach. ed. Acef., p. 17. E. Sism., Syn.
meth., p. 19. Turin.

***2177. Astensis,** Bonelli, Mich., Brach. ed. Acef., p. 25. Piémont.

***2178. miocenica,** Michelotti, Brach., ed. Acef., p. 24. Prec. faun.
mioc., pl. 4, fig. 3-10. Turin.

2179. Brocchii, d'Orb., 1847. *Venus Pensylvanica,* Brocc., Conch.
subap., p. 551 (non Linné). Turin.

2180. Bowerbanki, Michelotti, Prec. faun. mioc., pl. 4, fig. 1.
Turin.

***2181. subedentula,** d'Orb., 1847. *L. edentula,* Sismonda (non
Lamarck, An. s. vert., 6, p. 224). Turin.

2182. Taurina, Bonelli, Mich., Brach. ed. Acef., p. 25. Turin.

2183. subtransversa, d'Orb., 1847. *L. transversa,* Bronn., It. Tert.
Geb., p. 95. Mich., Prec. faun. mioc., pl. 4, fig. 24 (non Lamarck,
1818). *L. callosa,* Auct. Pedem. (non Deshayes). Turin.

*2184. tumida, Michelotti, Brach., ed. Acef., p. 24. Prec. faun. mioc., pl. 4, fig. 16. Turin.

*2185. parvula Münst., Philippi, 1844, Foss. tert. du N.-E. de l'Allemag., p. 9. Goldf., p. 230, pl. 147, fig. 2. *Diplodonta parvula*, Nyst., pl. 7, fig. 2. Cassel ; Belgique, Lethen.

2186. Foremani, Conrad, 1840, Proceed. Acad. nat. sc., Ji., p. 29. Foss. of the tert. form., p. 71, pl. 40, fig. 4. États-Unis, Calvert-Cliffs (Maryland).

2187. trisulcata, Conrad, 1840, Sillim. Journ., 42, p. 346. Foss. of the tert. form., p. 71, pl. 40, fig. 5. États-Unis, Naturalwell, Duplin co. and Neuse-River (Nord-Caroline).

2188. multistriata, Conrad, 1840, Proceed. Acad. nat. sc., i., p. 307. Foss. of the tert. form., p. 71, pl. 40, fig. 6. États-Unis, Wilmington (Nord-Caroline).

*2189. undula, Conrad, 1845, Foss. of the tert. form., p. 71, pl. 41, fig. 1. États-Unis, Neuse-River, Craven co. (Nord-Caroline).

2190. radians, Conrad, 1842, Sillim. Journ., 42, p. 347. Foss. of the tert. form., p. 70, pl. 40, fig. 3. États-Unis, Wilmington and Neuse-River, Below-Newbern (Nord-Caroline).

2191. Americana, Defrance. *Mypa id.*, Conrad, 1838, Foss. of the form., p. 30, pl. 16, fig. 2. *Lucina id.* États-Unis (Virginie) ; Yorktown (Nord-Caroline), Wilmington.

*2192. speciosa, Roger. *L. squamosa*, Conrad, 1840, p. 38, pl. 20, fig. 1. États-Unis (Virginie), près de City-Point.

2193. crenulata, Conrad, 1840, Foss. of the tert. form., p. 39, pl. 20, fig. 2. États-Unis (Virginie), Suffolk.

*2194. Conradii, d'Orb., 1847. *L. divaricata*, Conrad, 1840, Foss. of the tert. form., p. 39, pl. 20, fig. 3 (non Linné). Etats-Unis (Virginie), City-Point.

2195. anodonta, Say, Conrad, 1840, Foss. of the tert. form., p. 39, pl. 20, fig. 4. États-Unis (Virginie), City-Point, Urbana (Maryland); Easton, Benedict.

2196. contracta, Say, Conrad, 1840, Foss., of the tert. form., p. 40, pl. 20, fig. 5. États-Unis (Virginie) City-Point.

*2197. elevata, d'Orb., 1847. *Loripes elevata*, Conrad, 1840, Proceed. Acad. nat. sc., i., p. 325. Foss. of the tert. form., p. 73, pl. 41, fig. 8. États-Unis, Neuse-River, Below-Newbern (Nord-Caroline).

*2198. punctulata, Lea, 1843, Descrip. new foss. tert., p. 14, pl. 34, fig. 18. États-Unis, Petersburg (Virginia).

*2199. Leana, d'Orb., 1847. *L. lens*, Lea, 1843, Descrip. new foss. tert., p. 14, pl. 34, fig. 19 (non Rœmer, 1841). États-Unis, Petersburg (Virginia).

CORBIS, Cuvier, 1817. Voy. t. 1, p. 279.

2200. lævigata, Sowerby in Darw., 1846, South. Amer., p. 250, pl. 2, fig. 11. Navidad (Chili).

CARDIUM, Bruguière, 1791. Voy. t. 1, p. 33.

*2201. anomale, Matheron, 1843, Catalogue, p. 194, pl. 32, fig. 11, 12. France, Carry (Bouches-du-Rhône).

*2202. Andræa, Dujardin, 1837, Mém. Soc. géol. de France, t. 2, p. 263, pl. 18, fig. 8, a, b. Env. de Tours.

***2203. arcella,** Dujardin, 1837, Mém. Soc. géol. de France, t. 2, p. 263, pl. 18, fig. 7, a, b. France, Env. de Tours.

***2204. discrepans,** Bast., Foss. Bord., p. 83, pl. 6, fig. 5. *C. undatum,* E. Sism., Atti congr. di Nap. olim. *C. pectinatum,* L. Sec. Auct. Ped. Saucats (Gironde), Env. de Tours ; Turin.

***2206. Burdigalinum,** Lam., Anim. s. vert., t. 6, 1re part., p. 18. Basterot, 1825, Mém. géol. env. de Bord., p. 82, pl. 6, fig. 12 (non *Indicum,* comme le pense M. Deshayes). *C. ringens,* Defrance, Dict., des Sc. nat., t. 5, suppl., 105. Dax, env. de Bordeaux, surtout à Mérignac.

2207. Palassianum, Basterot, Mém. géol. env. de Bord., p. 82, pl. 6, fig. 2. Dax.

2208. pulchellum , Philippi , 1844. Beitrag zur Kenntniss , p. 47, pl. 2, fig. 8. Cassel (Hesse).

2209. simulans, Partsch. Autriche, Gaunersdorf.

***2210. Deshayesi,** Partsch. Autriche, Gainfaren.

***2211. Vindobonensis,** Bronn. Autriche, Gaunersdorf.

***2212. subedule,** d'Orb., 1847. *C. edule,* Basterot, 1825, p. 81 (non Linné). Bordeaux.

***2213. subserrigerum,** d'Orb., 1847. *C. serrigerum,* Basterot, 1825, Bordeaux, p. 82 (non Lamarck). Saucats.

2215. Taurinum, Mich., Prec. faun. mioc., pl. 4, fig. 13. Turin.

2216. trigonellum, d'Orb., 1847. *C. trigonum,* E. Sism., Syn. meth., p. 19 (non Münster, 1840). *C. sulcatum,* Mich., Brach., ed. Acef., p. 19. (non Lamarck). Turin.

***2217. subturgidum,** d'Orb., 1847. *C. turgidum,* Nyst., Coq. et polyp. foss. Belg., p. 190, pl. 14, fig. 6. Goldf., p. 227, pl. 145, fig. 3 (non Sowerby, 1822). Turin ; Cassel ; Belgique, Anvers.

2218. angustatum, Sow., 1821, Min. conch., t. 3, p. 149, pl. 283, fig. 1, 2. Angleterre, Suffolk.

2219. Parkinsoni, Sow., 1814, Min. conch., t. 1, p. 105, pl. 59. Nyst., 1843, Coq. tert. de Belg., p. 186, pl. 14, fig. 2. Belgique, Anvers, Calloo, Stuyvenberg ; Angleterre, Suffolk, Norfolk.

2220. edulinum, Sow., 1821, Min. conch., t. 3, p. 149, pl. 283, fig. 3. Nyst., 1843, Coq. tert. de Belg., p. 193, pl. 15, fig. 1. *C. angustatum,* Nyst., 1835. Anvers, Calloo, Stuyvenberg ; Angleterre, Ipswich, Bramerton, Woodbridge.

2221. striatum ?, Brocchi, Goldf., 1839. Petref., 2, p. 223, pl. 145, fig. 5. Cassel.

2222. subumbonatum , d'Orb., 1847. *C. umbonatum,* Goldf., 1839, Petref., 2, p. 223, pl. 145, fig. 6 (non Sow., 1817). Autriche, Vienne.

2223. subapertum, d'Orb., 1847. *C. apertum,* Münst., Goldf., 1839, Petref., 2, p. 223, pl. 145, fig. 8. Platensee.

2224. sublatisulcatum, d'Orb., 1847. *C. latisulcatum,* Münst., Goldf., 1839, Petref., 2, p. 223, pl. 145, fig. 9 (non Sow., 1833). Autriche, Vienne.

2225. Kübeckii, Hauer, 1847, Naturwiss. Abhandl., p. 351, pl. 13, fig. 1-3. Autriche, Korod.

2226. spondyloides, Hauer, 1847, Naturwiss. Abhandl., p. 354, pl. 13, fig. 4-6. Autriche, Korod.

2227. transversum, Sow., 1831, Trans. geol. Soc. of London, 2e série, t. 3, pl. 39, fig. 2. Styrie inférieure.

2228. minutissimum, d'Orb., 1847. *C. minutum,* Sow., 1831, Trans. geol. Soc. geol. of London, 2e série, t. 3, pl. 39, fig. 3. (non Lamk., 1819) Styrie inférieure.

2229. planicostatum, Sow., 1831, Trans. geol. Soc. of London, 2e série, t. 3, pl. 39, fig. 4. Styrie inférieure.

* **2230. Fittoni,** d'Orb., 1845, in Murch., Vern. et de Keys., Russie, 2, p. 499, pl. 43, fig. 38, 39. Russie, Taganrog.

*2231. **protractum,** Eschw., 1830, d'Orb., 1844, Paléont. du voy. de M. Hommaire, p. 471, pl. 6, fig. 1-5. *C. lithopodolicum,* Dub., 1831. Podolie, Dumanow et Makow; bords du Dnieper.

* **2232. gracile,** Pusch, 1837, pl. 7, fig. 4. D'Orb., 1844, Paléont. du voy. de M. Hommaire, p. 472, pl. 6, fig. 6-8. Bessarabie; Podolie, Kamiouka.

2233. Hommairei, d'Orb., 1847. *C. Verneuilianum,* d'Orb., 1844, Paléont. du voy. de M. Hommaire, p. 473, pl. 6, fig. 9-11 (non Desh., 1833). Bessarabie; bords du Dnieper.

*2234. **carinatum,** Deshayes, 1838, Mém. Soc. géol. de France, t. 3, p. 54, pl. 2, fig. 16, 17, 18. Crimée.

2235. suboblongum, d'Orb., 1847. *C. oblongum,* Nyst., 1843, Belgique, pl. 14, fig. 3 (non Chemn., 1782. Exclus. Syn. Celle-ci a les côtes plus espacées). Belgique, Anvers, Calloo.

* **2236. planum,** Desh., 1838, Mém. Soc. géol. de France, t. 3, p. 46, pl. 2, fig. 24 à 30. Crimée.

2237. depressum, Deshayes, 1838, id., t. 3, p. 47, pl. 2, fig. 19 à 23. Crimée.

2238. subemarginatum, d'Orb., 1847. *C. emarginatum,* Desh., 1838, Mém. Soc. géol. de France, t. 3, p. 48, pl. 1, fig. 7, 8, 9, 10 (non Deshayes, 1824). Crimée.

*2239. **squamulosum,** Desh., 1838, Mém. Soc. géol. de France, t. 3, p. 48, pl. 1, fig. 14, 15. Crimée.

2240. subcarinatum, Desh., 1838, Mém. Soc. géol. de France, t. 3, p. 49, pl. 3, fig. 1, 2-6. Crimée.

2241. macrodon, Desh., 1838, Mém. Soc. géol. de France, t. 3, p. 49, pl. 1, fig. 3, 4, 5, 6. Crimée.

*2242. **crassatellatum,** Deshayes, 1838, Mém. Soc. géol. de France, t. 3, p. 51, pl. 3, fig. 7, 8, 9, 10. Crimée.

* **2243. Gourieffi,** Deshayes, 1838, Mém. Soc. géol. de France, t. 3, p. 52, pl. 3, fig. 1, 2. Crimée.

2244. paucicostatum, Deshayes, 1838, Mém. Soc. géol. de France, t. 3, p. 52, pl. 2, fig. 14, 15. Crimée.

2245. sulcatinum, Deshayes, 1838, Mém. Soc. géol. de France, t. 3, p. 53, pl. 2, fig. 3, 4, 5. Crimée.

*2246. **subplanicostatum,** d'Orb., 1847. *C. planicostatum.* Desh., 1838, Mém. Soc. géol. de France, t. 3, p. 53, pl. 2, fig. 7, 8 (non Sow., 1821). Crimée.

*2247. corbuloides, Desh., 1838, Mém. Soc. géol. de France, t. 3, p. 54, pl. 1, fig. 11, 12, 13. Crimée.

*2248. Verneuilii, Desh., 1838, Mém. Soc. géol. de France, t. 3, p. 55, pl. 2, fig. 9, 10. Var., pl. 6, fig. 4, 5. Crimée.

2249. ovatum, Desh., 1838, Mém. Soc. géol. de France, t. 3, p. 56, pl. 1, fig. 19, 20, 21. Crimée.

2250. Edouardi, d'Orb., 1847. *C. incertum*, Desh., 1838, Mém. Soc. géol. de France, t. 3, p. 56, pl. 2, fig. 11, 12, 13 (non Phillip. 1829). Crimée.

2251. subdentatum, Desh., 1838, Mém. Soc. géol. de France, t. 3, p. 57, pl. 1, fig. 16, 17, 18. Crimée.

*2252. subedentulum, d'Orb., 1847. *C. edentulum*, Desh., 1838, Mém. Soc. géol. de France, t. 3, p. 57, pl. 3, fig. 3, 4, 5, 6 (non Montagu, 1808). Crimée.

*2253. acardo, Deshayes, 1838, Mém. Soc. géol. de France, t. 3, p. 58, pl. 4, fig. 1, 2, 3, 4, 5. Crimée.

2254. pseudocardium, Deshayes, 1838, Mém. Soc. géol. de France, t. 3, p. 59, pl. 1, fig. 1, 2. Crimée.

*2255. laqueatum, Conrad., 1838, Foss. of the form., p. 31, pl. 17, fig. 1. États-Unis (Maryland), S.-Mary's-River, Patuxent-River.

2256. Virginianum, Conrad, 1839, Foss. of the tert. form., p. 33, pl. 18, fig. 1. *C. quadrans*, Rogers. États-Unis (Virginie), James-River, City-Point.

2257. acuti-laqueatum, Conrad, 1839, Foss. of the tert. form., p. 34, pl. 18, fig. 2. États-Unis (Maryland), S.-Mary's-River.

2258. craticuloides, Conrad, 1845, Foss. of the tert. form., p. 66, pl. 37, fig. 3. États-Unis, Calvert-Cliffs (Maryland).

*2259. sublineatum, Conrad, Sillim. Journ., 42, p. 347, pl. 2, fig. 13. Foss. of the tert. form., p. 66, pl. 37, fig. 4. États-Unis, Wilmington (Nord-Caroline).

*2260. leptopleura, Conrad, 1840, Proceed. Acad. nat. sc., i., p. 29. Foss. of the tert. form., p. 66, pl. 37, fig. 5. États-Unis, Calvert-Cliffs (Maryland).

*2261. platense, d'Orb., 1842, Pal. de l'Amér. mérid., p. 120, pl. 14, fig. 12-14. La Bajada (Plata); bords du Parana.

*2262. Auca, d'Orb., 1842, Paléont. de l'Amér. mérid., p. 121, pl. 13, fig. 14, 15. Coquimbo, île de Quiriquina (Chili).

*2263. Munsterii, d'Orb., 1842, Paléont. de l'Amér. mérid., p. 121, pl. 7, fig. 10, 11. Pampas, Bajada (Plata), Rio-Negro de Patagonie.

2264. Puelchum, Sowerb., in Darw., 1846, South. Amer., p. 251, pl. 2, fig. 15. Santa-Cruz (Patagonie).

*2265. multiradiatum, Sowerb., in Darw., 1846, South. Amer., p. 251, pl. 2, f. 16. Navidad (Chili).

2266. triforme, Sow., 1837, Trans. geol. Soc. of London, 2ᵉ série, 5, p. 328, pl. 25, fig. 11. Indes, province de Cutch, Soomrow.

ISOCARDIA, Lamarck, 1799. Voy. t. 1, p. 132.

2267. Deshayesi, Bellard., E. Sism., Syn. meth., p. 19. Mich., Prec. faun. mioc., pl. 4, fig. 12. Turin.

2268. molthianoides, Bellard., E. Sismond., Syn. meth., p. 19. Turin.

2269. lunulata, Nyst., 1843, Coq. tert. de Belgiq., p. 198, pl. 15, fig. 2. Belgique, Hérenthals.

2271. rustica, Sow., 1818, Min. Conch., t. 2, p. 217, pl. 196. Angleterre, Suffolk.

2272. Markoei, Conrad, 1840, Proceed. national Institution, i., p. 193, pl. 2, fig. 1; Foss. of the tert. form., p. 70, pl. 40, fig. 2. Calvert-Cliffs (Maryland).

'**2273. Conradi,** d'Orb., 1847. *I. rustica*, Conrad, 1838, Foss. of the tert. form., p. 21, pl. 11, fig. 1 (non Sowerby, 1818). États-Unis (Maryland), Patuxent-Riv., Charlotte-Hall (Virginie), Williamsburg.

2274. arietina, Lamarck. *Chama arienata*, Brocc., Conch. subap., p. 668, pl. 16, fig. 13. *Hippagus arietinus*, Bellardi. Piémont.

'**2275. Basteroti,** d'Orb., 1847. *Isocardia cor*, Basterot, 1825, p. 81, Lamarck (non *cor*, Linné). Saucats.

TRIDACNA, Bruguière, 1791.

2276. media, Pusch, 1837, Paléont., p. 55, pl. 6, fig. 6. Pologne, Warschau.

UNIO, Retzius, 1788. Voy. t. 2, p. 79.

'**2277. diluvii,** d'Orb., 1842, Paléont. de l'Amér. mérid., p. 127, pl. 7, fig. 12, 13. Barranca del Norte, près du Rio-Negro (Patagonie).

NUCULA, Lamarck, 1801. Voy. t. 1, p. 12.

2278. Placentina, Lam., Phil., Enum. moll. Sic., 1, p. 65, pl. 5, fig. 7. *N. nucleus*, Brocc. Turin.

'**2279. Taurina,** Gené, E. Sism., Syn. meth., p. 20. Turin.

2280. Cobboldiæ, Sow., 1817, Min. Conch., t. 2, p. 177, pl. 180, fig. 2. Angleterre, Suffolk.

2281. lævigata, Sow., 1818, Min. Conch., 2, p. 207, pl. 192, fig. 2; Nyst. 1843, Coq. tert. de Belgiq., p. 228, pl. 17, fig. 8; Goldf., p. 158, pl. 125, fig. 19. Calloo, Stuyvenberg, Anvers; Angleterre, Holywell, Woodbridge; Westph. Bünde; Prusse, Cassel.

2282. Haesendonckii, Nyst. et West., 1843, Coq. tert. de Belgique, p. 236, pl. 18, fig. 5. Belgique, Hérenthals, Anvers.

'**2283. Podolica,** d'Orb., 1847. *N. margaritana*, Dubois, 1831, Conch. foss., p. 67, pl. 7, fig. 35, 36 (non Lamarck). Podolie, Tarnaruda; Volhynie, Szuskowce, Alt-Potschaiow.

'**2284. obliqua,** Say, 1821, Sillim. Journ., 2, p. 40; Conrad, 1845, Foss. of the tert. form., p. 57, pl. 30, fig. 1. États-Unis, Petersburg (Virginia).

2285. dolabella, Lea, 1843, Descrip. new foss. tert., p. 16, pl. 34, fig. 25. États-Unis, Petersburg (Virginia).

'**2286. diaphana,** Lea, 1843, id., p. 17, pl. 34, fig. 26. Petersburg.

LIMOPSIS, Sassy, 1827. *Trigonocælia*, Nyst., 1835.

2287. sublævigata, d'Orb., 1847. *Trigonocælia sublævigata*, Nyst. et West., 1843, Coq. tert. de Belgiq., p. 244, pl. 26, fig. 2. Hérentals, Anvers; Angleterre, Gedgrave (Wood).

2288. decussata, d'Orb., 1847. *Trigonocælia decussata*, Nyst. et West., 1843, Coq. tert. de Belgiq., p. 245, pl. 18, fig. 7. Hérenthals, Anvers; Sicile; Allemagne, Cassel.

'**2289. minuta,** E. Sismonda. *Pectunculus minutus*, Phillip., Enmol. sicil., 1, p. 63, pl. 5, fig. 3 ; Goldf., 1838, Petref. 2, p. 163, pl. 127, fig. 1. Bünde ; Piémont, Turin.

*2290. **insolita,** d'Orb., 1847. *Trigonocælia insolita,* Sow. in Darw., 1846, South. Amer, p. 252, pl. 2, fig. 20, 21. Santa-Cruz (Patagonie).

*2291. **æquilatera,** d'Orb., 1847. *Nucula æquilatera,* Lea, 1843, Descrip. new foss. tert., p. 17, pl. 34, fig. 27. États-Unis, Petersburg (Virginia).

2292. **modiola,** E. Sism. *Pectunculus modiolus,* Bon. E. Sism., Syn. meth., p. 20. Turin.

2293. **aurita,** Sass. *Pectunculus auritus,* Brocc., Conch. subap., p. 485, pl. 11, fig. 9. Piémont.

PECTUNCULUS, Lamarck, 1801. Voy. t. 2, p. 80.

*2294. **orbiculus,** Eschwald, 1830. *P. pulvinatus,* Dubois, 1831, Conch. foss., p. 64, pl. 7, fig. 7, 8. *P. glyscimeris,* Deshayes (non Linné). Bordeaux ; Turin ; Podolie, Volhynie.

2295. **Duboisianus,** d'Orb., 1847. *P. transversus,* Dubois, 1831, Conch. foss., p. 65, pl. 7. fig. 9 (non Lamarck). Volhynie, Szuskowce.

2296. **Volhynianus,** d'Orb., 1847. *P. nummiformis,* Dubois, 1831, Conch. foss., p. 66, pl. 7, fig. 5, 6 (non Lamarck). Volhynie, Szuskowce.

*2297. **Taurinensis,** d'Orb., 1847. *P. pulvinatus,* var. *Taurinensis,* Brongn, 1823, pl. 6, fig. 16 ; Philippi, 1844, Foss. tert. du N.-E. de l'Allemagne, p. 13, pl. 2, fig. 13 (non Desh., 1824). Cassel ; Turin.

2298. **subdeletus,** d'Orb., 1847. *P. deletus,* Nyst., 1843. Belgique, p. 252, pl. 20, fig. 2 (non Brander, non Sow.). Espèce à côtes bien distinctes. Belgique, Anvers.

2299. **lunulatus,** Nyst., 1843, Coq. tert. de Belgiq., p. 249, pl. 20, fig. 1. Belgique, Hoesselt, le Bolderberg et Boom, Anvers, Calloo ; Angleterre, Norfolk, Suffolk, Grabow, Dauk-le-Mecklenbourg.

*2300. **pusillus,** Dujard., 1837, Mém. Soc. géol. de France, t. 2, p. 267, pl. 18, fig. 14. Env. de Tours.

*2301. **textus,** Dujard., 1837, Mém. Soc. géol. de France, t. 2, p. 268, pl. 18, fig. 15. Env. de Tours.

2302. **subcancellatus,** d'Orb., 1847. *P. cancellatus,* Michelotti, Brach., ed. Acef., p. 13 (non Lowel-Reeve). Turin.

*2303. **subpilosus,** d'Orb., 1847. *Arca pilosa,* Brocchi, Conch. subap., p. 487. *Pectunculus pilosus,* Nyst., pl. 19, fig. 6 (non Lam.). Turin.

2304. **variabilis,** Sow., 1824, Min. conch., t. 5, p. 111, pl. 471 ; Nyst., 1843, Coq. tert. de Belgiq., p. 249, pl. 20, fig. 1. Hérenthals, Anvers, Calloo, Stuyvenberg ; Angleterre, Norfolk, Suffolk ; dans le Mecklenbourg, à Grabow.

2305. **crassus,** Philippi, 1844, Foss. tert. du N.-E. de l'Allemag., p. 13 ; Gotof., p. 161, pl. 126, fig. 6, 7. Cassel.

2306. **tumulus,** Conrad, 1845, Foss. of the tert. form., p. 72, pl. 41, fig. 4. Petersburg (Virginia).

*2307. **Paytensis,** d'Orb., 1842, Paléont. de l'Amér. mérid., p. 129, pl. 15, fig. 11-13. Payta (Pérou).

*2308. **subovatus**, Conrad, 1845, Foss. of the tert. form., p. 62, pl. 34, fig. 1. États-Unis, City-Point et Petersburg (Virginia).

*2309. **aratus**, Conrad, 1842, Sillim. Journ., 41, p. 346 ; Foss. of the tert. form., p. 63 pl. 34, fig. 2. États-Unis, Wilmington (Nord-Carolina).

2310. **quinquerugatus**, Conrad, 1842, Sillim. Journ., 42, p. 346, Foss. of the tert. form., p. 63, pl. 34, fig. 3. États-Unis, Natural-well, Duplin co. (Nord-Carolina).

*2311. **tricenarius**, Conrad, 1845, Foss. of the tert. form., p. 63, pl. 35, fig. 1. États-Unis, Found (Nord-Carolina).

2312. **Carolineusis**, Conrad, 1842, Sill. Journ., 41, p. 346 ; Foss. of the ter. form., p. 63, pl. 35, fig. 2. États-Unis, Wilmington (Nord-Carolina).

*2313. **passus**, Conrad, 1845, Foss. of the tert. form., p. 64, pl. 35, fig. 3 États-Unis, Petersburg (Virginia).

*2314. **lentiformis**, Conrad, 1845, Foss. shells of the tert. form., p. 36, et Foss. of the tert. form., p. 64, pl. 36, fig. 1. États-Unis, Yorktown (Virginia).

2315. **parilis**, Conrad, 181., Proceed. Acad. nat. sc., i., p. 306 ; Foss. of the tert. form., p. 64, pl. 36, fig. 2. États-Unis, Cliffs of Calvert (Maryland).

ARCA, Linné, 1758. Voy. t. 1, p. 13.

*2316. **Turonica**, Dujard., 1847, Mém. Soc. géol. de France, t. 2, p. 267, pl. 18, fig. 16. Env. de Tours.

*2318. **subantiquata**, d'Orb., 1847. *A. antiquata*, Sismonda (non Linné; non Lamarck, An. s. vert., 6, p. 470. Gualt., pl. 87, fig. c). Turin.

*2320. **subhelbingii**, d'Orb., 1847. *A. Helbingii*, Auct. Pedem. (non Brug., non Lam., An. s. vert., p. 469). Turin.

*2321. **subdiluvii**. *A. diluvii*, Nyst., pl. 20, fig. 3. Goldf., 1838, Petref., 2, p. 143, pl. 122, fig. 2. *A. antiquata*, Brocc. 1814 (non Linn.). Turin, Piémont ; Autriche, Vienne, Korod ; Cassel, Corylnika, Belgique, Anvers ; Bordeaux.

*2323. **pseudo-Noe**, d'Orb., 1847. *A. Noe*, Sismonda (non Lam., An. s. vert., 6, p. 461). Turin ; Autriche, Gainfaren.

*2324. **biangulina**, d'Orb., 1847. *A. biangula*, Bast., 1825, Mém. de la Soc. d'Hist. nat. de Paris, 2, p. 75, n° 1 (non Defrance, 1816). *A. imbricata*, Nyst., 1843, Belgique, p. 210 (non Chemnitz, 1784). France, Bordeaux, Dax, Angers, Touraine ; Anvers.

*2325. **clathrata**, Basterot, 1825, Mém. géol., env. de Bordeaux, p. 75, pl. 5, fig. 12 (exclus. Syn.). Env. d'Angers, à Saint-Clément, à Thorigné, à Mérignac ; Nice.

*2326. **cardiiformis**, Basterot, 1825, Mém. géol. env. de Bordeaux, p. 76, pl. 5, fig. 7. Saucats, Mérignac (Gironde).

*2327. **Breislaki**, Basterot, 1825, Mém. géol. env. de Bordeaux, p. 76, pl. 5, fig. 9. Dax (Landes).

*2328. **subscapulina**, d'Orb., 1825, Basterot, loc. cit., p. 75 (non Lamarck). Mérignac.

2329. **pectunculoides**, Sacc., Phil. Enum., moll. Sic., 2, p. 44, pl. 15, fig. 3. Mich., Préc. faun. mioc., pl. 3, fig. 14. Turin.

*2330. polyfasciata, E. Sism., Syn. meth., p. 20. Mich., Prec
faun. mioc., pl. 3, fig. 9, 10. *A. pisolina*, Michelotti, ed. Acef., p. 12
Turin.

2331. pusilla, Nyst., 1843, Coq. tert. de Belgiq., p. 261, pl. 20
fig. 6. Hérenthals, Anvers.

?2332. Schüblerii, Zieten, 1830, Pétrific. du Wurtemb., p. 76
pl. 56, fig. 8. Goldf., Pétrific., 2, p. 144, pl. 122, fig. 7. Wurtemberg
Grimmelfingen, près d'Ulm.

?2333. gigantea, Zieten, 1830, Pétrific. du Wurtemb., p. 93, pl. 70
fig. 1. Wurtemberg, Ravensbourg.

2234. cucullæformis, Eschw., 1830. *A. diluvii*, Dubois, 1831
Conch. foss., p. 63, pl. 7, fig. 10-12 (non Lamarck). Volhynie
Szuskowce.

2335. Duboisiana, d'Orb., 1847. *A. nodulosa*, Dubois, 1831
Conch. foss., p. 63, pl. 7, fig. 21, 22 (non Brocchi). Volhynie
Szuskowce.

2336. alata, d'Orb., 1847. *Cuculla alata*, Dubois, 1831, Conch.
foss., p. 64, pl. 7, fig. 23-25. Volhynie, Szuskowce.

2337. plicatura, Conrad, 1845, Foss. of the tert. form., p. 61
pl. 32, fig. 4. États-Unis (Nord-Carolina), Neuse-River, Craven.

2338. subsinuata, Conrad, 1845, Foss. of the tert. form., p. 62
pl. 32, fig. 6. États-Unis (Nord-Carolina), près Newbern.

*2339. brevidesma, Conrad, 1845, Foss. of the tert. form., p. 62
pl. 32, fig. 5. États-Unis (Nord-Carolina), Natural well, Duplin-
County.

2340. Marylandica, d'Orb., 1847. *Bissoarca id.*, Conrad, 1840,
Foss. of the tert. form., p. 54, pl. 29, fig. 1. États-Unis (Maryland),
Cliffs de Calvert.

2341. collipleura, Conrad, 1840, id., p. 54, pl. 29, fig. 2. Calvert-County.

*2342. idonea, Conrad, 1840, id., p. 55, pl. 29, fig. 3. *A. stillici-
dium id.* (Maryland), St-Mary's-River, Patuxent-River.

*2343. centenaria, Say, Conrad, id., 1840, p. 56, pl. 29, fig. 4
Virginie, près de City-Point, Yorktown.

*2344. incile, Say, Conrad, 1840, p. 56, pl. 29, fig. 5. Virginie,
près de City-Point, Smithfield.

2345. protracta, Rogers, Conrad, 1845, p. 58, pl. 30, fig. 5. Virginie, Schell-Banks, Prince-George county.

2346. arata, Say, Conrad, 1845, p. 58, pl. 30, fig. 6, Virginie.

2347. subrostrata, Conrad, 1845, Foss. of the tert. form., p. 59
pl. 30, fig. 7. Maryland, Calvert-Cliffs.

*2348. scalaris, Conrad, 1845, Foss. of the tert. form., p. 59
pl. 31, fig. 1. Virginie, Petersburg.

*2349. triquetra, Conrad, 1845, Foss. of the tert. form., p. 59
pl. 31, fig. 2. Maryland, Calvert-Cliffs.

2350. bucenla, Conrad, 1845, Foss. of the tert. form., p. 60
pl. 31, fig. 4. N. Carolina, Natural well, Duplin.

2351. improcera, Conrad, 1845, Foss. of the tert. form., p. 60
pl. 31, fig. 5. N. Carolina, Wilmington.

2352. æquicostata, Conrad, 1845, Foss. of the tert. form., p. 60, pl. 31, fig. 7. N. Carolina, Neuse-River, Newbern.

2353. propatula, Conrad, 1845, Foss. of the tert. form., p. 61, pl. 32, fig. 1. Virginie, James-River county, Petersburg, Gloucester.

2354. cœlata, Conrad, 1845, Foss. of the tert. form., p. 61, pl. 32, fig. 2. N. Carolina, Wilmington.

*2355. sublineolata, d'Orb., 1847. *A. lineolata,* Conrad, 1845, id., p. 61, pl. 32, fig. 3 (non Rœmer). N. Carolina, Neuse-River, Craven-County.

2356. Araucana, d'Orb., 1842, Paléont. de l'Amér. mérid., p. 129, pl. 13, fig. 1, 2. Quiriquina (Chili).

*2357. Bonplandiana, d'Orb., 1842, Paléont. de l'Amér. mérid., p. 130, pl. 14, fig. 15-18. Rio-Negro (Patagonie).

*2358. alta, d'Orb., 1847. *Cucullæa alta,* Sowerby, in Darw., 1846, South. Americ., p. 252, pl. 2, fig. 22, 23. Santa-Cruz, Port-Désiré (Patagonie).

2359. radiata, Sow., 1837, Trans. geol. Soc. of London, 2e série, 5, p. 328, pl. 25, fig. 12. Indes, prov. de Cutch, Soomrow.

2360. subtortuosa, d'Orb., 1847. *A. tortuosa,* Sowerb., 1837, id., 5, p. 328, pl. 25, fig. 13 (non Linné). Indes, prov. de Cutch, Soomrow.

PINNA, Linné, 1758. Voy. t. 1, p. 135.

2361. Brocchii, d'Orb., 1847. *Pinna nobilis,* Brocc., Conch., subap., p. 588 (non Linné). Piémont, Turin.

MYOCONCHA, Sowerby, 1824. Voy. t. 1, p. 165.

*2362. aperta, d'Orb., 1847. *Mytilus apertus,* Deshayes, 1838, Mém. Soc. géol. de France, t. 3, p. 61, pl. 4, fig. 6, 7, 8, 9, 10, 11. Crimée.

DREISSENA, Van Beneden, 1835.

*2363. inæquivalvis, Nyst., 1843. *Mytilus inæquivalvis,* Desh., 1838, Mém. Soc. géol. de France, t. 3, p. 62, pl. 5, fig. 1, 2, 3. Crimée.

*2364. acutirostris, d'Orb., 1847. *Mytilus acutirostris.* Goldf., 1838, 2, p. 172, pl. 129, fig. 11. Aval-Sec, Dax ; Autriche, Vienne.

* 2365. spathulatus, d'Orb., 1847. *Mytilus spathulatus,* Goldf., 1838, 2, p. 172, pl. 129, fig. 12. Vienne.

2366. ungula-capræ, Nyst., 1843. *Mytilus id.,* Münst., Goldf., 1838, 2, p. 172, pl. 130, fig. 1. Vienne.

2367. Palatonica, Nyst., 1843. *Mytilus Palatonicus, Congeria Palatonica,* Partsch, Goldf., 1838, Petref., p. 172, pl. 130, fig. 2. Vienne.

*2368. subglobosa, Nyst., 1843. *Mytilus subglobosus,* Goldf., 1838, 2, p. 172, pl. 130, fig. 3. Vienne.

*2369. Brardi, d'Orb., 1847. *Mytilus Brardi.* Faujas, Ann. du Mus., p. 8, pl. 58, fig. 11, 12. Wurtemberg, Grimmelfingen, près d'Ulm.

*2369'. Basteroti, d'Orb., 1847. *Mystilus Basteroti,* Deshayes, 1836, An. s. vert., 7, p. 54. *M. Brardi,* Basterot, Bordeaux, p. 73, n. 2, Dujardin, p. 269. Bordeaux, Touraine.

MYTILUS, Linné, 1758. Voy. t. 1, p. 82.

11.

*2370. subcordatus, d'Orb., 1847. *Modiola cordata*, Basterot, 1825, Mém. géol. env. de Bordeaux, p. 79 (non Linné). France, Saucats (Gironde).

*2371. Michelinianus, Mathéron, 1843, Catalogue, p. 179, pl. 38, fig. 11, 12. Carry (Bouches-du-Rhône).

2372. denticulatus, E. Sism., Syn. meth., p. 21. *Modiola denticulata*, Bonelli. Piémont, Turin.

*2373. laciniosus, Michelotti. *Mytilus sulcatus*, Mich., Brach., éd. Acef., p. 13. Piémont, Turin.

2374. mytiloides, E. Sism., *Modiola mytiloides*, Bronn., Iter. Tert. Geb., p. 113. Piémont, Turin.

2375. oblitus, Michelotti, Prec. faun. mioc., pl. 4, fig. 8. Piémont, Turin.

2376. Taurinensis, Bonelli, E. Sism., Syn. meth., p. 21. Piémont, Turin.

2377. antiquorum, Sow., 1821, Min. conch., t. 3, p. 133, pl. 275, fig. 1-3. Nyst., 1843, Coq. tert. de Belg., p. 267, pl. 21, fig. 1. Bordeaux; Belg., Calloo, Stuyvenberg, Anvers; Angleterre, Suffolk, Woodbridge, Ipswich.

2378. alæformis, Sow., 1821, Min. conch., t. 3, p. 133, pl. 275, fig. 4. Angleterre, Suffolk.

†2379. Faujasii, Brongniart, 1823, Vicentin, p. 78, pl. 6, fig. 13. Faujas, Ann. du Mus., 8, pl. 58, fig. 13, 14. Mayence.

2380. Philippii, d'Orb., 1847. *Modiola pygmæa*, Philippi, 1844, Beitr. zur Kennt., p. 15, pl. 2, fig. 14 (non Goldf., 1838). Cassel (Hesse).

2381. cymbæformis, d'Orb., 1847. *Modiola cymbæformis*, Sow., 1831, Trans. geol. Soc. of London, 2e série, t. 3, pl. 39, fig. 8. Lower-Styria.

*2382. rostriformis, Deshayes, 1838, Mém. Soc. géol. de France, t. 3, p. 61, pl. 4, fig. 14, 15, 16. Crimée.

*2383. Calypso, d'Orb., 1847. *M. subcarinatus*, Deshayes, 1838, id., p. 62, pl. 4, fig. 12, 13 (non Lamarck, 1804). Crimée.

*2384. marginatus, d'Orb., 1844, Paléont. du voy. de M. Hommaire, p. 475, pl. 5, fig. 1-3. *Modiola id.*, Dubois. Bessarabie, Kichinew ; Volhynie, Szuskowce, Jukowce.

*2385. Denisianus, d'Orb., 1844, Paléont. du voy. de M. Hommaire, p. 476, pl. 5, fig. 4-7. Bessarabie, Kichinew.

2386. subincrassatus, d'Orb., 1847. *M. incrassatus*, d'Orb., 1844, Paléont. du voy. de M. Hommaire, p. 477, pl. 5, fig. 8-11 (non Deshayes, 1830). Bessarabie, Kichinew.

*2387. navicula, d'Orb., 1847. *Modiola id.*, Dubois, 1831, Conch. foss., p. 68, pl. 7, fig. 17-20. Volhynie, Szuskowce.

2388. plebeius, Dubois, 1831, Conch. foss., p. 69, pl. 7, fig. 26-28 (*M. Brardi*, Faujas). Volhynie, Szuskowce.

2389. incurvus, d'Orb., 1847. *Myoconcha id.*, Conrad, 1840, Foss. of the tert. form., p. 52, pl. 23, fig. 1. États-Unis (Maryland), Calvert-County.

2390. Ducatelli, d'Orb., 1847. *Modiola id.*, Conrad, 1840, Foss.

of the tert. form., p. 53, pl. 23, fig. 2. États-Unis (Maryland), Calvert-County.

'**2391. Conradinus,** d'Orb., 1847. *M. incrassatus*, Conrad, 1842,
Sillim. Journ., 42, p. 347. Foss. of the tert. form., p. 74, pl. 42, fig. 4
(non Deshayes, 1830). Wilmington (Nord-Carolina).

2392. spinigera. d'Orb., 1847. *Modiola spinigera*, Lea, 1843, Descrip. new foss. tert., p. 18, pl. 35, fig. 30. Petersburg (Virginie).

LITHODOMUS, Cuvier, 1817.

2393. sericeus, Bronn., Goldf., 1838, 2, p. 179, pl. 131, fig. 12.
Nyst., 1843, pl. 21, fig. 2. Belgique, Anvers; Autriche, Vienne, Astrupp; Plaisance ; Cassel, Bünde.

LIMA, Bruguière, 1791. Voy. t. 1, p. 175.

2394. plicata, Lamarck, 1819, An. s. vert., 6, p. 158. *L. dilatata*,
Sismonda, Catal. (non Desh., 1824). Piémont, Turin.

2395. tuberculata, d'Orb., 1847. *Ostrea tuberculata*, Brocc.,
Conch., sub., 2, p. 570, n. 22. *Lima inflata*, Deshayes (pars, non
Lamarck). Piémont, Turin.

'**2396. miocenica,** E. Sism., Syn. meth., p. 22. *Plagiostoma se-
milunaris*, Bonelli (non Lamarck). *Lima gigantea*, Bellardi (non Deshayes). Piémont, Turin.

2397. papyria, Conrad, Proceed. Acad. nat. sc., i, p. 30. Foss.,
of the tert. form., p. 76, pl. 43, fig. 7. Calvert-Cliffs (Maryland).

AVICULA, Klein, 1753. Voy. t. 1, p. 13.

2397'. phalænacea, Lam., Anim. s. vert., t. 6, 1ʳᵉ part., p. 150.
Basterot, 1825, Mém. géol. env. de Bord., p. 75. Léognan (Gironde) ;
Piémont, Turin.

'**2398. multangula,** Lea, 1843, Descrip. new foss. tert., p. 19,
pl. 35, fig. 31. Petersburg (Virginie).

PERNA, Bruguière, 1791. Voy. t. 1, p. 176.

'**2399. maxillata,** Sow., 1835. *Perna Soldani*, Desh., Lam., An.
s. vert., 7, p. 79. Sold. Fest., 2, pl. 24, fig. a, b. *Ostrea maxillata*,
Brocc., 1814, p. 582 (non Lam., 1819). Goldf., 2, p. 406, pl. 108.
fig. 3. Piémont, Turin; Allemagne, Weinheim.

'**2400. Conradii,** d'Orb., 1847. *P. maxillata*, Conrad., 1840. Foss.
of the tert. form., p. 51, pl. 27. Lamarck, 1819 (non Brocchi, 1814).
Maryland, Easton, Charlotte-Kall, Benedict.

'**2401. Gaudichaudi,** d'Orb., 1842, Paléont. de l'Amér. mérid.,
p. 131, pl. 14, fig. 14-16. Coquimbo (Chili).

CHAMA, Linné, 1758. Voy. t. 2, p. 170.

'**2402. gryphina,** Lam., An. s. vert., 6, p. 587. Knorr, Mon.
dil. t. d., 3, fig. 3-4. *Chama sinistrorsa*, Brocc. (non Bruguière).
Chama lacerdata, Lamarck, n. 3. *C. unicornaria*, Lamarck. France,
Léognan, Saucats, Mérignac; Piémont, Turin ; mont-Marius, près
de Rome.

'**2403. congregata,** Conrad, 1838, Foss. of the tert. form.,
p. 37, pl. 17, fig. 2. Amer., Journ., 23, p. 341. Virginie.

'**2404. corticosa,** Conrad, 1838, id., p. 32, pl. 17, fig. 3.
Amer. Journ., 23, p. 341. Smithfield (Virginie).

PECTEN, Gualtieri. Voy. t. 1, p. 87.

***2405. scabriusculus,** Mathéron, 1843, Catalogue, p. 187, pl. 30, fig. 8, 9. Cucuron, Lambesc, Pélissanne (B.-du-Rhône).

2406. Lamalii, Nyst., 1843, Coq. tert. de Belgiq., p. 305, pl. 21, fig. 5, et pl. 22, fig. 5. Hérenthals, Anvers.

2407. Sowerbyi, Nyst., 1843, id., p. 293, pl. 22, fig. 3. *P. reconditus,* Sow., 1827, Min. Conch., 6, p. 146, pl. 575, fig. 5 (non Brander, 1766). Belgique, Anvers, Eeckeren et Calloo ; Angleterre, Suffolk, Norfolk, Stubbington, Barton.

2408. Gerardii, Nyst., 1843, id., p. 300, pl. 18, fig. 11. Belgique, Anvers, Calloo, Stuyvenberg.

2409. substriatus, d'Orb., 1847. *P. striatus,* Sow., 1823, Min. Conch., t. 4, p. 130, pl. 394, fig. 2, 3, 4. Nyst., 1843, id., p. 301, pl. 25, fig. 1 (non Muller, 1778). Anvers, Calloo, Stuyvenberg ; Angleterre, Holywell, Sutton, Ramshold (Wood.) ; Savigné (Indre-et-Loire).

2410. Eudoxus, d'Orb., 1847. *P. obsoletus,* Sow., 1826, Min. Conch., t. 6, p. 79, pl. 541 (non Donavan, 1799). *P. tigerrinus,* Nyst., 1843, pl. 23, fig. 4-12 (non Muller, 1776). Angleterre, Suffolk ; Belgique, Anvers.

2412. princeps, Sow., 1826, Min. Conch., 6, p. 80, pl. 542, fig. 2. Angleterre, Ramshold.

2413. gracilis, Sow., 1823, Min. Conch., t. 4, p. 129, pl. 393, fig. 2. Angleterre, Ipswich.

***2414. dubius,** d'Orb., 1847. *Ostrea dubia,* Brocchi, 1814, p. 575, pl. 16, fig. 16. *P. scabrellus,* Lam., An. s. vert., 6, 1re part., p. 183. Basterot, 1825, Mém. géol. env. de Bord., p. 73. Saucats (Gironde); Val d'Andone, Piémont.

***2415. Beudanti,** Basterot, 1821, Coq. foss. Bord., p. 74, pl. 5, fig. 1. Piémont, Turin ; Léognan, Saucats (Gironde).

***2416. duodecim-lamellatus,** Bronn, It. Tert. Geb., p. 116. *P. Philippii,* Mich., Brach., ed. Acef., p. 11. Prec. faun. mioc., pl. 3, fig. 5. Piémont, Dertona.

2417. Haveri, Michelotti, Prec. faun. mioc., pl. 3, fig. 13. *P. magnificus,* Mich., Brach., éd. Acef., p. 9. Piémont.

***2418. Grayi,** Michelotti, Brach., éd. Acef., p. 10. Piémont, Turin.

2419. textus, Philippi, 1844, Beitr. zur Kenntn., p. 50, pl. 2, fig. 16. Cassel (Hesse).

2420. Northamptoni, Michelotti, Brach., éd. Acef., p. 8. Piémont.

2421. subpleuronectes, d'Orb., 1847. *Ostrea pleuronectes,* Brocc., 1814, 2, p. 573. *P. pleuronectes,* Auc. Pedem. (non Lamarck). Carry (Bouches-du-Rhône) ; Turin.

***2422. discors,** d'Orb., 1847. *Ostrea discors,* Brocchi, 1814, pl. 14, fig. 9-13 (non Lam., 1819). *P. polymorphus,* Bronn, It. Tert. Geb., p. 119. Piémont, Turin.

2423. pulcher, Michelotti, Brach., éd. Acef., p. 8. Piémont, Turin.

2424. subsimplex, d'Orb., 1847. *P. simplex,* Michelotti, Brach., éd. Acef., p. 10. Prec. faun. mioc., pl. 4, fig. 4 (non Phillips, 1836). Piémont, Turin.

?2425. **ventilabrum**, Goldf., 1836, Petref., 2, p. 67, pl. 97, fig. 2. Hollande, Maestricht.

?2426. **subcompositus**, d'Orb., 1847. *P. compositus*, Goldf., 1836, Petref., 2, p. 67, pl. 97, fig. 3 (non Sow., 1836). Hollande, Maestricht.

?2427. **lapideus**, Goldf., 1836, Petref., 2, p. 69, pl. 97, fig. 9. Hollande, Maestricht.

?2428. **striato-costatus**, Münst., Goldf., 1836, Petref., 2, p. 63, pl. 96, fig. 1. Westph., Bünde.

?2429. **ambiguus**, Münst., Goldf., 1836, 2, p. 64, pl. 96, fig. 2. Westph., Bünde.

?2430. **substriatus**, d'Orb., 1847. *P. striatus*, Münst., Goldf., 1836, 2, p. 64, pl. 96, fig. 3 (non Sowerby, 1823). Westph., Bünde.

?2431. **Hoffmanni**, Goldf., 1836, 2, p. 64, pl. 96, fig. 4. Westph., Bünde.

2432. **decussatus**, Münst., Goldf., 1836, Petref., 2, p. 65, pl. 96, fig. 5. Cassel.

2433. **palmatus**, Lamk., Goldf., 1836, Petref., 2, p. 65, pl. 96, fig. 6. Dischingen.

?2434. **Calisto**, d'Orb., 1847. *P. cancellatus*, Goldf., 1836, 2, p. 59, pl. 94, fig. 5 (non Phillips, 1829). Westph., Bünde.

2435. **limatus**, Goldf., 1836, Petref., 2, p. 59, pl. 94, fig. 6. Cassel.

?2436. **subvarius**, d'Orb., 1847. *Pecten varius*, Goldf., 1836, Petref., 2, p. 61, pl. 95, fig. 1 (non Lamarck). Alzey, Münster.

*2437. **spinulosus**, Münst., Goldf., 1836, 2, p. 61, pl. 95, fig. 3. Autriche, Baden, Vienne.

2438. **Janus**, Münst., Goldf., 1836, Petref., 2, p. 61, pl. 95, fig. 4. Baden, Vienne.

*2439. **sarmenticius**, Goldf., 1836, Petref., 2, p. 62, pl. 95, fig. 7. Vienne.

2440. **asperulus**, Münst., Goldf., 1836, Petref., 2, p. 62, pl. 95, fig. 8. Cassel.

2441. **Cypris**, d'Orb., 1847. *P. venustus*, Goldf., 1836, 2, p. 66, pl. 97, fig. 1 (non Morton, 1824). Allem., Ortenburg.

?2442. **propinquus**, Münst., Goldf., 1836, Petref., 2, p. 68, pl. 97, fig. 7. Westph., Bünde.

2443. **bifidus**, Münst., Goldf., 1836, 2, p. 69, pl. 97, fig. 10. Cassel.

?2444. **lucidus**, Goldf., 1836, Petref., 2, p. 69, pl. 97, fig. 11. Westph., Bünde.

2445. **Menkei**, Goldf., 1836, Petref., 2, p. 70, pl. 98, fig. 1. Westph., Bünde.

*2446. **macronus**, Goldf., 1836, Petref., 2, p. 70, pl. 98, fig. 2. France, Tours ; Westph., Bünde.

?2447. **Münsteri**, Goldf., 1836, Petref., 2, p. 70, pl. 98, fig. 3. Westph., Bünde.

2448. crinitus, Münst., Goldf., 1836, Petref., 2, p. 71, pl. 98, fig. 6. Westph., Bünde.

2449. semicostatus, Münst., Goldf., 1836, Petref., 2, p. 71, pl. 98, fig. 7. Westph., Bünde.

2450. pygmæus, Münst., Goldf., p. 77, pl. 99, fig. 14. Philippi, 1844, Foss. tert. du N.-E. de l'Allemagne, p. 16. Cassel (Hesse).

'2451. Malvinæ, Dubois, 1831, pl. 8, fig. 2. D'Orb., 1844, Paléont. du voy. de M. Hommaire, p. 488. Gallicie; Volhynie, Bialozurka; Autriche, Steinabrunn.

2452. diaphanus, Dubois, 1831, Conch. foss., p. 69, pl. 8, fig. 9. Volhynie, Szuskowce.

2453. Duboisianus, d'Orb., 1847. *P. pulchellus,* Dubois, 1831, Conch. foss., p. 70, pl. 8, fig. 8 (non Nilson, 1827). Volhynie, Szuskowce.

'2454. alternans, Dubois, 1831, Conch. foss., p. 71, pl. 8, fig. 4. Volhynie, Szuskowce; Autriche, Nussdorf.

2455. flavus, Dubois, 1831, Conch. foss., p. 72, pl. 8, fig. 7. Volhynie, Szuskowce.

2456. rectangulatus, Dubois, 1831, Conch. foss., p. 72, pl. 8, fig. 10, 11. Volhynie, Szuskowce.

'2456'. Gloria maris, Dubois, 1831, Conch. foss., p. 72, pl. 8, fig. 6. Volhynie, Szuskowce.

2457. scabridus, Eschw., 1830. *P. serratus,* Dubois, 1831, Conch. foss., p. 73, pl. 8, fig. 5 (non Nilson). Volhynie, Szuskowce, Bica, Saliszi, etc.; Autriche, Scevering.

2458. tricenarius, Conrad, 1840, Proceed. Acad. nat. sc., i, p. 306, Foss. of the tert. form., p. 74, pl. 42, fig. 2. Etats-Unis.

2459. dispalatus, Conrad, 1845, Foss. of the tert. form., p. 74, pl. 42, fig. 3. Etats-Unis.

2460. biformis, Conrad, 1840, Proceed. Acad. nat. sc., i, p. 306. Foss. of the tert. form., p. 73, pl. 42, fig. 1. Etats-Unis, Pamunkey-River, Va.

'2461. cristatus, Bronn. Autriche, Baden.

2462. Rogersii, Conrad, 1840, Foss. of the tert. form., p. 45, pl. 21, fig. 9. Smithfield (Virginia).

2463. Virginianus, Conrad, 1840, Foss. of the tert. form., p. 46, pl. 21, fig. 10. Près City-Point (Virginia).

'2464. Jeffersonius, Say, Conrad, 1840, Foss. of the tert. form., p. 46, pl. 22, fig. 1. Près City-Point.

'2465. septemnarius, Say, Conrad, 1840, Foss. of the tert. form., p. 47, pl. 22, fig. 2. Près City-Point.

2466. Clintonius, Say, Conrad, 1840, Foss. of the tert. form., p. 47, pl. 23, fig. 1. Près City-Point.

'2467. eboreus, Conrad, 1840, Foss. of the tert. form., p. 48, pl. 23, fig. 2; pl. 24, fig. 3. Suffolk, Urbania (Virginia), près Newbern (N.-Caroline).

'2468. Madisomus, Say, Conrad, 1840, Foss. of the tert. form., p. 48, pl. 24, fig. 1. Virginia, près City-Point (Maryland), Easton, Benedict.

2469. decennarius, Conrad, 1840, Foss. of the tert. form., p. 49, pl. 24, fig. 2. Virginia, près de City-Point.

·2470. Darwinianus, d'Orb., 1842, Paléont. de l'Amér. mérid., p. 133. Sow. in Darw., p. 253, pl. 3, fig. 28, 29. La Bajada, prov. d'Entre-Rios (République Argentine).

·2471. Patagonensis, d'Orb. 1842, Paléont. de l'Amér. mérid., p. 131, pl. 7, fig. 1-4. Barranca, près du Rio-Negro (Patagonie).

·2472. Paranensis, d'Orb., 1842, Paléont. de l'Amér. mérid., p. 132, pl. 7, fig. 5-9. Sow. in Darw., 1846, pl. 3, fig. 3. La Bajada (République Argentine), St-Joseph, St-Julien, Port-Désiré (Patagonie).

·2473. centralis, Sowerby in Darw., 1846, South. Amer., p. 253, pl. 3, fig. 31. S.-Julian, Port-Désiré, Santa-Cruz (Patagonie).

·2474. actinoides, Sowerby in Darw., 1846, South. Amer., p. 253, pl. 3, fig. 33. S.-Joseph (Patagonie).

2475. rudis, Sowerby in Darw., 1846, South. Amer., p. 254, pl. 3, fig. 32. Coquimbo, Chiloe (Chili).

·2476. geminatus, Sowerby in Darw., 1846, South. Amer., p. 252, pl. 2, fig. 24. San-Julian (Patagonie).

2477. Soomrowensis, Sow., 1837, Trans. geol. Soc. of London, 2ᵉ série, 5, p. 328, pl. 25, fig. 14. Indes, prov. de Cutch, Soomrow.

2478. Arion, d'Orb., 1847. *P. articulatus,* Sow., 1837, Trans geol. Soc. of London, 2ᵉ série, 5, p. 328, pl. 25, fig. 15 (non Schlotsheim, 1820). Indes, prov. de Cutch, Banks of the Ruun.

2479. micropleura, Lea, 1843, Descrip. new foss. tert., p. 19, pl. 35, fig. 32. Petersburg (Virginia).

·2480. subtenuis, d'Orb., 1847. *P. tenuis,* Lea, 1843, Descrip. new foss. tert., p. 20, pl. 35, fig. 33 (non Rumphius, 1739). Petersburg (Virginia).

JANIRA, Schumacher, 1817. Voy. t. 2, p. 83.

·2481. Galloprovincialis, d'Orb., 1847. *Pecten id.,* Mathéron, 1843, Catalogue, p. 187, pl. 31, fig. 1, 2. La Couronne, Carry (B.-du-Rhône).

·2482. planocostata, d'Orb., 1847. *Pecten id.,* Mathéron, Catal., p. 187, pl. 31, fig. 4, 5. Curcuron (Vaucluse).

·2483. grandis, d'Orb., 1847. *Pecten grandis,* Sow., 1828, Min. Conch., t. 6, p. 163, pl. 585. Nyst., 1843, Coq. tert. de Belgiq., p. 284, pl. 21, fig. 6. Anvers; Angleterre, Suffolk, Sutton, Ramshold.

2484. Westendorpiana, d'Orb., 1847. *Pecten id.,* Nyst. et West., 1843, Coq. tert. de Belgiq., p. 285, pl. 18, fig. 10. Belgique, Anvers.

2485. complanata, d'Orb., 1847. *Pecten complanatus,* Sow., 1828, Min. Conch., t. 6, p. 164, pl. 586. Nyst., 1843, Coq. tert. de Belgiq., p. 285, pl. 22, fig. 1. Calloo, Stuyvenberg, Anvers; Angl., Aldborough.

·2486. Burdigalensis, d'Orb., 1847. *Pecten Burdigalensis,* Lam., Goldf., 2, p. 66, pl. 96, fig. 9. France, Bordeaux; Piémont, Turin; Allem., Ortemburg; Pologne.

?2487. flabelliformis, d'Orb., 1847. *Pecten flabelliformis,* Defr., Goldf., 1836, 2, p. 65, pl. 96, fig. 8. Allem., Ortemburg.

***2488. solarium,** d'Orb., 1847. *Pecten solarium,* Goldf., 1836, Petref., 2, p. 65, pl. 96, fig. 7. Doué; Ortemburg; Autriche, Korod.

2489. angelica, d'Orb., 1847. *Pecten id.,* ¡Dubois, 1831, Conch. foss., p. 69, pl. 8, fig. 1. Volhynie, Szuskowce.

2490. arcuata, d'Orb., 1847. *Ostrea arcuata,* Brocc., 1814, Conch. subap., p. 578, pl. 14, fig. 11. Piémont, Turin.

HINNITES, Defrance, 1821.

***2491. Defrancei,** Michelotti, Prec. faun. mioc., pl. 3, fig. 8. Piémont, Turin.

2492. Dubuissoni, Defrance, Sow., 1829, Min. Conch., t. 6, p. 210, pl. 601. Angleterre, Suffolk.

SPONDYLUS, Linné, 1758. Voy. t. 2, p. 83.

2493. imbricatus, Michelotti, Brach., éd. Acef., p. 7. Piémont, Turin.

2494. muticus, Michelotti, Brach., éd. Acef., p. 6. Prec. faun. mioc., pl. 3, fig. 7. Piémont, Dertona.

***2495. Deshayesi,** Michelotti. *Spondylus radula,* E. Sism., Syn. meth., p. 23 (non Lam.). Piémont, Turin.

PLICATULA, Lamarck, 1801. Voy. t. 1, p. 202.

***2496. Martinii,** Math., 1843, Catalogue, p. 189, pl. 32, fig. 1, 2. Carry (Bouches-du-Rhône).

2498. Mantelli, Michelotti, Prec. faun. mioc., pl. 3, fig. 10. Piémont, Turin.

***2499. marginata,** Conrad, 1840, Journ. Acad. nat. sc., 4, pl. 9, fig. 4. Foss. of the tert. form., p. 75, pl. 43, fig. 5. Petersburg, York-town (Virginia).

2500. densata, Conrad, 1845, Foss. of the tert. form., p. 75, pl. 43, fig. 6. Cumberland co. (New-Jersey).

***2501. rudis,** Lea, 1843, Descrip. new. foss. tert., p. 20, pl. 35, fig. 34. Petersburg (Virginia).

OSTREA, Linné, 1752. Voy. t. 1, p. 166.

***2502. Doublieri,** Math., 1843, Catalogue, p. 193, pl. 22, fig. 9, 10. Carry (B.-du-Rhône).

2503. subundulata, d'Orb. 1847. *O. undulata,* Nyst., 1843, Coq. de tert. Belgiq., p. 324, pl. 24, fig. 7 ; pl. 26, fig. 7 (non Sow., 1812). Anvers? Calloo, Stuyvenberg? Angleterre, Faley, près Salisbury.

2504. Broderipi, Michelotti, Prec. faun. mioc., pl. 2, fig. 27. Piémont, Turin.

2505. corrugata, Brocc., Conch. subap., p. 670, pl. 16, fig. 14, 15. Piémont, Turin.

***2506. undata,** Lam., Anim. s. vert., t. 6, 1re part., p. 217. Bas-terot. 1825, Mém. géol. env. de Bord., p. 73. Bordeaux, Dax, Montpellier.

2507. neglecta, Michelotti, Prec. faun. mioc., pl. 3, fig. 6. Piémont.

2509. gryphoides, Zieten, 1830, Pétrific. du Wurtemberg, p. 64, pl. 48, fig. 2. *Ostracites gryphoides,* Schlot., Pétrif., n. 3, p. 233. Wurtemberg, Niederstotzingen, près d'Ulm.

2510. Goldfussii, d'Orb., 1847. *O. deltoidea*, Goldf., p. 27, pl. 83, fig. 1. Philippi, 1844, Foss. tert. du N.-E. de l'Allem., p. 16 (non Sowerby). Cassel.

'2510'. digitalina, Eschw., 1830, d'Orb., Paléont. du voy. de M. Hommaire, p. 488. Dubois, 1831, Conch. foss., p. 74, pl. 8, fig. 13-14. Gallicie; Volhynie, Szuskowce, Jakowce, Saliszy, Alt-Poczaiow; Autriche, Sievering.

'2511. caudata, Münst., Golf., p. 17, pl. 77, fig. 7. Philippi, 1844, Foss. tert. du N.-E. de l'Allem., p. 16. Cassel; Autriche, Sievering.

'2512. subbullata, d'Orb., 1847. *O. bullata*, Philippi, 1844, Foss. tert. du N.-E. de l'Allem., p. 16, pl. 2, fig. 17 (non Born., 1780). Cassel.

2513. percrassa, Conrad, 1840, Foss. of the tert. form., p. 50, pl. 25, fig. 1. New-Jersey, Stow-Creek, Cumberland-County.

'2514. subfalcata, Conrad, 1840, Foss., p. 50, pl. 25, fig. 2. Près de City-Point (Virginia).

'2515. sculpturata, Conrad, 1840, Foss., p. 50, pl. 25, fig. 3. Smithfield (Virginia).

2516. disparilis, Conrad, 1840, Foss., p. 50, pl. 26. Près de City-Point.

'2517. Patagonica, d'Orb., 1841, Paléont. de l'Amér. mérid., p. 133, pl. 7, fig. 14-16. La Bajada, Rio-Negro, Port St-Julien (Patagonie).

'2518. Ferrarisi, d'Orb., 1842, Paléont. de l'Amér. mérid., p. 134, pl. 7, fig. 17, 18. Barrancas, du Rio-Negro (Patagonie).

'2519. Alvarezii, d'Orb., 1842, Paléont. de l'Amér. mérid., p. 134, pl. 7, fig. 19. La Bajada, sur le Parana (République Argentine).

2520. subangulata, d'Orb., 1847. *O. angulata*, Sow., 1837, Trans. geol. of London, 2e série, 5, p. 328 (non Lam., 1801), pl. 25, fig. 17. Indes, prov. de Cutch, Kotra.

2521. flabellulum, Sow., 1837, Trans., p. 328, pl. 25, fig. 18. Indes, prov. de Cutch, Cheeosir.

2522. tubifera, Sow., 1837, Trans., p. 328, pl. 25, fig. 19. Inde, prov. de Cutch, Cheeosir.

2523. sublingua, d'Orb., 1847. *O. lingua*, Sow., 1837, Trans., p. 328, pl. 25, fig. 20 (non Lam., 1819). Indes, prov. de Cutch, Joonagrea, et Kotra.

2524. subglobosa, d'Orb., 1847. *Gryphæa globosa*, Sow., 1837, Trans., p. 328, pl. 25, fig. 16. Min. Conch., pl. 392 (non Sow., 1823). Indes, prov. de Cutch, Kotra.

ANOMYA, Linné, 1758.

2525. asperella, Philippi, 1844, Beitr. zur Kenntn., p. 50, pl. 2, fig. 12. Cassel (Hesse).

2527. subrugosa, d'Orb., 1847. *A. rugosa*, Nyst., 1843, Coq. tert. de Belgiq., p. 312, pl. 24, fig. 6 (non Gmel., 1789). Anvers?

2528. lens, Lamk., Goldf., 1835, Petref., 2, p. 41, pl. 88, fig. 8. Cassel.

*2529. **Ruffini,** Conrad, 1845, Foss. of the tert. form., p. 74, pl. 42, fig. 6. Pamunkey-River, Kent-County (Virginia).

*2530. **Conradi,** d'Orb., 1847. *A. ephippium*, Conrad, 1845, Foss., p. 75, pl. 43, fig. 4 (non Linn.). Natural-Well, Duplin co. (Nord-Carolina).

*2531. **alternans,** Sowerby in Darw., 1846, South. Amer., p. 252, pl. 2, fig. 25. Chili, Coquimbo.

MOLLUSQUES BRACHIOPODES.

LINGULA, Bruguière, 1791.

2532. **Mortierii,** Nyst., 1843, Coq. tert. de Belgiq., p. 337, pl. 34, fig. 4. *L. mytiloïdes*, Nyst., 1835 (non Sow.). Calloo, Stuyvenberg, Anvers : Angleterre, Bognor, Suton.

TEREBRATULA, Lwyd., 1699. Voy. t. 1, p. 43.

*2534. **perforans,** Dujardin, 1837, Mém. de la Soc. géol., p. 272. *T. Sowerbyana*, Nyst., 1843, Coq. tert. de Belgiq., p. 335, pl. 27, fig. (non Defrance, 1828). *T. variabilis*, Sow., 1827, Min. conch., 6, p. 147, pl. 576, fig. 2-5 (non Schlotheim, 1813). France, Grésille, près Doué ? Bougrie, Layon; Belgique, Anvers, Calloo, Stuyvenberg, Angleterre, Ramsholo, Sutton.

*2535. **Patagonica,** Sowerby, in Darw., 1846, South. Amer., p. 252, pl. 2, fig. 26, 27. S. Josefand, S. Julien (Patagonie).

*2536. **grandis,** Blum., Phil. Enum. moll. sic., 2, p. 67. *Anomya ampulla*, Brocc., pl. 10, fig. 5. Piémont, Turin.

TEREBRATULINA, d'Orb., 1847. Voy. t. 2, p. 85.

*2537. **caput-serpentis ?** d'Orb., 1847. *Terebratula caput-serpentis*, Lamk., Phil. Enum. moll. sic., 1, p. 94, pl. 6, fig. 4-5. *Anomia aurita*, et *A. caput-serpentis*. Gmel. Piémont, Turin.

TEREBRATELLA, d'Orb., 1847. Voy. t. 1, p. 222.

2538. **pusilla,** d'Orb., 1847. *Terebratula pusilla*, Philippi, 1844, Foss. tert. du N.-E. de l'Allemag., p. 17, pl. 2, fig. 15. Cassel (Hesse).

ORBICULA, Cuvier, 1798.

2539. **lugubris ?** Conrad, 1845, Foss. of the tert. form., p. 75, pl. 43, fig. 2. St-Mary's co. (Maryland), Petersburg (Virginie).

2540. **multilineata ?** Conrad, 1845, Foss., p. 75, pl. 43, fig. 3. Near City-Point (Virginie).

MEGATHIRIS, d'Orb., 1847.

2540². **oblita,** d'Orb., 1847. *Orthis oblita*, Michelotti, Prec. faun. mioc., pl. 2, fig. 21. *Terebratula oblita*, Mich., Brach., éd. Acef., p. 4. Piémont, Turin.

THECIDEA, Defrance.

*2541. **testudinaria,** Michelotti, Brach., ed. Acef., p. 5. Prec. faun. mioc., pl. 2, fig. 26. Piémont, Turin.

CRANIA, Retzius, 1781. Voy. t. 1, p. 21.

2541². **abnormis,** Defr., Hœningh., Monog. gén. cran., p. 13, fig. 13. *Crania Hoeninghausi*, Mich. Piémont, Turin.

MOLLUSQUES BRYOZOAIRES.

VINCULARIA, Defrance, 1829.
2542. glabra, d'Orb., 1847. *Eschara glabra*, Philippi, 1844, Foss.
tert. du N.-E. de l'Allemag., p. 38, pl. 1, fig. 21. Cassel.
MEMBRANIPORA, Blainville, 1834.
*2543. **supergiana,** d'Orb., 1847. *M. reticulum*, Michelin, 1842,
Icon. zoophyt., p. 74, pl. 15, fig. 5 (non *reticulum*, Esper.). Piémont,
Turin, Étang de Valduc.
HORNERA, Lamouroux, 1821.
*2544. **radians,** Defrance, Dict. des Sc. nat., 21, p. 432. Léognan
(Gironde).
*2545. **striata,** Edwards, 1838, Ann. des Sc. nat., 2e série, t. 9,
pl. 11, fig. 1. Michelin, pl. 76, fig. 7. France, Doué, Saint-Laurent;
Angleterre, Crag.
ESCHARINA, Edwards, 1836.
*2546. **gracilis,** d'Orb., 1847. *Cellepora gracilis*, Goldf., 1831,
Pétref., p. 102, n° 13, pl. 36, fig. 13. Cléon près de Nantes.
*2547. **labiosa,** d'Orb., 1847. *Eschara id.*, Michelin, 1847, Iconog.
zoophyt., p. 329, pl. 78, fig. 9. Doué (Maine-et-Loire).
*2548. **Andegavensis,** d'Orb., 1847. *Eschara id.*, Michelin, 1847,
Iconog. zoophyt., p. 329, pl. 78, fig. 11. Doué, Thorigné.
*2549. **pertusa,** d'Orb., 1847. *Eschara id.*, Michelin, 1847, Icon.
zooph., p. 330, pl. 79, fig. 2. Doué, Thorigné (Maine-et-Loire).
*2550. **biaperta,** d'Orb., 1847. *Eschara id.*, Michelin, 1847, Icon.
zooph., pl. 330, pl. 79, fig. 3. Doué.
*2551. **lata,** d'Orb., 1847. *Eschara id.*, Michel., 1847, Icon. zooph.,
p. 331, pl. 79, fig. 5. Doué.
2552. circumcincta, d'Orb., 1847. *Discopora circumcincta*, Philippi, 1844, Foss. tert. du N.-E. de l'Allemag., p. 39. Ph. s., p. 4,
pl. 1, fig. 25. Cassel.
2553. mamillata, d'Orb., 1847. *Discopora mamillata*, Phil., 1844,
Beitræge zur Kenntniss, p. 68, pl. 1, fig. 23. Cassel (Hesse).
2554. clathrata, d'Orb., 1847. *Eschara clathrata*, Philippi, 1844,
p. 38, pl. 4. Ph. s., p. 4, pl. 1, fig. 24. Cassel.
*2555. **tumidula,** Lonsdale, 1845, Quarterly Journal, 1, p. 502.
Petersburg (Virginia).
PYRIPORA, d'Orb., 1847.
*2556. **pyriformis,** d'Orb., 1847. *Criserpia id.*, Michelin, 1847,
Icon. zooph., p. 332, pl. 79, fig. 6. Doué.
CELLEPORA, Lamarck.
*2557. **cucullina,** Michelin, 1847, Icon. zoophyt., p. 324, pl. 77,
fig. 13. Doué.
*2558. **foliacea,** Michelin, 1847, p. 325, pl. 78, fig. 2. Doué.
*2559. **parasitica,** Michelin, 1847, p. 326, pl. 78, fig. 3. Man-
teim.
*2560. **informata,** Lonsdale, 1845, Quarterly Journal, 1, p. 505.
Petersburg (Virginia).

2561. umbilicata, Lonsdale, 1845, Quarterly Journal, 1, p. 507. Petersburg.

***2562. quadrangularis,** Lonsdale, 1845, Quarterly Journal, 1, p. 508. Williamsburg, Evergreen.

2563. similis, Lonsdale, 1845, Quarterly Journal, 1, p. 509. Williamsburg.

***2564. nobilis,** d'Orb., 1847. *Eschara id*, Michelin, 1847, Icon. zoophyt., pl. 79, fig. 1. Touraine.

ESCHARA, Lamarck, 1816.

***2565. reteporiformis,** d'Orb., 1847. *Adeone reteporiformis,* Michelin, 1847, Icon. zoophyt., p. 326, pl. 78, fig. 4. Doué.

***2566. lamellosa,** d'Orb., 1847. *Adeone id.,* Michelin, 1847, p. 326, pl. 78, fig. 5. Mantelin, Cléon, Ambillou, Doué.

***2567. monilifera,** Edwards, 1834, Ann. des Sc. nat., 6, pl. 9, fig. 1. Michelin, pl. 78, fig. 10. Cléon, Sceaux, Thourie; Angleterre, Crag de Sudbourn.

***2568. Deshayesii,** Edwards, 1838, Ann., 6, pl. 10, fig. 4. Mich., pl. 78, fig. 8. Doué.

***2569. Sedgwickii,** Edwards, 1838, Ann., 6, pl. 10, fig. 5. Michelin, pl. 78, fig. 6. Doué; Anglet., Sudborn.

***2570. affinis,** Edwards, 1838, Ann., 6, Mich., 1847, pl. 79, fig. 4. Doué.

2571. punctata, Philippi, 1844, Foss. tert. du N.-E. de l'Allem., p. 38, pl. 1, fig. 19. Cassel.

2572. porosa, Philippi, 1844, Foss., p. 38, pl. 1, fig. 18. Cassel.

2573. diplostoma, Philippi, 1844, p. 38, pl. 1, fig. 20. Cassel.

2574. imbricata, Philippi, 1844, p. 68, pl. 1, fig. 16. Cassel (Hesse).

LUNULITES, Lamarck, 1816.

***2575. perforatus,** Munster, 1831, Goldfuss, Petref., 1, p. 106, pl. 37, fig. 8. Dax; Cassel.

***2576. rhomboidalis,** Münster, 1831, Goldf., Petref., 1, p. 105, pl. 37, fig. 7. Dax; Allem., Cassel.

***2577. Androsaces,** Michelotti, 1838, Icon. zooph. dil., p. 191, pl. 7, fig. 2. Michelin, pl. 15, fig. 6. (Mala) Piémont, Turin, Superga, Valduc.

2578. denticulata, Conrad, 1845, Quarterly Journal, 1, p. 503. Williamsburg.

CUPULARIA, Lamouroux, 1821.

***2579. intermedia,** d'Orb., 1847. *Lunulites id.,* Michelotti, Icon. zooph. dil., p. 194, pl. 7, fig. 4. Michelin, pl. 15, fig. 7. (Mala) Piémont, Turin; Bordeaux, Dax.

***2580. umbellata,** d'Orb., 1847. *Lunulites id.,* Defrance, 1828, Michelin, 1842, Iconog. zoophyt., p. 76, pl. 15, fig. 8. Dax; Piémont, Turin.

***2581. Cuvieri,** d'Orb., 1847. *Lunulites id.,* Michelin, 1847, Icon., p. 323, pl. 77, fig. 10. Angers, Doué, Thorigné, Tigné (M.-et-Loire), Mantelin.

TROCHOPORA, d'Orb., 1847. C'est une Lunulite conique, non creuse en dedans, mais pleine, dont les cellules sont par lignes transversales.

'2582. conica, d'Orb., 1847. *Lunulites conica*, Defrance, Michelin, 1847, Icon. zooph., p. 322, pl. 77, fig. 9. Salles (Gironde), Mantelin, Ste-Maure.

RETEPORA, Lamarck, 1816.

'2583. frustulata, Defrance, Dict. des Sc. nat., t. 45, p. 282. Michelin, pl. 76, fig. 5. *Retepora glabra*, Goldf., pl. 30, fig. 9. Environs d'Angers, Doué (Maine-et-Loire), Saint-Laurent-des-Mortiers (Mayenne).

'2584'. flabelliformis, Michelin, 1817, Icon. zoophyt., p. 314, pl. 76, fig. 1. Mantelin, Cléon, près de Nantes,' Doué, Sceaux, Saint-Laurent-des-Mortiers.

'2585' fenestrata, Goldfuss, 1836, pl. 30, fig. 9. *R. alveolaris*, Blainville, 1834. Michelin, 1847, pl. 76, fig. 6. Peut-être *scobinosa*, Michelin, pl. 76, fig. 3. Cléon, près de Nantes, Doué, Sceaux.

'2585' cellulosa, Lamarck, Michelin, Icon. zooph., p. 71, pl. 14, fig. 10. Piémont, Turin.

'2586. echinulata, Blainv., Michel., Icon. zooph., p. 72, pl. 14, fig. 11. Piémont, Turin.

UNIRETEPORA, d'Orb., 1847. Ce sont des Rétépores qui n'ont qu'une rangée de cellules au lieu d'en avoir plusieurs éparses.

'2587. granosa, d'Orb., 1847. *Retepora id.*, Michel., 1847, p. 315, pl. 76, fig. 2. Doué.

ALECTO, Lamouroux, 1821.

'2588. vesiculosa, Michel., 1847, Icon. zooph., p. 319, pl. 77, fig. 3. St-Grégoire près de Rennes (Ille-et-Vilaine).

'2589. parvula, Michel., 1847, p. 320, pl. 77, fig. 4. Doué.

IDMONEA, Lamouroux, 1821.

'2590. alternata, d'Orb., 1847. *Obelia id.*, Michelin, 1847, Icon. zoophyt. p. 321, pl. 77, fig. 6. Doué, Thorigné.

'2591. disticha, d'Orb., 1847. *Obelia id.*, Michelin, 1847, Iconog. zoophyt., p. 321, pl. 77, fig. 5. Grégoire, Chausserie près de Rennes (Ille-et-Vilaine).

'2592. fimbriata, d'Orb., 1847. *Tubulipora id.*, Michelin, 1847, Icon. zooph., p. 321, pl. 77, fig. 7 (non Lamarck, 1816). *Tubulipora cornigera id.*, Michel., pl. 77, fig. 8. Doué, Ambillon.

2593. biseriata, Philippi, 1844, Tert. du N.-E. de l'All., p. 67, pl. 1, fig. 15. Cassel (Hesse).

ENTALOPHORA, Lamouroux, 1821.

2594. minuta? d'Orb., 1847. *Ceriopora minuta*, Philippi, 1844, Foss. tert. du N.-E. de l'Allemagne, p. 37, pl. 1, fig. 11. Cassel (Hesse).

CRISISINA, d'Orb., 1847. Voy. t. 2, p. 175.

'2595. Andegavensis, d'Orb., 1847. *Hornera id.*, Michelin, 1847, Iconog. zoophyt., p. 318, pl. 76, fig. 2. Doué, Sceaux (Maine-et-Loire).

'2596. gracilis, d'Orb., 1847. *Hornera gracilis*, Philippi, 1844, Foss. tert. du N.-E. de l'Allem., p. 35, pl. 1, fig. 7. Cassel.

2597. biseriata, d'Orb., 1847. *Hornera biseriata*, Philippi, 1844,
Foss., p. 36, pl. 1, fig. 8. Cassel.

2598. subannulata, d'Orb., 1847. *Hornera subannulata*, Philippi,
1844, p. 36, pl. 1, fig. 9. Cassel.

DEFRANCEIA, Bronn, 1825.

***2599. fungicula,** d'Orb., 1847. *Tubulipora id.*, Michelin, 1847,
Icon. zooph., p. 318, pl. 77, fig. 2. Ambillon, Doué, Sceaux.

***2600. Armorica,** d'Orb., 1847, *Lichenopora id.*, Michelin, 1847,
p. 319, pl. 75, fig. 7. Doué, la Couronne (Bouches-du-Rhône).

2601. verrucosa, d'Orb., 1847. *Ceriopora verrucosa*, Philip., 1844,
Tert. du N.-E. de l'Allem., p. 67, pl. 1, fig. 12. Cassel.

RADIOPORA, d'Orb., 1847. Voy. t. 2. p. 140.

***2602. cumulata,** d'Orb., 1847. *Lichenopora cumulata*, Michelin,
1847, Icon. zooph., p. 319, pl. 77, fig. 1. Doué, bords de l'étang de
Valduc (Bouches-du-Rhône).

2603. licheniformis? d'Orb., 1847. *Ceriopora licheniformis*, Michelin, 1847, p. 323, pl. 77, fig. 11. Ambillon, Doué.

2604. tuberosa, d'Orb., 1847. *Lichenopora tuberosa*, Michelin,
p. 69, pl. 14, fig. 6. Turin.

MYRIOZOUM, Donati.

***2605. cavernosa,** d'Orb., 1847. *Thetia cavernosa*. Michelotti, 1838,
Ip. zooph. Dil., p. 218, pl. 7, fig. 7. *Cellepora pumicosa*, Michelin,
1842, I., p. 72, pl. 14, fig. 12 (non Lamarck). Piémont, Turin.

MEANDROPORA, d'Orb., 1847. *Fascicularia*, Edwards, 1836, (non
Lam., 1812). C'est un genre voisin du *Fasciculipora*, qui, au lieu
d'avoir les cellules réunies par branches cylindriques, les a par
lames verticales méandriniformes, non obliques comme chez les
aspendesia.

***2606. cerebriformis,** d'Orb., 1847. *Aspendesia cerebriformis*,
de Blainv., 1834, Man. d'Act., p. 409. Michel., 1847, pl. 76, fig. 1.
Doué (Maine-et-Loire), Rennes (Ille-et-Vilaine), Montelan, St-Laurent-
des-Mortiers (Mayenne).

2606'. aurantium, d'Orb., 1847. *Fascicularia aurantium*, Edw.,
Lyell., Éléments de géologie, p. 354, fig. 133. Angl., Suffolk.

ÉCHINODERMES.

SCHIZASTER, Agassiz.

***2607. Parkinsoni,** Agass., 1847, Cat., p. 128. *Spatangus Par-
kinsoni*, Defr., Dict. Sc. nat. Martigues (Bouches-du-Rhône).

***2608. Raulini,** Agass., 1847, Cat., p. 128. Martigues (Bouches-
du-Rhône).

2609. Eurynotus, Agass., 1847, Cat., p. 127. E. Sism., Mém.
Echin. foss. Nizza, p. 31, pl. 2, fig. 3. Perpignan, Cagliari (Corse).

2610. Bellardi, Agass., 1847, Cat., p. 127. *S. Eurynotus*, Sism.,
Ech. foss. Pédem., p. 22 (non Agassiz). Sardaigne, la Superga;
Piémont, Turin.

HEMIASTER, Agassiz.

***2611. acuminatus,** Desor, Agass., 1847, Cat., p. 124. *Spatangus* *acuminatus*, Goldf., Petref., p. 158, pl. 20, fig. 2. Bordeaux (Gironde), Bourg (Ain), Cassel.

2612. stellatus, Desor, Agass., 1847, Cat., p. 121. *Schizaster stellatus*, Dub., Voy. au Caucase, pl. 1, fig. 15. Volhynie.

*2613. **latus,** Desor, Agass., 1847, Cat., p. 125. *Micraster latus*, Agass., Cat. syst., p. 2. Bonifaceio (Corse).

*2614. **Edwardsii,** Desor, Agass., 1847, Cat., p. 126. *Schizaster Agassizii*, E. Sism., Echin. foss. Piem., p. 23, pl. 1, fig. 1-3. La Superga, coll. de Turin.

*2615. **Gratteloupi,** Desor, Agass., 1847, Cat., p. 125. *Schizaster Gratteloupi*, E. Sism., Echin. foss. Piem., p. 27, pl. 2, fig. 1 et 2. Midi de la France ; Colline de Turin ; Malte.

2617. cor, Desor, Agass., 1847, Cat., p. 123. France, Bourg (Ain).

BRISSOPSIS, Agassiz.

*2618. **Genei,** Desh., Agass., 1847, Cat., p. 121. *Schizaster Genei*, E. Sism., Ech. foss. Piem., p. 24, pl. 1, fig. 4, 5. Perpignan ; Piémont, Turin, Castel-Nuovo, près d'Asti.

2619. intermedius, E. Sism. *Schizaster intermedius*, E. Sism., Ech. foss. Piem., p. 28, pl. 2, fig. 4. Piémont, Turin.

2620. ovatus, E. Sism., *Schizaster ovatus*, E. Sism., Ech. foss. Piem., p. 29, pl. 2, fig. 3. Piémont, Turin.

BRISSUS, Klein.

*2621. **Cordieri,** Agass., 1847, Cat., p. 120. Saint-Paul-Trois-Châteaux (Drôme).

*2622. **dilatatus,** Desor, Agass., 1847. Cat., p. 120. *Spatangus columbaris*, Desml., Tabl. syn., p. 396. Rions (Gironde).

AMPHIDETUS, Agassiz.

2623. depressus, Agass., 1847, Cat., p. 118. La Couronne.

EUPATAGUS, Agassiz.

2624. lateralis, Agass., 1847, Cat., p. 115. *Spatangus lateralis*, Agass., Cat. syst., p. 2. Piémont, Turin, la Superga.

2625. navicella, Agass., 1847, Cat., p. 116. Env. de Nice.

2626. elongatus, Sismonda, Agass., 1847, Cat., p. 116. *Spatangus elongatus*, E. Sism., Mem. Ech. foss. Nizza, p. 35, pl. 2, fig. 1. Nice ; Suisse.

SPATANGUS, Klein.

*2627. **Desmarestii,** Münst., Goldf., Petref., p. 153, pl. 47, fig. 4. *Spatangus ornatus*, Agass., 1847, Cat., p. 113. Bordeaux, Venasque, Vedènes ; Italie, Nice.

*2628. **Corsicus,** Desor, Agass., 1847, Cat., p. 113. Balestro (Corse), St-Paul-Trois-Châteaux (Drôme).

2629. delphinus, Defr., Dict. Sc. nat., Agass., 1847, Cat., p. 113. St-Paul-Trois-Châteaux (Drôme).

*2630. **asterias,** Agass., 1847, Cat., p. 113. Tert. de Morée.

*2631. **ocellatus,** Defr., Dict. Sc. nat. *Spatangus Nicoleti*, Agass., Echin. Suiss., 1, p. 23, pl. 4, fig. 7 et 8. Cat., p. 113. St-Paul-Trois-Châteaux ; Suisse, Neufchâtel.

2632. chitonosus, E. Sism., Echin. foss. Piem., p. 33, pl. 1, fig. 6, 7, Agass., 1847, Cat., p. 114. Colline de Turin.

CONOCLYPUS, Agassiz.

***2633. plagiosomus,** Agass., 1847, Cat., p. 110. Cap Couronne, près de Martigues.

2634. ovum, Agass., 1847, Cat., p. 109. *Galerites ovum,* Gratl., Ours. foss., p. 80, pl. 2, fig. 20. France, Dax.

ECHINOLAMPAS, Gray.

***2635. Laurillardi,** Agass. *E. affinis,* et *E. similis,* E. Sism., Ech. foss. Piem., p. 35, 36, pl. 2, fig. 5-7 (non Agass.). France, Bordeaux ; Turin.

PYGURUS, Agassiz.

***2636. scutiformis,** Desml., Tabl. syn., p. 348. Agass., 1847, Cat., p. 107. Martigues, Nion, Montségur, Suze (Drôme), Vedènes (Vaucluse), Barbantane (Bouches-du-Rhône), les Angles, près Avignon, Sommières (Gard), St-Paul-Trois-Châteaux, Romagneux (Ain); Sardaigne, Nice.

***2637. hemisphæricus,** Agass., 1847, Cat., p. 107. *Clypeaster hemisphæricus,* Lamk. Dax, St-Jean-de-Royan (Drôme), St-Paul-Trois-Châteaux, cap Couronne, Martigues (Bouches-du-Rhône).

***2638. Laurillardi,** Agass., 1847, Cat., p. 107. *Echinolampas Richardii,* Desml., Tabl. syn., p. 342. Bordeaux, Léognan (Gironde); Turin.

2639. semiglobus, Desml., Tabl. syn., p. 314. Agass., 1847, Cat., p. 108. *Galerites semiglobus,* Gratl., Mém. Ours. foss., p. 53, pl. 2, fig. 4. Dax.

2640. Linkii, Agass., 1847, Cat., p. 108. *Clypeaster Linkii,* Goldf., Petref., p. 133, pl. 42, fig. 4. Env. de Vienne.

2641. Kleinii, Desml., Tabl. syn., p. 346. Agass., 1847, Cat., p. 108. *Clypeaster Kleinii,* Goldf., Petref., p. 133, pl. 42, fig. 5. Bunde.

2642. angulatus, Merian, Agass., 1847, Cat., p. 108. St-Just, au midi de St-Restitut, les Angles.

ECHINOCYAMUS, Van Phels.

2643. Studeri, Agass., 1847, Cat., p. 84. *Anaster Studeri,* Sism., Ech. foss. Piem., p. 46, pl. 2, fig. 8 et 9. Colline de Turin.

?2644. ovatus, Agass., 1847, Cat., p. 83, et Monogr. des Scutell., p. 137. *Echinoneus ovatus,* Münst. in Goldf., Petref. Germ., p. 136, pl. 42, fig. 10. Astrupp, près d'Osnabrück, Wilhelmshæbe, près Cassel ; île de Rhodes.

LOBOPHORA, Agassiz.

***2645. elliptica,** Desor, Agass., 1847, Cat. syst., p. 78. St-Restitut (Drôme), Carry près de Martigues.

***2646. perspicillata,** Agass., 1847, Cat., p. 78, et Monog. des Scutell., p. 74, pl. 11, fig. 6-10. Rennes (Ille-et-Villaine), Bollène (Vaucluse).

2647. biperforata, Desor, Agass., 1847, Cat., p. 78. *Echinodiscus biperforatus,* Park. org. Rem., 3, pl. 2, fig. 6. Italie, env. de Vérone.

2648. Darwinii, Agass., 1847, Cat., p. 79. Desor, Bull. Soc. géol. Fr., 1847. Tert. de Patagonie.

SCUTELLA, Lamarck.

***2649. truncata,** Agassiz, Cat. syst., p. 76. Agass., Monogr. des Scutell., p. 78, pl. 16, fig. 1-3, 8-10, et pl. 19, fig. 3-6. Ste-Maure (Touraine), St-Restitut (Vaucluse).

*2650. **producta**, Agass., 1847, Cat., p. 77, et Monog. des Scutell., p. 82; pl. 18, fig. 6-10. Touraine, St-Georges-aux-Mines, Doué (Maine-et-Loire).

*2651. **Paulensis**, Agass., 1847, Cat., p. 77, et Monog. des Scutell., p. 83, pl. 19, fig. 8-10. St-Paul-Trois-Châteaux, près de Dax, St-Restitut.

*2652. **Patagonensis**, Desor, Bull. Soc. géol. de France, 1847. Agass., 1847, Cat. syst., p. 77. Patagonie, Port-Désiré.

*2653. **subtetragona**, Gratteloup, 1828, Mém. sur les Oursins, Actes de la Soc. lin. de Bord., 8. Agass., 1847, Cat., p. 77, et Monog. des Scut., p. 84, pl. 19, fig. 7. Env. de Dax.

*2654. **subrotunda**, Lamk., Anim. s. vert., 3, p. 284. Agass., 1847, Cat. syst., p. 76. Agass., Monog. des Scutelles, p. 76, pl. 17. Bordeaux, Dambert, commune de Gornac (Gironde).

ECHINARACHNIUS, Van Phels.

2655. **Juliensis**, Desor, Agass., 1847, Cat., p. 76. St-Julien, en Patagonie.

CLYPEASTER, Lamarck.

*2656. **umbrella**, Agass., 1847, Cat. syst., p. 72. *Clypeaster Gaimardi*, Al. Brong. *Scutella gibbosa*, Risso. *Clypeaster gibbosus*, M. de Serres. Bonifacio, et Santa-Monza (Corse), Montpellier; comté de Nice.

2657. **dilatatus**, Desor, Agass., 1847, Cat. syst., p. 72. Grèce, du Taurus, Ile de Crète.

2658. **acuminatus**, Desor, Agass., 1847, Cat. syst., p. 72. Hongrie, Ipoly-Shag.

*2659. **altus**, Lamk., Encycl. méth. zooph., pl. 140, fig. 1 et 2. Agass., 1847, Cat., p. 72. France, Bonifacio, Ajaccio (Corse); Afrique française, Oran; Nice, Turin; Saint-Miniato (Toscane); Ile de Caprée; Malte; Ile de Crète.

2660. **Tauricus**, Desor, Agass., 1847, Cat. syst., p. 73. Grèce, du Taurus, Ile de Crète.

*2661. **scutellatus**, Marcel de Serre, Agass., 1847, Cat. syst., p. 73. Boutonnet près Montpellier, la Couronne près de Martigues, plandaren, étang de la Valduc (Bouches-du-Rhône), Mouségur (Drôme), Cadenet (Vaucluse), Corse; colline de Turin; Taurus.

2662. **crassicostatus**, Agass., 1847, Cat. syst., p. 73. E. Sism., Ech. foss. Piem., pl. 3, fig. 1-3. Superga, coll. de Turin.

*2663. **crassus**, Agass., 1847, Cat. syst., p. 73. *Clypeaster grandiflorus*, Bronn., Tert. Ile de Corse.

2664. **scilla**, Desml., Tabl. syn., p. 218. *Clypeaster latirostris*, Agass., 1847, Cat. syst., p. 73. Villeneuve.

2665. **Michelotti**, Agass., 1847, Cat. syst., p. 73. Tert. d'Italie.

2666. **laganoides**, Agass., 1847, Cat. syst., p. 73. *Clypeaster ambigena*, E. Sism., Echin. foss. Piem., p. 42. Italie, Savone; Piémont.

*2667. **marginatus**, Lamk., Agass., 1847, Cat. syst., p. 73. *Clypeaster Tarbellianus*, Grattel., Echin. foss. de Dax, p. 40, pl. 1, fig. 5 et 6. Dax, env. de Tours, Bonifacio (Corse).

2668. **Beaumonti**, E. Sism., Ech. foss. Piem., p. 44, pl. 3, fig. 4, 5. Agass., 1847, Cat. syst., p. 73. Savone, Turin, la Superga.

2669. folium, Agass., 1847, Cat. syst., p. 73. Sicile, Palerme.

2670. depressus?, Sowerby, 1837, Trans. geol. Soc. of London, 2ᵉ série, 5, p. 327, pl. 24, fig. 26, 26 a. Indes, prov. de Cutch, Soomrow.

2671. oblongus?, Sowerby', 1837, Trans. geol. Soc. of London, 2ᵉ série, 5, p. 327, pl. 24, fig. 25, 25 a. Lamk. Inde, prov. de Cutch, Betwen, Joongrea et Kotra.

ECHINUS, Linné.

2672. dubius, Agass., 1847, Cat., p. 65. Echin. Suiss., 2, p. 84, pl. 22, fig. 4-6. France, Villeneuve, en Provence; Suisse, la Chaux-de-Fonds.

***2673. obliqua,** Agass., 1847, Cat., p. 65. *Echinometra margaritifera*, Nic. St-Paul-Trois-Châteaux, les Martigues; Suisse, la Chaux-de-Fonds.

2674. Serresii, Desml., Tabl. syn., p. 290. Agass., 1847, Cat. syst., p. 65. Les Martigues, Clansayes (Drôme).

2675. Woodwardi, Desor, Agass., 1847, Cat. syst., p. 65. Angleterre.

2676. parvus, Michelotti, Prec. faun. mioc., pl. 2, fig. 19, 20. Piémont, Turin.

***2677. Patagonensis,** d'Orb., 1842, Paléont. de l'Amér. mérid., p. 135, pl. 6, fig. 14-16. Port St-Julien (Patagonie).

TRIPNEUSTES, Agassiz.

2677'. planus, Agassiz, 1847, Cat., p. 60. *Echinus planus*, Agass., Cat. syst., p. 12. Villeneuve.

2678. Parkinsoni, Agassiz, 1847, Cat., p. 60. Foz (Bouches-du-Rhône).

TEMNOPLEURUS, Agassiz.

2678'. Woodii, Agass., 1847, Cat. syst., p. 56. Angleterre.

ARBACIA, Gray.

***2679. monilis,** Agass., 1847, Cat. syst., p. 51. *Echinus monilis*, Desmar. in Defr., Dict. Sc. nat., 37, p. 100. St-Georges-la-Mine, près Doué (Maine-et-Loire), Ste-Maure (Touraine).

CIDARIS, Lamarck.

***2680. Avenionensis,** Desm., Tabl. syn., p. 336. Agass., 1847, Cat. syst., p. 31. Les Angles, près Avignon (Vaucluse), env. de Rennes, Sr-Paul-Trois-Châteaux; la Chaux-de-Fonds.

2681. incurvata, E. Sism., App. Ech. foss. Piem., Agass., 1847, Cat. syst., p. 32. *Cidarites vesiculosa*, E. Sism., l. c., p. 50, fig. 10. Turin.

2682. Sismondæ, d'Orb., 1847. *C. Munsteri*, E. Sism., Agass., 1847, Cat. syst., p. 32 (non Koninck). *Cidarites marginata*, E. Sism., App. Ech. foss. Piem., p. 49, fig. 8. Turin.

2683. signata, E. Sism., App. Ech. foss. Piem., p. 6 et p. 48, pl. 8, fig. 6. Turin.

2684. variola, E. Sism., App. Ech. foss. Piem., p. 8 et p. 50, pl. 3, fig. 9. Turin.

2685. zea-mays, E. Sism., App. Ech. foss. Piem., p. 9. Turin.

CRENASTER, Lwyd, 1689. Voy. t. 1, p. 240.

2686. Adriatica, d'Orb., 1847. *Asterias Adriatica,* Desmoulins, 1832. Actes de la Soc. lin. de Bordeaux, 5, 4ᵉ liv., p. 15, pl. 2, fig. 2. Saucats, près Bordeaux.

PENTACRINUS, Miller, 1821.

2387. Gastaldii, Michelotti, Prec. faun. mioc., pl. 16, fig. 2. Turin.

ZOOPHYTES.

SPHENOTROCHUS, Edwards et Haime, 1848.

2688. intermedius, Edwards et Haime, 1848, Ann. des Sc. nat., 9, p. 243. *Turbinolia intermedia,* Münster, Goldf., 1830, Petref., pl. 37, fig. 19. *Turbinolia Milletiana,* Searles-Wood, 1844, Ann. and Mag., 13, p. 12 (non Defrance, 1828). Angleterre, Sutton; Belgique, Anvers.

2689. Milletianus, Edwards et Haime, 1848, Ann. des Sc. nat., 9, p. 244. *Turbinolia Milletiana,* Defr., 1828, Michelin, Icon. zooph., p. 307, pl. 74, fig. 1. Thorigné, près d'Angers.

2 89'. Rœmeri, Edwards et Haime, 1849. Environs de Mayence. Espèce confondue sous le nom d'*intermedius.*

CERATOTROCHUS, Edwards et Haime, 1848.

2690. multispina, d'Orb., 1847. *Ceratotrochus multispinosus,* Edwards et Haime, 1848, Ann. des Sc. nat., 9, p. 249. *Turbinolia multispina,* Michelotti, 1838, Spec. Zooph. del., pl. 2, fig. 6. Michelin, pl. 9, fig. 5. Tortone, Gênes.

2691. multiserialis, Edwards et Haime, 1848, Ann. des Sc. nat., 9, p. 250. *Turbinolia id.,* Michelotti, 1838, Spec. Zooph. del., pl. 2, fig. 7. Michelin, pl. 9, fig. 6. Tortone.

2691'. duodecimcostatus, Edwards et Haime, id., p. 250. Italie, Tortone.

CYATHINA, Edwards et Haime.

2691". clavus, Edwards et Haime, 1848, loc. cit., p. 291. *Caryophyllia clavus,* Sacchi, 1835, Philippi. Piémont, Turin.

FLABELLUM, Lesson, 1831.

2692. extensum, Michelin, 1841, Iconog. Zooph., p. 45, pl. 9, fig. 14. Edwards et Haime, 1848, Ann. des Sc. nat., 9, p. 261. Piémont, Turin.

2693. intermedium, Edwards et Haime, 1848, 9, p. 261. *Turbinolia avicula* (var.), Michelotti, 1838, Spec., p. 58. *Flabellum avicula,* (pars), Michelin, 1841, Icon. Zooph., pl. 9, fig. 11 c. Piémont, Tortone.

2694. avicula, Michelin, 1841, Icon. Zooph., p. 44, pl. 9, fig. 11 a. Edwards et Haime, 1848, Ann., 9, p. 263. *Turbinolia cuneata* (pars), Goldf., 1828, pl. 37, fig. 17 a. *T. avicula,* Michelotti, 1838, Spec. Zooph., p. 58, pl. 3, fig. 2. France, Villeneuve-lès-Avignon (Gard); Piémont, Turin, Tortone.

2695. Basteroti, Edwards et Haime, 1848, Ann., 9, p. 263. Dax (Landes).

2696. Galapagosense, Edwards et Haime, 1848, Ann., 9, p. 264, pl. 4, fig. 3. Iles Galapagos.

2697. Woodii, Edwards et Haime, 1848, Ann., 9, p. 267. *Fungia semilunata*, Wood, 1844, Ann. and Mag. of nat. hist., 9, p. 12. Angleterre, Iken.

2698. asperum, Edwards et Haime, 1848, Ann., 9, p. 270. *Flabellum appendiculatum* (pars), Michelin, Icon. Zooph., p. 45, pl. 9, fig. 12. Piémont, Tortone.

'2699. Sinense, Edwards et Haime, 1848, Ann., 9, p. 272, pl. 3, fig. 3. *Turbinolia id.*, Michelotti, 1838, Spec. Zooph., Michelotti, p. 30. Piémont, Turin.

ACANTHOCYATHUS, Edwards et Haime, 1848.

2700. Hastingsii, Edwards et Haime, 1848, Ann. des Sc. nat., 9, p. 293, pl. 9, fig. 3. Ile de Malte.

TROCHOCYATHUS, Edwards et Haime, 1848.

'2701. plicatus, Edwards et Haime, 1848, Ann. des Sc. nat., 9, p. 303. *Turbinolia id.*, Michelotti, 1838, Sp. Zooph. del., p. 69, pl. 2, fig. 9. Michelin, Ic., pl. 9, fig. 2, 6. Piémont, Tortone.

2702. crassus, Edwards et Haime, 1848, Ann., 9, p. 304. *Turbinolia plicata*, Michelotti, 1838, Sp. Zooph., pl. 3, fig. 1. Michelin, Icon., pl. 9, fig. 2 a (exclus. fig. 2 b). Piémont, Tortone.

'2703. simplex, Edwards et Haime, 1848, Ann., 9, p. 304. Piémont, Tortone.

2704. costulatus, Edwards et Haime, 1848, id., p. 304. Piémont, Turin.

2705. imparipartitus, Edwards et Haime, 1848, loc. cit., p. 304. Piémont, Tortone.

2707. Bellingherianus, Edw. et Haime, 1848, loc. cit., p. 307. *Turbinolia id.*, Michelin, 1842, Icon. Zooph., p. 41, pl. 9, fig. 3. Michelotti, 1847, p. 28. Piémont, Ste-Agathe, près de Tortone; Espagne, Grenade.

2708. versicostatus, Edwards et Haime, 1848, loc. cit., p. 308, p. 43, pl. 9, fig. 8. Michelotti, p. 30. Turin.

2709. laterocristatus, Edwards et Haime, 1848, loc. cit., p. 308, pl. 10, fig. 3. Piémont, Turin.

2710. laterospinosus, Edwards et Haime, 1848, loc. cit., p. 309. Piémont, Turin.

'2711. raricostatus, Edwards et Haime, 1848, loc. cit., p. 309. *Turbinolia id.*, Michelin, 1842, Icon. Zooph., p. 35, pl. 8, fig. 9. Michelotti, p. 23. Piémont, Turin, Tortone.

2712. revolutus, Edwards et Haime, 1848, Ann. des Sc. nat., 9, p. 310, pl. 10, fig. 1. Piémont, Turin.

2713. subcristatus, Edwards et Haime, 1848, loc. cit., p. 310. Piémont, Turin.

2714. Bellardii, Edwards et Haime, 1848, loc. cit., p. 310. *Turbinolia id.*, Michelin, 1842, Icon. Zooph., p. 36, pl 8, fig. 10. Michelotti, p. 24. Piémont, Turin.

2715. verrucosus, Edwards et Haime, 1848, loc. cit., p. 311. Bade.

2716. cornucopia, Edwards et Haime, 1848. Loc. cit., p. 312. *Turbinolia cornucopia*, Michelotti, 1838, p. 67. Michelin, Iconog. Zooph., p. 39, pl. 8, fig. 16. Piémont, Tortone.

APLOCYATHUS, d'Orb., 1847. Voy. t. 1, p. 291.

2716'. Sismondæ, d'Orb., 1849. *Trochocyathus Sismondæ*, Edw. et Haime, 1848, loc. cit., p. 307, pl. 10, fig. 4. Piémont, Turin.

2717. undulatus, d'Orb., 1847, M.S. *Trochocyathus undulatus*, Edw. et Haime, 1848, loc. cit., p. 312. *Turbinolia id.*, Michelin, 1842, Icon. Zooph., p. 41, pl. 9, fig. 4. Piémont, Tortone.

'2718. obesus, d'Orb., 1847. *Trochocyathus obesus*, Edwards et Haime, 1848, loc. cit., p. 313, pl. 10, fig. 2. *Turbinolia obesa*, Michelotti, Spec. Zooph., p. 53, pl. 2, fig. 5. Michelin, p. 34, pl. 8, fig. 7. Piémont, Tortone, Dertona.

'2719. armatus, d'Orb., 1847. *Trochocyathus armatus*, Edwards et Haime, 1848, loc. cit., p. 313. *Turbinolia armata*, Michelotti, 1838, Sp. Zoophyt., p. 52, pl. 1, fig. 9. Michelin, p. 35, pl. 8, fig. 8. Piémont, Turin.

'2720. sublævis, d'Orb., 1849. *Trochocyathus sublævis*, Edwards et Haime, 1848, loc. cit., p. 316. Piémont, Turin.

'2721. pyramidatus, d'Orb., 1849. *Trochocyathus pyramidatus*, Edwards et Haime, 1848, loc. cit., p. 316. *Turbinolia id.*, Michelotti, 1838, Sp. Zooph., p. 53, pl. 2, fig. 1. Michelin, p. 36, pl. 8, fig. 11. Piémont, Turin, Tortone.

PARACYATHUS, Edwards et Haime, 1848.

2721'. Turonensis, Edwards et Haime, 1848, Ann. des Sc. nat., p. 321. Manthelan, Touraine.

DELTOCYATHUS, Edwards et Haime, 1848.

'2722. Italicus, Edwards et Haime, 1848, Ann. des Sc. nat., 9, p. 326, pl. 10, fig. 11. *Stephanophyllia Italica*, Michelin, 1842, Icon. Zooph.; p. 32, pl. 8, fig. 3. *Turbinolia Italica*, Michelotti, 1838, Spec. Zooph., p. 51, pl. 1, fig. 8. Piémont, Tortone.

CONOCYATHUS, d'Orb., 1849. Polypier libre, régulier, à six palis styliformes sans columelle. Ensemble analogue aux *Turbinolia*.

'2722'. sulcatus, d'Orb., 1849. Espèces envoyées par M. Braun, sous le nom de *Turbinolia sulcata*. Environs de Mayence.

BALANOPHYLLIA, Searles Wood, 1844.

2723. prælonga? Edwards et Haime, 1848, Ann. des Sc. Nat., 10, p. 88. *Turbinolia id.*, Michelotti, 1838, Michelin, Icon. Zooph., p. 40, pl. 9, fig. 1. Piémont, Turin.

2724. calyculus, Searles, Wood, 1844, An. and Mag. of nat. hist., 13, p. 12. Edwards, 1848, loc. cit., p. 84. Angleterre, Sutton.

2725. cylindrica? d'Orb., 1847, Edwards et Haime, 1848, loc. cit., p. 85. *Turbinolia id.*, Michelotti, Michelin, 1841, Iconog. Zoophyt., p. 38, pl. 8, fig. 15. Piémont, Turin.

EUPSAMMIA, Edwards et Haime, 1848.

2725'. Sismondiana, Edwards et Haime, 1848. *Turbinolia id.*, Michelin, 1842, Icon. Zoophyt., p. 37, pl. 8, fig. 13. Piémont, Turin, la Superga.

FUNGINELLA, d'Orb., 1847. Voy. t. 2, p. 91.

2726. Borsoni, d'Orb., 1847. *Cyclolites Borsoni*, Michelin, Icon. Zooph., p. 33, pl. 8, fig. 4. Piémont.

DENDROPHYLLIA, Blainville, 1830.

III.   13

*2729. **Taurinensis,** Edwards et Haime, 1848, Ann. des Sc. nat., 10, p. 99. *Dendrophyllia ramea.* Michelin, 1842, Icon. Zooph., p. 51, pl. 10, fig. 8 (non Blainville, 1830) Turin.

*2731. **amica,** Edwards et Haime, 1848, loc. cit., p. 101. *Caryophyllia amica,* Michelotti, 1828, Spec. Zooph., p. 85, pl. 3, fig. 5. *D. irregularis.* Michelin, 1842, Icon. Zooph., p. 51, pl. 10, fig. 9. *D. cornigera,* Michelin, 1842, pl. 10, fig. 11 (non Blainvill., 1830).

*2732. **digitalis,** Blainville, 1830, Michelin, 1842, Icon. Zooph., p. 52, pl. 10, fig. 10. Manthelan.

*2733. **irregularis,** Blainville, 1830, Edwards et Haime, 1848, loc. cit., p. 103. *Dendrophyllia Theotroldensis,* Michelin, 1817, Icon. Zooph., p. 309, pl. 74, fig. 3 Doué, Dax.

CLADOCORA, Hemprich et Ehrenberg, 1834.

*2735? **multicaulis,** Edwards et Haime, 1849, loc. cit., 11, p. 309. *Lithodendron multicaulis,* Michelin, 1847, Icon. Zooph., p. 313, pl. 75, fig. 4. Manthelan, Sainte-Maure.

*2735"? **manipulata,** d'Orb., 1849. *Lithodendron manipulatum,* Michelin, 1842, Iconog. Zoophyt., p. 50, pl. 10, fig. 4. Piémont, Turin.

2736. **intricata,** d'Orb., 1849. *Lithodendron intricatum,* Michelin, 1842, Icon. Zooph., p. 50, pl. 10, fig. 5. Piémont, Turin.

SEPTASTREA, d'Orb., 1847. C'est un *Goniastrea,* sans columelle et sans palis, dont les douze cloisons simples viennent se réunir au centre; calices assez profonds; murailles compactes; ensemble dendroïde.

*2737. **subramosa,** d'Orb., 1849, Note sur les Polypiers, p. 9. Belle espèce presque dendroïde. *Septastrea Forbesi,* Edwards et Haime, 1850, Ann. des Sc. nat., 11, p. 164. Southampton (Virginia), et au Maryland, États-Unis.

2737'. **ramosa,** Edwards et Haime, 1850, id., p. 164 (exclus Syn.). *Astrea ramosa,* Defrance, 1826, Dict., 42, p. 381. Dax.

*2737". **multilateralis?** Edwards et Haime, 1850, id., p. 164. *Astrea multilateralis* et *polygonalis,* Michelin, p. 51 et 311, pl. 12, fig. 10. Bordeaux, Dax; Piémont.

ASTRELIA, Edwards et Haime, 1849.

2738. **palmata,** Edwards et Haime, 1849. *Madrepora palmata,* Goldf., 1833, Petref., 2, p. 23, pl. 30, fig. 6. Chesapeak bay (Kentucky).

*2739. **Virginia,** d'Orb., 1849. *Oculina Virginia,* Michelin, 1842, Icon. Zooph., p. 64, pl. 13, fig. 6 (non *O. Virginia,* Lamarck). Piémont, Turin.

*2740. **semisphærica,** d'Orb., 1847. *Astrea id.,* Defrance, Michelin, 1847, Icon. Zooph., p. 310, pl. 74, fig. 6. Ferrière-Larçon, Sainte-Maure, Manthelan; Piémont, Turin.

*2741. **crassoramosa,** d'Orb., 1849. *Oculina id.,* Michelin, 1847, Icon. Zooph., p. 312, pl. 74, fig. 8. Manthelan, Sainte-Maure.

*2741'. **Turonensis,** d'Orb., 1849. Espèce à calices bien plus petits que chez l'espèce précédente. Manthelan.

PHYLLOCŒNIA, Edwards et Haime, 1848.

*2742. **astroites,** d'Orb., 1849. *Astrea astroites,* Goldf., 1830, Petref., 1, p. 73, pl. 24, fig. 12. Tours, Manthelan, Carry (Bouches-du-Rhône).

2742'. thyrsiformis, d'Orb., 1837. *Lithodendron thyrsiformis,* Michelin, 1842, Iconog. Zoophyt., p. 50, pl. 10, fig. 6. Piémont, Turin.

'2744. radiata, d'Orb., 1847. *Astrea radiata,* Michelin, 1842, Icon. Zooph., p. 58, pl. 12, fig. 4 (non *radiata,* Lam., 1816). *Phyllocœnia irradiata,* Edwards, 1848, p. 302 Piémont, Rivalba.

2744'. Lucasiana, Edw. et Haime, 1848, Ann. des Sc. nat., 10, p. 303. *Astrea id.,* Defrance. *Gemmastrea id.,* Blainville. Fossile du Piémont.

2744". Archiaci, Edwards et Haime, 1848, id., p. 303. Dax.

2745. Carryana, d'Orb. Espèce dont les calices ont trois millimètres. Carry.

ACTINOCŒNIA, d'Orb., 1849. Voy. t. 2, p. 207.

2745'. Carryana, d'Orb., 1849. Espèce à calices larges de trois millimètres. Carry.

ASTREA, Lamarck, 1816.

'2746. interrupta, Michelotti, 1838, Spec. Zoophyt. Dil., p. 130, pl. 5, fig. 1. Piémont, Turin.

2746'. vesiculosa, Edwards et Haime, 1850, Ann., t. 11, p. 107. Dax.

'2746". Ellisiana, Defrance, 1826, Edw. et Haime, 1850, id., p. 109. *Sarcinula astroites,* Goldf., pl. 24, fig. 12. *Sarc. mirifica,* Michelotti, 1838, pl. 4, fig. 1. *Astrea astroites,* Michelin, pl. 12, fig. R. *Astrea plana,* id., pl. 12. fig. 7. Manthelan, Bordeaux, Dax; Piémont, Turin; Ile de Crète (M. Raulin); le Taurus, entre Bostaneson et Selefké.

'2746'". Corsica, d'Orb., 1849. Espèce dont les calices sont très-grands. Ile de Corse.

'2747. acropora, d'Orb. *Sarcinula acropora,* Michelotti, 1838, Spec. Zoophyt. Dil., p. 106, pl. 4, fig. 4. *S. plana,* Michelotti. *Astrea argus,* Michelin, 1842, Icon. Zoophyt., p. 59, pl. 12, fig. 6 (non Lam., 1816). *A. Defrancii,* Edwards et Haime, 1850, Ann. des Sc. nat., 14, p. 106 (non Et., 10, 538). Bordeaux, Manthelan; Turin; dans le Taurus, entre Bostaneson et Selefké (M. Tchihatcheff).

2747'. nobilis, Edwards et Haime, 1850, id., p. 107. Bordeaux.

2747". Burdigalensis, Edwards et Haime, 1850, id., p. 108. Bordeaux.

'2747'". Guettardi, Defrance, 1826, Michelin, 1842, Icon. Zooph., p. 58, pl. 12, fig. 3. France, Dax, Bordeaux; Piémont, Turin; dans le Taurus, entre Bostaneson et Selefké (M. Tchihatcheff).

2747 a. Reussiana, Edwards et Haime, 1850, id., p. 110. *Explanaria astroites,* Reuss, 1848, Foss. Polyp. des Wiener Tert. Naturw. Schaffh., vol. 2, p. 17, pl. 2, fig. 8. Vienne.

2747 b. Raulini, Edwards et Haime, 1850, id., p. 110. Léognan.

2747 c. Prevostiana, Edwards et Haime, 1850, id., p. 110. Ile de Malte.

STYLOCŒNIA, Edwards et Haime, 1848.

'2751. Taurinensis, Edwards et Haime, 1848, Ann. des Sc. nat.,

10, p. 295. *Astrea Taurinensis*, Michelin, 1847, Icon. Zooph., pl. 13, fig. 3. Italie, Turin.

2752. lobato-rotundata, Edwards et Haime, 1848, Ann. des Sc. nat., 10, p. 295. *Astrea id.*, Michelin, 1842, Icon. Zooph., p. 62, pl. 13, fig. 2. Piémont, Rivalba, Vérone.

ASTROCŒNIA, Edwards et Haime, 1848.

***2753. ornata,** Edwards et Haime, 1848, loc. cit., p. 298. *Porites id.*, Michelotti, 1838, Sp. Zooph. Dil., p. 172, pl. 6, fig. 3. *Astrea id.*, Michelin, Zooph., pl. 13, fig. 4. Piémont, Turin, Vérone.

SIDERASTREA, Blainville, 1830, Edwards et Haime, 1848.

***2754'. crenulata,** Blainville, 1830, Dict., t. 60, p. 336. Edw. et Haime, id., p. 142. *Astrea crenulata*, Goldf., pl. 24, fig. 6. Saucats, Plaisance.

***2755. italica,** Edwards et Haime, 1850, id., 11, p. 142. *Astrea Bertrandiana*, Michelin, 1847, Icon. Zooph., p. 310, pl. 74, fig. 5. Sainte-Maure, Manthelan.

***2756. galaxea,** d'Orb., 1849. *Astrea id.*, Michelotti, 1838, Spec. Zooph., p. 136, pl. 5, fig. 2. Michelin, pl. 13, fig. 1. Piémont, Turin.

***2756'. regularis,** d'Orb., 1849. Espèce dont les calices sont le double du *S. Italica*. Manthelan.

GONIARŒA, d'Orb., 1849. Voy. t. 2, p. 322.

***2756". Carryensis,** d'Orb., 1849. Espèce à calices superficiels d'un millimètre et demi. France, Carry.

PRIONASTREA, Edwards et Haime, 1849.

***2757. irregularis?** Edwards et Haime, 1850, Ann. des Sc. nat., 11, p. 133. *Astrea id.*, Defrance, 1826, Michelin, Icon. Zooph., p. 61, pl. 12, fig. 9. Bordeaux, Dax ; Piémont, Turin.

2758. diversiformis? Edwards et Haime, 1850, id., p. 134. *Astrea id.*, Michelin, 1842, Icon. Zooph., p. 59, pl. 12, fig. 5. Bordeaux (Bouches-du-Rhône), Istres ; Piémont, Turin.

2759. sexradiata, d'Orb., 1847. *Columnaria sexradiata*, Lonsdale, 1845, Quarterly Journal, 1, p. 497. Evergreen, James's river, Petersburg.

2759'. aranea? Edwards et Haime, 1850, id., p. 134. Bordeaux.

LITHARŒA, Edwards et Haime, 1849.

***2759'. asbestella,** d'Orb., 1849. *Tethya id.*, Michelotti, p. 218, *Porites Collegniana*, Michelin, pl. 13, fig. 9. Piémont, Turin.

***2760. Martinii,** d'Orb., 1849. Espèce dont les cellules sont très-petites, profondes et comme irrégulières. France, Carry (Bouches-du-Rhône).

***2760'. Carryensis,** d'Orb., 1849. Espèce dont les calices sont d'un tiers plus grands. Carry.

PARASTREA, Edwards et Haime, 1849.

2760". gratissima? Edwards et Haime, 1850, Ann. des Sc. nat., 11, p. 174. *Sarcinula gratissima*, Michelin, pl. 13, fig. 7. Superga, près de Turin.

ASTRANGIA, Edwards et Haime, 1848.

2761. **Americana,** d'Orb., 1848. Belle espèce à cellules groupées de diverses manières. États-Unis, île de Wight.

RHYZANGIA, Edwards et Haime, 1849.

2761'. **Martinii,** Edwards et Haime, 1850, Ann. des Sc. nat., 11, p. 180. Carry (Bouches-du-Rhône).

PHYLLANGIA, Edwards et Haime, 1849.

2761''. **conferta,** Edwards et Haime, 1850, Ann. des Sc. nat., 11, p. 182. Touraine.

SOLENASTREA, Edwards et Haime, 1848.

'2762'. **Turonensis,** Edw. et Haime, 1850, Ann. des Sc. nat., 11, p. 123. *Astrea Turonensis,* Michelin, pl. 75, fig. 1. Manthelan.

CARYOPHYLLIA, Lamarck, 1816.

2763'. **Basterotti,** Edwards et Haime, 1849, Ann. des Sc. nat., 11, p. 237. France, Dax.

RHYPIDOGYRA, Edwards et Haime, 1848.

2764. **Lucasiana,** Edwards et Haime, 1848, Ann. des Sc. nat., 10, p. 283. *Meandrina id.,* Defr. *Lobophyllia id.,* Blainville. *Lobophyllia contorta,* Michelin, 1842, Icon. Zooph., p. 53, pl. 10, fig. 12. Piémont, Rivalba.

GYROPHYLLIA, d'Orb., 1847. Nous plaçons dans ce genre des *Symphyllia* dont le sommet des collines est creusé d'un sillon.

2766. **cerebriformis,** d'Orb., 1847. *Meandrina id.,* Michelotti, 1838. *Meandrina bisinuosa,* Michelin, 1842, Icon. Zooph., p. 55, pl. 11, fig. 6. *Symphyllia id.,* Edwards et Haime, 1848, Ann. des Sc. nat., 11. Piémont, Rivalba.

2767. **vetusta,** d'Orb., 1847. *Meandrina vetusta,* Michelin, 1842, Icon. Zooph., p. 56, pl. 11, fig. 8. Piémont, Rivalba.

MYCETOPHYLLIA, Edwards et Haime, 1848.

2769. **stellifera,** Edwards et Haime, 1839, loc. cit., t. 11, p. 259. *Meandrina stellifera,* Michelin, 1842, Icon. Zooph., p. 54, pl. 11, fig. 4. Piémont, Rivalba.

MEANDRINA, Lamarck, 1816.

2770. **Bellardii,** d'Orb., 1847. *M. filograna,* Michelin, 1842, Icon. Zooph., p. 56, pl. 11, fig. 7 (non *filograna,* Lam., 1816). *M. dædalea,* Michelotti, 1838 (non *dædalea,* Lam., 1816). Piémont, Turin.

2771. **Michelottii,** d'Orb., 1847. *M. Phrygia,* Michelin, 1842, Icon. Zooph., p. 55, pl. 11, fig. 5 (non *Phrygia,* Lam.). *M. filograna,* Michelotti (non *filograna,* Lam.). Piémont, Turin.

OULOPHYLLIA, Edwards et Haime, 1849.

2772. **profunda,** d'Orb., 1849. *Meandrina profunda,* Michelin, 1842. Icon. Zooph., p. 54, pl. 11, fig. 3. Piémont, Rivalba.

STEPHANOPHYLLIA, Michelin, 1842.

2775. **elegans,** Michelin, 1842, Icon. Zooph., p. 32, pl. 8, fig. 2. *Fungia elegans,* Bronn, 1837. Ste-Agathe, près Tortone, Castel Arquato ; Piémont, Dertona.

2775'. **Nystii,** d'Orb., 1847. *S. imperialis,* 1844, Descript. des Coq., p. 633, pl. 48, fig. 17 (non Michelin, 1842). Belgique, Anvers.

MADREPORA, Linné.

'2776. **lavandulina,** Michelin, 1842, Icon. Zooph., p. 67, pl. 14, fig. 2. Bordeaux, Dax, Manthelan ; Piémont, Turin.

13.

***2777. exarata,** Michelotti, 1838, Spec. Zooph. Del., p. 186, pl. 6, fig. 6. Michelin, pl. 14, fig. 3. Piémont, Turin.

EXPLANARIA, Lamarck.

***2778. cyathiformis,** d'Orb., 1847. *Gemmipora cyathiformis,* Blainville, 1834, Michelin, 1847, Icon. Zooph., p. 65, pl. 13, fig. 8. Bordeaux, Dax.

***2778 a. Turonensis,** d'Orb., 1847. Espèce très-aplatie, lamelleuse, à calices moins grands que chez la précédente. Manthelan.

CRYPTANGIA, Edwards et Haime, 1848.

***2778'. parasita,** Edwards et Haime, 1850, Ann., 11, p. 178. *Lithodendron parasitum,* Michelin, Icon., pl. 75, fig. 3. Manthelan (Indre-et-Loire).

2778". cariosa, d'Orb., 1850. *Madrepora cariosa,* Wood, 1844, Annals and Mag., 23, p. 12 (non Goldfuss). *C. Woodii,* Edwards et Haime, 1848, Comptes rendus de l'Ac. des Sc., 1848. Angl., Suffolk, à Ramsholt.

***2778"'. intermedia,** d'Orb., 1849. Espèce dont les calices sont beaucoup plus grands que chez le *C. parasita.* Manthelan.

POCILLOPORA, Lamarck.

2779. Supergiana, d'Orb., 1847. *Heliopora Supergiana,* Michelin, 1842, Icon. Zooph., p. 66, pl. 13, fig. 10. Piémont, Superga.

***2779'. glabra,** d'Orb., 1847. *Madrepora glabra,* Michelin, 1842, Icon. Zooph., p. 66, pl. 14, fig. 1. Goldf., pl. 30, fig. 7. Dax; Piémont, Turin.

2779". raristella, d'Orb., 1845. *Astrea id.,* Defrance, 1828. Michelin, 1842, Icon. Zooph., p. 63, pl. 13, fig. 5. *Sarcinula punctata, Porites complanata,* Michelotti, 1838. Bordeaux, Dax; Piémont, Turin, Rivalba.

CERIOPORA, Goldfuss, 1826.

***2780. intricata,** d'Orb., 1847. *Heliopora id.,* Michelin, pl. 75, fig. 6. Manthelan, Doué.

***2781. palmata,** d'Orb., 1847. *Cellepora id.,* Michelin, 1847, Icon. Zooph., p. 325, pl. 78, fig. 1. Étang de Valduc (Bouches-du-Rhône), Cadenet, les Angles (Vaucluse), Sainte-Maure, Manthelan, Doué.

2782. subpunctata, d'Orb., 1847. *Millepora punctata,* Philippi, 1844, Tert. du N.-E. de l'Allem., p. 67, pl. 1, fig. 13 (non Goldfuss, 1830) Allem., Cassel.

2783. variabilis, V. Münst., Philippi, 1844, Foss. tert. du N.-E. de l'Allem., p. 36, pl. 1, fig. 10. Cassel.

2784. subrhombifera, d'Orb., 1847. *Cellaria rhombifera,* V. Münst., Philippi, 1844, Foss. tert. du N.-E. de l'Allem., p. 37 (non Phillips, 1836). Cassel.

2785. subgracilis, d'Orb., 1847. *Cellaria gracilis,* Philippi, 1844, Foss., p. 38, pl. 1, fig. 14 (non Phillips, 1842). Cassel.

2786. Supergiana, d'Orb., 1847. *Cellepora Supergiana,* Michelin, 1842, p. 73, pl. 15, fig. 2. Peut-être *C. concentrica,* Michelin, fig. 3. Vieilles branches. Piémont, Turin.

2787. tortilis, d'Orb., 1847. *Heteropora tortilis,* Lonsdale, 1845, Quarterly Journal, 1, p. 500. Williamsburg, Petersburg.

POLYTREMA, Risso, 1826.

'2788. lyncurium, d'Orb., 1847. *Tethya id.,* Michelin, 1842, Icon. Zooph., p. 78, pl. 15, fig. 13. Piémont, Turin.

2788'. simplex, d'Orb., 1847. *Tethya id.,* Michelin, 1842, id., p. 78, pl. 15, fig. 12. Piémont, Turin.

2789. spongiosa, d'Orb., 1847. *Ceriopora spongiosa,* Philippi, 1844, Beitr. zur Kenntn., pl. 1, fig. 24. Cassel (Hesse).

'2790. applicata, d'Orb., 1847. *Retepora id.,* Blainville, Michelin, 1847, pl. 76, fig. 4. Doué.

CORALLIUM, Linné.

'2791. sepultum, d'Orb. *Gorgonia sepulta,* Michelotti, 1838, p. 34. *Corallium rubrum,* id., p. 24. *Corallium pallidum,* Michelin, 1842, Icon. Zooph., p. 76, pl. 15, fig. 9. Nous conservons un des deux noms donnés par M. Michelotti. Piémont, Turin.

ANTIPATHES, Lamarck.

2792. vetusta? Michelotti, 1838, Sp. Zooph. Del., p. 43; Michelin, Icon. Zooph., p. 77, pl. 15, fig. 11. Piémont, Turin.

ISISINA, d'Orb., 1847. Nous séparons sous ce nom les *Isis* dont les axes pierreux sont lisses et non cannelés extérieurement.

'2793. Militensis, d'Orb., 1847. *Isis Militensis,* Goldfuss, Michelin, Icon. Zooph., p. 77, pl. 15, fig. 10. Piémont, Turin, Lipari, Malte.

FORAMINIFÈRES, D'ORB.

GLANDULINA, d'Orb., 1825, Foraminifères de Vienne, p. 29.

'2794. ovula, d'Orb., 1846, Foraminifères de Vienne, p. 29, pl. 1, fig. 6, 7. Autriche, Kalenberg, Nussdorf.

'2794'. inæqualis, d'Orb., 1846, Foraminifères de Vienne, p. 30, pl. 1, fig. 8, 9. Autriche, Baden.

NODOSARIA, Lamarck, d'Orb., 1825. Voy. t. 1, p. 241.

'2795. Lamarckii, d'Orb., 1825, Ann. des Sc. nat., p. 88. Espèce à fines stries. Bordeaux.

'2796. longicostata, d'Orb., 1846, Foraminif. de Vienne, p. 32, n. 6, pl. 1, fig. 10-12. Baden.

'2797. irregularis, d'Orb., 1846, Foraminif. de Vienne, p. 32, n. 7, pl. 1, fig. 13-14. Baden.

'2798. Mariæ, d'Orb., 1846, Foraminif. de Vienne, p. 32, n. 8, pl. 1, fig. 15, 16. Autriche, Baden.

'2799. rudis, d'Orb., 1846, Foraminif. de Vienne, p. 33, n. 9, pl. 1, fig. 17-19. Autriche, Baden.

'2800. semirugosa, d'Orb., 1846, Foraminif. de Vienne, p. 34, n. 10, pl. 1, fig. 20-23. Autriche, Baden.

'2801. aculeata, d'Orb., 1846, Foraminif. de Vienne, p. 35, n. 12, pl. 1, fig. 26, 27. Autriche, Baden.

'2802. quadrata, d'Orb., 1846, Foraminif. de Vienne, p. 36, n. 13, pl. 1, fig. 28, 29. Autriche, Nussdorf.

'2803. Boueana, d'Orb., 1846, Foraminif. de Vienne, p. 37, n. 14, pl. 1, fig. 30, 31. Autriche, Nussdorf.

'2804. spinosa, d'Orb., 1846, Foraminif. de Vienne, p. 37, n. 15, pl. 1, fig. 32, 33, Autriche, Baden.

*2805. **Badenensis,** d'Orb., 1846, Foraminif. de Vienne, p. 38,
pl. 1, fig. 34, 35. Autriche, Baden.

DENTALINA, d'Orb., 1825.

*2806. **Badenensis,** d'Orb., 1846, Foraminif. de Vienne, p. 44,
n. 19, pl. 1, fig. 48, 49. Autriche, Baden.

*2807. **elegans,** d'Orb., 1846, Foraminif. de Vienne, p. 45, pl. 1,
fig. 52, 56. Autriche, Nussdorf, Baden.

*2808. **pauperata,** d'Orb., 1846, Foraminif. de Vienne, p. 46,
pl. 1, fig. 57, 58. Autriche, Baden.

2809. **consobrina,** d'Orb., 1846, Foraminif. de Vienne, p. 46,
pl. 2, fig. 1-3. Autriche, Baden.

*2810. **Boueana,** d'Orb., 1846, Foraminif. de Vienne, p. 47, pl. 2,
fig. 4-6. Autriche, Baden.

*2811. **Verneuilii,** d'Orb., 1846, Foraminif. de Vienne, p. 48,
pl. 2, fig. 7, 8. Autriche, Baden.

*2812. **brevis,** d'Orb., 1846, Foraminif. de Vienne, p. 48, pl. 2,
fig. 9, 10. Autriche, Baden.

*2813. **guttifera,** d'Orb., 1846, Foraminif. de Vienne, p. 49, pl. 2,
fig. 11-14. Autriche, Baden.

*2814. **punctata,** d'Orb., 1846, Foraminif. de Vienne, p. 49, pl. 2,
fig. 14, 15. Autriche, Baden.

*2815. **Adolphina,** d'Orb., 1846, Foraminif. de Vienne, p. 51,
pl. 2, fig. 18-20. Autriche, Baden.

*2816. **scripta,** d'Orb., 1846, Foraminif. de Vienne, p. 51, pl. 2,
fig. 21-23. Autriche, Baden.

*2817. **semiplicata,** d'Orb., 1846, Foraminif. de Vienne, p. 52,
pl. 2, fig. 24, 25. Autriche, Vienne.

*2818. **semicostata,** d'Orb., 1846, Foraminif. de Vienne, p. 53,
pl. 2, fig. 26-28. Autriche, Baden.

*2819. **antennula,** d'Orb., 1846, Foraminif. de Vienne, p. 53,
pl. 2, fig. 29, 30. Autriche, Baden.

*2820. **urnula,** d'Orb., 1846, Foraminif. de Vienne, p. 54, pl. 2,
fig. 31, 32. Autriche, Baden.

*2821. **elegantissima,** d'Orb., 1846, Foraminif. de Vienne, p. 55,
pl. 2, fig. 33-35. Autriche, Baden.

*2822. **spinosa,** d'Orb., 1846, Foraminif. de Vienne, p. 55, pl. 2,
fig. 36, 37. Autriche, Baden.

*2823. **bifurcata,** d'Orb., 1846, Foraminif. de Vienne, p. 56, pl. 2,
fig. 38, 39. Autriche, Nussdorf.

*2824. **acuta,** d'Orb., 1846, Foraminif. de Vienne, p. 56, pl. 2,
fig. 40-43. Autriche, Baden.

*2825. **striata,** d'Orb., 1825, Ann. des Sc. nat., p. 89, n. 44. Espèce
très-arquée, à fines stries longitudinales. *Nodosaria acicula,* Philippi,
1844, pl. 1, fig. 33. France, Dax.

FRONDICULARIA, Defrance. Voy. t. 1, p. 241.

2826. **laevigata,** d'Orb., 1825, Ann. des Sc. nat., p. 89, n. 7. Espèce lisse, allongée. France, Dax.

*2827. **annularis,** d'Orb., 1846, Foraminif. de Vienne, p. 59, pl. 2,
fig. 44-47. Autriche, Baden.

2828. oblonga, V. Münst., Rœmer, p. 382, n. 1, fig. 4. Philippi, 1844, Foss. tert. du N.-E. de l'Allem., p. 4. Cassel.

2829. linearis, Philippi, 1844, loc. cit., p. 5, pl. 1, fig. 32. Cassel.

2830. pseudo-ovata, d'Orb., 1847. *F. ovata,* Philippi, 1844, Foss. tert. du N.-E. de l'Allem., p. 4 (non Rœmer, 1841). Cassel.

2831. lancea, Philippi, 1844, loc. cit., pl. 1, fig. 31. Cassel.

2832. elongata, V. Münst., Rœm., p. 382, n. 3, fig. 6. Philippi, 1844, Foss. tert. du N.-E. de l'Allem., p. 5. Cassel.

LINGULINA, d'Orb., 1825, Foraminifères de Vienne, p. 60.

***2833. rotundata,** d'Orb., 1846, Foraminif. de Vienne, p. 61, pl. 2, fig. 48-51. Autriche, Baden.

***2834. mutabilis,** d'Orb., 1846, Foraminif. de Vienne, p. 61, pl. 2, fig. 52-54. Autriche, Nussdorf.

***2835. costata,** d'Orb., 1846, Foraminif. de Vienne, p. 62, pl. 3, fig. 1-5. Autriche, Baden.

MARGINULINA, d'Orb., 1825, Foraminifères de Vienne, p. 68.

***2836. regularis,** d'Orb., 1846, Foraminif. de Vienne, p. 68, n. 45, pl. 3, fig. 9-12. Autriche, Baden.

***2837. pedum,** d'Orb., 1846, Foraminif. de Vienne, p. 68, pl. 3, fig. 13, 14. Autriche, Baden.

***2838. similis,** d'Orb., 1846, Foraminif. de Vienne, p. 69, pl. 3, fig. 15, 16. Autriche, Baden.

***2839. striata,** d'Orb., 1825, Ann. des Sc. nat., p. 89, n. 4. Espèce noueuse, striée obliquement. France, Dax.

***2840. rugoso-costata,** d'Orb., 1846, Foraminif. de Vienne, p. 70, pl. 3, fig. 19-21. Autriche, Nussdorf.

***2841. triangularis,** d'Orb., 1846, Foraminif. de Vienne, p. 71, pl. 3, fig. 22, 23. Autriche, Baden.

VAGINULINA, d'Orb., 1825, Foraminifères de Vienne, p. 65.

***2841'. Badenensis,** d'Orb., 1846, Foraminif. de Vienne, p. 65, pl. 3, fig. 6-8. Autriche, Baden.

2842. lævigata, Rœmer, p. 383, fig. 11. Philippi, 1844, Foss. tert. du N.-E. de l'Allem., p. 5. Cassel.

CRISTELLARIA, Lamarck. Voy. t. 1, p. 242.

***2843. Hauerina,** d'Orb., 1846, Foraminif. de Vienne, p. 84, pl. 3, fig. 24, 25. Autriche, Baden.

***2844. simplex,** d'Orb., 1846, Foraminif. de Vienne, p. 85, pl. 3, fig. 26, 29. Autriche, Nussdorf.

***2845. cymboides,** d'Orb., 1846, Foraminif. de Vienne, p. 85, pl. 3, fig. 30, 31. Autriche, Nussdorf.

***2846. subcompressa,** d'Orb., 1847. *C. compressa,* d'Orb., 1846, Foraminif. de Vienne, p. 86, pl. 3, fig. 32, 33 (non Rœmer, 1841). Autriche, Baden.

***2847. subarcuata,** d'Orb., 1847. *C. arcuata,* d'Orb., 1846, Foraminif. de Vienne, p. 87, pl. 3, fig. 34-36 (non Philippi). Autriche, Baden.

***2848. Josephina,** d'Orb., 1846, Foraminif. de Vienne, p. 88, pl. 3, fig. 37, 38. Autriche, Nussdorf.

*2849. **reniformis,** d'Orb., 1846, Foraminif. de Vienne, p. 88, pl. 3, fig. 39, 40. Autriche, Baden.

*2850. **semiluna,** d'Orb., 1846, Foraminif. de Vienne, p. 90, pl. 3, fig. 43, 44. Autriche, Baden.

*2851. **subcrassa,** d'Orb., 1847. *C. crassa,* d'Orb., 1846, Foraminif. de Vienne, p. 90, pl. 4, fig. 1-3 (non Rœmer, 1841). Autriche, Baden.

2852. **compressiuscula,** d'Orb., 1847. *Marginulina compressiuscula,* Philippi, 1844, Foss. tert. du N.-E. de l'Allem., p. 5, pl. 1, fig. 29. Cassel.

2853. **arcuata,** d'Orb., 1847. *Marginulina arcuata,* Philippi, 1844, Foss., p. 5, pl. 1, fig. 28 Cassel.

2854. **spirata,** d'Orb., 1847. *Marginulina spirata,* Philippi, 1844, Foss., p. 5, pl. 1, fig. 27. Cassel.

2855. **subcostata,** V. Münst., Rom., p. 391, fig. 64? Philippi, 1844, Foss., p. 5. Cassel.

2856. **gladius,** d'Orb., 1847. *Marginulina gladius,* Philippi, 1844, Beitræge, p. 40, pl. 1, fig. 37. Cassel.

2857. **intermedia,** d'Orb., 1847. *Planularia intermedia,* Philippi, 1844, Beitræge, p. 40, pl. 1, fig. 38. Cassel.

2858. **semicircularis,** d'Orb., 1847. *Planularia semicircularis,* Philippi, 1844, Beitr., p. 41, pl. 1, fig. 39. Cassel.

FLABELLINA, d'Orb., 1825.

2859. **linearis,** d'Orb., 1847. *Frondicularia linearis,* Philippi, 1844. Foss. tert. du N.-E. de l'Allemagne, p. 5. Cassel.

ROBULINA, d'Orb., 1825, Foraminifères de Vienne, p. 97.

*2860. **similis,** d'Orb., 1846, Foraminifères de Vienne, p. 98, pl. 4, fig. 14, 15. Autriche, Baden.

*2861. **ornata,** d'Orb., 1846, Foraminif. de Vienne, p. 98, pl. 4, fig. 16, 17. Autriche, Baden.

*2862. **clypeiformis,** d'Orb., 1846, Foraminif. de Vienne, p. 101, pl. 4, fig. 23, 24. Autriche, Nussdorf.

*2863. **inornata,** d'Orb., 1846, Foraminif. de Vienne, p. 102, pl. 4, fig 25, 26. Autriche, Baden.

*2864. **simplex,** d'Orb., 1846, Foraminif. de Vienne, p. 102, pl. 4, fig. 27, 28. Autriche, Baden.

*2865. **Austriaca,** d'Orb., 1846, Foraminif. de Vienne, p. 102, pl. 5, fig. 1, 2. Autriche, Baden, Nussdorf.

*2866. **intermedia,** d'Orb., 1846, Foraminif. de Vienne, p. 104, pl. 5, fig. 3, 4. Autriche, Baden, Nussdorf.

*2867. **imperatoria,** d'Orb., 1846, Foraminif. de Vienne, p. 104, pl. 5, fig. 5, 6. Autriche, Baden.

*2868. **marginata,** d'Orb., 1825, Ann. des Sc. nat., p. 124, n. 19. Espèce lisse pourvue autour d'un large bourrelet. France, Bordeaux.

2869. **Cummingi,** Michelotti, Rizop. sopracret., p. 40, Préc. faun. mioc., pl. 1, fig. 3. (Espèce douteuse.) Piémont, Turin.

2870. **depressa,** Michelotti, Rizop. sopracret., p. 39, Préc. faun. mioc., pl. 1, fig. 1. (Espèce douteuse.) Piémont, Turin.

NONIONINA, d'Orb., 1825. Foraminifères de Vienne, p. 127.

*2871.   **Lamarckii**, d'Orb., 1825, Ann. des Sc. nat., p. 128, n. 13.
 Espèce discoïdale à loges très-étroites. France, Dax.
*2872.   **elongata**, d'Orb., 1825, Ann. des Sc. nat., p. 128, n. 18.
 Espèce très-ovale, comprimée, lisse. France, Dax.
*2873.   **Grateloupi**, d'Orb., 1825, Ann. des Sc. nat., p. 128, n. 19.
 Espèce ovale, très-comprimée, lisse. France, Dax.
*2874.   **communis**, d'Orb., 1825, Ann. des Sc. nat., p. 128, n. 19.
 Plus épaisse que la précédente, de même forme. Id., Foraminifères
 de Vienne, p. 106, pl. 5, fig. 7,8. France, Bordeaux, Dax ; Autriche,
 Nussdorf ; Italie, Sienne.
*2875.   **Boueana**, d'Orb., 1846, Foraminif. de Vienne, p. 108, pl. 5,
 fig. 11, 12. Autriche, Nussdorf.
*2876.   **tuberculata**, d'Orb., 1846, Foraminif. de Vienne, p. 108,
 pl. 5, fig. 13, 14. Autriche, Nussdorf.
*2877.   **perforata**, d'Orb., 1846, Foraminif. de Vienne, p. 110, pl. 5,
 fig. 17, 18. Autriche, Nussdorf, Vienne.
*2878.   **punctata**, d'Orb., 1846, Foraminif. de Vienne, p. 110, pl. 5,
 fig. 21, 22. Autriche, Nussdorf.
HAUERINA, d'Orb., 1846. Foraminif. de Vienne, p. 119.
*2879.   **compressa**, d'Orb., 1846, Foraminif. de Vienne, p. 119,
 pl. 5, fig. 25 27. Autriche, Vienne.
OPERCULINA, d'Orb., 1825. Voy. t. 2, p. 111.
*2880.   **complanata**, d'Orb., 1825, Ann. des Sc. nat., p. 115, n. 1,
 Modèles, n. 80, pl. 14, fig. 7 9. Bordeaux, Dax.
*2881.   **costata**, d'Orb., 1825, Ann. des Sc. nat., p. 115, n. 2. Espèce pourvue de côtes sur les sutures des loges. Dax.
2882.   **granulosa**, Michelotti, Rizop. sopracret., p. 34, Préc. faun.
 mioc., pl. 1, fig. 6. Piémont, Turin.
2883.   **Taurinensis**, Michelotti, Rizop. sopracret., p. 32, Préc.
 faun. mioc., pl. 1, fig. 4. Piémont, Turin.
POLYSTOMELLA, Lamarck, d'Orb., Foraminif. de Vienne, p. 121.
*2884.   **angularis**, d'Orb., 1825, Ann. des Sc. nat., p. 118, n. 2
 (exclus. citation vivante). Espèce très-épaisse. Chavagne, Pontlevoy.
*2885.   **Burdigalensis**, d'Orb., 1847. *Nonionina semistriata*,
 d'Orb., 1825, p. 128, n. 8. Bordeaux.
*2886.   **Haueriea**, d'Orb., 1846, Foraminif. de Vienne, p. 122,
 pl. 6, fig. 1, 2. Autriche, Vienne.
*2887.   **rugosa**, d'Orb., 1846, Foraminif. de Vienne, p. 123, pl. 6,
 fig. 3 4. Autriche, Baden, Vienne.
*2888.   **obtusa**, d'Orb., 1846, Foraminif. de Vienne, p. 124, pl. 6,
 fig. 5, 6. Autriche, Vienne, Nussdorf.
*2889.   **Fichtelliana**, d'Orb., 1846, Foraminif. de Vienne, p. 125,
 pl. 6, fig. 7, 8. Autriche, Nussdorf.
*2890.   **flexuosa**, d'Orb., 1846, Foraminif. de Vienne, p. 127, pl. 6,
 fig. 15, 16. Autriche, Nussdorf, Baden.
*2891.   **Antonina**, d'Orb., 1846, Foraminif. de Vienne, p. 128,
 pl. 6, fig. 17, 18. Autriche, Nussdorf.
*2892.   **Listeri**, d'Orb., 1846, Foraminif. de Vienne, p. 128, pl. 6,
 fig. 19-22. Autriche, Baden.

*2893. **regina,** d'Orb., 1846, Foraminif. de Vienne, p. 129, pl. 6, fig. 23, 24. Autriche, Baden.

*2894. **Josephina,** d'Orb., 1846, Foraminif. de Vienne, p. 130, pl. 6, fig. 25, 26. Autriche, Baden.

*2895. **aculeata,** d'Orb., 1846, Foraminif. de Vienne, p. 131, pl. 6, fig. 27, 28. Autriche, Baden.

PENEROPLIS, Montfort, 1808.

*2896. **orbicularis,** d'Orb., 1825, Ann. des Sc. nat., p. 120, n. 5. Espèce dont les loges semblent former un disque complet. Dax.

DENDRITINA, d'Orb., 1825. Voy. Foramin. de Vienne, p. 135.

*2897. **elegans,** d'Orb., 1846, Foraminif. de Vienne, p. 135, pl. 7, fig. 5, 6. Autriche, Baden, Tarnapol en Gallicie.

*2898. **arbuscula,** d'Orb., 1825, Ann. des Sc. nat., p. 119. n. 1, pl. 15, fig. 6, 7; Modèles, n. 21. France, Bordeaux.

*2899. **Haueri,** d'Orb., 1846, Foraminif. de Vienne, p. 134, pl. 7, fig. 1, 2. Autriche, Nussdorf.

*2900. **Juleana,** d'Orb., 1846, Foraminif. de Vienne, p. 134, pl. 7, fig. 3, 4. Autriche, Vienne.

SPIROLINA, Lamarck, 1822, d'Orb., Foraminif. de Vienne, p. 136.

*2901. **Austriaca,** d'Orb., 1846, Foraminif. de Vienne, p. 137, pl. 7, fig. 8, 9. Autriche, Nussdorf.

*2902. **agglutinans,** d'Orb., 1846, Foraminif. de Vienne, p. 137, pl. 7, fig. 10-12. Autriche, Baden.

ORBICULINA, Lamarck, d'Orb., Foraminif. de Vienne, p. 141.

*2903. **rotella,** d'Orb., 1846, Foraminif. de Vienne, p. 142, pl. 7, fig. 13, 14. Autriche, Buitur en Transylvanie.

ALVEOLINA, Bosc, 1804. Voy. t. 2, p. 185.

*2904. **bulloides,** d'Orb., 1825, Ann. des Sc. nat., p. 140, n. 1. Espèce globuleuse à loges saillantes. Dax.

*2905. **Hauerina,** d'Orb., 1846, Foraminif. de Vienne, p. 148, pl. 7, fig. 17, 18. Vienne.

ROTALIA, Lamarck, Voy. t. 1, p. 242.

*2906. **Calembergensis,** d'Orb., 1846, Foraminif. de Vienne, p. 151, pl. 7, fig. 19-21. Autriche, Nussdorf.

*2907. **Haueri,** d'Orb., 1846, Foraminif. de Vienne, p. 151, pl. 7, fig. 22-24. Autriche, Nussdorf.

*2908. **Partschiana,** d'Orb., 1846, Foraminif. de Vienne, p. 153, pl. 7, fig. 28-30; pl. 8, fig. 1-3. Autriche, Nussdorf, Baden.

*2909. **Schreibersii,** d'Orb., 1846, Foraminif. de Vienne, p. 154, pl. 8, fig. 4-6. Autriche, Nussdorf, Baden.

*2910. **Haidengerii,** d'Orb., 1846, Foraminif. de Vienne, p. 154, pl. 8, fig. 7-9. Autriche, Nussdorf.

*2911. **Akneriana,** d'Orb., 1846, Foraminif. de Vienne, p. 156, pl. 8, fig. 13-15. Autriche, Nussdorf.

*2912. **trochus,** d'Orb., 1825, Ann. des Sc. nat., p. 106, n. 4. Espèce très-conique à disque inférieur. Bordeaux.

*2913. **discoides,** d'Orb., 1825, Ann. des Sc. nat., p. 106, n. 5. Elle diffère de la précédente par les sutures non arquées de ses loges. Bordeaux.

***2914. Gratteloupi,** d'Orb., 1825, Ann. des Sc. nat., p. 106, n. 10. Disque étoilé sur la face inférieure plane. Dax.

***2915. pileus,** d'Orb., 1825, Ann. des Sc. nat., p. 106, n. 11. Sans disque central. Dax, Bordeaux, Saucats.

***2916. Burdigalensis,** d'Orb., 1825, Ann. des Sc. nat., p. 107, n. 21. Loges bordées en dessus. Bordeaux.

***2917. armata,** d'Orb., 1825, Ann. des Sc. nat., p. 107, n. 22. Modèles, n. 70. Chavagne, Bordeaux.

***2918. carinata,** d'Orb., 1825, Ann. des Sc. nat., p. 107, n. 24. Espèce déprimée. Bordeaux, Dax.

***2919. elliptica,** d'Orb., 1825, Ann. des Sc. nat., p. 107, n. 28. Espèce ovale dont l'accroissement est rapide. Dax.

2920. Northamptoni? Michelotti, Rizop. sopracret., p. 31, pl.1, fig. 6. Piémont, Turin.

***2921. Dutemplei,** d'Orb., 1846, Foraminif. de Vienne, p. 157, pl. 8, fig. 19-21. Autriche, Nussdorf.

***2922. aculeata,** d'Orb., 1846, Foraminif. de Vienne, p. 159, pl. 8, fig. 25-27. Autriche, Nussdorf.

GLOBIGERINA, d'Orb., 1825.

***2923. trilocularis,** d'Orb., 1825, Ann. des Sc. nat., p. 111, n. 2. Espèce très-globuleuse. Bordeaux.

***2924. fragilis,** d'Orb., 1825, Ann. des Sc. nat., p. 111, n. 11. Espèce à cinq loges. Dax.

***2925. regularis,** d'Orb., 1846, Foraminif. de Vienne, p. 162, pl. 9. fig. 1-3. Autriche, Nussdorf.

***2926. quadrilobata,** d'Orb., 1846, Foraminif. de Vienne, p. 164, pl. 9, fig. 7-10. Autriche, Nussdorf.

***2927. bilobata,** d'Orb., 1846, Foraminif. de Vienne, p. 164, pl. 9, fig. 11-14. Autriche, Nussdorf.

TRUNCATULINA, d'Orb., 1825.

***2928. Infractuosa,** d'Orb., 1825, Ann. des Sc. nat., p. 113, n. 3. Espèce pourvue de très-grands pores. Bordeaux.

***2929. Boueana,** d'Orb., 1825, Foraminif. de Vienne, p. 169, pl. 9, fig. 24-26. Autriche, Nussdorf.

ANOMALINA, d'Orb., 1825, Foraminif. de Vienne, p. 115.

***2930. elegans,** d'Orb., 1825, Ann. des Sc. nat., p. 116, n. 4. Modèles, n. 42. Bordeaux.

***2931. nautiloïdes,** d'Orb., 1825, Ann. des Sc. nat., p. 116, n. 5, Espèce carénée. Étang de Bère.

***2932. variolata,** d'Orb., 1825, Foraminif. de Vienne, p. 170, pl. 9, fig. 27-29. Autriche, Nussdorf.

***2933. Badenensis,** d'Orb., 1846, Foraminif. de Vienne, p. 171, pl. 10, fig. 1-3. Autriche, Baden.

***2934. rotula,** d'Orb., 1846, Foraminif. de Vienne, p. 172, pl. 10, fig. 10-12.

ROSALINA, d'Orb., 1825.

***2935. complanata,** d'Orb., 1846, Foraminif. de Vienne, p. 175, pl. 10, fig. 13-15. Autriche, Nussdorf.

***2936. imperatoria,** d'Orb., 1846, Foraminif. de Vienne, p. 176, pl. 10, fig. 16-18. Autriche, Tarnapol en Gallicie.

III.   14

*2937. dubia, d'Orb., 1846, Foraminif. de Vienne, p. 177, pl. 10, fig. 19-21. Autriche, Nussdorf.

*2938. Viennensis, d'Orb., 1846, Foraminif. de Vienne, p. 177, pl. 10, fig. 22-24. Autriche, Baden.

*2939. simplex, d'Orb., 1846, Foraminif. de Vienne, p. 178, pl. 10, fig. 25-27. Autriche, Baden.

*2940. obtusa, d'Orb., 1846, Foraminif. de Vienne, p. 179, pl. 11, fig. 4-6. Autriche, Nussdorf.

*2941. affinis, d'Orb., 1825, Ann. des Sc. nat., p. 105, n. 8. Espèce étoilée sur l'ombilic. Saucats, près de Bordeaux.

VALVULINA, d'Orb., 1825.

*2942. Austriaca, d'Orb., 1846, Foraminif. de Vienne, p. 181, pl. 11, fig. 7, 8. Autriche, Nussdorf.

BULIMINA, d'Orb., 1825, Voy. t. 2, p 185.

*2943. pyrula, d'Orb., 1846, Foraminif. de Vienne, p. 184, pl. 11, fig. 9, 10. Autriche, Vienne, Baden.

*2944. pupoides, d'Orb., 1846, Foraminif. de Vienne, p. 185, pl. 11, fig. 11, 12 Autriche, Nussdorf, Baden.

*2945. ovata, d'Orb., 1846, Foraminif. de Vienne, p. 185, pl. 11, fig. 13, 14. Autriche, Nussdorf.

*2946. Buchana, d'Orb., 1846, Foraminif. de Vienne, p. 186, pl. 11, fig. 15-18. Autriche, Nussdorf, Baden; Bohilth, en Styrie.

*2947. arcuata, d'Orb., 1825, Ann. des Sc. nat., p. 104, n. 2. Espèce lisse, flexueuse. Dax.

UVIGERINA, d'Orb., 1825.

*2948. trilobata, d'Orb., 1825, Ann. des Sc. nat., p. 103, n. 4. Espèce comprimée, les loges sur deux faces France, Bordeaux.

*2949. urnula, d'Orb., 1846, Foraminif. de Vienne, p. 189, pl. 11, fig. 21, 22. Autriche, Baden.

*2950. semiornata, d'Orb., 1846, Foraminif. de Vienne, p. 189, pl. 11, fig. 23, 24. Autriche, Nussdorf.

*2951. aculeata, d'Orb., 1846, Foraminif. de Vienne, p. 191, pl. 11, fig. 27, 28. Autriche, Nussdorf.

ASTERIGERINA, d'Orb., 1846.

*2952. rosacea, d'Orb., 1847. *Rotalia id.*, d'Orb., 1825, Ann. des Sc. nat., p. 107, n. 15. Modèles, n. 39. Bordeaux.

AMPHISTEGINA, d'Orb., 1825, Foraminif. de Vienne, p. 207.

*2953. mamillata, d'Orb., 1846, Foraminif. de Vienne, p. 208, n. 145, pl. 12, fig. 6-8. Autriche, Nussdorf.

*2954. rugosa, d'Orb., 1846, Foraminif. de Vienne, p. 209, pl. 12, fig. 9-11. Autriche, Nussdorf.

*2955. vulgaris, d'Orb., 1825, Ann. des Sc. nat., p. 139. Modèles, n. 40. Bordeaux, Étang de Bère.

*2956. Hauerina, d'Orb., 1846, Foraminif. de Vienne, p. 207, *pl 12, fig. 3-5. Autriche, Nussdorf.

HETEROSTEGINA, d'Orb, 1825, Foraminif. de Vienne, p. 211.

*2957. costata, d'Orb., 1846, Foraminif. de Vienne, p. 212, pl. 12, fig. 15-17. Autriche, Nussdorf.

*2958. simplex, d'Orb., 1846, Foraminif. de Vienne, p. 211, pl. 12, fig. 12-14. Autriche, Nussdorf.

DIMORPHINA, d'Orb., 1825, Foraminif. de Vienne, p. 219.

*2959. **obliqua,** d'Orb., 1846, Foraminif. de Vienne, p. 220, pl. 12, fig. 18-20. Autriche, Baden.

*2960. **nodosaria,** d'Orb., 1846, Foraminif. de Vienne, p. 221, pl. 12, fig. 21, 22. Autriche, Baden.

GUTTULINA, d'Orb., 1825.

*2962. **lævigata,** d'Orb., 1825, Ann. des Sc. nat., p. 100, n. 19. Bordeaux (non Adriatique).

*2963. **Austriaca,** d'Orb., 1846, Foraminif. de Vienne, p. 223, pl. 12, fig. 23-25. Autriche, Nussdorf.

GLOBULINA, d'Orb., 1825, Foraminif. de Vienne.

*2964. **gibba,** d'Orb., 1825, Ann. des Sc. nat., p. 100, n. 20. Modèles, n. 63. Id., 1846, Foraminif. de Vienne, p. 227, pl. 13, fig. 13, 14. Dax, Bordeaux, Chavagne (non Paris, non Adriatique) ; Autriche, Nussdorf.

*2965. **ovata,** d'Orb., 1825, Ann. des Sc. nat., p. 100, n. 22. Espèce ovale, acuminée. Bordeaux (non Beauvais, non Rimini).

*2966. **Grateloupi,** d'Orb., 1825, Ann. des Sc. nat., p. 101, n. 23. G. elongata id., n. 24. Espèce costulée en long. Dax.

*2967. **deformis,** d'Orb., 1825, Ann. des Sc. nat., p. 101, n. 27. Espèce plus large que longue, lisse. Pontlevoy.

*2968. **irregularis,** d'Orb., 1846, Foraminif. de Vienne, p. 226, pl. 13, fig. 9, 10. Autriche, Nussdorf.

*2969. **æqualis,** d'Orb., 1846, Foraminif. de Vienne, p. 227, pl. 13, fig. 11, 12. Autriche, Nussdorf.

*2970. **tubulosa,** d'Orb., 1846, Foraminif. de Vienne, p. 228, pl. 13, fig. 15, 16. Autriche, Nussdorf.

*2971. **punctata,** d'Orb., 1846, Foraminif. de Vienne, p. 229, pl. 13, fig. 17, 18. Autriche, Baden.

*2972. **rugosa,** d'Orb., 1846, Foraminif. de Vienne, p. 229, pl. 13, fig. 19, 20. Autriche, Baden.

*2973. **tuberculata,** d'Orb., 1846, Foraminif. de Vienne, p. 230, pl. 13, fig. 21, 22. Autriche, Baden.

*2974. **spinosa,** d'Orb., 1846, Foraminif. de Vienne, p. 231, pl. 13, fig. 23, 24. Autriche, Nussdorf.

POLYMORPHINA, d'Orb., 1825. Voy. t. 2, p. 185.

*2975. **oblonga,** d'Orb., 1846, Foraminif. de Vienne, p. 232, pl. 12, fig. 29-31. Autriche, Nussdorf.

*2976. **subcompressa,** d'Orb., 1847. P. compressa, d'Orb., 1846, Foraminif. de Vienne, p. 233, pl. 12, fig. 32-34 (non Philippi, 1844). Autriche, Nussdorf.

*2977. **ovata,** d'Orb., 1846, Foraminif. de Vienne, p. 233, pl. 13, fig. 1-3. Autriche, Nussdorf.

*2978. **subacuta,** d'Orb., 1847. P. acuta, d'Orb., 1846, Foraminif. de Vienne, p. 234, pl. 13, fig. 4, 5 (non 1825). Autriche, Baden.

*2979. **complanata,** d'Orb., 1846, Foraminif. de Vienne, p. 234, pl. 13, fig. 25-30. Autriche, Nussdorf, Baden.

*2980. **digitalis,** d'Orb., 1846, Foraminif. de Vienne, p. 235, pl. 14, fig. 1-4. Autriche, Nussdorf.

*2981.   **Burdigalensis,** d'Orb., 1825, Ann. des Sc. nat., p. 99, n. 2. Modèles, n. 29. France, Bordeaux.

*2982.   **acuta,** d'Orb., 1825, Ann. des Sc. nat., p. 99, n. 7. Espèce très-allongée. Dax, dans les grosses natices.

*2983.   **contecta,** d'Orb., 1825, Ann. des Sc. nat., p. 99, n. 10. Espèce très-large, gibbeuse. France, Dax.

*2984.   **dilatata,** d'Orb., 1825, Ann. des Sc. nat., p. 99, n. 11. Espèce presque carénée sur les côtés. France, Chavagne.

*2985.   **pupa,** d'Orb., 1825, Ann. des Sc. nat., p. 99, n. 9. Espèce courte, renflée. Bordeaux (non Beauvais, non Toulon).

2986.   **teretiuscula?** Rœm., p. 385, n. 4, fig. 24. Philippi, 1844, Foss. tert. du N.-E. de l'Allemagne, p. 5. Cassel.

2987.   **anceps,** Philippi, 1844, Beitr., p. 43, pl. 1, fig. 34. Cassel.

2988.   **compressa,** Philippi, 1844, Beitr., p. 69, pl. 1, fig. 35. Cassel.

BIGENERINA, d'Orb., 1825. Voy. Foraminif. de Vienne, p. 237.

*2989.   **agglutinans,** d'Orb., 1846, Foraminif. de Vienne, p. 238, pl. 14, fig. 8-10. Autriche, Nussdorf.

TEXTULARIA, Defrance.

*2990.   **consecta,** d'Orb., 1825, Ann. des Sc. nat., p. 96, n. 7. Espèce très-allongée. *T. acuta id.*, n. 9. Bordeaux.

*2991.   **rugosa,** d'Orb., 1825, Ann. des Sc. nat., p. 97, n. 10. Espèce plane sur les côtés. Bords de l'étang de Tau.

*2992.   **elongata,** d'Orb., 1825, Ann. des Sc. nat., p. 97, n. 11. Espèce lobée. Bords de l'étang de Tau.

*2993.   **lobata,** d'Orb., 1825, Ann. des Sc. nat., p. 97, n. 12. Espèce comme tuberculeuse. Bords de l'étang de Tau.

*2994.   **lingula,** d'Orb., 1825, Ann. des Sc. nat., p. 97, n. 19. Espèce plus large que le *T. cuneiformis.* Chavagne.

*2995.   **quadrangularis,** d'Orb., 1825, Ann. des Sc. nat., p. 97, n. 21. Espèce quadrangulaire. Étang de Tau.

*2996.   **Nussdorfensis,** d'Orb., 1846, Foram. de Vienne, p. 243, pl. 14, fig. 17-19. Autriche, Nussdorf.

*2997.   **Bronniana,** d'Orb., 1846, Foraminif. de Vienne, p. 244, pl. 14, fig. 20-22. Autriche, Nussdorf.

*2998.   **deperdita,** d'Orb., 1846, Foraminif. de Vienne, p. 244, pl. 14, fig. 23-25. Autriche, Nussdorf.

*2999.   **Mayeriana,** d'Orb., 1846, Foraminif. de Vienne, p. 245, pl. 14, fig. 26-28. Autriche, Nussdorf, Baden.

*3000.   **Mariæ,** d'Orb., 1846, Foraminif. de Vienne, p. 246, pl. 14, fig. 29-31. Autriche, Baden.

*3001.   **subangulata,** d'Orb., 1846, Foraminif. de Vienne, p. 247, pl. 15, fig. 1-3. Autriche, Nussdorf.

*3002.   **gramen,** d'Orb., 1846, Foraminif. de Vienne, p. 248, pl. 15, fig. 4-6. Autriche, Baden.

*3003.   **Hauerii,** d'Orb., 1846, Foraminif. de Vienne, p. 250, pl. 15, fig. 13-15. Autriche, Nussdorf.

*3004.   **articulata,** d'Orb., 1846, Foraminif. de Vienne, p. 250, pl. 15, fig. 16-18. Autriche, Baden.

BOLIVINA, d'Orb., 1839, Foraminif. de Vienne, p. 239.

*3005. antiqua, d'Orb., 1846, Foraminif. de Vienne, p. 240, pl. 14, fig. 11-13. Autriche, Baden.

BILOCULINA, d'Orb., 1825.

*3006. affinis, d'Orb., 1846, Foraminif. de Vienne, p. 265, pl. 16, fig. 13. Autriche, Baden.

*3007. contraria, d'Orb., 1846, Foraminif. de Vienne, p. 266, pl. 16, fig. 4-6. Autriche, Baden.

*3008. inornata, d'Orb., 1846, Foraminif. de Vienne, p. 266, pl. 16, fig. 7-9. Autriche, Baden.

*3009. alata, d'Orb., 1825, Ann. des Sc. nat., p. 132, n. 6. Espèce tranchante en arrière. Dax.

*3010. clypeata, d'Orb., 1846, Foraminif. de Vienne, p. 263, pl. 15, fig. 19-21. Autriche, Nussdorf.

*3011. lunula, d'Orb., 1846, Foraminif. de Vienne, p. 264, pl. 15, fig. 22-24. Autriche, Baden.

*3012. simplex, d'Orb., 1846, Foram. de Vienne, p. 264, pl. 15, fig. 25-27. Autriche, Nussdorf.

SPIROLOCULINA, d'Orb., 1825.

*3013. canaliculata, d'Orb., 1846, Foraminif. de Vienne, p. 269, pl. 16, fig. 10-12. Autriche, Baden.

*3014. Badenensis, d'Orb., 1846, Foraminif. de Vienne, p. 270, pl. 16, fig. 13-15. Autriche, Baden.

*3015. dilatata, d'Orb., 1846, Foraminif. de Vienne, p. 271, pl. 16, fig. 16-18. Autriche, Baden.

*3016. excavata, d'Orb., 1846, Foraminif. de Vienne, p. 271, pl. 16, fig. 19-27. Autriche, Baden.

*3017. Gratteloupi, d'Orb., 1825, Ann. des Sc. nat., p. 132, n. 3. Espèce très-allongée. Dax.

*3018. tricarinata, d'Orb., 1825, Ann. des Sc. nat., p. 132, n. 5. A trois carènes extérieures. Dax.

*3019. lyra, d'Orb., 1825, Ann. des Sc. nat., p. 132, n. 7. Bisanguleuse extérieurement. Dax, Bordeaux.

TRILOCULINA, d'Orb., 1825.

*3020. affinis, d'Orb., 1825, Ann. des Sc. nat., p. 133, n. 2. Espèce voisine du *Trigonula*, mais moins anguleuse. Dax.

*3021. cylindrica, d'Orb., 1825, Ann. des Sc. nat., p. 134, n. 19. Espèce cylindrique. Dax.

*3022. reversa, d'Orb., 1825, Ann. des Sc. nat., p. 134, n. 20. Espèce costulée, globuleuse. Dax.

*3023. Austriaca, d'Orb., 1846, Foraminif. de Vienne, p. 275, pl. 16, fig. 25-27. Autriche, Nussdorf.

*3024. bipartita, d'Orb., 1846, Foraminif. de Vienne, p. 275, pl. 17, fig. 1-3. Autriche, Baden.

*3025. scapha, d'Orb., 1846, Foraminif. de Vienne, p. 276, pl. 17, fig. 4-6. Autriche, Nussdorf.

*3026. oculina, d'Orb., 1846, Foraminif. de Vienne, p. 277, pl. 17, fig. 7-9. Autriche, Baden.

*3027. consobrina, d'Orb., 1846, Foraminif. de Vienne, p. 277, pl. 17, fig. 10-12. Autriche, Nussdorf.

***3028. inflata,** d'Orb., 1846, Foraminif. de Vienne, p. 278, pl. 17, fig. 13-15. Autriche, Nussdorf.

***3029. inornata,** d'O b., 1846, Foraminif. de Vienne, p. 279, pl. 17, fig. 16-18. Autriche, Nussdorf.

***3030. pulchella,** d'Orb., 1846, Foraminif. de Vienne, p. 279, pl. 17, fig. 19-21. Autriche, Nussdorf.

***3031. subangusta,** d'Orb., 1847. *T. angusta*, Philippi, 1844, Beitr., p. 43, pl. 1, fig. 40 (non Desh., 1831). Cassel.

3032. carinata, Philippi, 1844, Beitr., p. 43, pl. 1, fig. 36. Cassel.

3033. ovalis, Rœm., p. 393, fig. 73, Philippi, 1844, Beitr., p. 6. Cassel.

3034. orbicularis, Rœm., p. 393, fig. 75. Philippi, 1844, Beitr., p. 6. Cassel.

3035. rostrata, Michelotti, Rizop. sopracret., p. 48, pl. 3, fig. 3. Piémont, Turin.

ARTICULINA, d'Orb., 1825.

***3036. gibbosula,** d'Orb., 1846, Foraminif. de Vienne, p. 282, pl. 20, fig. 16-18. Autriche, Tarnapol en Gallicie.

SPHÆROIDINA, d'Orb., 1825. Voy. Foramin. de Vienne, p. 283.

***3037. Austriaca,** d'Orb., 1846, Foraminif. de Vienne, p. 284, pl. 20, fig. 19-21. Autriche, Nussdorf.

QUINQUELOCULINA, d'Orb., 1825.

***3038. pauperata,** d'Orb., 1846, Foraminif. de Vienne, p. 286, pl. 17, fig. 22-24. Autriche, Nussdorf.

***3039. Hauerina,** d'Orb., 1846, Foraminif. de Vienne, p. 286, pl. 17, fig. 25-27. Autriche, Baden.

***3040. Mayeriana,** d'Orb., 1846, Foraminif. de Vienne, p. 287, pl. 18. fig. 1-3. Autriche, Nussdorf.

***3041. Bronniana,** d'Orb., 1846, Foraminif. de Vienne, p. 287, pl. 18, fig. 4-6. Autriche, Nussdorf.

***3042. Buchiana,** d'Orb., 1846, Foraminif. de Vienne, p. 289, pl. 18, fig. 10-12. Autriche, Nussdorf.

***3043. Haidingerii,** d'Orb., 1846, Foraminif. de Vienne, p. 289, pl. 18, fig. 13-15. Autriche, Baden.

***3044. orbicularis,** d'Orb., 1825, Ann. des Sc. nat., p. 136, n. 37. Espèce presque tranchante. Bordeaux.

***3045. dubia,** d'Orb., 1825, Ann. des Sc. nat., p. 137, n. 47. Espèce presque enroulée comme une spiroloculine. Bordeaux.

***3046. Akneriana,** d'Orb., 1846, Foraminif. de Vienne, p. 290, pl. 18, fig. 16-21. Autriche, Baden.

***3047. Ungeriana,** d'Orb., 1846, Foraminif. de Vienne, p. 291, pl. 18, fig. 22-24. Autriche, Baden.

***3048. Partchii,** d'Orb., 1846, Foraminif. de Vienne, p. 293, pl. 19, fig. 4-6. Autriche, Buitur.

***3049. Boueana,** d'Orb., 1846, Foraminif. de Vienne, p. 293, pl. 19, fig. 7-9. Autriche, Nussdorf.

***3050. Du'emplei,** d'Orb., 1846, Foraminif. de Vienne, p. 294, pl. 19, fig. 10-12. Autriche, Nussdorf.

***3051. Nussdorfensis,** d'Orb., 1846, Foraminif. de Vienne, p. 295, pl. 19, fig. 13-15. Autriche, Nussdorf.

*3052. **zigzag,** d'Orb., 1846, Foraminif. de Vienne, p. 295, pl. 19, fig. 16-18 Autriche, Buitur.

*3053. **Verneuiliana,** d'Orb., 1846, Foraminif. de Vienne, p. 296, pl. 19, fig. 19-21. Autriche. Baden.

*3054. **Schreibersii,** d'Orb., 1846, Foraminif. de Vienne, p. 296, pl. 19, fig. 22-24. Autriche, Baden.

*3055. **Josephina,** d'Orb., 1846, Foraminif. de Vienne, p. 297, pl. 19, fig. 25-27. Autriche, Nussdorf.

*3056. **Juleana,** d'Orb., 1846, Foraminif. de Vienne, p. 298, pl. 20, fig. 1-3. Autriche, Nussdorf.

*3057. **contorta,** d'Orb., 1846, Foraminif. de Vienne, p. 299, pl. 20, fig. 4-6. Autriche, Nussdorf.

*3058. **Rodolphina,** d'Orb., 1846, Foraminif. de Vienne, p. 299, pl. 20, fig. 7-9. Autriche, Baden.

*3059. **Badenensis,** d'Orb., 1846, Foraminif. de Vienne, p. 299, pl. 20, fig. 10-12. Autriche, Baden.

*3060. **Mariæ,** d'Orb., 1846, Foraminif. de Vienne, p. 300, pl. 20, fig. 13-15.

ADELOSINA, d'Orb., 1825, Foraminif. de Vienne, p. 302.

*3061. **pulchella,** d'Orb., 1846, Foraminif. de Vienne, p. 303, pl. 20, fig. 25-29. Autriche, Baden.

AMORPHOZOAIRES.

CLIONA, Graut, 1826, *Vioa,* Nardo, 1829.

*3062. **Duvernoyi,** d'Orb., 1847. *Vioa id.,* Michelin, Icon. zooph., pl. 79, fig. 7. Environs de Tours.

*3063. **nardina,** d'Orb., 1847. *Vioa id.,* Michelin, 1847, Iconogr. zoophyt., pl. 79, fig. 8. Env. de Tours.

VINGT-SEPTIÈME ÉTAGE : SUBAPENNIN.

MOLLUSQUES CÉPHALOPODES.

ARGONAUTA, Linné, d'Orb., Paléont. univ., 1, p. 147 ; id., Mollusques, p. 210.
1. hians, Solander, d'Orb., Paléont. univ., 1, p. 150, pl. 2, fig. 6-10. Piémont, Astezan, viv. Océan Atlantique et grand Océan.

MOLLUSQUES GASTÉROPODES.

HELIX, Linné, 1758.
'1' insignis, Schübler, Zieten, 1830, Pétrif. du Wurtemberg, p. 38, pl. 39, fig. 1. Wurtemberg, Steinheim dans le Stubenthal.
'2. Sylvestrina, Zieten, 1830, Pétrif. du Wurtemberg, p. 38, pl. 29, fig. 2. *Helicites Sylvestrinus.* Schlot., Pétrif., n. 1, p. 99. Wurtemb., Steinheim dans le Stubenthal.
'3. globulosa, Benz, Zieten, 1830, Pétrific. du Wurtemberg, p. 38, pl. 29, fig. 3. Wurtemberg, Ulm.
'4. rugulosa, Martens, Zieten, 1830, Pétrif. du Wurtemb., p. 38, pl. 29, fig. 5. Wurtemberg, Niederstotzingen près d'Ulm.
'5. pseudodepressa, d'Orb., 1847. *H. depressa,* Martens, Zieten, 1830, p. 38, pl. 29, fig. 6 (non Montagu, 1803). Wurtemberg, près de Ganslosen.
'6. inflexa, Martens, Zieten, 1830, Pétrif. du Wurtemberg, p. 41, pl. 31, fig. 1. Wurtemberg, Ulm.
'7. subangulosa, Benz, Zieten, 1830, p. 41, pl. 31, fig. 2. Wurtemberg, Ulm.
8. sepulta, Michelotti, Revist. Gaster., p. 1. Sysm. Cal., 1847, p. 56. Piémont, Astezan.
9. vermicularia, Mich., Revist. Gast., p. 1. Piémont, Astezan.
PUPA, Draparneau, 1801.
'10. antiqua, Schübler, Zieten, 1830, Pétrif. du Wurtemb., p. 39, pl. 29, fig. 7. Wurtemberg, Stubenthal, près de Steinheim.

CLAUSILIA, Draparneau, 1805.
*11   **antiqua,** Schübler, Zieten, 1830, Pétrif. du Wurtemberg, p. 41,
pl. 31, fig. 3 et 4. Wurtemberg, Ulm.
AURICULA, Lamarck, 1796.
*12.   **myotis,** Bonelli. *Voluta myotis,* Brocc., Conch. subap., p. 640,
pl. 15, fig. 9. Sismonda, 1847, Syn. meth., p. 56. Astezan.
LIMNEA, Draparneau, 1801.
*13.   **peregra?** Lamarck, Zieten, 1830, Pétrif. du Wurtemb., p. 41,
pl. 31, fig. 6. Wurtemberg, Ulm.
*14.   **subventricosa,** d'Orb., 1847. *L. ventricosa.* Martens, Zieten,
1830, p. 41, pl. 31, fig. 7 (non Desh., 1824). Wurtemberg, Ulm.
*15.   **vulgaris?** Pfeiffer, Zieten, 1830, Pétrif. du Wurtemb., p. 42,
pl. 31, fig. 8. Wurtemberg, Ulm.
*16.   **socialis,** Schübler, Zieten, 1830, Wurtemberg, p. 40, pl. 30,
fig. 4. Steinheim.
*17.   **striata,** Schübler, Zieten, 1830, Pétrif. du Wurtemb., p. 40,
pl. 30, fig. 5. Wurtemberg, Steinheim.
*18.   **subpyramidalis?** d'Orb., 1847. *L. pyramidalis,* Zieten, 1830,
p. 39, pl. 30, fig. 1 (non Sow.). Wurtemberg, Berg, près de Stutt-
gart.
19.   **subovata,** Hartmann, Zieten, 1830, Pétrif. du Wurtemberg,
p. 39, pl. 30, fig. 2. Niederstotzingen, près d'Ulm.
20.   **gracilis,** Zieten, 1830, Pétrif. du Wurtemb., p. 39, pl. 30, fig. 3.
Wurtemberg, Ulm.
PLANORBIS, Guettard, 1756.
*21.   **pseudoammonius,** Voltz, Zieten, 1830, Pétrif. du Wurtemberg, p. 39, pl. 29, fig. 8. Steinheim dans le Stubenthal.
*22.   **imbricatus,** Müller, Zieten, 1830, Pétrif. du Wurtemb., p. 39,
pl. 29, fig. 9. Wurtemberg, Steinheim.
*23.   **subhemistoma,** Zieten, 1830, Pétrif. du Wurtemberg, p. 39,
pl. 29, fig. 10 (non Sow.). Wurtemberg, Steinheim.
*24.   **contortus??** Müller, Zieten, 1830, Pétrif. du Wurtemb., p. 41,
pl. 31, fig. 5. Wurtemberg, Ulm.
ANCYLUS, Geoffroy, 1776.
*25.   **deperditus,** Desmarest, Zieten, 1830, Pétrif. du Wurtemb.,
p. 49, pl. 37, fig. 4, 5. Wurtemberg, Grimmelsingen, près d'Ulm.
CYCLOSTOMA, Lamarck, 1801.
26.   **glabrum,** Schübler, Zieten, 1830, Pétrif. du Wurtemb., p. 42,
pl. 31, fig. 9. Wurtemberg, Grimmelsingen.
*27.   **bisulcatum,** Zieten, 1830, Pétrif. du Wurtemb., p. 40, pl. 30,
fig. 6. Wurtemberg, Ulm.
PALUDESTRINA, d'Orb., 1839. Voy. t. 2, p. 300.
*28.   **multiformis,** d'Orb., 1847. *Paludina multiformis,* Bronn.,
Zieten, 1830, p. 40, pl. 30, fig. 7-10. Wurtemberg, Stubenthal, près
Steinheim.
*29.   **pseudoglobulus,** d'Orb., 1847. *Paludina globulus,* Zieten,
1830, p. 40, pl. 30, fig. 11. Steinheim.
*30.   **thermalis,** d'Orb., 1847. *Paludina thermalis,* Zieten, 1830,
p. 42, pl. 31, fig. 11. Michelsberg, près d'Ulm.
RISSOA, Freminville, 1814.

31. Bonelli, E. Sismonda, 1847, Syn. meth., p. 30 et p. 53. *Rissoa carinata*, Bonelli (non Philippi). Astezan.

32. brevis, E. Sismonda, 1847, Syn. meth., p. 30 et p. 53. *Alvania brevis*, All., p. 37, pl. 10, fig. 10. Astezan.

33. cimex, Sismonda, 1847, Syn. meth., p. 53. *Turbo cimex*, Brocchi, Conch. subap., p. 363, pl. 6, fig. 3. Astezan.

*34. **costulina,** Bonelli, E. Sismonda, 1847, Syn. meth., p. 31 et p. 53. Piémont, Astezan.

35. equestris, Bonelli, E. Sismonda, 1847. Astezan.

36. lævigata, E. Sismonda, 1847, Syn. meth., p. 30, 31, et p. 53. *Alvania lævigata*, Bonelli. Astezan.

*37. **minuta,** E. Sismonda, 1847, Syn. meth., p. 30 et p. 53. *Alvania minuta*, All., p. 37, pl. 10, fig, 1-3. Astezan.

38. striolata, Risso, Prod. de l'Europe mérid., 4, p. 119. E. Sismonda, 1847, Syn. meth., p. 31 et p. 53. Astezan.

39. Sulzeriana, E. Sismonda, 1847, Syn. meth., p. 53. *Alvania Sulzeriana*, Risso, Prod. de l'Europe mérid., p. 145, pl. 4, fig. 124. Piémont.

40. textilis, E. Sismonda, 1841, Syn. meth., p. 30 et p. 53. *Alvania textilis*, Bonelli. Astezan.

41. acinus, Bronn., It. tert. geb., p. 75 *Pupa acinus*, Brocchi, Conch. subap., p. 381, pl. 6, fig. 4. *Alvania craticula*, Bonelli, Sismonda, 1847, Syn. meth., p. 53. Piémont.

42. acuta, Desmarets, Bull. soc. phil. (1814), p. 8, pl. 1, fig. 4. Lam., An. s. vert., 8, p. 470. Sismonda, 1847, Syn. meth., p. 53. Piémont.

43. antiqua, Bonelli, E. Sismonda, 1847, Syn. meth., p. 31 et p. 53. Astezan.

RISSOINA, d'Orb., 1839. Voy. t. 1, p. 297.

*44. **pusilla,** d'Orb., 1847. Voy. Étage falunien, n. 392. Astezan.

SCALARIA, Lamarck, 1801.

45. alternicostata, Bronn., It. tert. geb., p. 66. *S. lativaricosa*, Bonelli, Sismonda, 1847, Syn. meth., p. 28 et p. 53. Astezan.

46. cancellata, Defr., Bronn., It. tert. geb., p. 68. *Turbo cancellata*, Brocchi, Conch. subap., p. 377, pl. 7, fig. 8. Sismonda, 1847, Syn. meth., p. 54. Astezan.

*47. **clathra,** Sismonda, 1847, Syn. meth., p. 54. *Turbo clathra*, Brocchi, Conch. subap., p. 378. Sow., Gen. of sh., fig. 2. *S. communis*, Lam., An. s. vert., 9, p. 75. France, Perpignan (Pyrénées-Orient.); Astezan.

48. impressa, Bonelli, Denom. ined. Test. mus. Taurin. Sismonda, 1847, Syn. meth., p. 54. Astezan.

*49. **muricata,** Risso, Prod. Europ. merid., 4, p. 113. Kien., Icon., pl. 4, fig. 11. Sismonda, 1847, Syn. meth., p. 54. France, Perpignan; Astezan.

*50. **pseudoscalaris,** Sismonda, 1847, Syn. meth., p. 54. *Turbo pseudoscalaris*, Brocchi, Conch. subap., p. 379, pl. 7, fig. 1. *S. foliacea*, Sow., Min. Conch., 4, p. 125, pl. 190, fig. 2 (non Lam.). Perpignan; Astezan.

51. pumicea, Sismonda, 1847, Syn. meth., p. 54. *Turbo pumicea,* Brocchi, Conch. subap., p. 380, pl. 7, fig. 3. Astezan.

52. sulculata, Bonelli, E. Sismonda, 1847, Syn. meth., p. 28 et 54. Astezan.

53. tenuicosta, Michaud, Philippi, Enum. moll. sic., 2, p. 145. *S. planicosta,* Bivon, Phil., l. c., p. 168, pl. 10, fig. 4 Sismonda, 1847, Syn. meth., p. 54. Astezan.

54. Trinacria, Phil., Enum. moll. sic., 2, p. 145, pl. 24, fig. 23. Sismonda, 1847, Syn. meth , p. 54. Astezan.

55. variabilis, Jan. in Epist. et Specim. Sismonda, 1847, Syn., p. 54. Astezan.

TURRITELLA, Lamarck, 1801, Voy. t. 2, p. 67.

*56. communis,** Risso, Prod. Eur., 4, p. 156, pl. 4, fig. 37. *Turbo terebra,* Brocchi (non L.), p. 364, pl. 6, fig. 8. *T. angulata,* Mich. (non Gmel.), Sismonda, 1847, Syn. meth., p. 54. Perpignan; Astezan.

*57. quadricarinata,** Sismonda, 1847, Syn. meth., p. 55. *Turbo quadricarinata,* Brocchi, Conch. subap., p. 375, pl. 7, fig. 6. Perpignan; Astezan.

*58. varicosa,** Sismonda, 1847, Syn. meth., p. 55. *Turbo varicosa,* Brocchi, Conch. subap., p. 374, pl. 6, fig. 15. Perpignan; Astezan.

*59. vermicularis,** Sismonda, 1847, Syn. meth., p. 55. *Turbo vermicularis,* Brocchi, Conch. subap., p. 372, pl. 6, fig. 13. Perpignan; Astezan.

TURBONILLA, Risso, 1825.

*60. columnaris,** Bonelli. *Chemnitzia columnaris,* E. Sismonda, 1847, Syn. meth., p. 31 et p. 52 (non Étage 6, 126). Astezan.

*61. decussata,** Bonelli. *Chemnitzia decussata,* E. Sismonda, 1847, Syn. meth , p. 31 et p. 52. Astezan.

*62. plicatula,** d'Orb., 1847. *Chemnitzia plicatula,* E. Sismonda, 1847, Syn. meth., p. 31 et p. 52. *Turbo plicatulus,* Brocchi, Conch. subap , p. 376, pl. 7, fig. 5. Astezan.

EULIMA, Risso, 1825. Voy. t. 1, p. 116.

63. subbrevis, d'Orb., 1847. *E. brevis,* Sismonda, 1847, Syn. meth., p. 53 (non Sowerby, 1834) Astezan.

64. subhastata, d'Orb., 1847. *E. hastata,* Sismonda, 1847, Syn. meth , p. 58 (non Sowerby, 1834). Astezan.

*65. polita,** Deshayes, Lam., An. s. vert., 8, p. 453. Sismonda, 1847, Syn. meth., p. 53. Perpignan; Astezan.

66. scillæ, Phil., Enum. moll. sic., 2, p. 135, pl. 24, fig. 6. *Melania scillæ,* Scacc. notiz., p. 51, pl. 2, fig. 2. Sismonda, 1847, Syn. meth., p. 53 Astezan.

67. subulata, Desh., Lam., An. s vert., 8, p. 455 *Turbo subulatus,* Donav. *Helix subulata,* Brocchi, pl. 3, fig. 5. *Melania subulata,* Sismonda, 1847, Syn. meth., p. 53. Astezan.

ACTEON, Montf rt 1810. Voy t. 1, p. 263.

68. achatina, d'Orb., 1847. *Tornatella achatina,* Bonelli, E. Sismonda, 1847, Syn. meth., p. 28 et p. 52. Astezan.

*69. tornatilis,** Montfort, 1810. *Tornatella fasciata,* Lam., An. s. vert., 9, p. 41. Kien., Icon., pl. 1, fig. 3. *Voluta tornatilis,* Lin. Sismonda, 1847, Syn. meth., p. 52. Perpignan; Astezan.

70. semistriata? d'Orb., 1847. *Tornatella semistriata*, Defrance, Bast. coq. foss. Bord., p. 25. Lam., An. s. vert., 9, p. 48. *T. Brocchii*, Bonelli, E. Sismonda, 1847, Syn. meth., p. 52. Astezan.

NISO, Risso, 1825.

***71. terebellum,** Philippi, En. moll. sic., 2, p. 136. *Helix terebellata*, Brocchi, Sismonda, 1847, Syn. meth., p. 52. Astezan.

RINGICULA, Deshayes, 1838.

***72. marginata,** Desh., Lam., An. s. vert., 8, p. 345; Sismonda, 1847, Syn. meth., p. 52. Perpignan ; Astezan.

NATICA, Adanson, 1757.

***73. glaucina,** Lam., An. s. vert., 8, p. 625. Gault., Test., pl. 67, fig. b. *Nerita glaucina*, Linn., Sismonda, 1847, Syn. meth., p. 51. Astezan.

***74. helicina,** Sismonda. *Naurita helicina*, Brocchi, Conch. subap., p. 297, pl. 1, fig. 10. *N. monilifera*, Lam., Sismonda, 1847, Syn. meth., p. 51. Astezan.

***75. millepunctata,** Lam., An. s. vert., 8, p. 636. Chemn., Conch., 5, p. 186, fig. 1862-63. *N. cancrina*, Brocchi, Conch., p. 296. Sism., 1847, Syn. meth., p. 51. France, Perpignan ; Piémont, Astezan.

***76. olla,** Marcel de Serre, Géog. terr. tert., pl. 1, fig. 1, 2. Lam., An. s. vert., 8, p. 650. *Nerita glaucina*, Brocchi, Conch., p. 296. Sismonda, 1847, Syn. meth., p. 51. Perpignan ; Astezan.

77. plicatula, Bronn., It. Tert. Geb., p. 72. Sismonda, 1847, Syn. meth., p. 51. Astezan.

78. umbilicosa, Bonelli, E. Sismonda, 1847, Syn. meth., p. 51. Piémont, Astezan.

***79. Valenciennesi,** Payrodeau, Cat. moll. de Corse, p. 118, pl. 5, fig. 23, 24. *N. Marechensis*, E. Sismonda, 1847, Syn. meth., p. 27 et p. 51 (non Lam). Astezan.

SIGARETUS, Adanson, 1757.

***80. subhaliotideus,** d'Orb., 1847. *S. haliotideus*, Sismonda, 1847, Syn. meth., p. 51 (non Lam.). Perpignan ; Astezan.

PHORUS, Montfort, 1810.

***81. crispus,** Konig., Icon. sec., 58. *Trochus agglutinans*, Brocchi, Conch. subap., p. 358 (non Lam.). Sismonda, 1847, Syn. meth., p. 50. Perpignan ; Astezan.

82. Deshayesi, Michelotti. *Trochus Benettiæ*, Gratt., Conch. foss. Ad., pl. 13, fig. 1 (non Sow.). Sismonda, 1847, Syn. meth., p. 50. Piémont, Astezan.

***83. infundibulum,** Bronn., It. Tert. Geb., p. 61. *Trochus infundibulum*, Brocchi, Conch. subap., p. 352, pl. 5, fig. 17. Sismonda, 1847, Syn. meth., p. 50. Perpignan ; Astezan.

TROCHUS, Linné, 1758.

84. crenulatus, Brocchi, Conch. subap., p. 354, pl. 6, fig. 2 (non Lam.). *T. exasperatus*, Penn., Sismonda, 1847, Syn. meth., p. 49. Astezan.

***85. fanulum?** Gmel., Lam., An. s. vert., 9, p. 154. *Monodonta ægyptiaca*, Payr., Cat., p. 177, pl. 6, fig. 26, 27. Sismonda, 1847, Syn. meth., p. 49. Astezan.

86. Guttadauri, Philippi, Enum. moll. sic., 1, p. 182, pl. 11, fig. 1. Sismonda, 1847, Syn. meth., p. 49. Aztezan.

***87. magus,** Linn., Lam., An. s. vert., 9, p. 130. Chemn., Conch., 5, pl. 171, fig. 1656-57, 1659-60. Sismonda, 1847, Syn. meth., p. 49. Astezan.

88. papillosus, Da-Cost., Lam., An. s. vert., 9, p. 145 (in not). *T. granulosus,* Born., Ph. en. moll. sic., 1, p. 174, pl. 10, fig. 22. Sismonda, 1847, Syn. meth., p. 50. Astezan.

***89. patulus,** Brocch., Conch. subap., p. 356, pl. 5, fig. 19. Sismonda, 1847, Syn. meth., p. 50. Astezan.

***90. striatus,** Linn., Lam., An. s. vert., 9, p. 156. Bronn, p. 661, pl. 16, fig. 4. *T. depictus,* Desh., Exp. mor., p. 143, pl. 18, fig. 23-25 (f. Ph.). Sismonda, 1847, Syn. meth., p. 50. Astezan.

91. turgidulus, Brocchi, Conch. subap., p. 353, pl. 5, fig. 16. Sismonda, 1847, Syn. meth., p. 50. Astezan.

***92. sublimbatus,** d'Orb., 1847. *Monodonta limbata,* Phil., Enum. moll. sic., 2, p. 157, pl. 25, fig. 19 (non Schloth, 1820). Sismonda, 1847, Syn. meth., p. 49. Perpignan ; Astezan.

93. polyodonta, d'Orb., 1847. *Monodonta polyodonta,* Bronn., It. Tert. Geb., p. 56. *M. corallina,* Mich. *M. Pharaonula,* Bonelli, E. Sismonda, 1847, Syn. meth., p. 30 et p. 49. Astezan.

***94. cingulatus,** Brocch., Conch. subap., p. 351, pl. 5, fig. 15. Sismonda, 1847, Syn. meth., p. 49. Astezan.

***95. conulus,** Linn., Lam., An. s. vert., 9, p. 142. Sismonda, 1847, Syn. meth., p. 49. Astezan.

***96. vorticosus,** Brocchi, Conch. subap., p. 357, pl. 5, fig. 14 (recensit. fide Brocc.). Sismonda, 1847, Syn. meth., p. 50. Astezan.

SOLARIUM, Lamarck, 1801. Voy. t. 1, p. 300.

***97. simplex,** Bronn, It. Tert. Geb., p. 63. *Trochus pseudo-perspectivus,* Brocchi. *S. sulcatum,* Bonelli. *S. neglectum,* Mich. de Solar, pl. 2, fig. 7, 9. Sismonda, 1847, Syn. meth., p. 49. Perpignan ; Astezan.

***98. subvariegatum,** d'Orb., 1847. *S. variegatum,* Sismonda, 1847, Syn. meth., p. 49 (non Lam., 1822 ; non *Troch. variegatus,* Gmel.; non *S. stramineum,* Lam.). E. Sismonda. Astezan.

PHASIANELLA, Lamarck, 1801. Voy. t. 1, p. 67.

***99. rubra,** E. Sismonda, 1847, Syn. meth., p. 48. *Tricolia rubra,* Risso, Prod. Eur. merid., 4, p. 122. Piémont.

TURBO, Linné, 1758.

***100. rugosus,** Linn., Lam., An. s. vert., 9, p. 196, Scilla, pl. 16, fig. 8. *Trochus solaris,* Brocc., p. 357, pl. 5, fig. 13. Sismonda, 1847, Syn. meth., p. 48. Perpignan ; Astezan.

***101. costatus,** d'Orb., 1847. *Fossarus costatus,* Philip., En. moll. sic., 2, p. 148. *Nerita costata,* Brocchi, Conch. subap., p. 300, pl. 1, fig. 11. *Stomatia costata,* E. Sismonda, 1847, Syn. meth., p. 28 et p. 47. Astezan.

VERMETUS, Adanson, 1757.

***102. articulatus,** Bellardi. *Serpula articulata,* Bonelli, E. Sism., Syn. meth., p. 14. Astezan.

***103. subglomeratus,** d'Orb., 1847. *Vermetus glomeratus,* E. Sismonda (non *Serpula glomerata,* L.), Lam., An. s. vert., 5, p. 619.

Mart., Conch., 1, pl. 3, fig. 23 (*intorta?* Lam.). Perpignan; Astezan.

HALIOTIS, Linné, 1758.

*104. **tuberculata,** Linn., Lam., An. s. vert., 9, p. 25. Mart. Conch., 1, pl. 16, fig. 149. Sismonda, 1847, Syn. meth., p. 47. Astezan.

SILIQUARIA, Lamarck.

*104'. **subanguina,** d'Orb. Voy. Étage falunien, n. 781. Astezan.

CYPRÆA, Linné, 1740.

*105. **elongata,** Brocchi, Conch subap., p. 284, pl. 1, fig. 12. Sismonda, 1847, Syn. meth., p. 46. Perpignan; Astezan.

*106. **Europæa,** Montagu. *C. coccinella,* Lam., An s. vert., 10, p. 544. Bronn, Læth. geogn., pl. 42, fig. 7. Sismonda, 1847, Syn. meth., p. 46. Astezan.

*107. **labrosa,** Bonelli, E. Sismonda, 1847, Syn. meth., p. 43 et 44. *C. inflata,* Brocch., p. 285 (non Lamarck). Astezan.

108. **obsoleta,** Bonelli, E. Sismonda, 1847, Syn. meth., p. 43 et p. 47. Astezan.

*109. **subpediculus,** d'Orb., 1847. *C. pediculus,* Sismonda, 1847, Syn. meth., p. 47 (non *pediculus,* Lam.). Astezan.

*110. **porcellus,** Brocchi, Conch. subap., p. 283, pl. 2, fig. 2. *C. pyrula,* Sismonda, 1847, Syn. meth., p. 42 et p. 47 (non Lam.). Astezan.

*111. **physis,** Brocc., pl. 2, fig. 3. Sismonda, 1847, Syn. meth., p. 47. Astezan.

*112. **sphæriculata?** Lam., An. s. vert., 10, p. 574. *Trivia sphæriculata,* Gray. *C. pediculus?* Brocc. (pro parte), Sismonda, 1847, Syn. meth., p. 47. Astezan.

OVULA, Bruguière, 1791.

*113. **passerinalis,** Deshayes, Lam., An. s. vert., 10, p. 478. Sismonda, 1847, Syn. meth., p. 46. Astezan.

*114. **spelta,** Lam., Phil., En. moll. sic., 1, p. 233, pl. 12, fig. 17. *Bulla spelta,* Linn. *O. birostris,* Lam. *O. brevirostris,* Bonelli, Sismonda, 1847, Syn. meth., p. 46. Astezan.

MARGINELLA, Lamarck, 1801.

*115. **clandestina,** Kien., Icon., p. 39, pl. 13, fig. 1. Sismonda, 1847, Syn. meth., p. 46. *Voluta clandestina,* Brocchi, Conch. subap., p. 642, pl. 15, fig. 11. Piémont.

*116. **miliacea?** Phil., Enum. moll. sic., 2, p. 197. *Valvaria miliacea?* Lam., Payr., Cat., pl. 8, fig. 28, 29. Sismonda, 1847, Syn. meth., p. 46. Piémont.

ERATO, Risso, 1825.

*117. **lævis,** d'Orb., 1847. *Marginella lævis,* Desh., Lam., An. s. vert., 10, p. 552. *Voluta lævis,* Donov. *Voluta cypræola,* Brocchi, Conch. subap., p. 321, pl. 4, fig. 10. Sismonda, 1847, Syn. meth., p. 46. Astezan.

MITRA, Lamarck, 1801.

*118. **ebenus,** Lam., An. s. vert., 10, p. 334. Kien., Icon., pl. 12, fig. 35. *M. cornicula,* Auct. ped. (non Lam.) *M. incognita,* Philippi (non Baster.), Sismonda, 1847, Syn. meth., p. 42. Astezan.

119. fusiformis, Sismonda, 1847, Syn. meth., p. 43. *Voluta fusiformis*, Brocc., Conch. subap., p. 315. Desh., Exp. mor. moll., p. 201, pl. 24, fig. 32, 33. Astezan.

120. pseudo-papalis, Bonelli, E. Sismonda, 1847, Syn. meth., p. 41 et p. 43. Astezan.

121. subpupa, d'Orb., 1847. *M. pupa*, Bonelli, E. Sismonda, 1847, Syn. meth., p. 42 et p. 43 (non Dujardin, 1837). Astezan.

122. striatula, E. Sismonda, 1847, Syn. meth., p. 41 et p. 43. *Voluta striatula*, Brocc., Conch. subap., p. 318, pl. 4, fig. 8. *Mitra alligata* Detr. *M. striosa*, Bonelli. Perpignan ; Astezan.

CANCELLARIA, Lamarck, 1801.

123. varicosa, Brocc., Bell. canc. foss. Piem., p. 11, pl. 1, fig. 7-8. Perpignan ; Astezan.

124. cassidea, Brocc., Bell. cancell. foss. Piem., p. 32, pl. 4, fig. 9, 10. Astezan.

125. scabra, Desh. *C. scalaris*, Bellardi, Canc. foss. Piem., p. 33, pl. 4, fig. 1, 2. Astezan.

126. umbilicaris, Bell., Canc. foss. Piem., p. 36, pl. 4, fig. 17, 18. *Voluta umbilicaris*, Brocchi. Astezan.

127. uniangulata, Deshayes, Bell., Canc. foss. Piem., p. 17, pl. 2, fig. 5, 6, 15, 16, 19, 20. *C. elegans*, Géné. Astezan.

127'. subcancellata, d'Orb., 1847. Voy. Étage falunien, n. 929. Astezan.

128. ampullacea, Bellardi. Voy. Étage falunien, n. 936. Astezan.

CONUS, Linné, 1758.

128'. Aldrovandi, Brocchi, Conch. subap., p. 287, pl. 2, fig. 5. Sismonda, 1847, Syn. meth., p. 43. Astezan.

129. betulinoides, Lam., An. s. vert., 11, p. 153. Knorr, Petr., 2, pl. 103, fig. 3. Sismonda, 1847, Syn. meth., p. 44. Astezan.

130. bisulcatus, Bellardi et Michelotti, Sagg. oritt., p. 62, pl. 6, fig. 9, 10. *C. acuminatus*, Borson (pro specim. astensibus). Sismond., 1847, Syn. meth., p. 44. Astezan.

131. Brocchii, Bonn, It. Tert. Geb., p. 12. *Conus deperditus*, Brocc., Conch. subap., p. 292, pl. 3, fig. 2 (non Brug.). Sismonda, 1847, Syn. meth., p. 44. Perpignan ; Astezan ; Cassel.

132. clavatus, Lam., An. s. vert., 11, p. 153. Knorr, Petr., pl. 101, fig. 3. Sismonda, 1847, Syn. meth., p. 44. Astezan.

133. Deshayesi, Bellardi et Michelotti, Sagg. oritt., p. 61, pl. 6, fig. 12. Sismonda, 1847, Syn. meth., p. 44. Astezan.

134. Mercatii, Brocc., Conch. subap., p. 287, pl. 2, fig. 6. Sismonda, 1847, Syn. meth., p. 44. Astezan.

135 ? Noe, Brocc., Conch. subap., p. 293, pl. 3, fig. 3. Sismonda, 1847, Syn. meth., p. 44. Astezan.

137. ponderosus, Brocc., Conch. subap., p. 293, pl. 3, fig. 1. Sismonda, 1847, Syn. meth., p. 44. Astezan.

138. pyrula, Brocc., Conch. subap., p. 288, pl. 2, fig. 8. Sismonda, 1847, Syn. meth., p. 44. Astezan.

139. striatulus, Brocc., Conch. subap., p. 294, pl. 3, fig. 4. *C. parvulus*, Borson, var. *C. Emman.*, Gen., B. et M., Sagg. oritt., p. 62, pl. 7, fig. 12, 13. Sismonda, 1847, Syn. meth., p. 44. Perpignan ; Astezan.

140. subtextile, d'Orb., 1847. *C. textile,* Bellardi et Mich., Sagg. oritt., p. 60 ; Encycl., pl. 344, fig. 5. Sismonda, 1847, Syn. meth., p. 44 (non Linné, 1767). Astezan.

***141. virginalis,** Brocchi, Conch. subap., p. 290, pl. 2, fig. 10. Sismonda, 1847, Syn. meth., p. 44. Astezan.

STROMBUS, Linné, 1758.

***142. Mercatii,** Desh., Exp. mor. moll., p. 192, pl. 25, fig. 5, 6. *S. fasciatus,* Brocchi (non Linné). *S. Italicus,* Bonelli, Sismonda, 1847, Syn. meth., p. 45. Astezan; Perpignan.

CHENOPUS, Philippi, 1837.

***143. pes-pelicani,** Phil., En. moll. sic., 1, p. 215. *Strombus pes-pelicani,* L. *Rostella pes-pelicani,* Lam., Spec. iun. *Murex graculus,* Brocchi, pl. 9, fig. 16. Sismonda, 1847, Syn. meth., p. 45. Perpignan; Astezan.

PLEUROTOMA, Lamarck, 1801.

144. Leufroyi, Michelotti, *Raphitoma Leufroyi,* Bell., Mon. pl. Piem., p. 89. Mich. Kien., pl. 4, fig. 3. *Pl. Cyrilli,* Costa. *Pl. inflata,* Jan. Astezan.

145. Moulinsii, d'Orb., 1847. *Raphitoma Desmoulinsi,* Bell., Mon. pl. Piem., p. 91, pl. 4, fig. 16. Piémont.

146. angusta, Jan. *Raphitoma angusta,* Bell., Monog. pleur. Piem., p. 103, pl. 4, fig. 25. Astezan.

147. bucciniformis, d'Orb., 1847. *Raphitoma bucciniformis,* Bell., Mon. pleur. Piem., p. 110, pl. 4, fig. 22. Astezan.

148. cancellina, Bonelli. *Raphitoma cancellina,* Bell., Mon. pl. Piem., p. 96, pl. 4, fig. 23. E. Sism., Syn. meth., p. 23. Astezan.

149. cœrulans, Philippi, *Raphitoma cœrulans,* Bell., Mon. pleur. Piem., p. 103. Philippi, En. moll. sic., 2, p. 168, pl. 26, fig. 4. *Pl. mitraola,* Bonelli. Astezan.

***150. hystrix,** Jan. *Raphitoma hystrix,* Bell., Mon. pleur. Piem., p. 85, pl. 4, fig. 14. Astezan.

***151. Brocchii,** Bonelli, Bell., Mon. pl. Piem., p. 77, pl. 4, fig. 7. *Murex oblongus,* Brocchi, var. Astezan.

***152. Coquandi,** Bell., Mon. pl. Piem., p. 59, pl. 3, fig. 13. *Pl. Bellardi,* E. Sism., Syn. meth., p. 33. Astezan.

***153. spinifera,** Bellardi, Mon. pl. Piem., p. 66. *Pl. spinulosa,* Bon., Bell., Mich., Sagg. oritt., 8, pl. 1, fig. 9. Astezan.

154. Rochettæ, Bell., Mon. pleur. Piem., p. 69, pl. 4, fig. 1. Astezan.

155. plicatella, Bell., Mon. pl. Piem., p. 92, pl. 4, fig. 18. Sism., 1847, Synopsis methodica, p. 36. *Pl. plicatilis,* Jan. Astezan.

***156. purpurea,** Bell., Mon. pl. Piem., p. 87. *Murex purpureus?* Montag. Test. Br., pl. 9, fig. 3. *Pl. granum,* Phil., Man. pur. Risso, Sism., 1847, Syn. methodica, p. 36. Astezan.

157. quadrillum, Bell., Mon. pl. Piem., p. 104. Tourr., p. 291, pl. 20, fig. 23. Dujard., Mém. *Pl. rude,* Ph. *Pl. granum,* Philippi, Sism., 1847, Syn. meth., p. 36. Astezan.

***158. reticulata,** Bell., Mon. pl. Piem., p. 86. *Murex reticulatus,*

Renieri. *M. echinatus*, Br., pl. 8, fig. 3. *Pl. Cordieri*, Payr. *Pl. reti-culatus*, Bronn., Sism., 1847, Syn. meth., p. 36. Perpignan; Astezan.

159. rhingens, Bell., Mon. pl. Piem., p. 104, pl. 4, fig. 24. Sism., 1847, Syn. meth., p. 36. Astezan.

*160. **Scacchii,** Bell., Mon. pl. Piem., p. 88, pl. 4, fig. 15. Sism., 1847, Syn. meth., p. 36. Astezan.

161. subsemicostata, d'Orb., 1847. *P. semicostata*, Bell., Mon. pl. Piem., p. 94, pl. 4, fig. 19 (non Reeve, 1843). Astezan.

*162. **septangularis,** Bell., Mon. pl. Piem., p. 102. *Murex sep-tangularis*, Montag., Test. Brith., 3, p. 268, pl. 9, fig. 5. *Pl. heptan-gularis*, Sc. *Pl. septangularis*, Phil., Sism., 1847, Syn. meth., p. 36. Astezan.

163. septangulata, Bell., Mon. pl. Piem., p. 99. *Murex septan-gulatus*, Donov., pl. 179, fig. 4. Sismonda, 1847, Syn. meth., p. 30. Astezan.

*164. **sigmoidea,** Bronn, *Raphitoma id.*, Bell., Mon. pl. Piem., p. 109, pl. 4, fig. 29. *Murex harpula*, Brocc., *Pl. eburnea*, Bon., Sism., 1847, Syn. meth., p. 36. Astezan.

165. stria, Bell., Mon. pl. Piem., p. 90. *Pl. stria*, Calc. ric. mal., p. 11, pl. 1, fig. 5. *Pl. semiplicata*, Bon., E. Sism., Syn. meth., p. 33. Sism., 1847, Syn. meth., p. 36. Astezan.

166. submarginata, Bon., Bell., Mon. pl. Piem., p. 95, pl. 4, fig. 20. E. Sism., Syn. meth., p. 33. Sismonda, 1847, Syn. meth., p. 36. Astezan.

*167. **sulcatula,** Bonn., Bell., Mon. pl. Piem., p. 96, pl. 4, fig. 21. Sismonda, 1847, Syn. meth., p. 36. Astezan.

*168. **vulpecula,** Pusch, Bellardi, Mon. pl. Piem., p. 93. *Murex vulpeculus*, Renieri, Brocchi, pl. 8, fig. 10. *Fusus vulpeculus*, Bronn. *Pl. vulpeculus*, Sism., 1847, Syn. meth., p. 36. Astezan.

FUSUS, Bruguieri, 1791.

*169. **angulosus,** E. Sism., 1847, Syn. meth., p. 37. *Murex angu-losus*, Brocchi, Conch. subap., p. 411, pl. 7, fig. 16. E. Sism., Syn. meth., p. 38. Mich., Mon. gen. Mur., p. 22. Astezan.

*170. **Bonellii,** Gen., Bell. et Mich., Sagg. oritt., p. 20, pl. 2, fig. 5. Sism., 1847, Syn. meth., p. 38. Astezan.

*172. **clavatus,** Sismonda, 1847, Syn. meth., p. 38. *Murex clavatus*, Brocchi, Conch. subap., p. 418, pl. 8, fig. 2. Astezan.

*173. **lignarius,** Lamk., An. s. vert., 9, p. 455. *Fusus corneus*, Auct. Pedem. (non Linné). Sism., 1847, Syn. meth., p. 38. Astezan.

*174. **rostratus,** Sism., 1847, Syn. meth., p. 39. *Murex rostratus*, Olivier, Brocchi, Conch. subap., p. 416, pl. 8, fig. 1. Astezan.

PYRULA, Lamarck, 1801.

175. geometra, Bors., Oritt. Piem., p. 179. *Ficulina geometra*, E. Sismonda, 1847, Syn. meth., p. 37. *P. ficus*, Auct. Pedem. (non Lam.). Astezan.

*176. **subintermedia,** d'Orb., 1847. *Ficulina intermedia*, E. Sism., 1847, Syn. meth., p. 37 (non Melleville, 1843). *P. ficoides*, Desh., Lam., An. s. vert., 9, p. 511 (non Brocc.). *P. reticulata*, Auct. Ped. (non Lam.). Astezan.

FASCIOLARIA, Lamarck, 1801.

*177. **fimbriata,** Bronn, Sismonda, 1847, Syn. meth., p. 36. *Fucus fimbriatus,* Brocchi. Conch. subap., p. 419, pl. 8, fig. 8. Astezan.

MUREX, Linné, 1758.

178. **cristatus,** Brocc., Conch. subap., p. 394, pl. 7, fig. 15. *Mur. Blainvillei,* Payr., Sism., 1847, Syn. meth., p. 40. Astezan.

179. **erinaceus,** Linn., Lamk., An. s. vert., 9, p. 591. Kien., Icon., pl. 44, fig. 1. Brocc., pl. 7, fig. 11. Sism., 1847, Syn. meth., p. 40. Astezan.

*180. **foliosus,** Bon., Denom. ined. Test. mus. Taurin. Sismonda, 1847, Syn. meth., p. 40. Astezan.

181. **heptagonatus,** Bronn, It. Tert. Geb., p. 35. Michelotti, Mon. gen. Mur., p. 21, pl. 4, fig. 5, 6. *Mur. Astensis,* Bell., Sism., 1847, Syn. meth., p. 41. Astezan.

*182. **plicatus,** Linné, Brocchi, Conch. subap., p. 410. *Purpura plicata,* Lamarck, Anim. s. vert., 10, p. 82. Martini, Conch., p. 123, fig. 1141, 1142. Sism., 1847, Syn. meth., p. 41. Astezan.

*183. **polymorphus,** Brocchi, C. sub., p. 415, pl. 8, fig. 4. Mich., Mon. gen. Mur., p. 12, pl. 2, fig. 4-7. Sism., 1847, Syn. meth., p. 41. Astezan.

*184. **scalaris,** Brocchi, Conch. subap., p. 407, pl. 9, fig. 1. Sismonda, 1847, Syn. meth., p. 41. Astezan.

*185. **trunculus,** Linné, Lamarck, An. s. vert., 9, p. 587. Bronn, Læth., pl. 41, fig. 25. Michelotti, Mon. gen. Mur., pl. 4, fig. 3, 4. Sism., 1847, Syn. meth., p. 41. Perpignan ; Astezan.

*186. **turritus,** Borson, Oritt. Piedem., p. 64, pl. 1, fig. 9. Michelotti, Mon. gen. Mur., p. 18. Sism., 1847, Syn. meth., p. 42. Perpignan ; Astezan.

*187. **Brandaris,** Linné, Syst. nat., p. 1214. Desh., 1836. Moll. de Morée, p. 189. Voy. pl. 25, fig. 10, 11. Michelotti, pl. 3, fig. 8, 9. Perpignan ; Astezan ; Morée.

*188. **pseudo-costatus,** d'Orb., 1847. *Buccinum costatum,* Desh., 1836, Moll. de Morée, p. 197. Voy. pl. 25, fig. 12, 13 (non Born, 1780). Morée.

189. **brevicanthos,** E. Sismonda, 1847, Syn. meth., p. 40. Att., Congr. Nap. *M. saxatilis,* Auct. Ped. (non Linné). Mich., Mon. gen. Mur., pl. 2, fig. 8. Astezan.

*190. **Brocchii,** Cantraine, Coq. nouv. Bull. Acad. des Sc. de Brux., 2, p. 397. *M. siphonostoma,* Bon. Mich., Mon. gen. Mur., p. 17, pl. 1, fig. 10, 11. Astezan.

*191. **craticulatus,** Brocc., Conch. subap., p. 406, pl. 7, fig. 14. Sism., 1847, Syn. meth., p. 40. Astezan.

*192. **conglobatus,** Michelotti, Mon. gen. Mur., p. 16, pl. 1, fig. 7. E. Sism., 1847, Syn. meth., p. 40. Astezan.

RANELLA, Lamarck.

*193. **submarginata,** d'Orb., 1847. *R. marginata,* Bronn, It. Tert. Geb., p. 33 (non *Buccinum marginatum*). Brocc., Conch. subap., pl. 4, fig. 17. Sismonda, 1847, Synopsis meth., p. 39. Astezan ; Perpignan.

194. **nodosa,** E. Sismonda, 1847, Syn. meth., p. 40. *Murex nodosus,* Borson, Oritt. Piem., p. 178, pl. 19, fig. 33. Astezan.

***195. reticularis,** Desh., Lamk., An. s. vert., 9, p. 540 (in not.). *Murex reticularis*, Linné. *M. gyr.*, Bl., Kien., Icon, pl. 1. V. *Tr. par.*, Bon. *R. gigantea*, Lam., v. R. inc. M. Sism., 1847, Syn. meth., p. 40. Perpignan ; Astezan.

TIPHIS, Montfort, 1810

***196. tetrapterus,** Michelotti. *Murex tetrapterus*, Bronn, Læth., p. 1077, pl. 41, fig. 13. *Murex siphonellus*, Bon., Sism., 1847, Syn. meth., p 42. Astezan.

TRITON, Montfort, 1810.

***198. distortum,** Defr. *Murex distortus*, Brocc., Conch. subap., p. 399, pl. 9, fig. 8. Sism., 1847. Syn. meth., p. 39. Astezan.

***199. doliare,** Brongniart, 1823. Vicentin, p. 67, pl. 6, fig. 5. *Murex doliare*, Brocc., Conch. subap., 398. Sism., 1847, Syn. meth., p. 39. Astezan

200. gyrinoides, C. Sism., 1847, Syn. meth., p. 39. *Murex gyrinoides*, Brocchi, Conch. subap., p. 401, pl. 9, fig. 9. Astezan.

***201. heptagonum,** Defr. *Murex heptagonus*, Brocc., Conch. subap., p. 104, pl. 9. fig. 7. Sism., 1847, Syn. meth., p. 39. Astezan.

***202. intermedium,** Defr. *Murex intermedius*, Brocchi, Conch. subap., p. 400, pl. 7, fig. 10. Sism., 1847, Syn. meth., p. 39. Astezan.

203. nodiferum, Lamarck, An. s. vert., 9, p. 624. Kien., Icon., p 29, n° 23, pl. 1. Sism., 1847, Syn. meth., p 39 Astezan.

***204. scrobiculator,** Lamk., An. s. vert., 9, p. 626. *Murex scrobiculator*, Linné. *Ranella scrobiculator*, Kien., Icon., pl. 10, fig. 1. Sism., 1847. Syn. meth., p. 39. Astezan.

***205. affine,** Desh., Exp. mor. moll., p. 188, pl. 24, fig. 23, 24. *Murex pileare*, Brocchi. *T. uniflosum*, Bon., E. Sism., 1847, Syn. method., p. 38 et 39 Turin.

***206. tortuosum,** E. Sism., 1847, Syn. meth., p. 39. *Murex tortuosus*, Bors., Oritt. Piem., p. 60, pl. 1, fig. 4. *Triton personatum*, M. de Serr. ol. *T. anus*, Auct. Ped. (non Lam.). Astezan.

COLUMBELLA, Lamarck, 1822.

***207. corrugata,** Bon. *Buccinum corrugatum*, Brocc., Conch. sub., p. 652, pl. 15, fig. 16. *B. harpula*, Mich., Riv. Gast., p. 26. Sism., 1847, Syn. meth., p. 42. Astezan.

***208. erythrostoma,** Bon., E. Sism., 1847, Syn. meth., p. 41 et 42. Bellardi, 1848, Mon. des Columb., p. 9, pl. 1. fig. 4, 5. Astezan.

***209. pseudo-scripta,** d'Orb., 1847. *C. scripta*, Bellardi (non Lam., 1822). *Buccinum corniculum*, Lam. *C. cornicula*, Sow, Th. Conch. pl. 38, fig. 101, 102. Sismonda, 1847, Synopsis methodica, p. 42. Astezan.

***210. semicaudata,** Bonelli, E. Sismonda, 1847, Syn. method., p. 41 et 42. Bellardi, 1848, Mon. des Columb., p. 8, pl. 1, fig. 3. Astezan.

PURPURA, Bruguière, 1791.

***211. intermedia,** Mich., Riv. Gast., p. 22. E. Sism., Syn. meth., p. 39 (non Kiener). Astezan.

***212. striolata,** Bronn, D. Tert. Geb., p. 26. Olim *P. hæmastoma*, Lam., Auct. Ped. (non Lamarck). Astezan.

CERITHIUM, Adanson, 1757.

*213. **crenatum,** Sism. *Murex crenatus,* Brocc., Conch. subap.,
p. 442, pl. 10, fig. 2. Astezan.

214. **pseudo-imbricatum,** d'Orb., 1847. *C. imbricatum,* Bonelli,
E. Sismonda, Syn. meth., p. 32 (non Brug., 1790). Astezan.

215. **perversum?** Lam., An. s. vert., 9, p. 305. *Trochus perversus,*
Linn. *C. granulosum,* Brocc., pl. 9, fig. 18 (non Renieri). Astezan.

*216. **tricinctum,** Sismonda. *Murex tricinctus,* Brocchi, Conch.
subap., p. 446, pl. 9, fig. 23. *C. cinctum,* Mich. et Sism. (non Brug.).
Astezan.

*217. **vulgatum,** Brug.? Ph., En. moll. sic., 1, p. 192, pl. 11,
fig. 3-9. *C. alucoides,* E. Sism. *Murex varicosus,* Brocc. Astezan.

NASSA, Klein, 1801.

218. **angulata,** Bell. *Buccinum angulatum,* Brocc., Conch. subap.,
p. 654, pl. 15, fig. 19 (non *angulata,* Bast.). Astezan.

*219. **Bonelli,** Bellardi. *Buccinum Bonelli,* E. Sism., Ast. congr.
Nap. *B. mutabile,* Brocc., pl. 4 (non Linné). *B. politum,* Auct. Ped.
(non Linné). Astezan.

*220. **subclathrata,** d'Orb., 1847. *N. clathrata,* Sism. *Buccinum
clathratum,* Brocchi, Conch. subap., p. 338. Born., Mus., pl. 9, fig. 17,
18 (non Linné). Astezan.

*221. **conglobata,** Sism. *Buccinum conglobatum,* Brocchi, Conch.
subap., p. 334, pl. 4, fig. 15. *Bucc. Brocchi,* Bell., Mich., Riv. Gast.,
p. 23. *B. pupa,* Brocchi, pl. 4, fig. 14. Astezan; Perpignan.

*222. **gigantula,** Bell. *Buccinum gigantulum,* Bon., Mich., Riv.
Gaster., p. 24. E. Sism., Syn. meth., p. 41. Astezan.

223. **incrassata,** Desh., Lam., An. s. vert., 10, p. 173 (in not.).
Astezan.

*224. **multistriata,** Bellardi. *Buccinum multistriatum,* Bonelli,
E. Sismonda, Syn. meth., p. 40. Astezan.

*225. **musiva,** Sismonda. *Buccinum musivum,* Brocchi, Conch.
subap., p. 340, pl. 5, fig. 1. Astezan.

*226. **Neritea,** Lam., An. s. vert., 10, p. 184. Kien., Icon., pl. 29,
fig. 1. *Buccinum neriteum,* Linné. Astezan.

*227. **reticulata,** Sismonda. *Buccinum reticulatum,* Linné, Brocc.,
Conch. subap., p. 336, pl. 5, fig. 11. Astezan.

228. **scalaris,** Borson, Oritt. Piem., p. 176, pl. 3, fig. 30. Astezan.

*229. **serrata,** Sismonda, *Buccinum serratum,* Brocchi, Conch.
subap., p. 338, pl. 5, fig. 4. Astezan.

*230. **variabilis,** Bellardi. *Buccinum variabile,* Phil. (pro parte),
Enum. moll. sic., 1, p. 221, pl. 12, fig. 1-7. Perpignan; Astezan.

*230'. **prismatica,** Defrance. Voy. Étage falunien, n° 1547.

BUCCINUM, Linné, 1758.

*231. **maculosum,** Lamarck, An. s. vert., 10, p. 164. *Volut. str.,*
Gmel. *Purpura maculata,* Blainv., Kien., Icon., pl. 42, fig. 98. Astezan; Perpignan.

*232. **polygonum,** Brocchi, Conch. subap., p. 344, pl. 5, fig. 10.
Mich., Préc. faun., pl. 13, fig. 2. Astezan.

TEREBRA, Lamarck, 1801.

*233. **Astezana,** d'Orb., 1847. *T. duplicata,* Sismonda (non Lam.).
Perpignan; Astezan.

*234. subflammea, d'Orb., 1847. *Terebra flammea*, Sism. (non Lam.) Astezan.

*236. substrigilata, d'Orb., 1847. *Terebra strigilata*, Sismonda (non Lam.). Astezan.

DOLIUM, Lamarck, 1801.

*237. subdenticulatum, d'Orb., 1847. *D. denticulatum*, Desh., Expéd. mor. moll., p. 194, pl. 25, fig. 1, 2 (non Quoy, 1834). *D. pomum*, Brocc. *D. triplicatum*, Bon. *D. latilabris*, E. Sism. (non Kien.). Piémont, Astezan ; Morée.

CASSIS, Bruguière, 1791.

*238. pseudo-crumena, d'Orb., 1847. *C. crumena*, Sism., Syn. (non Lam., non Brug., 1791). Astezan.

*238'. texta, Bronn. Voy. Étage falunien, n° 1673. Astezan.

MORIO, Montfort, 1810. *Cassidaria*, Lamarck, 1811.

*239. fasciata, d'Orb. *M. cassidaria*, Bellardi. *Pyrula fasciata*, Borson, Oritt. Piem., p. 75, pl. 1, fig. 20. *Cassis striata*, Bon. (non Sow.), E. Sism., Syn. meth., p. 39. Astezan.

CAPULUS, Montfort, 1810.

240. glabratus, d'Orb., 1847. *Pileopsis glabrata*, Bon., E. Sism., Meth., p. 24. Astezan.

241. Pedemontanus, d'Orb., 1847. *Pileopsis pedemontana*, Bon., E. Sism., Syn. meth., p. 24. Astezan.

*242. sulcosus, d'Orb., 1847. *Pileopsis sulcosa*, Desh., Lam., An. s. vert., 7, p. 613. *Nerita sulcosa*, Brocchi, Conch. subap., p. 296, pl. 1, fig. 3. Astezan.

243. Ungaricus, Sow. *Pileopsis ungarica*, Lam., An. s. vert., 7, p. 609. *Capulus Ungaricus*, Sow., Gen. of Sh., fig. 1. *P. dispar*, Bonelli, Michelotti, Préc., pl. 5, fig. 1, 2. Astezan.

244. lævis, d'Orb., 1847. *Brocchia lævis*, Bronn, It. Tert. Geb., p. 8, pl. 3, fig. 1. *Pileopsis dispar*, Bonelli, E. Sismonda, Syn. method., p. 24. Astezan.

*245. sinuosa, d'Orb., 1847. *Brocchia sinuosa*, Bronn, It. Tert. Geb., p. 7. *Patella sinuosa*, Brocchi, Conch. subap., p. 257, pl. 1, fig. 1. Astezan.

INFUNDIBULUM, Montfort, 1810. Voy. t. 2, p. 232.

*246. muricatum, d'Orb., 1847. *Patella muricata*, Brocch., Conch. subap., p. 254, pl. 1, fig. 2. Astezan.

CREPIDULA, Lamarck, 1801.

*247. cochlear? Bast., Coq. foss. Bord., p. 71, pl. 5, fig. 10. Astezan.

248. mytiloidea, Bellardi et Mich., Sagg. oritt., p. 74, pl. 8, fig. 9, 10. Piémont.

248'. convexa, Say. États-Unis.

248". glauca, Say. États-Unis.

248"'. plana, Say. États-Unis.

FISSURELLA, Bruguière, 1791.

*249. Græca, Lam., An. s. vert., 7, p. 592. Blainv., Malac., pl. 48, fig. 3. *Patella græca*, Linn. Astezan.

EMARGINULA, Lamarck, 1801.

250. fissura, Lam., An. s. vert., 7, p. 582. *Patella fissura,* Linn.
    E. reticulata, Sow., Min. Conch., 1, p. 73, pl. 33. Astezan.
PATELLA, Linné. 1758.
251. diluvii, Michelotti, E. Sism., Syn. meth., p. 24. *P. Astensis,*
    Bonelli. Astezan.
DENTALIUM, Linné, 1758.
***252. aprinum,** Linn., Desh., Mém. Soc. hist. natur. de Paris, 2,
    p 351, pl. 16, fig. 18-19. *Dentalium striatulum?* Linn. Astezan.
***253. dentale,** Linn., Desh., Mém. Soc. histor. nat. de Paris, 2,
    p. 353, pl. 16, fig. 9-10. Astezan.
***254. fissura,** Lam., Desh., Mém. Soc. hist. nat. de Par., 2, p. 368,
    pl. 18, fig. 6-7. Astezan.
255. Noe, Bonelli, Denom. ined. test. mus. Taurin. Astezan.
***255'. elephantinum,** Brocchi. Voy. Étage falunien, n. 1761.
    Perpignan ; Astezan.
BULLA, Linné, 1758.
256. acuminata, Brug., Phil., Enum. moll. sic., 1, p. 122. Sold.,
    Sagg., pl. 10, fig. 62. Sismonda, 1847, Syn. meth., p. 56. Astezan.
***257. subampulla,** d'Orb., 1847. *B. ampulla,* Sismonda, 1847,
    Syn. meth., p. 56 (non Lam.). (Elle est entièrement lisse.) Astezan.
258. convoluta, Brocc., Conch. subap., p. 277 et 635, pl. 1, fig. 7.
    Sismonda, 1847, Syn. meth., p. 56. Astezan.
259. decussata, Bonelli, E. Sismonda, 1847, Syn. meth., p. 26 et
    p. 56. Piémont.
260. semisulcata, Phil., l. c., p. 123, pl. 7, fig. 19. Sismonda,
    1847, Syn. meth., p. 57. Piémont.
261. truncatula, Brug., Phil., Enum. moll. sic., 1, p. 122, pl. 7,
    fig. 21. Sismonda, 1847, Syn. meth., p. 57. Astezan.
***262. utriculus,** Brocc., Conch. subap., p 633, pl. 1, fig. 6. *B.
    striata,* Brocc., l. c., p. 276. Sismonda, 1847, Syn. meth., p. 57.
    Astezan.
263. fusiformis, Bonelli, E. Sismonda, 1847, Syn. meth., p. 26 et
    56. Astezan.
***264. hydatis,** Linn., Lam., An. s. vert., 7, p. 671. Poli, Test., 3,
    pl. 46, fig. 28. Sismonda. 1847, Syn. meth., p. 56. Astezan.
***265. spirata,** d'Orb., 1847. *B. Agassixii,* E. Sismonda, 1847, Syn.
    meth., p. 56. *Voluta spirata,* Brocchi, 1814, Conch. subap., p. 644,
    pl. 15, fig. 12 (non *Bullina spirata,* Bronn.). Astezan.
SCAPHANDER, Montfort, 1810.
***266. lignaria,** Montfort, 1810. *Bulla lignaria,* Linn., Lam., An.
    s. vert., 7, p. 667 Sismonda, 1847, Syn. meth., p. 56. Astezan.
UMBRELLA, Lamarck.
267. Mediterranea, Lam., An. s. vert., 7, p. 574. Phil., Enum.
    moll. sic., 1, pl. 7, fig. 11. Sismonda, 1847, Syn. meth., p. 56.
    Astezan.
CUVIERIA, Rang, 1828.
268. Astesana, Rang, 1829, Ann. des sc. nat., p. 7, pl. 19, fig. 2.
    Bronn, Læth. geog., pl. 40, fig. 25. Astezan.
VAGINELLA, Daudin. *Cleodora,* Peron., 1804.

269. sublanceolata, d'Orb., 1847. *Cleodora lanceolata*, Rang.
1829, Ann. des Sc. nat., p. 6, pl. 19, fig. 1 (non Peron., 1804).
Astezan.

MOLLUSQUES LAMELLIBRANCHES.

CLAVAGELLA, Lamarck, 1807.

270. Brocchii, Lam., 1818, Anim. s. vert., 5, p. 432. *Teredo
echinata*, Brocc., 1814, pl. 15, fig. 1 (non Lam., 1804). Astezan.

SOLEN, Linné, 1758.

271. ensis, Linn., Lam., An. s. vert., 6, p. 55. Poli, pl. 11, fig. 14.
Astezan.

272. Olivii? Mich., Brach. ed. Acef., p. 34. Astezan.

***273. vagina,** Linn., Lam., An. s. vert., 6, p. 53. Desh., Trait. él.
Conch., pl. 6, fig. 4-6. Astezan.

PANOPÆA, Ménard, 1807.

***274. Faujasi,** Ménard, Phil., Enum. moll. sic., 1, p. 7, pl. 2,
fig. 3. *Mya Panopæa*, Brocchi. Astezan.

LUTRARIA, Lamarck, 1801.

***275. solenoides,** Lam., An. s. vert., 6, p. 90. Blainv., Malac.,
pl. 77, fig. 3. Astezan.

***275'. elliptica,** Lamarck. Perpignan ; Astezan.

THRACIA, Leach, 1825. Voy. t. 1, p. 216.

276. phaseolina, Kien., Phil., Enum. moll. sic., 1, p. 19 (exclus. f.).
Amphidesma phaseolina, Lam. Piémont.

***277. pubescens,** Leach, Phil., En. moll. sic., 2, p. 16, pl. 1, fig. 7
(non fig. 10). *Mya declivis*, Penn. *Amphidesma pubescens*, Flem. Astezan.

GASTROCHÆNA, Spengler, 1783. Voy. t. 1, p. 275.

278. abbreviata, Bonelli, Denom. ined. test. mus. Taurin. Astezan.

279. dubia? Desh., Trait. élém. Conch., 2, p. 34, pl. 2, fig. 4, 5.
Mya dubia, Pen. *Pholas hians*, Brocchi. *G. cuneiformis*, Auct. Pedem.
(non Lam.). Astezan.

SAXICAVA, Fleuriau, 1802.

***280. arctica,** Phil., Enum. moll. sic., 1, p. 20, pl. 3, fig. 3. *Mya
arctica*, Gmel. *Mytilus carinatus?* Brocc. Astezan.

SOLECURTUS, Blainville, 1824.

***281. coarctatus,** Desmoulins, Répart. des esp. dans les genr.
Sol., Solec., etc., p. 21. Chemn., 6, pl. 6, fig. 45. *Solen coarctatus*,
Linn. *Solen antiquatus?* Lam. Perpignan ; Astezan.

282. dilatatus, E. Sismonda, Syn. meth., p. 16. *Solen dilatatus*
Bonelli. Astezan.

***283. strigilatus,** Blainv., Man. de Malac., p. 569, pl. 79, fig. 4.
Solen strigilatus, Linn. Perpignan ; Astezan.

FOLIA, d'Orb., 1843, Paléont. franç., 3, p. 391.

***284. legumen,** d'Orb., Paléont. franç., 3, p. 391. *Solen legumen*
Linn., Desh., Trait. élém. Conch., pl. 6, fig. 8-10. Astezan.

SOLEMYA, Lamarck, 1819.

285. Mediterranea?? Lam., Phil., Enum. moll. sic., 1, p. 15, pl. 1, fig. 17. *Tellina togata*, Poli. Turin.

MACTRA, Linné, 1758.

286. lisor, Ant., Verzeich. der Conch., p. 2.*Lisor*, Ad., pl. 17, fig. 16. *M. stultorum*, Auct. Ped. (pro parte, non Linné). Astezan.

***287. stultorum,** Linn., Lam., An. s. vert., 6, p. 99. Phil., pl. 3, fig. 2. Astezan.

***288'. triangula,** Ren., Brocc., Conch. subap., p. 535, pl. 13, fig. 7. *M. lactea?* Poli. Astezan ; Cassel.

***288. rugosa,** Lamarck. Astezan.

DONACILLA, Lamarck, 1812. Voy. t. 2, p. 75.

289. unicostalis, d'Orb., 1847. *Tellina unicostalis*, Desh., 1836, Mollusq. de Morée, p. 92. Voy. pl. 20, fig. 11-13. Morée.

AMPHIDESMA, Lamarck, 1819.

290. subtrigona, Desh., 1836, Mollusq. de Morée, p. 89, pl. 20, fig. 3-5. Morée.

291. ovata, Desh., 1836, Mollusq. de Morée, p. 89. Voy. pl. 20, fig. 6-8. Morée.

TELLINA, Linné, 1758.

***292. tumida,** Brocc., 1814, pl. 12, fig. 10 (non *lacunosa*, Lamarck). Astezan.

***293. nitida,** Poli, pl. 15, fig. 2-14. Lam., Anim. s. vert., 6, p. 199. Perpignan ; Astezan.

***294. planata,** Linn., Lam., An. s. vert., 6, p. 195. Dub., pl. 5, fig. 1. Sec. Phil. *T. complanata*, Gmel. et Brocc. Astezan.

***295. serrata,** Ren., Brocc., Conch. subap., p. 510, pl. 12, fig. 1. Astezan.

***296. striatella,** Brocchi, Conch. subap., p. 669, pl. 16. fig. 6. Astezan.

297. subcarinata, Brocchi, Conch. subap., p. 512, pl. 12, fig. 5. Astezan.

***298. compressa,** Brocchi, Conch. subap., p. 514, pl. 12, fig. 9. France, Perpignan ; Astezan.

299. Feroensis, Linn. *Psammobia Feroensis*, Phil., Enum. moll. sic., 1, p. 23, pl. 3, fig. 7. *Tellina Feroensis*, Brocc. *T. muricata*, Brocc. Astezan.

300. uniradiata, Brocc., Conch. subap., 1, p. 511, pl. 12, fig. 4. Astezan.

301. vespertina, d'Orb., 1847. *Psammobia vespertina*, Lam., An. s. vert., 6, p. 173. Blainv., Malac., pl. 76, fig. 4. *Solen vespertinus*, Gmel. Astezan.

302. elliptica, Brocchi, Conch. subap., p. 513, pl. 12, fig. 7. Astezan.

ARCOPAGIA, Brown, 1827. Voy. t. 2, p. 75.

***303. gigantea,** d'Orb., 1847. *Tellina gigantea*, E. Sism. *Lucina gigantea*, Bon. *L. Sedgwichi*, Michel., Brach. ed. Acef., p. 22. Astezan ; Perpignan.

***304. telata,** d'Orb., 1847. *Tellina telata*, E. Sism. *Lucina telata*, Bonelli, Michelotti, Brach. ed. Acef., p. 22. Astezan.

***305. corbis,** d'Orb., 1847. *Tellina corbis*, Bronn, It. Tert. Geb.,

p. 94. *Lucina serrulosa*, Bonel., Michel., Brach., ed. Acef., p. 21. Astezan.

306. crassa? d'Orb., 1847. *Tellina crassa*, Penn? Zool. Brit., p. 48, fig. 28. Lam., An. s. vert., 6, p. 201. *Venus crassa*, Gmel. Astezan.

DONAX, Linné, 1758.

307. vinacea, d'Orb., 1847. *D. longa*, Bon., Phil., Enum. moll. sic., 1, p. 37, pl. 3, fig. 13. *Tellina vinacea*, Gmel., 1789. Astezan.

***308. minuta,** Bronn, It. Tert. Geb., p. 95. *Donax trunculus*, Brocc. Astezan.

LEDA, Schumacher, 1817. Voy. t. 1, p. 11.

***308'. substriata,** d'Orb., 1847. *Nucula striata*, Auct. Pedem. (non Lamarck). Astezan.

***309. subnicobarica,** d'Orb., 1847. *Nucula Nicobarica*, Auct. Pedem. (non Lamarck). Astezan.

***309'. subrostrata,** d'Orb., 1847. *Nucula rostrata*, Sismonda (non Lamarck; non *Arca rostrata*, Mart. Chemn., fig. 550, 551). Astezan; Perpignan.

PETRICOLA, Lamarck, 1801.

310. rupestris? Dubois, 1831. *Petricola lamellosa*, Lam., 1818, An. s. vert., 6, p. 156. *Venus rupestris*, Brocc., 1814, pl. 14, fig. 1. Astezan.

311. lithophaga, Bronn, It. Tert. Geb., p. 92. *Venus lithophaga*, Brocchi, pl. 18, fig. 15. Astezan.

VENUS, Linné, 1758. Voy. t. 2, p. 15.

312. Boryi, d'Orb., 1847. *Cytherea Boryi*, Desh., 1836, Mollusq. de Morée, p. 97. Voy. pl. 23, fig. 8, 9. Morée.

***313. eremita,** Brocchi, Conch. subap., p. 546, pl. 14, fig. 4. *Petricola eremita*, Bronn. Astezan.

***314. orbicularis,** d'Orb., 1847. *Artemis orbicularis*, Ag., Icon. coq. tert., p. 19, pl. 2, fig. 1, 4. *Cyth. concentrica*, Bronn (non *V. concentrica*, Linné). Astezan.

***315. lævis,** d'Orb., 1847. *Cytherea lævis*, Agass., 1845, Icon. des Coq. tert., p. 46, pl. 10, fig. 6-9. *Venus Chione*, Brocchi, 2, p. 547; Bronn, n° 184 (non Linné). Astezan; Perpignan.

317. umbonaria, Agass., 1845, Icon. des Coq. tert., p. 29, pl. 6. *Cytherea umbonaria*, Lam., 6, p. 292. *Cyprina gigas*, Lam., 6, p. 289. Astezan.

***318. Agassizii,** d'Orb., 1847. *V. Islandicoïdes*, Agassiz, 1845. Icon. des Coq. tert., p. 31, pl. 7, fig. 5 et 6 (non *Islandicoides*, Basterot, 1825). *V. Islandica*, Brocc., pl. 14, fig. 5. Perpignan; Astezan.

***319. subexcentrica,** d'Orb., 1847. *Venus excentrica*, Ag., 1845, Icon. des Coq. tert., p. 34, pl. 5, fig. 9-11 (non Lamarck). *V. verrucosa*, Brocchi, 2, p. 545. Bronn (non Lamarck). Astezan.

***320. subcincta,** d'Orb., 1847. *V. cincta*, Agass., 1845, Icon. des Coq. tert., p. 36, pl. 4, fig. 7-10 (non Gmelin, 1789). *V. rugosa*, Brocchi, 1814, p. 548. Bronn, p. 955 (non Lamarck). Plaisantin; Perpignan.

321. alternans, E. Sism., Syn. meth., p. 18. *Cytherea alternans*, Bonelli. Astezan.

322. apicialis, E. Sism., Syn. meth., p. 18. *Cyther. apicialis*, Phil., Enum. moll. sic., 1, p. 40, pl. 4, fig. 5. *C. pusilla*, Bon. Astezan.

323. Brongniartii, Payr., Phil., En. moll. sic., 1, p. 43. *V. revoluta,* Bon. *V. dysera,* Brocchi (pro spec., pl. 16, fig. 8). Astezan.

324. gallina? Linné, Lamarck, An. s. vert., 6, p. 347. *V. senilis,* Brocchi, pl. 13, fig. 13. Astezan.

325. Genei, Mich., Brach. ed. Acef., p. 27. *V. rotundata,* Brocchi (non Linné). Perpignan ; Astezan.

326. geographica, Chemn., 7, pl. 42, fig. 140. Lamk., An. s. vert., 6, p. 355. *Venus litterata,* Poli (non Linné). Astezan.

327. Pedemontana, E. Sism. *Cyth. Ped.,* Ag., Icon. Coq. tert. p. 38, pl. 8, fig. 1-4. *Cyprina Pedemontana,* Lam. *V. Brocchii,* Desh. (pro parte). Astezan.

328. subplicata, d'Orb., 1847. *V. plicata,* Goldfuss, Petref., 2, pl. 151, fig. 9 (non Gmel., 1789). Astezan.

329. Venetiana, E. Sism. *Cyth. Venetiana,* Lam., Phil., Enum. moll. sic., 1, p. 40, pl. 4, fig. 8. *Venus pectunculus,* Brocc. (non Linné). *Venus rudis,* Poli. Astezan.

330. verrucosa, Linné, Lamarck, Anim. s. vert., 6, p. 338. Poli, pl. 21, fig. 18, 19. Astezan.

GNATHODON, Gray, 1836.

331. Grayi, Conrad, 1838, Foss. of the tert. form., p. 23, pl. 13, fig. 1. États-Unis (Virginie), Yorktown.

332. minor, Conrad, 1842, Sillim. Journ., 42, pl. 2, fig. 14 ; Foss. of the tert. form., p. 69, pl. 39, fig. 6. Dublin co. (Nord Caroline).

CORBULA, Bruguière, 1791. V. t. 1, p. 275.

333. costellata, Deshayes, Expéd. Mor., 3, p. 86, pl. 24, fig. 1-3. *Anatina costata,* Bon., E. Sism., Syn. meth., p. 16 (non *C. costulata,* Lam.). Astezan.

334. proboscidea, E. Sism., Denom. ined. Test. mus. Taurin. *Mya rostrata,* Bonelli (non Chemnitz). Astezan.

335. revoluta, E. Sismonda. *Tellina revoluta,* Brocchi, Conch. subap., p. 516, pl. 12, fig. 6. Astezan.

336. gibba, Oliv., 1792, Zool. ad., p. 101. *C. nucleus,* Lam., 1818, p. 496. Astezan ; Perpignan.

CARDITA, Bruguière, 1791. Voy. t. 2, p. 77.

337. intermedia, Lamarck. *Chama intermedia,* Brocchi, Conch. subap., p. 520, pl. 12, fig. 15. Astezan.

338. pectinata, E. Sism. *Chama pectinata,* Brocc., Conch. subap., p. 667, pl. 16, fig. 12. Perpignan ; Astezan.

338'. elongata, Bronn. Voy. Etage falunien, nº 2125. Astezan.

ERYCINA, Lamarck, 1805.

339. stricta, d'Orb., 1847. *Erycina angulosa,* Bronn, It. Tert. Geb., p. 90. *Tellina stricta,* Brocchi, 1814, pl. 12, fig. 3. *Tell. angulosa,* Ren. (non Mart.). Astezan.

340. Renierii, Bronn, Phil., Enum. moll. sic., 1, p. 12, pl. 1, fig. 16. *Tellina apelina,* Ren. (non Gmel.). *Tellina pellucida,* Brocc., 1814. Astezan.

340'. complanata, Récl., Prodr. Monog. gen. Eryc. in Rev. zool., p. 333 (1844). *Bornia complanata,* Phil., pl. 1, fig. 14. Piémont.

340". corbuloides, Bivon. *Bornia corbuloides,* Phil., Enum. moll. sic., 1, p. 14, pl. 1, fig. 15. Piémont.

340'''. seminulum, d'Orb., 1847. *Bornia seminulum*, Phil., Enum. moll. sic., 1, p. 14, pl. 1, fig. 16. Piémont.

LUCINA, Bruguière, 1791. Voy. t. 1, p. 76.

'341. commutata, Phil., Enum. moll. sic., 1, p. 32, pl. 3, fig. 15. *L. digitaria*, Poli. Astezan.

342. cordata, Bonelli, Denom. ined. Test. mus. Taurin. Astezan.

344. glabella, Bon., E. Sism., Syn. meth., p. 18. Astezan.

345. globosa, Bon., E. Sism., Syn. meth., p. 17. Astezan.

'346. lactea, Lam., An. s. vert., 6, p. 228. Poli, pl. 15, fig. 28, 29. *Tellina lactea*, Brocchi. Astezan.

347. leonina, Agass., 1845, Ic. Coq. tert., p. 62, pl. 12, fig. 13-15. *Venus Tigerina*, Brocc., p. 551. *Cytherea leonina*, Bast., pl. 6, fig. 1. *Cytherea Tigerina*, Bronn, p. 98. Astezan.

'348. unguis, Bon., E. Sism., Syn. meth., p. 17. Astezan.

'348'. subpensylvanica, d'Orb., 1847. *L. Pensylvanica*, Auct. Pedem. (non Lamarck). Astezan.

CARDIUM, Bruguière, 1791.

'349. aculeatum, Linné, Lamarck, An. s. vert., 6, p. 397. Poli, pl. 17, fig. 1-3. *C. ciliare*, Linné. Astezan.

350. Clodiense, Ren., Brocc., Conch. subap., p. 500, pl. 13, fig. 3. Astezan.

'351. echinatum, Linné, Lamarck, An. s. vert., 6, p. 396. Poli, pl. 17, fig. 4-6. *C. tuberculatum*, L. *C. Deshayesi*, Payr. Perpignan; Astezan.

351'. fragile, Brocc., Conch. sub., p. 505, pl. 13, fig. 4. Astezan.

'352. hians, Brocc., Conch. subap., p. 508, pl. 13, fig. 6. *C. Indicum* et *C. Burdigalinum*, Lam. Astezan.

352'. papillosum, Poli, Phil., En. moll. sic., p. 51. Poli, pl. 16, fig. 2-4. *C. planatum*, Brocc. *C. punctatum*, Brocc. Astezan; Cassel.

'353. pectinatum, Linné, Syst. nat., p. 1124. Chemnitz, pl. 18, fig. 187, 188. *C. Æolicum*, Born. Astezan.

'354. rusticum, Chemn., Phil., Enum. moll. sic., 1, p. 52, pl. 4, fig. 12, 14. *C. edule*, Brocchi (non Linné). Astezan.

355. Sotterii, Mich., Brach. ed Acef., p. 17. Astezan.

356. striatissimum, Bonelli, E. Sismonda, Syn. meth., p. 19. Astezan.

'357. striatulum, Brocchi, Conch. subap., p. 507, pl. 13, fig. 3. Astezan; Cassel.

358. sulcatum, Lam., An. s. vert., 6, p. 401. Nyst., pl. 14, fig. 3. *C. oblongum?* Chemn. Astezan.

'358'. multicostatum, Brocchi, 1814, Conch. subap., p. 506, pl. 13, fig. 2. Astezan; Cassel.

'359. edule, Linné, Lamarck. Astezan.

CARDILIA, Desh., 1844.

'359'. Michelotti, Desh., Mag. de zool., p. 8 (1844). *Leptina isocardia*, Bonelli, Denom. ined. Test. mus. Taurin. Astezan.

ISOCARDIA, Lamarck, 1799.

'360. cor, Lam., An. s. vert., 6, p. 445. *Chama cor*, Linné, Poli, pl. 23, fig. 1, 2. Goldf., p. 211, pl. 144, fig. 2. Astezan; Cassel; Perpignan.

361. molthianoides, Bell., E. Sism., Syn. meth., p. 19. Astezan.

NUCULA, Lamarck, 1801.

'362. Placentina, Lamarck, Philippi, 1844, Foss. tert. du N.-E. de l'Allemagne, p. 14. Philippi, Enum., p. 65, pl. 5, fig. 7. Astezan; Cassel.

363. sulcata? Bronn, Reise, 2, p. 617. Philippi, 1844, Foss. tert. du N.-E. de l'Allemagne, p. 14. Cassel.

'363. margaritacea, Lam., Goldf., 1838, Petref., 2, p. 158, pl. 125, fig. 21. Philippi, 1844, Foss. tert. du N.-E. de l'Allemagne, p. 14. Phil., Enum., p. 64, pl. 5, fig. 8. Perpignan; Astezan; Cassel.

365. minuta, Bronn, Philippi, 1844, Foss. tert. du N.-E. de l'Allemagne, p. 14. Goldf., p. 158, pl. 125, fig. 21? Cassel.

365'. Polii, Phil., Enum. moll. sic., t. 1, p. 63, pl. 5, fig. 10. Astezan.

366. costulata? Bonelli, E. Sismonda, Synopsis meth., p. 20. Astezan.

LIMOPSIS, Sassy, 1827. Voy. t. 1, p. 280.

'367. pygmæa, E. Sism. *Pectunculus pygmæus*, Phill., Goldf., 1838, Petref., 2, p. 167, pl. 126, fig. 11. Phillips, Enum. sic., p. 68, pl. 5, fig. 9. Astezan; Cassel.

PECTUNCULUS, Lamarck, 1801.

'368. glycimeris, Lamk., Anim. s. vert., 6, p. 485. Guatt., pl. 72, fig. g. *Arca glycimeris*, Linné. Astezan; Perpignan.

'369. inflatus, Sism. *Arca inflata*, Brocchi, Conch. subap., p. 494, pl. 11, fig. 7. Astezan.

'370. Insubricus, Sism. *Arca Insubrica*, Brocc., Conch. subap., p. 492, pl. 11, fig. 10. *P. violaceacea?* Lam. Astezan; Perpignan.

'371. nummarius, Sism. *Arca nummaria*, Brocchi, Conch. sub., p. 483, pl. 11, fig. 8. Astezan.

'372. pilosus, Sism. *Arca pilosa*, Brocc., Conch. subap., p. 487. Nyst., pl. 19, fig. 6. *P. pulvinatus*, Lam., Brongn., Vicentin, pl. 6, fig. 16. Astezan; Perpignan.

373. polyodontus, Goldf. *Arca polyodonta*, Brocc., Conch. subap., p. 499. Goldf., 2, p. 161, pl. 126, fig. 6, 7. Astezan; Autriche, Kérod; Cassel, Orbenburg, Dusseldorf.

374. undatus, Sism. *Arca undata*, Brocc., Conch. subap., p. 489. *Arca undata?* Linné. Astezan.

ARCA, Linné, 1758. Voy. t. 1, p. 13.

375. subaffinis, d'Orb., 1847. *A. affinis*, Gené, E. Sismonda, Syn. meth., p. 20 (non Dujardin, 1837). Astezan.

376. barbata, Linn., Lam., An. s. vert., 6, p. 405. Poli, Conch., 2, pl. 25, fig. 6, 7. Astezan.

377. didyma, Brocchi, p. 479, pl. 2, fig. 2. Philippi, 1844, Foss. tert. du N.-E. de l'Allem., p. 12. Cassel.

'378. subhelbingii, d'Orb., 1847. *A. Helbingi*, Auct. Pedem. (non Brug., Lam., An. s. vert., 6, p. 469). Astezan.

'379. mytiloides, Brocc., Conch. subap., p. 477, pl. 11, fig. 1. Astezan.

'380. nodulosa? Linn., Brocc., Conch. subap., p. 478, pl. 11, fig. 6. Astezan.

'**381. pseudo-Noe,** d'Orb., 1847. *A. Noe,* Sism. (non Linn., Lam., An. s. vert., 6, p. 461). Astezan.

***382. pectinata,** Brocc., Conch. subap., p. 476, pl. 10, fig. 15. Astezan.

'**382'. subantiquata,** d'Orb., 1847. Voy. Étage falunien, n. 2318. Astezan ; Perpignan.

PINNA, Linné.

383. nobilis, Brocc., Conch. subap., p. 588 (non Linné). Astezan.

'**384. tetragona,** Brocchi, 1814, Conch. subap., p. 589. *Pinna subquadrivalvis,* Lam., 1819. Astezan ; Perpignan.

MYTILUS, Linné, 1758.

'**385. barbatus,** Linn., Phil., Enum. moll. sic., 1, p. 70. Poli, pl. 32, fig. 6, 7. *M. modiolus,* Brocc. *Modiola barbata,* Lam. Astezan.

***386. subedulis,** Brocc., Conch. subap., p. 584. Poli, pl. 31, fig. 1. Astezan.

387. Galloprovincialis, Lam., Phil., Enum. moll. sic., 1, p. 72, pl. 5, fig. 12, 13. Astezan.

388. longus, E. Sismonda. *Modiola longa,* Bronn., It. Tert. Geb., p. 113. Astezan.

389. mytiloides, E. Sism. *Modiola mytiloides,* Bronn, It. Tert. Geb., p. 113. Astezan.

LITHODOMUS, Cuvier, 1817.

***390. sericeus,** d'Orb., 1847. *Mytilus sericeus,* E. Sism. *Modiola sericea,* Bronn, Phil., Enum. moll. sic., 1, p. 71, pl. 5, fig. 14. *Mytilus inflatus,* Bon. Astezan.

***391. lithophagus,** d'Orb., 1847. *Mytilus lithophagus,* Linné, Poli, pl. 32, fig. 9, 10. *Modiola lithophaga,* Lam., An. s. vert., 7, p. 26. Astezan.

LIMA, Bruguière, 1791.

***392. inflata,** Lam., An. s. vert., 7, p. 115. *Pecten inflatus,* Chemn., pl. 68, fig. 649. *Ostrea tuberculata,* Brocchi. Astezan.

393. squamosa, Lamk., An. s. vert., 7, p. 115. *Ostrea lima,* Linné, Poli, Test., 2, p. 28, fig. 22, 23. Astezan.

AVICULA, Klein, 1753.

394. submedia, d'Orb., 1847. *A. media,* Sism., 1847, Catalogue (non Sow., Min. Conch., 1, p. 13, pl. 2). Astezan.

PERNA, Bruguière, 1791.

***395. maxillata,** Sow., 1835. *P. Soldanii,* Desh., Lam., An. s. vert., 7, p. 79. Sold., Test., 2, pl. 24, fig. a, b. *P. maxillata,* Brocc. (non Lamarck). Astezan.

CHAMA, Linné, 1758.

'**396. Brocchii,** Desh., Expéd. Mor. moll., p. 107. *C. gryphoides,* Brocc. (non Linné). Astezan.

397. dissimilis, Bronn, Phil., Enum. moll. sic., 1, p. 69, pl. 5, fig. 15. Astezan.

'**398. gryphina,** Lam., An. s. vert., 6, p. 587. Knorr., Mon. dil., t. D, 3, fig. 3, 4. *Chama sinistrorsa,* Brocc. (non Brug.). Astezan.

399. subsquamata, d'Orb., 1847. *C. squamata,* Desh., Expéd. Mor. moll., p. 107, pl. 22, fig. 3-5 (non Rumphius, 1739). *Chama lazarus ?* Brocchi (non Linné). Astezan.

400. asperella, Lam., An. s. vert., 6, p. 584. Sism., 1847. *Chama echinulata,* Lam. Astezan.

PECTEN, Gualtieri, 1742.

***401. cristatus,** Bronn, It. Tert. Geb., p. 116. Goldf., 1836, Pet., 2, p. 77, pl. 99, fig. 13. *Ostrea pleuronectes,* Brocchi (non Linné). Perpignan; Astezan, Plaisance; Autriche, Vienne; Algérie.

402. Dumasi, Payr., Bronn, It. Tert. Geb., p. 118. *O. plica,* Brocc. (non Linné). Astezan.

403. latissimus, Sism. *O. latissima,* Brocc., Conch. sub., p. 581. Aldrov., p. 232, fig. 1, 2. *P. laticostatus,* Lamk. Astezan.

404. medius, Lamk., An. s. vert., 7, p. 130. Astezan.

405. opercularis, Lam., An. s. vert., 7, p. 142. Goldf., Petref., p. 95, fig. 6. *O. opercularis,* Linné. *O. plebeia,* Brocc. Astezan.

***406. pes-felis,** Lamk., An. s. vert., 7, p. 140. Bronn, Mus., pl. 6, fig. 2. *O. pes-felis,* Brocc. Astezan.

***407. pusio,** Lamarck, An. s. vert., 7, p. 152. *O. pusio,* Linné. *O. multistriata,* Poli, pl. 28, fig. 14. Astezan.

***408. polymorphus,** Bronn., It. Tert. Geb., p. 119. *P. inæquicostatus,* Lam. *O. striata,* Brocchi. *O. discors,* Brocchi, pl. 14, fig. 9–13. Astezan.

***409. dubius,** d'Orb., 1847. *P. scabrellus,* Lam., 1819. Goldf., Petref., 2, p. 62, pl. 95, fig. 5. *Ostrea dubia,* Brocchi, 1814. Astezan; Perpignan.

***410. varius,** Penn., Lam., An. s. vert., 7, p. 147. *Ostrea varia,* Linné, Poli, Test., p. 28, fig. 10. Astezan.

411. flabelliformis, Desh., Expéd. Mor. moll., pl. 20, fig. 1, 2. *Ostrea flabelliformis,* Brocc., Conch. subap., p. 580. Astezan.

JANIRA, Schumacher, 1817.

***412. pyxidata,** d'Orb., 1847. *Pecten pyxidata,* Sism. *Ostrea pyxidata,* Brocc., Conch. subap., p. 579, pl. 14, fig. 12. Astezan.

***413. Jacobæa,** d'Orb., 1847. *Pecten Jacobæus,* Lam., An. s. vert., 7, p. 130. Blainv., Malac., pl. 60, fig. 4. Perpignan; Astezan.

414. maxima, d'Orb., 1847. *Pecten maxima,* Lamk., An. s. vert., 7, p. 129. Chemn., Conch., 7, p. 60, fig. 585. *Ostrea maxima,* Linné. Turin.

***414'. flabelliformis,** d'Orb., 1847. *Ostrea flabelliformis,* Brocc., 1814, Conch. sub., p. 580. Val d'Andona (Astezan).

HINNITES, Defrance, 1821.

***415. crispus,** Bronn, It. Tert. Geb., p. 120. Aldow., Mus., p. 463, fig. 1, 2. *H. Cortesii,* Defr. *Ostrea crispa,* Brocc. Astezan.

416. sinuosus, Desh., Lamk., An. s. vert., 7, p. 148. *Pecten sinuosus,* Lamk. Astezan.

SPONDYLUS, Linné, 1758.

417. subcostatus, d'Orb., 1847. *S. costatus,* Sism., Cat. (non Lam.). Astezan.

***418. crassicosta,** Lam., An. s. vert., 7, p. 191. *Spondylus gæderopus,* Brocchi (non Linné). Astezan; Vienne.

***419. gæderopus,** Linné (pro parte), Lam., An. s. vert., 7, p. 184. Chemn., pl. 44, fig. 459. Astezan.

420. quinquecostatus, Desh., 1836, Mollusq. de Morée, p. 121.
Voy. pl. 22, fig. 1, 2, 3e série. Astezan ; Morée.

PLICATULA, Lamarck, 1801. Voy. t. 1, p. 202.

421. dilatata, Michelotti, Brach. ed. Acef., p. 6. Astezan.

422. lævis, Bell., E. Sism., Syn. meth., p. 23. Astezan.

'423. pliocenia, E. Sism. *Plicatula ramosa*, Auct. Pedem. (non Lam.) Astezan.

OSTREA, Linné, 1752.

'424. cochlear, Poli, Lamk., An. s. vert., 7, p. 221. Nyst., pl. 32, fig. 2. *O. navicularis*, Brocchi. *O. italica*, Desh. Perpignan ; Astezan.

425. denticulata, Chemn. (non Born.), Brocch., Conch. subap., p. 568. Encycl., pl. 183, fig. 1, 2. Astezan.

'426. subgibbosa, d'Orb., 1847. *O. gibbosa*, It. Tert. Geb., p. 124 (non Lamarck). Astezan.

427. hyotis, Chemn., Conch., pl. 75, fig. 685. Lam., An. s. vert., 7, p. 235. *Mytilus hyotis*, Linné. Astezan.

'428. lamellosa, Brocchi, Conch. subap., p. 564. Goldf., Petref., 2, pl. 78, fig. 3. Astezan.

'429. undata, Lam., Goldf., Petref., 2, p. 18, pl. 78, fig. 2. *O. cornu-copiæ*, E. Sismonda (non Lamarck). France, Perpignan ; Astezan.

'430. navicularis, Brocc., Desh., 1836, Moll. de Morée, p. 124. Voy. pl. 24, fig. 7, 8, 3e série. Morée ; mers de Sicile.

ANOMYA, Linné, 1758.

'431. costata, Broun, It. Tert. Geb., p. 124. *A. costata*, Brocchi, pl. 10, fig. 15. *A. sulcata*, Brocchi (non Poli). Astezan ; Perpignan.

432. electrica, Linn., Brocc., Conch. subap., p. 461. Astezan.

433. plicata, Brocc., 1814. *A. ephippium*, Phill., Enum. moll. sic., 1, p. 92 (non Linné). *A. cepa*, et *plicata*, Brocchi, 1814. Astezan.

'434. striata, Brocc., Conch. sub., p. 465, pl. 10, fig. 13. Goldf., pl. 88, fig. 4. Astezan, Plaisance ; Perpignan.

435. orbiculata, Brocc., Goldf., 1835, 2, p. 49, pl. 88, fig. 5. Italie, Plaisance.

MOLLUSQUES BRACHIOPODES.

TEREBRATULA, Lwyd, 1699.

'436. bipartita, Sism., Cat. *Anomia bipartita*, Brocc., Conch. sub., p. 469, pl. 10, fig. 7. Perpignan ; Astezan.

'437. grandis, Blum., Phill., Enum. moll. sic., 2, p. 67. *Anomia ampulla*, Brocc., pl. 10, fig. 5. Astezan ; Perpignan.

MOLLUSQUES BRYOZOAIRES.

ESCHARA, Lamarck, 1816.

438. foliacea, Lamarck, 1816, Mich., Iconog. zoophyt., p. 70, pl. 14, fig. 9. Astezan ; riv. Méditerranée, Adriatique.

CELLEPORA, Lamarck.
439. concentrica, Michelin, Icon. zoophyt., p. 73, pl. 15, fig. 3. Astezan.
RETEPORA, Lamarck.
?440. echinulata, Blainv., 1834, Mich., Iconog. zoophyt., p. 72, pl. 14, fig. 11. Astezan.
ENTALOPHORA, Lamouroux, 1821.
?441. cervicornis, d'Orb. 1847. *Echara id.*, Michelin, 1842, Ic. zooph., p. 70, pl. 14, fig. 8 (exclus. Syn.). Astezan.
ACTINOPORA, d'Orb.
442. Mediterranea, d'Orb., 1847. *Lichenopora id.*, Blainville, Michelin, Iconog. zoophyt., p. 68, pl. 14, fig. 5. Astezan; riv. de la Méditerranée.
MYRIOZOUM, Donati. *Myriapora*, Blainville, 1834.
443. truncata, d'Orb., 1847. *Myriapora truncata*, Blainv., 1834. *Id.*, Michelin, 1842, Iconog. zoophyt., p. 69, pl. 14, fig. 7. Astezan; riv. Méditerranée.
FASCICULIPORA, d'Orb., 1839.
444. Marsillii, d'Orb. *Frondipora Marsillii*, Michelin, 1842, Icon. zoophyt., p. 68, pl. 14, fig. 4. Astezan; riv. Méditerranée?

ÉCHINODERMES.

SCHIZASTER, Agassiz.
***445. scillæ,** Agass., 1847, Cat., p. 127. Sicile, Palerme, Monte-Pelegrino, Asti; Millas, près Perpignan.
HEMIASTER, Agassiz.
446. canaliferus, d'Orb., 1847. *Schizaster canaliferus*, E. Sism., Ech. foss. Piem., p. 20. *H. major*, Desor, 1847, Cat., p. 125. Astezan.
BRISSOPSIS, Agassiz.
***447. Borsoni,** Agass., 1847, Cat., p. 121. *Schizaster Borsoni*, E. Sism., Echin. foss. Piem., p. 25, pl. 1, fig. 8-12. Castiglione, dans l'Astezan.
448. Romuli, Desor, Agassiz, 1847, Cat., p. 121. Italie, Monte-Mario, près Rome.
BRISSUS, Klein.
449. cylindricus, Agassiz, 1847, Cat., p. 120. Sicile, Palerme.
AMPHIDETUS, Agassiz.
450. Sartorii, Agass., 1847, Cat., p. 118. Sicile, Palerme.
SPATANGUS, Klein.
451. Siculus, Agass., 1847, Cat., p. 112. Park., Org. Rem., 3, pl. 3, fig. 9. Sicile, Palerme; Monte-Mario, près Rome.
452. Philippii, Desor, Agassiz, 1847, Cat., p. 113. Sicile, cap Safran, près Palerme; Monte-Mario, près Rome.
PYGURUS, Agassiz.
453. Hoffmanni, Desor, Agassiz, 1847, Catal., p. 108. Sicile, Palerme.
ECHINOLAMPAS, Gray.
454. Studeri, Agass., 1847, Catal., p. 107. Echin. suiss., 1,

p. 58, pl. 9, fig. 4-6. Suisse, Sec. (cant. d'Appenzell), Jungfrau ; Sardaigne, Castel-Nuovo, dans l'Astezan.

ECHINOCYAMUS, Van Phels.

455. Siculus. Agass., 1847, Cat., p. 83, et Monog. des Scutelles, p. 134, pl. 27, fig. 33-36. Sicile.

RUNA, Agassiz.

456. Comptoni, Agass., 1847, Catal., p. 81, et Monogr. des Scutelles, p. 32, pl. 2, fig. 11-19. Sicile, Palerme.

ECHINUS, Linné.

457. costatus, Agass., 1847, Cat. syst., p. 66. Italie, Monte-Mario, près Rome ; Palerme (Sicile).

458. Astensis, E. Sism., Agass., 1847, Cat. syst., p. 65. *Echinus lineatus*, E. Sism., Echin. foss. Piém., p. 51. Sardaigne ; Astezan.

SALMACIS, Agassiz.

459. pepo, Agass., 1847, Cat. syst., p. 55. Sicile, Palerme.

ARBACIA, Gray.

460. spadæ, Desor, Agass., 1847, Cat. syst., p. 51. Italie, Monte-Mario, près Rome.

CIDARIS, Lamarck.

461. serraria, Bronn, Agass., 1847, Catalog. syst., p. 31. Italie, Castel-Arquato.

462. rosaria, Bronn, Agass., 1847, Cat. syst., p. 31. Italie, Castel-Arquato.

463. Desmoulinsii, E. Sism., Agass., 1847, Cat. syst., p. 32. *Cidarites Blumenbachii*, E. Sism., App. Echin. foss. Piem., p. 49, pl. 3, fig. 11. Sardaigne, Asti.

464. hirta, E. Sism., Agass., Cat. syst., p. 32. *Cidarites nobilis*, E. Sism., App. Echin. foss. Piem., p. 48, fig. 3, 7. Sardaigne, Astezan, Turin.

ZOOPHYTES.

CERATOTROCHUS, Edwards et Haime, 1848.

'465. duodecimcostatus, Edw. et Haime, 1848, An. des Sc. nat., 9, p. 250. *Turbinolia duodecimcostata*, Goldf., 1826, p. 52, pl. 15, fig. 6. *Turbinolia antiquata*, *T. cyathus*, *T. corniformis*, Risso, 1826, 5, pl. 9, fig. 48, 49, 55. *T. decemcostata*, Blainv., 1834, p. 342. Michelin, Icon. zooph., p. 42, pl. 9, fig. 7. Asti, Torrita (Toscane).

FLABELLUM, Lesson, 1831.

'466. Michelini, Edwards et Haime, 1848, An. des Sc. nat., 9, p. 265. *F. cuneatum*, Michelin, 1841, Icon. zoophyt., p. 45, pl. 9, fig. 13 (non Goldf., 1827). Italie, Sienne ; Saint-Martin-d'Aubigny, Perpignan.

'467. Siciliense, Edwards et Haime, 1848, *loc. cit.*, p. 267. Italie, Palerme.

'468. subturbinatum, Edwards et Haime, 1848, *loc. cit.*, p. 268. Italie, Plaisance.

'469. laciniatum, Edwards et Haime, 1848, *loc. cit.*, p. 273. *Phillodes laciniatum*, Philippi, 1841, Neue Jahrb. Italie, Calabre.

CYATHINA, Ehrenberg, 1834.

470. pseudoturbinolia, Edwards et Haime, 1848, Ann. des
Sc. nat., 9, p. 289, pl. 9, fig. 1. *Caryophyllia pseudoturbinolia*, Michelin, 1842, Icon. zoophyt., p. 48, pl. 9, fig. 18. Italie, Monte-Pelegrino, près de Parme ; Sicile ; riv. Méditerranée.

PARACYATHUS, Edwards et Haime, 1848.

471. Pedemontanus, Edwards et Haime, 1848, Ann. des Sc.
nat., 9, p. 321. *Turbinolia cyathus*, Michelotti, 1838, Spec. zooph.,
p. 72, pl. 3. fig. 3. *Caryophyllia Pedemontana* (pars), Michelin, 1841,
p. 47, pl. 9, fig. 16. *Cyathina Pedemontana*, E. Sism., Syn., 1847,
p. 3. Astezan.

472. cyathus, Edwards et Haime, 1848, *loc. cit.*, 9, p. 330. *Caryophyllia cyathus*, Mich., 1842, Icon. zooph., p. 47, pl. 9, fig. 17 (non
Caryoph. cyathus, Lamouroux, 1821). Piémont, Godiasco.

BALANOPHYLLIA, Searles Wood, 1844.

472'. Italica, Edwards et Haime, 1848, Ann. des Sc. nat., 10,
p. 86. *Caryophyllia id.*, Michelin, 1841, pl. 9, fig. 15. Astezan.

CLADOCORA, Hemprich et Ehrenberg, 1834.

474. cæspitosa ? d'Orb. 1847. *Caryophyllia id.*, Michelotti, 1838,
Sp. zoophyt. Dit., p. 83. *Lithod. flexuosum*, Michelin, 1842, p. 49,
pl. 10, fig. 2 (non *flexuosa*, Lamour., 1821). Astezan.

475. granulosa, Edwards et Haime, 1849, Ann. des Sc. nat., 11,
p. 309. *Lithodendron granulosum*, Goldf., 1831, Petref. Germ., pl. 37,
fig. 12. Italie, Castel-Arquato.

475'. Prevostina, Edwards et Haime, 1849, id., p. 309. Sicile.

CLAUSASTREA, d'Orb., 1849. Voy. t. 1, p. 293.

'475''. Savignyi ? Edwards et Haime, 1850, Ann. des Sc. nat., 11,
p. 159. Égypte.

STEPHANOPHYLLIA, Michelin, 1842.

476. imperialis, Michelin, 1842, Iconog. zoophyt., p. 31, pl. 8,
fig. 1. Astezan.

CERIOPORA, Goldfuss, 1826.

477. ornata, d'Orb., 1847. *Ceriopora ornata*, Michelin, 1842, Icon.
zooph., p. 73, pl. 15, fig. 1. Astezan.

MONTICULIPORA, d'Orb., 1847. Voy. t. 1, p. 25.

478. echinata, d'Orb., 1847. *Cellepora echinata*, Michelin, 1842,
Icon. zooph., p. 74, pl. 15, fig. 4. Astezan.

FORAMINIFÈRES (d'Orb.).

ORBULINA, d'Orb., 1845, Foraminifères de Vienne, 1846.

'479. universa, d'Orb., 1846, Foram. de Vienne, p. 22, pl. 1,
fig. 1. Italie, Sienne ; Autriche, Baden.

OOLINA, d'Orb., 1839. Voy. Foraminifères de Vienne.

'480. clavata, d'Orb., 1846, Foraminif. de Vienne, p. 24, pl. 1,
fig. 2, 3. Autriche, Baden.

GLANDULINA, d'Orb., 1825. Voy. Foraminifères de Vienne.

'481. lævigata, d'Orb., 1825, Ann. des Sc. nat., p. 86, pl. 10, fig. 1-3. Foram. de Vienne, pl. 1, fig. 4, 5. Italie, Sienne ; Autriche, Baden, Nussdorf.

NODOSARIA, Lamarck. Voy. t. 1, p. 241.

'**482. ovicula,** d'Orb., 1825, Ann. des Sc. nat., p. 87, n. 6. Italie, Sienne.

'**483. semistriata,** d'Orb., 1825, Ann. des Sc. nat., p. 87, n. 9. Italie, Sienne.

'**484. dubia,** d'Orb., 1825, Ann. des Sc. nat., p. 87, n. 10. Italie, Sienne.

'**485. interrupta,** d'Orb., 1825, Ann. des Sc. nat., p. 87, n. 11. Italie, Sienne.

'**486. glabra,** d'Orb., 1825, Annal. des Sc. nat., p. 87, n. 12. Sienne.

'**487. pyrula,** d'Orb., 1825, Annal. des Sc. nat., p. 85, n. 13. Sienne.

'**488. filiformis,** d'Orb., 1825, Annal. des Sc. nat., p. 87, n. 14. Sienne.

'**489. longicauda,** d'Orb., 1825, Ann. des Sc. nat., p. 88, n. 28. Sienne.

'**490. cancellata,** d'Orb., 1825, Annal. des Sc. nat., p. 88, n. 29. Sienne.

'**491. Soldanii,** d'Orb., 1825, Annales des Sc. nat., p. 88, n. 30. Sienne.

'**492. nitida,** d'Orb., 1825, Ann. des Sc. nat., p. 88, n. 33. Italie, Coroncina.

'**493. raphanistrum,** d'Orb., 1847. *Nautilus id.*, Linné. *Bacillum,* Defrance, Foram. d'Autriche, p. 40, pl. 1, fig. 40-47. Italie, Sienne ; Autriche, Baden.

'**494. hispida,** d'Orb., 1846, Foram. de Vienne, p. 35, n. 11, pl. 1, fig. 24, 25. Italie, Sienne ; Autriche, Baden ; riv. Rimini.

'**495. affinis,** d'Orb., 1846, Foram. de Vienne, p. 39, n. 17, pl. 1, fig. 36-39. Autriche, Baden.

'**496. inornata,** d'Orb., 1846, Foraminif. de Vienne, p. 44, pl. 1, fig. 50, 51. Autriche, Baden.

'**497. roscula,** d'Orb., 1846, Foram. de Vienne, p. 50, pl. 2, fig. 16, 17. Autriche, Baden ; riv. Adriatique ?

DENTALINA, d'Orb., 1825. Voy. t. 1, p. 242.

'**498. caudata,** d'Orb., 1825, Ann. des Sc. natur., p. 89, n. 37. Lisse, à queue arquée, retournée du côté opposé à la courbure. Italie, Sienne.

'**499. substriata,** d'Orb., 1825, Ann. des Sc. nat., p. 89, n. 46. Italie, Coroncina.

'**500. cornicula,** d'Orb., 1825, Ann. des Sc. natur., p. 89, n. 47. Italie, Sienne.

FRONDICULARIA, Defrance, 1824. Voy. t. 1, p. 241.

'**501. striata,** d'Orb., 1825, Ann. des Sc. nat., p. 90, n. 3. Sold., 4, pl. 9, fig. Q, R. Italie, Coroncina.

'**502. pupa,** d'Orb., 1825, Ann. des Sc. nat., p. 91, n. 4. Sold., 4, pl. 9, fig. 8. Italie, Coroncina.

***503. complanata,** Defrance, d'Orb., Ann. des Sc. nat., p. 91, n. 4. Defrance, Dict. des Sc. nat., fig. 4. Italie, Sienne.

***504. diluvii?** E. Sism., Michel., Spec. zooph. diluv., p. 223, pl. 7, fig. 8. Astezan.

LINGULINA, d'Orb., 1825. Voy. Foram. de Vienne.

***505. carinata,** d'Orb., 1825, Ann. des Sc. nat., p. 91, n. 1. Modèles, n. 26. Italie, Sienne.

MARGINULINA, d'Orb., 1825. Voy. t. 1, p. 242.

***506. glabra,** d'Orb., 1825, Ann. des Sc. nat., p. 93, n. 6. Modèles, n. 55. Italie, Sienne.

***507. hirsuta,** d'Orb., 1825, id., Foramin. de Vienne, p. 69, pl. 3, fig. 17, 18. Autriche, Nussdorf, Baden ; Italie, Sienne ; riv. Rimini.

CRISTELLARIA, Lamarck. Voy. t. 1, p. 241.

***508. lanceolata,** d'Orb., 1846, Foram. de Vienne, p. 89, pl. 3, fig. 41, 42. Autriche, Baden ; Italie, Sienne.

***509. auris,** d'Orb., 1847. *Orthoceras auris,* Soldani, 2, pl. 164, fig. A. *Planularia id.,* d'Orb., 1825, Ann. des Sc. nat., p. 94, n. 5. Italie, Plaisantin, Castel-Arquato.

***510. cassis,** d'Orb., 1825, Modèles, n. 44, 83 ; Ann. des Sc. nat., p. 124, n. 3 ; Foram. de Vienne, pl. 4, fig. 4, 7. Italie, Coroncina, Sienne ; Autriche, Baden ; Piémont, Astezan.

***511. nitida,** d'Orb., 1825, Ann. des Sc. nat., p. 125, n. 5. Soldani, 1, pl. 56, fig. O, R. Italie, Coroncina.

***512. marginata,** d'Orb., 1825, Ann. des Sc. nat., p. 125, n. 7. Soldani, 1, pl. 57, fig. S, T. Italie, Coroncina.

***513. rostrata,** d'Orb., 1825, Ann. des Sc. nat., p. 126, n. 9. Espèce très-lisse, à forte carène, dont les loges sont convexes. Italie, Sienne.

***514. elongata,** d'Orb., 1825, Ann. des Sc. nat., p. 126, n. 11. Soldani, 1, pl. 58, fig. *aa, bb, cc.* Italie, Coroncina.

***515. bilobata,** d'Orb., 1825, Ann. des Sc. nat., p. 126, n. 12. Sold., 1, pl. 57, fig. 2. Italie, Coroncina.

***516. aculeata,** d'Orb., 1825, Ann. des Sc. nat., p. 126, n. 14. Sold., 1, pl. 57, fig. *tt.* Italie, Sienne.

***517. elegans,** d'Orb., 1825, Ann. des Sc. nat., p. 127, n. 24. Sold., 1, pl. 56, fig. q. Italie, Coroncina.

***518. papillosa,** d'Orb., 1825, Ann. des Sc. nat., p. 127, n. 25. *Nautilus papillosus,* Sold., 1, pl. 59, fig. SS.

***519. Italica,** d'Orb., 1825, Ann. des Sc. nat., p. 127, n. 26 ; Modèles, n. 19. *Saracenaria id.,* Defrance. Italie, Sienne, riv. Rimini.

ROBULINA, Montfort, 1808.

***520. orbicularis,** d'Orb., 1825, Ann. des Sc. nat., p. 122, n. 2, pl. 15, fig. 8, 9. Italie, Sienne.

***521. vortex,** d'Orb., 1825, Ann. des Sc. nat., p. 122, n. 4. Fich. et Moll., pl. 2, fig. d, 1. Italie, Sienne.

***522. Soldanii,** d'Orb., 1825, Ann. des Sc. nat., p. 122, n. 5. Soldani, 1, p. 69, pl. 59, fig. *uu.* Italie, Coroncina.

***523. calcar,** d'Orb., 1846, Foram. de Vienne, p. 99, pl. 4, fig. 18-20. Autriche, Baden ; Italie, Sienne, riv. Rimini.

***524. cultrata,** d'Orb., 1825, Foram. de Vienne, p. 121, n. 1. Modèles, n. 82. Foram. d'Autriche, p. 96, pl. 4, fig. 10-13. Autriche, Baden, Nussdorf; Italie, Sienne, riv. Rimini.

525. Ariminensis, d'Orb., 1825, id., 1846, Foram. de Vienne, p. 95, pl. 4, fig. 8, 9. Autriche, Baden ; Bohitsch en Styrie ; riv. Rimini.

526. echinata, d'Orb., 1846, Foram. de Vienne, p. 100, pl. 4, fig. 21, 22. Autriche, Baden ; Italie, Sienne ; riv. Rimini.

NONIONINA, d'Orb., 1825.

527. bulloides, d'Orb., 1825, Ann. des Sc. nat., p. 172, n. 2. Espèce sphérique, id., 1846, Foram. de Vienne, p. 107, pl. 5, fig. 9, 10. Italie, Sienne ; Autriche, Nussdorf, Vienne.

528. melo, d'Orb., 1825, Ann. des Sc. nat., p. 127, n. 4. Sold., 4, p. 33, pl. 8, fig. ZZ, A, B, C. Italie, Sienne.

529. umbilicata, d'Orb., 1825. Ann. des Sc. nat., p. 127, n. 5, pl. 15, fig. 10-12. Modèles, n. 86. Italie, Sienne.

530. granosa, d'Orb., 1825, Ann. des Sc. nat., p. 128, n. 8. Id., d'Orb., 1846, Foraminifères de Vienne, p. 110, pl. 5, fig. 19, 20. Autriche, Nussdorf ; Italie, Castel-Arquato.

532. Soldanii, d'Orb., 1846, Foram. de Vienne, p. 109, pl. 5, fig. 15, 16. Autriche, Nussdorf ; Italie, Sienne.

POLYSTOMELLA, Lamarck.

533. semistriata, d'Orb., 1825, Ann. des Sc. nat., p. 118, n. 7. Espèce déprimée, striée sur la moitié des loges seulement. Italie, Castel-Arquato.

534. crispa, Lamarck, d'Orb., 1846, Foram. de Vienne, p. 125, pl. 6, fig. 9-14. Autriche, Baden, Nussdorf, Vienne ; Italie, Sienne.

ROTALIA, Lamarck.

535. Soldanii, d'Orb., 1825, id., 1846, Foram. de Vienne, p. 155, pl. 8, fig. 10-12. Autriche, Nussdorf ; Italie, Sienne ; riv. Rimini.

536. Brongniartii, d'Orb., 1825, Annal. des Sc. nat., p. 107, n. 27. Soldani, 1, p. 57, pl. 38, fig. H. Id., Foram. de Vienne, pl. 8, fig. 22-24. Italie, Castel-Arquato ; Autriche, Baden.

537. lævis, d'Orb., 1847. *Gyroidina id.,* 1825, Ann. des Sc. nat., p. 112, n. 3. Espèce lisse, peu convexe. Sienne ; riv. Rimini.

538. Boueana, d'Orb., 1846, Foramin. de Vienne, p. 152, pl. 7, fig. 25-27. Autriche, Nussdorf, Baden ; riv. Rimini.

GLOBIGERINA, d'Orb., 1825.

539. elongata, d'Orb., 1825, Ann. des Sc. nat., p. 111, n. 4. Soldani, 2, p. 117, pl. 123, fig. K. Italie, Castel-Arquato ; riv. Rimini.

540. bulloides, d'Orb., 1825, Mod., n. 17 ; id., 1846, Foram. de Vienne, p. 163, pl. 9, fig. 4-6. Autriche, Nussdorf ; Italie, Sienne ; riv. Rimini.

PLANORBULINA, d'Orb., 1825.

541. Mediterranensis, d'Orb., 1825 ; id., 1846, Foraminif. de Vienne, p. 166, pl. 9, fig. 15-17. Autriche, Nussdorf ; riv. Méditerranée.

TRUNCATULINA, d'Orb., 1825.

542. lobulata, d'Orb., 1847, Foram. de Vienne, p. 166, pl. 9, fig. 18-23. Autriche, Nussdorf ; Italie, Sienne ; riv. Rimini.

ANOMALINA, d'Orb., 1825.

III.   17

***543. Austriaca,** d'Orb., 1846, Foram. de Vienne, p. 172, pl. 9, fig. 4-4. Autr., Nussdorf ; Ital., Sienne.

ROSALINA, d'Orb., 1825.

***544. subrotunda,** d'Orb., 1847. *Rotalia id.*, d'Orb., 1845, Ann. des Sc. nat., p. 107, n. 14. Espèce convexe en dessous. Italie, Castel-Arquato ; riv. Rimini.

545. Italica, d'Orb., 1847. *Rotalia id.*, 1825, Ann. des Sc. nat., p. 109, n. 43. Soldani, 4, pl. 2, fig. F, G. Italie, Castel-Arquato ; riv. Méditerranée.

***546. Siennensis,** d'Orb., 1847. *Rotalia id.*, d'Orb., 1825, Ann. des Sciences natur., p. 109, n. 50. Soldani, 4, pl. 4, fig. K, 4. Italie, Sienne.

***547. ammoniformis,** d'Orb., 1847. *Rotalia id.*, 1825, Ann. des Sc. nat., p. 110, n. 55. Soldani, 1, p. 55, pl. 34, fig. K. Italie, Coroncina.

BULIMINA, d'Orb., 1825. Voy. t. 2, p. 185.

***548. costata,** d'Orb., 1825, Ann. des Sc. nat., p. 103, n. 1. Espèce largement costulée. Italie, Coroncina.

***549. echinata,** d'Orb., 1825, Ann. des Sc. nat., p. 103, n. 5. Espèce épineuse, lisse. Italie, Sienne.

***550. semistriata,** d'Orb., 1825, Ann. des Sc. nat., p. 104, n. 15. Espèce ovale finement striée. Italie, Coroncina.

***550'. elongata,** d'Orb., 1825, id., 1846, Foram. de Vienne, p. 187, pl. 11, fig. 19, 20. Autriche, Nussdorf ; Italie, Rimini.

UVIGERINA, d'Orb., 1825.

***551. rugosa,** d'Orb., 1825, Ann. des Sc. nat., p. 103. Espèce couverte d'aspérités. Italie, Sienne.

***552. pygmæa,** d'Orb., 1825, Ann. des Sc. nat., p. 103. Modèles, n. 67. Idem, 1846, Foram. de Vienne, p. 190, pl. 11, fig. 25, 26. Autriche, Baden, Nussdorf ; Italie, Sienne.

PYRULINA, d'Orb., 1825.

***553. gutta,** d'Orb., 1825, Ann. des Sc. nat., p. 101. Modèles, n. 30. Italie, Castel-Arquato.

CLAVULINA, d'Orb., 1825.

***554. cylindrica,** d'Orb., 1825, Ann. des Sc. nat., p. 102, n. 1. Espèce finement striée en long. Italie, Sienne.

***555. communis,** d'Orb., 1846, Foram. de Vienne, p. 196, pl. 12, fig. 1, 2. Autr., Nussdorf ; riv. Adriatique.

ASTERIGERINA, d'Orb., 1846.

***556. planorbis,** d'Orb., 1846, Foram. de Vienne, p. 205, pl. 11, fig. 1-3. Autriche, Nussdorf.

GUTTULINA, d'Orb., 1825.

557. problema, d'Orb., 1825, Ann. des Sc. nat., p. 100, n. 14. Modèles, n. 61. Id., d'Orb., 1846, Foram. de Vienne, p. 224, pl. 12, fig. 26-28. Italie, Castel-Arquato ; Autriche, Nussdorf.

***558. communis,** d'Orb., 1825, Ann. des Sc. nat., p. 100, n. 15. Id., 1846, Foram. de Vienne, p. 224, pl. 13, fig. 6-8. Castel-Arquato ; Autriche, Nussdorf.

POLYMORPHINA, d'Orb., 1825. Voy. t. 2, p. 185.

*559. **truncata,** d'Orb., 1825, Ann. des Sc. nat., p. 99, n. 3. Espèce subcylindrique. Italie, Castel-Arquato.

*560. **inæqualis,** d'Orb., 1825, Annal. des Sc. natur., p. 99, n. 4. Grande espèce lisse. Italie, Castel-Arquato (non Chavagne).

TEXTULARIA, Defrance.

*561. **punctata,** d'Orb., 1825, Ann. des Sc. nat., p. 96, n. 3. Espèce très-obtuse subcylindrique. Italie, Castel-Arquato.

*562. **gibbosa,** d'Orb., 1825, Ann. des Sc. natur., p. 96, n. 6. Modèles, n. 28. Italie, Castel-Arquato.

*563. **plana,** d'Orb., 1825, Ann. des Sc. nat., p. 97, n. 14. Sans aucune saillie, unie. Italie, Sienne.

*564. **cuneiformis,** d'Orb., 1825, Ann. des Sc. nat., p. 97, n. 18. Espèce carénée, comprimée. Italie, Castel-Arquato.

*565. **sagittula,** d'Orb., 1825, Ann. des Sc. natur., p. 97, n. 20. Sold., 2, p. 133, fig. T. Italie, Castel-Arquato.

*566. **trochoides,** d'Orb., 1825, Ann. des Sc. natur., p. 97, n. 22. Espèce trochoïde, courte et large. Italie, Castel-Arquato.

*567. **lævigata,** d'Orb., 1846, Foram. de Vienne, p. 243, pl. 14, fig. 14-16. Autriche, Nussdorf; riv. Rimini.

*568. **carinata,** d'Orb., 1846, Foram. de Vienne, p. 247, pl. 14, fig. 32-34. Autriche, Nussdorf; Italie, Sienne; riv. Rimini.

*569. **abbreviata,** d'Orb., 1846, Foram. de Vienne, p. 249, pl. 15, fig. 9-12. Autriche, Baden, Nussdorf; Italie, Sienne.

BILOCULINA, d'Orb., 1825.

*570. **limbata,** d'Orb., 1825, Annal. des Sc. natur., p. 133, n. 12. Soldani, 3, pl. 19, fig. M. Italie, Castel-Arquato.

571. **complanata,** Michelotti, Rizop. sopracret., p. 46, pl. 3, fig. 2. Piémont.

SPIROLOCULINA, d'Orb., 1825.

*572. **depressa,** d'Orb., 1825, Ann. des Sc. natur., p. 132, n. 1. Sold., 3, pl. 155, fig. KK?

*573. **orbicularis,** d'Orb., 1825, Ann. des Sc. nat., p. 132, n. 8. Espèce lisse sans angles. Italie, Castel-Arquato.

*574. **elongata,** d'Orb., 1825, Ann. des Sc. nat., p. 132, n. 11. Espèce épaisse, tranchante des deux côtés de chaque loge. Italie, Castel-Arquato.

*575. **limbata,** d'Orb., 1825, Ann. des Sc. natur., p. 133, n. 12. Sold., 3, p. 54, pl. 19, fig. M. Italie, Castel-Arquato.

*576. **Brongniartii,** d'Orb., 1825, Ann. des Sc. natur., p. 134, n. 23. Sold., 3, pl. 154, n. 66, c? Italie, Castel-Arquato.

TRILOCULINA, d'Orb., 1825.

*577. **gibba,** d'Orb., 1846, Foram. de Vienne, p. 274, pl. 16, fig. 22-24. Autriche, Nussdorf; Italie, Sienne.

578. **carinata?** Michelotti, Rizop. sopracret., p. 48, pl. 3, fig. 4. Piémont.

QUINQUELOCULINA, d'Orb., 1825.

*579. **rugosa,** d'Orb., 1825, Ann. des Sc. nat., p. 136, n. 24. Espèce bicarénée. Italie, Castel-Arquato.

*580. **undulata,** d'Orb., 1825, Ann. des Sc. nat., p. 136, n. 27. Espèce striée, ondulée. Italie, Castel-Arquato.

*581.   **depressa,** d'Orb., 1825, Ann. des Sc. natur., p. 136, n. 38. Espèce tranchante. Italie, Castel-Arquato.

*582.   **longirostra,** d'Orb., 1825, Ann. des Sc. nat., p. 137, n. 46. Idem, 1846, Foram. de Vienne, p. 291, pl. 18, fig. 25-27. Autriche, Baden ; Italie, Castel-Arquato.

*583.   **triangularis,** d'Orb., 1825 ; id., 1846, Foram. de Vienne, p. 288, pl. 18, fig. 7-9. Autriche, Nussdorf ; Italie, Sienne.

*584.   **peregrina,** d'Orb., 1846, Foram. de Vienne, p. 292, pl. 19, fig. 1-3. Autriche, Baden ; Italie, Sienne.

ADELOSINA, d'Orb., 1825.

*585.   **lævigata,** d'Orb., 1825, Annal. des Sc. natur., p. 138, n. 1. D'Orb., 1846, Foram. de Vienne, p. 302, pl. 20, fig. 22-24. Soldani, 3, p. 158, fig. S, T, U. Italie, Castel-Arquato ; Autriche, Nussdorf.

*586.   **striata,** d'Orb., 1825, Ann. des Sc. nat., p. 138, n. 2. Modèles, n. 18 et 97. Italie, Castel-Arquato.

FIN DU PRODROME DE PALÉONTOLOGIE.

TABLE ALPHABÉTIQUE ET SYNONYMIQUE

DES GENRES ET DES ESPÈCES

CONTENUS DANS LE

PRODROME DE PALÉONTOLOGIE

STRATIGRAPHIQUE UNIVERSELLE.

TABLE ALPHABÉTIQUE ET SYNONYMIQUE

DES GENRES ET DES ESPÈCES

CONTENUS DANS LE

PRODROME DE PALÉONTOLOGIE

STRATIGRAPHIQUE UNIVERSELLE.

AB

	Étages	Numéros
Abraerinus.		
pusillus.....	3	941
simplex.....	1 b	355
Acanthocœnia.		
Rathieri.....	17	518 a
Acanthocyathus.		
Hastingsii...	26	2700
Acanthopora.		
Icaunensis ..	17	463'
mitra.......	20	625
Neocomiensis	17	463
spinosa.....	11	595
Acanthoteuthis.		
prisca......	15	8
Acervularia.		
ananas.....	2	1142
Baltica.....	2	1154
Baltica....	1 b	375
Achatina.		
buccinula..	26	515
Achilleum.		
auriforme..	22	1518
cancellatum	13	725
cherotonum.	13	725
costatum...	13	711
formosum..	22	1532
fungiforme.	22	1539
glomeratum	22	1538
granulosum	6	711
millepora-		
tum.......	6	712
morchella..	20	798
muricatum.	20	740
patellare...	6	724
poraceum..	6	731

AC

	Étages	Numéros
ACHILLEUM.		
radiciforme.	6	715
reticulare...	6	716
rugosum...	6	726
Fraundelii..	6	726
rugosum....	22	1534
subcariosum	6	714
truncatum..	13	722
tuberosum..	15	720
Waltheri..	6	735
verrucosum.	6	713
Acicularia.		
pavantina..	25	1292
Acmea.		
dimidiata..	22	441
Gaultina...	19	200 a
inflata.....	19	200"
pileata.....	26	1739
Reussii....	22	440
subcentralis	20	225
Acrocidaris.		
censoriensis.	14	428
nobilis.....	14	429
striata......	11	418
tuberculosa.	14	430
tuberosa....	14	430
Acroculia.		
canaliculata	5	315
contorta....	2	424
erecta......	2	428
ornata.....	2	425
sigmoidalis.	2	419
vetusta.....	2	427
Zinckenii..	2	426
Acrocyathus.		

AC

	Étages	Numéros
ACROCYATHUS.		
floriformis..	5	995 !
Acropeltis.		
æquituber		
lata.......	14	427
Acrosalenia.		
complanata..	10	514
conformis...	15	192
spinosa.....	11	417
tuberculosa.	14	426
Acrophyllia.		
unicornis....	21	255
unicornis...	21	245 b
rariformis...	14	486
Varusensis..	20	698
Acrosmilia.		
acaulis......	6	677
cenomana...	20	699
cernua......	21	253
conica......	24	254
corallina....	14	485
cornucopiæ.	13	601
elongata....	14	487
gracilis.....	6	680
granulata...	6	678
similis......	13	602
Acroura.		
Cornueliana.	17	766'
Cottaldina ..	11	426
prisca......	5	99
serrata.....	22	1263
subnuda....	14	449
Acteon.		
achatinus...	27	68
acicula.....	26	497

AC

ACTEONINA.	Étages	Numéros
ventricosa...	15	23
Actinacis.		
Martiniana..	21	247'
Actinaræa.		
granulata...	13	633
Actinastrea.		
Goldfussii...	22	1298
Actinhelia.		
elegans.....	22	1315
Actinoceras.		
crebiseptum.	1 a	47
Cuvieri.....	1 a	48
giganteus...	5	85
gracilis....	1 a	46
nummularius	1 b	32
tenuissimum..	1 a	45
Actinoceris.		
Eudesii.....	10	524
Cenomanensis	20	684
Actinociathus.		
Balticus....	1 b	375
crenularis...	3	1000
Hennahii....	2	1154"
Phillipsii....	2	1154'
Actinocœnia.		
compressa..	21	515
mirifica.....	26	2745
rustica.....	20	702
Actinoconchus.		
paradoxus..	5	815
Actinocrinus.		
arthriticus.	1 b	349
concavus....	5	924
constrictus.	5	925
costus.....	5	919
expansus...	1 b	343
Gilbertsoni..	5	920
globosus....	5	922
lævis.......	5	923
moniliformis	1 b	340
polydactylus	5	918
pusillus....	5	941
retiarius...	1 b	344
simplex....	1 b	333
tessellatus...	5	921
tesseraconta-		
dactylus..	1 b	350
triacontadac-		
tylus.....	5	917
Actinosmilia.		
Cenomana ..	20	680
Actinospongia.		
ornata.....	11	515
Actita.		

AD

ACTITA..	Étages	Numéros
Munsteriana	5	518
Adelocœnia.		
castellum....	14	513
corallina....	14	517
Lancelotii...	14	50
Moreana....	14	318
tubulosa.....	14	516
Adelosina.		
lævigata....	27	585
pulchella...	26	3061
striata......	27	586
Adeone.		
lamellosa...	26	2566
reteporifor-		
mis......	26	2565
Aganides.		
œquabilis...	2	155
œquilobatus .	6	29
acutus......	2	134
ammon.....	2	216
angustisepta-		
tus........	2	135
angustus....	2	136
arcuatus....	2	137
armatus	6	22
atratus	3	121
Aturi......	26	304
Barbotanus .	5	126
Bavariensis .	2	190
Beaumontii..	6	37
Becheri.....	2	138
Belvalianus .	3	116
bicostatus,..	2	219
bidorsalis...	3	113
bidorsatus...	6	33
biferus......	2	139
bisimpressus.	2	140
bisulcatus...	2	213
Bronnii.....	2	141
Bronnii....	5	154
Buchii......	2	142
Buchii.....	6	59
Bucklandi..	2	143
calculiformis	2	144
canalifer....	2	145
calyx.......	5	98
cancellatus..	2	146
carbonarius.	5	132
carina......	5	122
carinatus...	2	147
ceratitoides .	5	114
cinctus.....	2	212
clymeniformis	2	148
complicatus .	5	117

AG

AGANIDES.	Étages	Numéros
contiguus...	2	149
costatus....	2	152
costulatus...	2	151
Cottai......	2	150
Coyanus....	5	134
cucullatus...	2	153
cyclolobus..	5	105
Dannenbergii	2	207
decoratus...	6	41
diadema....	5	125
divisus.....	2	154
Dufrenoyi...	6	31
Eryx.......	6	23
evexus	2	156
expansus....	2	157
falcifer.....	2	158
fasciculatus,.	5	135
Friesci.....	6	27
furcatus....	6	25
furcatus...	5	103'
Gibsoni.....	5	96
Gilbertsoni..	5	99
glaucus.....	6	24
globosus....	2	159
Haidingeri..	6	35
Haueri......	2	161
Hœninghausi	2	160
Henlowi....	5	104
hybridus....	2	162
Jossæ.......	5	127
incertus....	2	163
infrafurcatus.	6	56
Ingleri......	2	218
insignis.....	2	164
intermedius.	2	165
interruptus .	3	125
intercostatus	3	107
intumescens.	2	166
iris........	6	34
Kingianus..	5	130
Klipsteini...	6	39
Koninckianus	3	129
latiseptatus..	2	210
latistriatus..	2	167
linearis.....	2	168
Listeri.....	5	124
Looneyi.....	5	100
maximus....	2	169
micronotus..	5	112
mixolobus...	5	106
multilobatus.	2	171
multiseptatus	2	170
Munsterii...	2	172
mutabilis....	3	120

AL

ALECTO.	Étages	Numéros
dichotoma..	11	365
dichotoma..	10	468
dichotomoi -		
des........	10	468
divaricata...	20	591
gracilis.....	17	760
granulata...	17	453'
granulata..	20	590
incrassata...	17	453
inflata.....	1 a	424
intermedia..	14	400
nummulita -		
rum......	24	566
parvula.....	26	2589
rames......	22	1095
reticulata...	20	590
Rupellensis .	14	402
Smithii.....	11	366
versicolosa..	26	2588
Ammonites.		
Aalensis....	9	54
Aballoensis .	7	30
acanthopsis .	9	59
acanthus....	8	41
Achilles.....	14	8
Acis........	6	67
Acostae.....	17	603
Acteon......	8	9
acuto-costatus	6	75
Adelae......	12	48
Adonis......	19	35
Æduensis...	7	31
Ægion......	8	10
Æolus......	19	56
aequatorialis.	17	610
aequinodosus	6	61
Æropus.....	12	59
Agassizianus.	19	50
Ajax.......	12	49
Alexandrinus	17	611
Alpinus....	19	55
Altenensis...	14	6
alternans ...	13	51
alternatus...	17	606
amaltheus...	8	
amaltheus..	13	50
amoenus	6	85
anceps......	12	25
angulicostatus	17	583
angulosus..	22	54
annulatus...	9	35
Aon........	6	61
Aonis......	17	40
aphideus...	3	114

AM

AMMONITES.	Étages	Numéros
aratus.....	6	86
arbustigerus.	11	5
Archiacianus	19	19
Arduennensis	13	34
armato - cin-		
gulatus...	6	71
armatus....	8	21
armiger....	12	23
arthriticus..	12	40
articulatus..	7	27
asper......	17	18
asperrimus..	17	32
Astierianus..	17	19
athleta......	12	23
atratus....	3	121
angustiloba -		
tus......	6	85
auritus.....	19	12
Babeanus...	12	38
Baldori.....	13	69
Bakeriæ.....	12	17
Bakeriæ....	14	7
Balmatianus	19	48
Banksii.....	12	50
Baugieri....	12	42
Beaumontia-		
nus......	20	19
Bechei......	8	25
Belus......	18	30
Belvalianus	3	116
Beudanti....	19	35
bicarinatus.	6	63
bicrenatus.[1]	6	93
bicurvatus...	18	16
bidenticulatus	6	66
bidichotomus	17	28
bidorsatus..	22	27
bifer.......	7	14
biflexuosus..	11	10
bifrons.. ...	9	29
bifrons.....	12	17
bipartitus...	12	41
biplex......	13	32
Birchii.....	7	15
bispinosus..	15	6
bisulcatus...	7	3
Blagdeni....	10	29
Boblayei....	8	14
Bogdoanus.	5	4
Bogotensis..	17	593
Bonnetianus.	19	59
Boucaultianus	7	17
Bouchardia -		
nus.......	19	44

AM

AMMONITES.	Étages	Numéros
Bouei......	6	77
Bourgeoisia -		
nus......	22	16
Bourretianus	19	52
Boussingaultii	17	607
Braikenridgii	10	51
Braunianus..	9	41
Bravaisianus,	21	5
brevispina...	8	22
Bronguartii.	10	52
Brongnar -		
tianus....	19	50
Brottianus...	19	39
Brotheus...	6	61
Buchana...	17	56
Buddha.....	22	46
bullatus.....	15	15
Buvignieri..	8	35
Cadomensis..	10	24
Caillaudianus	17	600
cala........	22	34
Calisto......	15	10
Calloviensis.	12	45
calvus......	12	59
Calypso.....	9	57
Camatteanus.	19	17
camelinus...	17	617
canaliculatus	13	56
capellinus..	9	54
capricornu..	17	35
capricornus.	9	40
caprinus...	13	52
carina.....	3	122
Carlavantii..	18	23
Carolinus..	21	4
Carteroni...	17	33
Carusensis..	7	14
cassida.....	17	578
Cassisianus..	20	27
Castellanensis	17	597
catenatus....	7	21
catenatus...	6	84
catenulatus .	13	56
catillus.....	20	23
catillus....	20	18
catinus.....	21	14
Candollianus	19	46
Caumontii...	10	54
Causonianus.	17	595
Cenomanen -		
sis........	20	25
Centaurus...	8	19
Ceranonis...	17	54
cesticulatus.	18	25

AM

AMMONITES.	Étages	Numéros
Chabreyanus	19	10
Charmassei..	7	18
Charrierianus	17	589
Chauvinia-nus	12	24
chamoueti..	12	20
Chrishna...	22	53
cinctus	20	32
cingulatus..	6	58
circularis...	19	61
Cleon	19	38
Clevelandicus	8	13
clypeiformis	17	21
Colladoni...	19	60
Collenoti...	7	24
Colombianus	17	614
compressissimus	17	583
Comensis...	9	50
communis...	9	46
complanatus.	9	52
complanatus	20	28
complicatus.	5	117
concavus....	9	54
concinnus...	18	33
Conradi....	22	54
consobrinus.	18	24
Constantii...	15	59
contrarius...	17	8
Conybeari...	7	8
Conybeari...	7	3
cordatus....	13	30
cornucopiæ.	9	56
Cornuelianus	18	18
cornutus....	19	40
coronatus...	12	26
corrugatus..	12	58
Cottæ	22	29
Couloni....	20	51
Coynarti....	8	29
crassicostatus	18	13
Credneri...	6	61
crenatus....	13	57
crenatus....	19	11
cristagalli...	12	18
cristatus....	19	43
cristatus...	13	57
cristatus...	19	53
cryptoceras.	17	17
cultratus....	17	24
Coulliffei....	22	41
curvinodus..	18	33
cycloides....	10	14
cymbiformis.	6	64

AM

AMMONITES.	Étages	Numéros
Cymodoce...	14	4
	15	14
Danae	22	26
Davaei	8	44
Davidsoni...	8	38
debilis	6	88
Dechenii....	22	28
Dechenii...	6	61
decipiens...	15	8
Defrancii....	10	56
Delaruei....	19	42
Delamareusis	22	21
Delucii	19	10
Denarius....	19	51
dentatus....	13	57
dentatus....	15	45
denticulatus	13	45
depressus...	10	11
depressus...	10	13
depressus...	13	44
Deshayesi..	18	24
Desloogchampsii	10	33
Desplacei...	9	45
Deverianus..	21	15
diadema....	3	123
Diartianus...	20	26
Didayanus...	17	586
difficilis....	17	582
dimorphus..	10	59
diphylloides.	22	42
discoides....	9	53
discus	11	5
discus.....	13	45
dispars....	20	25
Doublieri....	13	51
Dudressieri.	9	40
Dufrenoyi...	18	32
Dumasianus.	17	580
Duncani....	12	44
Dupinianus..	19	52
durga	22	34
Dutemplea-nus	19	26
Duvalianus..	18	27
Edouardianus	10	28
Edwardsianus	15	40
Egertoni....	22	40
elephantinus	12	56
Emerici	18	28
Engelhardti.	8	12
enodis	5	6
Erato	13	46
Erinus	15	9

AM

AMMONITES.	Étages	Numéros
Escragnollensis	17	41
Eucharis....	13	44
Eudesianus..	10	22
Eudoxus....	15	11
Eugenii	13	35
Eumelus....	15	15
Eupalus	15	16
Ewaldi....	21	19
falcatus	20	20
falcatus....	6	92
fascicularis..	17	575
Feraudianus.	17	590
fimbriatus...	8	32
Fischerianus	13	60
fissicostatus.	18	2?
fissicostatus	19	26
fissus	13	55
Fittoni	19	11
flexicostatus	12	20
flexisulcatus	17	657
flexuosus...	13	45
flexuosus-canaliculatus	13	45
flexuosus-costatus	13	4?
flexuosus-gigas	13	45
flexuosus-globulus	13	145
flexuosus-inflatus	13	45
Fleuriausianus	21	16
floridus....	6	59
fonticosa...	9	30
Forbesianus.	22	45
formosus...	12	15
fornix	12	55
Frearsi	13	61
faniferus....	12	21
furcatus....	17	49
furcatus....	6	62
Galdrynus..	12	21
galbatus....	17	592
galeatus....	17	585
galeatus....	6	89
Gallienuei...	21	15
Ganesa....	22	33
Gargasensis.	18	14
Garrantianus	10	17
garuda....	22	33
Gastaldianus.	17	601
Gaudama....	22	4?

AM

AMMONITES.	Étages	Numéros
Gauduasensis	17	604
Gaytani.....	6	60
Geinitzii....	22	50
geometricus.	7	21
Germani...	9	38
Gervillei....	10	38
Geslinianus..	20	18
Gevrilianus..	17	22
gibbosulus..	17	46
giganteus...	16	3
gigas.......	16	6
Goldfussii...	6	72
Goliathus...	13	42
Gollevillensis	22	17
Goodhallii..	20	29
Gossianus..	19	36
Goupilianus.	21	6
Gowerianus	12	34
granuloso - striatus...	6	79
Grosianus...	17	25
Gravesianus.	17	3
Greenoughi..	9	58
Grenouillouxi	8	51
Guerinianus.	16	596
Guersanti..	19	16
Guettardi...	18	51
Guibalianus.	8	54
Hagenowi...	7	32
Hollandrei..	9	45
Hanabronii..	18	22
Haueri......	6	92
hecticus....	11	13
	12	14
Hector......	15	15
Hector.....	16	9
Heliacus....	17	591
Henleyi.....	8	26
Hermione...	13	47
Henrici.....	13	45
Hercules....	17	605
Hersilia.....	13	49
Harveyi....	11	12
	12	16
heterophyllus-amalthei,......	9	55
heterophyllus	9	47
Himalayæ...	12	62
Hippocrepis	22	55
hircinus....	9	38
histrix......	17	591
Hommairei..	12	50
Honoratianus	17	575

AM

AMMONITES.	Étages	Numéros
Hopkinsii...	17	608
horridus....	17	615
Huberianus	19	24
Hugardianus	19	40
Humboldtii.	6	61
Humpriesianus......	10	30
Hyacinthus..	13	50
hybrida.....	8	27
ibex,.......	8	14
ignobilis...	12	22
impressus...	17	29
Inca.......	17	576
incertus....	17	34
Indicus.....	22	36
inæqualicostatus.....	17	574
India.......	22	55
inflato-binodus......	15	6
inflatus.....	19	46
	20	15
inflatus....	14	6
inflatus....	15	5
infundibulum	6	84
infundibulum	17	579
inornatus...	18	9
insignis.....	9	50
intermedius.	17	577
interruptus..	10	16
interruptus.	5	125'
interruptus.	19	10
Irius.......	16	4
Ischmæ....	12	15
Itierianus...	19	47
Ixion.......	17	584
Jallabertianus......	19	30
Jamesoni...	8	36
Jarbas......	6	82
Jason......	12	43
Jaubertianus	18	21
Jeannotii...	17	27
Johannis-Austriæ......	6	64
Johnstoni ...	7	11
Josephinus..	17	47
Juilleti.....	17	25
Juilleti.....	22	34
Juliæ.......	17	597
Julii.......	11	7
Jupiter.....	8	39
Jurensis	9	57
Jurinianus.	19	52

AM

AMMONITES.	Étages	Numéros
Kœnigii....	13	58
Kayei......	22	32
Kirghisensis.	13	55
Kirchisensis	15	12
Kridion.....	7	9
labiatus....	6	64
lacunatus.	7	20
Lafresnaya - nus.......	22	10
Laigneletii..	7	19
Lalandeanus	12	37
Lallierianus.	15	5
Lamberti...	12	35
lamellosus..	8	35
lamellosus..	12	15
Landriotii...	7	53
Largilliertianus......	20	17
larva.......	6	80
latæcostata..	8	40
latidorsatus .	19	30
	20	14
latilabiatus..	6	70
lautus......	19	15
Leai.......	17	586
Layeri......	6	90
linguiferus..	11	4
lenticularis..	12	20
Leopoldinus.	17	18
lepidus.....	17	583
Levesquei...	9	52
lævigatus...	8	38
Lewesiensis .	21	9
Lewesiensis.	22	17
liasicus.....	7	6
ligatus......	17	576
lineatus....	8	39
lingulatus..	13	43
lingulatus - nudus....	13	45
Linneanus...	10	23
Listeri.....	5	124
longispinus .	15	6
Loscombi...	8	18
Lucretius...	13	66
Ludovicus...	17	618
lunula......	12	22
Lyelli......	19	24
Lynx.......	8	28
macilentus..	17	59
macrocephalus.......	11	14
	12	15
macrocepha-		

AM

AMMONITES.	Étages	Numéros
lus........	14	6
mamillatus..	19	23
mamillatus.	14	7
Mandelslohii.	6	78
Mantellii....	20	21
Mantellii...	20	31
Mantellii...	20	24
Marantianus.	13	53
Marcousianus	17	46
margaritatus	8	13
marginatus..	18	56
Mariæ......	12	55
Martinii.....	18	12
Martiusii....	10	19
massa......	12	13
Masseanus..	8	8
Matheroni...	18	25
Maugenestii.	8	15
Maximiliani..	6	63
Mayorianus.	19	29
	20	13
Menu.......	22	38
Metternichii.	6	81
Meyendorfi..	13	64
Meyeri......	6	73
Michelianus.	19	54
Michelinianus	19	18
microstoma..	11	13
Milletianus..	19	27
Mimatensis..	9	48
mirabilis....	6	65
Mirapelianus	19	53
Mitreanus...	17	45
modiolaris..	12	27
Moreanus...	7	20
Mosensis....	19	15
Mosquensis..	13	67
Moutonianus.	17	42
mucronatus..	9	42
multilobatus	6	64
multilobatus	6	86
multiplicatus	17	51
Murchisonæ.	10	13
Murchisoni.	13	43
mutabilis...	13	12
mutabilis...	3	120
muticus.....	8	23
mytiloides..	1 a	215
obtusa.....	1 a	214
orbicularis.	1 a	211
undata.....	1 a	213
navicularis..	20	24
Neocomiensis	17	30
Neojurensis.	6	87

AMMONITES.	Étages	Numéros
Nepaulensis.	12	60
Nera.......	22	44
Nicolasianus.	17	48
Niortensis...	10	15
Nisus.......	18	10
nodoso-costa-		
tus.......	19	25
nodo-costa -		
tus......	6	62
nodosus....	5	5
Nodotianus..	7	28
noduloso-co-		
status....	6	61
Normanianus	8	50
Noricus.....	17	37
Nouelianus..	22	14
Nutfieldiensis	17	50
nux........	13	48
obtusus.....	7	4
oculatus....	13	45
Okaensis....	13	57
oolithicus...	10	20
opalinus....	13	36
ophioides...	7	13
opis........	12	57
Orbignyanus	20	32'
Orientalis...	12	58
oxinotus....'.	7	24
Palletteanus	22	12
Pallasianus..	13	65
Panderi.....	13	54
papalis......	21	12
Parkinsoni,.	10	16
parallelus..	13	45
Parandieri..	19	31
Partschii...	6	64
peramplus.'.	21	7
Parandieri.	17	589
perarmatus..	13	55
perarmatus.	14	7
Perezianus..	17	599
Peruvianus..	17	609
Phillipsii....	7	26
Pictaviensis.	10	21
Pictetianus..	10	61'
picturatus...	13	8
placenta....	22	20
planicosta...	8	11
planidorsatus	17	613
planorbis....	7	29
planula.....	11	6
planus.....	13	10
plicatilis....	13	52
polymorphus	10	13

AMMONITES.	Étages	Numéros
polymorphus	8	39
polyopsis....	22	15
polyptychus.	10	37
Pottingerii.'.	12	24
pretiosus....	18	11
primordialis.	9	33
princeps....	5	125
Prosperianus	21	8
Proteus.....	19	48
provincialis.	17	598
psilonotus..	7	29
pustulatus..	12	19
Puzosianus..	19	23
Pygmæus...	10	26
quadratus..	13	30
quadrilabia-		
tus........	6	64
quercifolius.	19	36
radians.....	9	31
radiatus....	17	18
Radisensis..	14	5
Ramsaueri.	6	84
Ranuxemi...	22	22
Raquinianus.	9	44
raricostatus.	7	12
raricostatus	7	11
raresulcatus.	18	17
Raspailii....	12	51
Raulinianus.	19	16
reconditus..	22	51
recticostatus.	17	581
refractus....	12	47
Regnardii...	8	17
regularis....	19	20
rembda.....	22	39
Renauxianu s	20	12
reniformis..	22	56
Regnienianus	21	5
Ribourianus.	22	49
Ruppellii....	6	62
rimosus....	6	49
Riou.......	22	50
Rhotomagen-		
sis........	20	32
Rothomagen		
sis........	17	655
Robini.....	21	18
Roissyanus..	19	45
rotatorius..	3	115
rotiformis...	7	16
rotula.....1.	18	37
rotula......	18	25
rotundus....	16	7
Roubaudianus	17	4

AM

AMMONITES.	Étages	Numéros
Rouxianus..	19	46
Rouyanus...	17	579
Rouyanus..	22	45
Royerianus..	18	19
Royerianus.	18	56
Rupellensis..	14	7
rusticus.....	21	14
Sabaudianus.	12	36
Sabinus.....	9	56
salinarius...	6	94
Santefecinus.	17	612
Santonensis.	22	18
Sartousianus	17	592
Sutherlandiæ	12	51
Sauzeanus...	7	23
Sauzei......	10	35
Scipionianus.	7	10
semiornatus.	22	13
semistriatus	17	56
semisulcatus.	17	26
Senebrianus.	19	57
Senequieri..	19	9
Seranonis...	17	616
serpentinus.	9	28
serrulatus..	13	45
Silimani....	22	25
Simonyi....	6	91
simpius...'.	17	29
Sinemuriensis	7	22
sinuosus....	17	31
Sismondæ...	7	25
Siva........	22	57
Syrtalis.....	22	25
Syriacus...	20	11
Syssollæ....	13	68
soma.......	22	33
Sowerbyi...	10	12
sphæricus..	3	119
spinatus....	8	7
spinulo-cos-		
tatus.....	6	61
splendens...	19	11
stellaris....	7	5
sternalis....	9	49
Stobæi......	22	10
Stobieckii...	18	15
strangulatus.	17	35
striatisulcatus	18	26
striatulus..	6	60
striatus....	3	118
subalpinus..	19	35
subarmatus.	8	20
Subakeriæ..	11	11
subcingulatus		68

AM

AMMONITES.	Étages	Numéros
subcompla -		
natus.....	20	28
subcordatus	13	51
subdiscus...	11	9
subfimbriatus	17	20
subgaleatus.	6	89
sublævis...	12	27
subradiatus.	10	11
subreniformis	22	56
subtricarina-		
tus.......	22	9
subumbilica-		
tus.......	6	60
sugata......	22	47
Suprajurensis	16	7'
Surya......	22	45
Talavignesii.	21	17
tatricus.....	12	52
	13	38
tarde-furca-		
tus.......	19	22
Taylori.....	8	33
Tchefkini...	13	59
Terverii....	17	58
Tessonianus.	10	27
tetrasinuata	20	16
Tethys......	17	36
Timotheanus	19	52
Tollotianus..	19	58
tornatus....	6	86
torquatus...	12	54
tortilis.....	7	7
tortisulcatus.	13	29
torulosus....	9	39
Toucasianus.	13	41
tricarinatus	22	9
tripartitus..	12	46
triserialis...	20	50
Truellei....	10	10
tuberculatus	19	14
tumidus....	12	28
Turoniensis..	21	16
Turneri....	6	94
umbilicatus.	6	74
Ungeri.....	6	69
Uralensis...	13	65
Valdani.....	8	16
Vandeckii...	17	602
variabilis...	9	51
varians.....	20	16
varicosus...	19	46
varicosus...	19	41
varuna.....	22	33
Velledæ....	19	54

AM

AMMONITES.	Étages	Numéros
Velthemii..	6	61
ventrocinctus	19	50
venustus....	18	34
Verneuilianus	22	11
verrucosus..	17	29
versicostatus	19	37
vespertinus..	22	24
viator.......	12	29
Vibrayeanus.	20	10
Vibrayeanus	22	30
Vielbancii...	21	11
Villersensis.	12	52
virgatus....	13	62
Vishau......	22	51
villiger....	3	122'
Walcotii...	6	94
Walcotii...	9	20
Wallichii...	12	61
Wengensis..	6	76
Williamsoni.	13	52
Woolgarii...	21	4
Yo.........	13	7
Zetes.......	9	55
Ziguodianus.	12	33
zigzag......	10	25

Amorphospongia.

	Étages	Numéros
acute-margi-		
nata......	6	730
angustata...	22	1546
alveolites...	22	1549
byssoides...	22	1542
cancellata...	13	725
capitatum...	22	1540
capulus.....	20	807
Carantonensis	20	804
cervicornis..	20	802
cherotonum.	13	723
corallina....	14	638
crassa......	22	1543
crispa......	13	726
dactylus....	10	581
deformis....	20	803
digitata.....	20	805
dumosa.....	20	806
echinata....	20	808
favosa......	13	727
fungiformis..	22	1539
Gaudryna...	20	809
glomerata...	22	1538
gracilis.....	10	582
heteromorpha	22	1544
hippocasta -		
num......	22	1541
informis....	20	800

AN

ANATINA.	Étages	Numéros
spatulata....	15	91
striata......	15	87
subrugosa...	15	93
subsinuosa..	17	251'
subtenuis....	17	228
tellinoides..	20	1895
tenuis......	17	228
undata......	15	221
undulata....	11	178
Ancilla.		
oticula.....	25	253
Ancillaria.		
alblis.......	25	259
aveniformis..	25	256
buccinoidea,	24	300
buccinoides..	25	250
bullata.....	26	874
canalifera...	24	501
	25	252
canalifera..	26	872
canalifera..	26	879
cinnamomea.	26	874
coniformis..	26	876
dubia.......	25	254
glandiformis.	26	875
glandiformis	26	139
glandina....	25	251
inflata......	25	1461
inflata.....	26	185
inflata.....	26	875
lymneoides..	25	261
obsoleta....	26	877
olivula......	25	253
papyracea...	26	873
prætenuis...	25	262
scamba.....	25	258
Sismondana.	26	870
staminea....	25	261'
subcanalifera	26	872
subglandifor-		
mis.......	26	139
subglobosa..	25	260
subinflata...	26	138
subulata....	24	300
subulata....	26	879
suturalis....	26	878
turritella....	25	257
Ancyloceras.		
Agassizij....	11	20
annulatus...	10	40
Arduennensis	20	37
armatus.....	20	38
Astierianus..	17	632
Braunii......	18	46

AN

ANCYLOCERAS.	Étages	Numéros
hispinatus...	10	41
brevis.......	17	626
Buchianus...	17	635
Calloviensis.	12	63
cinctus......	17	627
cinctus.....	17	648
Cornuelianus	18	45
costatus....	10	40
dilatatus....	17	58
distans......	12	64
Duvalianus..	17	650
ellipticus....	20	39
Emerici.....	17	620
furcatus....	17	628
gigas.......	18	42
grandis.....	18	48
Hillsii......	18	49
Humboldtia-		
nus.......	17	634
intermedius..	18	47
Matheronianus	18	41
Moriausianus	20	50
Orbignyanus.	18	44
ornatus.....	17	633
Peresianus..	17	631
pulcherrimus	17	59
pulcherrimus	17	625
Puzosianus..	17	625
Renauxianus	18	42
Saussureanus	19	66
sexnodosus..	17	60
simplex.....	18	43
spinatus....	11	19
spiniger.....	19	67
tenuis......	11	18
tenuisulcatus	22	65
tuberculatus.	12	65
varians.....	18	41
Waltoni....	10	40
Ancylus.		
deperditus..	27	25
depressus...	26	30
elegans.....	25	1400
Andoceras.		
angusticame-		
ratum....	1 a	57
annulatum..	1 a	54
approxima-		
tum......	1 a	59
arctiventrum	1 a	56
bisiphonatum	1 a	62
distans....	1 a	61
duplex......	1 a	63'
	1 b	31

AN

ANDOCERAS.	Étages	Numéros
duplicatum.	1 a	60
gemellipa-		
rum.......	1 a	53
latiannula-		
tum.......	1 a	64
longissimum.	1 a	51
magniven-		
trum.....	1 a	58
multitubula-		
tum......	1 a	52
proteiforme.	1 a	55
subcentrale.	1 a	50
Anodonta.		
antiqua.....	24	174
Aquensis....	26	287
Cordieri....	24	173
Anolax.		
gigantea....	25	259
inflata.....	26	875
Anomalina.		
auricula....	17	555
Austriaca...	27	543
Badenensis..	26	2935
elegans.....	26	2930
nautiloides..	26	2931
rotula......	26	2934
variolata....	26	2932
Anomites.		
anomalus...	1 a	270
Anomya.		
alternans....	26	2551
ampulla....	26	2536
ampulla....	27	437
angulata....	5	732
antiqua....	5	832
argentaria..	22	942
aurita......	26	2537
asperella....	26	2525
biloba......	1 b	159
bipartita...	27	436
caput-serpen-		
tis.......	26	2537
cepa.......	27	433
Cooradi....	26	2530
costata.....	27	431
costulata....	17	413
crispa......	1 b	277
diphya.....	12	243
electrica....	27	432
elliptica....	11	547
ephippium..	26	2550
ephippium.	27	433
Jurensis....	14	589
Kimmerid-		

AN

ANOMYA.	Étages	Numéro
gensis....	15	178
lævigata....	17	410
lævigata. ..	25	1149
lamellosa. ..	22	944
lens.........	26	2528
Neocomiensis	17	411
orbiculata....	27	435
papyracea...	20	525
plicata......	27	433
Portlandica..	16	59
pseudo-radia-ta........	17	412
radiata. ...	17	412
reticularis..	2	1013
rhomboidalis	1 b	147
Ruffini......	26	2529
rugosa.	26	2527
sandalium..	2	775
striata......	27	434
striata.....	25	1150
sublævigata .	25	1149
subradiata..	22	941
subrugosa...	26	2527
substriata...	25	1150
subtruncata .	20	526
sulcata.....	27	431
tellinoides ..	22	943
tenuistriata..	15	1148
truncata...	20	526

Anthophyllum.

	Étages	Numéro
Atlanticum.	22	1287
bicostatum..	2	1116
Braunii....	24	658
conicum....	17	513
cylindraceum	22	1274'
decipiens...	10	531'
dispars. ...	20	690
distortum...	25	1658
excavatum..	14	472
excavatum..	13	598
explanatum.	17	512
inæqualis...	20	689
obconicum..	13	597
patellatum .	20	692
pateriforme.	20	690
proliferum..	25	62
pyriforme..	11	436
rude........	22	1286
sessile......	13	599
sulcatum...	20	693
truncatum..	11	439
truncatum..	25	1261
turbinatum.	13	596
venustum...	6	675

AP

Antipathes.	Étages	Numéros
vetusta.....	26	2790

Apioceras.

	Étages	Numéros
cinctum.....	5	48
dentaloideum	5	54
Geineri.....	5	55
paradoxicum.	5	53
Puzosianum.	5	51
tessellatum..	5	50
trochoides..	5	58
Verneuilia –num	5	47

Apiocrinus.

	Étages	Numéros
elegans.....	11	429
ellipticus...	22'	1269
elongatus...	11	429
insignis.....	14	455
magnificus..	14	454
Meriani....	14	452
mespilifor –mis.	2	1057
Milleri.....	13	562
Murchisonia-nus........	14	455
Parkinsoni..	11	428
punctatus..	1 b	559
Rathieri....	14	455'
Roissyanus..	14	452
rotundus...	11	428
scriptus....	1 b	558
similis.....	14	452
stellaris.....	2	1058

Aplocyathus.

	Étages	Numéros
armatus.....	26	2710
conulus.....	19	556
cyclolitoides.	24	654'
Harveyanus.	19	557
Magnevillia-nus.......	10	525
Micheliui...	13	595'
obesus......	26	2718
pyramidatus.	26	2721
Sismondæ...	26	2716
sublævis....	26	2720
undulatus...	26	2717

Aplophyllia.

	Étages	Numéros
dichotoma...	14	512

Aplosastrea.

	Étages	Numéros
elegans.....	17	520'
geminata....	22	1297
Neptuni.....	17	520
stylophora..	25	1273

Aplosmilia.

	Étages	Numéros
aspera......	14	590
Buvignieri..	14	592'

AR

APLOSMILIA.	Étages	Numéros
detrita.....	26	2765
nuda.......	14	593
semisulcata..	14	591

Arbacia.

	Étages	Numéros
cononica....	20	659
depressa....	17	487
granulosa...	20	658
monilis.....	26	1679
pilos.......	17	488
spadæ......	27	460

Arca.

	Étages	Numéros
abrupta.....	42	710
acutirostris..	3	493
æmula......	15	346
æmula,....	14	295
æquicostata .	26	2352
affinis.....	22	674
affinis.....	26	2317
Alabamensis.	22	898
alata.......	26	2356
alata, ...	22	677
Albertina...	20	379
alectra.....	11	268
alta........	26	2358
amygdalina.	2	642
anatina....	3	499
angulata...	22	687
angusta.....	25	1058
angusta....	2	643
antique.....	4	27
antiqua....	2	640
antiquata..	26	2318
antiquata..	26	2321
antrosa.....	22	701
appendiculata	25	1061
arata......	26	2346
Araucana...	26	2356
arcacea.....	22	686
Archiaciana	22	669
arguta......	3	497
Aspasia.....	6	499
Asteriana...	17	335
Austeni.....	18	118
aviculoides..	3	404
barbata.....	27	376
barbatula...	25	1048
Baugieri....	10	356
Beaumontii.	21	135
biangula...	26	2324
biangulata..	25	1011
biangulina..	26	2324
bicarinata...	22	692
bifida.....	22	694
biloba......	10	552

AR

ARCA.	Étages	Numéros
bixa........	9	210
Bonplandiana	26	2357
brahminia...	22	707
Branderi....	25	1060
Breislaki....	26	2327
brevis......	17	720
bruvidesma.	26	2339
baccula.....	26	2350
cælata......	26	2354
callipleura..	26	2541
cancelata...	3	483
cancellata..	10	550
cancellata..	26	290 a
cancellioa...	10	550
cardioides...	22	702
carinata.....	19	258
	20	372
carinata....	10	567
Carteroni..	17	323
Cawdori....	2	638
Cenomanensis	20	373
centenaria...	26	2343
Chauviniana	12	188
clathrata....	26	2325
clathrata....	3	495
Clellandi....	22	708
compressius-		
cula......	13	559
concentrica.	2	664
concentrica.	6	499
concentrica.	20	391
concinna...	13	550
concinna....	10	509
concinna....	13	556
consobrina..	17	524
contracta...	13	549
cor.........	17	534
Corbarica...	22	681
cordiformis..	26	2326
Cornueliana.	17	553
	18	117
Cottaldina...	19	259
crassatina...	24	180
cretacea....	22	675
cucullaeformis	26	2334
cucullaris...	25	1049
cucullata....	10	570
cuculloides..	25	1066
cylindracea.	25	1056
cylindrica...	10	363
Danae......	10	354
Dannembergi	6	504
Daphne.....	10	355
decussata...	26	290 a

AR

ARCA.	Étages	Numéros
Dejanira....	10	357
deleta......	25	1029
Delia.......	10	358
Delila......	10	359
depressa....	24	182
depressa....	2	644
Diana......	10	361
dictyophora.	22	693
didyma.....	27	377
diluvii......	26	2321
diluvii......	26	2334
disparilis..	22	705
divisa......	3	501
Drya.......	10	362
Duboisiana..	26	2335
Duchasteli..	25	1045
Dupiniana...	17	325
duplicata....	25	1062
Eastnori...	1 a	186
echinata....	20	377
echion......	11	263
Echo.......	11	262
Edouardi....	11	265
Edusa......	11	261
Egæa......	9	211
Elathea.....	11	266
Elea.......	11	267
elegans.....	9	212
elegans....	13	361
elegans.....	20	376
elegantula...	3	488
elongata.....	10	248
elongata...	13	339
elongata....	13	257
Erato......	11	269
Erina......	11	270
Eudora.....	11	271
Euryta.....	11	272
exaltata....	22	714
faba.......	3	485
fibrosa.....	19	260
filigrana....	25	1043
fimbriata...	3	492
fimbriata...	3	490
Fischeri....	13	556
Fontanieri.	22	707
formosa....	6	505
formosa....	20	389
formosissima	6	503
fracta......	14	302
fucifera....	22	711
funiculosa..	14	304
Gabrielis....	17	326
Galathea....	12	185

AR

ARCA.	Étages	Numéros
Galdrina....	22	704
Galliennei...	20	375
Galloprovin-		
cialis.....	22	680
Gamana.....	22	706
Gea........	12	185
Geinitzii....	22	696
gibbosa.....	20	379
gigantea....	26	2353
glabra......	20	387
glabra.....	21	136
glabra.....	22	682
glaucus.....	12	187
globulosa...	24	519
Glyceria....	12	184
glycymeris.	27	368
Gnoma.....	12	186
Goldfussii...	13	353
granulata..	14	306
granulosa...	25	1052
Gravesii....	23	40
gregaria....	3	502
Guerangeri..	20	384
Halie.......	13	355
Hardingii...	2	645
harpax.....	13	356
Harpyia....	13	367
	14	297
Hecate.....	13	339
Hector.....	13	340
Hedonia....	13	341
Helbingii..	26	2320
Helbingii...	27	378
Helecita....	13	351
Helena.....	13	343
hemispherica	6	505
Hersilia.....	13	345
Hirsonensis.	11	275
Hoffmanni..	11	273
Hugardiana.	19	261
hyantula....	25	1628
hybrida.....	24	520
Hylla.......	13	344
Idalia......	12	298
Idmone.....	14	300
idonea......	26	2342
imbricata..	26	2324
imperialis...	10	351
impressa....	6	498
improcera...	26	2351
inæquivalvis	5	65
inæquivalvis	8	189
incerta.....	24	181
Incile.......	26	2344

AR

ARCA.	Étages	Numéros
inclinata....	21	142
inflata......	11	274
inflata.....	27	569
insubrica...	27	570
interrupta...	25	1055
irregularis..	25	1051
irregularis.	21	138
Janassa.....	14	301
Janias.'.....	14	299
Janira......	14	294
Janthe......	14	296
Japetica. ...	22	705
Jason.......	14	295
Keyserlingii.	13	537
Kingiana....	4	26
Kingiana...	4	30
Kockii......	10	567
Lacordairiana	5	490
lævigata. ...	25	1059
lævis.......	22	678
lævis.......	24	183
Lasii.	2	641
lata........	6	500
lata........	14	292
latesulcata..	26	290'
latissima....	6	500
lanceolata...	3	496
Laura.......	15	144
Leda.......	15	145
Ligeriensis..	20	388
lineata......	8	191
lineata.....	10	333
lineolata...	26	2555
longirostris.	15	142
Lorieriana..	10	560
Luciensis...	11	277
Lydia.......	15	143
Lyelli......	25	1057
magellanoides	25	1829
magnifica...	11	276
Mailleana...	20	383
Marceana...	20	384
Marticensis..	22	679
Marullensis..	17	527
Marylandica	26	2340
Matheroniana	21	136
Mellevillei..	24	183
Merope.....	23	59
Michelini....	2	648
minuta.....	5	62
minuta.....	11	260
minuta.....	26	1937
minutissima.	5	62
modioliformis	24	178

AR

ARCA.	Étages	Numéros
Moreana....	17	329
Moutoniana.	20	386
Munsterii. ..	8	188
mytiloides...	27	379
nana.......	19	262
Neocomiensis	17	328
Nereis......	22	676
noculosa....	27	380
nodulosa...	26	2535
Noe........	26	2323
Noe........	27	381
Noueliana...	21	153
nuda.......	6	501
nummaria..	27	571
obliquaria...	24	179
obliquata...	14	505
oblonga.....	19	549
obscura.....	3	484
obtusa......	3	493
Octavia.....	22	683
orbicularis..	22	685
Orbignyana.	22	672
Oreliana....	2	649'
ovalis......	13	141
ovata......	2	639
Pandoræ....	24	521
parvula.....	10	566
parvula....	13	342
Passyana....	20	387
pectinata....	27	382
pectinata...	13	338
pectinata...	14	294
pectunculoides	26	2529
permiana...	4	50
Phædra.....	8	190
Phillipsiana..	13	347
pholadiformis	20	374
pilosa......	27	372
pilosa......	26	2303
pinguis.....	3	486
pisolina....	26	2350
planicosta..	25	1047
plicatura...	26	2337
polyfasciata.	26	2330
polyodonta.	27	375
ponticeriana.	22	703
poststriata..	1 a	199
prisca......	2	648'
producta....	13	558
profunda..	25	1050
propatula...	26	2353
propinqua..	22	688
protracta....	26	2345
	27	381

AR

ARCA.	Étages	Numéros
pseudo-Noe.	26	2323
pulchra.....	11	264
punctifera...	25	1055
pusilla.......	26	2331
pygmæa....	22	695
quadrilatera.	25	1046
quadrisulcata	13	552
radiata.....	26	2356
radiata.	22	713
Ranvilliana..	11	278
Raspailii. ..	21	157
Raulini.....	17	330
Renauxiana.	21	141
Requieniana.	21	158
Requieniana	21	157
reticulata..	3	490
reticulata..	10	504
rhomboidella	25	1067
Robinaldina.	17	531
Rœmeri. ...	22	684
rostellata...	22	699
rostellata,...	17	719
rostrata....	27	569'
rotundata....	20	590
rotundata..	14	507
rotundata..	22	683
Royana.....	22	671
rudis.......	11	259
rudis.......	25	1630
rugosa......	6	497
rugosa......	3	500
sagittata....	22	675
Santonensis.	22	670
Saratofensis.	13	554
Sarthacensis.	20	576
scalaris.....	26	2348
scapulina...	25	1044
Schubblerii.	26	2352
Schusteri. ..	17	358
sculptata....	25	1042
securis......	17	532
Sebourowski.	13	560
semicostata..	3	497
semisulcata.	21	140
serrata.	20	381
Siberica.....	13	553
similis.....	22	700
stillicidium.	26	2341
striatula....	22	690
subaffinis. ..	27	375
subalata....	22	677
subangulata.	22	687
subangusta..	2	643
subantiqua..	2	640

AR

ARCA.	Étages	Numéros
subantiquata	26	2318
	27	382'
subcancellata	26	290 a
subclathrata	3	495
subconcentrica	20	391
subcordiformis	6	502
subdepressa	2	644
subdiluvii	26	2321
subdinnensis	20	380
subelegans	13	361
subformosa	20	589
subhelbingii	26	2320
	27	378
subglabra	22	682
subgranulata	14	306
sublævigata	10	565
sublævis	11	287
sublata	14	292
sublineata	10	555
sublineolata	26	2555
subliasina	8	189
subminuta	11	260
subovata	2	639
subparvula	13	342
subpectinata	13	538
subradiata	22	713
subreticulata	10	564
subrostellata	17	719
subrostrata	26	2347
subrotundata	14	307
subrugosa	3	500
subscapulina	26	2328
subsinuata	26	2338
subtortuosa	26	2360
subtruncata	22	691
subtumida	4	29
sulcicosta	25	1064
sulcicostata	26	290"
supracretacea	23	58
Taillebourgensis	20	385
tenuistriata	22	697
tessellata	3	489
texata	14	503
texta	13	141
texturata	10	568
Tocaynensis	17	721
tortuosa	26	2360
torulosa	2	649
trapezium	2	646
trapezoidea	20	392
triangularis	13	348
triasina	5	63

AR

ARCA.	Étages	Numéros
Trinchinopolitensis	22	709
triquetra	26	2349
trisulcata	14	293
truncata	22	691
tumida	4	28
tumida	4	29
tumida	22	673
Turonica	26	2316
undata	27	374
nodulata	22	689
unilateralis	2	647
Varusensis	17	718
Vendinnensis	20	575
Verneuiliana	3	491
virgata	12	189
vulgaris	22	700
Xanthe	11	279

Archiacia.

	Étages	Numéros
cornuta	21	227
sandalina	20	643

Archimedipora.

	Étages	Numéros
Archimedes	2	1052

Arcomya.

	Étages	Numéros
acuta	10	223
calceiformis	10	210
elongata	8	137
ensis	10	222
gracilis	15	61
Helvetica	15	90
inæquivalvis	5	59
lateralis	10	224
latissima	13	184
oblonga	9	148
quadrata	16	33
robusta	13	57
sinistra	10	221
sinuata	13	89

Arcopagia.

	Étages	Numéros
alta	25	761
articolata	26	1922
Branderi	25	762
carinulata	25	757
Cenomanensis	20	260
circinalis	22	499
concentrica	22	503
concentrica	17	241
corbis	27	505
corbisoides	25	758
costulata	22	501'
crassa	27	506
elegans	25	753
elegans	26	1923
erycinoides	25	756

AS

ARCOPAGIA.	Étages	Numéros
gibbosa	22	498
gigantea	27	503
Hautoniensis	25	763
lamellosa	25	760
Lamottensis	24	452
Levesquei	24	451
lucinalis	25	1582
lunulata	25	1585
numismalis	21	105
obovata	25	764
obtusa	26	1921
patellaris	25	755
pustula	25	759
radiata	21	104
Raulina	19	218
rotundata	22	500
semiradiata	21	104
sinuata	25	754
strigata	22	501
subconcentrica	17	241
subdecussata	22	502
subelegans	26	1923
subrotunda	25	1584
telata	27	304
Valdiviana	22	504

Areacis.

	Étages	Numéros
sphæroidalis	25	1274

Argonauta.

	Étages	Numéros
Argo	26	1796
hians	26	300

Artemis.

	Étages	Numéros
acetabulum	26	2023
Basteroti	26	1955
elegans	26	2035
lenticularis	22	608
orbicularis	27	314

Articulina.

	Étages	Numéros
gibbosula	26	3036
nitida	25	1360

Aspendesia.

	Étages	Numéros
cerebriformis	26	2606
cristata	11	390
Dianthus	11	364
Neocomiensis	17	461'
spongiosa	6	619

Aspidura.

	Étages	Numéros
loricata	5	100
Ludeni	5	101

Assilina.

	Étages	Numéros
depressa	24	683
exponens	24	685
radiolata	25	1674
undata	24	684

AS

Astarte.	Étages	Numéros
abbreviata..	26	2100
Achilles....	12	141
acuta.......	22	564
acutimargo..	9	185
aliena......	13	259
alta........	8	160
amor.......	13	112
angusta.....	11	213
arata.......	26	2092
arcalis......	7	82
Arcotensis..	22	567
Arduennensis	13	247
armata.....	26	2005
Aspasia.....	10	284
assilina.....	12	143
Astieriana...	17	271
Bajocina....	10	275
Basteroti...	26	284 c
Baugieri....	10	272
Beaumontii..	17	268
Bellona.....	19	251
bicostata....	14	245
bipartita....	26	2069
borealis....	13	271
Bosquetti...	26	284 d
Buchiana..	13	271
Buchii......	17	279
Burtinii....	26	2081
cælata......	22	565
carinata.....	13	261
carinata....	17	267
Cepha......	13	111
cincta......	2	531
circinaria...	26	2065
complanata..	9	187
compressa..	12	149
concentrica.	26	2097
concinna....	20	295
corbarica...	9	186
cordiformis.	10	281
Copeni.....	26	2096
Cotteausia..	14	242
crassitesta..	13	265
cuneata....	16	59
cuneata....	13	114
cuneiformis.	26	2093
curvirostris.	13	267
cyprinoides.	20	310
Darwinii....	7	85
detrita......	10	279
difficilis....	22	560
disparilis...	17	269
dorsata.....	13	268
dubia......	17	707

AS

Astarte.	Étages	Numéros
Duboisiana..	13	246
Dupiniana...	19	250
elegans.....	10	298
elegans.....	10	279
elegans.....	13	198
elegans.....	13	246
elegans.....	13	247
elegans-major.....	10	279
elongata.....	17	270
Eryx........	7	81
Eudora......	14	214
Eudoxus....	12	147
exaltata.....	26	2102
exarata.....	10	293
excavata....	10	275
excavata...	9	182
exigua.....	26	2078
exotica......	17	705
extensa.....	13	260
formosa.....	20	207
formosa....	17	272'
Galeottii....	26	2080
Gallica......	12	146
gea.........	12	144
Glycerie....	8	157
gracilis.....	26	2085
granum.....	21	113
Guerangeri..	20	293
Gueuxii.....	7	80
Henkeliusiana	26	284 e
imbricata...	26	2079
impolita....	20	293
inæquilatera.	25	892
incrassata...	26	2085
integra.....	13	244
Kickxii.....	26	284 c
Koninkii...	20	294
lævigata....	26	2087
lævis.......	18	108
lævis.......	9	188
lævis.......	13	245
lamellosa...	13	266
latisulcata...	26	2089
Leda........	8	158
leporina....	11	209
lineata......	13	113
lineolata....	26	2104
lunularis....	26	2075
lunulata....	25	2099
lurida......	10	274
lurida......	13	242
Libya......	8	154
macrodonta.	22	561

AS

Astarte.	Étages	Numéros
major......	12	148
Medea......	8	156
Micalia.....	8	155
minima.....	10	299
minima.....	14	241
minuta.....	26	2082
modiolaris...	0	278
modiolaris..	10	277
Mosæ......	12	145
Mosquensis..	13	289
multistriata..	20	296
multistriata	14	249
Munsteri....	10	294
Murchisoni..	26	2086
myrina.....	13	114
Mysis......	13	116
nana.......	22	563
Neocomiensis	17	275
Neptuni....	2	667
Nicias......	14	247
Nicklinii...	25	895
nitida......	26	2068
nuculina....	26	2077
nummulina..	10	295
numismalis..	17	276
Nysa.......	14	245
Nystiana....	25	890
obliqua.....	10	277
obliquata...	26	2073
oblonga....	26	2070
obovata....	17	500
obruta......	26	2094
obtusa.....	26	2067
obtusa.....	13	272
orbicularis..	11	210
ovata......	13	212
Panderi.....	13	274
Panope.....	13	252
Paphia.....	13	248
papyracea...	14	246
Pasiphae....	13	249
Pelops......	13	250
perplana....	26	2098
Phædra....	8	159
Phidias.....	13	256
Philea.....	13	251
Philippii....	26	2074
Phyllis.....	13	253
pisiformis...	12	102
pisum......	10	282
plana......	26	2071
plana......	13	264
planata.....	26	2072
planissima..	22	560

S

ASTARTE.	Étages	Numéros
polita	10	297
Pollux	13	257
Poppea	13	255
porrecta	22	562
propinqua	26	2084
pseudo-compressa	12	149
pseudo-lævis	13	245
pseudo-striata	17	278
pulla	11	208
pumila	11	211
pygmæa	26	2086
Pirene	13	254
quadrata	3	418
radians	26	2101
recondita	10	280
recurva	25	972
retrotracta	13	273
Rexia	12	142
rhombea	8	162
rhomboidalis	18	241
rotunda	11	198
rotunda	12	150
rotundata	13	263
rugata	25	886
rugosa	16	41
Sabinus	11	199
scalaria	13	109
scalaris	26	2063
Scylla	11	201
Semele	11	202
serena	11	203
Sibylla	11	204
sinuata	18	107
socialis	16	40
solandra	11	206
solidula	26	2076
squamula	11	212
striata	20	294
striato-costata	13	245
striato-costata	13	250
striato-costata	17	277
striato-sulcata	8	161
striatula	26	2064
subacuta	17	267
subcarinata	9	184
subcompressa	8	163
subcompressa	8	163
subcostata	17	277
subdentata	17	272
subelongata	10	285

AS

ASTARTE.	Étages	Numéros
subformosa	17	272'
sublævis	9	188
submultistriata	14	249
subobtusa	13	272
suborbicularis	26	2088
subplana	13	264
subrotunda	12	150
substriata	17	278
subtetragona	9	182
subtextilis	2	677
subtrigona	10	292
sufflata	10	281
sulcata	25	895
supracorallina	14	241
suprajurensis	13	115
Susanna	11	207
symetrica	26	2098
Syssolæ	13	275
tellinoides	25	895
Thais	10	291
Thalia	10	290
Thisbe	10	288
Thoas	19	289
transversa	3	403
transversa	17	275
trigona	10	276
trigonella	26	284 f
tripla	10	287
truncata	17	706
Tullia	10	286
undata	13	262
undulata	26	2090
unilateralis	12	151
Urania	10	285
varians	26	2103
Veneris	13	270
Vesta	11	205
Viceina	26	2091
Voltzii	9	181
Zeleina	11	200
zonata	13	258

Asterias.

	Étages	Numéros
Adriatica	26	2686
arenicola	13	535
chilipora	22	1261
constellata	3	900
Dunkeri	17	503
Jurensis	13	536
lævis	25	1237
lanceolata	8	243
lumbricalis	3	242
Mandelslohi	10	518
matutina	1 a	380
obtusa	5	98

AS

ASTERIAS.	Étages	Numéros
poritoides	25	1236
prisca	8	241
quinquelobata	22	1257
Schutzii	20	677
scutata	13	538
stellifera	13	539
stratifera	12	1260
tenuiradiatus	1 a	381
tubulosa	15	537

Asterigerina.

	Étages	Numéros
Ferussaci	25	1339
planorbis	27	556
rosacea	26	2952

Asterocrinus.

	Étages	Numéros
Murchisoni	2	1103

Astræa.

	Étages	Numéros
acropora	26	2747
agaricites	21	306
agaricites	20	719
alveolata	13	616
Ameliana	25	1277
Americana	25	1281
ananas	1 b	374
angulosa	22	1305
arachaoides	2	1147
arachnoides	2	1147
arachnoides	13	630
aranea	3	996
araneola	14	583
Argus	26	2747
astroites	26	2742
astroites	26	2746"
Auvertiana	25	1661
bacciformis	11	447
bellula	25	1278
Bertrandiana	26	2755
Bourgueti	14	548'
brevissima	25	1268
Burgundiæ	14	565
Burgundiæ	14	566
Cadomensis	11	461
Callandi	24	662
Calypso	25	54'
caryophylloides	13	619
cistella	21	306
clathrata	22	1314
composita	21	302
compressa	21	315
confluens	13	639
contorta	24	667

AS

ASTRÆA.	Étages	Numéros
Corsica.....	26	2746'''
crassa......	13	627
crasso-ra - mosa.....	14	551
crenulata ..	25	1276
crenulata...	26	2754'
cribraria...	21	295
crispa......	24	665
cristata....	13	629
cristata....	14	571
decipiens...	20	718
decorata....	25	1272
decorata....	25	1281
Defranciana	10	538
Defrancii ..	26	2746'
Delcrosiana..	21	284
dendroidea .	14	582
depravata..	14	549
Desportesia-na........	20	708
digitata....	11	456
dissimilis...	11	454
distans.....	24	666
diversifor - mis......	26	2758
Doublieri...	21	292
Domasiana..	21	515
Ellisiana....	26	2746''
emarciata..	3	992
escharoides.	22	1308
filamentosa.	22	1309
Firmasiana	21	303
flexuosa....	22	1312
funesta.....	24	663
galaxea	26	2757
geminata...	22	1207
geometrica..	22	1313
geometrica..	25	1275
Goldfussii..	6	689
Goldfussii..	22	1298
gracilis	13	634'
Gueltardii...	26	2743
gyrosa.....	22	1310
Hebertiana..	23	55
helianthoides	13	624
helianthoides	13	626
helianthoides	14	550
Hennahii...	2	1145
Hennahii...	2	1154'
Hennahii...	2	1155'
hirtolamel - lata......	25	1270
hystrix.....	25	1282
intercellulosa	2	1150'

AS

ASTRÆA.	Étages	Numéros
interrupta ..	26	2746
irregularis .	26	2757
laganum...	21	506
lamellistria	21	507
lamellosissi-ma......	21	276
Lamourouxi.	11	460
Lamourouxi.	14	585'
Lapeyrousia-na......	21	514
Lifoliana...	14	530
limbata....	13	612
limbata....	14	541'
limitata....	11	449
lobato-rotun-data.....	26	2752
Lucasiana..	26	2744'
Lugdanensis.	7	175
macrocona..	22	1300'
macrophthal-ma......	22	1302
mamillaris..	3	995
meandrinoi-des	21	527
meandrites.	14	531
media......	21	305
media......	21	309
micrantha..	17	528
micraxona..	20	720
micraxona..	21	306
microcoma..	14	547
microconos..	13	634
microphyllia.	23	55!
multilateralis	26	2754
multilatera-lis......	26	2757''
multilatera-lis......	26	2754
muricata...	25	1277
Neptuni	17	520
nobilis......	26	2747'
numisma...	25	1275
ornata.....	26	2755
ornata.....	26	2754
octolamella.	21	284
oculata	13	633
panicea	25	1662
parallela...	2	1155
pediculata..	21	273
pentagonalis	13	625
pentagonalis	14	544
perforata...	21	291
polygonalis.	5	105
polygonalis.	26	2757''

AS

ASTRÆA.	Étages	Numéros
polygonalis.	26	2754
porosa	2	1179
Prevostiana.	26	2747 c
pseudo-me-andrina..	21	331
putealis....	21	289
radiata	26	2744
ramosa.....	21	282''
ramosa.....	21	284
ramosa.....	26	2757'
raristella...	26	2779''
Raulini.....	26	2747 b
regularis...	6	686
Reussiana...	26	2747 a
rotula......	22	1301
rotularis...	14	542
Royana.....	22	1304
rugosa.....	2	1152
Sancti-Mi-hieli......	14	555
sculpta.....	21	299
semisphærica	26	2740
sertifera ...	11	442
sexradiata..	13	621
sparsa.....	21	289
sphæroidalis	25	1274
striata.....	21	291
stylinoides..	21	293
subradiata...	26	2744
sulcato-la-mellosa...	21	292
superposita.	20	718'
Teissieriana	21	504
termnaria .	21	287
tessellata..	25	1280
textilis.....	22	1311
trochiformis	14	564
tubifera	13	620
tubulosa....	13	620
tubulosa....	14	519
tumularis ..	14	514
Turonensis..	26	2741'
Turonensis.	26	2751
Vallisclausæ	21	272
varians.....	13	618
varians	21	291'
variolaris..	21	274
variolaris..	21	291
venusta	6	685
versatilis...	14	542
vertebralis..	14	517
vesiculosa...	26	2746'

Astræopora.

	Étages	Numéros
antiqua.....	5	1053

AT

ASTRÆOPORA.

	Étages	Numéros
asperrima ..	25	1603
Auvertiana..	25	1661
expatiata ..	1 b	460
grandis	1 b	405
Lonsdalei ..	1 b	405
organum ...	1 b	598
panicea.....	25	1662
patellifor-		
mis.......	1 b	399
tubulata ...	1 b	401
vetusta.....	1 a	416

Astrangia.

	Étages	Numéros
Americana..	26	2761

Astrelia.

	Étages	Numéros
crassoramosa	26	2741
microcoma..	26	2741'
palmata.....	26	2738
semisphærica	26	2740
virginea	26	2739'

Astrocœnia.

	Étages	Numéros
Alpina	25	1274'
Carantonensis	20	714
Cornueliana.	17	520
crassoramosa	14	555'
decaphyllia..	21	233
formosa.....	21	282
formoaissima	21	282'
Konincki...	21	283
numisma ...	25	1275
Orbignyana.	21	282'
ornata	26	2755
pentagonalis.	15	623
ramosa......	21	284
reticulata...	21	282''
Requieni....	21	283'
Sancti-Mihieli	14	555

Astropecten.

	Étages	Numéros
Phillipsii....	11	425'

Astropoda.

	Étages	Numéros
elegans......	11	429

Atoerinus.

	Étages	Numéros
Milleri......	5	960'

Atrypa.

	Étages	Numéros
acuminata...	5	741
acutirostra..	1 a	523
affinis......	1 b	291
affinis......	2	1015
Alecto......	1 b	219
Alinensis ...	2	961
altilis......	1 a	526
Amalthea...	1 b	214
ambigena...	1 b	211
ambigua....	1 a	538
Audii.......	5	751

AT

ATRYPA.

	Étages	Numéros
anisodonta..	2	880
antiquata ...	3	749
antisiensis..	2	914
Arachne....	1 b	226
Baucis......	1 b	235
Berenice....	1 b	230
bidentata ...	1 b	193
bifera......	2	881
bisulcata....	1 a	533
Boloniensis .	2	859
Buchii......	2	887
camelina ...	1 b	178
canalis	1 b	256
capax......	1 a	307
Capewellii..	1 b	253
cingulata ...	2	913
circulus	1 a	357
comata	1 b	224
compressa..	1 b	182
compta.....	2	882
concinna....	2	895
congesta....	1 b	247
contracta ...	2	898
cordiformis..	3	755
corvina.....	1 b	204
crassa......	1 a	320
crassicostis..	1 b	252
crebricosta..	1 b	187
crenulata...	2	879
cuboides....	5	746
cuboides....	2	884
cuspidata ...	1 a	330
Cybele	1 b	221
Daleidensis..	2	865
Daphne.....	1 b	206
decemplicata	1 a	314
deflecta.....	1 a	354
deflexa.....	1 b	104
dentata.....	1 a	327
depressa....	1 b	183
desquamata.	2	1016
didyma	1 b	167
didyma.....	1 b	177
dorsata.....	1 b	195
dubia......	1 a	333
Duboisii	1 b	189
dumosa.....	2	1019
elongata....	2	901
ephemera...	1 b	208
Eucharis....	1 b	202
Eurydice....	1 b	239
exigua......	1 b	336
extans......	1 a	331
fallax	2	855

AT

ATRYPA.

	Étages	Numéros
famula.....	1 b	241
furcata.....	1 a	313
Gaudryi	3	752
gibbosa.....	5	463
globosa.....	1 a	319
granulifera..	1 b	225
gregaria....	3	733
Haidingeri..	1 b	251
Hebe.......	4 b	198
hemiplicata..	1 a	539
hemisphæri-		
ca........	1 a	517
hispida.....	2	867
Huotina....	2	894
hystrix ...	2	1020
impleta.....	2	868
implexa.....	2	869
increbrescens	1 a	307
indentata ..	2	978
inelegans...	1 b	209
inornata....	2	860
interplicata..	1 b	188
Isorrhyncha.	3	754
Juno.......	1 b	238
lacryma....	2	870
latecosta....	2	883
laticliva	3	755
latisinuata ..	1 b	244
Latona	1 b	212
leos........	1 a	318
lentiformis .	2	1015
leviuscula ..	1 b	181
Lewissii	1 b	254
limitaris....	2	852
linguata	1 b	232
linguifera..	1 b	275
Livonica....	2	863
Mantiæ.....	3	743
matercula...	1 b	201
Megæra	1 b	220
Melonica....	1 b	240
membranife-		
ra........	1 b	222
microrrhyncha	2	866
Minerva	1 b	203
modesta....	1 a	328
modica	1 b	229
Monaca.....	1 b	217
monas......	1 b	210
mosacostalis.	2	897
multidens...	2	916
nana.......	5	756
navicula....	1 b	255
naviformis..	1 b	248

AT

ATRYPA.	Étages	Numéros
neglecta....	1 a	312
Niobe.......	1 b	242
nitida......	1 b	246
nucella.....	1 a	321
	1 b	251
nucleus.....	1 a	352
nucula......	1 b	190
	2	906
nuda.......	1 b	180
nympha....	1 b	205
oblonga....	2	873
obolina.....	1 b	236
obovata....	1 b	186
obovata....	2	908
obtusa......	3	737
orbicularis.	1 a	274
ovalis......	2	886
palmata....	2	903
pectinifera.	4	70
peculiaris...	2	902
pentagona...	1 b	192
pentatoma..	3	744
Peruviana..	2	915
phœnix.....	1 b	228
Philomela...	1 b	233
pisum......	1 b	184
plena.......	1 a	324
plicatula....	1 b	249
plicifera....	1 a	325
polita......	2	896
prægnans...	1 b	207
primipilaris.	3	804
proboscidalis	2	878
Proserpina..	1 b	200
protracta...	2	871
pruoum....	1 b	185
Psyche.....	1 b	213
pugneus....	3	747
pulchra.....	1 b	191
pusilla.....	1 a	315
quadricostata	2	1018
radialis.....	3	748
recurvirostra	1 a	505
rhomboidea.	3	742
rotunda....	2	909
rotundata...	2	911
Sapho......	1 b	218
Schnurii....	2	910
scitula.....	2	899
securis.....	1 b	234
semilævis...	2	889
seminula....	3	754
semiorbis...	1 b	223
semisulcata..	3	753

AU

ATRYPA.	Étages	Numéros
solitaria....	1 b	243
sordida.....	1 a	329
sphærica....	1 b	257
spinosa.....	2	1014
striatula....	2	874
strigiceps...	2	891
subcamelina	1 ?	179
subcuboides.	2	884
subcurvata..	2	912
subdentata..	2	875
sublepida...	2	893
subobovata..	2	908
subtrigonalis	1 a	806
subundata...	2	903
sulcata.....	1 b	245
superstes...	4	63
sylphidea...	1 b	216
tarda.......	1 b	197
tenuistria..	1 b	292
Thetis......	1 b	250
Thisbe......	1 b	199
triangularis.	2	876
tribulis.....	2	1021
triloba.....	2	877
triplex.....	3	759
tumida.....	3	745
tumida.....	1 b	302
umbra......	1 b	196
unguicula..	2	849
unguiformis.	2	900
unguis......	1 a	316
upsilon.....	1 b	237
velox......	1 b	227
ventilabrum.	3	750
Versilofii....	2	892
virgo.......	2	907
virgonoides.	3	740
Voltzii.....	2	802
Wahlenbergii	2	890
Wurmii....	2	888
yuennamensis	2	904

Aucella.

	Étages	Numéros
concentrica.	13	403
crassicollis.	13	415
Pallasii....	13	411

Aulopora.

	Étages	Numéros
arachnoidea.	1 a	423
Boloniensis..	2	1186
campanulata.	3	1043
conglomerata	2	1189
conglomera-		
ta.......	1 b	414
consimilis...	1 b	415
crassa......	17	456

AU

AULOPORA.	Étages	Numéros
dichotoma..	14	401
divaricata..	17	454
divaricata..	20	591
gigas.......	3	1044
inflata.....	1 a	424
intermedia.	3	1037
intermedia.	14	400
irregularis..	1 b	416
Lonsdalei...	1 b	414
polystoma..	17	458
ramosa.....	22	1095
serpens.....	2	1190
serpens.....	1 b	415
spicata.....	2	1188
tubæformis..	2	1187
tubæformis.	1 b	416

Auricula.

	Étages	Numéros
acicula.....	24	249
acicula.....	25	88
acicula.....	26	70'
bimarginata	24	73
biplicata...	26	323
Brocchii....	27	15
buccinea....	26	542
citharella..	25	292
conovulifor-		
mis......	25	97
decurtata..	22	176
gracilis....	20	507
hordeola ...	25	86
incrassata..	20	79
Judæ......	26	20
marginalis..	26	321
miliaris.....	26	67
miliola.....	25	87
myosotis ...	27	12
myotis......	27	12
ovata......	25	105
ovula	24	25
pisum......	26	522
pyramidalis.	26	320
Requieni....	24	24
ringens	25	107
Sedgwici ...	10	55
simulata ...	25	94
spina......	25-	89
spina......	26	70''
spirata.....	22	219
subbiplicata.	26	323
subcylindrica	26	509
subjudæ....	26	20
submedia...	27	394
subovula ...	24	25
subpisum...	26	522

AV

AURICULA.	Étages	Numéros
sulcata.....	22	166
sulcata.....	25	95
terebellata .	25	93
turgida	25	108
Turonensis..	26	324
umbilicata .	26	495
ventricosa..	26	545
Avellana.		
Alpina......	19	128'
Archiaciana.	22	175
bullata	22	174
cassis	20	77
Chilensis ...	22	177
Clementina..	19	124
decurtata...	22	176
Dupiniana ..	19	127
globulosa...	17	106
Hugardiana .	19	126
incrassata...	20	79
incrassata..	19	125
inflata......	19	123
labiosa	22	177'
lacryma	19	122
Mailleana...	20	76
ovula.......	19	128
Prevosti....	20	80
Rauliniana..	20	78
Royana,....	22	173
sphæra.....	17	107
subincrassata	19	125
Varusensis..	20	81
Avicula.		
aculeata ...	2	733
scota.......	5	76
acutirostris..	5	577
Æolis......	20	460
æqualis.....	5	547
æquilatera ..	2	741
æquivalvis..	6	555
alata.......	3	552
Alberti.....	5	77
Allaudiensis.	17	378
alternans...	6	550
alternata....	3	523
alternata...	3	549
Americana..	2	740
angusta.....	5	554
angustata...	5	526
anisota.....	2	697
anomala....	20	458
antiqua....	2	722
antiqua....	4	35
antiqua....	6	529
antiquata...	4	35

AV

AVICULA.	Étages	Numéros
approximata.	22	798
Aptiensis...	18	128
arachnoidea.	3	754
arcana......	4	39
arcuata.....	6	527
arcuata. ...	1 a	206
Benediana ..	3	576
bicarinata...	3	712
bicostata....	5	535
bidorsata. ..	6	523
bifrons.....	6	531
Bilsteinensis.	2	710
Braambu-		
riensis....	12	208
Bronnii.....	5	78
Buchiana..	5	573
cærulescens.	22	801
cancellata...	2	694
carbonaria..	3	557
cardiiformis	6	502
Carteroni...	17	374
Cassiana. ...	6	524
Cenomanen-		
sis......	20	457
ceratophaga.	4	57
cinginda....	3	554
Claibornen-		
sis.......	25	1095
complanata..	6	558
concava.....	3	553
concentrica..	15	408
concentrico-		
stria.....	3	533
convexa	2	749
Corallina ...	14	542
Cornueliana.	17	376
costata	11	310
costata.....	2	714
costulata....	2	714
Cottaldina ..	17	575
crassicollis..	15	415
crenulata....	2	751
crinita......	2	716
crispata	3	79
cuneiformis.	15	416
cycloptera..	3	528
cygnipes....	7	124
Dalailamæ...	5	80
Damnoniensis	2	695
Daniæ......	7	126
decussata ...	10	405
decussata ..	2	743
decussata...	6	524
Delia.......	9	231

AV

AVICULA.	Étages	Numéros
depressa....	6	532
depressa....	18	126
desquamata.	5	551
Devonica....	2	726
digitata.....	10	401
dolabriformis	3	752
dubia......	6	548
Dumontiana.	3	568
echinata....	11	311
echinata ...	3	324
elegans.....	9	254
elegans.....	2	728
elegantissima	13	411
elliptica	5	573
elliptica....	1 a	208
elongata....	2	724
elongata...	2	679
emacerata...	1 b	109
ephemera...	18	127
exarata.....	2	696
eximia......	2	735
expansa....	15	404
fallax......	3	564
fasciculata..	2	731
Fischeriana	15	408
flabella	2	731
flabellula...	5	556
flabellula..	5	542
flexuosa	5	543
Forbesii....	3	544
fragilis.....	25	1640
fragilis	2	747
Gea........	6	529
Geinitzii. ...	21	805
Germaniæ...	5	81
gibbosa.....	2	682
gibbosa.....	5	537
glaberrima..	6	533
glabra......	22	804
Goldfussii..	14	545
Goldfussii..	2	726
gracilis.....	9	233
granulosa...	3	521
granulosa..	2	755
gryphæata..	6	521
gryphoides..	20	460'
Halliana....	2	743
Hardingii...	3	502
hemisphæri-		
ca........	3	586
Hersilia	10	405
impressa....	6	526
impressa...	4	58
impressa...	6	557

AV

AVICULA.	Étages	Numéros
inæquivalvis.	12	207
inæquivalvis	6	520
inæquivalvis	7	125
inæquivalvis	10	401
incrassata...	3	560
inflata.....	2	683
informis....	3	558
Jugleri.....	2	717
intercostata.	3	561
intermed:a...	3	552
interrupta..	20	457
Iris........	6	520
Janassia....	11	312
Janira......	11	313
Janthe......	11	316
Jarbas......	11	314
Jason.......	11	315
Johannis....	6	540
Kahlembergensis....	2	718
Kazanensis..	4	36
Kazanensis.	4	42
Keyserlingii.	4	38
Klipsteini...	6	536
lævigata....	5	83
lævigata...	3	572
lævis.......	2	721
lævis.......	2	740
lamellosa...	2	700
laminosa....	3	566
lanceolata...	8	206
lanceolata..	18	125
laripes.....	22	797
lata........	3	527
Lebrunii....	5	82
lepida......	3	583
leptonota...	1 b	108
Levesquei...	24	528
limula......	25	1093
lineata.....	2	701
lineata.....	1 b	106
lineata.....	22	800
lineatula....	1 b	106
longispina..	2	745
lorata......	4	41
Lorieri.....	12	209
lunulata....	3	575
magnifica...	3	581
matutina....	1 a	200
matutinalis..	1 a	202
M'Coyana...	3	548
media......	25	1092
media......	27	394
megalotis...	3	565
microptera..	23	1091
Mimas......	14	340
modiolaris..	15	160
modioliformis......	22	808
Moutoniana.	20	459
multangula..	26	2398
mundus. ...	3	555
Münsteri....	10	401
murica.....	2	759
mysis.......	14	341
Naïs........	15	407
neglecta....	22	806
Neptuni	2	719
nitida	22	809
nobilis	3	580
Normanniana.	2	757
nuda.......	2	706
Nysa.......	21	154
Nystiana....	3	578
obliqua.....	1 a	205
obsoleta. ...	2	720
obtusa......	3	545
Ocirrhoe....	15	161
Octavia.....	16	53
Ophione....	15	162
opis........	15	163
orbicularis..	1 a	204
orbicularis.	3	548
orbiculata...	2	748
orbiculata..	3	556
ornata.....	15	405
ovalis......	15	405
ovata......	11	509
ovata.......	2	730
Pallasii.....	15	414
papyracea..	3	570
paradoxides.	3	574
paucilineata.	22	807
pectinata ...	17	377
pectiniformis	22	803
pectiniformis......	2	744
pectinoides..	2	692
pectinoides .	6	536
pectinoides.	21	155
pedernalis..	22	809'
pera........	3	558
Perigordina.	22	796
Permiana...	4	42
phalænacea..	26	2597
plana.......	2	702
planicostata.	2	709
planicostata	3	559
planidorsata.	6	525
plicata......	3	520
plicata.....	20	456
polyodon....	13	406
	14	546
polytricha...	2	755
prima.......	1 a	201
problematica.........	2	800
pulchella...	22	805
pygmæa....	14	311
pygmæa....	6	534
quinquecostata........	2	708
radiata.....	2	705
radiata.....	2	736
radiata....	3	578
radiata.....	20	461
radula......	3	569
Rauliniana..	19	289
recta.......	3	540
rectangularis	2	695
Reichii.....	20	461
reticulata...	1 b	107
retroflexa...	1 b	105
retroflexa..	1 b	104
Rhexia......	2	705
Rœmeri....	2	732
Rosalia.....	2	756
Roxelana...	20	461
rudis.......	2	698
rugæstriata.	2	736
rugosa.....	1 b	111
rugosa.....	2	631
Russiensis..	15	415
Salinaria...	6	810
Saturni.....	2	733
Seckendorffii	2	729
semialata...	2	727
semiauriculata......	2	721
semiauriculata.......	2	680
semicircularis.......	3	810
semiplicata..	20	462
semiradiata.	20	463
semiradiata	13	415
semisulcata.	3	528
semisulcata.	3	537
semistriata..	3	531
sexcostata..	9	235
signata.....	2	712
similis......	13	409

AV

AVICULA.	Étages	Numéros
simplex......	3	571
Sinemuriensis	7	125
socialis.....	5	75
speciosa....	2	738
speluncaria..	4	40
spinigera....	2	746
spinosa.....	2	704
striata......	2	750
striata.....	6	545
subaculeata.	2	753
subalternata.	3	549
subantiqua...	2	722
subarinata.. 1 *a*		206
subcostata...	6	518
subcostata..	11	510
subdepressa.	18	126
subechinata.	3	524
subelegans...	2	728
subelliptica. 1 *a*		208
subflabellula.	3	542
subfragilis...	2	747
subgranulosa	2	753
subimpressa.	6	537
sublanceolata	18	125
sublevigata...	3	572
sublineata...	22	800
sublobata...	3	565
suborbicularis	2	757

AV

AVICULA.	Étages	Numéros
suborbiculata	3	556
subovata....	2	730
subpapyracea	3	585
subpectinifor-		
mis.......	2	744
subplana....	14	543
	15	150
subplanicosta	3	559
subplicata...	20	456
subpygmæa.	6	534
subradiata..	2	690
subretroflexa 1 *a*		203
subrugosa.. 1 *b*		111
substriata...	8	207
subtruncata.	2	711
subventrico-		
sa..	3	550
sulcata.....	3	529
tegulata....	10	402
tenuicostata	22	797
tenuistria...	6	522
tenuistriata.	2	707
tessellata...	3	567
texturata...	2	691
tortuosa....	10	404
trapezoides.	6	523
Trentonensis 1 *a*		207
trigona.....	2	705

AX

AVICULA.	Étages	Numéros
trigonata...	25	1090
triloba......	22	802
triptera.....	22	799
triquetra... 1 *b*		110
truncata...	2	711
tumida.....	3	573
variabilis....	3	546
ventricosa..	13	410
ventricosa..	2	699
ventricosa..	3	530
Verneuilii...	5	341
Vesta.......	2	699
vetusta.....	3	570
virgula.....	3	582
Volgensis...	13	412
Vorthii.....	2	734
Wismanni..	6	539
Wurmii.....	2	715
Axinus.		
angulatus..	25	970
angulatus..	26	286 *a*
angulatus..	26	2171
obscurus...	4	14
Axophyllia.		
Nantuacensis	14	613
Axosmilia.		
extinctorum.	10	527
multiradiata.	8	252

B

BA

Baculina.	Étages	Numéros
Rouyana....	17	67
Baculites.		
anceps.....	22	67
asper.......	22	70
baculoides..	20	40
carinatus...	22	67
columna....	22	76
compressus.	22	68
Faujasii.....	22	69
incurvatus..	22	66
Lyelli......	22	72
Neocomiensis	17	66
ornata.....	22	71
ovatus......	22	68
teres.......	22	73
undulatus...	21	21

BA

BACULITES.	Étages	Numéros
vagina......	22	71
vagina.....	22	72
Balanophyllia.		
caliculus....	26	2724
cylindrica...	26	2725
desmophyllum	25	1260'
geniculata...	24	660
Italica......	27	472'
prolonga....	26	2723
Sismondiana	26	2724
tenuistriata..	25	1260''
Barysmilia.		
brevicaulis..	21	260
compressa.	21	262
confusa	20	701''
Corbarica...	21	262'

BE

BARYSMILIA.	Étages	Numéros
Cordieri....	20	701'
gregaria....	17	513
Bathyciathus.		
ambigua....	22	3
Sowerbyi...	20	682
Belemnitella.		
mucronata..	22	1
	23	1
quadrata....	22	2
subventricosa	22	4
vera.......	20	1
Belemnites.		
acutus......	7	1
ænigmaticus	13	18
Altdorfensis.	12	5
Americanus	22	1

BE

BELEMNITES.	Étages	Numéros
Baudouini...	17	7
Bessinus....	10	4
bicanalicula-tus........	17	8
binervius...	17	4
bipartitus...	17	4
borealis.....	15	24
brevis.......	9	14
canaliculatus	9	22
clavatus....	8	3
conicus.....	17	9
Coquandus..	13	17
curtus......	9	18
Didayanus..	15	15
dilatatus....	17	12
Duvalianus..	12	3
Emerici	17	11
excentralis..	13	14
	14	1
exilis.......	9	16
Fleuriausus..	11	1
Fournelianus	8	4
giganteus...	10	1
Grantianus..	12	6
Grasianus ...	17	571
hastatus.....	12	1
	13	13
irregularis..	9	20
Kirghisensis.	13	25
latesulcatus.	12	2
latus.......	17	2
longissimus .	8	5
magnificus..	15	19
Minaret.....	17	570
minimus....	10	1
niger.......	8	1
Nodotianus..	9	19
Orbignyanus	17	3
Panderianus.	13	21
pistilliformis	17	5
poligonalis..	17	10
Puzosianus..	12	4
Royerianus..	14	2
Russiensis ..	13	23
Sauvanausus	13	16
semicanali-culatus ...	18	3
Souichii.....	10	1
subquadratus	17	6
sulcatus.....	10	2
Tessonianus.	9	17
tricanalicula-tus.......	9	13
tripartitus ..	9	21

BE

BELEMNITES.	Étages	Numéros
Troslayanus.	15	1
ultimus.....	20	2
umbilicatus .	8	2
unicanalicu-latus.....	10	3
Volgensis...	13	20

Belemnosepia.

	Étages	Numéros
Agassizii....	9	7
Bollensis ...	9	12
flexuosa	9	6
hastata.....	9	10
lata........	9	5'
obeonica....	9	13
Orbignyana..	9	8
sagittata....	9	9
speciosa	9	11

Bellerophina.

	Étages	Numéros
Vibrayei....	19	202

Bellerophon.

	Étages	Numéros
acutus......	2	435
acutus.....	1 a	146
atlantoides	3	325
apertus.....	3	328
Aymestrien-sis.......	1 b	74
bicarenis....	3	323
bidorsatus ..	1 a	138
bilobatus...	1 a	145
bisulcatus...	2	456
canaliferus..	3	335
cancellatus..	1 a	142
carinatus...	2	445
clathratus...	3	322
Corriei.....	3	320
cornu arietis.	3	331
costatus	3	328
cultratus...	2	446
decussatus..	3	322
Deslongcham-psii......	1 b	81
dilatatus....	1 b	75
dubius.....	2	135
Duchastellii.	3	334
Dumontii ...	3	333
Edouardii...	2	418
elegans.....	3	322
expansus....	1 a	137
expansus...	1 b	80
expansus...	2	447
Ferussaci...	3	326
globatus....	2	435
Goldfussii...	2	441
huilcus.....	3	327
huilcus....	3	323

BE

BELLEROPHON.	Étages	Numéros
imbricatus..	3	535
ingricus.....	1 a	135
Intextus....	1 a	143
Keynianus...	3	329
lævis	3	327
Leveilleanus	3	536
macrompha-lus........	2	437
macrostoma,	2	440
megalostoma	1 a	130
Munsterii..	3	327
nodulosus ..	2	438
obsoletus...	3	533
Ouralicus...	1 b	77
Pailletei ...	2	132
patulus....	2	447
primordialis	2	454
punctifrons .	1 a	141
Puzosii.....	3	512
radiatus ...	2	417
reticulatus .	3	392
rotundatus..	1 a	140
Sowerbyi...	3	331
spiralis....	3	325
striatus.....	2	459
striatus....	2	443
subcarinatus	2	442
sulcatinus...	1 a	139
tangentialis	3	531
tenuifascia..	3	524
trilobatus...	1 b	78
trilobatus...	2	441
Troostii.....	1 a	144
tuberculatus.	2	458
undatulus...	2	459
Urii........	3	525
vasulites....	3	532
Verneuilii...	3	314
Wenlockensis	1 b	76
Witryanus..	3	530
Woodwardii	3	313

Beloptera.

	Étages	Numéros
anomala....	24	344
belemnitoidea	24	343
	25	2
Levesquei...	24	212

Belotenthis.

	Étages	Numéros
acuta.......	9	5
ampullaris.	9	5
subcostata...	9	5
substriata..	9	5
venusta.....	9	5

Berenicia.

	Étages	Numéros
irregularis..	1 b	596

BI

BO

BU

BU   BU   BU

BU

BUCCINUM.	Étages	Numéros
turbinellus .	26	1578
turritum ...	22	330
unilineatum	11	112
variabile...	27	230
Veneris	26	1598
ventricosum	26	1558
Verneuilii...	26	1612
villatum ...	3	238
Bulimina.		
arcuata......	26	2917
brevis......	22	1402
Buchiana. ...	26	2946
Cenomana..	20	759
costata	27	548
echinata. ...	27	549
Murchisonia-na........	22	1403
obliqua......	22	1400
obtusa.......	22	1399
ovata.......	26	2945
pupoides ...	26	2944
pyrula......	26	2943
Sarthacensis.	20	760
semistriata..	27	550
variabilis...	22	1401
Bulimus.		
Alpinus. ...	25	13
Affurelensis.	24	15
Aquensis....	26	15
buccinulus..	26	515
Christolianus	26	17
conulus	25	1406
costellatus..	25	1379
crassilabrum	26	19
ellipticus ...	25	1378
Floridanus.	25	83
Galloprovin-cialis......	26	16
globulus....	26	340
lævigatus..	25	20
longissimus.	24	16
lubricus. ...	26	316
Matheronia-nus........	26	18
meridionalis.	24	18
obliquus. ...	24	17
Panescorsii..	24	20
sextonus....	25	21
subcylindri-cus........	26	14
sublubricus..	26	316
tenuistriatus.	25	12
terebellatus.	25	91
terebra.....	24	19

BULIMUS.	Étages	Numéros
turricula...	25	30
turritus....	26	341
Bulla.		
acuminata...	26	1776?
	27	256
acuminata .	25	722
acuta......	26	1776
Agassizii ..	27	265
alternata ...	22	454
ambigua ...	26	1791
angistoma ..	24	119
angistoma..	26	1779
Arduennensis	13	177
attenuata..	25	725
Brocchii. ...	26	1789
Bruguieri...	25	714
Burdigalensis	26	1771
cancellata. ..	26	277
Chilensis....	22	453
clandestina.	26	1777
conica......	24	456
constricta ...	25	718
constricta..	26	1787
conulus.....	25	713
conulus	26	1778
convoluta...	27	258
convoluta..	26	1775
coronata....	25	715
cosmophila..	26	1793
crassatina...	26	274
cretacea. ...	22	455
cylindrica ..	25	714
cylindrica.,	26	1775
cylindrica..	26	1774
cylindroides.	25	710
cylindrus. ..	26	1795
decussata. ..	27	259
Duboisiana ..	26	1784
elliptica....	25	721
elongata....	15	176
fallax.	26	276
ficoides	26	1282
filosa	25	720
Fortisii.....	24	438
Fortisii....	26	1768
fusiformis ..	27	263
galba	25	724
globulosa...	11	148'
globulus....	25	712
Gratteloupi	26	1768
Hildesiensis.	14	203
hydatis.....	27	264
intermedia..	26	1791
labrella	26	1781

BULLA.	Étages	Numéros
lævis.......	25	711
lævis......	26	1772
Lajonkaireana.......	26	1777
lignaria ...	26	1767
lignaria...	26	1769
lignaria....	27	266
linearis. ...	26	1790
lineata.....	26	1790
Lorieri.	12	104'
Mantelliana.	17	189
marginata ..	26	275
miliaris....	26	1785
minuta.....	26	272
minuta	26	1775
minutissima.	26	1775
Mortoni	22	432
olivæformis.	13	86
ovulata.....	25	709
ovulata. ...	26	1784
ovulata	26	1789
petrosa.....	25	723
plicata	25	716
plicata.....	26	1786
plicatula....	26	275
primæva....	11	148
pseudoconvo-luta..	26	1773
retusa	26	1792
Santonensis.	22	450
semistriata..	24	435
semistriata.	26	1774
semisulcata .	27	260
simulata...	25	94
sopita	25	263
Sowerbyi...	25	719
spelta......	27	114
spirata	27	265
spirata.....	15	88
spirata.....	26	1777
striata......	25	726
striata.	27	262
striatella....	25	717
subacuminata	25	722
subambigua.	26	1794
subampulla .	27	257
subangistoma	26	1779
subconulus..	26	1778
subconvoluta	26	1787
subcylindrica	26	1774
subfilosa....	25	720
subjurensis .	15	53
sublævis....	26	1772
submiliaris..	26	1783

BU

BULLA.

	Étages	Numéros
subquadrata	13	87
subretusa...	26	1792
subtruncatula	26	1780
subumbilicata	26	1785
subutriculus.	26	1782
Tarbelliana .	26	1770

BULLA.

	Étages	Numéros
tenuis......	22	451
terebellata..	26	1777
terebelloides	26	1788
Thorentea...	11	147
truncatula ..	27	261
truncatula .	26	1780

BULLA.

	Étages	Numéros
uniplicata....	26	1786
utriculus ...	27	262
utriculus....	26	1782
vetusta......	14	202
Bullina.		
Lajonkaireana	26	1777

C

CÆ

Cœlaster.

	Étages	Numéros
Americana..	1 a	579
constellata..	5	900
Mandelslohi.	10	518
matutina ...	1 a	580
tenuiradiata.	1 a	581
Cœloptychium.		
agaricoides .	22	1456
alternans. ..	22	1460
deciminum..	22	1457
lobatum....	22	1458
muricatum.	22	1453
plicatellum .	22	1461
sulciferum..	22	1459
Calamophyllia.		
Bernardina .	14	501
corallina....	14	497'
dichotoma..	14	512'
Edwardsii...	14	494
Faxœnsis ...	23	54'
funiculus ...	14	496
gracilis.. ...	21	265
inæqualis...	14	499
Luciensis ...	11	442
lumbricalis..	14	497
Martiniana..	21	265'
Moriausiaca.	14	493
prima......	10	534
pseudostylina	14	492
simplex.....	14	500
subdichotoma	6	682
subgracilis..	14	502
strangulata..	14	498
striata......	14	492'
undata.....	14	495
Calamopora.		
alveolaris..	2	1156

CA

CALAMOPORA.

	Étages	Numéros
basaltica....	2	1160
basaltica...	1 b	380
catenifera..	21	333
dentifera....	5	1006
fibrosa.....	1 a	418
fibrosa.....	2	1165
fibrosa,....	2	1167
fibrosa.....	6	693
gnemidium .	6	694
Gothlandica	2	1158
incrustans..	5	1011
inflata.....	5	1020
inflata.....	5	1024
infundibuli-		
fera......	2	1185
megastoma.	5	1009
parasitica..	5	1007
polymorpha.	2	1159
polymorpha.	2	1161
polymorpha.	6	1162
polymorpha.	2	1163
spongites...	2	1164
spongites...	2	1166
spongites...	6	692
suborbicula-		
ris........	2	1157
tumida	5	1010
tenuisepta..	5	1008
Calceola.		
Dumontiana.	5	652
heteroclyta.	2	919
sandalina ...	2	775
Calliocrinus.		
costatus	1 b	535
Calypeopsis.		
grandis.....	26	1708

CA

Calyptræa.

	Étages	Numéros
costaria....	26	1699
crassiuscula	26	266
crepidularis	25	672
cupula.....	10	198
deformis ...	26	1709
depressa ...	26	1700
elegans.....	26	264
Gualtierana	26	1705
lævigata....	25	675
lævigata ...	25	1561
lævigata...	26	268"
lamellosa...	26	266'
muricata...	26	1702
pileatus	26	1710
recta	25	1704
Sinensis ...	26	1701
squamulata.	26	1703
striatella ..	25	674
striatula...	26	266
trochiformis	25	670
trochiformis	26	1698
Camerina.		
lævigata ...	25	1502
nummularia	24	676
striata	25	1503
Cameroceras.		
spirale......	1 a	69
Trentonense.	1 a	68
vermicularis.	2	81
Camerospongia.		
fungiformis .	22	1462
Campulites.		
arcuatus....	1 b	55
Brateri.....	2	89
compressus..	1 b	53
nautileus....	1 b	56

CA

CAMPULITES.	Étages	Numéros
subventrico-sus......	2	90
Cancellaria.		
acuminata..	26	951
acutangula..	26	934
acutangula.	26	160
alternata....	26	956
alveata.....	25	332
ampullacea..	26	936
	27	128
Babylonica.	25	331
Bellardii....	26	940
Bonellii.....	26	941
Bronnii. ...	26	162
buccinula...	26	931
calcarata....	26	943
cancellata..	26	929
cassidea	27	124
contorta....	26	926
costata.....	25	332
costulata....	25	320
crassicosta..	26	950
crenulata ...	24	518
Deshayesiana	26	932
doliolaris ...	26	937
Dufourii	26	162
elegans.....	26	322
elegans.....	26	949
elegans.....	27	127
elongata....	26	165"
elevata.....	25	332
evulsa......	25	323
evulsa......	26	940
gemmata....	25	331
Geslini	26	924
granifera ...	25	321
granulata...	26	165 a
Grateloupi..	26	160
hirta.......	26	959
inermis.....	26	946
intermedia..	26	927
laeviuscula ..	25	321
Laurensii ...	25	164
lunata......	26	955
lyrata......	26	942
macrostoma	26	578
Maglorii....	24	519
Michellini. ..	26	943
minuta.....	26	952
mitraeformis.	26	944
perspectiva..	26	954
piscatoria...	26	938
planispira ..	26	165'''
pseudoevulsa	26	165'

CA

CANCELLARIA.	Étages	Numéros
quadrata....	25	528
scabra......	27	125
scalaris,....	27	125
sculptura...	25	332
spinifera....	26	163
spinulosa ...	26	947
stromboides.	26	165
subacuminata	26	951
subcancellata	26	929
	27	127
subevulsa...	24	320
subhirta....	26	959
subsuturalis.	26	161
subvaricosa .	26	930
sulcata	26	948
suturalis...	26	161
tessellata...	25	332
trochlearis..	26	933
turricula....	26	928
turricula....	26	942
umbilicaris..	26	933
	27	126
uniangulata .	26	949
	27	127
Westziana ..	26	925
varicosa	26	953
	27	123
varicosa....	26	930
volutella....	25	525
volutella ...	26	927
Caninia.		
cornu bovis.	2	1112
cornu copiæ.	3	965
gigantea....	3	943
Iguina	3	967
patula,.....	3	964
punctata....	2	1113
sulcata......	2	1114
Caprina.		
Aguilloni ...	21	186
Boissyi.....	21	199
Coquandiana	21	187
costata.....	20	572
laminea	21	188
Michelini ..	17	757
Parkii ...	21	186
quadripartita	20	570
Russiensis..	22	1005
semistriata.	20	571
striata,....	20	573
trilobata ...	17	754
unisulcata..	17	754
Caprinella.		
Doublieri ...	17	750

CA

CAPRINELLA.	Étages	Numéros
triangularis.	20	564
Caprinula.		
Boissyi......	21	189
Caprotina.		
ammonia....	17	752
Archiaciana .	21	213
Carantonensis	20	575'
carinata.....	20	577
Cenomanensis	20	575'''
costata......	20	572
Delaruana ..	20	575'
gryphoides..	17	756
imbricata ...	17	759
lævigata....	20	576
lamellosa....	17	755
Lonsdalii ...	17	753
Marticensis..	22	1006
Davis.......	20	573
quadripartita	20	570
rugosa......	20	574
Russiensis...	22	1005
semistriata..	20	571
striata......	20	573
subæqualis..	21	215
sulcata	17	758
Toucasiana..	21	216
trilobata....	17	754
varians......	17	757
Capsa.		
centenaria..	26	1924
discrepans..	21	107
	22	514
elegans,.....	20	267
Capulus.		
anciliformis .	26	265
Aquensis. ...	26	1690
auriformis . 1	a	102
bistriatus....	26	1691
Braunii......	2	420
canalifer....	2	427
cassideus ...	2	431
compressus..	2	432
conoideus,...	2	420
consobrinus .	23	27
contortus ...	2	424
cornucopiæ..	25	585
dilatatus. ...	25	666
Dunkerianus.	22	427'
elegans,.....	25	662
elongatus ...	20	221
Ermani.....	3	230
favaniellus..	26	1693
glabratus,...	27	240
granulosus..	26	1688

CA

CA

CARDIOMORPHA.	Étages	Numéros
Humboldtii..	2	621
lamellosa...	3	463
laminata....	3	450
livida......	3	453
minuta.....	4	25
nana.......	3	460
obliqua.....	3	477
oblonga	3	456
obsoleta....	3	466
orbicularis..	3	472
ovata.......	3	471
poststriata..	1 *a*	196
prestiva	3	464
prisca	3	465
Puzosiana...	3	457
pygmæa....	2	623
radiata	3	461
scalaris.....	3	467
senilis......	3	454
striata......	3	459
subangulata.	1 *a*	194
subtruncata.	1 *a*	195
sulcata.	3	462
Tanais	2	628
tenera.....	3	508
tenuistriata .	3	469
undulata....	3	481
ventricosa ..	1 *a*	193
ventricosa..	3	456
vetusta.....	2	622
vetusta	1 *a*	181
Cardita.		
abrupta....	11	171
aculeata	26	2123
aculeata ...	25	916
acuticostata.	25	920
affinis......	26	2112
Agassizii...	20	2176
Alpina......	24	490
alternans...	20	2115
alticostata..	25	927
angusta....	11	213
angusticostata	25	921
arata.......	26	2136
Arduini....	24	486
aspera......	25	1611
asperula....	25	912
Astieri......	24	488
avicularia..	25	987
Brocchii ...	26	2127
calcitrapoides	25	916
cardissoides	14	234
carinata ...	25	923
carinata...	26	2133

CA

CARDITA.	Étages	Numéros
Cenomanensis	20	305
chamæformis	26	2118
complanata..	25	1612
Constantii...	19	253
cor avium..	25	1613
Cottaldina ..	20	309
crassa......	24	151
crenata	6	473
decisa......	22	586
decussata...	24	481
	23	917
decussata...	6	469
deltoidea....	25	922
dubia.......	20	306
Duboisiana..	26	2132
Dupiniana...	19	234
elegans.....	25	915
elegans.....	6	474
elongata....	26	2125
	27	338
exaltata.....	19	236
excavata ...	10	275
exigua.	26	2078
extensa	14	248
fenestrata...	17	284
Gallicana ...	26	2120
Geinitzii....	22	580
globosa.....	25	1614
Goldfussii..	22	472
granulata...	26	2137
Guerangeri..	20	307
Hebertiana..	25	32
hippopœa...	26	2126
Honinghau-		
sii........	6	455
imbricata ...	25	919
intermedia..	26	2111
	27	337
intermedia .	26	2159
Jouanneti...	26	2127
Kickxii.....	26	284 *i*
lævicosta ...	26	2150
latisulca	26	284 *h*
Lauræ......	24	487
lunulata ...	10	265
lunulata....	14	235
minuta	24	483
mitis.......	25	918
modiola....	22	644
monilifera ..	26	2114
multicostata.	24	153
Murchisoni.	4	53
Neocomiensis	17	282
nuculina...	26	2077

CA

CARDITA.	Étages	Numéros
obtusa.....	10	238
Omaliana.,.	26	284 j
orbicularis..	26	2122
orbicularis..	22	642
orbicularis..	26	284 j
Partschii....	26	2131
parva.	25	929
parvula. ...	22	579
Patagonica..	26	2138
pectinata. ...	27	538
pectinifera .	25	936
pectuncularis	24	152
pinnula.....	26	2116
planicosta ..	24	489
	25	913
producta....	26	2129
producta...	9	149
protracta...	26	2134
pseudocari-		
nata	26	2135
pseudocrassa	24	151
quadrata ...	17	285
rhomboidea.	26	2129
rotunda....	25	928
radiata.....	26	2129
rugosa.....	6	470
scalaris.....	26	2119
semistriata.	22	628
similis	26	2117
similis.....	10	266
similis.....	13	236
Sowerbyi....	26	2159
spissa	25	1613
squamosa,..	25	914
squamulata..	26	2113
squamulosa .	26	2121
striata.....	11	171
striata.....	22	641
strigillata..	6	457
subcarinata..	25	923
subminuta ..	24	483
sulcata.	25	1614
tenuicosta...	19	235
tenuicosta..	20	309
tenuis......	6	475
tricarinata..	20	308
tridentata...	26	2133
trigona.....	24	484
trigonelis...	10	271
tuberculata.	26	2122
vicinalis	24	485
Carditamera.		
arcata......	26	2136
protracta...	26	2134

CA

Cardium.	Étages	Numéros
acardo	26	2253
aculeatum	27	349
aculeiferum	14	288
aculicostatum	22	636
acutilaquea-tum	26	2257
acutirostrum	2	591
Æolicum	27	555
alæforme	5	441
aliforme	2	616
alternans	2	612
alternans	21	121
alternatum	21	120
altum	22	639
alutaceum	22	624
ambiguum	24	502
Andreæ	26	2202
angulatum	2	596
angustatum	26	2218
angustatum	26	2220
anomale	26	2201
apertum	26	2223
arcella	26	2205
arquatum	2	557
articulatum	2	586
asperulum	25	983
asperulum	24	506
asperum	22	626
Astierianum	24	508
Auca	26	2202
Austeni	18	118
australe	22	635
australinum	22	633
aviculare	25	987
aviculinum	25	993
Bajocinum	10	535
Baremensis	24	511
Bavaricum	2	569
Beaumontii	11	214
Becksii	22	631
bicarinatum	2	543
bimarginatum	22	618
bipartitum	22	628
bisectum	22	640
bispinosum	21	123
Braunii	2	567
Burdigalinum	26	2206
Burdigali-num	27	351
calcitrapoides	25	916
Camilla	11	248
canaliculatum	20	552
carinatum	26	2234
Carolinum	20	539

CA

CARDIUM.	Étages	Numéros
carpomor-phum	1 b	97
caudatum	8	166
caudatum	22	472
Cenomanense	20	359
chordotonum	13	326
ciliare	27	549
citrinoideum	11	249
Clodiense	27	550
Collegno	0	203
Columbianum	17	714'
concentricum	2	589
concinnum	15	425
Cooniacum	22	617
Constantii	19	246
Corallinum	14	284
corbuloides	26	2247
Cordierianum	21	126
Cornuelia-num	18	90
Cornuelia-num	17	699
costulatum	2	552
Cottaldinum	17	301
crassatellum	26	2242
craticuloides	26	2258
crenatum	6	477
cryptum	10	338
cucullatum	8	165
cultiferum	11	122
Cybele	11	230
cymbulare	23	988
Debejanum	22	633
decussatum	2	563
deltoideum	2	546
deltoideum	2	588
denticostatum	66	476
depressum	26	2237
Desbayesi	26	2210
Deshayesi	27	351
Devonicum	2	563
dichotomum	2	575
dichotomum	2	579
dimidiatum	2	659
discors	25	984
discrepans	26	2804
disjunctum	2	544
dissimile	10	46
dissimile	12	164
dubium	6	478
Dupinianum	19	247
duplicatum	2	574
Dutemplea-num	23	57

CA

CARDIUM.	Étages	Numéros
echinatum	27	351
edentulum	26	2253
Edouardi	56	2200
edule	27	359
edule	26	2212
edule	27	354
edulinum	26	2220
elegans	2	371
elegans	6	474
elegans	26	287'
elegantulum	6	474
emarginatum	25	1622
emarginatum	26	2238
Erato	15	137
Erosne	9	204
Eulimene	2	549
Eupheno	15	138
Faujasii	22	619
fibrosum	1 b	102
Fittoni	26	2230
fragile	27	3511
fragile	24	499
galeatum	22	558
Galloprovin-cialis	17	299
gibberrulum	10	305
glabrum	2	583
glabrum	2	661
globosum	13	276
Gourieffi	26	2243
gracile	26	2232
gracile	2	556
granulosum	25	1623
gratum	25	983
Guerangeri	20	340
hians	27	332
hibernicum	5	442
Hillanum	20	541
Hillanum	21	121
Hillanum	26	2214
hippopœum	25	901
Hommairei	26	2233
hybridum	24	163
hypericum	20	348
Ibbetsoni	18	114
imbricatarium	17	502
impressum	17	303
incertum	2	587
incertum	10	323
incertum	11	240
incertum	26	2240
incomptum	22	638
Indicum	27	351
inornatum	17	308

CA

CARDIUM.	Étages	Numéros
insculptum..	22	620
intermedium	24	501
intermedium	2	590
intermedium	2	585
interpuncta- tum......	2	581
interruptum.	1 b	105
intersectum.	22	497
intextum ...	15	324
irregulare...	2	508
irregulare..	5	445
Itierianum..	22	623
Jacquinoti..	22	637
Jurense.....	10	351
Kübeckii....	26	2234
laqueatum..	26	2235
laterale.....	2	525
latisulcatum	26	2234
latum.......	2	552
leptopleura.	26	2260
Levesquei...	24	504
Lima.......	25	986
lineatum....	2	583
lineolatum..	22	629
lithopodo- licum....	26	2231
lobatum....	15	512
loricatum..	2	461
lucerna.....	22	472
Luciense....	11	251
Lyelli......	2	613
macrodon...	26	2241
Mailleanum.	20	342
marginatum.	2	595
Marquartii..	22	634
Médridi....	11	257
Mehlisii.....	2	580
Menippe....	2	565
Michelini ...	20	349
minutissimum	26	2228
minutum...	11	252'
minutum...	26	2228
Moutonianum	20	343
multicosta- tum......	27	558'
multicosta- tum......	8	178
multicosta- tum......	9	205
multiradiatum	26	2265
Munsterii ...	26	2263
Murchisoni..	2	548
mytiloides ..	2	550
Niciense....	24	510

CA

CARDIUM.	Étages	Numéros
nuciforme ..	20	355
nudum.....	2	561
Nystianum..	26	287 b
obliquum....	25	992
oblongum ..	26	2235
Ollonis	21	123
orbiculare...	22	642
orbiculare..	3	472
Orbignyanum	24	500
Orientale ...	22	641
ornatum....	2	592
ovatum.....	26	2249
Pallasianum.	26	2207
palmatum..	2	590
papillosum..	27	352 1
papillosum.	26	287 a
paradoxum..	2	566
paradoxum.	14	236
Parisiense...	25	984
Parkinsoni..	26	2219
paucicosta- tum......	26	2244
paucicosta- tum......	2	610
pectinatum..	27	353
pectinatum.	26	2204
pectunculoi- des.......	2	589
pelagi	20	345
peregrinum .	17	304
Peresii	24	507
pes-bovis...	11	252
Philippianum	7	107
Pictaviense..	12	165
pisolithicum.	25	56
planatum...	27	552
planicostatum	26	2229
planicosta- tum......	2	567
planicosta- tum......	26	2246
planum.....	26	2256
Platense.....	26	2261
plicatum....	2	559
Plumstedia- num......	24	164
Ponticeriense	22	639
porulosum..	25	982
problematicum	2	578
problemati- cum.....	2	600
problemati- cum.....	6	461
productum..	20	344

CA

CARDIUM.	Étages	Numéros
propinquum.	22	627
propinquum	2	611
Protei	15	64
protractum..	26	2231
pseudocar- dium.....	26	2254
puelchum...	26	2264
pulchellum..	26	2208
punctatum .	27	352
pustulosum .	20	347
pygmaeum..	2	577
quadrans ...	26	2256
quinquecos- tatum	2	542
rachitis.....	25	1621
radiatum ...	22	621
radiatum...	2	599
Raulini.....	26	287 a
Raulinianum	19	248
Requienianum	21	121
retrostriatum	2	590
rhombeum..	2	594
ringens.....	26	2206
rostratum ..	3	443
Rouyanum..	25	1001
rusticum....	27	554
semialatum.	2	609
semicinctum.	2	554
semiglabrum	10	533
semiglabrum	15	322
semigranula- tum......	25	1624
semigranu- latum....	24	164
semigranulo- sum.....	25	1000
semipapilla- tum......	22	630
semipuncta- tum......	14	282
semipustulo- sum.....	22	632
semiseptife- rum......	14	287
semistriatum	25	990
semistriatum	22	628
septiferum..	14	285
serrigerum .	26	2213
simulans....	26	2209
sinuosum...	2	573
Sotterii.....	27	255
Sowerbyanum	16	101
sphaeroideum	17	307
spondyloides	26	222

CA

CARDIUM.	Étages	Numéros
spurium....	2	568
squamulosum	26	2239
strangulatum	3	444
striatissimum	27	356
striatulum...	27	357
striatulum .	10	332
striatulum .	26	287 *b*
striatum....	26	2221
striatum ...	1 *b*	104
striatum ...	14	284
striatum ...	22	641
subalterna-tum......	21	120
subangulatum	2	596
subapertum.	26	2225
subarquatum	2	562
subasperulum	24	508
subcarinatum	26	2240
subdecussa-tum......	2	570
subdeltoideum	2	546
subdentatum	26	2251
subdichoto-mum.....	2	579
subdinnensis	20	242
subdiscors ..	24	505
subdissimile.	12	164
subdubium..	6	478
subedentulum	26	2252
subedule....	26	2212
subelegans..	26	287'
subemargi-natum....	26	2238
subfragile...	24	499
subgracile...	2	556
subgranula-tum......	2	551
subhillanum.	17	503
subincertum.	2	597
subinterme-dium.....	2	585
sublamellosum	14	286
sublatesulca-tum......	26	2224
sublatum ...	2	533
sublima	25	986
sublineatum.	26	2259
suboblongum	26	2235
subminutum.	11	252'
submulticos-tatum*....	8	178
subplanicos-tatum....	26	2236
subporulosum	24	503

CA

CARDIUM.	Étages	Numéros
sbuproblema-ticum.....	6	461
subpygmæum	2	577
subradiatum.	2	599
subserrige-rum......	26	2213
subsimile...	2	564
subtenuisul -catum....	26	287"
substriatulum	10	532
substriatum..	2	576
subtruncatum	9	202
subturgidum	26	2217
subtrigonum	2	601
subumbona-tum......	26	2222
subventrico-sum......	20	551
sulcatinum..	26	2245
sulcatum ...	27	358
sulcatum...	26	2216
Taurinum...	26	2215
tegulatum...	2	572
tenue.......	6	475
tenuistriatum	2	582
tenuisulcatum	2	550
tenuisulca-tum......	25	996
tenuisulca-tum......	25	287"
texturatum..	2	547
Toucasianum	21	124
transversum.	26	2227
triangulum.	2	608
triforme....	26	2266
trigonellium.	26	2216
trigonum ...	2	558
trigonum...	2	601
trigonum...	26	2216
tripartitum..	2	560
truncatum ..	8	177
truncatum..	9	202
tuberculatum	27	351
tuberculife-rum......	22	625
turgidum...	25	994
turgidum...	26	2217
umbonatum.	20	546
umbonatum.	26	2222
Uralicum ..	3	447
Vandeneckii.	24	509
ventricosum	20	351
Verneuilia-num....	26	2233

CA

CARDIUM.	Étages	Numéros
Verneuillii..	26	2248
verrucosum.	25	989
vetustum ...	2	595
Villeneuvia-num......	22	622
Villmarense	2	614
Vindennense	20	350
Vindobonense	26	2211
Virginianum	26	2256
Volizii......	17	306
carinaria.		
Hugardi....	26	1796
carinaropsis.		
carinatus ..	1 *a*	147
orbiculatus.	1 *a*	155
patellifor-mis.....	1 *a*	152
caryocistites.		
granatum...	1 *a*	385
testudinarius	1 *a*	386
caryocrinus.		
ornatus.....	1 *b*	554
caryophyllia.		
Altavillensis	25	1268'
Basteroti ...	26	2763'
cæspitosa...	27	474
Calvimonti.	14	473
Cenomana..	20	686
clavus	14	474
clavus	26	2791
convexa....	10	529
cornuta	14	480
cyathus....	27	471
cylindrica..	13	605
detrita.....	26	2763
dilatata....	14	475
extinctorium	10	537
fasciculata.	5	981
geniculata..	24	560
globosa.....	21	238
Italica.....	27	472'
Moreausiaca	14	474
Pedemontana	27	471
pseudotur-binolia...	27	1470
retorta.....	11	439
striatula...	20	694
subcylindrica	14	476
truncata ...	11	439
truncata ...	14	473
vasiformis..	14	484
cassidaria.		
ambigua ...	26	262"
ambigua ...	25	955

CA

CASSIDARIA.	Étages	Numéros
bicatenata..	26	1686
cancellata..	25	655
carinata ...	25	652
coronata ...	25	1558
fasciata....	26	1684
	27?	239
funiculosa..	25	651
harpæformis	26	1683
Hodgii.....	25	1687
nodosa.....	25	652
Nystii......	26	262'
striata.....	25	649
striatula...	26	1685
substriata..	24	427
textiliosa...	25	650
Cassidea.		
crumena ...	27	286
Cassidulus.		
æquoreus...	22	1194
complanatus	25	1224
elatus......	24	823
lapis-cancri.	22	1192
Marmini....	22	1195
porpita.....	26	299
testudinarius	24	626
Cassis.		
Ænea......	24	426
areola......	26	1664
bicarinata..	26	1686
brevicostata.	25	658
calantica....	25	1559
cancellata...	25	655
crumena....	26	1665
crumena.....	27	238
cypræiformis	26	1676
dentata.....	26	1682
diadema	26	1667
Epareyensis.	11	47
flammea ...	26	1677
granulosa..	26	1675
harpæformis	25	654
Hodgii.....	26	1687
incrassata...	26	1670
intermedia..	26	1679
intermedia.	26	1671
lævigata....	26	1674
mamillaris..	26	1666
monilifer ...	26	1680
nuperus	25	657
oniscia.....	26	1662
pseudocru-		
mena.....	27	238
quadricincta	26	1679
reticulata...	26	1678

CA

CASSIS.	Étages	Numéros
Rondeleti...	26	1668
Saburon....	26	1673
sculpta.....	26	1681
striata.....	24	427
striata.....	25	653'
striata.....	26	1673
striata.....	26	1684
striata.....	27	239
striatella....	26	1672
subareola ...	26	1664
subcrumena.	26	1665
subflammea..	26	1677
subgranulosa	26	1675
subtesticulus	26	1669
Taitii.......	25	656
testiculus...	26	1669
texta........	26	1673
	27	238'
Thesei......	24	425
Thesei.....	26	1666
variabilis...	26	1679
Catantostoma.		
clathratum.	22	291
Catenipora.		
agglomerata	1 b	406
escharoides.	1 b	404
labyrinthica	1 b	405
spongiosa ..	6	619
Catopygus.		
Alpinus....	17	483
carinatus ...	20	644
columbarius.	20	645
conformis...	22	1186
cylindricus..	19	317
depressus...	19	316'
elongatus...	22	1189
fenestratus..	22	1190
Gresslyi....	17	482
lævis.......	22	1187
Neocomiensis	17	481
pyriformis ..	22	1188
Renaudi ...	17	765
subæqualis..	20	642
subcarinatus.	22	1191
Cellaria.		
gracilis	26	2785
rhombifera.	26	2784
Smithii....	11	566
Cellastræa.		
hystrix.....	25	1282
Cellepora.		
antiqua. ...	2	1049
bipunctata .	22	1022
concentrica..	27	430

CE

CELLEPORA.	Étages	Numéros
crustulenta.	22	1059
cucullina ...	26	2557
dentata....	22	1021
echinata....	27	478
favosa......	2	1170
foliacea.....	26	2558
gracilis	26	2546
granulata..	6	695
hexagonalis	24	565
Hippocrepis	22	1034
informata...	26	2560
nobilis	26	2564
orbiculata..	10	477
orbiculata..	14	403
ornata......	22	1051
ornata	27	477
palmata....	26	2781
parasitica...	26	2559
pumicosa...	26	2605
quadrangula-		
ris........	26	2562
similis......	26	2563
supergiana.	26	2786
umbilicata..	26	2561
velamen....	22	1020
Cellulipora.		
ornata......	20	589
Cemoria.		
oblonga	26	1736
Centrastræa.		
araneola....	14	583
Cenomana ..	20	719
collinaria...	17	524''
dendroidea..	14	582
excavata....	17	524'
Goldfussii...	6	689
gracilis.....	13	634'
granulata...	14	584
interrupta...	14	580
irregularis..	21	513
Micheliniana	20	720
microconos..	13	634
	14	585
microphyllia	17	524
moriana....	14	581
oculata.....	13	635
radiata	21	512
Ceratites.		
Achelous ...	6	50
Agassizii....	6	57
Agenor.....	6	51
Basileus	6	43
Bœtus.......	6	54
bipunctatus.	6	44

CE

CERATITES.

	Étages	Numéros
Bogdoanus	5	4
brevicostatus	6	56
Busiris	6	42
dichotomus	6	45
Eichwaldi	5	10
enodis	5	6
Euomphalus	5	9
Ewaldi	21	19
Geinitzii	5	11
Hedenstromi	5	7
Iarbas	6	52
infundibuli-formis	6	38
Ingeri	6	45
irregularis	6	53
Karstenii	6	54
Meriani	6	55
Middendorffi	5	8
Munsteri	6	48
nodosus	5	5
Oceani	6	46
Robini	21	18
Senequieri	19	9
subdenticu-latus	6	44
sulcifer	6	49
Syriacus	20	11
venustus	6	47
Vibrayeanus	20	10
Zeuscheri	6	44

Ceratotrochus.

	Étages	Numéros
duodecim-costatus	27	465
exaratus	24	655
multiserialis	26	2691
multispina	26	2690
multispino-sus	26	2690

Cercomya.

	Étages	Numéros
antica	13	221
expansa	15	88
gibbosa	15	88
inflata	17	229
pinguis	11	177
plana	15	92
siliqua	13	221
spatulata	15	91
striata	15	87

Ceriopora.

	Étages	Numéros
affinis	2	1175
affinis	2	1171
alata	13	498
Anglica	1 b	387
angulosa	13	497

CE

CERIOPORA.

	Étages	Numéros
anomalopora	22	1320
arborea	17	536
avellana	20	733
biformis	17	539
bigemmis	3	1031
cæspitosa	22	1159
Cenomana	20	738
cervicornis	22	1331
clavata	22	1319
clavula	17	540
clavula	20	726
complicata	11	484'
compressa	22	1339
conciuna	22	1325
conifera	11	479
Constantii	19	340
corymbosa	11	476
crassa	1 b	389
cribrosa	20	739
crispa	13	726
cryptopora	22	1330
diadema	22	1136
dichotoma	3	1032
dichotoma	22	1322
digitata	13	1326
disciformis	25	1194
distans	3	1047
dubia	3	1025
dumetosa	11	477
escharoides	20	750
expansa	1 a	422'
favosa	3	1026
favosa	13	727
formosa	20	613
funiculina	3	1021
globosa	11	470
Goldfussii	2	1172
gracilis	2	1173
gracilis	20	737
gracilis	26	2785
granulosa	2	1177
granulosa	1 b	387
heteropora	20	735
incrustans	22	1343
inflata	3	1024
interporosa	3	1030
intricata	26	2780
irregularis	3	1020
lævigata	22	1122'
Landrioti	19	304
Leda	7	174
licheniformis	20	731
licheniformis	26	2605
Ligeriensis'	22	1122

CE

CERIOPORA.

	Étages	Numéros
Lorieri	10	533
macrocaulis	11	480
madreporacea	22	1130
mamilla	22	1341
mammulata	1 a	374
Michelini	19	341
micropora	22	1340
milleporacea	22	1324
milleporacea	4	91
minuta	26	2594
mitra	20	623
Muletiana	18	149'
Neptuni	11	483
nuciformis	22	1337
oculata	2	1177'
oculata	3	1018
ornata	27	477
palmata	26	2781
papularia	20	734
polymorpha	19	539
polymorpha	20	732
punctata	2	1176
punctata	26	2783
pustulosa	11	469
pustulosa	22	1151
pygmæa	22	1342
racemosa	22	1329'
radiciformis	13	642
ramosa	11	474
ramosa	1 a	375
ramosa	3	1023
ramosissima	11	475
ramulosa	20	727
Raulini	19	306
rhombifera	3	1020
rhombifera	26	2784
Ricordeana	18	149'
Rœmeri	22	1317
Sarthacensis	10	532
seriata	22	1518
similis	2	1174
spicularis	3	1027
spiralis	22	1138
spongiosa	20	602
spongiosa	26	2789
spongites	20	725
stellata	17	457
stellata	20	617
stellata	22	1154
striata	13	496
subcompressa	11	484
subdichotoma	22	1322
subgracilis	26	2785
sublævigata	24	760

CE

CERIOPORA.	Étages	Numéros
submillepo-racea,....	4	91
subnodulosa.	17	537
subnodulosa	17	536
suboculata..	3	1028
subpunctata.	26	2782
subramosa..	3	1023
subrhombi-fera......	26	2784
supergiana .	26	2786
surculacea ..	20	738
tortilis.......	26	2787
trigona......	20	618
truncata ...	20	732
tuberosa.....	17	534
tuberosa....	20	734
tubiporacea,	22	1325
tubulata....	22	1327
tumida	3	1022
variabilis....	26	2785
variabilis ..	25	1197
venosa......	20	619
verrucosa...	22	1321
verrucosa...	26	2601
verticillata.	22	1120
Cerithium.		
abbreviatum	9	173
Aberti......	6	419
Acacie......	11	113
Achilles	14	176
acicula.....	26	622
acicula.....	23	565
Acteon.	11	111
aculideus...	25	609
acutum.....	25	1549
acutum	6	418
acutum.....	24	585
affine.......	22	408
Ajax........	10	177
Albasiense ..	24	402
Albense.....	17	173'
Alceste.....	6	418
alligatum ...	25	1527
Alpinum ...	18	79
alternans ...	24	584
alucoides....	26	1487
alucoides....	27	217
amictum.....	22	415
amœnum ...	10	190
ampullosum.	24	413
ampullosum	26	1491
angulosum..	25	587
angulosum .	26	1474
angustum...	25	1526

CE

CERITHIUM.	Étages	Numéros
antiquum...	2	406
Aptiense....	18	75
armatum ...	9	126
Alaxense ...	21	83
athleta	24	404
attenuatum..	17	182
attenuatum.	18	82
Auvertianum	25	1550
avenaceum..	15	49
baccatum...	24	406
baccatum ..	26	1471
baccatum ..	26	1489
bacillum....	25	980
Baremensis.	18	83
Basterotinum	26	1497
Belgicum ...	20	215
Bellardi.....	26	259
betulæ	11	123
bicalcaratum	24	408
bicarinatum.	25	1516
bicinctum...	26	1499
bidentatum..	26	1484
bimarginatum	9	154
binodosum..	22	411
biseriale....	24	387
bisertum....	6	417
bitorquatum.	26	1533
Blainvillei...	25	584
Blainvillei.	11	129
Blumi......	6	412
Boblayi.....	26	231
Bonardi.....	25	1508
Bonelli	25	585
Boryanum ..	26	249
Bouei.......	25	1556
Brandis	6	429
breviculum..	24	386
Brocchii....	25	1521
Brongniarti	11	125
buccinoides .	19	196
buccinoideum	14	175
Bucklandii..	6	427
bulimoides..	11	120
Bustamenti.	22	423
Burignieri ..	14	173
calcaratum..	24	407
calcitrapoides	25	601
calculosum..	26	1481
canaliculatum	24	373
cancellarioides	24	571
cancellatum.	25	620
carbonarium	17	181
carinatum..	22	407
Carolinum..	23	13

CE

CERITHIUM.	Étages	Numéros
Cassissianum	20	210
Castellini ..	24	409
catenatum...	25	607
Cenomanense	20	212
Ceres.......	26	241
Charpentieri.	26	1475
cinctum.....	25	593
cinctum....	26	1465
cinctum....	26	1506
cinctum....	27	216
cingenda....	13	160
cingulatum..	22	424
Circe	10	179
clathratum..	24	588
clathratum.	22	410
clathratum.	26	251
clavosum ...	25	1541
clavulatum.	26	1486
clavulus	10	194
clavulus....	26	1535
clavus......	25	614
clavus	26	1533
Clementinum	17	175
Clymene....	10	178
collaterale...	25	1502
Collegnoi...	26	1496
colon........	6	424
columnare..	11	118
combustum .	24	596
comma......	10	185
comma.....	15	166
Comperei ...	26	1525
concavum...	25	1528
concavum ..	11	116
concavum ..	16	51
concisum ...	26	255
confluens ...	25	602
conicum....	6	410
conicum....	26	1517
conjunctum..	26	230
conoidale...	26	236
conoideum..	25	612
conoideum..	22	404
conoideum..	26	256
constrictum..	25	1515
contiguum...	25	564
contortum ..	10	174
Coquandianum	26	237
corallense...	14	171
corallense ..	14	173
Cordieri....	25	1520
Cornuelianum	18	74
cornu-copiæ.	25	1532
coronatum ..	25	1509

CE

CERITHIUM.	Étages	Numéros
coronatum..	22	409
coronatum..	26	1527
corrugatum..	24	411
corrugatum.	26	146
corrugatum.	26	1532
corvinum...	24	412
costellatum .	20	216
costellatum.	8	116
costellatum.	9	127
costulatum..	8	114
costulatum..	25	619
crassilabrum	14	177
crenatulatum	25	1540
crenatum ...	27	213
crenatum...	26	1517
creniferum..	25	1542
crenulatum..	8	130
crispum	25	568
cristatum ...	25	608
Crithea.....	26	1517
curtum.....	26	1536
curvicostatum	24	377
curvicosta-		
tum......	8	127
Cuvieri.....	24	397
Dædaleum..	26	1587
Damon.....	12	101
Daphne.....	12	102
Dechenii....	22	412
decisum.....	25	629
decoratum...	6	425
decussatum..	25	581
decussatum.	6	421
deforme	26	1530
Defrancii....	24	106
Defrancii...	11	52
dentatum ...	26	233
denticulatum	25	562
Derignyanum	19	196'
Deshayesia-		
num......	24	403
detritum....	24	378
diaboli	25	627
diaboli.....	26	1472
disjunctum..	26	1521
dislocatum..	26	1539
dubium.....	25	624
Duchasteli ..	25	569
Dufrenoyi...	11	126
Dufresnii....	24	396'
Dupinianum.	17	173
duplex.....	25	1546
dymorphum.	25	20
echidnoides..	25	598

CE

CERITHIUM.	Étages	Numéros
echinulatum,	25	618
elegans.....	26	235
elongatum ..	9	130
elongatum..	20	218
elongatum..	26	1500
emarginatum	25	611
Emartheon..	13	162
Eribote.....	13	163
Erosne.....	13	164
Ervynum...	19	190
Euterpe.....	10	181
excavatum..	19	194
excavatum..	16	51
fallax.......	26	1478
fasciatum..	22	417
filiferum....	25	603
filosum.....	14	172
fimbriatum..	26	1501
Fittoni......	18	80
Fleuriausum	14	189
flexuosum...	11	115
Fontanieri ..	22	419
Forbesianum	18	78
fragile......	25	594
funatum....	24	110
funiculatum.	26	1511
funiculatum	24	110
fusiformis..	24	557
Galeotti.....	26	1509
Galeotti....	26	229
Gallicum ...	20	207
Ganymedes..	14	178
Gardanensis	24	64
Gargasense .	18	77
Gaudryi....	17	176
Gaytani.....	6	411
Gea........	25	19
geminatum..	25	623
geminatum.	26	1495
Genei.......	26	1502
Gerontes ...	14	179
Geslini.....	24	409
gibberosum.	26	258
gibbosulum.	24	376
gibbosum...	24	104
giganteum ..	25	561
giganteum..	24	401
Glaucippe ..	14	180
globulosum..	25	1517
Glycerie....	14	181
gracile.....	6	435
gradatum ..	24	389
granulato-		
costatum..	10	138

CE

CERITHIUM.	Étages	Numéros
granulatum	11	117
granulinum .	26	1505
granulosum.	24	105
granulosum	27	215
Gratteloupi .	26	1489
Gravesii.....	25	392
Guerangeri..	20	206
gurgitis.....	19	196 b
Halie.......	14	182
Hartmannia-		
num......	9	132
Haueri.....	6	434
Hebertianum	25	93
Hecabe.....	14	183
Hecale......	14	184
Hector......	20	214
Heblii......	6	428
Heliodore...	14	185
Hemes......	9	126
Hemon.....	14	187
Henckelii...	26	259 bis
Heranice....	14	188
Hericartii...	25	1555
Hesione	14	191
heteroclites..	24	372
hexagonum .	25	586
Hille	8	109
Hœninghausii	26	1514
Hugardianum	19	195
Hunckelii...	25	626
hystrix.....	10	190
Ianthe......	8	107
Iason.......	20	215
imbricatum.	22	414
imbricatum.	27	214
imperfectum	25	617
impressum..	26	285
inæquicinc-		
tum......	9	133
incertum ...	26	242
incisum.....	10	187
inconstans..	26	1494
intermedium	24	110
interruptum.	25	606
interruptum	26	1488
intortum...	26	1477
inversum ...	25	572
inversum...	8	126
involutum...	24	580
Iole........	9	129
irregulare...	26	1329
Jageri	6	469
Kefersteinii .	26	1513
Kobellii	6	404

CE

CERITHIUM.	Étages	Numéros
Koninckii...	11	127
Koninckii..	26	245
labiatum....	25	589
lævigatum ..	10	191
lævissimum.	26	1516
Lallierianum	19	188
Lamarckii ..	26	234
lamellosum..	25	574
lamellosum.	26	1476
Langrunensis	11	129
Laothoe	8	108
lapidum	25	600
larva,......	25	591
lateplicatum.	6	406
Lauræ......	26	240
lemniscatum	24	416
lemniscatum	20	241
Lesbaritziensis	26	257
Leufroyi....	25	590
lima.......	26	232
lima........	26	1530
limæforme..	14	167
limæforme...	20	208
lineatum....	25	1530
lineolatum..	26	1520
litteratum..	26	1499
Lorieri.....	10	176
Luschitzianum	22	416
macrogona-		
tum,......	8	125
Maraschini..	24	410
margarita-		
ceum.....	26	1531
margarita-		
ceum.....	25	1543
margarita-		
ceum.....	26	1498
marginatum	25	1506
marginatum	26	1498
marginatum	26	1504
margine no-		
dosum....	6	422
Marollinum .	17	172
Matheronii..	21	88
Matronense.	18	76
melanoides..	25	578
Melite......	15	50
Menestrieri..	26	1523
Merope.....	8	106
Meyeri.....	6	407
microstoma..	25	1500
millegranum.	26	1515
millepuncta-		
tum......	14	170

CERITHIUM.	Étages	Numéros
millepuncta-		
tum	13	161
minutum...	22	425
mitreola....	24	391
mixtum.....	25	1532
moniliferum.	25	1501
moniliferum	26	1538
Moutonianum	17	696
multigranum	25	1507
multinodosum	25	615
multispiratum	25	597
multisulcatum	24	414
Murchisoni..	11	128
muricato-		
costatum .	10	183
muricatum .	10	188
muricatum .	15	161
muricatum .	22	406
muricinum..	26	1485
muricoides...	25	613
mutabile....	25	1538
mutabile ...	26	252
nassoides ..	26	246
nassoides...	17	177
neglectum ..	25	605
Neocomiense	17	178
Nerei.......	22	415
Niobe	8	151
nodiferum...	25	1523
nodoso-cari-		
natum....	6	415
nodoso-cos-		
tatum	10	184
nodulosum..	6	423
nodulosum..	26	1492
Normanianum	10	175
nudum	25	582
Nystii	11	123
obesum.....	24	105
obliquatum..	24	590
obscurum...	25	1504
obtusum....	24	574
Oeirrhoe....	26	245
OEnone.....	8	110
Opis........	10	180
ornatissimum	19	193
Orthesianum	26	248
Palæmon ...	14	186
Palinurus...	26	239
papale......	24	380
papaveraceum	26	1482
papillosum..	10	195
parvulum..	3	153
parvulum..	26	243

CERITHIUM.	Étages	Numéros
pentagonum.	11	122
peregrinum.	21	84
perforatum..	25	565
Perigordia-		
num....	22	397
perversum..	27	215
Petri.......	11	121
Philipsii	17	174
Philipsii...	18	78
pictum.....	26	1471
pleurotomoï-		
des...	25	1519
plicatulum..	24	381
plicatum....	26	229
plicatum...	25	1545
plicatum...	26	1467
plicatum...	26	1523
polygonatum	8	120
polygonum..	24	409
Ponsianum..	21	90
Portlandicum	16	32
precatorium.	8	112
Prevosti	25	610
prismoideum	15	165
productum..	20	217
propinquum.	25	1518
Prosperianum	21	86
provinciale..	22	400
provinciale.	26	239
pseudocinc-		
tum......	25	1544
pseudocla-		
thratum ..	22	410
pseudoclavus	26	1535
pseudoconói-		
deum.....	22	404
pseudocoro-		
natum...	22	409
pseudocor-		
rugatum..	26	1532
pseudocos-		
tellatum ..	9	127
pseudoelon-		
gatum....	26	1500
pseudoimbri-		
catum ...	27	214
pseudolamel-		
losum.....	26	1476
pseudomar-		
ginatum ..	26	1504
pseudonodu-		
losum....	6	423
pseudoobe-		
liscum....	26	1480

CE

CERITHIUM.	Étages	Numéros
pseudoplicatum......	25	1545
pseudospinosum....	26	250
pseudothiara	26	1470
pseudothiarella	26	1490
pseudoturritella......	26	1483
pseudoventricosum..	24	395
pulchellum..	26	1519
pupæforme..	26	1473
pupæforme.	10	196
pupilla,......	11	119
pustulosum..	22	405
pustulosum.	8	121
pyramidale.	17	179
pyramidatum	24	582
pyreniforme.	24	592
quadrangulatum......	6	403
quadrangulatum....	6	426
quadricinctum	10	182
quadrifidum.	25	570
quadrilineatum......	9	137
quadriseriatum......	10	192
quadrisulcatum......	25	616
quadrivittatum......	10	186
Raulini.....	26	1466
reflexilabrum	20	209
regulare....	24	573
Renauxianum	22	398
Requienianum	21	85
resectum ...	24	585
reticosum...	22	403
reticulatum	8	113
reticulatum.	22	314
Rhodani....	19	196 a
rigidum	25	1548
Rockettæ...	26	1501
Rœmeri.....	14	169
Roissyi.....	25	1531
Roncanum..	24	413
Rouyanum..	17	180
Royanum ...	22	402
rubiginosum	26	1526
rude........	26	1551
rugosum. ..	25	575

CE

CERITHIUM.	Étages	Numéros
Rupellense..	14	190
Russiense....	13	161
rusticum....	25	1529
Sabaudianum	19	196"
sagenula....	25	630
salmo	26	1479
Sarthacense,	20	208
scabrum....	26	1493
scabrum....	25	1514
scalariforme	10	172
scalaroides..	25	1505
scalaroideum	22	422
scobina.....	8	117
scruposum..	25	1511
Semele.....	7	60
semicoronatum......	25	599
semicostatum	24	107
semigranulosum......	25	621
septemcinctum......	9	136
septemplicatum......	14	168
serratum ...	25	562
Serresii.....	26	1498
Sidæ.......	7	59
sinistratum..	26	1508
sinistrorum .	25	571
Sirius	16	31
solitarium ..	25	628
Sowerbyi...	25	1512
sphæruliferum......	22	421
spicula.....	8	118
spinosum...	24	393
spinosum...	26	248
spinosum...	26	250
spinuliferum	8	124
spinulosum..	6	408
spiratum....	25	579
stephanophorum......	24	394
strangulatum	11	124
striatum....	25	1530
striatum...	25	77
stroppus....	24	419
subacutum..	24	585
subalucoides	26	1487
subampulosum	26	1491
subangulosum	26	1474
subattenuatum	18	82
subcanaliculatum, ...	25	1513

CE

CERITHIUM.	Étages	Numéros
subcancellatum......	6	420
subcinctum .	26	1465
subclathratum......	26	251
subclavatulatum......	26	1484
subclavus...	24	398
subcolumnare	11	118
subcomma..	13	160
subconcavum	11	116
subconicum.	6	410
subconoideum	26	256
subcoronatum	26	1527
subcorrugatum......	26	1468
subcostellatum......	8	116
subcostulatum	8	114
subcrenatum	26	1517
subcurvicostatum.....	8	127
subdecussatum......	6	421
subelongatum	20	218
subfasciatum	22	417
subgeminatum......	26	1495
subgracile...	6	433
subgranosum	26	1469
subgranosum	25	621
subgranulatum......	6	435
subimbricatum	23	414
subinterruptum......	26	1488
subinversum	8	126
sublamellosum	24	405
sublima.....	26	233
sublineatum.	6	413
submargaritaceum ...	25	1543
submarginatum......	25	1506
subminutum.	22	425
submoniliferum......	26	1538
submuricatum	22	406
submutabile.	26	232
subnassoides	17	177
subnodosum	6	416
subnodulosum	26	1492
subobtusum.	21	574
subparvulum	26	213

CE

CERITHIUM.	Étages	Numéros
subplicatum.	26	1467
subpunctatum	25	604
subpupæfor- me.	10	196
subpyramidale	17	179
subpyrenai- cum.	24	400
subquadran- gulatum ..	6	426
subquadrisul- catum. ...	24	390
subreticulatum	8	113
subscabrum.	25	1514
subscalari- forme	10	172
subspinosum	19	187
substriatum .	25	576
subsuturale .	14	192
subterebellum	26	247
subterebrale.	24	379
subthiara. ...	26	1528
subtriangulum	26	259'''
subtricarina- tum.	17	183
subtricinctum	9	135
subtrochleare	26	254
subturritella.	7	58
subula.	25	1525
subulatum...	25	619
subvaricosum	8	125
subvariculo- sum.	8	122
subventrico- sum.	6	405
suffarcinatum	26	1512
sulcatum...	24	413
suturale....	14	192
suturosum...	22	422
Suzanna	24	393
Syssollæ.	15	167
tæniatum.	8	113
Taitboutii.	26	1524
Taurinum.	26	1505
tectum.	19	191
tenue.	25	1521
tenuistriatum	24	570
terebellum.	26	247
terebrale.	25	567
terebroide.	17	171
tessulatum.	22	418
Testasii.	26	233
textile.	25	366
textum .	8	128
thiara.	25	585

CE

CERITHIUM.	Étages	Numéros
thiara.	26	1528
thiara .	26	1470
thiarella.	25	1522
thiarella.	26	1490
Thisbe.	8	111
tortile .	11	117
Toucasianum	22	401
triarmatum ..	9	131
tricarinatum.	25	1533
tricarinatum	17	183
tricinctum ..	27	216
tricinctum..	9	135
tricinctum..	26	259'''
triforis.	25	1537
trilineatum..	26	1510
trimonile.	19	192
Trinchinopoli- tense.	22	430
tripunctatum	6	414
triseriatum.	10	193
trochiforme.	25	1510
trochleare ..	26	228
trochleare..	26	254
tuberculatum	18	75
tuberculosum	25	1534
turbinatum..	24	109
turrellum...	26	244
turriculatum	18	81
turris.	24	108
turritella ...	26	1512
turritella...	7	58
turritella...	26	1485
turritellatum	25	1503
Ulysses.	8	129
umbilicatum.	25	578
undosum.	24	415
unicarinatum	12	103
uniplicatum.	25	21
unisulcatum.	25	577
Urania.	25	22
Vapincense .	25	588
variabile.	24	110
varicosum..	8	125
variculosum	26	232
variculosum	8	122
Varusense ..	17	184
Venei.	24	401
ventricosum.	25	1547
ventricosum	6	405
ventricosum	24	395
versicostatum	11	174
Vibrayeanum	12	189
Vindinense.	20	211
Vulcani.	24	417

CH

CERITHIUM.	Étages	Numéros
vulcanicum..	24	409
vulgatum...	27	217
Zeuschneri..	26	1507
zic-zac	8	119

Ceromya.

	Étages	Numéros
alata.	13	216
Bajociana...	10	252
concentrica .	12	125
crassicornis.	19	249
elegans.	12	124
excentrica...	14	218
	15	80
Fleuriausa ..	15	82
inflata.	15	81
obliquata....	14	219
obovata.	15	81
orbicularis..	15	84
plicata.	11	171
Sarthacensis.	12	126
semiradiata .	11	172
striata.	11	171
striata.	15	81
tenera.	12	167
tetragona ...	15	85

Chama.

	Étages	Numéros
aculeata....	26	2123
ammonia...	17	752
angulosa....	22	912
arietina....	14	372
arietina....	26	2274
asperella....	27	400
Ataxensis...	24	543
Brocchi	27	396
calcarata...	25	1123
calyculata..	26	2125
congregata..	26	2405
cor.	27	560
coralliophaga	26	2140
cornucopiæ .	20	513
corticosa....	26	2404
costata	20	514
cretacea....	20	512
dissimilis ...	27	397
gigas.	25	1122
gryphina ...	26	2402
	27	398
gryphoides .	27	396
intermedia .	27	557
lævigata....	24	544
lamellosa...	25	1124
lazarus	27	399
lucernata...	26	2402
Munsteri...	14	573
papyracea ..	25	1644

CH

CHAMA.	Étages	Numéros
pectinata...	27	338
plicatella ...	24	542
ponderosa...	25	1645
punctata....	15	1123
rhomboidea.	26	2129
rusticula....	25	1646
semiplana...	22	913
sinistrorsa..	26	2402
sinistrorsa..	27	393
speciosa....	14	579
squamata...	27	399
squamosa...	25	1124
subcalcarata	24	559
subgigas....	25	1122
sublamellosa	24	192
subsquamata	27	399
substriata...	25	1643
sulcata.....	25	1125
supracretacea	23	44
unicornaria.	26	2402

Chamites.

	Étages	Numéros
punctatus..	5	74
striatus....	5	68

chelocrinus.

	Étages	Numéros
pentactinus.	5	103
Schlotheimii	5	104

Chemnitzia.

	Étages	Numéros
abbreviata ..	15	20
acicula	10	47
acuminata..	3	151
acuticostata.	6	165
Æolis.......	20	66
Amalthea ...	6	171
Ambergensis.	9	64
ampla......	22	152
anthophylloi-		
des.......	6	172
arctecostata.	6	162
arenosa.....	20	67
armata......	6	154
Aspasia.....	11	27
athleta	14	13
Bellona.....	12	66
binodosa....	6	133
bipunctata...	6	129
bisulcata....	22	150
Blainvillei...	9	63
Blandina....	13	71
Bolina......	6	146
Bronnii.....	15	19
buccinalis...	25	1429
Cæcilia	14	15
Calliope	14	19
Callirrhoe...	14	22

CH

CHEMNITZIA.	Étages	Numéros
Calypso.....	14	20
canalifera ...	6	140
canicularis..	25	78
carbonaria..	3	161
carinata.....	6	134
Carusensis ..	8	44
Cassiana....	6	148
Cepha	14	18
cincta.......	22	154
Clio........	14	16
Clytia	14	17
coarctata....	10	49
cochlea.....	6	136
cochleata....	6	123
columnaris..	6	126
columnaris..	27	60
compressa...	6	149
concentrica..	6	132
condensata..	15	75
conica......	6	118
constricta ..	3	149
Cornelia	14	21
costellata....	24	242
	25	81
crassa.......	6	115
crenulata....	16	9
curta........	10	53
curvilineata.	3	151
cylindrica ...	6	160
Danae	15	17
decussata....	25	1431
decussata...	26	61
Defrancii....	11	32
Delia	15	18
diaphana....	26	476
Dormoisii....	11	14
dubia.......	3	14
eburnea.....	26	477
elongata....	3	150
elongata....	26	508
exarata	26	475
Fischeriana..	13	72
flexuosa.....	6	156
fragilis......	25	82
Fuchsii......	6	177
gigantea.....	16	8
globosa.....	7	42
Goldfussii ...	6	178
gracilis	6	167
gracilis.....	3	152
Gratteloupi..	26	66
Hauslabii...	6	175
Heddingto-		
nensis.....	13	70

CII

CHEMNITZIA.	Étages	Numéros
Hedonia.....	12	67
hordacea ...	25	70
Hornesi.....	6	176
hybrida.....	6	159
inæquistriata	6	150
inflata......	21	28
Klipsteini...	6	169
Koninckiana.	6	157
Krausseana..	7	38
lactea.......	24	241
	25	1428
lævigata....	25	70
lævigata ...	26	465
larva.......	6	170
Lefebvrei...	5	148
Leunisii....	26	460
liasiana......	7	37
lineata	10	48
Lommelii...	6	125
Lorieri	9	62
margaritifera	6	152
margaritifera	11	30
melanoides..	13	74
Mosensis....	20	65
Moutoniana..	17	664
Munsterii...	6	184
Murchiso-		
niana....	3	139
Mysis.......	12	63
Neptuni.....	11	28
nobilis......	22	153
nodosa	6	113
nodosa	8	43
nodosa	9	64
nodoso-pli-		
cata.......	6	164
Normaniana.	10	51
nuda	9	65
nympha.....	6	110
Ochii.......	26	471
obliquecos-		
tata	6	144
obliterata ...	5	13
obovata.....	6	120
ornata......	6	163
ornata......	26	464
ovulum.....	26	475
Pailletteana..	22	148
perarmata...	6	155
perversa.....	6	142
petschora...	12	69
Phidias.....	7	45
pigma	6	150
plicatula....	24	75

CH

CHEMNITZIA.	Étages	Numéro
plicatula...	27	62
Pollux...	14	22
Potosensis...	5	15
procera...	10	50
punctata...	6	128
pupa...	26	466
Puzoziana...	17	622
pyramidalis.	22	155
quadristriata.	26	470
reflexa...	6	135
Repeliniana..	9	60
reticulata...	26	468
Rhodani...	9	61
Roissyi...	11	51
Rouyana...	17	89
rugifera...	5	140
rugoso-costula	6	167'
scalarioides.	3	147
scalaris...	6	175
scalata...	5	12
semicostata..	7	43
semidecus‑ sata...	26	65
semiglabra...	6	122
similis...	6	117
similis...	3	141
solidula...	7	39
spiratissima.	20	467
strigillata...	6	166'
subarcuata..	6	161
subcarinata..	6	137
subconcentrica	6	119
subhordeacea	24	239
sublævigata.	26	465
sublineata...	13	73
submargariti‑ fera...	11	50
subnodosa...	6	174
subnodulosa.	8	43
subornata...	26	464
subpunctata.	6	145
subscalaris..	6	135
subtenuis...	6	139
subtortilis...	6	121
subula...	26	474
subulata...	7	40
sulcifera...	6	137
supraplecta.	6	141
tenuiplicata.	25	1430
tenuis...	6	158
tenuis...	6	139
tenuissima..	6	168
terebellum..	26	472
texata...	6	131

CH

CHEMNITZIA.	Étages	Numéros
tricostata...	6	151
tristriata...	12	70
triticea...	24	240
trochleata...	6	147
turris...	10	48
turritellaris.	6	138
undosa...	22	108
undulata...	8	42
Varusensis..	17	662
ventricosa..	3	229
Vesta...	7	44
vetusta...	10	52
vittata...	11	29
Walenstedtii	6	156
Zenkeni...	7	41

chenendopora.

	Étages	Numéros
complanata.	13	709
cylindrica..	20	767
fungiformis.	20	780
lamellosa...	13	710
marginata...	22	1496
microminata	22	1498
miliaris...	22	1497
obliqua...	22	1524
paternæformis	20	785
pocillum...	22	1517
radiata...	13	705
reticulata...	13	707
rugosa...	13	706
subplena...	20	782
undulata...	20	781
verrucosa...	13	708

chenopus.

	Étages	Numéros
alatus...	26	1029
Anglicus...	26	1031
Bacchii...	22	328
Burdigalensis	26	1027
cingulatus.	15	151
crassus...	26	180'
Dupinianus.	17	166
Gratteloupi.	26	1028
Margerini..	25	349
paradoxus..	26	1030
pes-carbonis	24	324
pes-graculi.	26	1032
pes-pelicani.	27	143
Philippi...	10	164
Sowerbyi...	26	180''
spinosus...	18	153
strombiformis	15	43

chætetes.

	Étages	Numéros
antiqua...	32	1018
antiqua...	1 b	584
capilaris...	3	1017

CH

CHÆTETES.	Étages	Numéros
capilliformis	14	621
columnaris..	1 a	422
cylindrica...	3	1013
dilatata...	3	1016
dilatata...	22	1344
expansa...	1 a	419
favosa...	2	1170
favosa...	1 b	385
fibrosa...	2	1167
heterosolen.	1 a	418
irregularis...	1 b	386
irregularis.	21	349
Koninckia..	3	1019
lycoperdon.	1 a	420
megastoma..	3	1017
Petropolita‑ nus...	1 a	417
pyriformis..	25	1672
radians...	3	1015
radiata...	2	1168
repens...	1 b	388
rugosa...	1 a	421
septosa...	3	1016
tuberosa...	17	535
tuberosa...	20	754
subantiqua..	1 b	384
subfavosa...	1 b	585
subfibrosa..	2	1167

chiton.

	Étages	Numéros
antiquus...	25	693
cinereus...	26	1746
concentricus	3	551
cordifer...	3	353
geminatus..	3	552
Grignonensis	25	692
Koninckii...	11	146'
Miocenicus..	26	1747
Polii...	26	1747
priscus...	3	550
subcajetanus.	26	1746
subgeminatus	3	552
transenna...	26	1748

chitonellus.

	Étages	Numéros
cordifer...	3	553

choanites.

	Étages	Numéros
Konigii...	22	1467

chonetes.

	Étages	Numéros
armata...	2	781
Bucchiana..	3	709
comoides...	3	708
concentrica..	3	700
convoluta...	2	783
cornuta...	1 b	125
crenulata...	2	784

CI

CHONETES.	Étages	Numéros
Dalmaniana.	3	704
dilatata.....	2	782
elegans......	3	710
Falklandica.	2	788
Laguessiana.	3	706
minuta......	2	785
nana	2	786
papilionacea	3	701
perlata......	3	707
sarcinulata..	2	780
sarcinulata 1 *b*		126
setigera	2	787
Shumardia..	3	703
striatella..... 1 *b*		126
subvariolata.	4	58
sulcata......	3	705
tuberculata..	3	711
variolata....	3	708
Chrysalidina.		
gradata.....	20	761
Chrysaora.		
alata........	13	498
angulosa....	13	497
cervicornis..	10	487
clathrata....	22	1145
damæcornis.	11	396
echinata....	10	488
irregularis..	17	462
mycrophyllia	11	398
Normaniana.	10	485
polymorpha.	20	620
pustulosa...	20	619
radiata.....	11	597
radiata....	22	1135
spinosa	11	395
striata......	13	406
subtrigona..	10	486
trigona.....	20	618
venosa	20	619
Idaris.		
acicularis...	24	654
Admeto....	6	654
alata.......	6	637
Avenionensis	26	2680
baculifera...	13	196
baculifera..	6	635
Bellone......	25	1657
bicarinata ..	6	625
biformis....	6	648
bispinosa...	6	626
Blumenbachii	13	521
	14	440
Blumenbachii	27	463
brandis......	6	654

CI

CIDARIS.	Étages	Numéros
Braunii.....	6	635
Bronnii.....	6	621
Bucchii.....	6	646
catenifera..	6	635
cinamomea..	13	528
cingulata.,..	6	630
cladifera....	13	529
clavigera....	22	1246
clunifera....	17	499
colocynda ..	22	1248
consobrina..	14	443
constricta...	14	446
copeoides...	13	554
cornifera ...	17	766
coronata....	14	439
cristata.....	13	532
crucifera....	13	530
cyathifera...	22	1247
cydonifera..	17	501
decorata....	6	634
Desmoulinsii	27	463
diatretum ..	22	1254
diatretum..	22	1239
dorsata.....	6	636
elegans.....	14	445
fasciculata...	6	632
filograna....	13	522
flexuosa....	6	631
florigemma.	13	521
foliacea	10	517
Forchhammeri	23	52
garana......	6	642
gigantea....	13	531
globifera ...	6	623
grandæva...	5	97
granulosa..	22	1229
hastalis.....	13	524
Hausmanni..	6	627
hirsuta.....	17	500
hirta........	27	464
Hofmanni..	13	194
horrida.....	10	513
incurvata...	26	2681
Iarbas	7	165
Iasius	7	164
Ilys........	7	165
Keyserlingii.	4	83
Klipsteini...	6	620
liagora......	6	641
liasina......	8	240
linearis....	6	656
mamillata..	14	424
marginata...	14	438

CI

CIDARIS.	Étages	Numéros
marginata.	26	2682
maxima	14	414
megalacantha	14	442
Meyeri	6	853
miranda....	14	436
Munsteri....	26	2682
Munsteriana	3	887
Neocomensis	17	499
Nerei.......	3	889
nobilis......	14	441
nobilis.....	27	464
Orbignyana.	14	457
	15	195
Orbignyana	6	620
Orobus.....	11	424
ovifera.....	6	822
Pandarus...	9	274
papillata....	22	1253
pentagona ..	6	643
Phillipsii....	18	147
pleracantha.	22	1249
prionota....	24	633
prisca......	3	891
propinqua ..	13	123
Protei.....	3	890
punctata....	17	503
punctatissima	17	502
pustulifera..	13	526
regalis	22	1250
regularis...	6	655
remifera....	6	647
Rœmeri.....	6	649
rosaria.....	27	462
Rossicus ...	3	888
Sarthacensis	22	1256
sceptrifera..	22	1251
scrobiculata.	6	653
semiaspera..	24	636
semicostata.	6	632
serraria.....	27	461
serrata.....	24	633
signata.....	26	2683
Sismondæ ..	26	2682
spatula.....	13	525
spinosa.....	6	620
spinulosa...	20	676
spinulosa ..	6	635
subalata....	6	637
subangularis	14	422
subbispinosa	6	626
subcoronata.	6	630
subnobilis...	6	643
suboculata..	10	510
subpentagona	6	644

CI

CIDARIS.	Étages	Numéros
subsimilis...	6	639
subspinosa..	13	527
subspinulosa	6	624
subularis....	24	657
subvesiculosa	22	1255
tricarinata..	13	533
trigona.....	6	628
tripterygia.	14	437
vagans.....	11	423
Vapincana..	25	1255
variabilis..	17	505
variabilis..	17	505
variola.....	20	2684
variolaris..	22	1236
Vendocinensis	22	1252
venulosa....	25	51
venusta.....	6	640
vesiculosa ..	20	675
vesiculosa..	17	505
vesiculosa..	26	2681
violaris....	19	528
Wachteri...	6	650
Wissmani..	6	629
zea-mays ...	26	2685
Circophyllia.		
truncata....	25	1261
Cirrhus.		
armatus.....	5	253
cingulatus..	13	121
cristatus....	5	232
cretaloides .	22	276
depressus...	12	80
Leachii.....	10	119
Leonhardii.	2	284
nodosus	10	118
Normanianus	8	88
pentagonalis	3	108
pileopsideus	5	191
plicatus....	19	166*
rotundatus.	13	139
spinosus,....	2	559
spiralis.....	5	214
tubulatus...	5	197
Cladocora.		
cæspitosa...	27	474
granulosa...	27	475
humilis.....	21	264
intricata....	26	2736
manipulata .	26	2735
multicaulis..	26	2735*
Prevostina ..	27	475*
sulcata	1 b	508
Clausastræa.		
Savignyi...	27	475"

CL

CLAUSASTRÆA.	Étages	Numéros
subtessellata	10	548
tessellata...	25	1280
tessellata...	10	548
Clausilia.		
antiqua.....	27	11
maxima....	26	517
Clavagella.		
armata.....	22	457
Brocchii....	27	270
Brongniartii.	25	1567
Cenomaniana	20	228
clavata.....	22	460
coronata....	25	1568
cretacea.....	22	456
cristata.....	25	728
echinata....	25	727
Goldfussii...	26	1804
Ligeriensis..	22	458
Lodoiska ...	25	729
semisulcata..	22	459
Clavulina.		
communis ..	27	555
cylindrica ..	27	554
Parisiensis..	25	1338
Cleodora.		
lanceolata..	27	269
strangulata	26	1802
Cliona.		
Duvernoyi..	26	3062
irregularis..	22	1551
nardina	26	3063
Parisiensis..	25	1375
ramosa.....	22	1552
Clymenia.		
acuticostata.	2	112
angulosa....	2	113
angustisepta	2	95
annulata...	2	94
annulosa ...	2	114
antiquissima	1 a	71
bilobata	2	115
binodosa....	2	116
bisulcata...	2	93
brevicostata.	2	130
cincta	2	96
complanata .	2	131
compressa..	2	97
dorsonodosa.	2	111
dorsorostrata	2	117
dubia.......	2	133
Dunkeri....	2	98
falcifera.....	2	109
fasciata....	2	99
inæquistriata	2	118

CL

CLYMENIA.	Étages	Numéros
inflata.....	2	108
interrupta...	2	110
lævigata ...	2	100
lævis.......	2	124
linearis.....	2	101
Morrisi	26	304
ornata......	2	119
Pailletei....	2	132
paradoxa ..	2	102
planorbifor-		
mis ...	2	120
pleurisepta.	2	103
plicata.....	2	104
pygmæa....	2	105
sagittalis...	2	106
Sedgwickii..	2	128
semicostata..	2	121
serpentina...	2	122
spinosa.....	2	92
striata.....	2	123
subarmata...	2	129
subnodosa ..	2	125
tenuistria...	2	126
undulata....	2	127
valida.....	2	107
Clypeaster.		
acuminatus .	26	2658
affinis.....	24	617
affinis.....	25	1211
altus	26	2659
ambigena...	26	2666
Beaumonti..	26	2668
Bouei......	24	209
Brongniartii	24	211
crassicostatus	26	2662
crassus....	26	2663
Cuvieri....	25	1214
depressus...	26	2670
dilatatus....	26	2657
dubius	20	639
florealis....	22	1184
folium.....	26	2669
Gaimardi..	26	2656
gibbosus....	26	2656
grandiflorus	26	2668
Hausmanni	14	407
hemisphæri-		
cus	26	2657
Kleinii....	26	2641
laganoides..	26	2666
latirostris..	26	2664
Leskei	22	1181
Linkii......	26	2640
marginatus..	26	2667

CN

CLYPEASTER.	Étages	Numéros
Michelotti...	26	2665
oblongus....	26	9071
sandalinus..	20	645
scillæ......	26	2664
scutellatus..	26	2661
stelliferus..	25	1208
subcylindri-cus.......	25	204
Tarbellianus	26	2667
Tauricus....	26	2660
umbrella ...	26	2656
varians....	24	618

Clypeina.

	Étages	Numéros
marginipo-rella......	25	1190

Clypeus.

	Étages	Numéros
acutus......	15	185
lunicularis	11	402
dimidiatus.	13	507
Hugii......	10	496
Luciensis...	11	401
oblongus ...	11	407
patella.....	11	400
rostratus....	11	498
semisulcatus	13	510
Solodurinus.	10	497

Cnemidium.

	Étages	Numéros
Alpinum....	17	562
astroites ...	6	707
astrophorum	15	701
Bajocense...	10	567
Benettiæ ...	22	1464
concinnum .	6	718
coniformis..	20	770
conglobatum	22	1503
conicum....	22	1501
costatum ...	13	681
crassum....	22	1543
granulosum,	13	685
gregarium..	22	1465
lamellosum..	13	684
Luciense....	11	503
mammillare	13	713
Manon.....	6	722
pyriforme ..	14	627
pyriforme..	6	700
rimulosum..	13	717
Roissyi.....	20	760
rotula	13	712
rotula	14	634
Rouyanum..	17	561
stellaris....	6	719
stellatum...	13	683
stellatum ..	14	633

CO

CNEMIDIUM.	Étages	Numéros
striatopunc-tatum....	13	682
tuberosum..	11	516
turbinatum.	0	721
variabile...	6	725

Cochlea.

	Étages	Numéros
mixta......	25	267

Cochlearia.

	Étages	Numéros
Braunii....	6	97
carinata....	6	96

Codiopsis.

	Étages	Numéros
doma.......	20	657

Cœlopleurus.

	Étages	Numéros
Agassizii....	24	631
equis.......	24	630
infulatus....	25	1233
radiatus	25	1231
spinosissimus	25	1232

Cœlosmilia.

	Étages	Numéros
sulcata.	20	695

Columbella.

	Étages	Numéros
carinata....	26	1650
columbelloi-des.......	26	1648
compta.....	26	1655
cornicula...	27	209
corrugata...	27	207
erythrostoma	27	208
curta.......	26	1650
curta......	26	1659
discors......	26	1652
elongata.....	26	1680
filosa	26	1649
Klipsteini..	26	1652
labiosa.....	26	1651
marginata ..	26	1659
nassoides....	26	1654
pseudoscripta	27	209
rissoides....	26	1616
scabra	26	1660'
scripta.....	26	1655
scripta.....	27	209
semicauda'..	27	210
semipunctata	26	1652
subnassoides	26	1647
subscripta ..	26	1655
subulata....	26	1658
thiara......	26	1656
turgidula ...	26	260

Columbellina.

	Étages	Numéros
contorta....	22	426
monodactylus	17	185
ornata......	20	220
uncata.....	22	427

CO

Columellastræa.	Étag.	Nom.
striata......	21	231

Columnaria.

	Étages	Numéros
alveolata....	1 *a*	414
senilis......	3	993
sexradiata.	26	2759
sulcata.....	2	1155

Comatella.

	Étages	Numéros
Wagneri...	13	547

Comatula.

	Étages	Numéros
Bronnii.....	13	555
conoidea....	22	1267
costata	13	552
depressa....	14	496
filiformis...	13	546
Jægeri......	13	551
paradoxa....	20	678
pectinata...	13	545
pinnata....	13	548
polydactylus	11	427
scrobiculata.	13	550
tenella.....	13	544

Comophyllia.

	Étages	Numéros
Cottaldina...	14	617'
elegans.....	14	617

Comoseris.

	Étages	Numéros
meandroides	14	616

Comptonia.

	Étages	Numéros
chilipora ...	22	1261
costata.....	22	1259
Dutemplei...	22	1258
elegans.....	20	677'
Moulinsii....	22	1262
quinqueloba.	22	1257
stratifera ...	22	1260

Conchorhynchus.

	Étages	Numéros
avirostris...	5	1
Cassianus...	6	1
duplicatus...	5	2

Confusastræa.

	Étages	Numéros
Burgandiæ..	14	566
Cottaldina ..	11	458
crassa......	13	627
cupulina....	11	439
excavata ...	14	563
inæqualis...	14	560
Mosensis....	14	567
subburgundiæ	14	565

Congeria.

	Étages	Numéros
palatonica..	26	2597

Conipora.

	Étages	Numéros
clavæformis	11	483

Conocardium.

	Étages	Numéros
alæforme...	5	441
alternans...	2	612

CO

CONOCARDIUM.

	Étages	Numéros
canalifer ...	2	605
clathratum..	2	616
elongatum..	5	443
excrescens..	2	607
fusiforme...	5	437
giganteum..	5	438
hibernicum..	3	442
inæquicosta-tum......	2	615
inflatum....	5	439
irregulare...	5	445
Lyellii......	2	613
minax......	5	447
nodulosum..	5	440
Partschii....	2	604
paucicostatum	2	610
Phillipsii....	2	619
propinquum.	2	611
pyriforme...	2	603
rostratum...	5	443
semialatum..	2	609
semistriatum	2	602
strangulatum	5	444
subtrigonale.	2	618
tetragonum..	2	606
trapezoidale.	2	617
triangulum..	2	608
trigonale ...	5	446
trigonale...	2	618
Uralicum..	5	447
Villmarense.	2	614

Conoclypus.

	Étages	Numéros
acutus......	22	1180
æquidilatatus	24	206
Bouei......	24	209
conoideus...	24	207
conoideus...	24	208
costellatus..	24	208
Duboisi.....	24	210
Leskei......	22	1181
Osiris.	24	205
ovum	26	2634
plagiosomus.	26	2633
subcylindri-cus	24	204

Conocœnia.

	Étages	Numéros
tumularis...	14	514

Conocrinus.

	Étages	Numéros
Thorenti....	24	639

Conocyathus.

	Étages	Numéros
sulcatus.....	26	2722'

Conodictyum.

	Étages	Numéros
claræforme .	11	485
striatum....	10	554

CO

Conophyllia.

	Étages	Numéros
granulosa...	6	673
pygmæa....	6	674

Conoteuthis.

	Étages	Numéros
Dupinianus..	18	1

Conotubularia.

	Étages		Numéros
Cuvieri....	1	*a*	48

Conularia.

	Étages		Numéros
acuta.......	2		462
Brongniartii.	2		459
Buchii......	1	*a*	158
Gerolsteinen-sis.......	2		460
gracilis.....	1	*a*	157
granulata...	1	*a*	155
irregularis..	3		358
ornata......	2		461
papillata....	1	*a*	156
pyramidata..	1	*a*	159
quadrisulcata	9		142
quadrisul-cata.....	1	*b*	82
Sowerbyi...	1	*b*	82
Trentonensis	1	*a*	154

Conulina.

	Étages	Numéros
irregularis..	21	356

Conus.

	Étages	Numéros
abbreviatus.	8	47
acuminatus.	26	963
acuminatus.	27	130
acutangulus	26	1003
Aldrovandi..	27	128'
Aldrovandi.	26	958
Allionis.....	26	964
Alsionus ...	26	979
alsiosus.....	24	310
antediluvianus	25	335
antediluvia-nus.......	26	174
antediluvia-nus......	26	965
antediluvia-nus......	26	1003
antiquus....	26	985
Apenninensis	26	965
Aquensis....	26	174
asperulus...	26	966
avellana....	26	173
Baldus	26	172
Bathis......	26	171
Belus.......	26	170
Berghausi...	26	967
betulinoides.	27	129
betulinoides	26	171
bicoronatus.	24	308

CO

CONUS.

	Étages	Numéros
bisulcatus ..	27	130
Bredoi......	26	969
brevis......	26	1007
Brocchii....	27	131
Brongniartii	24	309
Bronnii. ...	26	992
Cadomensis	8	45
catenulatus..	26	1005
Caumontii.	8	47'
clavatulus...	26	166
clavatus	27	132
clavatus ...	26	166
clavatus ...	26	990
concinnus ..	25	337'
concavus...	8	46'
concavus...	8	47
costellatus...	26	977
crenulatus..	25	1471
deperditus..	25	336
deperditus..	24	309
deperditus..	26	168
deperditus..	26	1002
deperditus..	27	131
Deshayesi...	27	133
diluvianus..	26	999
diversiforme	25	337
dormitor ...	25	338
elatus......	26	970
Emmanuelis	26	997
Emmanuelis	27	139
figulinus...	26	169
fuscocingu-latus......	26	982
Gastaldii....	26	971
granuliferus.	26	986
Gratteloupi..	26	168
gyratus.....	22	299
imperialis..	26	971
intermedius.	26	1001
Ixion..	26	958
lævigatus...	26	983
lineatus	25	334
maculosus ..	26	167
marginatus..	26	1006
Marticensis..	22	300
Marylandicus	26	1000
mercati	26	959
Mercatii	27	134
militaris....	26	1004
minimus....	11	50
Nicobaricus	26	960
Nisus.......	26	978
nocturnus..	26	989
Noe.........	26	987

CO

CORBULA.	Étages	Numéros
gregaria....	25	1609
Henckeliu-siana.....	26	284 a
Idotea......	26	2056
inæqualis...	26	2055
incerta.....	17	262
involuta ...	10	309
Kochii......	26	2060
lævigata ...	20	354
lanceolata..	22	485
lineata.....	22	554
longirostra..	24	148
lyrata......	12	140
minima.....	22	552
minuta......	25	866
Mosæ.......	12	138
nasuta	25	882
Neocomiensis	17	263
Neptuni	14	233
nitida......	25	865
nucleus	26	2042
nucleus	27	336
obscura.....	11	194
obtusa......	22	555
oniscus.....	25	881
ovata......	2	525
Oxfordiensis.	13	234
pectinata ...	12	139
pisum	25	877
pisum......	26	284 c
planulata...	26	2047
proboscidea.	27	334
punctum....	18	106
radiata.....	25	865
revoluta....	26	2013
	27	335
revoluta....	25	874
rostralis....	16	54
rostrata.....	25	868
rotundata...	26	2044
rotundata..	25	877
rugosa......	25	867
rugosa.....	26	2041
rugosa.....	26	2051
rugosa.....	26	2059
senilis	3	454
socialis.....	19	227
striata......	25	869
striatella ...	25	1004
striatula....	18	104
striatula...	2	524
striatula...	22	548
striatuloides.	22	550
subaugustata	22	547

CO

CORBULA.	Étages	Numéros
subcompla-nata.	25	871
subcuspidata	26	2053
subglobosa..	22	607
subnasuta...	25	882
subpisum...	26	284 c
subrevoluta.	25	874
subrugosa ..	26	2059
substriatula.	22	548
triangula...	26	284 b
trigona.....	16	54
trigonalis...	26	2058
truncata....	20	286
truncata....	21	112
umbonella ..	25	870
Victoria ...	24	471
Volhynica..	26	2049
Weali......	26	2048

Corbulomya.	Étages	Numéros
complanata.	25	871
complanata.	26	2045
triangula..	26	2846

Corimya.	Étages	Numéros
alta	10	253
elongata...	11	174
glabra.....	9	166
Gnidia.....	9	164
lens........	11	174
Nicoleti....	17	217
pinguis....	13	218
Rœmeri....	9	165
Studeri....	15	86
Taurica....	17	219
tenera.....	15	85
tenuistriata.	15	85
truncata...	9	163
vulvaria...	17	218

Coristites.	Étages	Numéros
Sowerbyi...	3	788

Coscinium.	Étages	Numéros
cyclops.....	3	884
dubium....	4	90
elegans.....	6	618
stenops.....	3	885

Coscinopora.	Étages	Numéros
alternans...	22	1420
angularis...	22	1422
Beaumontii..	22	1426
b seriata....	22	1428
crassa......	20	764
cupuliformis.	22	1417
cylindrica...	20	764'
Galdrynus..	22	1430
globularis ..	22	1432

CR

COSCINOPORA.	Étages	Numéros
heterostoma.	22	1427
infundibuli-formis....	22	1416
infundibuli-formis...	22	1417
isopleura...	22	1424
macropora..	22	1418
meandrina..	20	763'
Murchisoni..	22	1434
nuda.......	22	1415
pedunculata.	22	1433
placenta...	2	1180
porosa.	22	1419
quadrangula-ris.......	22	1431
Ricordeana..	19	357'
striato-punc-tata......	22	1421
Turoniensis.	22	1429
venosa.....	22	1423
Zippei......	22	1425

Crania.	Étages	Numéros
abnormis ...	26	295
		2541'
antiqua.....	22	977
antiquior...	11	359
antiquissima	1 a	562
armata.....	13	488
aspera	13	490
bipartita...	13	489
Brattembur-gensis ...	22	979
Cenomanensis	20	557
costata.....	22	978
hexagona ...	17	438
Hæninghausii	26	2541'
gracilis.....	20	559
Ignabergensis	22	976
intermedia..	13	480
irregularis..	17	450
marginata...	17	439
nodulosa....	22	981
nummulus..	22	979
obsoleta. ...	2	1034
Parisiensis..	22	975
porosa......	13	491
proavia.....	2	1035
radiata.	11	560
Rothomagen-sis.......	20	558
Sedgwikii...	1 b	317
spinulosa...	22	982
striata.....	22	976
tripartita....	13	492

CR

CRANIA.	Étages	Numéros
tuberculata .	22	980
vesiculosa..	5	835
Crassatella.		
Alabamensis.	22	577
alæformis...	25	911
alta	25	909
arcacea.,...	22	573
Bartlingii .	2	527
Bockschii...	22	574
Bosquetiana.	22	278'
compressa..	25	897
concentrica .	26	2105
Cornueliana.	17	280
Galliennei ..	20	299
Galloprovincialis.....	22	570
gibbosula...	25	898
Guerangeri..	20	299'
Hellica.....	25	30
impressa....	22	572
inornata....	19	232
intermedia,.	26	284 *g*
lævigata....	25	901
lamellosa ...	25	895
Landinensis..	25	904
Ligeriensis..	20	300
Lyellii	26	2110
Marrotiana..	22	568
Marylandica.	26	2107
melina	26	2108
Michelotti...	24	477
minima.....	24	472
minuta.....	26	2074
Neptuni	20	304
Normaniana.	22	571
Nystiana....	25	906
oblonga	22	575
orbicularis..	22	569
palmula	25	908
pentagona ..	22	576
pisolitica....	23	31
plicata	25	903
ponderosa...	24	478
	25	894
protexta....	25	910
protracta ..	22	589
Pyrenaica...	24	475
quadrata...	20	317
regularis. ..	22	568'
rhomboidea.	24	476
rhomboidea.	25	907
Robinaldina.	17	281
rostrata. ...	25	902
scutellaria ..	24	150

CR

CRASSATELLA.	Étages	Numéros
		473
securis.....	24	474
sinuosa.....	25	899
subgibbosula........	20	303
subrhomboidea......	25	907
subsulcata ..	24	149
subtumida ..	24	479
sulcata......	25	895
sulcata.....	24	149
tenuistria...	25	900
tenuistria...	25	906
trapezoidalis	22	588
triangularis	25	896
tricarinata.	22	587
trigonata ...	24	480
	25	896
tumida.....	24	478
turgidula...	26	2109
undulata. ..	26	2106
vadosa	22	578
Vendinnensis	20	301
Crassina.		
Damnoniensis........	26	2065
scalaris....	26	2063
solidula....	26	2076
Crenaster.		
Adriatica ...	26	2686
Castellanensis	24	638
Cottaldina ..	11	425
lævis.......	25	1237
Nodotiana...	13	541
Phillipsii....	11	425'
poritoides...	25	1236
prisca......	8	241
Rupellensis .	14	447
Crenatula.		
ventricosa..	8	208
Crenella.		
acutirostris.	3	498
Crepidula.		
cochlear....	27	247
convexa. ...	27	248'
cornu-arietis	25	665
cornu-copiæ	26	1715
dumosa.....	25	660
glauca......	27	248"
gregaria....	26	1718
lamina	26	1716
lirata,......	25	659
mytiloidea..	27	248
plana.......	27	248'''

CR

CREPIDULA.	Étages	Numéros
ponderosa ..	26	1714
spirifera....	26	1712
unguiformis	26	1711
unguis......	26	1711
Creseis.		
vaginella...	26	1802
Cribrospongia.		
Alpina......	17	559
Bajocensis ..	10	542
Baugieri....	13	662
Bessina.....	10	558
Buchii......	13	655
cancellata...	13	657
clathrata....	13	646
clypeiformis.	10	559
decorata....	13	658
Dictyota....	13	651
elegans.....	13	663
fenestrata...	13	645
Humboldtii .	13	659
irregularis...	10	560
microtrema .	10	561
Munsteri....	13	655
Neesii......	13	664
obliqua	13	649
paradoxa....	13	652
parallela....	13	647
pertusa.....	13	660
polyommata.	13	644
psilopora ...	13	648
reticulata...	13	650
Schweiggeri.	13	661
subfenestrata	10	557
subtexturata.	13	654
texata.......	13	645
texturata ...	13	656
Cricopora.		
abbreviata .	11	383
annulata....	22	1121
colliformis .	19	302
gracilis	19	301
spiropora...	11	382
subverticillata	11	385
Testonis....	11	386
verticillata..	22	1120
verticillata.	11	383
verticillata.	20	611
Crinopora.		
Massiliensis .	21	555'
Crioceras.		
Alpinus.....	17	624
Astierianus .	19	64
Bowerbankii	18	58
Cornuelianus	17	56

CR

CRIOCERAS.	Étages	Numéros
cristatus....	17	625
Duvalii.....	17	55
Emerici....	17	629
Davii......	17	629
Fournetii..	17	629
plicatilis....	18	40
Vancherianus	19	65
Villiersianus.	17	57

Criserpia.

Boloniensis.	2	1156
pyriformis.	26	2556

Crisioides.

tubæformis.	3	886

Crisisina.

Audegarensis	26	2595
biseriata....	25	2597
carinata....	22	1102
Cenomana..	20	593
commiscens.	25	1188
contortilis...	22	1103
coronopus..	25	1186
gracilis.....	26	2596
Ligeriensis..	22	1003'
maxillaris...	25	1187
pinnata.....	20	592
quadrata...	22	1101
ramosa.....	22	1103"
Royana.....	22	1106
subannulata.	26	2598
subgracilis..	22	1104
subgradata..	22	1105'''
triangularis.	22	1105 a
triquetra....	25	1189

Cristellaria.

aculeata.....	27	516
antiquata...	8	263
arcuata.....	26	2853
arenata.....	26	2847
auris.......	27	509
Baugieriana.	9	284
bilobata....	27	515
Cadomensis.	11	491
Carantina...	20	752
cassis......	27	510
compressa..	22	1378
compressa..	26	2816
compressius-		
cula......	26	2852
crassa......	17	553
crassa.....	26	2851
cymboides..	26	2845
Ehrenbergii.	17	552
elegans.....	27	517
elongata....	27	514

CR

CRISTELLARIA.	Étages	Numéros
excentrica...	17	783
Fleuriausa..	14	624
Floridana...	25	1301
Garantiana..	9	285
Gaudryana..	22	1376
gibba......	10	555
gladius.....	26	2856
Hauerina...	26	2843
intermedia..	26	2857
Italica......	27	519
Josephina...	26	2848
lævigata....	11	492
lamellosa...	11	490
lanceolata...	27	508
lituola......	17	784
lituus	11	493
marginata...	27	512
matutina....	8	264
Münsteri....	17	551
navicula....	22	1374
nitida......	27	511
Orbignyi....	10	556
Orbignyi...	17	549
ornata......	17	550
papillosa...	27	518
prima......	8	266
recta.......	22	1375'
reniformis..	26	2849
Rœmeri....	17	549
rostrata ...	27	513
rotella......	25	1300
rustica......	8	268
rotulata	22	1373
Rupellensis.	14	625
Sanguinilæ..	22	1377
semicircularis	26	2858
semiluna....	26	2850
simplex.....	26	2844
spirata	26	2854
subarcuata..	26	2847
subcompressa	26	2846
subcostata..	26	2855
subcrassa....	26	2851
Terquemii..	8	269
triangularis.	22	1375
truncata....	11	494
vetusta.....	8	267
voluta......	17	786

Cryptangia.

cariosa	26	2778"
intermedia..	26	2778'''
paralytica...	26	2778'
Woodii.....	26	2779"
Woodii....	26	2778"

CU

CRYPTOCERAS.	Étages	Numéros
dorsalis....	3	94
subtubercula-		
tus......	2	155'

Cryptocœnia.

alveolata...	13	616
antiqua....	17	519"
Arduennensis	13	613
bacciformis.	11	447
Baugieri....	14	528
Carantoniana	20	703
decupla.....	14	550
excavata....	17	519 a
Fleuriausa..	20	704
hexaphyllia.	14	527
Icaunensis..	17	519'
limbata.....	13	612
Luciensis...	11	446
Neocomiensis	17	519
ornata......	13	617
putealis.....	21	289
Radisensis..	14	538
Renauxiana.	21	289"
rotula......	22	1301
rustica.....	20	705
sublimbata..	14	526
subregularis.	14	529
terminaria...	21	287

Cryptocrinus.

cerasus.....	1 a	392
cerasus. ...	1 a	391
lævis.......	1 a	391

Ctenocrinus.

typus.......	2	1073

Cucullea.

alata......	26	2336
alta.......	26	2358
amygdalina.	2	642
angusta....	2	645
antiqua....	2	640
antrosa....	22	701
arguta.....	3	487
Cawdori...	2	633
compressius-		
cula.....	13	359
concentrica.	20	391
concinna...	13	350
contracta..	18	349
cor........	17	354
crassatina..	24	180
depressa...	2	644
dilatata....	17	526
elegans....	13	561
elegans....	9	212
elongata...	13	547

CY

CYATHOCRINUS.	Étages	Numéros
quinquangu- laris	3	954
quinquepar- titus	2	1100
rugosus	1 b	351
teres	2	1089
tricarinatus .	2	1095
tuberculatus	1 b	345
variabilis....	2	1092
Cyathophora.		
Richardi....	14	620
Cyathophyllum.		
æquabilis...	1 b	361
angustum...	1 b	360
ananas	2	1142
arietinum...	3	975
cæspitosum.	1 b	357
cæspitosum.	2	1134
Celticum....	2	1124
ceratites....	2	1117
compositum.	21	501
confluens...	6	681
coniseptum.	3	972
corniculum..	3	976
crenularis..	3	1000
decussatum.	2	1125
dianthus....	2	1120
dianthus...	1 b	359
distortum...	2	1133
excavatum..	1 b	373
excentricum.	5	974
expansum...	3	978
explanatum.	2	1118
flexuosum...	2	1119
fungites....	3	975
gracile.....	6	680
granulatum.	6	671
granulatum.	6	678
helianthoides	2	1135
hexagonum.	2	1121
hexagonum.	2	1147
hexagonum.	2	1150
hypocrateri- formis...	2	1151
Kochii.	2	1126
lamellosum.	2	1140
lituodes	2	1123
mactra.....	9	280
marginatum.	2	1131
mitratum ..	3	970
multiplex...	3	977
pauciradia- tum......	1 b	362
pentagonum.	2	1144

CY

CYATHOPHYLLUM.	Étag.	Num
placentiforme.	2	1139
plicatum...	3	968
priscum....	2	1122
profundum..	4	84
profundum.	2	1145
punctatum.	2	1113
quadrigemi- num	2	1146
quadrigemi- num.....	2	1149
radiatum...	2	1127
radicans....	2	1132
radiciforme.	6	672
regium.....	3	997
rude	21	258
secundum...	2	1158
semistriatum.	2	1128
sexdecimalis.	3	983
subdianthus.	1 b	359
subturbina- tum......	1 b	358
sulcatum...	2	1114
tenuicostatum	2	1129
tintinnabu- lum......	0	279
turbinatum..	2	1130
turbinatum.	1 b	358
vesiculosum.	2	1137
Cyathopsis.		
cornu-bovis.	2	1112
Cyathoseris.		
infundibulifor- mis......	26	1666
Cyclas.		
Alpina.....	25	857
angulata....	17	255
angustidens.	24	131
antiqua.....	24	135
Aquæ-Sextiæ	24	145
Aquensis....	26	280
Brongniartii.	26	2040
Brongniar- tina	24	140
concinna....	24	146
coquandiana	26	281
crassa......	25	1602
cuneata	24	147
cuneiformis.	24	137
cycladiformis.	25	852
densata.....	26	2037
deperdita...	25	1601
deperdita ..	24	113
depressa....	25	853
depressa....	26	2144

CY

CYCLAS.	Étages	Numéros
elongata....	17	259
Erebea	24	463
Faujasii....	26	2039
Ferussaci...	26	284
fossulata....	16	33
Galloprovin- cialis.....	24	141
Gardanensis.	24	459
Gargasensis.	26	270
Geslini.....	26	2038
gibbosa.....	24	144
globosa.....	26	283
globus......	26	2151
Gravesii....	24	467
intermedia..	24	133
lævigata...	24	134
Matheroni..	24	140
media......	17	256
membranacea.	17	257
nummismalis.	24	142
obovata	25	1603
orbicularis.	24	132
parva.......	17	260
pisum......	24	466
pisum......	26	282
Proserpina..	24	470
pulcher.....	25	1600
Rouyana....	25	856
semistriata..	26	284
Siren.......	24	469
subdeperdita.	24	143
subdepressa.	25	855
sublævigata.	24	134
suborbicularis	24	132
subpisum...	26	282
subquadrata.	17	258
tellinella....	24	138
triangularis.	26	2150
trigona.....	24	136
Vapincana..	25	855
Cyclicosmilia.		
Altavellensis.	25	1268*
Cycloceras.		
lævigatum..	5	72
Cyclocœnia.		
explanata...	20	702
monticularia.	21	270
rustica.	20	702
Cyclocrinus.		
annularis...	10	520
precatorius..	11	451
rugosus.....	10	519
strangulatus.	10	521

CY

	Étages	Numéros
Cyclolina.		
cretacea....	20	742
Cyclolites.		
Borsoni....	26	2726
	24	656
cancellata...	22	1277
capularia...	22	1280
Corbieriaca.	21	240
discoidea,...	21	239
elliptica	21	236
	22	1281
Eudesii....	10	524
filamentosa..	22	1279
gigantea....	21	239'
Hauerina..	21	241
hemisphærica	21	240
lenticulata.	1 b	566
orbitolites..	10	528
præacutum.	1 b	565
radiata.....	22	1278
semiglobosa.	20	696
undulata....	21	237
variolata....	21	238
Cyclosmilia.		
Atlantica ...	22	1287
centralis....	22	1284
elongata....	22	1287'
Faujasii....	22	1285
Gravesii....	22	1284'
punctata....	22	1285
rudis.......	22	1286
Cyclostoma.		
abbreviata..	24	42
Aquensis...	26	18
Arnoudii ...	24	40
Bialozurken-		
sis.......	26	545
bisulcata ...	27	27
cancellata..	26	35
Coquandii...	26	33
cornu-pasto-		
ris.......	25	207
crassilabrum	26	19
decussata..	26	770
disjuncta...	24	6
Draparnaudii.	26	54
elegans	26	51
elegans-anti-		
qua......	26	51
glabra......	27	26
heliciformis.	24	5
inflata......	25	16
Lemani.....	26	335
Lunelii.....	24	4
microstoma.	26	1409

CY

CYCLOSTOMA.	Étages	Numéros
minima	25	15
pervetusta.	1 b	56
planata....	26	344
plicata	26	3?
rotundata,.	26	346
scalare.....	26	580
Serriana....	26	336
solarium....	24	41
spiruloides.	25	197
subelegans..	26	31
Cyclocystites.		
angulosus...	1 a	393
Cyphosoma.		
circinatum..	22	1233
corollare ...	22	1230
Delamarrei..	21	232
Milleri......	22	1229
ornatissimum.	22	1236
perfectum...	22	1235
regulare....	22	1238
rugosum....	22	1232
sulcatum ...	22	1234
tenuistriatum.	22	1237
tiara.......	22	1231
Cypræa.		
acuminata..	24	294
affinis......	26	815
ambigua...	26	801
amygdalina .	26	788
amygdalum,	26	818
amygdalum.	26	799
angystoma..	25	227
annularia...	26	819
annularia..	26	812
annulus....	26	135
annulus....	26	798
annulus....	26	820
atomaria...	26	784
avellana....	26	815
Brocchii....	26	820
bullaria....	23	12'
Burdigalensis	26	811
coccinella...	26	816
coccinella...	27	106
coccinelloides	26	816
columbaria.	26	130
crenata.....	25	228
Cunliffei...	22	295
dactylosa ..	25	231
depressa...	24	298
Dertonensis.	26	821
digona.....	26	859
Duclosiana..	26	789
elegans.....	25	231

CY

CYPRÆA.	Étages	Numéros
elongata....	26	822
	27	105
elongata ...	26	787
Europæa....	27	106
expansa.....	26	823
exserta.....	24	293
fabagina....	26	802
flavicula...	26	133
Genei......	26	824
gibbosa.....	26	800
globosa.....	26	813
Gratteloupi.	26	785
Grayi	26	825
Haweri.....	26	826
hirundo....	26	803
humerosa...	28	837
impura.....	26	827
inflata.....	25	229
inflata.....	26	807
inflata.....	27	107
Isabella....	26	785
Kayei......	22	296
labrosa.....	27	107
Lamarckii..	25	1456
leporina....	26	793
	26	828
Lessoniana..	26	808
Levesquei...	24	296
lyncoides...	26	823
lyncoides ...	26	786
macrodonta.	26	829
Marticensis..	22	294
media......	25	1455
Michaudiana	26	128
mus	26	796
nasuta.....	26	840
Newboldi..	25	297
nucleus	26	790
obsoleta	27	108
Orbigniana..	26	806
oviformis....	25	226
ovulca......	26	830
ovulina....	26	131
ovum.	26	792
pediculus...	27	109
pediculus ..	27	112
physis......	27	111
pinguis.....	26	831
porcellus ...	27	110
	26?	832
porcellus...	26	794
porcellus...	26	826
Prevostina..	26	129
provinciale..	26	814

CY

CYPRÆA.	Étages	Numéros
prunum....	26	838
prunum....	26	824
pseudo-cumu-		
lus.......	26	132
pseudo-hi -		
rundo....	26	805
pseudo-inflata	26	807
pseudo-mus.	26	796
pseudo-scara-		
bæus.....	26	803
pustulata..	26	791
pyrula.....	26	800
	26	832
	27	110
retusa......	26	836
rhomboidalis	26	809
rufa.......	26	802
rugosa	26	125
sphæriculata	27	112
	26	834
sphæriculata	26	811
splendens...	26	127
staphylæa..	26	835
subambigua.	26	
subamygdalum	26	797
subannularia.	26	812
subannulus..	26	798
subatomaria.	26	784
subcolumba-		
ria.......	26	130
subelongata.	26	787
subglobosa..	26	797
subinflata...	26	817
subleporina .	26	793
sublyncoides.	26	786
subnucleus..	26	790
subovum....	26	792
subpediculus	27	109
subphysis...	26	126
subporcellus.	26	794
subpustulata.	26	791
subursellus..	26	804
sulcicauda..	26	835
sulcosa.....	25	231
tumida.....	26	795
ursellus....	26	804

Cyprecites.

	Étages	Numéros
bullaria....	23	12'

Cypricardia.

	Étages	Numéros
acutangula..	10	305
alata......	1 b	92
alata......	3	552
Americana..	1 a	191
amygdalina	1 b	85

CYPRICARDIA.	Étages	Numéros
angusta....	1 b	99
Bathonica...	11	220
bellastriata..	2	511
bicarinata..	4	17
bipartita....	3	405
cardissoides.	5	48
carinata....	25	935
carinata...	1 a	191
carinata...	2	509
Carusensis..	9	193
caudata.....	8	166
cingulata ...	3	406
concinna....	3	415
concinna....	3	368
contracta...	2	478
coralliophaga	26	2140
cordiformis .	10	302
cucullata....	8	165
cuneata....	3	369
curta.......	1 b	96
cylindrica..	3	375
cymbæformis	1 b	94
	2 ?	506
dubia......	5	45
elongata....	2	513
gibberula...	10	303
glabrata...	3	405
globosa.....	3	413
gracilis.....	13	289
gregaria....	5	47
impressa...	1 b	86
	2	505
incrassata...	5	46
isocardia....	20	318
isocardina..	13	324
Koninckiana.	5	410
Lebruniana .	10	304
modiolaris..	5	376
modiolaris..	10	278
nuculiformis.	13	290
Neptuni	9	193
obliqua.....	10	277
oblonga	3	377
oblonga	25	842
obsoleta....	1 b	91
orthonota...	1 b	95
parallela....	3	412
parvula.....	3	411
pectinifera..	25	936
pelagica....	2	507
Phidias.....	12	159
	13	288
Phillipsii ...	2	505
Pomona....	2	509

CYPRICARDIA.	Étages	Numéros
protracta...	22	589
pusilla.	9	194
quadrata...	3	378
rectangularis.	3	416
retusa	1 b	88
rhombea....	3	405
rhombea....	2	594
Selysiana...	5	409
sinuata	3	379
socialis.....	3	380
solenoides ..	1 b	93
squamifera..	3	414
squamifera.	3	406
striato-lamel-		
losa......	3	407
subcarinata .	20	319
subelongata.	2	513
subobesa ...	12	160
subtruncata.	1 a	192
teres.......	8	167
transversa ..	3	408
trapezoidalis.	22	588
trapezoidalis	3	410
tricarinata..	22	587
trigona	10	276
Trouvillensis	13	291
truncata.....	2	510
tumida.....	3	404
tumida.....	3	381
undata.....	1 b	87
undulata....	2	512
undulata...	18	121
vetusta.....	2	508

Cyprina.

	Étages	Numéros
adversa.....	20	563
æqualis.....	26	2142
affinis......	13	283
alcyon.....	11	217
Amphitryon.	11	216
angulata....	20	315
angulata...	9	190
	10	507
	17	287
Antiopa.....	11	215
antiqua.....	9	189
Archiaciana.	20	317
Arethusa ...	11	219
Arion.......	11	218
astarteformis	6	459
Bajocina....	10	510
Beaumonti..	11	214
Bernardina .	14	257
Bernensis...	17	285
blandina....	12	157

CY

CYPRINA.	Étages	Numéros
Bonasia.....	12	158
Bosquetiana.	22	586'
Calliope....	13	279
Cancriniana.	13	284
carditæformis	13	280
carinata....	13	282
Carteroni...	17	286
Conradi	22	586
consobrina..	21	114
corallina....	14	253
cordiformis..	19	237
cornuta.....	15	116
cuneata.....	20	314
Cytherea ...	13	278
deltoidea...	2	588
dimorpha...	13	277
dolabra.....	10	306
Donacina ...	5	43
Egertoni...	5	474
Elea........	14	252
elongata. ...	22	585
Erato.......	14	255
Ervyensis...	19	238
Eucharis....	14	256
Gea........	15	117
gigas......	27	317
globosa.....	13	276
Glycere.....	15	118
Helmerseniana	13	285
Hersilia.....	14	254
inornata....	18	110
intermedia..	21	115
involuta	10	309
islandicoides	26	1953
Kharascho-wensis ...	13	286
Lajonkairii.	26	2141
lata	22	584
laticostata...	6	460
Ligeriensis..	20	312
Ligeriensis.	21	116
neglecta....	26	285"
Neocomiensis	17	285
Neptuni.....	20	313
nitida	10	308
Normaniana.	12	156
Noueliana...	21	116
nuda.......	5	44
Nystii......	26	285'
obliqua.....	25	933
obliqua.....	9	191
obliquissima.	12	155
oblonga. ...	20	310
oblonga	22	575

CY

CYPRINA.	Étages	Numéros
oblongata..	24	464
orbicularis..	22	582
parvula.....	15	119
Pedemonta-na.......	27	327
Phillipsii ...	10	507
pisum......	25	932
plana	6	458
provincialis.	22	583
quadrata....	20	311
regularis. ..	19	239
Rœmeri	13	287
rostrata.....	20	316
rostrata....	6	456
rostrata....	17	285
rotundata...	26	285
Royana.....	22	581
scutellaria..	24	154
scutellaria..	26	285
Sowerbyi...	17	287
strigillata ...	6	457
subangulata.	9	190
subcordifor-mis......	12	154
subobliqua..	9	191
subrostrata..	6	456
syssola.....	18	275
trapeziformis	13	281
trigona.....	25	931
tumida	26	2141
vetusta.....	2	530
Vieilbanci...	12	155

Cyrena.	Étages	Numéros
angustidens.	24	131
antiqua....	24	135
Brongniar-tii.......	26	2040
crassa......	25	1602
cuneiformis.	24	137
cycladifor-mis......	25	852
densata.....		2037
deperdita...	24	143
	25	1601
depressa....	25	853
Faujasii....	26	2059
Ferussaci...	26	284
fossulata...	16	38
Geslini.....	26	2038
globosa.....	26	283
Gravesii....	24	467
intermedia .	24	133
obliqua.....	25	933
orbicularis..	24	132

CY

CYRENA.	Étages	Numéros
pisum......	24	466
	25	932
semistriata.	26	284'
tellinella...	24	138
trigona.....	24	136
	25	931

Cyrthia.	Étages	Numéros
calceola.....	6	585
cristata.....	4	64
dorsata.....	3	800
exporrecta..	1 b	275
heteroclita ...	2	919
Hispanica ...	2	920
laminosa....	3	805
mesogonia..	3	801
subconica...	2	921
trapezoidalis.	1 b	274

Cyrtoceras.	Étages	Numéros
angustisepta-tus........	2	18
annulatus..	1 a	8
Archiaci	1 a	7
arcuatus...	1 a	13
arcuatus	2	19
armatus....	2	5
bdellalites ..	2	20
camurus....	1 a	14
cinctus	3	48
constricto-striatus...	1 a	11
dentaloideus.	3	54
depressus...	2	6
filosus......	1 a'	15
fimbriatus...	2	21
flexuosus....	2	22
Gesneri	3	55
Halleanus..	1 a	9
lævis.......	1 b	9
lamellosus..	1 a	9
lamellosus...	2	23
linearis.....	6	8
lineatus.....	2	24
macrostomus.	1 a	10
marginalis..	2	8
multicamera-tus........	1 a	13
multistriatus.	2	51
nodosus	2	23
nautiloideus.	2	33
nautiloideus.	2	10
novem-angu-latus	3	52
obliquatus ..	2	20
ornatus.....	2	13

CY

CYRTOCERAS.	Étages	Numéros
paradoxicus.	3	53
Puzosianus..	3	51
quindecima-		
lis	2	27
reticulatus.	2	14
rugosus.....	3	49
rusticus....	2	19
subannula-		
tus........ 1 a		8
subarcuatus. 1 b		13
subrugosus..	2	32
teres	2	30
tessellatus...	3	50
tredecimalis.	2	28
Trentonensis. 1 a		16
tuberculatus.	3	55
undulatus..	2	17
unguis	3	46
ungulatus ...	2	29
Verneuilianus.	3	47

Cyrtoceratites.

	Étages	Numéros
cancellatus.	2	16
Eifelensis..	2	7
ornatus.....	2	12
tetragonus..	2	15

Cyrtolites.

	Étages	Numéros
aculus...... 1 a		146
bilobatus.... 1 a		145
carinatus....	2	445
compressus. 1 a		149
cultratus....	2	446
Deslongcham-		
sii........ 1 b		81
expansus.... 1 b		80
filosum..... 1 a		15
ornatus..... 1 a		148
patulus	2	447
striatus.....	2	443
subcarinatus. 1 a		147
Trentonensis. 1 a		150
Trentonen-		
sis...... 1 a		16
trilobatus....	2	444

Cystiphyllum.

	Étages	Numéros
cylindricum. 1 b		372
Damnoniense.	2	1136
excavatum... 1 b		373
lamellosum..	2	1140
placentifor-		
me	2	1139
secundum...	2	1138
Siluriense... 1 b		371
vermicularis.	2	1141
vesiculosum.	2	1137

Cytherea.

	Étages	Numéros
æquorea....	25	845'
albaria	26	2018
alternans...	27	321
apicialis...	27	322
aptycha....	7	93
Bellovacina.	24	128
Boryi......	27	312
Burdigalen-		
sis.......	26	1954
cancellata..	26	1982
Chione.....	26	1995
comis......	25	845
concentrica.	27	314
convexa....	26	2011
corbulina...	25	829
cuneata....	25	1597
	26	1980
Custugensis	24	457
deltoidea...	13	231
	25	828
Deshayesia-		
na.......	26	1969
discoidalis.	25	847
distans.....	25	1599
dolabra....	10	306
Duboisii ...	26	1995
elegans	25	827
elevata.....	26	2015
Erycinoides	26	1954
excavata...	22	610'
globosa. ...	25	848
globulosa...	25	830
Hydana....	25	851
Hydii	25	845
incrassata..	26	278
inflata.....	26	1983
jucunda....	22	528
lævigata...	25	823
lævis.	27	315
Lamarckii..	26	1953
lamellosa...	7	94
latiplexa...	7	87
leonina.....	27	347
lincta......	26	1955
Marylandica	26	2021
melastriata	26	2020
Mortoni....	25	846
multisulcata	25	812
nitidula....	25	814
nitidula....	26	1988
Nuttali....	25	850
obliqua.....	24	129
obovata....	26	2019
perovata...	25	845
polita......	25	831
	26	1996
Poulsoni...	25	848
pusilla.....	24	130
	27	322
reposta.....	26	2022
rugosa.....	16	41
	26	1981
rustica.....	25	1594
Sayana....	26	2011
semisulcata.	25	822
sphærica...	26	2016
striatula...	25	823
subcrassa ..	25	849
suberycinoi-		
des	25	824
subnasuta..	26	2024
subrotunda.	20	273
sulcataria..	25	813
sulculosa...	26	2030
tellinaria..	25	826
tigerrina...	26	347
trigonata..	25	847
trigonellaris.	8	172
trigonula..	25	1596
umbonaria.	27	317
undata. ...	26	1979
uniformis..	22	524
Verneuilii..	24	461

D

DE

Dactylacis.	Étages	Numéros
provincialis.	21	346"
ramosa.....	20	724
subramosa..	21	346'
Dactylarœa.		
truncata....	14	589
Dactylastrea.		
incrustata...	14	579
subramosa..	14	580
Dactylocœnia.		
digitata.....	11	456
Dactylopora.		
cylindracea .	25	1293
elongata....	25	1294
Dactylosmilia.		
Carantonensis	20	701
Cenomana..	20	700
Dasmia.		
Sowerbyi...	25	1258
Decacœnia.		
magnifica...	14	520
Michelini ...	14	521
Decameros.		
depressus...	18	147"
Ricordianus.	18	147'
Defrancia.		
Armorica...	26	2600
Broigniartii.	22	1111
complanata .	22	1110
Cenomana..	20	597
convexa	22	1109
disciformis..	25	1194
disciformis .	22	1112
elegans.....	20	596
fungicula ...	26	2599
Grignonensis	25	1192
Mediterranea	27	442
Ranvilliana .	11	369
simplex.....	22	1113
stellata.....	17	457
stelliformis..	25	1193
subdisciformis	22	1112
verrucosa...	26	2601
Delphinula.		
aperta.....	26	774
biangulata .	25	1452
biarmata...	6	281

DE

DELPHINULA.	Étages	Numéros
Bonnardi...	20	122
calcar......	25	205
callifera....	25	1450
canalifera...	25	199
cancellata..	6	280
carinata ...	26	725
concava....	26	683
conica	25	212
coronata ...	22	254
costulata...	26	736
crispula....	26	723
dubia......	26	726
Dupiniana..	17	127
funata.....	14	128
gibbosa.....	10	94
globata	14	125
globulus ...	26	773
granulosa..	26	755
Hellica	26	124
lævigata....	6	296
lævis.......	22	252
lapidosa....	22	248'
lima.......	25	1431
lineata.....	6	282
Lipara.....	26	684
lyra........	26	743
marginata..	25	205
	26	124
minima....	26	722
muricata...	13	108
usticoides...	26	742
obliquestria-		
ta........	26	737
Perrisii	26	115
plana......	6	400
	25	186
pyramidata.	26	122
reflexilabrum,	8	86
rotellæformis.	26	741
scabricula..	26	763
scobina.....	26	121
spiruloides..	25	198
stellata	14	124
striata.....	24	90
	25	202
submarginata,	24	289

DE

DELPHINULA.	Étages	Numéros
sulcata	26	126
suturalis...	26	714
tricarinata,	22	249
trigonostoma	26	710
trochiformis	26	772
turbinoides.	25	201
Verneuilii..	6	293
Warnii.	25	200
Delthiris.		
acanthosa..	2	991
acuminata.	2	986
arenosa	2	987
brachynota.	1 b	281
congesta ...	2	984
crispa......	1 b	277
cuspidata...	2	928
cyrtæna....	1 b	282
decemplica-		
ta...	1 b	278
duodenaria.	2	995
elevata.....	1 b	287
fimbriata...	2	984
granulifera.	2	981
granulosa..	8	227
Hartmanni.	8	227
inermis	2	985
lævicosta...	2	950
lævis	2	990
medialis ...	2	983
mesacastalis	2	980
mesastrialis	2	979
micropterus.	8	230
Niagarensis	1 b	279
octoplicata..	7	192
ostiolata ...	8	228
plicata... ..	1 b	280
ptychoides .	1 b	286
rostrata....	8	227
sculptilis...	2	992
subsulcata..	1 b	285
sulcata.....	1 b	278
undulata...	2	989
varica.....	1 b	159
verrucosa ..	7	151
zigzag.....	2	988

DE

Deltocyathus.	Étages	Numéros
Italicus.....	26	2722
Dendrarcis.		
Gervillii....	25	1669
Dendrarcea.		
racemosa...	14	588
Dendrastrea.		
dissimilis...	11	454'
Langrunensis.	11	455
Dendritina.		
arbuscula...	26	2898
elegans.....	26	2897
Haueri.....	26	2890
Juliana.....	26	2900
Dendrocœnia.		
corallina....	14	541'
sertifera....	11	448
Dendrophyllia.		
amica.......	26	2731
bariosa.....	25	1659
cornigera...	26	2731
dendrophyl-loides.....	25	1261'
dichotoma..	14	489
digitata	26	2752
glomerata..	14	488
irregularis..	26	2733
ramea.....	26	2729
Taurinensis.	26	2729
Theolwolden-sis......	26	2733
Dendrosmilia.		
Duvaliana...	25	1659
Dentalina.		
aculeata....	22	1353
acuta.......	26	2824
Adolphina..	26	2815
antenna....	17	772
antennula...	26	2819
Badenensis..	26	2806
bifurcata...	26	2823
brevis.....	26	2812
caudata.....	27	498
Cenomana..	20	747
chrysalis....	17	774
communis..	22	1354
elegans.....	26	2807
elegantissima	26	2821
gracilis.....	22	1355
guttifera....	26	2813
intermedia..	17	773
linearis.....	17	544
Lorneana...	22	1357
matutina...	8	259
monile	17	771

III.

DE

Dentalina.	Étages	Numéros
multicostata.	22	1359
nodosa.....	22	1356
pauperata ...	26	2808
primæva....	8	260
punctata....	26	2814
Roncana....	26	2810
rustica......	20	746
Sarthacensis.	20	748
scripta	26	2816
semicostata..	26	2818
semiplicata..	26	2817
spinosa.....	26	2822
striata......	26	2825
subcommunis	22	1354
substriata...	27	499
sulcata.....	22	1358
Terquiemi..	8	257
urnula......	26	2820
Verneuilii...	26	2811
vetusta	8	258
vetustissima.	8	261
Dentalium.		
abbreviatum.	24	432
acuminatum.	25	694
alternatum.	25	708
antiquum...	2	458
aprinum.....	27	252
Areolinum...	22	449
asperum.....	26	1749
attenuatum .	26	1763
bicarinatum.	25	695
Bouei......	26	1750
brevifissum.	25	696
canaliculatum	6	447
Castellanensis	24	433
Chilense....	22	447
cinctum	15	175
compressum.	8	135
corallinum...	14	201
cornicula....	27	500
costatum....	26	1758
cylindricum.	18	84
decoratum...	6	444
decussatum .	19	201
decussatum.	20	226
dentale	26	1763
dentalis.....	27	253
duplex	25	698
eburneum ..	25	699
elephantinum	26	1761
	27	253'
elephantinum	26	1755
elongatum..	9	141
entalis.....	24	431

DE

Dentalium.	Étages	Numéros
entaloides...	10	205
fissura......	27	254
fossile......	26	1751
geminatum..	26	1760
giganteum..	8	134
giganteum..	26	1764
grande.....	25	1566
grande.....	26	277'
hamatum ...	22	448
inæquale....	26	1752
incertum ...	24	120
ingens......	3	355
inornatum..	3	357
Jungii.....	26	1250
læve.......	5	52
majus......	26	1766
medium	20	227
Miocenicum.	26	1753
Moreanum..	13	173
Mosæ......	22	444
nitens......	25	707
nitens......	15	52
Noe........	27	255
Normanianum	15	52
Nystii......	26	277'
ornatum....	3	356
orsum......	26	1752
Parisiensis..	25	701
polygonum .	22	446
priscum	3	554
pseudo-enta-lis........	25	700
radula.....	26	1749
rectum......	26	1754
Rhodani....	19	201"
Rothomagense	20	226
Saturni.....	2	457
semiclausum.	26	1759
semistriatum	25	701
serratum ...	19	201'
sexcarinatum	22	445
simile	6	446
strangulatum.	25	702
striatulum.	27	252
striatum....	25	705
striolatum ..	26	1756
subeburneum	25	699
subentalis...	24	431
subgiganteum	26	1764
subsexangula-tuni......	26	1755
substriatum.	25	703
sulcatum?..	24	122
	25	704

DI

DI

DIPHYPHYLLUM,	Étages	Numéros
pauciradialis.	5	988
raristella....	25	1270
sexdecimalis.	5	983
sociale......	5	986
Solanderi ...	25	1270
Diplilidia.		
Marticensis.	22	1006
unisulcata..	17	754
Diplhelia.		
Diploctenium.		
cordatum...	22	1292
cordatum...	22	1292
Goldfussia —		
num......	22	1291
lamellosum..	22	1294
lunatum.....	22	1290
Matheronis..	21	251
pluma......	22	1293
subcircula-		
ris.......	22	1289
Diplodonta.		
lunularis...	26	2075
lupinus	26	2172
parvula....	26	2185
Diploria.		
Neptuni.....	21	530
Discites.		
costellatus..	5	6
discors......	5	8
mutabilis...	5	3
planolerga-		
tus.......	5	7
trochlea....	5	9
Discoidea.		
conica......	19	324
decorata....	19	325
depressa....	11	408
excisa......	22	1232
faba........	22	1221'
Favrina.....	19	525
hemisphæ-		
rica......	11	409
infera......	22	1221
inflata.....	15	187
lævissima...	22	1223
Mandelslohi.	14	411
plana......	12	262
pulvinata....	21	229
punctulata.	13	509
rotula	19	522
speciosa....	15	188
subuculus...	20	654
turrita.....	19	321

DO

Discophyllum.	Étages	Numéros
helianthoi—		
des........	2	1135
lenticulatum.	1 *b*	366
peltatum....	1 *a*	412
præacutum..	1 *b*	365
Discopora.		
antiqua.....	1 *b*	384
circumcinc-		
ta	26	2552
circumval-		
lata......	22	1036
crispa......	22	1028
crustulenta..	22	1059
cucullata...	22	1052
favosa	1 *b*	385
hexagonalis.	22	1026
mamillata..	26	2553
polymorpha.	22	1035
reticulata ..	22	1039
simplex.....	22	1027
squamata ..	1 *b*	319
Discopsammia.		
Bowerbankii.	20	684'
Suecica......	22	1275'
Discotrochus.		
Orbignya—		
nus.......	25	1252'
Distichopora.		
antiqua.....	25	1286
grandis.....	26	1708
Ditremaria.		
acuminata...	11	90
affinis.......	10	120
amata	14	147
bicarinata...	8	87'
conuloides...	11	91
globulus....	11	92
ornata......	14	144
Rathieriana..	14	145
rota........	11	89
scalaris.....	14	146
Dolabra.		
corrugata...	3	417
gregaria	5	502
securiformis..	3	389
Dolium.		
denticula-		
tum......	27	237
Deshaye-		
sanum....	26	1661
nodulosum..	20	176
pomum.....	27	237
subdenticu-		
latum.....	27	237

DR

DOLIUM.	Étages	Numéros
triplica-		
tum......	27	237
Domopora.		
clavula.....	20	617'
diadema	22	1136
radiata......	22	1135
stellata	23	1134
Donacilla.		
compressa ..	20	259
constricta...	26	1885
Couloni.....	17	259
donaciformis.	26	277"
inæqualis ...	20	262
lamellosa....	20	263
minima	26	1884
Orientalis...	26	1885
radiata......	20	261
unicostalis...	27	289
Donax.		
Alduini	15	54
anatinum ...	26	1927
Basterotina..	25	1587
deltoidea....	22	654
fragilis	25	800
fragilis	26	1926
incompleta..	25	1588
irregularis ..	26	1930
Levesquei...	24	456
limatula	25	799
longa	27	307
minuta......	27	508
nitida	25	797
obliqua.....	25	953
obtusalis.. ..	25	1590
primogenius.	3	482
retusa......	25	1589
Saussuri...	15	98
securiformis.	7	79
Sowerbyi...	26	1928
Stoffelsii....	26	277 *a*
striatella....	26	1925
subfragilis...	26	1926
subradia-		
ta........	22	512
tellinella....	25	796
transversa...	26	1927
triangularis.	26	1929
trunculus...	27	308
vinacea.....	27	307
Dreissena.		
acutirostris..	26	2364
antiqua....	24	185
Basteroti ...	26	2369'
Basteroti ..	26	290 *b*

DY

DREISSENA.	Étages	Numéros
Brardi	26	2369
Brardi.....	25	1637
inæquivalvis,	26	2363
Nystiana....	26	290 *b*
Palatonica..	26	2367
serrata.....	24	524
Sowerbyi...	25	1637
spathulata..	26	2365
subglobosa..	26	2368
ungula-capræ	26	2366

Dysaster.	Étages	Numéros
æqualis.....	10	492
Agassizii....	10	494
analis	10	495
anasteroides.	17	465
avellana.....	10	489
bicordatus..	11	399
Buchii......	14	404
capistratus..	13	503
carinatus...	13	502
dorsalis.....	12	255
ellipticus....	12	254

DYSASTER.	Étages	Numéros
	13	499
Eudesii.....	10	490
excentricus..	20	626
granulosus..	13	501
Michelini...	14	405
ovalis	13	500
ovulum.....	17	464
propinqua.	13	500
ringens.....	10	491
semiglobosus	13	501
suprajurensis	13	185

E

EC

Eburnea.	Étages	Numéros
Brugadina.	26	1624
spirata.....	26	1623
Echinantites.		
orbiculatus.	12	257
Echinites.		
infulatus...	25	1235
peltiformis.	22	1202
Echinocrinus.		
Nerei	3	889
prisca......	3	891
Protei......	5	890
Rossica.....	3	888
triserialis...	3	892
Urii........	5	893
Echinocyamus.		
Auderi.....	26	2645
crustuloides,	25	1222
Francii.....	25	1213
inflatus.....	25	1220
Occitanus...	25	1221
ovatus......	26	2644
placenta....	22	1225
planulatus ..	24	627
pyriformis,.	25	1219
Siculus.....	27	455
subcaudatus.	25	1217
Echinodiscus.		
bisperforatus	26	2647
Echinoencrinus.		
anatiformis .	1 *a*	389
angulosus..	1 *a*	393

ECHINOENCRINUS.	Étag.	Num.
granatus....	1 *a*	388
Senckenbergii........	1 *a*	393
striatus.....	1 *a*	387
Echinolampas.		
acuta......	23	1180
affinis......	25	1211
affinis	26	2635
Blainvillei ..	25	1207
Blumenbachi	14	406
columbaris..	25	1212
ellipsoidalis	24	608
eurypygus..	24	613
Faujasii....	22	1182
Francii.....	25	50"
Laurillardi..	26	2635
ovalis	25	1209
ovata......	22	1181
oviformis...	25	1207
productus..	17	474
Richardii..	26	2638
similis......	26	2635
similis.....	25	1210
stelliferus...	25	1208
Studeri.....	27	454
subsimilis ..	24	610
Echinometra.		
margaritifera.......	26	2673
Echinoneus.		
ovatus.....	26	2644

ECHINONEUS.	Étages	Numéros
placenta ...	22	1225
subglobosus.	22	1224
Echinopora.		
Raulini.....	10	506
Echinopsis.		
Gacheti.....	25	1231
Echinorachnius.		
Juliensis....	26	2635
incisus	25	1228
porpita.....	26	299
Echinosphærites.		
aurantium ..	1 *a*	382
Balticus....	1 *a*	385
granatus...	1 *a*	388
pomum.....	1 *a*	384
tessellatus..	2	1066
Echinus.		
antiquus...	12	264
Astensis....	27	458
bigranularis.	12	264
Carantonianus	22	1226
cataphractus	12	258
Caumonti...	11	412
circinatus..	22	1233
costatus	27	457
distinctus...	14	419
doma......	20	637
dubius.	26	2672
equus.......	24	650
excavatus...	12	265
fallax.......	17	480

EL

ECRINUS.	Étages	Numéros
Gacheti....	25	1254
germinans..	14	423
granulosus.	20	658
Gravesii....	24	629
gyratus.....	13	513
hieroglyphi-		
cus.......	14	420
intermedius.	11	413
lævis.......	10	509
lineatus....	27	458
mirabilis....	14	417
monilis.....	26	2679
nodulosus..	11	414
obliquus....	26	2673
parvus.....	26	2676
Patagonensis	26	2677
perlatus....	14	418
planus,....	26	2677'
polyporus...	12	266
pseudodiade-		
ma.......	14	423
Serresii....	26	2674
textilis.....	12	267
Woodwardi..	26	2675

Edmondia.

	Étages	Numéros
compressa..	3	470
Josepha....	3	479
subangulata	1 *a*	194
subtruncata	1 *a*	192
	1 *a*	195
uuloniformis	3	478
ventricosa..	1 *a*	193

Edwardsocrinus.

	Étages	Numéros
ornatus.....	3	959

Egeria.

	Étages	Numéros
Bucklandii.	25	799
ovalis......	25	787
plana......	25	784
triangulata.	25	799

Elenchus.

	Étages	Numéros
subulatus...	3	137

Ellipsocœnia.

	Étages	Numéros
inæqualis...	17	518 *c*
regularis...	17	518 *b*

Ellipsocyathus.

	Étages	Numéros
bicostatus...	2	1116
grandis.....	1 *b*	368

Ellipsosmilia.

	Étages	Numéros
Arcolensis..	22	1281'
Boissyana...	21	244
Bourgeoisii..	22	1283"
Carantonensis	21	244'
complanata.	21	247
compressa..	21	246

EM

ELLIPSOSMILIA.	Étages	Numéros
cornu-copiæ.	20	687
cuneolus....	21	243 *a*
Faujasii.....	22	1283'
humilis.....	20	688
inæqualis...	20	689
inauris.....	22	1283
magnifica...	20	687
Meudonensis.	23	54
obliqua.....	22	1282
plicata.....	14	479
rudis.......	21	245
Salzburgiana.	21	243
subrudis....	21	244"
supracretacea	23	53

Emarginula.

	Étages	Numéros
Æolis.......	14	196
arata.......	25	687
Biotii.......	11	135
carinata....	22	434
clathrata....	25	683
clathrata...	11	132
	26	269
clypeata....	25	682
comosa.....	22	435
costata.....	25	684
crassa......	26	1732
cretacea....	23	28
cretosa.....	22	435
decussata...	13	168
Desnoyersii.	11	136
elegans.....	25	685
elongata....	25	686
fenestrella..	26	1734
fissura.....	27	250
Goldfussii...	6	437
Gratteloupi..	26	1731
Guerangeri..	20	222
lævis.......	19	200'
lobata......	10	203
Neocomiensis	17	186
Niortensis...	10	204
pelagica....	20	225
planicostula.	8	153
punctulata..	26	1735
radiola.....	25	681
reticulata...	26	1733
reticulata..	27	250
Sanctæ-Catha-		
rinæ.....	29	223'
scalaris.....	11	134
squamata...	26	1730
subclathrata.	26	269
Toucasiana..	22	432
tricarinata..	11	135

EN

EMARGINULA.	Étages	Numéros
Varusensis..	19	198

Enallastrea.

	Étages	Numéros
contoria....	24	667
distans.....	24	666

Enallhelia.

	Étages	Numéros
compressa..	13	610
corallina....	14	513
elegans.....	13	611
gemmata....	11	445
gracilis.....	17	516"
Rathieri....	17	516'
regularis...	23	61

Enallocœnia.

	Étages	Numéros
crassoramosa	14	555'

Enallocrinus.

	Étages	Numéros
punctatus...	1 *b*	559
scriptus....	1 *b*	558

Enallopora.

	Étages	Numéros
perantiqua..	1 *a*	572

Encrinus.

	Étages	Numéros
caryophylla-		
lus........	13	577
entrocha....	5	102
	6	657
granulosus..	6	659
liliiformis...	5	102
	6	657
moniliformis.	5	102
pentactinus.	5	103
quinquangu-		
laris.....	13	577
Schlotheimii.	5	104
varians.....	6	658

Endopachys.

	Étages	Numéros
alatus......	25	1252
Maclurii....	25	1252

Enoploteuthis.

	Étages	Numéros
subsagittata.	15	7

Entalophora.

	Étages	Numéros
abbreviata..	11	385
Bajocina....	10	480
cellaroides..	11	384
Cenomana..	20	605
cervicornis..	27	441
cespitosa....	11	388
clavata.....	22	1126
colliformis..	19	302
compressa..	20	608
convexa.....	19	303
echinata....	22	1123
gracilis.....	19	301
horrida.....	22	1127
Icaunensis..	17	461 *a*
irregularis..	22	1153

ER

ENTALOPHORA

	Étages	Numéros
Labati.....	24	571
laxipora....	11	389
madreporacia.	22	1150
mamillata...	24	570
minuta.....	26	2594
Neocomiensis	17	461"
pavonina....	20	607
proboscidea.	25	1191
pustulosa...	22	1131
ramosissima.	20	809
raripora....	22	1124
regularis....	22	1128
Royana.....	22	1132
Sarthacensis.	10	481
semiclausa..	20	610
subgracilis..	22	1125
subirregularis	10	479
Thorentii...	24	572
Tessonii....	11	386
tetragona...	11	387
Vendinnensis	20	806
Vieilbanci...	21	218

Erato.

	Étages	Numéros
lævis..... 27	11	117
subcypræola.	26	843

Erismatolithus.

	Étages	Numéros
madreporites		
(floriformis)	3	992

Erycina.

	Étages	Numéros
angulosa...	27	559
complanata..	27	540'
corbuloides.	27	540"
dentata.....	26	2148
depressa....	26	2144
elegans.....	25	841
elliptica....	25	1616
faba........	26	2143
fragilis....	25	872
glabra.....	2	865
globus.....	26	2151
granulata...	26	2154
mactroides..	26	2153
neglecta....	29	285"
nitida.....	25	942
obliqua.....	25	945
obscura.....	25	640
orbicularis..	25	939
ovalis.....	26	2155
pellucida...	25	941
pellucida...	27	540
pygmæa....	2	577
radiolata....	25	937
Renierii....	27	540
rugosior....	26	2149

ES

ERYCINA.

	Étages	Numéros
seminulum..	27	240'"
striata.....	2	576
striatula....	26	286 c
stricta......	27	559
subconvexa..	26	2152
sublævis....	26	2158
subovata....	26	2156
substriata...	26	2157
tellinoides..	25	773
tenuistria..	25	775
triangularis.	26	2150

Erycinella.

	Étages	Numéros
ovalis.....	26	2155

Eschara.

	Étages	Numéros
affinis......	26	2570
Andegarensis	26	2548
arachnoides.	22	1067
biaperta....	26	2550
Brongniartii.	25	1171
cancellata...	22	1066
celleporacea.	25	1174
Cenomana..	20	587
cervicornis.	27	441
chartacea..	24	560
clathrata..	26	2554
cyclostoma.	22	1025
damæcornis.	25	1173
Deshayesii..	26	2568
dichotoma..	22	1068
dichotoma..	20	587
	22	1073
digitata.....	22	1074
diplostoma..	26	2573
disticha.....	22	1070
Duvaliana...	25	1169
elegans.....	22	1072
excavata...	25	1162
filograna....	22	1069
foliacea.....	27	438
Girondina...	22	1076
glabra.....	26	2542
Hagenowii..	22	1073
horrida.....	22	1082
imbricata...	26	2574
incumbens..	25	1176
labiata.....	24	559
labiosa.....	26	2547
labyrinthica	20	799
lamellosa...	26	2566
lata........	26	2551
Leymeriana.	24	561
Ligeriensis..	22	1075
linea.......	25	1177
mamillata...	25	1170

ES

ESCHARA.

	Étages	Numéros
megalostoma	22	1071
millepora....	25	1172
monilifera..	26	2567
Neptuni.....	22	1079
Nerei......	22	1088
Neustriaca..	20	588
nobilis.....	26	2564
Oceani.....	22	1078
Parisiensis..	22	1081
peltata.....	22	1050
pertusa....	26	2549
porosa.....	26	2572
punctata....	26	2571
pyriformis..	22	1063
pyriformis..	20	584
Ranvilliana.	11	562
reteporiformis	26	2563
Royana.....	22	1077
Santonensis.	22	1082'
scalpellum..	1 5	520
Sedgwickii..	26	2569
sexangularis.	22	1085
stigmatophora	22	1064
striata.....	22	1069
subchartacea.	24	560
subpyrifor-		
mia.......	24	558
triangularis.	19	298
tubulata....	25	1175
viminea.....	25	1178

Escharina.

	Étages	Numéros
Acteon.....	19	290
angularis..	1 5	390
Andegarensis	26	2548
biaperta....	26	2550
bulbifera....	22	1044
circumcincta	26	2552
clathrata....	26	2554
confluens...	22	1047
convexa.....	22	1046
crenulata...	22	1060
crepidula...	22	1043
cucullata....	22	1052
dispersa...	22	1062
excavata....	25	1162
gracilis.....	26	2546
impressa...	22	1038
incisa.....	22	1041
inflata.....	20	585
labiata.....	24	559
labiosa.....	20	2547
lata........	26	2551
mamillata...	26	2553
Michaudiana.	20	585

EU

ESCHARINA.	Étages	Numéros
micropora...	22	1054
Neptuni. ...	22	1057
Oceani......	22	1058
ornata......	22	1051
pavonia....	22	1045
peltata.....	22	1050
perforata...	22	1061
pertusa.....	26	2549
polystoma..	22	1049
radiata.....	24	1042
sagena.....	22	1053
Sarthacensis.	20	584
simplex.....	22	1055
subpyriformis	24	358
sulcata.....	22	1057
tumidula....	26	2555
Villiersi. ...	22	1056
Vieilbanci...	21	217

Escharites.

	Étages	Numéros
dichotoma..	22	1322
incrustata..	22	1017
labiata.....	22	1016
nodulosa...	22	1015

Escharopora.

	Étages	Numéros
recta	1 a	568

Eucalyptocrinus.

	Étages	Numéros
cœlatus....	1 b	333
decorus.....	1 b	332
rosaceus....	1 b	334

Eucosmus.

	Étages	Numéros
decoratus...	14	421

Eudea.

	Étages	Numéros
attenuata...	10	563
calopora....	13	686
capitata.....	13	690
cellulosa....	13	689
clavata.....	11	498
cribraria...	11	498
	11	519
cylindrica...	20	767
elongata....	14	626
foraminosa..	20	766
gracilis.....	6	697
irregularis..	10	566
lagenaria ...	11	496
lombricalis..	11	500
lycoperdoides	11	497
mammosa ..	11	501
manon.	1	696
millepora...	13	691
pertusa	13	687
pistilliformis.	11	499
polymorpha.	6	698
propinqua..	13	688

EU

EUDEA.	Étages	Numéros
pyriformis..	6	700
rugosa.	10	565
Sarthacensis.	10	564
subcariosa..	6	699

Eugeniacrinus.

	Étages	Numéros
Alpinus.....	13	586
angulatus...	13	585
annularis..	10	520
caryophyllatus	13	577
compressus.	13	582
costatus....	1 b	335
crenulatus...	13	585
Essensis....	20	679
granulatus..	13	587
Hoferii.....	13	581
impressus...	13	584
mespiliformis	2	1057
moniliformis.	13	580
nutans......	13	578
pyriformis..	13	579

Eulima.

	Étages	Numéros
Albensis....	17	87
amphora....	21	29
angusta.....	6	105
antiqua.....	22	147
Axonensis...	11	26
brevis......	27	63
Coyana.....	2	137
distorta.....	25	85
elongata....	24	245
Floridana. ..	25	83
fusiformis...	6	109
gracilis.....	6	110
Gratteloupi..	26	483
hastata.....	27	64
incerta	26	480
Koninckiana	6	108
lactea......	26	481
lævigata....	26	485
Leunisii....	26	469
longissima..	6	107
melanoides..	17	88
multitorquata	6	113
Nerei.	11	25
nitida	25	84
Phillipsiana.	3	136
polita......	27	65
pupæformis.	6	111
quadristriata	26	470
Requieniana.	21	30
scilæ.	27	66
similis......	26	482
spina.......	26	479
subbrevis...	27	63

EU

EULIMA.	Étages	Numéros
subcolumna-ris........	6	106
subhastata ..	27	64
subnitida....	24	244
subovata....	6	112
subula......	26	478
subulata....	3	137
terebra.....	6	114
terebralis....	26	484

Eunomia.

	Étages	Numéros
articulata...	14	508
Babeana....	10	533
confluens...	6	681
contorta....	14	511
Cottaldina...	14	505
dichotoma..	13	607
flabella.....	14	504
grandis.....	14	507
lævis.......	14	503
nana.......	13	609
nodosa.....	14	506
plicata.....	13	606
radiata.....	11	445
rugosa......	14	510
socialis.....	13	608
sublævis....	6	683

Euomphalus.

	Étages	Numéros
aculus.	3	187
æqualis	3	201
æquilatera-lis......	1 b	50
alatus	1 b	44
angiostomus	3	208
angulatus..	2	501
Archiaci ...	2	300
articulatus.	2	292
bifrons.....	3	199
Bronnii....	2	288
carinatus...	1 b	45
catenulatus.	1 b	51
catilloides..	3	184
catillus	3	196
circinalis...	2	303
circularis...	2	285
complanatus	6	285
contrarius..	6	341
Corndensis.	1 a	94
cornu-arietis	1 b	59
coronatus..	11	69
cristatus...	3	232
crotalostomus	3	187
delphinuloi-des	2	387
dentatus....	6	295

EU

EUOMPHALUS.	Étages	Numéros
depressus	2	298
Dionysii	3	192
discors	1 *b*	46
discus	2	290
fallax	3	193
funatus	1 *b*	60
Goldfussii	2	359
heliciformis	2	281
helicinus	2	282
helicoides	3	194
	6	291
hemisphæricus	1 *b*	48
hians	3	205
isedon	3	209
Labadyei	2	295
lepidus	3	200
marginatus	3	184
minutus	9	75
neglectus	3	191
nodosus	3	186
pentangulatus	3	185
perturbatus	1 *a*	93
pervetustus	1 *b*	56
pileopsideus	3	101
planorbis	2	299
	3	188
priscus	2	296
profundus	1 *b*	49
pseudoqualterianus	1 *b*	55
pugilis	3	199
pygmæus	6	339
quadratus	3	206
Qualterianus	1 *a*	90
radians	3	195
radiatus	2	286

EU

EUOMPHALUS.	Étages	Numéros
	2	395
reconditus	6	292
rotula	2	291
rotundatus	3	192
rugosus	1 *b*	47
Schnurii	2	297
sculptus	1 *b*	63
serpens	2	298
serpula	2	302
	3	207
serus	3	189
Soiwæ	3	202
sphæroidicus	6	284
spinosus	2	359
spiralis	6	340
Studeri	6	283
subcarinatus	2	280
subsulcatus	1 *b*	52
sulcatus	1 *b*	67
tenuistriatus	1 *a*	92
trigonalis	2	285
tuberculatus	3	190
tuberculosus	10	91
tubulatus	3	197
unguis	3	192
uniangulatus	1 *a*	96
Verneuilii	2	287
Voronejensis	2	278
Wahlenbergii	2	289
Waschkinæ	1 *a*	91
Eupatagus.		
brissoides	24	595
Duvalii	25	1203
elongatus	26	2626
lateralis	26	2624
minor	25	1202
navicella	26	2625
nummulinus	25	1201

EX

EUPATAGUS.	Étages	Numéros
ornatus	24	597
Veronensis	24	596
Eupsammia.		
Bayliana	25	1259'
Brongniartiana	25	1259'''
Gravesii	25	1260
Haleana	25	1259''
Sismondiana	26	2725'
trochiformis	25	1259
Euryocrinus.		
concavus	3	924
Eusmilia.		
aspera	14	590
Buvignieri	14	592'
semitruncata	14	591
Exogyra.		
arietina	22	940'
auricularis	22	931
auriformis	13	449
Bruntrutana	16	56
bulla	17	408
carinata	15	177
conica	22	930
costata	22	958
decussata	22	936
denticulata	16	56
inflata	22	936
ponderosa	22	929'
reniformis	13	449
spinosa	22	920
spiralis	14	580
squamata	17	740
virgula	15	174
Explanaria.		
alveolaris	13	636
astroites	26	2747 a
cyathiformis	26	2778
Turonensis	26	2778 a

F

FA

Fabularia.	Étages	Numéros
compressa	25	1354
discolites	25	1353

FA

Fasciculipora.	Étages	Numéros
clavata	22	1141'
cretacea	22	1142
cribrosa	22	1144

FA

FASCICULIPORA.	Étages	Numéros
Marsilii	27	444
Menardi	20	633
urnula	22	1143

FA

	Étages	Numéros
Fasciolaria.		
aculeata....	26	208
Afra........	26	1289
Burdigalensis	26	1285
clandestina..	26	1283
clavata.....	26	209
costata.....	26	1297
elongata....	21	70
fimbriata....	27	177
funiculosa...	25	525
fusoidea....	26	1298
fusoides....	26	1287
fusus.......	26	1292
Gratteloupi..	26	214
Levesquei...	24	565
Michelotiana.	26	1289
nassæformis.	26	1286
ornata......	26	1284
Parisiensis..	25	1491
polygonata..	26	810
prima......	25	16
propinqua..	26	1308
punctifera..	26	1290
Puschii.....	26	1294
pusilla.....	26	1295
pyruliformis	26	214'
pyrulina....	26	211
Ræmeri....	22	316
subafra....	26	1288
subcarinata.	26	212
subcostata..	26	1297
subtrapezium	26	1296
supracretacea	23	17
Tarbelliana..	26	1291
Taurina....	26	1295
trapezium..	26	1296
tuberosa....	26	213
uniplicata...	25	527
uniplicata..	26	214
Valenciennesii......	26	1284
Fasciolites.		
elliptica....	24	691
Faujasina.		
carinata....	22	1408
Favastrea.		
heliops.....	3	999
hexagona...	2	1150
hypocrateri- formis...	2	1151
intercellulosa	2	1150'
quadrigemi- na..	2	1149
regia.......	3	997
rugosa......	2	1152

FE

	Étages	Numéros
FAVASTREA.		
senilis......	3	998
striata......	1 b	376
sulcata.....	2	1155
Favistella.		
stellata.....	1 a	413
Favosites.		
alveolaris...	2	1156
alveolaris..	1 b	379
Archiaci....	5	106
aspera......	1 b	379
basaltica...	2	1160
basaltica...	1 b	580
capillaris...	5	1017
cornigera...	2	1159
cylindrica...	3	1011'
dentifera....	5	1006
fibrosa.....	2	1165
Goldfussii...	2	1158
Gothlandica.	1 b	377
incrustans..	5	1011
macropora..	2	1165
megastoma..	5	1009
multipora...	1 b	378
parasitica...	5	1007
polymorpha	1 b	382
septuosus...	5	1016
subbasaltica.	1 b	380
suborbicula- ris.......	2	1157
tenuisepta...	5	1008
tumida.....	5	1010
Fenestrella.		
anceps.....	4	78
	4	79
	4	82
antiqua.....	2	1049
antiqua....	1 b	322
	2	1048
	4	75
antiquata...	2	1046
arthritica...	2	1046
assimilis....	1 b	323
Bouchardi..	2	1042
Braunii.....	2	1047
carinata...	3	849
	5	863
crassa......	3	862
dubia......	2	1043
Ehrenbergii	4	77
ejuncida....	5	859
flabellata...	5	846
formosa....	5	864
frutex......	5	844
Geinitzii....	4	75

FI

	Étages	Numéros
FENESTRELLA.		
hemisphærica	3	852
hibernica...	5	851
Keyserlingii.	2	1048
Lonsdalei...	1 b	321
Martis......	3	861
membranacea	3	843
Michelini...	3	845
microstrema.	1 b	327
Milleri.....	1 b	323
Morrisii....	5	853
multiporata.	3	854
oculata.....	3	855
plebeia.....	3	856
pluma......	3	847
polyporata..	3	850
prisca.....	1 b	321
quadradeci- *malis*....	3	857
reticulata...	1 b	324
retiformis...	1 b	326
retiformis..	4	76
Russiensis...	3	849
subantiqua..	1 b	322
tenuifila....	3	848
undulata....	3	844
varicosa....	3	858
Veneris.....	3	860
Verneuiliana.	2	1044
Fenestrellina.		
carinata....	3	863
crassa......	3	862
formosa....	3	864
nodulosa....	3	865
Perussina.		
anastomæfor- mis......	26	537
Fibularia.		
subcaudata.	25	1217
subglobosa..	22	1221
Ficula.		
clava......	26	1276
condita....	26	1279
ficoides.....	26	1282
Ficulina.		
geometra...	27	175
intermedia.	27	176
Fissurella.		
acuta......	11	131
Aquensis....	26	1722
alticosta....	26	1727
Claibornensis	25	680
clypeata....	26	268
conoidea....	2	430
corallina....	14	194

FI

FISSURELLA.	Étages	Numéros
costaria	25	667
costaria	26	1724
depressa....	22	431
	26	1722
elongata....	5	319
Græca......	27	249
Græca......	25	679
	26	1720
Griscomi....	26	1729
hiantula...	26	1721
intermedia..	26	267
labiata......	25	678
lævigata....	22	429
Martinii. ...	26	1725
Marylandica.	26	1725
Minosti.....	24	430
minuta.....	26	1725
Moreausia...	14	193
nassula.....	26	1726
neglecta. ...	26	1720
oblita.......	26	1721
Parisiensis..	25	679
patelloides..	22	450
redimiculum.	26	1728
squamosa...	25	677
subcostaria..	26	1724
subdepressa.	22	431
subminuta..	26	1725
tenebrosa...	25	680

Fissurirostra.

	Étages	Numéros
elegans......	22	972
pectita	23	973
pulchella ...	22	974
recurva	22	971

Fistulana.

	Étages	Numéros
ampullaria.	25	740
angusta....	25	1573
aspergilloides	22	489
constricta..	17	191
contorta....	26	1574
dilatata....	17	233
	18	95
echinata....	25	727
elongata...	25	739
lacryma....	14	228
Marticensis.	21	102
Matronensis.	18	94
Oxfordiana.	13	224
pistilliformis	21	147
Provignyi..	25	1575
Royana....	22	487
subtrigona .	14	227'
tenuis......	22	488
tibialis.....	25	727

FR

FISTULANA.	Étages	Numéros
unicosta....	14	226'

Flabellina.

	Étages	Numéros
Baudouiniana	22	1580
Cenomana...	20	755
ovalis......	20	754
pulchra.....	22	1581
rugosa	22	1579

Flabellum.

	Étages	Numéros
appendicula – tum......	24	644
appendicula-tum......	26	2698
asperum.....	26	2698
avicula.....	26	2694
avicula.....	26	2695
Basteroti....	26	2695
costatum...	24	642
cuneatum...	24	641
cuneatum...	27	466
cuneiforme..	25	1253
Dufrenoyi...	24	643
extensum ...	26	2692
Gallopense..	26	2696
Hohei......	24	646
intermedium.	26	2693
linearis.....	26	2859
Michelini...	27	466
Pyrenaicum.	26	648
Siciliense...	27	467
Sinense.....	26	2699
subturbina – tum......	27	468
Woodli....	26	2697
vaginale....	24	645
Zaciniatum..	27	469

Flustra.

	Étages	Numéros
conferta....	25	1168
Duvaliana .	25	1169
elegans.....	6	618
lanceolata..	2	1035'
ornata	22	1114
palmata...	3	836
parallela...	3	637
radiata	2	1168

Porospongia.

	Étages	Numéros
acetabulum..	13	704
Jurensis....	10	574
Sackii......	20	784
turbinata...	22	1499

Fossarus.

	Étages	Numéros
costatus....	27	101

Frondicularia.

	Étages	Numéros
angulosa....	22	1571
annularis...	26	2827

FU

FRONDICULARIA.	Étages	Numéros
Archiaciana.	22	1568
bicostata....	8	256
complanata .	27	505
cordata.....	22	1372
caudata. ...	20	749
diluvii......	27	504
elegans	22	1366
elongata.....	26	2052
lævigata.....	26	2826
lancea......	26	2831
linearis.....	26	2829
linearis.	26	2859
oblonga.	26	2828
ornata.......	22	1369
ovata........	22	1572'
ovata	26	2830
pseudo-ovata	26	2850
pupa........	27	502
radiata......	22	1365
striata......	27	501
Terquiemi..	8	255
tricarinata..	22	1370
Verneuiliana	22	1367

Frondipora.

	Étages	Numéros
Marsillii...	27	444

Fulgur.

	Étages	Numéros
canaliculatum	26	1273
carina	26	1272
coronatum..	26	1270
incile......	26	1274
quadricosta-tum......	26	1275
tuberculatum	26	1271

Fungia.

	Étages	Numéros
cancellata..	22	1377
coronula. ..	20	695
discoidea....	21	242
elegans.....	26	2773
Niciensis...	24	637
orbulites....	11	434
polymorpha.	21	256
	21	240
radiata.	22	1278
semilunata .	26	2697
stellifera...	11	435

Funginella.

	Étages	Numéros
Alpina......	25	1267
Assilina.....	17	769
Borsoni.....	26	2720
Braunii.....	21	658
discoidea....	21	242
elegans.....	20	697
Haueriana..	21	241
hemisphærica	21	240

FU

FUSCINELLA.	Étages	Numéros
Martiniana..	21	248'
Neocomiensis	17	512'
Niciensis ...	24	657
numismalis..	22	1276
Perezii.	24	656
provincialis.	21	252
semiglobosa.	20	696

Fusulina.	Étages	Numéros
cylindrica...	5	1045

Fusus.	Étages	Numéros
abbreviatus.	25	465
abbreviatus.	22	357
	26	1219
aciculatus...	25	478
Acteon.....	20	195
acuminatus.	25	484
aculus.	25	509
aduncus....	26	1199
affinis......	24	344
Agassizii...	26	1219
Alabamensis.	22	355
Albensis	19	177'
alligatus...	26	1173
Alpinus.....	19	185
altilis.......	25	503
amictus	22	415
Andrei	26	1198
angulatus...	25	446
angulosus...	27	469
angusticosta-		
tus.......	24	343
angustus....	24	353
anomalus...	26	1252
antiquus....	25	482'
armatus.....	26	1201
articulatus.	26	1202
asper......	25	485
asperulus...	25	1488
atavus......	22	385
Aturensis...	26	1185
Basteroti....	26	1207
bellus......	25	505
bicarinatus..	25	472
bicarinatus.	25	512
bifasciatus..	25	486
bilineatus...	26	1204
bilineatus..	19	186 a
Bonellii.....	27	170
Borsoni.....	26	1210
Bredai......	26	1211
breviculus..	25	462
breviplicatus	22	388
brevissimus.	22	354
Brightii.....	20	204

FU

FUSUS.	Étages	Numéros
Brongniartia-		
nus......	24	362
Bronnii. ...	26	1312
buccinoides.	26	1182
buccinoides.	22	380
bulbiformis.	24	358
bulbus.	25	477
cælatus.....	26	1256
calcar......	20	197
canaliculatus	25	501
cancellatus..	26	1243
cancellatus.	22	382
Carcarensis.	26	1212
carinatulus..	22	368
carinatus...	9	124
	22	361
carinella....	25	497
carinella...	22	356
carinifer...	22	372
Cheruscus..	26	1251
Chilinus. ...	22	376
cinctus.....	26	1213
cingulatus ..	22	358
clathratus...	25	474
clathratus..	20	198
	26	1350
clavatus.....	27	172
Clementinus.	19	182
Cleryanus...	26	1257
comma.....	13	166
complanatus.	25	483
complus....	26	1653
coniferus...	25	490
conjunctus..	25	460
contrarius..	26	1259
Cooperii....	25	507
Corallensis.	14	173
corneus.....	27	173
cornutus....	26	1193
coronatus...	25	469
costarius....	24	345
costato-stria-		
tus.......	22	105
costatus....	22	362
	26	1140
costellifer...	24	95
		349
costulatus...	25	458
Cottæ	22	370
Cottaldinus..	19	184
crassicostatus.	25	454
crebrissimus	25	505
crenulatus..	8	130
crispus.....	26	1214

FU

FUSUS.	Étages	Numéros
cuniculosus.	26	204 *d*
curtus......	25	499
curvicauda.	9	125
curvicostatum	8	127
deceptus....	24	96
decisus.....	25	629
decurrens...	26	200
decussatus..	25	443
decussatus..	19	186 *d*
	25	515
delphinula..	17	168
depauperatus	22	371
depressus...	22	369
desertus.....	25	500
Deshayesii..	26	204'''
difficilis.....	22	374
diluvianus..	26	1192
Duboisianus.	26	1259
Dupinianus..	19	177
Durvillei....	22	378
echinatus...	26	1180
elegans.....	26	1244
elegans.....	19	180
elegantulus.	26	1249
elongatus ..	26	402'
errans......	25	482
erraticus....	26	402''
	26	204'
Espaillaci...	22	347
excisus	25	474
exigenis....	24	356
exilis.......	26	1247
fasciolarinus.	26	1203
fenestralis..	26	1178
ficulneus....	25	494
ficulneus...	24	347
fimbriatus..	27	177
Fisianus. ...	19	186 *b*
Fittonii ...	25	514
Fleuriausus..	22	350
fluctuosus...	22	386
Fontanieri.	22	344
Forbesianus.	22	384
fragilis. ...	26	1119
funiculosus..	25	442
fusiformis...	15	48
fusiformis..	24	557
Galatea.....	20	203
Gaultinus...	19	178
Genei.	26	1215
Genevensis..	19	186'
glomoides...	26	1216
glomus.....	26	1217
gradatus....	24	94

FU

Fusus.	Étages	Numéros
granosus...	26	1267
Geticus...	25	444
Gratteloupi..	26	1179
Greahwoddii	25	520
Haccanensis.	13	156
Haleanus...	22	352
harpula....	26	1157
	26	1166
Hehlii.....	2	17
heptagonus.	25	467
heptagonus.	22	355
Hombroniana	22	377
hordeolus...	25	466
Hossii.....	26	1208
inauratus...	25	514
incertus.....	25	451
incertus....	22	383
incisus.....	26	1175
inconstans..	26	1235
indecisus....	19	183
inflatus.....	26	1218
infracreta-		
ceus......	17	169
intermedius.	26	1219
intortus.....	25	452
intortus....	26	201
	26	1199
inversus....	8	126
irrasus......	25	516
Itierianus...	19	179
Jauberti....	26	1197
Jung.......	26	1250
Jurensis.....	13	155
Klipsteinii..	26	1219'
Koninckii...	26	204 a
labiatus.....	25	1490
Lachesis....	26	1220
lævigatus...	25	465
lævigatus...	25	480
læviusculus..	26	1268
Lainei......	26	1196
Lamarckii..	25	456
lamellosus..	26	1221
latus.......	24	99
lavatus.....	25	502
lavatus....	26	1177
Launoicus...	13	154
lignarius....	27	173
lignarius...	26	1188
	26	1219'
lima.......	25	483'
limulus.....	25	506
longævus...	24	348
	25	448

FU

Fusus.	Étages	Numéros
longævus...	26	197
	26	1219'
longiroster..	26	1222
longirostra..	22	375
longiscatus..	14	160
Marcelli Ser-		
resii......	26	1194
marginatus.	26	1349
Mariæ......	24	98
Marrolianus.	22	349
maxillosus...	26	1223
maximus....	25	489
Michelini...	26	1224
minax......	25	1485
minutus....	25	476
minutus....	9	123
mitræformis.	26	1225
mitræformis	26	1183
mitrula.....	26	1245
modiolus...	26	1121
Moquinianus.	26	1172
multisulcatus	26	204 c
Munsterianus	14	163
muricatus..	22	406
muricoides..	25	457
nassatella...	26	1181
nassoides...	10	171
	26	1654
Neocomiensis.	17	167
Neptuni....	25	15
Nereidis....	22	373
Nereis......	22	351
nexilis......	26	1190
Noachinus..	26	1265
nodoso-cari-		
natus....	6	415
nodosus....	22	350
nodulosus...	26	1269
nodulosus...	11	130
Noe........	24	360
	25	461
obesus.....	26	1226
obliquatus..	25	455
oblongus....	26	1191
obtusus.....	25	1484
Orbignyanus	6	201
orditus....	26	1227
ornatus....	17	170
ornatus.....	25	509
pagodulus..	26	196
papillatus...	25	515
parilis......	26	1260
parvus.....	25	458
Patagonicus.	26	1266

FU

Fusus.	Étages	Numéros
Peruvianus..	26	1241
Petitianus...	26	1256
Philippii....	26	1228
planicostatus	24	97
planulatus..	22	560
plicatulus...	25	1482
plicatus....	22	359
politus......	26	1184
Polonicus...	26	1204
polygonatus..	24	559
polygonus..	25	471
polygonus..	24	502
ponderosus..	22	379
Pondicherien-		
sis........	22	387
porrectus...	25	484
primordialis	3	142
propinquus.	22	566
proratus....	25	459
Proserpinæ..	22	367
protextus...	25	517
pseudocarina-		
tus........	22	361
pseudofusifor-		
mis.......	13	48
pseudorugo-		
sus........	26	1237
pulcher.....	25	519
purpuriformis	22	561
Puschianus..	13	157
pustulatus..	26	1229
pyruliformis	26	1265
quadratus...	20	196
quadricostatus	26	1254
quinqueden-		
tatus......	26	1174
ravelloides..	25	519
raphanoides.	25	508
rarisulcatus.	25	1483
recticaudatus	14	162
regularis....	24	530
regularis...	25	482'
	26	1262
Renauxianus.	21	81
Renierii.....	26	1230
Requienianus.	21	82
reticulatus..	26	1251
rhombus....	26	1353
rigidus.....	20	201
rissoides....	14	161
Rœmeri....	14	169
Roncanus...	24	561
rostratus....	26	1232
	27	171

FU

FUSUS.	Étages	Numéros
Royanus....	22	348
rugosus.....	25	445
rugosus. ...	26	1186
—	26	1237
rusticus.....	20	200
rusticus....	26	1261
Sabaudianus	19	186 *c*
salebrosus...	25	510
scalariformis	26	402 *b*
scalarinus. .	25	450
scalarinus..	24	355
scalaroides..	25	475
Schwarzenber-		
gii........	26	1248
semicostatus	22	563
semiplicatus.	24	552
semiplicatus	22	564
serratus.....	25	449
Serresii.....	26	199
sexangulatus	25	542
sexdentatus.	25	1489
simplex	24	546
simplex. ...	26	204
Sismondai..	26	1234
Sismondia-		
nus.......	26	1195
Smithii.....	19	186
Sowerbyi...	24	353
squamulosus.	25	455
stamineus...	25	504
striatus.....	26	1238
stromboides.	26	198
stromboides.	26	1189
Stutzii......	26	1206
subabbrevia-		
tus........	22	557
subaffinis ..	24	344
suballigatus.	26	1173
subarticulatus	26	1202
subbilineatus.	19	186 *a*
subbuccinoides	22	380
subcancellatus	22	382

FU

FUSUS.	Étages	Numéros
subcarinatus,	25	481
		1481
subcarinatus	20	203
—	24	461
subcarinella,	22	356
subcarinifer.	22	372
subclathratus	20	198
subcontrarius	26	1259
subcostatus..	22	362
subdecussatus	19	186 *d*
subelegans..	19	180
subelongatus	26	204'
subficulneus,	24	347
subfusiformis	24	357
subheptago-		
nus, ...	22	355
subincertus .	22	383
subincisus...	26	1173
subintortus..	26	201
sublævigatus.	25	480
sublamellosus	25	1486
sublavatus..	26	1177
sublignarius.	26	1188
sublongævus	26	197
subminax...	26	202
submitræfor-		
mis.	26	1183
subnodosus.	6	416
subnodulosus	11	130
subplicatus,.	22	359
subreflexus.	26	1264
subregularis.	26	1262
subrugosus..	26	1186
subrusticus..	26	1261
subscalarifor-		
mis, ...	26	204
subscalarinus	24	355
subsemicosta-		
tus.......	22	563
subsemiplica-		
tus.......	22	564
subsimplex..	26	204

FU

FUSUS.	Étages	Numéros
subsismondai	26	1195
substromboi-		
des........	26	1189
subsulcatus .	26	1242
subulatus...	25	468
subvittatus..	20	202
sulcatus. ...	24	351
sulcatus....	26	1242
suturalis....	22	365
symmetricus	25	511
Syracusanus	26	1220
Taitii......	25	643
Tarbellianus.	26	203
tenuis.......	25	479
terebrinus. .	26	1246
tetricus.....	26	1256
textiliosus...	25	470
textilis.....	26	1146
textus......	8	128
thalloides...	25	519
thoracicus ..	25	515
Thorei.	26	205
Thorenti...	11	111
tiara.......	26	1656
trabeatus...	25	512
trilineatus. .	25	498
tripunctatus	6	414
trossulus....	26	1255
trunculus...	19	186''
tuberculosus	25	447
tuberosus....	25	496
turgidus. ...	25	494
unicarinatus.	24	354
uniplicatus.	25	527
variabilis...	25	464
variabilis..	26	1179
variculosus.	8	129
Vibrayanus .	19	181
Virgineus. ..	26	1187
vittatus.....	20	202
vulpeculus.	27	168
Zalbrukneri.	26	1205

G

GA

Galerites.	Étages	Numéros
abbreviata..	22	1217
abbreviata.	22	1220'

GA

GALERITES.	Étages	Numéros
albo-galerus.	22	1212
angulosa....	22	1219

GA

GALERITES.	Étages	Numéros
castanea....	19	320
conica.......	22	1214

GE

GALERITES.	Étages	Numéros
depressa....	11	408
globulus....	22	1216
lævis......	22	1220
oblonga....	22	1220'
Orbignyana.	22	1218
ovata......	22	1181
Rothomagen-		
sis......	19	320
semiglobus.	26	2639
subsphæroi-		
dalis.....	20	652
subtruncata.	22	1215
sulcato-ra-		
diata....	22	1204
umbrella...	15	510
vulgaris....	22	1215
Gastridium.		
cæpa......	26	1445
Gastrochæna.		
abbreviata..	27	278
ampullaria..	25	740
angusta.....	25	1573
aspergilloides	22	489
Baugieri....	10	254
contorta....	25	1574
contorta....	26	1843
Coralliensis..	14	227
dilatata.....	17	233
	18	93
dubia......	27	279
elongata....	25	759
lacryma....	14	228
ligula......	26	1844
Marticensis.	21	102
Matronensis.	18	94
Oceani......	14	226
Oxfordiana..	13	224
Provignyi..	25	1575
pseudotrigona	14	227'
Royana.....	22	487
subcontorta.	26	1843
subtrigona..	14	227'
tenuis......	22	488
tortuosa....	10	404
unicosta....	14	226'
Gaudryna.		
pupoides....	22	1407
rugosa.....	22	1406
Gemmastrea.		
Lucasiana..	26	2744'
Gemmipora.		
asperrima ..	25	1665
Geocoma.		
carinata....	15	543

GE

Geocrinus.	Étages	Numéros
moniliformis	1 *b*	340
Thorenti....	24	659
Geodia.		
pyriformis..	25	1672
Geoporites.		
Americana..	2	1182
Boloniensis..	2	1181
intermedia..	1 *b*	395
interstincta..	1 *b*	396
Lonsdalii...	1 *b*	394
Phillipsii....	2	1182'
placenta....	2	1180
porosa	2	1179
pyriformis..	1 *b*	393
Geoteuthis.		
flexuosa....	9	6
hastata....	9	10
lata........	9	5'
obconica....	9	13
Orbignyana.	9	8
sagittata...	9	9
speciosa....	9	11
Gervillia.		
acuta.......	11	317
acuta	10	409
alæformis...	17	380
alata.......	11	318
anceps.....	17	379
angulata....	6	342
angusta.....	6	341
aviculoides..	12	210
	13	417
aviculoides.	10	410
—	10	411
—	22	811
ceratophaga	4	37
consobrina..	10	409
difficilis....	19	270
enigma.....	20	465
Forbesiana..	13	150
glabrata....	10	412
Hagenovii.	7	128
Hartmanni..	9	255
inconspicua	2	752
—	3	305
intermedia..	6	342
Johannis-		
Austriæ..	6	340
Kimmeridgen-		
sis......	15	164
laminosa...	3	566
lanceolata..	12	210
lata........	10	408
linguloides..	18	129

GL

GERVILLIA.	Étages	Numéros
lunulata...	3	575
modiolaris..	10	411
pernoides...	12	210
Reichii....	20	464
Renauxiana.	22	810
siliqua.....	15	417
solenoides..	22	811
squamosa..	3	575
subaviculoi-		
des......	20	466
sublata.....	13	418
tetragona...	15	465
triloba.....	22	802
Zieteni.....	14	410
Gilbertsocrinus.		
abnormis...	3	916
bursa......	3	914
calcaratus...	3	915
mammillaris.	3	913
Glandulina.		
angulata....	26	2794'
lævigata....	27	481
ovula......	26	2794
Glauconome.		
bipinnata..	2	1050
disticha....	1 *b*	331
—	2	1052
gracilis.....	3	883
grandis.....	5	881
hexagona...	25	1160
pulcherrima	3	877
marginata.	25	1158
rhombifera.	25	1159
tetragona..	25	1156
Glenotremites.		
conoideus...	23	1267
paradoxus..	20	678
Globator.		
Petrocorien-		
sis......	21	1210
Globiconcha.		
elongata....	22	187
Fleuriausa..	21	184
Marrotiana..	22	185
oliva......	22	183
ovula......	22	186
rotundata...	20	82
Globigerina.		
bilobata....	26	2637
bulloides...	27	540
cretacea....	22	1592
elevata.....	22	1593
elongata....	27	539
fragilis.....	26	2634

GO

GLOBIGERINA.	Étages	Numéros
Parisiensis..	25	1326
quadrilobata.	26	2926
regularis. ...	26	2925
trilocularis.	26	2923
Globulina.		
æqualis.....	26	2069
deformis....	26	2967
depressa....	25	1543
elongata....	26	2966
gibba	26	2964
Gratteloupi .	26	2966
irregularis..	26	2968
ovata.	26	2965
punctata....	26	2071
rugosa.	26	2072
spinosa.....	26	2974
translucida.	25	1542
tuberculata .	26	2973
tubulosa....	26	2970
Globulus.		
anguliferus.	26	588
obtusus. ...	24	261
Glycimeris.		
angustata...	26	4829
Glyptious.		
annosus......	15	190
hieroglyphi-		
cus.	14	420
Koninckii...	22	1228
Glyptocrinus.		
decadactylus	1 a	597
expansus...	1 b	548
priscus.....	2	1081
retiarius....	1 b	544
Gnathodon.		
Grayi.......	27	331
minor......	27	332
Gomphoceras.		
cordiforme..	5	57
Eichwaldi.	1 a	74
fusiforme...	5	56
Hallii......	1 a	49
minus......	1 b	10
pyriforme...	1 b	11
subfusiforme.	2	55
subpyriforme.	2	56
sulcatulum..	2	54
trochoides..	5	58
ventricosum.	5	59
Gonabacia.		
stellifera....	11	435
Gonambonites.		
inflexa.....	1 a	228
latissima..	1 a	228'

GO

GONAMBONITES.	Étages	Numéros
ovata......	1 a	229
plana......	1 a	229
quadrata...	1 a	228
Goniaræa.		
Alpina.....	25	1283'
elegans.....	24	668
Goniastrea..		
formosissima.	21	279'
Goniatites.		
acutus.....	2	134
æquabilis...	2	155
æquilobatus	6	29
Ammon....	2	276
angustisep-		
tatus.....	2	135
angustus...	2	136
arcuatus...	2	137
armatus....	6	22
Barbotanus.	5	126
Beaumontii.	6	37
Becheri....	2	138
bicostatus..	2	219
bidorsalis..	5	113
bidorsatus..	6	53
biferus.....	2	139
bi-impressus.	2	140
bisulcatus..	2	213
Blumii.....	6	21
Bronnii....	2	141
—	5	154
—	6	57
Buchii.....	2	142
—	6	59
Bucklandi .	2	143
calculiformis	2	144
calyx......	5	98
canalifer...	2	145
cancellatus.	2	146
carbonarius.	5	132
carina.....	5	122
—	5	108
carinatus, .	2	147
ceratitoides.	5	114
cinctus.....	2	212
clymenifor-		
mis......	2	148
contiguus..	2	149
costulatus..	2	151
—	2	152
Cottai.....	2	150
crenistria..	5	118
cucullatus .	2	153
cyclolobus..	5	105
Dannenbergii	2	207

GO

GONIATITES.	Étages	Numéros
decoratus..	6	41
discus......	5	105
divisus.....	2	154
Dufrenoyi..	6	31
Eryx......	6	23
evexus.....	2	156
evolutus....	5	93
excavatus..	5	125
expansus...	2	157
falcifer.....	2	155
fasciculatus.	5	135
Friesei.....	6	27
furcatus. ...	6	25
Gibsoni. ...	5	96
Gilbertsoni.	5	99
glaucus....	6	24
globosus....	2	159
Haidingeri.	6	35
Haueri. ...	2	101
Hœninghausi	2	160
Henslowi...	5	104
hibrydus..	2	162
implicatus .	5	118
incertus....	2	163
infrafurca-		
tus.......	6	36
Ingleri.....	2	218
insignis....	2	164
intercostalis.	5	107
intermedius.	2	165
intumescens.	2	166
Iris........	6	34
Jossæ.......	5	127
Kingianus..	5	150
Koninckianus	5	129
latiseptatus.	2	210
latistriatus.	2	167
latus.......	5	119
linearis....	2	168
Looneyi....	5	100
Marianus..	5	133
maximus...	2	169
micronotus.	5	112
mixolobus.	5	106
multilobatus	2	171
multisepta-		
tus......	2	170
Munsterii..	2	172
mutabilis...	5	120
nitidus.....	5	93
Nœggerathi.	2	208
nummularis.	2	211
obscurus ...	2	175
obtusus....	5	105

GO

GONIATITES.	Étages	Numéros
orbicularis .	2	174
orbiculus...	2	175
Orbignyanus	2	131
ornatus....	6	40
ovatus.....	2	176
paucilobus .	3	101
paucistriatus	2	177
pessoides...	2	178
pisum......	6	28
planidorsatus	2	180
planus.....	2	179
platylobus..	3	110
primordialis.	2	182
Proslii.....	2	181
quadriparti-tus......	2	184
radiatus...	6	36
reticulatus .	5	123
retrorsus...	2	183
Rœmeri....	2	185
Rosthornii .	6	30
rotæformis .	3	122'
semistriata.	2	206
serpentinus .	5	114
simplex....	2	186
sinuosus. ..	2	220
Soboleskianus	5	128
solaroides..	2	187
speciosus...	2	189
sphæricus..	3	119
sphæroidalis	5	119
spirorbis...	5	111
spurius. ...	6	21
strangulatus	2	215
striatulus..	2	191
striatus....	2	190
—	3	118
striolatus. .	5	103
subarmatus.	2	192
subbilobatus	2	193
subcarinatus	2	195
subinvolutus	2	194
sublævis....	2	197
sublinearis.	2	196
subnautili-nus......	2	209
subsulcatus.	2	193
sulcatus....	2	188
suprafurca-tus.	6	38
tenuissimus.	6	31
tenuistriatus	2	199
transitorius.	2	200
truncatus..	5	109

GO

GONIATITES.	Étages	Numéros
tuberculosus.	2	202
Uchtensis..	2	214
undulosus..	2	203
Ungeri	2	204
Wissmanni.	6	26
Wurmii....	2	217
Verneuili ..	2	205
vesica......	3	97
villiger. ...	5	122'
Gonioceras.		
anceps..... 1 *a*		17
Goniocœnia.		
numisma ...	25	1275
Goniolina.		
hexagona...	14	622
Goniomya.		
caudata....	17	213
confirmis...	13	208
constricta..	15	196
Duboisii ...	13	197
Engelhardtii	9	160
heteropleura	8	145
inflata.....	13	194
Knorrii....	9	159
lævis.......	17	214
litterata....	13	197
major......	13	209
obliqua.....	13	197
scalprum...	11	165
scripta.....	13	197
sulcata....	13	196
Goniophorus.		
apiculatus...	20	669
lunulatus ...	20	668
Goniopygus.		
heteropygus.	22	1241
major......	20	667
Menardi	20	666
peltatus.....	17	494
Goniospongia.		
articulata...	13	671
empleura ...	13	677
procumbens.	13	674
punctata....	13	673
pyriformis..	13	672
Schlotheimii.	13	676
Sternbergii..	13	675
striata.....	13	678
tenuistria...	13	670
Gorgonia.		
anceps	4	78
—	4	81
assimilis... 1 *b*		325
antiqua....	4	75

GR

GORGONIA.	Étages	Numéros
Bouchardi..	2	1042
dubia......	3	880
Ehrenbergi.	4	77
fastuosa....	3	868
Goldfussiana	3	867
infundibulifor-mis	4	76
membranacea	3	845
perantiqua . 1 *a*		372
retiformis.. 1 *b*		326
—	3	866
ripisteria...	2	1037
—	2	1013
ripistria ...	3	859
sepulta.....	26	2791
undulata...	3	845
Grammysia.		
Hamiltonensis	2	514
Gratteloupia.		
donaciformis	26	1952
Hydana.....	25	851
Moulinsii ..	25	851
Greslya.		
concentrica.	10	241
conformis ..	10	243
cordiformis.	10	246
Erycina....	10	241
latior	10	244
latirostris..	11	170
lunulata....	11	170
major......	9	171
ovata......	11	170
pinguis	9	170
rostrata....	11	169
striata.....	8	148
sulcosa.....	13	214
truncata ...	11	169
zonata.....	10	245
Gryphæa.		
ancilla.....	22	925
areta	6	572
arcuata....	7	159
bullata	13	221
controversa.	13	447
convexa....	22	925
cymbiola ...	25	1032
cymbium...	5	217
Darwinii...	7	142
Defrancii ..	25	1051
dilatata....	12	224
elongata ...	22	925
eversa......	24	193
expansa....	22	923
gigantea ...	8	217

GU

GRYPHÆA.	Étages	Numéros
gigantea ...	12	224
globosa	26	2524
incurva	7	139
læviuscula ..	7	139
Maccullochii	7	139
—	12	224
mutabilis ...	22	925
nana	13	449
obliqua	7	139
orientalis ..	22	930
ovalis	8	217
Pitcheri	22	925
plicatella ...	22	937
polymorpha	10	433
staumaloïdea	22	930
virgula	13	174
vomer	22	937
Gualtieria.		
Orbignyana .	24	504
Guettardia.		
expansa	22	1535

GY

GUETTARDIA.	Étages	Numéros
stellata	22	1435
stellata	24	694
Thiolati	24	694
Guettardicrinus.		
dilatatus	14	451
Guttulina.		
Austriaca ...	26	2965
caudata	25	1340
communis ...	27	558
lævigata	26	2962
nitida	25	1341
problema ...	27	557
Gypidia.		
borealis	1 b	252
conchylium	1 b	260
—	1 b	283
Gyroceras.		
nigoceras ...	5	39
armatum	2	5
cancellatum .	2	16
convolvens ..	2	11

GY

CYROCERAS.	Étages		Numéros
costatum	1	b	8
depressum ..	2		6
Eifelensis ...	2		7
Goldfussii ...	2		12
lineare	6		8
marginale ...	2		8
Meyerianum .	5		41
nautiloideum	2		10
ornatum	2		13
reticulatum ..	2		14
serratum	5		40
tetragonum ..	2		15
undulatum ..	2		17
Gyroidina.			
caracolla ...	17		550
carinata	25		1675
lævis	27		557
Gyrophyllia.			
cerebriformis	26		2766
vetusta	26		2767

H

HA

Haliotis.	Étages	Numéros
monilifera ..	26	780
ovata	26	779
tuberculata ..	27	104
Halirrhœa.		
brevicostata	22	1473
costata	20	771
lycoperdoïdes	11	497
Tessonii	20	771
Halisites.		
agglomerata .	1 b	406
catenulata ...	2	1185
escharoïdes .	1 b	404
labyrinthica	1 b	405
Halobia.		
Lommelii	5	547
Halocrinus.		
pyramidalis	2	1039
Hamites.		
Acteon	19	82
aculicostatus	22	65
adpressus ...	19	68

HA

HAMITES.	Étages	Numéros
alterno-tuber-		
culatus ...	19	73
arculus	22	77
armatus	20	58
—	22	99
attenuatus ..	19	72
Beanii	17	71
—	18	46
biplicatus ...	20	43
Bouchardia-		
nus	19	76
capri-cornu	17	53
Carolinus ...	22	80
Charpentieri	19	85
columna	22	76
consobrinus .	22	85
constrictus ..	22	75
cylindricus ..	22	82
decurrens ...	17	76
Degenhardtii	17	651
Desorianus ..	19	84

HA

HAMITES.	Étages	Numéros
dissimilis ...	17	645
dubius	20	42
elatior	18	43
elegans	19	77
ellipticus ...	22	81
Emericianus	17	70
Favrinus	19	85
flexuosus ...	19	73
Geinitzii	22	81
gigas	18	42
gracilis	21	20
grandis	18	48
hamus	17	650
incertus	17	69
Indicus	22	65
—	22	88
intermedius	18	47
—	22	83
—	22	84
Ixion	19	87
largesulcatus	22	83

HA

HAMITES.	Étages	Numéros
Neptuni	19	81
Nereis......	22	90
nodosus	19	67
obliquecos-tatus.....	17	72
Orbignyanus	17	646
Phillipsii..	18	39
plicatilis...	18	40
—	22	87
—	22	90
punctatus...	19	71
raricostatus	17	73
—	18	53
Raulinianus.	19	80
Reussianus..	22	87
Rœmeri. ...	17	71
rotundus....	19	74
rotundus...	22	85
Royerianus.	18	52
rugatus.....	22	89
Sablieri.....	19	78
Saussureanus	19	66
semicinctus.	17	75
sexnodosus .	17	60
simplex.....	20	41
simplex	22	88
spiniger....	19	67
strangulatus.	22	84
Studerianus.	19	86
subcompressus	22	88
subnodosus .	17	74
subraricosta-tus	17	73
tenuisulcatus	27	65
torquatus...	22	78
trabeatus....	22	79
tuberculatus	19	67
undulatus...	22	91
virgulatus ..	19	79

Hamulina.

	Étages	Numéros
Alpina......	17	648
Astieriana...	17	647
cincta.	17	648'
decurrens...	17	76
Degenhardtii	17	651
dissimilis ...	17	645'
Emericiana..	17	70
hamus......	17	650
incerta.....	17	69
obliquecostata	17	72
raricostata ..	18	53
Rœmeri. ...	17	71
Royeriana...	18	52
semicincta ..	17	75

HE

HAMULINA.	Étages	Numéros
subcylindrica	17	649
subnodosa ..	17	74
subraricostata	17	75
subundulata.	17	647
Varusensis..	17	652

Haplocrinites.

	Étages	Numéros
sphæroideus	2	1057

Harmodites.

	Étages	Numéros
bifurcata ...	1 b	410
Bouchardi ..	2	1184
catenata....	5	1040
cespitosa....	2	1183
conferta....	5	1012
distans.	5	1037
filiformis....	1 b	407
geniculata ..	5	1038
gracilis.....	5	1034
Lonsdalii ...	1 b	411
parallela....	5	1035
ramulosa....	5	1056
reticulata...	5	1041
rugosa......	1 b	413
striata......	5	1040
verticillata..	1 b	409

Harpa.

	Étages	Numéros
elegans.....	25	1587
mutica......	25	648
mutica.....	26	265
submutica ..	26	265

Hauerina.

	Étages	Numéros
compressa...	26	2879

Helcion.

	Étages	Numéros
acuminata...	26	271
æqualis.....	26	1740
ancyloides. .	11	145
angulata....	26	1743
angulosa....	22	437
angusta.....	25	690
appendiculata	11	141
Arcinæ.....	12	104
Aubentonensis	11	145
Baugieri....	10	202
Bellardii....	26	1738
campanæfor-mis......	6	442
campanulata.	24	91
capulina....	6	441
cingulata ...	13	169
clypeata....	11	140
conica......	19	200
corallina....	14	199
corrugata...	22	443
costaria.....	25	1562
costulata....	6	458

HE

HELCION.	Étages	Numéros
cupula......	10	198
curvata.....	5	345
dimidiata...	22	441
disciformis..	2	448
discoidea ...	2	455
discoides....	5	51
disculus	10	197
Duboisiana..	26 b	1743
Duclosii	25	688
Dunkeri	17	188
elliptica	2	450
elongata....	25	689
Gaultina....	19	200 a
glabra......	25	1564
granulata...	6	440
Hebertiana..	23	29
inflata......	19	200"
Koninckii...	5	349
lævigata	2	451
lævis.......	25	1565
lamellosa ...	17	187
lata........	11	142
lateralis	5	347
latissima....	15	51
lineata	6	443
Luciensis ...	11	146
mamillaris ..	10	201
Martinianus.	17	627
minuta	13	170
mucronata..	5	544
Munsterii. ..	9	138
nana.......	11	144
neglecta....	26	1741
Neptuni....	2	453
nitida	11	159
Normaniana.	11	159
nuda.......	6	439
orbiculata...	1 a	153
orbis.......	22	459
ovata.......	15	171
papyracea...	9	139
patelliformis	1 a	152
pelagi......	20	224
pileata	26	1739
primogenia .	2	454
retrorsa,....	5	546
Reussii.....	22	440
rugosa......	11	137
rugosa......	1 a	151
—	9	138
Rupellensis..	14	198
Ryckholtiana	5	348
Saturni.....	2	451
Schmidtii...	7	62

HE

HELCION.	Étages	Numéros
semistriata..	22	438
sinuosa.....	5	543
striata......	25	691
striatula....	25	1363
subaciculata.	5	30
subcentralis.	20	225
subcostaria..	25	270
sublævis....	8	132
submucronata	14	200
subquadrata.	7	61
subradiata ..	2	449
subrugosa...	1 a	151
subtenuicosta	21	92
sulcata	10	200
tenorium ...	22	442
tenuicosta...	19	199
tenuistriata..	15	172
Tessonii	10	199
unguis	25	1742
vulgata.....	26	1737
Helicina.		
compressa..	8	92'
dubia......	25	172
expansa....	8	92
polita......	8	92
solarioides .	8	92
Helicites.		
delphinuloi-		
des.......	2	387
Sylvestrinus	27	2
Helicoceras.		
annulatum..	19	161
armatum....	22	99
Astierianum.	19	107
depressum..	19	105
elegans.....	19	109
gracile......	19	102
interruptum.	17	655
Moutonianum	19	105
obliquatum..	19	104
plicatile.....	19	103
polyplocum .	22	100
tuberculatum	19	108
Teilleuxi....	10	45
Varusense ..	17	654
Helicocriptus.		
pusillus.....	14	121
radiatus	20	121
Helicidaris.		
mirabilis ...	14	417
Heliopora.		
Blainvilliana	21	358
deformis ...	25	1670
intricata....	26	2780

HELIOPORA.	Étages	Numéros
Supergiana.	26	2779
Helix.		
Aquensis....	26	5
Arnoudii....	24	3
aspera......	26	11
Astieri......	25	11
Beaumonti..	26	7
Carryensis..	26	305'
Christolii...	26	308
contorta ...	26	13
Coquandiana	26	4
damnata....	24	217
depressa....	26	10
—	27	5
Desmarestina	26	1
Dufrenoyi..	26	309
expansa....	8	92
fallax......	24	10
Ferrantii....	26	2
Galloprovin-		
cialis......	26	6
Galloprovin-		
cialis.....	24	8
Gentii	20	93
globosa	25	1377
globulosa...	27	3
Haveri	26	314
heliciformis.	24	5
hemisphærica	24	2
inflexa......	27	6
insignis.....	27	1'
intermedia..	26	313
Jurensis....	15	96
Lemani.....	26	5
luna	24	1
Lunelii.....	24	4
Massiliensis .	26	8
Matheroni ..	24	8
Micheliana..	26	306
mutabilis...	25	123
Orbignyana	26	305
pisum......	20	307
proboscidea.	24	7
pseudo-con-		
sporcata..	26	310
pseudo-de-		
pressa....	27	5
pseudo-glo-		
bosa......	25	1377
pusilla.....	14	121
Ramondii...	25	10
Rillysensis...	24	11
rotellaris...	24	9
rugulosa....	27	4

HELIX.	Étages	Numéros
sepulta.....	27	8
subangulosa.	27	7
subcontorta .	26	13
subdepressa.	26	10
subdisjuncta.	24	6
subfallax....	24	10
subglobosa..	26	312
subtrochoides	26	12
subula	26	478
Sylvestrina .	27	2
terebellata..	27	71
torus.......	26	9
trochoides..	26	12
vermicularia	27	9
Hemiaster.		
acuminatus..	26	2611
æquifissus...	24	202
amplus.....	22	1175
Bucardium..	22	1174
Bucklandi ..	20	638'
bufo........	20	638
brevisulcatus	24	582
canaliferus..	27	446
complanatus	24	586
cor	26	2617
cubicus.....	21	226
Edwardsii...	26	2614
elatus	20	637
expansus....	24	584
Fournelii...	24	224
Gratteloupi..	26	2615
inæqualis ...	24	585
inflatus.....	25	1200
latisulcatus .	24	587
latus	26	2615
Leymerii....	22	1176
major.......	27	446
minimus....	19	313
nucleus.....	22	1177
obesus......	24	581
parastatus...	22	1178
Phrynus	19	514
pisum	20	636
prunella....	22	1173
rana	22	1172'
stella.......	22	1178
stellatus	26	2612
subglobosus.	25	1199
suborbicula-		
ris........	24	201
Verneuili...	21	225
verticalis....	24	585
Hemicellaria.		
ramosa.....	17	452

HI

Hemicidaris.	Étages	Numéros
Admeta	6	654
crenularis	13	520
	14	433
depressa	11	419
diademata	13	519
Kœnigii	15	193
Lamarckii	11	421
linearis	6	656
Luciensis	11	422
Libyca	21	235
mammosa	14	431
ovifera	14	432
patella	17	498
pustulosa	11	420
radians	12	272
regularis	6	655
stramonium	15	194
Thurmanni	14	434
undulata	14	435
Hemicosmites.		
pyriformis	1 a	590
Hemicrinus.		
Astierianus	17	507
Hemidiadema.		
rugosum	19	326
Hemipneustes.		
radiatus	22	1146
Hemipronites.		
perlata	1 a	230
Hemispongia.		
Rouyana	17	567
Hemithyris.		
aprina	1 b	169
Baylii	1 b	176
borealis	1 b	170
communis	1 a	505
crispata	1 b	174
didyma	1 b	167
fissuracuta	2	853
Henrici	1 b	171
increbrescens	1 a	507
Pomelii	1 b	175
senticosa	13	456
Sowerbyi	1 b	177
Stricklandii	1 b	168
subtrigonalis	1 a	506
subwilsonii	2	854
Wilsonii	1 b	172
Verneuili	1 b	178
Hemitrypa.		
hibernica	5	851
oculata	2	1041
Heteroceras.		
Emericianum	17	655

HI

HETEROCERAS.	Étages	Numéros
polyplocum	22	101
Heterocœnia.		
crasso-lamella	21	316
conferta	21	318"
exigua	21	318'
humilis	21	318"
minima	21	318
provincialis	21	317
Heterocrinus.		
gracilis	1 a	402
heterodacty- lus	1 a	400
simplex	1 a	401
Heterophyllia.		
macroreina	21	536
Heteropora.		
arborea	17	535
concinna	22	1325
crassa	1 b	389
cryptopora	19	541
dichotoma	19	538
digitata	22	1320
ficulina	11	481
pyriformis	11	473
ramosa	11	474
—	17	462'
spongioides	19	540
surculacea	20	735
tortilis	26	2787
tuberosa	17	537
verrucosa	17	541
Heterostegina.		
costata	26	2957
simplex	26	2958
Hiatella.		
lancea	26	1852
Hinnites.		
comptus	5	89
coralliphagus	14	368
Cortesii	27	415
crispus	27	415
Defrancei	26	2491
Dubuissoni	26	2492
Dujardini	21	163
Heliodora	11	534'
inæquistriatus	14	369
	15	172
latus	6	566
Leymerii	17	394
ostreiformis	14	570
Pamphilus	12	220
Paniscus	12	221
Psyche	11	534
sinuosus	27	416

HI

HINNITES.	Étages	Numéros
Schlotheimii	6	567
sublevatus	6	569
sulcatus	6	568
tenuistriatus	13	444
tuberculosus	10	427
velatus	13	445
Hippagus.		
arietinus	26	2274
Hippalimus.		
acutus	22	1480
astrophorus	13	701
Bronnii	13	697
capitatus	6	704
clavatulus	9	286
clavatus	14	632
conicus	11	505
conoideus	13	694
corallionus	14	628
cornutus	10	508
Cottaldinus	17	563'
cylindricus	13	695
cymosus	11	502
elegans	13	693
	14	631
flabellatus	17	566
fungioides	20	775
furcatus	20	778
Icaunensis	17	564'
infundibuli- formis	20	777
intermedius	13	699
laticostatus	10	509
mamilliferus	11	505
marginatus	13	700
micropora	22	1482
milleporaceus	13	698
moniliferus	17	563
Moreanus	14	630
Mosensis	14	629
multidigitatus	20	776
Neocomiensis	17	564
Neptuni	11	507
Oceani	11	806
pilula	21	560
pisiformis	6	705
prolifer	25	62
radiciformis	22	1479
Ricordeanus	17	565'
Roissyi	20	769
rugosus	13	696
socialis	22	1481
subcespitosus	6	701
submarginatus	6	702
tetragonus	20	774

HO

HIPPALIMUS.	Étages	Numéros
Tombeckianus	17	565
tuberosus...	11	504
verrucosus..	15	692
Hipparionix.		
proximus...	2	900
Hipponix.		
javaniella..	16	1693
granulata..	26	1688
interrupta .	26	1694
pygmæa...	25	660
sulcata.....	26	1695
Hippopodium.		
Bajocense...	10	300
corallinum..	14	250
Cottaldinum.	14	251
gibbosum...	10	301
Lucicnse ...	11	221
ponderosum.	8	164
Hippothoa.		
tuberculum.	25	1167
Hippopus.		
avicularis..	25	987
Hippurites.		
agariciformis	20	565
bioculata ...	21	179
canaliculata.	21	181
cornu-copiæ.	21	179
cornu-pastoris	21	209
cornu-vacci-num	21	177
dilatata.....	21	182
elliptica....	21	207
Espaillaciana	22	991
falcata......	21	185
fistula......	21	178
Galloprovin-cialis	21	177
Germani ...	21	208
gigantea ...	21	177
inæquicostata	21	184'
Laperousii..	22	1003
lata	21	177
Moulinsii ..	21	177
organisans ..	21	178
radiosa.....	22	990
roseata.....	21	178
Saxoniæ ...	20	569
striata.....	21	180
subdilatata.	20	206
sulcata	21	180
Toucasiana..	21	183
turgida	21	182
Holaræa.		
Alpina ...	25	1289

HO

HOLARÆA.	Étages	Numéros
micropora...	25	1288
Parisiensis..	25	1287
Solanderii..	25	1671
Holaster.		
amygdala...	22	1159
ananchytes..	22	1155
bicarinatus..	20	632
carinatus....	22	1160
cinctus.....	22	1158
complanatus	17	470
cordatus....	17	467
Couloni....	17	471
fimbriatus ..	22	1163
granulosus..	22	1156
Indicus.....	22	1157
integer.....	21	220
Italicus.....	22	1164
lævis.......	19	507
latissimus...	20	631
L'hardii.....	17	466
marginalis..	20	629
nasutus.....	20	628
nodulosus ..	22	1160
Perrezii	19	306'
pileatus	22	1166
pilula.......	21	219
planus......	22	1162
rostratus...	21	219
Sandozii....	20	627
subglobosus.	21	221
suborbicularis	20	630
Trecensis...	22	1161
truncatus,...	22	1165
Holectypus.		
concavus ...	10	505
corallinus...	14	412
depressus...	11	408
Devauxianus	10	508
hemisphæricus	11	409
inflatus,....	15	187
macropygus.	17	485
Mandelslohi.	14	411
planus......	12	262
punctulatus.	13	509
serialis.....	21	230
speciosus...	15	188
striatus.....	12	261
	13	508
subdepressus	10	507
Holopœa.		
obliqua	1 a	87
paludinifor-mis....	1 a	88
symmetrica.	1 a	86

HY

HOLOPORA.	Étages	Numéros
ventricosa..	1 a	89
Homomya.		
Alsatica....	7	74
compressa..	15	70
gibbosa.....	10	233
—	11	157
gracilis	15	69
hortulana ..	15	70
obtusa	10	231
ventricosa..	7	74
Hornera.		
Andegavensis	26	2595
biseriata...	26	2597
carinata ...	22	1102
crassa......	1 b	330
crispa......	25	1164
elegans.....	25	1165
gracilis	26	2596
Hippolyta ..	25	1163
Opuntia	25	1166
radians.....	26	2541
striata......	26	2545
subannulata	26	2598
Hortolus.		
Americanus.	1 a	6
Biddulphii..	1 b	6
convolvens..	2	11
giganteus...	1 b	4
ibex........	1 b	5
perfectus ...	1 b	7
Hyalæa.		
Aquensis...	26	1797
aurita......	26	1799
gibbosa.....	26	1801
interrupta...	26	1800
Orbignyi...	26	1797
sulcosa	26	1798
Taurinensis.	26	1801
tridentata..	26	1798
Hyboclypus.		
canaliculatus	10	503
gibberulus..	10	502
Marconi	10	504
stellatus	14	410
Hydnophora.		
Ataciana....	21	320
Styriana....	21	519
Hypanthocrinus.		
costatus....	1 b	333
decorus	1 b	332
Hysterolites.		
hystericus..	6	962
vulvarius ..	2	782

I

ID

Ichthyocrinus.

	Étag.	Numér.
arthriticus..	1 *b*	349
capillaris...	1 *b*	548
goniodactylus	1 *b*	546
pyriformis..	1 *b*	546
tesseraconta-dactylus..	1 *b*	350

Ichthyorachis.

anceps......	4	81
bipinnata...	2	1050
dubia.......	5	880
Geinitzii....	4	82
Rewenhanni.	3	870

Ichthyosarcolites.

triangularis	20	564

Idmonea.

aculeata....	20	621
alternata...	26	2590
Ammonitarum	15	494
bistriata....	26	2593
commiscens.	25	1188
complanata..	10	471
contortilis..	22	1105
coronopus..	25	1186
crassa......	17	456
depressa....	17	762
disticha.....	26	2591
disticha.....	20	593
—	22	1101
divaricata...	17	454
divergens...	20	595
elegans.....	22	1099
elegantula..	10	470
fasciculata..	22	1098
fimbriata....	26	2592
gracilis.....	11	568
gradata....	22	1101
maxillaris..	25	1187
Petri.......	24	566
pinnata....	20	592
Radiolitorum.	21	218'
ramosa......	20	591
serpulæformis	22	1097
tetragona..	20	621
triquetra...	11	567
triquetra...	25	1189
Toucasiana..	22	1100
zigzag......	17	455

IN

Ierea.

	Étages	Numéros
arborescens.	22	1494
cespitosa....	22	1493
cupula.....	22	1489
Desnoyersi..	20	787
elongata....	20	786
excavata....	22	1486
exarata.....	22	1488
—	22	1489
gregaria....	22	1492
multioculata.	22	1484
mutabilis...	19	358
nuciformis..	22	1488
oligostoma..	22	1491
pistillum....	22	1487
punctata....	20	785
pyriformis..	13	703
—	22	1490
—	20	786
ramosa.....	22	1494
tuberosa....	20	787
tubulifera...	22	1485
Turonensis..	22	1495

Inachus.

sulcatus....	1 *b*	54
angulatus..	1 *b*	53
catilloides..	3	184
costatus....	1 *b*	8

Infundibulum.

centrale.....	26	1705
concentricum	26	1707
costarium...	26	1699
crassiusculum	26	266
crepidulare.	25	672
cretaceum..	22	428
depressum..	26	1700
echinulatum	23	670
Gualtierianum	26	1703
lævigatum..	25	675
		1561
lamellosum..	25	671
muricatum..	26	1702
	27	246
obliquum...	25	673
perarmatum.	26	1706
rectum.....	26	1704
spinulosum.	25	670
striatulum..	26	266'

IN

INFUNDIBULUM.

	Étages	Numéros
sublævigatum	26	266"
subsinense..	26	1701
subtrochifor-me........	26	1693
Suessoniense.	24	423
supracretaceum	23	24
trochiforme..	25	670
tuberculatum	25	670

Inoceramus.

acutus......	2	687
alatus.......	22	825
alveatus....	22	825
amygdaloides	9	245
angulatus...	20	472
annulatus...	22	826
auriculatus.	3	598
Barabini....	22	827
cancellatus..	22	825
carduusoides.	20	475
Chemungensis	2	659
cinctus......	9	230
concentricus.	19	271
concentricus.	13	468
—	20	471
—	22	822
Coquandianus	19	272
cor.........	10	407
Cripsii.....	22	814
	22	815
cuneiformis..	21	156
Cuvieri.....	22	818
Cuvieri.....	22	822
Decheni.....	20	474
depressus...	9	246
dubius......	9	240
ellipticus...	9	241
Goldfussianus	22	815
gryphoides..	8	208
impressus...	22	815
involutus...	22	817
lævigatus...	10	406
lævissimus..	3	272
Lamarckii..	22	816
latus.......	21	159
lingua......	22	824
lobatus.....	22	829
lobatus.....	13	405

IS

INOCERAMUS.	Étages	Numéros
Neocomiensis	17	385
nobilis	8	208
obovatus	2	688
orbicularis	22	821
pernoides	9	244
pernoides	20	471
planus	22	820
plicatus	17	728
problematicus	21	157
propinquus	22	822
regularis	22	814
regularis	2	684
rostratus	9	241
Salomoni	19	274
semiorbicu- laris	2	685
semistriatus	2	689
siliqua	22	819
striatus	20	471
substriatus	9	245
sulcatus	10	273
trigonus	2	686
undulatus	9	242
ventricosus	8	208
vetustus	3	588

Intricaria.

	Étages	Numéros
Bajocensis	10	482
porosa	22	1019'
reticulata	1 *a*	571
straminea	10	483

Isis.

	Étages	Numéros
entrocha	5	102

Islsina.

	Étages	Numéros
Melitensis	26	2795

Isoarca.

	Étages	Numéros
Alpina	17	317
Bajocensis	10	342
costata	19	256
decussata	10	343
globulosa	17	716
obesa	20	359
Stotteri	6	495
subspicata	15	327
supracreta- cea	22	651
texata	14	289

Isocardia.

	Étages	Numéros
angulata	18	115
angulata	10	307
—	12	170
antiqua	2	620
arietina	26	2274
astarteformis	6	459
Ataxensis	22	646

IS

ISOCARDIA.	Étages	Numéros
axiniformis	5	476
Bajocensis	10	536
Basteroti	26	2275
bicarinata	2	529
Blumii	6	484
brevis	14	279
brevis	14	372
Buchii	6	481
Campaniensis	12	168
Carantoneusis	21	127
carinata	26	287 *f*
cingulata	10	310
concentrica	6	483
—	10	252
—	12	125
Conradi	26	2275
cor	27	360
cor	26	2275
cordiformis	14	281
cornuta	15	116
crassicornis	19	249
cretacea	22	648
cryptoceras	20	355
deperdita	5	449
Deshayesi	26	2267
dicerata	14	372
dorsata	15	520
Elea	7	110
elegans	12	124
elongata	13	321
excentrica	14	218
—	15	80
Georgeana	15	156
gibbosa	10	359
Goldfussiana	13	316
granulo-ru- gosa	6	480
harpa	26	287 *c*
Humboldtii	2	621
inversa	10	350
laticostata	6	460
leporina	10	341
leporina	11	209
lineata	13	319
longirostris	22	646
lunulata	26	2269
lunulata	12	645
Mandelslohi	6	481
Markoei	26	2272
minima	11	253
minima	12	167
—	13	516
minuta	6	479
modiola	22	644

IS

ISOCARDIA.	Étages	Numéros
molthianoides	26	2268
	27	561
multicostata	9	205
multicostata	26	287 *e*
Neocomiensis	17	309
nitida	10	308
nucleus	10	341
obliqua	20	356
oblonga	3	456
obovata	15	81
orbicularis	15	84
Orbignyana	20	359
ornata	18	109
orthocera	14	372
ovata	15	297
Parisiensis	25	1002
parvula	14	285
Partschii	6	482
Pictaviensis	10	337
plana	6	458
pumila	5	448
pygmæa	22	649
Pyrenaica	22	643
Renauxiana	21	128
rimosa	6	486
rimosa	6	485
rostrata	10	338
rostrata	6	456
Rupellensis	14	280
rustica	26	2271
rustica	26	2273
semi-glabra	15	322
semi-puncta- ta	14	282
semi-radiata	20	358
similis	20	357
striata	15	81
subconcentri- ca	6	483
sublunulata	22	645
submulticos- tata	26	287 *e*
subrimosa	6	485
subsinuata	22	650
subspirata	15	327
subtransversa	26	287 *d*
sulcata	25	1003
Tanais	2	628
tener	12	167
tetragona	15	83
transversa	15	318
transversa	26	287 *d*
trigona	22	647
truncata	15	317

IS

ISOCARDIA	Étages	Numéros
tumida.....	15	523
turgida....	22	648
unioniformis	3	478

ISOCARDIA.	Étages	Numéros
vetusta.....	2	622
Villersensis.	12	169
Wurtember-		

ISOCARDIA.	Étages	Numéros
gensis....	12	170
Isocrinus.		
pendulinus..	13	595

J

JA

Janira.	Étages	Numéros
æquicostata.	20	501
alata.......	17	734'
Albensis....	19	278
Alpina.....	20	506
arcuata.....	29	2490
Angelicæ....	26	2489
atava.......	17	595
Burdigalensis	26	2486
Carantonensis	20	509
cometa.....	20	504
complanata.	26	2485
craticula....	22	889
decemcostata	22	883
Deshayesiana	17	733'
digitalis....	20	505
dilatata.....	20	502
Dufrenoyi...	17	734
Dutemplei ..	22	880
flabelliformis	26	2487
	27	414'

JA

JANIRA.	Étages	Numéros
Fleuriausiana	20	498
Fontanieri ..	22	890
Galloprovin-		
cialis.....	26	2481
Geinitzii....	21	167
grandis.....	26	2483
Hispanica...	20	507
Jacobæa....	27	413
longicauda..	20	503
maxima.....	27	414
Makovii....	22	887
Mortoni....	22	888
Neocomiensis	17	596
notabilis....	20	508'
phaseola....	26	500
pixidata	27	412
plano-costata	26	2482
Podolia.....	22	886
Poulsoni....	25	1114
quadricostata	22	879

JO

JANIRA.	Étages	Numéros
quinquecos-		
tata.......	20	499
Royeriana ..	18	137
sexangularis.	22	882
Simbirskensis	22	885
solarium....	26	2488
striato-costata	20	508
striatocostata	22	884
substriato-cos-		
tata.......	22	884
Truelli	21	881
Westendor -		
piana.....	26	'484
Janthina.		
isedon......	3	200
semicauda..	26	1608
Jouannetia.		
semicauda..	26	1608

K

Keratophytes.		*dubius*.....	4	78	retiformis...	4	76

L

LA

Lacuna.	Étages	Numéros
antiqua.....	3	328
Laganum.		
Columbianum	17	763
marginale ..	25	1230
Marmonti..	12	258
tenuissimum	25	1229
Lanistes.		
obtusus	3	545

LA

LANISTES.	Étages	Numéros
rugosus....	5	500
Lasmocyathus.		
aranea......	3	996
Lasmogyra.		
Occitanica..	21	257
Lasmophyllia.		
corniculum.	24	659
dichotoma...	6	676

LA

LASMOPHYLLIA.	Étages	Numéros
dilatata.....	14	473
dispar......	20	690
Moreausiaca.	14	474
pateræformis	20	690
patula......	21	259
Radisensis ..	14	476
retorta	11	440
subcylindrica	14	479

LE

LASMOPHYLLIA.

	Étages	Numéros
subexcavata.	14	472
subtruncata.	11	439
truncata....	14	473
venusta.....	6	675

Lasmosmilia.

	Étages	Numéros
Bajocina....	10	526
gracilis.....	21	255
Icaunensis..	17	515'
lobata......	21	256
meandra....	20	691

Lathira.

	Étages	Numéros
Puschii....	26	1294

Latomeandra.

	Étages	Numéros
Alpina	25	1285
Ataciana...	21	337
corrugata ..	14	618'
ramosa	14	618
Raulini....	14	618"

Latusastræa.

	Étages	Numéros
alveolaris...	13	636

Lavignon.

	Étages	Numéros
Æneas......	11	182
Clementina .	19	216
convexa	26	1892
mactroides..	11	179
minuta.....	18	96
ovalis......	12	135
phaseolina..	18	97
phaseolina..	19	217
rhomboidalis.	17	240
rugosa	15	400
subphaseolina	19	217
subrugosa...	14	229
subtellinoides	26	1895
tellinoides ..	26	1891

Leda.

	Étages	Numéros
Acasta.....	10	261
acuminata ..	8	151
acutidens...	26	1944
æquilateralis	15	250
Ahrendi	2	486
Alpina......	13	136
amygdaloides	25	805
Anglica.....	10	256
angulata....	20	268
Astieriana...	12	135
axiniformis..	10	255
bellatula....	2	490
birostrata...	5	396
brevirostris .	5	401
carinata	26	1943
caudata.....	10	259
clavata.....	3	398
claviformis..	3	400

LEDA.

	Étages	Numéros
compressa ..	12	134
concava	26	1939
corallina....	14	250
cuneata.....	10	260
Cypris.......	15	101
Cyrene......	15	102
Delila	9	179
Delta.......	3	395
depressa....	26	1938
Deshayesiana	25	807
Diana......	9	177
Doris.......	9	178
Eastnori....	1 a	186
elliptica....	6	448
emarginata..	26	1942
excavata....	5	42
faba........	6	452
falcata......	22	520
fornicata....	2	481
Forsteri	22	522
Galatea.....	8	152
Galeottiana .	25	808
gigantea....	15	103
glaberrima..	25	802
glabra......	26	1940
grandæva...	2	482
gregaria....	15	219
Indica.....	22	523
inflata......	25	804
inflexa	10	258
Ingleri......	2	485
interrupta ..	26	1936
Kasanensis..	4	19
Krachiæ....	2	488
lacryma....	11	188
lanceolata...	26	1931
latissima....	2	480
leiorrhynchus	3	394
levata......	1 a	183
liciata......	26	1934
limatula	26	1935
lineata	20	269
lineolata....	2	491
lingulata....	18	98
longirostris..	3	395
Mariæ......	19	220
minuta	26	1937
Moreana....	12	137
mucronata ..	11	189
Murchisoni..	2	487
nitida	26	1933
nuda.......	17	228
ornata.....	26	1941
ovata.......	22	319

LEDA.

	Étages	Numéros
ovum	9	175
Palmæ.....	3	399
parunculus..	4	20
parvula.....	16	37
plana	1 a	185
porrecta....	20	270
præacuta ...	6	450
producta....	22	518
pulchella ...	1 a	184
pygmæa....	25	803
Rosalia.....	9	176
rostralis....	9	174
rostrata....	9	178
Rouyana....	25	809
scapha......	17	243
securiformis.	2	483
semilunaris .	22	516
siliqua......	22	515
solea........	10	221
solenoïdes'..	2	484
speciosa	5	41
speluncaria..	4	21
stilla........	3	502
striata......	25	801
striatula	22	525
subcarinata..	3	397
subæqualis. .	22	521
subclaviformis	15	104
sublineata...	6	449
subminuta ..	26	1932
subnicobarica	27	309
subovalis....	8	150
subrecurva..	19	222
subrostrata .	27	309'
substriata...	27	508'
sulcellata ...	6	451
tellinula	25	806
tenuirostris .	22	517
undata	6	454
undulata....	19	224
Verneuilii...	2	489
Vibrayeana..	19	223
Zelima......	6	453
Zietenii.....	9	175

Leguminaria.

	Étages	Numéros
Moreana....	20	256
Nereis......	20	257
papyracea ..	25	748
truncatula'..	22	493

Leiocrinus.

	Étages	Numéros
Essensis....	20	679

Leiospongia.

	Étages	Numéros
excavata....	11	514
gigantea....	11	512

LE

LEIOSPONGIA.	Étages		Numéros
granulosa...	6		711
meandrina..	10		571
milleporata..	6		712
pedunculata.	11		513
radiciformis.	6		715
reticularis...	6		716
subcariosa ..	6		714
verrucosa...	6		713
Lenita.			
patellaris ...	25		1216
Lenticulites.			
planulata ..	24		677
variolata...	25		1673
Leptæna.			
acutiradiata.	2		814
alternistriata	1	*a*	264
anomala....	1	*a*	242
antiquata..	1	*b*	149
arachnoidea.	3		713
arcuata.....	2		794
arctostriata .	2		811
asella	2		804
Bechei	3		718
bifurcata....	2		810
bilobata	1	*a*	247
Bouchardii..	7		146
caduca.....	3		719
calcar......	2		795
camerata...	1	*a*	260
comata.....	3		715
complanata.	1	*a*	245
concinna....	2		818
convexa....	1	*a*	250
convoluta...	2		783
corrugata...	1	*b*	144
crenistria...	2		815
deflecta.....	1	*a*	263
deltoidea ...	1	*a*	233
depressa....	1	*b*	147
—	3		720
Devonica....	2		819
duplicata ...	1	*a*	238
Dutertrii....	2		792
Duvallii.....	1	*b*	139
expansa....	1	*a*	245
euglypha ...	1	*b*	129
fasciata.....	1	*a*	258
filitexta.....	1	*a*	261
filosa.......	1	*b*	128
Fischeri....	2		791
Fletcheri ...	1	*b*	140
funiculata...	1	*b*	136
grandis.....	1	*a*	244
granulosa...	2		796

LE

LEPTÆNA.	Étages		Numéros
Humboldtii .	4	*a*	234
imbex......	1	*a*	237
	1	*b*	138
inæquistriata	2		806
incrassata...	1	*a*	257
inflexa	1	*a*	228
interstrialis .	2		797
irregularis..	2		800
Kellii.......	3		716
lævigata....	1	*b*	130'
lata	1	*b*	126
laticosta	2		789
latissima....	3		717
lepis.......	2		802
lepisma....	1	*b*	155
Liasiana....	7		145
longisulcata .	2		798
macroptera .	2		801
membranacea	2		793
minima.....	1	*b*	151
Moorei.....	7		144
mucronata ..	2		807
Murchisoni..	2		790
nervosa ..	2		809
nodulosa...	2		820
oblonga	1	*a*	236
Orbignyi ...	1	*b*	127
ornata.....	1	*a*	284
obtusa......	1	*a*	232
Ouralensis...	1	*b*	134
oximia	1	*b*	133
Pearcei.....	7		143
pecten	3		712
pecten......	1	*b*	146
pectinacea..	2		812
perlata.....	1	*a*	230
perlata.....	3		707
placifera....	1	*a*	236
plana	1	*a*	229
planocon-			
vexa.....	1	*a*	233
planumbona.	1	*a*	262
protensa....	1	*a*	239
punctilifera..	1	*b*	141
pustulosa...	2		808
radialis.....	3		714
radiata.....	1	*b*	142
recta.......	1	*a*	252
Sedgwickii..	2		803
semicircula-			
ris......	1	*a*	231
semicircula-			
ris.......	1	*a*	241
semiluna...	1	*a*	241

LI

LEPTÆNA.	Étages		Numéros
sericea......	1	*a*	235
Sowerbyi...	1	*a*	240
squamula...	2		805
striata......	1	*b*	143
Strogonowii.	1	*a*	265
subplana....	1	*b*	145
sublenta....	1	*a*	255
subpecten...	1	*b*	146
Sullivani....	2		816
tenuilineata.	1	*a*	254
tenuis......	2		817
tenuistriata	1	*a*	268
Thisbe	2		799
transversa..	1	*a*	249
transversalis	1	*b*	132
trema......	1	*a*	251
triangularis.	1	*a*	246
tuberculata.	3		711
tumida.....	1	*a*	266
Waltonii ...	1	*b*	137
vespertilio..	1	*a*	248
Leptagonia.			
depressa ...	3		720
Leptina.			
isocardia...	27		359'
Lepton.			
mactroides .	26		2135
Leptopora.			
elegans.....	20		741
Leptoteuthis.			
gigas.......	13		6
Lichenopora.			
Armorica....	26		2600
Cenomana..	20		597
conjuncta..	24		569
cribrosa....	22		1144
crispa......	25		1198'
cumulata...	26		2802
Defranciana	25		1195
Mediterranea	27		448
tuberosa....	26		2804
turbinata...	25		1196
Ligula.			
donaciformis	25		765
Lima.			
abrupta....	13		797
abrupta....	20		441
aciculata....	14		336
acuticostata	10		425
Ægæa......	9		229
Æolis.......	20		445
Albensis....	19		265
alternans...	8		203
alternata...	3		549

LI

LIMA.	Étages	Numéros
Ambergensis	13	396
amygdaloides	21	152
angulata....	6	516
antiquata...	7	118
antiquata..	13	396
arcuata.....	22	771
aspera......	22	764
Astieriana...	20	434
Baugasiana.	22	779
bellula.....	13	393
Bolina......	17	727
Bourgeoisiana	22	777
bulloides....	25	1088
Calypso.....	20	446
canalifera...	20	449
cardiiformis.	12	203
carinata....	20	450
Carolina....	25	42
Carteroniana	17	358
clypeiformis.	20	428
concentrica.	9	227
concinna...	5	614
Coniacensis.	22	780
Cenomanensis	20	437
consobrina..	13	392
consobrina..	20	439
corallina....	14	332
costata.....	5	69
costulata....	14	531
Cottaldina...	18	125
decorata....	9	226
decussata...	22	783
decussata..	5	626
dichotoma..	22	791
difficilis....	22	758
dilatata.....	25	1087
dilatata....	26	2394
divaricata...	22	771
Dujardini...	22	767
dumosa.....	25	1089
Dupiniana..	17	359
duplicata ...	12	202
—	13	393
Dutempleana	22	769
Echo........	7	119
edula.......	7	121
Elea........	9	224
Electra......	9	223
elegans.....	22	773
elegans	18	123
elegantula..	22	778
elongata...	14	524
—	22	789
Erato	9	225

LI

LIMA.	Étages	Numéros.
Erina......	8	201
Erosne.....	7	123
Eryx.......	7	122
Eucharis....	8	202
Eudoxa.....	9	228
exarata.....	14	335'
expansa....	17	360
Fittoni.....	17	371
flabelloides..	25	1638
frondosa...	22	756
Galatea.....	9	230
Gallienniana.	20	435
Galloprovin-cialis.....	17	373
gibbosa.....	10	386
	11	298
gigantea....	9	221
gigantea...	26	2396
glabra......	14	527
glabra.....	2	770
granulata...	22	768
Gueuxii.....	7	120
harpax.....	11	300
Hector.....	10	388
Helena.....	10	390
Helliea.....	11	501
Hermanni...	8	199
Hermione...	10	391
Hersilia.....	10	392
Hesione.....	10	393
Hille.......	11	304
Hippia......	11	502
Hippona....	10	304
Hoperi.....	22	762
inaequistriata	8	200
inflata......	27	592
inflata.....	26	2595
intercostata.	22	775
intermedia..	20	435
interstincta..	11	297
Janassa.....	12	206
laevigata...	3	572
laevissima...	21	151
laeviuscula..	14	529
laticostata..	22	786
Ligeris.....	22	774
lineata	5	70
lirata.......	14	330
longa.......	17	361
Luciensis...	11	303
lunularis....	10	587
Mantellii....	22	766
margine-pli-cata......	6	517

LI

LIMA.	Étages	Numéros
Marrotiana..	22	760
Marticensis..	22	757
Massiliensis..	17	372
maxima.....	22	765
miocenica...	26	2396
minuta.....	22	784
minuta.....	14	334
—	22	792
minutissima.	14	334
Moreana....	17	367
	18	124
Moutoniana .	20	444
multicostata.	22	782
Munsteriana.	14	324
Naïs.	11	305
Neocomiensis	17	362
Nerina......	11	307
Nilssoni. ...	22	787
nodosa.....	10	424
notata......	13	394
obliqua....	25	1086
obliqua.....	3	477
obliquestriata	22	795
obscura....	12	204
obsoleta.....	22	772
obsoleta....	2	771
Orbignyana.	17	726
ornata......	20	436
ovalis......	11	308
ovalis......	13	391
ovata.......	22	757
papyria. ...	26	2397
parallela....	19	268
paucicostata.	22	792
pectiniformis	10	385
pectinoidea .	13	599
pectinoides..	9	222
pectinoides .	9	230
pectita	22	770
pelagica....	22	793
pennata. ...	20	453
Phillipsii. ...	13	390
plana.	17	370
plana......	21	150
plicata.	25	1639
plicata.....	26	2594
plicatilis....	21	149
proboscidea.	10	385
	11	299
	12	205
	13	387
pseudocar-dium.....	20	452
pulchella...	22	759

LI

LIMA.

	Étages	Numéros
punctata....	8	198
punctata...	5	74
—	6	515
radiata......	5	71
rapa.......	20	431
Rauliniana.	19	266
rectangularis	20	454
regularis...	5	72
Reichenba-chii.....	20	429
Renauxiana.	20	451
resecta.....	20	455
reticulata...	22	794
Reussii.....	22	789
Rhodaniana.	19	267
rigida......	13	389
rigidula....	11	296
Robinaldina.	17	563
Rothomagen-sis......	21	148
Royeriana..	17	566
rudis.......	14	526
rugæstria..	2	736
Rupellensis.	14	353
rustica.....	16	51
Santonensis.	22	765
scabrosa....	13	398
Schlotheimii.	5	74
semicircularis	10	396
semilunaris.	8	204
semilunaris.	14	328
semiornata..	20	438
semisulcata.	22	761
semisulcata.	3	557
—	17	571
—	20	447
septemcostata	22	788
simplex.....	20	430
spathulata...	25	1085
squamicosta..	13	588
squamifera..	22	685
squamosa...	27	393
Streitbergen-sis......	13	591
striata......	5	68
striatula....	10	398
stricta......	17	568
subæquilate-ralis.....	20	440
subabrupta..	20	441
subantiquata.	14	535
subconsobrina	20	459
subovalis...	20	448
subplana....	21	150

LIMA.

	Étages	Numéros
subplicata..	26	2394
subpunctata.	6	515
subrigida...	17	369
subsemiluna-ris......	14	528
subsemisul-cata......	20	447
substriata...	14	337
sulcata.....	10	597
tecta.......	20	432
	22	756
tegulata....	14	325
tenuistria...	10	395
Tombeckiana	17	364
Toucasiana..	22	781
truncata....	22	776
tuberculata.	26	2395
undata.....	17	565
undulata....	22	790
Varusensis..	20	442
ventricosa..	5	75

Limaria.

	Étages	Numéros
angularis...	1 b	390
clathrata....	2	1178
clathrata..	1 b	391
fruticosa...	1 b	392
Lonsdalei...	1 b	591

Limea.

	Étages	Numéros
acuticostata.	8	205
duplicata...	10	399

Limopsis.

	Étages	Numéros
æquilatera..	26	2291
aurita......	26	2295
auritoides...	25	1020
complanata..	20	365
decussata...	26	2288
deltoidea...	25	1019
Gaudryna...	10	547
Goldfussii...	26	287 h
granulata...	25	1018
Guerangerii.	20	564
Hœninghausii.	22	658
inæquilatera-lis......	24	518
insolita.....	26	2290
lima.......	25	1021
Lorieriana..	10	346
minima.....	11	258
minuta.....	26	2289
modiola.....	26	2292
Moreausiana.	14	291
oblonga....	11	256
oolithica....	11	257
Petschore...	12	334

LIMOPSIS.

	Étages	Numéros
pygmæa....	27	367
scalaris.....	25	1023
sublævigata.	26	2287
subgranulata	24	517
subscalaris..	26	287 l
trigonella...	25	1024

Lingula.

	Étages	Numéros
acutirostra..	1 b	120
æqualis.....	1 a	220
attenuata...	1 a	218
Beanii......	10	436
Clintoni.....	1 b	122
concentrica.	2	774
cornea.....	2	772
crassa......	1 a	224
Credneri....	4	47
cuneata.....	1 b	117
curta.......	1 a	222
donaciformis	26	2533
donaciformis	26	277'
dubia......	1 a	227
elliptica....	5	648
elliptica....	1 b	118
elongata...	1 a	221
lamellosa...	1 b	125
lata........	1 b	114
Lewisii.....	1 b	113
longissima..	1 a	217
marginata..	3	649
marginata.	1 a	225
Meyeri.....	22	915
minima....	1 b	115
Mortierii....	26	2532
Munsterii...	1 a	226
mytiloides..	5	650
mytiloides..	26	2532
oblata......	1 b	119
oblonga....	1 b	151
obtusa.....	1 a	223
ovalis......	17	414
Oxfordiana..	13	435
parallela....	5	651
quadrata....	1 a	210
Rauliniana..	19	236
riciniformis.	1 a	219
spatulata....	2	775
squamiformis.	5	647
striata......	1 b	116
striatula....	17	264
subelliptica.	1 b	118
submargina-ta......	1 a	225
suboblonga..	1 b	121
suprajurensis	15	107

LI

LINGULA.	Étages	Numéros
truncata....	17	415
Lingulina		
carinata....	27	505
costata.....	26	2835
mutabilis...	26	5834
rotunda.....	26	2833
Litharæa.		
asbestella...	26	2759'
Carryensis..	26	2760'
Deshayesiana	25	1671'
Martinii....	26	2760
Rouyana....	25	4285'
Lithodendron.		
annulatum.	3	990
articulatum	14	508
cariosum...	25	1269'
compressum.	13	610
—	13	611
concamera-tum......	3	982
confluens...	6	681
dianthus...	13	605
dichotomum	15	607
—	14	512'
discrepans..	22	725
Edwardsii..	14	494
Eunomia...	11	443
exiguum....	21	318
fasciculatum	3	981
flabellum..	14	504
flexuosum..	27	474
funiculus..	14	496
gemmans...	21	268
gracile.....	6	680
granulatum	6	678
granulosum.	27	475
humile.....	21	264
—	21	318"
ibicinum...	3	980
intricatum.	26	2786
irregulare..	3	984
—	25	1269
—	25	1659'
—	26	2730
lave.......	14	503
longiconicum	5	985
manipulatum	26	2735
Meyeri....	17	516
Moreausia -cum......	14	493
multicaule.	26	2735'
multistellatum	25	1271
nanum.....	13	609
pauciradiale.	3	988

LI

LITHODENDRON.	Étages	Numéros
plicatum...	13	606
pseudostylina	14	492
ramulosum.	21	266
sexdecimale.	3	985
sociale......	13	608
sublœve....	6	685
thyrsiformis	16	2737
verticillatum	6	681
Lithodomus.		
æqualis.....	20	426
Aglae......	22	751
Alsus.......	11	293
amygdaloides	17	334
angustus...	25	1084
Archiacii...	17	355
Argentinus..	25	1635
avellana....	17	724
Carantonensis	20	425
contortus...	22	752
corallinus...	14	322
cordatus....	25	1083
Cypris......	22	755
dactyloides.	3	504
elatior.....	13	386
Ermanianus.	13	384
faba.......	22	754
fabellus....	11	892'
inclusus....	11	294
intermedius.	22	750
lithophagus.	27	391
lithophagus	22	1083'
Luciensis...	11	295
oblongus...	17	356
obtusus....	22	752
papyraceus.	25	1636
parasiticus..	11	293'
pistilliformis	21	147
prælongus..	17	357
pyriformis..	20	427
rostratus.	20	422
rugosus....	20	425
Rupellensis.	14	323
sericeus....	26	2595
	27	290?
socialis.....	17	725
spatulatus..	22	753
subinterme-dius......	18	122
subtilopha -gus......	25	1083
suborbicularis	20	424
Toucasianus.	21	146
Lithostrotion.		
ananas.....	2	1142

LO

LITHOSTROTION.	Étages	Numéros
arachnoide..	2	1147
basaltiforme.	3	991
emarcialum.	3	992
floriforme...	3	992
Hennahii...	2	1145
inconfertum.	3	994
Lonsdalei...	1 b	374
mamillare...	3	995
microphyllum.	3	995
pentagonum.	2	1144
profundum.	2	1145
quadrigemi-num......	2	1146
Littorina.		
Alberti.....	26	749
antiqua....	1 b	66
bicincta....	14	125
cancellata..	1 b	65
concinna...	13	114
gracilis....	20	142
granicosta..	14	126
Lacordairea-na.......	3	219
pungens....	20	96
pusilla.....	3	155
Roissyi....	20	149
sculpta.....	22	265
solida......	3	218
striatella...	1 a	83
subaperta..	26	348
Litnites.		
articulatus..	1 b	1
Biddulphii.	1 b	6
convolvens.	1 a	6
—	1 b	2
cornu-arietis	1 a	1
cornu-arietis	1 a	3
giganteus..	1 b	4
Hisingerii..	1 d	2
ibex........	1 b	5
lamellosus..	1 b	5
lituus......	1 b	7
Odini......	1 a	2
perfectus...	1 b	7
Sowerbyanus	1 a	3
tortuosus...	1 b	39
undatus....	1 a	5
undosus....	1 a	4
Lituola.		
æqualis.....	17	544
nautiloidea..	22	1384
rugosa.....	20	755
Lobaria.		
striata......	25	726

LO

LOBOCŒNIA.	Étages	Numéros
corallina. ...	14	619
obeliscus....	14	619''
sublævis....	14	619'
Lobophora.		
bisperforata.	26	2647
Darwinii....	26	2648
elliptica. ...	26	2645
perspicillata.	26	2646
Lobophyllia.		
aspera.....	14	590
Buvignieri.	14	491'
contorta....	26	2764
cylindrica..	14	490
Deshayesia-		
na........	14	494
flabellum...	14	595
labyrinthica	21	321
lobata......	21	256
Lucasiana...	26	2764
Martiniana.	21	250
meandrinoi-		
des.......	14	611
Michelinia-		
na........	21	669
Parisiensis.	25	1269''
Ravignieri.	14	477
Requieni...	21	335'
semisulcata.	14	591
turbinum...	14	491
Lobopsammia.		
cariosa.....	25	1269'
Parisiensis..	25	1269''
Loligo.		
Aalensis...	9	12
Bollensis...	9	12
—	9	4
pyriformis..	9	1
Schubleri..	9	4
Lonsdalia.		
inordinata...	1 *a*	415
Loripes.		
elevata.....	26	2197
Loxonema.		
absoluta....	2	241
acuminata...	5	154
ncuto-striata.	6	180
adpressa...	2	340
Altenburgen-		
sis........	4	3
Anglica.....	2	230
antiqua.....	2	237
arcuata.....	2	245
biangulata..	2	250
Boydii......	1 *b*	41

LO

LOXONEMA.	Étages	Numéros
brevis......	3	147
Bronguiartii	6	194
cancellata...	1 *a*	76
compressa..	2	253
conica......	2	222
constricta...	3	149
curvilinea...	3	151
Cytherea ...	2	247
deperdita...	2	243
Dunkeri. ...	6	184
elongata....	2	238
elongata, ..	3	150
falcifera....	6	179
formosa.....	6	186
fusiformis...	1 *a*	77
gracilis.....	3	152
gregaria....	2	252
Hebe.......	2	246
Hehlei......	5	17
Hennahiana.	2	223
impendens ..	3	150
impressa....	2	225
latescalata..	6	191
Kaupii.	2	248
Lebrunii....	5	18
Lefebvrei...	3	148
lævissima...	2	226
lincta.......	2	224
lineata.......	2	235
megaspira..	3	146
minima.....	6	197
Murchisoniana	3	139
neglecta....	2	239
Nereis......	2	231
nuda,......	6	193
obsoleta. ...	5	16
obsoleta....	1	221
parvula.....	3	153
Phillipsii ...	2	228
Plieningeri..	6	182
polygyra ...	3	143
Ponti,......	2	249
Potosensis ..	5	15
præterita. ...	2	227
primordialis.	3	142
prisca......	2	242
pulcherrima.	5	144
pupa.......	6	190
reticulata...	2	229
rugifera	3	140
rugifera....	2	250
scalarioidea .	5	147
similis......	3	141
sinuosa.....	1 *b*	40

LU

LOXONEMA.	Étages	Numéros
sinuosa.....	2	258
Stotteri.....	6	187
strigillata...	6	181
subangulata.	2	214
subcancellata	2	240
sublongata..	1 *a*	80
subfusiformis	1 *a*	78
subobsoleta.	2	221
subulata....	2	251
sulcata,....	3	242
tenuicarinata	2	234
tenuiplicata.	6	185
teres.......	2	233
tornata.....	6	188
trochiformis.	6	196
trochleata...	2	236
tumida.	3	138
tumida.....	2	234
turrita......	3	145
turritellifor-		
mis......	6	183
vittata......	1 *a*	79
Zeuschneri..	6	189
Zietenii.....	6	195
Lucina.		
æquilatera..	10	321
affinis......	26	2159
Agassizii....	26	2176
albella......	25	956
albella.....	26	286'''
Alpina	6	473
alveata.....	25	967
ambigua....	25	951
Ambricana..	26	2191
ampliata....	1.	296
angula.....	25	970
angulata....	26	2171
anodonta....	26	2196
antiqua.....	2	533
antiqua. ...	3	435
antiquata...	26	2166
Arduennensis	19	214
Argus......	24	493
Artemis....	12	172
astartea....	26	2167
Astensis	26	2177
athleta.....	14	268
Basteroti...	26	2162
Bellona.....	11	234
bipartita....	25	949
callosa.....	26	2185
Campaniensis	21	118
	22	606
Bowerbanki.	26	2180

LU

LUCINA.	Étages	Numéros
Brocchii	26	2179
callosa	25	958
candida	26	2163
cardioides	11	233
carinifera	25	968
circinaria	26	2159
circularis	20	534
columbella	26	2162
columbella	26	2163
commutata	27	341
compressa	25	973
concava	24	492
concentrica	25	950
concentrica	2	539
—	26	2175
Conradii	26	2194
contorta	24	155
contracta	26	2196
Coquandiana	24	494
Corbarica	24	494
—	24	495
corbisoides	13	300
cordata	27	342
Cornueliana	17	295
cornula	25	968
corrosa	13	302
Coyana	5	435
crassa	13	295
crenulata	26	2193
corviradiata	26	2168
declivis	2	498
Delbosii	26	286 c
Delia	14	269
dentata	26	2173
dentata	26	2148
Deshayesii	6	471
Desmoulini	22	612
despecta	10	528
Desnoica	2	539
digitaria	27	341
discus	21	118
divaricata	25	957
—	25	1620
—	26	2160
—	26	2194
dolabra	25	972
Dufrenoyi	2	535
Dupiniana	17	296
duplicata	6	472
edentula	26	2180
elegans	25	955
elevata	26	2197
Elsgaudiæ	15	128
Ermenouvil –		

LU

LUCINA.	Étages	Numéros
lensis	25	1620
excavata	22	610'
excentrica	18	112
fallax	22	614
Fischeriana	13	298
Foremani	26	2186
Fortisiana	25	959
Gabrielis	9	198
Galeottina	25	963
Georgeana	15	129
gibbosa	26	2174
gibbosula	25	947
gigantea	25	945
gigantea	27	503
glabella	27	544
globiformis	17	298
globosa	27	345
globosa	13	287
gracilis	26	286"
Grangei	22	611
grata	24	160
Griffithii	2	538
heteroclita	13	315
hiatelloides	26	2161
Hibernicencis	3	436
hyatelloides	25	963
impressa	25	969
inæqualis	13	301
incrassata	26	2165
jugosa	22	615
Jurensis	11	235
lactea	27	546
lævigata	24	161
lævis	8	175
lamellosa	25	976
lamina	3	432
laminata	3	430
Leana	26	2199
lens	22	610
lens	26	2199
lenticularis	22	608
leonina	27	347
Leymeryi	24	495
lineata	2	534
lirata	12	174
Lorieri	10	319
Luciensis	11	236
lunata	25	967
lupinus	26	2172
lyrata	13	298
—	10	318
—	11	234
Menardi	25	954
minima	15	130

LU

LUCINA.	Étages	Numéros
minuta	24	162
minuta	4	23
minutissima	4	23
Miocenica	26	2178
mitis	25	960
modesta	25	965
Mosæ	14	270
multistriata	26	2188
mutabilis	25	946
neglecta	26	2170
Neptuni	14	272
Nereis	20	531
nivea	26	2164
numismalis	22	609
obesa	22	615
obliqua	25	953
orbicularis	20	332
Orbignyana	11	232
ornata	26	2160
ornatissima	22	613
ovata	13	297
pandata	25	973
papyracea	25	975
parvula	26	2185
Pensylvanica	27	348'
Phillipsiana	13	299
pisum	20	333
plana	9	199
plicato – cos- tata	17	715
Portlandica	16	44
proavia	2	536
pulchella	25	957
pumila	8	176
—	25	969
punctulata	26	2198
quadrata	24	495
radians	26	2190
radians	24	136
Reichei	20	335
renulata	25	948
retusa	2	540
Rossica	4	24
rotunda	25	974
Rouyana	17	297
rugosa	2	537
Rupellensis	14	271
Sarthacensis	12	175
saxorum	25	1618
scalaris	25	952
scopulorum	24	497
scopulorum	26	2169
sculpta	18	111
serrulosa	27	305

LU

LUCINA.

	Étages	Numéros
solidula.....	18	113
speciosa....	26	2192
squamosa...	26	286
squamosa...	26	2192
squamula...	24	491
striatula....	26	286'
subangulata.	26	286 a
subconcentri-ca.......	26	2175
subdivaricata	24	498
subedentula.	26	2181
subgibbosula	26	2174
subglobosa..	22	607
subnumisma-lis........	22	609
suborbicula-ris........	2	541
subpensylva-nica......	27	348'
subradians..	24	156
subscopulo-rum......	26	2169
substriata...	15	127
subtransver-sa........	26	2183
subtrigona..	24	158
subuncinata.	25	971
subvexa.....	25	966
sulcata......	25	1617
sulcosa.....	24	496
supracretacea	23	35
symmetrica.	25	974
Taurina.....	26	2182
telata......	27	504
tenuis......	10	320
tenuistria...	26	286 b
Thieraosii...	26	286"
transversa..	26	2183
trisulcata...	26	2187
tumida......	26	2184
Turonensis..	20	350
uncinata....	24	159
uncinata...	26	286 b
undula.....	26	2189
unguis......	27	348
Vibrayeana.	19	245
Volderiana..	25	962
Zieteni......	10	318

Lunulites.

	Étages	Numéros
androsaces..	26	2577
Bourgeoisii..	22	1084
conica......	26	2582
contigua....	25	1183
denticulata..	26	2578

LU

LUNILITES.

	Étages	Numéros
distans.....	25	1182
glandulosa..	24	562
hexagonalis.	24	565
perforata...	26	2575
perforata...	25	1181
punctata....	24	563
radiata......	25	1179
rhomboidalis.	26	2576
subperfora-ta........	25	1181
umbellata..	26	2580
urceolata...	25	1180
urceolata...	22	1338
Vandenheckei	24	564

Lunulocardium.

	Étages	Numéros
canaliferum	2	605
exorescens..	2	607
inæquicosta-tum......	2	615
ovatum.....	2	604
Partschii...	2	604
processens..	2	604
pyriforme..	2	603
semistriatum	2	602
tetragonum.	2	606

Lutraria.

	Étages	Numéros
Aldouini...	12	107
concentrica.	15	100
convexa.....	26	1892
costata.....	17	204
crassidens..	26	1830
cretacea....	22	464
cuneata.....	17	204
decurtata...	10	226
donaciformis	8	147
elliptica.....	27	275'
elongata....	3	385
—	10	208
—	24	449
gibbosa.....	10	227
Massiliensis	17	204
oblata......	25	756
ovalis......	10	220
—	11	167
prisca......	2	473
—	3	465
rostrata....	17	201
rotundata..	9	168
rugosa......	15	63
sanna......	26	1831
sanna......	26	1828
sinuosa.....	14	204
solenoides...	27	275
striata......	17	238

LY

LUTRARIA.

	Étages	Numéros
striato-punctata.	18	247
tenuistria...	10	212
trapezicosta.	12	113
—	13	194
unioides....	8	148
Urgonensis.	17	203
Voltzii......	17	202

Lychnus.

	Étages	Numéros
ellipticus...	24	12
Matheroni..	24	14
Urgonensis..	24	13

Lymnæa.

	Étages	Numéros
acuminata...	25	1381
Affuvelensis	24	15
Aquensis...	24	18
arenularia...	25	1382
auricularia.	26	327
columellaris.	25	1391
cornea.....	26	21
cylindrica...	26	22
fabula......	26	24
fragilis.....	26	325
fusiformis...	25	1389
gracilis.....	27	20
inflata......	26	23
inflata.....	26	326
longiscata...	25	1384
longissima..	24	16
maxima.....	25	1390
minima.....	25	1388
obliqua.....	24	17
obtusa......	26	25
obtusissima..	26	332
ovata......	26	328
ovum.......	25	1380
palustris...	25	1386
—	26	329
peregra.....	27	13
peregrina...	26	331
pseudoovata.	26	328
pseudopalus-tris......	26	329
pyramidalis.	25	1387
pyramidalis	27	18
socialis.....	27	16
striata......	27	17
striatella....	26	330
strigosa.....	25	1385
subauricula-ria.......	26	327
subfragilis..	26	325
subinflata...	26	326
subovata....	27	19

LY

LYMNEA.	Étages		Numéros
subpalustris.	25		1386
subpyrami - dalis.	27		18
substriata.	25		1383
subulata.	24		34
subventricosa	27		14
symmetrica.	26		26
Velutina.	26		533
ventricosa.	27		14
vulgaris.	27		15

Lymnorea.

	Étages		Numéros
astroites.	6		707
denudata.	11		511
gigantea.	11		512
hemisphæri-ca.	13		702
hieroglypha.	6		709
hybrida.	6		705
involuta.	6		708
mamillata.	10		570
mamillosa.	11		509
mamillosa.	11		510
Michelini.	11		510
milleporata.	6		706
sulcata.	6		710
sphærica.	20		779

Lyonsia.

	Étages		Numéros
abducta.	10		244
alata.	1	b	92
Albertii.	5		40
Aldouini.	13		213
amygdalina.	1	b	85
anatiniformis	1	a	166
angustata.	3		365
anodontoides	1	a	178
antiqua.	1	b	90
arcuata.	3		367
Aspasia.	9		168
attenuata.	3		574
aviculoides.	2		475
biarmica.	4		13
bicarinata.	4		17
carinifera.	20		247
centralis.	3		382
clavata.	3		384
concinna.	3		368
contracta.	2		478
cordiformis.	10		246
corrugata.	3		573
Coyana.	3		386
curta.	1	a	177
cylindrica.	3		375

LY

LYONSIA.	Étages		Numéros
donaciformis	8		147
Doris.	7		78
dubia.	4		14
elegans.	20		247
elongata.	3		385
elongata.	21		100
excavata.	12		122
faba.	1	a	174
gibbosa.	1	a	164
gigantea.	3		373
globulosa.	22		480
grandis.	9		169
Halliana.	1	a	165
impressa.	1	b	86
inornata.	22		488
Kutorgana.	4		16
lata.	22		481
latirostris.	11		170
lyrata.	2		465
major.	9		171
minima.	3		388
minor.	3		387
modiolaris.	3		376
mytiloides.	1	a	172
nana.	10		248
nasuta.	1	a	162
Normaniana.	1	a	161
nuculiformis.	1	a	180
oblonga.	3		577
obsoleta.	1	b	91
Omaliana.	3		570
ovata.	2		477
parallela.	1	a	173
peregrina.	11		169
	12		121
phaseolina.	2		472
pinguis.	9		170
prisca.	2		473
quadrata.	3		578
recurva.	12		123
Rœmeri.	8		146
retusa.	1	b	88
rigida.	1	b	84
rotundata.	9		167
rotundata.	17		215
Ricordiana.	18		91
sanguinola - roidea.	1	a	163
securiformis.	3		589
semicostulata	13		215
semisulcata.	1	b	89
sinuata.	3		579

LY

LYONSIA.	Étages		Numéros
socialis.	3		380
striato-punc-tata.	10		247
subangustata	2		474
subattenuata.	3		385
subaviculoides	1	a	861
subcuneata.	3		369
subimpressa.	2		466
sublata.	1	a	171
submodiola-ris.	1	a	175
subnasuta.	1	a	169
suboblonga.	2		476
subrotundata	17		215
subspatulata.	1	a	170
subtruncata.	1	a	176
subtumida.	3		581
sulcosa.	13		214
terminalis.	1	a	179
Trentonensis	1	a	167
truncata.	2		469
tumida.	3		366
undata.	1	b	87
unioides.	8		148
Verneuilii.	3		571
vetusta.	1	a	181
zonata.	10		245

Lyrodesma.

	Étages		Numéros
plana.	1	a	185
pulchella.	1	a	184

Lyredon.

	Étages		Numéros
curvirostre.	5		57
delloideum.	5		48
Goldfussii.	5		51
intermedium	15		292
Kefersteinii.	5		50
lævigatum.	5		54
litteratum.	15		126
muricatum.	15		120
orbiculare.	5		52
ovatum.	5		53
pes-anseris.	5		59
similis.	9		193
simplex.	5		56
vulgare.	5		55

Lysianassa.

	Étages		Numéros
anaglyptica	14		216
designata.	22		476
ornata.	12		113
—	13		194
rhombifera.	13		194
subcarinata.	10		239

M

MA

Maclura.

	Étages	Numéros
magna	1 a	98
matutina	1 a	101
sordida	1 a	97

Macrochellus.

	Étages	Numéros
acutus	3	155
arculatus	2	258
arculatus	2	257
brevis	2	255
canaliculatus	3	159
elongatus	2	258
fimbriatus	3	160
harpula	2	256
imbricatus	3	156
imbricatus	2	254
Michotianus	3	175
neglectus	2	259
Oceani	2	255
ovalis	3	155
Phillipsii	2	253
rectilineus	3	158
sigmilineus	3	157
subcostatus	2	257
subimbricatus	2	254
tricinctus	3	305

Macropneustes.

	Étages	Numéros
Ammon	24	601
Beaumonti	24	600
delphinus	24	216
Deshayesii	25	1204
pulvinatus	24	599

Mactra.

	Étages	Numéros
acuta	15	96
Alabamiensis	25	750
angulata	20	258
Araucana	22	494
arcuata	26	1860
Auea	26	1882
Bignoniana	26	1866
callosa	13	226
Carteroni	17	255
caudata	16	35
Cecilleana	22	495
clathrodon	26	1872
congesta	26	1876
convexa	15	97

MA

Mactra.

	Étages	Numéros
crassidens	26	1870
crebra	24	468
cuneata	26	1863
Darwinii	26	1880
decisa	25	751
deltoidea	26	1867
delumbis	26	1875
depressa	25	1580
dubia	26	1861
Dupiniana	17	256
fragosa	26	1874
gibbosa	11	156
inæquilatera	26	1858
incrassata	26	1871
insularum	16	36
intersecta	22	497
isocardioides	15	99
lactea	27	288
Levesquei	24	450
Lisor	27	286
Matronensis	17	257
modicella	26	1872
ovalis	26	1863
ovata	15	94
ovata	3	471
parilis	25	752
Podolica	26	1867
ponderosa	26	1861
ponderosa	26	1873
prætenuis	25	750
pseudocuneata	26	1863
pygmæa	25	752
rostralis	16	54
rugata	26	1881
rugosa	27	288'
Rupellensis	15	95
Sausuri	15	98
securiformis	7	79
semisulcata	25	749
sirena	24	469
striata	26	1859
striata	17	258
striatella	26	1869
stultorum	27	287
stultorum	27	286

MA

Mactra.

	Étages	Numéros
subcuneata	26	1877
subdepressa	25	1580
subparilis	26	1879
subponderosa	26	1873
substriata	17	258
substriatella	26	1869
subtriangula	26	1868
triangula	27	288
triangula	26	1868
trigona	15	225
trigona	5	53
—	16	54
tripartita	22	496
triquetra	26	1878
Vitaliana	26	1863

Mactromya.

	Étages	Numéros
globosa	15	513
mactroides	11	179
rugosa	15	100
striolata	15	155

Madrepora.

	Étages	Numéros
cariosa	26	2778"
exarata	26	2777
glabra	26	2779'
interstincta	1 b	586
lavandulina	26	2776
Mayeri	17	516
obeliscus	14	619"
ornata	25	1284
palmata	26	2758
sublævis	14	619'
trochiformis	25	1259
tubulata	25	1285

Magas.

	Étages	Numéros
pumilus	22	951

Magilus.

	Étages	Numéros
antiquus	26	1446
planaxoides	26	1447

Malleus.

	Étages	Numéros
orbicularis	3	548

Manon.

	Étages	Numéros
acutestriatum	6	180
capitatum	22	1540
dubium	6	727
falciferum	6	179

MA

MANON.

	Étages	Numéros
impressum..	13	667
marginatum	13	666
—	13	668
—	13	669
—	13	700
micrommata	22	1498
miliaris....	22	1497
monostoma.	22	1462
pertusum...	6	728
pezita......	13	665
—	22	1521
Phillipsii...	22	1496
pisiforme...	6	705
poraceum...	6	729
pulvinarium	20	790
pyriforme...	22	1490
seriatoporum	22	1496
sparsum....	22	1507
submargina-		
tum......	6	702
tenue.......	22	1523
tubuliferum.	22	1485
turbinatum.	22	1510
—	22	1499

Marginaria.

	Étages	Numéros
circumvallata	22	1036
concatenata.	22	1024
denticulata..	20	583
hippocrepis.	22	1034
impressa....	22	1038
ostiolata....	22	1025
Parisiensis..	22	1040
polymorpha.	22	1035
reticulata...	22	1039
Santonensis.	22	1041
subrotunda.	22	1031
sulcata......	22	1037
tenera......	22	1032
tenuisulcata.	22	1033

Marginella.

	Étages	Numéros
ampulla.....	25	1457
anatina....	25	240
angystoma..	25	238
auriculata..	26	545
cancellata..	26	545'
clandestina..	27	115
columba....	25	243
constricta...	25	241
conulus.....	26	852
costata......	26	545'
crassilabra..	25	240
crassilabra	25	242
cypræola ...	26	845
denticulata..	26	856

MA

MARGINELLA.

	Étages	Numéros
dentifera....	25	254
Deshayesi...	26	848
eburnea.....	25	255
eburnea....	26	135
—	26	851
eburneola...	26	855
elongata.....	26	846
emarginata..	26	847
exilis.......	26	855
glabrella...	26	848
bordeola....	25	255
humerosa...	25	242
lævis.......	27	117
larvata.....	25	259
limatula....	26	854
miliacea....	27	116
miliacea....	26	844
nana.......	26	857
nitidula.....	25	257
oblongata...	26	849
ovata......	25	239
ovulata.....	25	256
ovulata....	26	845
phaseolus...	24	299
planulosa...	26	850
splendens...	26	134
subeburnea..	26	135
subexilis....	26	855
submiliacea.	26	844
subovulata..	26	845
Taurinensis.	26	851

Marginospongia.

	Étages	Numéros
infundibulum	20	788
irregularis..	22	1500

Marginulina.

	Étages	Numéros
angularis ...	26	2856
arcuata.....	11	486
arcuata....	26	2855
compressa...	22	1361
compressius-		
cula	26	2852
convexa.....	17	548
crassa......	17	775
elongata....	22	1362
glabra......	27	506
gladius.....	26	2856
gracilis.....	17	777
gradata.....	22	1363
hirsuta	27	507
lata........	17	778
Moreana....	14	623
mutabilis...	17	776
pedum......	26	2837
prima......	8	262

MA

MARGINULINA.

	Étages	Numéros
rugosocostata	26	2840
similis......	26	2838
spirata.....	26	2854
striata......	26	2839
Terquiemi...	8	265
triangularis..	26	2841
trilobata....	22	1360
varicosta....	22	1364

Marsupiocrinites.

	Étages	Numéros
cœlatus....	1 b	537
dactylus...	1 b	356

Marsupites.

	Étages	Numéros
ornatus.....	22	1268

Martinia.

	Étages	Numéros
rhomboidalis	3	802
strigocepha-		
loides....	3	803

Meandrastrea.

	Étages	Numéros
Arausiaca...	21	335
circularis...	21	334
crassisepta..	21	352
pseudomean-		
drina.....	21	331
Requieni....	21	355'
reticulata...	21	355

Meandrina.

	Étages	Numéros
agaricites...	22	1316
ambigua. ...	20	713
angustata...	14	600
Arausiaca..	21	333
astroides...	15	637
Ataciana...	21	337
Bellardii....	26	2770
Bernardina.	14	601
bisinuosa...	26	2766
Bronnii....	6	690
cerebriformis	26	2766
corrugata..	14	618'
Cottaldina..	17	533'
Dædalea...	26	2770
Delucii.....	14	596'
elegans.....	14	599
Edwardsii.	14	618'''
filograna...	26	2770
—	26	2772
Koninckii...	21	524'
labyrinthica	6	691
linearis.....	14	602
Lucasiana..	26	2764
macroreina.	21	356
Michelottii..	26	2771
Neocomiensis	17	533
Oceani.....	21	325'
ornata......	14	598

ME

MEANDRINA.	Étages	Numéros
Phrygia....	26	2772
Pyrenaica...	21	323
radiata.....	21	322
rastellina..	14	597
Raulini....	14	618"
reticulata..	22	1307
Renauxiana.	21	324
Salzburgiana	21	321'
Sœmmeringii	13	641
stellifera...	29	2769
tenella......	13	639
tenella.....	21	321'
venustula...	11	468
vetusta.....	26	2767
Meandrophyllia.		
Lotharinga..	14	611'
Meandropora.		
cerebriformis	26	2606
Meandrospongia.		
foliacea.....	21	563
Megaledon.		
alutaceus...	2	502
antiquus....	3	402
auriculatus..	2	503
bipartitus...	2	494
carinatus ...	2	504
carpomor-		
phus.....	1 *b*	97
concentricus.	2	496
cucullatus...	2	493
declivis.....	2	498
Deshayesianus	1 *a*	190
elongatus...	2	495
oblongus....	2	499
oblongus ...	2	476
rhomboideus	2	500
sulcatus.....	2	497
transversus.	3	403
truncatus...	2	501
Megasiphonia.		
Aturi......	26	304
Alabamensis.	25	8
zigzag......	25	7
Megathiris.		
cuneiformis.	22	983
depressa....	22	984
oblita.......	26	2540'
Melania.		
abbreviata..	6	370
—	10	175
—	13	20
absoluta....	2	246
acicula.....	10	47
acuminata..	3	154

ME

MELANIA.	Étages	Numéros
Alberti.....	6	364
angusta....	6	105
antiqua....	2	247
anthophyl-		
loides....	6	172
arcuata....	2	243
armata......	24	61
auricula...	26	554
bilineata...	2	404
Blainvillii.	9	65
Brongnarti.	6	194
Bronnii....	15	19
buccinalis..	25	1429
bulimoides..	13	125
canalifera..	6	140
canicularis.	25	78
Cassiana...	6	369
clathrata..	26	454
clavula. ...	25	52
coarctata...	10	49
cochlea.....	6	156
cochlearella.	24	238
—	25	35
columnaris.	6	126
concentrica.	6	132
condensata .	13	75
conica......	6	118
constricta..	3	149
corrugata..	26	63
costata.....	25	1414
costellata ..	24	242
—	25	81
—	26	66
crassa......	6	115
crenulata...	16	9
curvicosta..	26	351
curvicostata.	24	57
fasciata.....	25	1417
formosa....	6	186
fragilis....	25	82
fusiformis..	6	109
Gardanensis.	24	64
gigantea...	16	8
globosa.....	7	42
gracilis....	6	110
granulosa ..	25	351
Hagenovii..	6	363
Haueri.....	6	102
Hauslabii..	6	173
Heddingto-		
nensis....	13	70
hordeacea..	24	239
—	25	80
Hornesi....	6	176

ME

MELANIA.	Étages	Numéros
inæquistriata	6	150
incerta.....	26	480
inquinata...	24	58
Kaupii	2	248
Koninckiana	6	108
lactea......	25	1428
—	26	481
lævigata...	25	79
—	26	455
larva......	6	170
latescalata..	6	191
limnearis...	2	359
lineata.....	10	48
—	13	70
longissima .	6	107
lyra.......	24	59
marginata..	25	50
minima.....	25	1415
minima....	6	107
multitorquata	6	113
nitida......	25	84
—	26	478
nodosa.....	6	143
—	8	43
nuda.......	6	195
nympha....	6	116
Nystii.....	25	34
obliquecos -		
tata.....	6	114
obovata....	8	110
oriza.......	26	352
ornata.....	26	464
paludinaris.	6	362
Partschii...	6	366
patula	26	353
perversa ...	6	112
phasianoides	8	87
—	8	90
plicata.....	6	365
plicatula...	24	75
Plieningeri.	6	193
polita......	25	31
prisca......	2	242
procera....	10	50
pupa.......	6	190
—	26	465
pupæformis.	6	111
quadrilineata	24	66
quadristriata.	26	350
reticulata..	26	468
Roppii.....	26	379
rugifera....	3	140
rugoso-cos -		
tata.....	6	167'

ME

MELANIA.	Étages	Numéros
scalariformis	10	172
scalaris	24	65
scillæ	27	66
secalina	26	350'
semicostata	7	43
semidecus-sata	25	65
semigranosa	26	354
similis	6	117
spina	26	479
spiratissima	26	467
Stotteri	6	187
striata	12	79
—	13	124
Stygia	24	241
subangulata	2	244
subcolumnaris	6	106
subconcen-trica	6	119
subnodosa	6	174
subovata	6	112
subrugosa	24	60
subscalaris	6	155
subtenuistria-ta	24	56
subtortilis	6	121
subulata	27	67
sulculosa	3	148
supraplecta	6	141
Turbellina	24	230
tenuicostata	24	23
tenuiplicata	6	185
—	25	1430
tenuis	6	159
tenuissima	6	168
tenuistriata	6	104
—	24	56
terebellata	26	347
terebra	6	114
texata	6	131
—	6	169
triticea	24	65
trochiformis	6	196
truncata	25	1416
tumida	3	138
turricula	24	62
turris	10	48
turritella	7	58
turritellaris	6	138
turritelliformis	6	183
undulata	10	188
variabilis	6	568
vittata	11	29

ME

MELANIA.	Étages	Numéros
Zenkeni	7	41
Zietenii	6	192

Melanopsis.

	Étages	Numéros
ancillaroides	24	220
Aquensis	26	356
armata	24	61
attenuata	17	182
Bonellii	26	360
Bouei	26	363
brevis	25	1419
buccinoidea	24	68
buccinoides	26	558
buccinula	24	67
carinata	25	1418
carinata	26	360
Clementina	19	112
costata	24	70
—	26	41
Dufourii	26	355
Dufresnii	24	396
Emericii	24	221
fusiformis	24	68
Galloprovin-cialis	24	71
gibbosula	26	40
laurea	26	42
Lushani	26	359
lyra	24	59
Marticensis	24	72
Martiniana	26	562
Nazzolina	26	361
Nereis	26	41
obtusa	24	218
olivula	26	357
Parkinsoni	24	219
rugosa	24	60
subbuccinoi-des	26	558
subcostata	24	70
subulata	25	1420
tricarinata	17	183
turricula	24	62

Meleagrina.

	Étages	Numéros
alternata	3	523
echinata	3	524
lævigata	3	573
rigida	3	525
pulchella	3	571
quadrata	3	575

Melia.

	Étages	Numéros
affinis	5	92
alveolaris	6	18
angulata	1 b	33
angulifera	2	85

ME

MELIA.	Étages	Numéros
attenuata	3	91
Breynii	5	87
Cincinnatæ	1 a	67
communis	1 a	65
compressa	2	87
convergens	6	20
Dannenbergii	2	84
gracilis	2	84
Steinhaueri	5	86
imbricata	1 b	34
Keyserlingi	2	88
Munsteriana	5	88
pygmæa	5	89
reticulata	6	19
subflexuosa	2	86
triangularis	2	82
trochlearis	1 a	66
vaginata	1 a	70
ventricosa	1 b	37
vestita	3	90
Wissenbachii	2	83

Meliceritites.

	Étages	Numéros
gracilis	20	737
porosa	22	1019'
Rœmeri	22	1317
seriata	22	1318

Melocrinus.

	Étages	Numéros
cælatus	1 b	337
cingulatus	2	1107
dactylus	1 b	356
fornicatus	2	1068
gibbosus	2	1069
hieroglyphi-cus	2	1070
lævis	2	1067
moniliferus	2	1106
muricatus	2	1104
nodulosus	2	1105
pyramidalis	2	1071
striatus	2	1109
tenuistriatus	2	1108
verrucosus	2	1072

Melongena.

	Étages	Numéros
armigera	25	643

Melonites.

	Étages	Numéros
millepora	3	899

Membranipora.

	Étages	Numéros
bipunctata	22	1022
concatenata	22	1024
Cenomana	20	580
crispa	22	1028
cyclostoma	22	1023
dentata	22	1021
hexagonalis	22	1026

MI

MEMBRANIPORA.	Étages	Numéros
Ligeriensis..	22	1050
megapora...	20	582
Normaniana.	22	1029
ostiolata....	22	1025
philostracites	20	296
reticulum..	26	2543
simplex.....	22	1027
subrotunda..	22	1051
Supergiana.	26	2543
tenera......	22	1032
velamen....	22	1020
Vendinnensis	20	581
Metoptoma.		
elliptica....	3	330
imbricata...	3	338
oblonga....	3	340
pileus......	3	337
rugosa.....	1 *a*	151
solaris.....	3	542
speciosa....	2	456'
sulcata.....	3	341
Michelinia.		
antiqua.....	3	1005
compressa..	3	1003
concinna...	3	1004
convexa....	2	1154
favosa......	3	1002
semisepta...	3	1001
Micraster.		
acutus.....	20	633
angula.....	22	1169
Aquitanicus.	24	573
Beaumonti.	24	600
breviporus..	22	1172
brevis	21	221'
brevisulcatus	24	582
cor-anguinum	22	1167
cor-anguinum	22	1168
cordatus....	22	1170
cor testudina-		
rium.....	22	1167
Deshayesii .	25	1204
distinctus...	20	634
gibbus.....	22	1171
Helveticus..	24	592
latus.......	21	221'
—	26	2613
Matheroni..	21	222
Michelini...	21	1168
minimus...	19	313
oblongus....	19	311
polygonus...	19	310
pulvinatus .	24	599
Renouxii...	21	223

MI

MICRASTER.	Étages	Numéros
sexangulatus	22	1172'
subacutus..	24	591
trigonalis...	19	312
undulatus...	20	635
Microbacia.		
coronula....	20	695
Microdon.		
bellastria...	2	311
Microphyllia.		
Ataciana....	21	557
corrugata...	14	618'
Edwardsii..	14	618'''
Raulini.....	14	618''
Sœmmeringii	15	641
Microsolena.		
irregularis..	14	587
porosa......	11	465'
tuberosa....	14	586
Miliolites.		
birostris...	23	1362
Millepora.		
anastomosa.	1 *b*	329
cervicornis .	22	1331
conifera....	11	470
corymbosa..	11	476
deformis....	23	1670
dumetosa...	11	477
gracilis....	2	1175
interporosa.	3	1030
lobata.	20	736
macrocaulis	11	480
oculata.....	3	1028
punctata...	26	2782
repens.....	1 *b*	588
rhombifera.	3	1029
similis.....	2	1174
Solanderi...	25	1671
spicularis..	3	1027
straminea..	10	483
Millericrinus.		
aculeatus...	13	572
alternatus...	13	556
angulatus...	14	466
Archiacianus	12	274
Bachelieri...	12	276
Beaumontia-		
nus.......	13	560
brevis......	14	465
Buchianus..	13	563
calcar......	13	568
conicus.....	13	554
convexus...	13	576
crassus.....	14	460
cupuliformis.	14	462

MI

MILLERICRINUS.	Étages	Numéros
dilatatus....	13	559
Duboisianus.	13	558
Dudressieri.	13	567
echinatus...	13	575
elegans.....	14	461
Fleuriausianus	14	459
Goldfussii...	13	564
Goupilianus.	14	467
gracilis.....	14	458
horridus....	13	575
inæqualis...	14	469
inflatus.....	14	464
mespiliformis	13	561
Milleri......	13	562
Munsterianus	13	555
Neocomiensis	17	506
Nodotianus .	13	557
obconicus...	11	430
obtusus.....	14	463
ornatus.....	13	570
polydactylus	14	457
pulchellus..	12	277
Radisensis..	14	468
regularis....	13	571
Richardianus	12	275
rosaceus....	13	566
rotiformis..	12	275
scalaris.....	13	565
simplex.....	14	456
subechinatus	13	569
tuberculatus.	13	274
Miriapora.		
Mitra.		
alligata....	26	920
—	27	122
ancillaria..	26	912
Aquensis...	26	136
buccinula...	26	923
Burguetiana.	26	894
cancellata...	22	515
cancellata..	20	172
—	26	911
cancellina...	25	310
Cassidiana..	20	172
clathrata....	22	515
clavatularis.	26	895
cornicula..	27	118
costulata...	25	298
crassidens...	25	302
crebricosta..	25	305
cupressina..	26	909
cytharella..	25	292
decussata..	26	904
Delucii.....	25	295

MI

MITRA.	Étages	Numéros
Dertonensis.	26	910
Dufresnei. ...	26	890
ebenus	27	118
eburnea	26	154
elegans.....	26	911
elongata....	25	294
elongata. ...	26	891
fusellina....	25	307
fusiformis...	26	912
	27	119
fusiformis..	26	892
—	26	921
fusoides. ...	25	519
graniformis.	25	511
Grateloupi..	26	897
incognita. ...	26	893
incognita...	27	118
labratula. ..	25	298
labrosa.....	25	297
lævis.... ..	26	893
lævissima...	26	155
Lajoyi......	25	1470
marginata...	25	309
Michaudii...	26	913
mixta......	25	312
monodonta..	25	295
mutica.....	25	299
mutica.....	26	158
nassoides...	26	1647
obliquata. ..	25	503
obsoleta....	26	914
obsoleta....	26	806
oliva.......	26	808
olivæformis.	26	906
pactilis.....	25	317
Parisiensis..	25	304
parva......	25	514
perexilis....	25	518
plicatella. ...	25	306
plicatula....	26	915
plicatula...	26	903
pseudopapalis	27	120
pulchella...	26	916
pumila.....	25	515
pupa.......	26	905
pupa.......	21	121
pyramidella.	26	918
pyramidella	26	156
raricosta....	25	501
Requieni....	20	173
reticulata...	22	514
rissoides....	26	902
Rœmeri....	22	316
scabra......	25	315

MO

MITRA.	Étages	Numéros
scrobiculata.	26	919
scrobiculata	26	897
—	26	922
Sowerbyi...	26	921
striatula....	26	920
	27	122
striatula...	26	157
striatulata..	25	316
striola......	26	890
striosa.....	26	920
—	27	122
subcostulata.	25	298
subcylindrica	26	908
subdecussata	26	904
subelegans..	26	911
subelongata.	26	891
subfusiformis	26	892
submutica...	26	158
subobsoleta.	26	896
subplicata...	25	300
subplicatula.	26	903
subpulchella.	26	916
subpupa. ...	27	121
subscrobicu-lata......	26	922
substriatula.	26	157
subterebellum	26	901
subsubulata.	26	900
subulata....	26	900
subventricosa	26	159
tenuistriata..	26	907
terebellöides.	24	321
terebellum..	25	508
terebellum..	26	901
turgidula..	26	260
ventricosa..	26	159
Vignyensis..	25	14

Modiola.

	Étages	Numéros
acinaces....	14	313
acuminata..	4	34
—	25	1075
acuta......	2	662
amygdalina	2	651'
angularis. .	24	186
angusta....	17	349
—	25	1084
antiqua.... 1	b	96
arcuata....	20	420
—	25	1080

MO

MODIOLA.	Étages	Numéros
—	19	264
bilobata....	2	656
cancellata..	15	373
compressa..	15	155
concentrica.	2	658
concinna...	3	415
contorta....	22	752
cordata....	25	1085
—	26	2570
cuneata....	10	379
—	12	194
cymbæformis	26	2581
denticulata.	26	2372
depressa. ...	9	220
dimidiata..	6	509
divisa......	3	501
Ducatelli...	26	2590
elegans.....	25	1081
elongata...	3	505'
—	9	214
fabella....	11	292'
gibbosa....	12	195
gracilis....	6	515
granulosa..	3	515
hastata....	24	187
—	25	1074
Hillana....	8	195
imbricata..	12	194
inclusa.....	11	294
lævigata...	20	408
lævis......	8	192
lingualis...	3	507
lithophaga..	25	1083'
—	27	591
longa	27	588
marginata..	26	2384
megaloba...	3	455
mytiloides..	26	2374
—	27	589
navicula. ..	26	2587
nitidula....	7	117
oblonga. ...	15	157
pallida.....	16	48
papyracea..	25	1036
parasitica..	11	293'
patula.....	5	503
pectinata...	25	1078
pectiniformis	25	1076
plana......	6	508
plicata.....	10	378
—	11	282
profunda...	25	1077
pulcherrima	13	580
pulchra....	12	204

[Cachet : BIBLIOTHÈQUE NATIONALE — R. F.]

MO

MODIOLA.

	Étages	Numéros
pygmæa....	26	2580
reniformis..	10	379
Requieniana	21	145
reversa.....	20	408
rugosa.....	17	550
scalaris....	2	650'
scalprum...	8	193
seminuda..	25	1634
semistriata.	2	657
semisulcata.	1 b	89
sericea.....	27	590
siliqua.....	20	406
similis.....	6	508
simpla.....	4	32
Socorrina..	17	723
spathulata.	25	1073
spinigera...	26	2392
squamifera.	5	414
subæquipli-		
cata.....	15	155
subcarinata.	25	1071
subparallela	5	434
sulcata.....	25	1072
tenuistriata	24	523
tetragona..	22	738
tulipea.....	12	194
varians....	15	156
ventricosa..	9	219
vetusta.....	2	665

Modiolopsis.

	Étages	Numéros
anodontoides	1 a	178
arcuatus...	1 a	206
aviculoides.	1 a	168
carinatus..	1 a	191
curtus.....	1 a	177
faba.......	1 a	174
latus......	1 a	171
modiolaris.	1 a	175
mytiloides..	1 a	172
nasutus...	1 a	169
nuculiformis	1 a	180
parallela...	1 a	173
subspathula-		
tus......	1 a	170
terminalis..	1 a	179
Trentonensis	1 a	167
truncatus..	1 a	176

Monoceros.

	Étages	Numéros
ambigua....	26	1443
armigera....	25	643
Blainvillei...	26	1444
cepa.......	26	1445
fusiformis..	25	644
monocanthos	26	1442
pyruloides..	25	644
vetusta.....		644

Monodonta.

	Étages	Numéros
Aaronis....	26	654
—	26	638
Ægyptica.	27	85
Cassiana...	6	260
Cerberi. ...	24	278
cincta......	6	276
corallina...	26	681
—	27	93
elegans.....	6	262
—	26	639
gracilis....	6	274
lævigata...	15	105
—	26	680
limbata. ...	27	92
Lyellii	11	85
Moulinsii..	26	108
Napoleonis.	26	107
nodosa.....	6	261
Parisiensis.	25	1446
Pharaonula	26	681
—	27	95
polyodonta.	26	681
—	27	93
purpura....	2	272
quadrula...	26	682
spirata.....	6	275
subnodosa..	6	273
supranodosa	6	343
trochleata..	22	253

Monopleura.

	Étages	Numéros
birostrata..	17	754
cingulata..	17	757
imbricata..	17	758
sulcata.....	17	758
Urgonensis.	17	754
varians....	17	757

Monoptygma.

	Étages	Numéros
Alabamensis	25	261
elegans.....	25	100

Monotis.

	Étages	Numéros
æqualis....	5	547
Alberti....	5	81
decussata..	10	405
inæquivalvis	6	520
lineata.....	6	543
salinaria...	6	519
similis.....	13	409
substriata..	8	207

Monticularia.

	Étages	Numéros
Guettardi.	26	2774
Styriana...	21	519

Monticulipora.

	Étages	Numéros
cervicornis..	22	1346
cribrosa....	20	759
echinata....	27	478
filosa.......	1 a	377
frondosa....	1 a	376
globosa.....	11	470
incrustans..	11	472
inæqualis...	11	471
mamillosa...	22	1347
mammulata.	1 a	374
muricata...	20	740
Neocomiensis	17	544'
pustulosa...	11	469
ramosa.....	1 a	573
ramulosa....	22	1345
Ricordeana.	18	146'
verrucosa...	17	541

Montlivaltia.

	Étages	Numéros
acaulis.....	6	677
bilobata....	24	655'
Calvimonti.	14	475
caryophyllata	11	437
convexa....	10	529
contorta....	14	482
cornuta.....	14	480
crenata. ...	6	664
dispar......	13	596
dychotoma.	6	676
excavata....	13	598
Goldfussiana	13	599'
Guerangeri..	20	602'
Icaunensis..	17	511'
infundibulum	10	528'
Lesuearii...	15	197
Luciensis. ..	11	438
obconica....	13	597
orbitolites...	10	528
Pictaviensis.	10	550
pygmæa....	6	674
radiciformis.	6	675
regularis....	12	278
Ricordeana..	18	146'
rugosa.....	6	694
Sinemurien-		
sis.......	7	170
striatulata..	20	602''
subrugosa..	14	481
truncata...	11	459
Trouvillensis	13	599''
Zieteni. ...	6	688

Morio.

	Étages	Numéros
ambiguus...	25	655
bicatenatus..	26	1684

MU

MORIO.	Étages	Numéros
coronatus...	25	1558
fasciatus....	26	1684
funiculosus..	25	631
Hodgii..	26	1684
nodosus. ...	25	652
Nystii......	26	262'
striatulus...	26	1685
subambiguus	26	262"
substriatus..	24	427
textilosus...	25	650

Morphastrea.

	Étages	Numéros
escharoides..	22	1308
Ludoviciana.	20	721

Mortieria.

	Étages	Numéros
vertebralis...	3	979

Murchisonia.

	Étages	Numéros
abbreviata..	3	240
abbreviata?	1 a	125
Anglica....	2	402
angulata....	3	239
angulata...	2	402
angustata?..	1 a	126
antiqua.....	2	406
antitorquata.	2	399
Archiaciana.	3	245
articulata...	1 b	70
Baltica....	1 a	134
bellicincta..	1 a	152
biarmica....	4	12
bicincta....	1 a	129
bigranulosa.	2	403
bilineata....	2	404
binodosa....	2	405
brevis.....	2	398
cingulata...	1 b	69
contracta....	2	400
contraria...	2	400
Coralii....	1 b	71
coronata....	2	406
Defrancii...	2	407
fusiformis...	5	250
geminata....	2	408
gracilis....	1 a	133
grandæva..	2	412
Herycina....	2	411
Humboldtiana	5	244
intermedia..	2	409
Josepha....	3	247
Lorcomi....	5	239
Lloydii....	1 b	72
perangulata.	1 a	128
plicata.....	3	249
quadricarinata	3	251
regularis...	2	413

MU

MURCHISONIA.	Étages	Numéros
saturalis....	5	255
Sedgwickiana	5	243
spinosa.....	2	410
spiralis.....	5	234
spirata.....	5	246
striatula....	5	241
subabbrevia- ta........	1 a	125
subangulata.	4	11
subfusifor- mis.....	1 a	78
subsulcata..	5	242
tæniata.....	5	256
tricarinata..	1 a	130
tricincta....	2	401
trilineata...	5	248
triserialis...	5	237
uniangulata.	1 a	131
varicosa....	1 a	113
ventricosa..	1 a	127
vertebralis..	5	979
vittata.....	1 a	79
vittata......	5	238

Murex.

	Étages	Numéros
abbreviatus.	26	1319
affinis.....	26	1354
Albertii....	26	1355
alternatus..	25	549
alternicosta.	26	1356
alucoides ...	26	1487
alveolatus...	26	1388
angulatus...	26	1357
angulatus..	25	586
angulosus..	26	1200
—	27	169
antiquus...	25	482'
Aquitanicus.	26	1344
asperrimus.	26	1340
Astensis...	27	181
Bartonensis.	25	540
Beaumontii..	26	1328
Beckii.....	26	1337
bicaudatus..	26	1358
bicostatus...	25	1495
bispinosus..	25	535
Blainvillii.	26	1322
—	27	187
Bonelli.....	26	1359
Borsoni.....	26	1360
bracteatus..	26	1102
brandaris...	27	187
brandaris..	26	1315
brevicanthos.	27	189
Brocchii...	27	190

MU

MUREX.	Étages	Numéros
Brongniartii.	26	1327
Bronnii.....	26	1321
bulbiformis.	25	477
bulbus......	25	477
calcar......	20	497
calcitrapa...	25	535
calcitrapoides	26	1341
Calliope ...	26	1105
cancellaroides	26	1316
capito......	26	1385
carinella...	25	497
cataphracta.	26	1034
clathratus..	26	1550
clavatus....	27	172
clavus.	26	1361
colubrinus..	26	1425
complicatus.	26	1530
conglobus...	27	192
coniferus...	25	490
conoides....	26	195 a
Conradi. ...	25	543
contabulatus.	25	550
contiguus...	25	1155
contrarius..	26	1259
corneus.....	26	1188
—	26	1389
coronatus...	25	537
costatus....	27	188
costellifer...	26	1391
crassicostatus	25	1494
craticulatus.	27	191
craticulatus	26	1364
crenatus ...	27	213
crispus.....	25	554
cristatus....	27	178
cristatus ...	25	556
cuniculosus.	25	495
—	26	402 d
curius.....	25	499
curvicosta...	26	1524
decussatus..	26	1318
defossus....	25	558
Delbosianus.	26	1531
dentatus	26	224 b
denudatus...	25	1495
Deshayesii..	26	224 b
despectus...	26	1359
dimidiatus.	26	1042
distans	25	1492
distortus ...	25	536
—	26	198
doliare	27	199
doliare,....	26	1422
Dufrenoyi...	26	1347

MU

MUREX.	Étages	Numéros
echinatus ...	26	1392
elegans.....	26	1357
engonatus...	25	542
erinaceus. ..	27	179
erinaceus...	26	1346
excisus.....	26	1343
exiguus	26	1323
—	26	1352
exortus. ...	25	408
ficulneus ...	25	494
filosus......	26	1358
fistulosus...	25	543
—	26	1396
fluctuosus ..	22	586
foliaceus....	24	545
foliosus.	27	180
frondosus...	25	551
frondosus ..	26	1320
funiculosus..	26	1364
fusiformis..	14	163
—	26	224 *a*
—	26	1355
fusulus	26	1365
Genei	26	1366
graeculus...	27	143
gradatus...	24	94
graniferus ..	26	1367
granuliferus.	26	1345
Grateloupi...	26	1352
gyrinoides..	27	200
Haccanensis	15	156
harpula....	2	256
—	26	1137
—	26	1145
—	27	164
heptagonatus	27	181
heptagonum.	26	1429
—	27	201
hexagonus..	25	586
—	26	1393'
hordeolus...	26	1368
horridus....	26	1397
imbricatus..	26	1369
incrassatus..	26	1387
inflatus....	26	1218
intercisus...	26	1370
intermedius.	26	1430
—	27	202
interruptus.	25	450
intortus....	26	1033
—	26	1099
labrosus....	26	1371
Lamarckii...	26	224
Lassaignei..	26	1336

MU

MUREX.	Étages	Numéros
latilabris....	26	1372
latus........	24	99
lingua-bovis.	26	1373
longævus...	25	448
longiroster..	26	1222
Mantelli....	25	543
margarita –		
ceus......	26	1534
marginatus.	26	1549
micropterus.	25	1499
misellus	26	1374
mitræformis	26	1183
—	26	1225
monilis.....	26	1040
muticus. ...	25	547
nexilis......	25	521
nodiferus...	26	1375
nodosus.....	27	194
nodularius .	25	551
Noe........	25	461
oblongus....	26	1103
—	26	1534
—	26	1539
—	27	151
obtusangula.	26	1068
ornatus.....	26	225
Pauwelsii ...	26	224"
perfoliatus ..	26	1376
Peruvianus.	26	1241
phyllopterus	26	1576
—	26	1581
pileare.....	27	205
plicatilis....	24	367
plicatus.....	27	182
polymorphus	26	1377
—	27	185
Pondiché-		
riensis....	22	387
porrectus...	25	484
pseudocosta-		
tus........	27	188
pseudoexi -		
guus.....	26	1552
pseudofusi -		
formis....	26	1555
pseudooblon-		
gus.......	26	1539
pungens....	25	545
—	25	548
purpureus..	27	156
Puschianus.	15	157
pyramidalis	25	586
pyraster....	25	555
pyrulatus...	26	1378

MU

MUREX.	Étages	Numéros
quadrifrons.	26	272
rectispina ..	26	1517
reticularis..	27	195
reticulatus .	26	1049
—	27	158
reticulosus..	24	366
reticulosus..	25	553
rhombus....	26	1553
rimosa.....	25	346
rostratus...	26	195 *m*
—	26	1252
—	27	174
rotatus.....	26	1100
rudis........	26	1379
rudis........	25	1497
rugosus	26	1237
—	26	1390
rusticus....	26	1126
rusticulus...	26	1333
saxatilis....	27	189
scaber......	26	1493
scalaris.....	27	184
scriptus....	26	1655
—	27	209
scrobiculator	27	204
Sedgwicki...	26	1580
septangula-		
ris.......	27	163
septangula-		
tus.......	26	1144
—	27	163
siphonellus.	26	1400
—	27	196
siphonosto-		
ma.	27	190
Sowerbyi...	26	1581
spinicosta...	26	1517
spinulosus ..	25	1498
striæformis..	26	1382
striatulus ..	25	558
subasperri -		
mus......	26	1340
subbrandaris	26	1313
subclathratus	26	1350
subcorneus..	26	1389
subcoronatus	25	537
subcristatus.	25	536
subdecussatus	26	1318
subdistortus.	25	532
suberinaceus.	26	1329
subexiguus..	26	1323
subfrondosus	26	1320
subfusiformis	26	224
subhexagonus	26	1393'

MU

MUREX.	Étages	Numéros
subincrassatus......	26	1387
sublavatus..	26	1437
submarginatus......	26	1349
subnodiferus	26	1375
suboblongus.	26	1354
subquadrifrons.....	26	222
subrudis....	25	1497
subrugosus..	26	1390
subtricarinatus......	26	220
subtricarinoides......	26	224'
subtrunculus	26	1526
subulatus..	26	1658
subvitulinus.	26	1342
Swainsoni...	26	1354
Taurinensis.	26	1385
tetragonus..	26	1394
tetrapterus.	26	1400
—	27	196
textilis.....	26	1146
tiara.......	26	1686
tortuosus...	26	1586
—	26	1454
—	27	206
torulosus...	26	1358
tricarinatus.	25	528
tricarinatus	26	224'
—	26	220
tricarinoides.	25	529
tricarinoides	26	224'
tricinctus..	27	216
tricuspidatus	25	1492
trifascialis...	26	1348
trifrons.....	26	221
trilineatus..	25	498
Trinchinopolitensis...	22	396
tripteroides..	25	531
tripteroides	26	1532
tripterus...	26	225
Tritonius..	26	1427
trunculus...	27	185
trunculus...	26	1326
tuberosus...	25	496
turbidus....	25	413
tubifer.....	25	546
—	25	548
—	26	225'
—	26	1398
turgidus...	25	494

MU

MUREX.	Étages	Numéros
Turonensis..	26	1351
turricula...	26	1133
turriculatus	26	1111
turritus.....	27	186
umbrifer....	26	1393
vaginatus...	26	1395
Vanuxemi...	25	344
varicosissimus......	26	1384
varicosus...	27	217
versicostatus	14	174
viperinus...	25	550
vitulinus....	26	1542
—	26	1573
vulpecula..	26	1066
—	27	168

Muricites.

	Étages	Numéros
vulcanicus.	24	409

Mya.

	Étages	Numéros
æquata.....	10	217
angulifera..	11	159
angustata..	25	1610
arctica.....	26	1851
—	27	280
calceiformis	10	218
corpulenta.	26	1833
declivis....	27	277
depressa,..	15	85
—	17	216
—	18	92
dilatata....	10	216
dubia......	27	279
elongata...	26	1847
gibbosa.....	15	63
gregaria...	25	1609
intermedia.	24	125
læviuscula.	20	255
lata.......	26	1834
litterata...	11	159
—	13	190
oblonga....	27	275
ovalis......	5	428
—	14	213
Panopæa...	27	274
parvula....	7	67
phaseolina.	18	97
producta....	26	1832
pullus......	26	1836
reflexa.....	26	1825
rostrata....	27	334
rotundata..	1 *b*	83
rugosa.....	15	60
—	15	100
Vezelayi....	11	157

MY

MYA.	Étages	Numéros
Myacites.		
Albertii....	5	40
elongatus...	5	35
grandis....	5	57
impressus...	2	466
mactroides.	4	36'
musculoides.	5	53
obtusus.....	5	38
ventricosa..	5	34
striatulus..	2	467
Myalina.		
Goldfussiana	3	509
lamellosa...	5	510
subovata....	26	2156
virgula....	3	582
Mycetophyllia.		
stellifera....	26	2769
Myoconcha.		
Actæon.....	11	292
angulata....	20	401
aperta......	26	2362
Aspasia.....	11	291
auricula....	14	510
compressa..	14	309
crassa......	10	376
cretacea....	20	400
cuneata.....	8	197
Helmerseniana	13	568
incurva....	26	2389
lata........	6	507
Maximiliani.	6	506
Murchisoni..	4	33
Neocomiensis	17	556
obtusa......	12	192
ornata......	13	571
Pallasi.....	4	31
radiata.....	13	570
Rathieriana.	13	569
Requieniana.	21	145
scalprum...	7	114
simpla......	4	32
spathula....	7	115
striatula....	10	377
Myoparo.		
costatus....	25	1040
Myophoria.		
Blainvillei...	6	465
cardissoides.	5	58
curvirostris.	5	57
decussata...	6	469
Goldfussii...	5	51
inæquicostata	6	466
Kefersteinii.	5	50
lævigata....	5	54

MY

MYOPHORIA.	Étages	Numéros
lineata.	6	467
orbicularis, .	5	52
ornata.	6	468
pes-anseris..	5	59
rugosa......	6	470
simplex.....	5	56
trigona......	5	53
vulgaris.	5	55

Myopsis.

	Étages	Numéros
attenuata. .	17	195
Jurassi.....	10	209
lata.	17	206
lateralis....	17	196
marginata .	10	225
scaphoides..	17	207
unioides....	17	197

Mypa.

	Étages	Numéros
Americana .	26	2191

Myriapora.

	Étages	Numéros
cavernosa...	26	2605
cruciformis.	1 a	367
pyriformis..	11	473
truncata....	27	443

Myriophyllia.

	Étages	Numéros
rastellina ...	14	597

Myriozoum.

	Étages	Numéros
cavernosa...	26	2605
truncata....	27	443

Myristica.

	Étages	Numéros
cormita....	26	1195
Lainei.	26	1196

Myrmecium.

	Étages	Numéros
gracile.....	6	697
hemisphæri-		
cum......	13	702

Mytilus.

	Étages	Numéros
abruptus....	17	722
acinaces....	14	313
acuminatus .	25	1075
acutangulus..	25	1632
acutirostris.	26	2364
acutus......	13	383
æqualis.....	17	540
alæformis...	26	2578
affinis......	25	1653
Albensis....	19	263
alternatus...	20	417
amygdalinus	2	651
angularis...	24	186
angustus...	17	349
antiquorum .	26	2377
antiquus...	24	185
apertus.	26	2362
Araucanus...	22	745

MYTILUS.	Étages	Numéros
arcuatus....	25	1080
arcuatus...	20	420
asper.......	11	281
aviculoides .	2	475
barbatus....	27	585
Basteroti..	26	2369'
—	26	2369
Beaumontii..	5	65
bella.......	17	552
bilobatus...	2	656
bipartitus..	12	194
Bourgeoisia-		
nus.......	22	730
Brardi.....	25	1637
—	26	2369
Calypso. ...	26	2383
cancellatus..	13	573
carinatus...	26	1851
—	27	280
Carteroni. ..	17	341
Castor......	13	377
cephus.	9	220
Chauvinianus	20	403
clathratus...	20	421
comptus. ...	3	513
concentricus.	22	735
concentricus	2	658
Conradinus .	26	2391
consobrinus.	13	375
Cornuelianus	17	342
corrogatus..	24	525
costatus.....	2	653
Cottæ	22	757
Couloni.....	17	348
cuneatus....	10	380
cuneatus...	3	506
cuspidatus..	2	651'
Cuvieri.....	22	752
cymbæformis	26	2581
Cypris.....	22	755
dactyloides .	3	504
Damnoniensis	2	650
decoratus...	9	217
Denisianus..	26	2385
densesulcatus	17	353
denticulatus.	26	2372
Dido.	9	215
dilatatus....	20	415
dimidiatus..	2	659
dimidiatus..	6	509
divaricatus..	22	726
Ducatelli....	26	2390
Dufrenoyi...	22	728
eduliformis .	5	67

MYTILUS.	Étages	Numéros
edulis......	27	586
elegans.....	25	1081
elongatus...	3	505'
—	9	214
Emylius....	10	381
Eventulus .	20	419
faba.......	22	754
falcatus.....	15	576
falcatus....	20	412
Faujasii....	26	2579
Fidia.......	9	216
Fischerianus	13	380
Fittoni.....	17	545
flagelliferus.	22	748
Flemingi...	5	514
fractus.....	22	730
fragilis....	26	290a
furcatus.....	14	312
Gabrielis....	11	283
Galanthis....	11	284
Gallieanei...	20	405
Galloprovin-		
cialis.....	27	387
Garbus	11	285
gibbosus....	12	195
gibbosus....	12	196
Glaucus	11	286
Goldfussianus	5	509
gracilis.....	6	513
gregarius...	10	382
Guerangeri .	20	415
Gueuxii.....	7	116
Halesus.....	12	193
hastatus	24	187
Hausmanni.	4	54
Helirius.....	12	199
Hillanus....	8	195
hyotis......	27	427
Hypheus....	12	200
imbricatus..	12	194
	13	574
inæquivalvis	26	2365
inconspicuus	3	505
incrassatus.	26	2386
—	26	2391
incurvus....	26	2389
inflatus.....	22	745
inflatus....	27	390
inornatus...	20	409
interruptus..	20	410
irregularis.	2	598
Jurensis.....	13	130
Kockii......	9	214
laciniosus...	26	2573

MY

MYTILUS.	Étages	Numéros
laevis	8	192
Lagus	14	516
lamellosus	5	510
lanceolatus	20	419
lanceolatus	17	722
lassus	14	519
latus	6	507
Leda	14	515
Leilus	14	518
Ligeriensis	20	407
Ligeriensis	22	740
lineatus	20	402
lineatus	17	544
	18	120
lingualis	5	507
lithophagus	27	394
lumbricalis	14	521
longus	27	388
Lyellii	17	351
lynceus	14	517
Lysippus	14	520
	15	154
marginatus	26	2384
Marrotianus	22	729
Matroneusis	17	543
Maximilia-		
nus	6	506
Medus	15	152
Mellevillei	24	523
Michelinianus	26	2571
midamus	15	153
minimus	9	218
minutissimus	5	66
minutus	10	585
minutus	5	66
modiolus	27	385
Moulinsii	22	751
Mulleri	22	742
Munsteri	6	514
mytiloides	26	2374
	27	589
navicula	26	2387
Nerei	2	666
nitens	22	747
nitidulus	7	117
obliquus	2	654
oblitus	26	2373
oblongus	14	157
orbiculatus	20	418
ornatissimus	20	416
ornatus	22	736
ornatus	20	416
platonicus	26	2367
Pallasi	4	51

MY

MYTILUS.	Étages	Numéros
pallidus	16	48
parvus	13	384
patulus	3	503
pectinatus	25	1078
pectinatus	12	197
pectiniformis	25	1076
Pelops	8	196
peregrinus	20	402
pernoides	15	151
petasus	14	514
Phædra	23	41
Philippii	26	2380
pileopsis	21	404
plebeius	26	2388
plicatus	10	378
	11	282
polygonus	22	749
Portlandicus	10	50
præacutus	6	512
pralongus	20	419
priscus	2	660
profundus	25	1077
pulcher	12	201
pulcher	8	194
—	22	749
pulcherrimus	17	547
pygmæus	5	511
pygmæus	6	510
—	26	2380
quinquesul -		
catus	11	289
radiatus	2	599
—	22	734
Ranvillianus	11	290
reniformis	10	579
Reussi	22	740
reversus	20	408
reversus	17	345
rimosus	25	1079
rostriformis	26	2382
rugosus	17	350
scalaris	2	650
scalaris	6	511
—	22	742
scalprum	8	195
semicostatus	20	405
seminudus	25	1631
semiornatus	20	411
semiradiatus	20	403
semistriatus	2	657
semitextus	13	579
sericeus	27	590
serratus	24	524
siliqua	20	406

MY

MYTILUS.	Étages	Numéros
similis	6	508
simplex	17	546
socialis	5	75
Socorrinus	17	725
solenoides	12	193
solutus	22	727
Sowerbyanus	10	578
	11	282
spathulatus	25	1075
spathulatus	26	2365
sphenoides	22	741
spinigera	26	2592
Strajeskianus	13	375
striato-costa-		
tus	20	414
striatulus	10	577
striatus	15	577
subæquiplica-		
tus	15	155
subangustus	17	349
subantiquus	24	185
subarcuatus	20	420
subasper	10	354
subcarinatus	25	1071
subcarinatus	26	2385
subconcentri-		
cus	2	658
subcordatus	26	2370
subcuneatus	3	506
subdimidiatus	6	509
subelongatus	5	505
subfalcatus	20	412
subfragilis	26	290
subgibbosus	12	196
subglobosus	26	2368
subincrassa-		
tus	26	2386
sublineatus	17	344
	18	120
subpectinatus	12	197
	13	572
	14	511
	15	149
subplicatus	12	195
subpulcher	8	194
subpygmæus	6	510
subquadratus	22	733
subradiatus	22	734
subreniformis	16	49
subrugosus	17	550
subscalaris	6	511
subsimplex	17	340
substriatus	2	652
subsulcatus	2	655

TABLE DU PRODROME

NA

NATICA.	Étages	Numéros
antiqua.....	2	263
Antisensis....	5	173
aperta......	26	595
Araucana....	22	198
arctecostata..	6	255
Arduennensis	19	135
Athasiensis..	24	260
athleta......	16	25
auriculata...	26	81
australis....	22	199
Bajocensis..	10	67
Becksii......	6	221
Bogotina....	17	674
brevispira...	24	257
Bronnii.....	6	225
Bruguierii..	17	115
buccinoides.	3	174
bulbiformis.	22	203
bulbiformis.	21	51
bulimoides..	17	112
callosa......	26	587
Calypso.....	13	94
canaliculata.	25	115
canaliculata	20	97
canrena....	26	567
—	27	75
carbonaria..	3	172
carinata...	20	99
—	22	205
Carteroni...	17	115
Cassisiana...	20	87'
castanea...	27	74
Catulli......	6	218
cepacea.....	25	110
cepacea....	26	87
Chauviniana.	12	73
Chilina.....	22	201
cincta.......	15	98
cirriformis..	26	562
Clementina..	19	129
Clio.........	13	91
Clymene.....	13	95
Clytia.......	13	92
cochlearia..	24	267
compressa..	26	86
conica......	25	1435
conica......	20	94
Coquandiana	17	109
Cornueliana.	18	59
costata......	6	257
Cotentina...	2	266
Coyana.....	5	169
crassa......	26	561
crassatina...	26	77

NA

NATICA.	Étages	Numéros
crassatina..	26	549
crassilabrum	26	578
cretacea....	22	210
Crithea.....	13	93
Danae......	14	88
Daphne.....	14	89
decorata....	6	202
decussata..	14	95
Dejanira....	14	90
Delbosii.....	26	78
Delia.......	14	91
depressa....	25	115
Deshayesii..	6	219
dichotoma..	22	209
difficilis....	20	87
dilatata.....	26	575
Doris.......	14	94
dubia.......	15	50
dubia......	3	172
Dupinii.....	19	132
duplicata...	26	582
eborea......	25	137
eburnoides..	26	88
—		557
efossa......	2	265
Elea........	15	32
elegans.....	16	23
elliptica....	3	162
elliptica....	5	171
elongata....	3	163
elongata...	6	205
eminula....	25	135
epiglottina..	25	122
epiglottina.	26	550
—	26	569
Ervyna.....	19	133
Escraguollensis.......	17	673
Eudora.....	15	31
exaltata....	22	211
excavata....	19	130
excentrica..	2	319
extensa.....	20	92
fasciata....	22	212
fasciolata...	26	577
Favrina....	19	135'
ferruginea..	26	79
fragilis....	26	596
Gaillardoti..	5	20
Gaultina....	19	131
Geinitzii....	20	97
Gentii......	20	93
gibberosa...	26	80
gibbosa....	25	134

NA

NATICA.	Étages	Numéros
gigantea....	25	129
glaucina....	27	75
glaucina...	26	561
—	26	568
glaucinoides.	24	80
	25	127
glaucinoides	2	259
—	25	1437
—	26	127
—	26	551
—	26	560
globosa.....	15	27
globosa....	2	517
—	26	86
—	26	547
globulosa...	6	229
gracilis.....	6	230
grandis.....	14	87
Grangeana..	22	200
granosa....	20	100
Grignonensis	25	114
Haidingeri..	6	227
Hautoniensis	25	128
Hautoniensis	26	89"
helicina.....	26	574
	27	74
hemiclausa..	26	575
hemisphærica	14	93
	15	26
heros.......	26	581
Hercynica...	4	4
hieroglypha.	6	232
Hispanica...	20	90
Hugardiana.	17	110
hybrida.....	25	1434
hybrida....	6	257'
impressa....	6	210
inæquiplicata.	6	220
inflata.....	2	320
intermedia..	24	255
interna.....	26	580
Jurensis....	13	96
Kassiana....	6	204
Kieneriana..	26	555
labellata....	25	121
labellata...	26	89
lævigata....	10	68
lævigata...	17	108
lamellosa...	22	270
Landgrebii..	6	225
Levesquei...	24	263
limula......	25	136
lineolata....	25	1438
lirata......	3	216

NA

NATICA.	Étages	Numéros
longispira...	24	256
Lorieri.	10	65
lyrata..	21	49
lyrata.	6	256
macrostoma.	15	28
maculosa...	6	216
mamilla. ...	26	565
mamillaris.	26	566
mamma....	25	156
Mandelslobi.	6	217
Marcousana.	16	24
margaritifera	2	533
marginata.	2	518
Mariæ......	22	213
Marochensis	27	79
Marticensis..	26	550
Martinii. ...	21	52
Matheroniana	22	202
maxima....	26	77
meridionalis	2	315
Michelini. ...	11	53
Michotiana..	3	175
millepunctata	27	75
millepuncta-		
ta	26	567
monilifera..	27	74
munita.....	22	217
Munsteriana.	6	236
mutabilis...	25	123
mutabilis..	25	116
Neptuni.....	17	114
Neritacea...	6	203
Neritina....	6	213
neritoides...	26	91
neritoides..	3	170
nodosa.....	22	208
nodoso-cos-		
tata.....	21	58
Nystii......	26	89"
Noe........	25	1437
notata......	21	54
obesa.......	24	268
obliquestriata	22	215
obscura.....	26	586
obtusa......	24	261
Oceani.	2	261
olla........	26	568
—	27	76
Omaliana...	3	168
ovata.......	6	222
oviformis. ..	21	218
pagoda.....	22	214
paludinifor-*		
mis......	24	265

NA

NATICA.	Étages	Numéros
Parisiensis..	25	116
Parnensis...	25	119
parva......	1 b	42
—	25	135
parvula.....	26	34
patula......	25	111
patula.....	26	82
—	26	548
—	26	561
Pelea	8	48
Pelops......	9	67
perspicua...	19	134"
perusta.....	24	262
petrorsa....	22	196
Phillipsii....	5	171
Pictaviensis .	10	66
planispira..	3	166
plicatilis	6	226
plicatula....	27	77
plicistria....	3	165
plicistria..	6	209
ponderosa. .	25	1436
ponderosa..	26	78
Pontei......	2	260
prælonga...	17	111
Protei.....	9	262
protogæa...	2	264
pseudoampul-		
laria...	17	110
pseudoepiglot-		
tina......	26	569
pseudospirata	6	212
pulla.......	5	21
pumila.	26	585
pungens....	20	96
pygmæa....	25	124
Ranvillensis.	11	55
Rauliniana..	19	134
redempta...	26	570
Requieniana.	21	50
Rhodani....	19	135"
Rœmeri.....	2	219
rotundata...	20	95
rotundata..	20	95
Rouyana....	25	133
Royana.....	22	195
rugosa.....	22	207
rugosissima.	22	216
Rupellensis .	14	92
saturnalis...	26	556
scalariformis	25	119
scalaris.....	26	571
Schwarzen-		
bergi.....	6	223

NA

NATICA.	Étages	Numéros
semilunata.	25	134
semisphærica	26	87
sigaretina..	25	112
similis.	25	130
sinuosa.....	24	264
Sismondiana.	26	567
solida......	26	583
Sowerbyi...	26	550
sphærica ...	25	117
sphærulus..	26	579
spirata.....	5	166
spirata.....	22	219
—	24	266
—	25	119
striata.....	26	559
—	25	141
striatella....	26	553
striolata	26	584
subangulata.	7	47
subbulbifor-		
mis......	21	51
subcarinata.	22	205
subcepacea.	25	131
subconica...	20	94
subcostata..	2	315
subcrassatina	26	549
subdepressa.	26	85
subelongata.	6	205
subepiglotti-		
na........	26	550
subfasciata..	22	212
subglauci-		
noides....	26	551
—	2	259
subglobosa..	6	547
subhautonien-		
sis.......	26	89'''
subhybrida..	6	237
sublabellata.	26	89
sublævigata.	17	108
	18	60
sublineata ..	6	206
submaculosa.	6	216
submamilla.	26	563
submamilla-		
ris.......	26	566
submutabilis.	26	89
subneritoides	3	170
subnodosa..	13	413
subovata....	6	214
subparva...	25	135
subpatula...	26	82
subplicistria.	6	209
subrugosa..	22	207

NA

NATICA.

	Étages	Numéros
subsolida...	26	585
subspirata..	13	97
subspirata.	6	212
substriata...	6	207
subumbili-cata.....	11	87
Suessoniensis	24	266
sulcata.....	26	552
supracreta-cea.......	23	6
suturalis...	22	213
tabulata...	3	217
tuctula.....	26	572
tigrina.....	26	548
Toucasiana..	21	53
truncata....	19	134'
tuberculata.	20	91
tumidula....	10	63
turbilina....	6	208
turbiniformis	15	29
turbinoides..	26	554
umbilicosa..	27	78
Valencienne-si.....	27	79
Vapineana..	25	132
varians.....	26	558
variata.....	3	164
Varusensis..	20	89
Venlockensis	1 b	45
Verneuili....	11	54
Volhynia....	26	576
Vulcani.....	24	258
vulgaris....	20	88
Willemetii..	25	125

Naticella.

	Étages	Numéros
acute-costa-ta........	6	224
arcte-costa-ta.......	6	235
armata....	6	307
Bronnii....	6	223
cincta.....	6	373
compressa..	6	374
concentrica.	6	311
costata.....	6	257
decussata..	6	310
granulo-cos-tata......	6	533
Munsterii..	6	375
neritoides..	26	91
nodulosa...	6	309
ornata.....	6	304
plicata.....	6	306
pyrulæformis	6	238

NA

NATICELLA.

	Étages	Numéros
rugoso-ca-rinata....	6	351
striato-cos-tata.....	6	305
subornata..	6	308

Naticopsis.

	Étages	Numéros
canaliculata	3	164
Dominicien-sis.......	2	347
dubia......	3	172
neritoides..	3	164
Phillipsii..	3	171

Nautiloceras.

	Étages	Numéros
aigoceras...	3	39
linearis.....	6	8
Meyerianum.	3	41
serratum...	3	40

Nautilus.

	Étages	Numéros
acutus......	6	4
Alabamensis	23	8
Albensis.....	19	5
Allioni......	26	303
Anglicus....	3	2
Archiacianus.	20	8
Arduennensis	13	28
arietis......	5	3
armatus....	3	52
astacoides...	9	27
Astierianus..	19	4
Aturi......	26	304
Bajocensis..	10	9
Barrandi....	6	7
biangulatus.	3	38
biangulatus	11	2
bicarinatus.	3	15
bilobatus....	3	33
bistrialis....	3	27
bisulcatus...	6	59
Bouchardia-nus......	19	2
Breunneri..	6	6
Bucklandi.	26	302
Burtini....	25	3
cariniferus..	3	19
cariniferus.	3	17
centralis....	25	6
clausus.....	10	8
Clementinus.	19	3
Clementinus	22	7
clitellarius.	3	33
complanatus	3	2
compressus.	3	4
concavus...	3	35
coronatus...	3	29

NA

NAUTILUS.

	Étages	Numéros
costellatus...	3	6
Coyanus.....	3	30
cyclostomus.	3	24
cymbiformis	6	64
Danicus....	23	2
Dekayi.....	22	6
delphinus..	24	216
Deslong-champsia-nus......	20	7
discors.....	3	8
discus......	3	1
dorsalis....	3	94
dorsatus...	3	13
—	15	4
elegans.....	20	6
excavatus...	10	5
excavatus..	26	303
falcatus.....	3	31
Fleuri usa-nus......	20	3
floridus....	6	59
Freieslebeni.	4	1
Germanicus.	2	1
giganteus...	13	27
	14	3
	15	4
globatus....	3	54
goniolobus..	3	28
granulosus.	12	12
	13	26
Hebertinus..	23	3
hexagonus..	12	11
imperialis..	25	5
Indicus.....	22	7
inflatus....	15	2
ingens.....	3	26
inornatus...	9	25
intermedius.	8	6
Julii......	12	13
Koninckii...	3	17
lævigatus..	21	2
—	22	6
Lallierianus.	18	6
Lamarckii..	25	3
Largilliertia-nus......	20	5
latidorsatus	9	23
lenticularis.	24	679
Leveilleanus.	3	5
lineatus.....	10	6
Luidii......	3	23
mamilla....	24	682
Marcousanus	16	2

NA

NAUTILUS.	Étages	Numéros
Matheronia-nus......	20	9
megasipho..	2	2
melo.......	24	689
mesodicus..	6	5
Michelottii..	26	302
Moreanus...	15	3
multicarina-tus.......	5	14
mutabilis ...	5	3
Neckerianus	19	6
Neocomiensis	17	15
nodulosus..	6	59
orbicularis..	2	3
Orbignyanus	22	6
oxystomus..	5	37
papillosus..	21	518
pentagonus .	5	25
perlatus....	22	6
Phillipsianus	5	12
pinguis.....	5	18
planoterga-tus.......	5	7
plicatus	18	5
polytrichus..	2	4
pseudo-ele-gans.....	17	14
radiatus ...	20	4
raphanis-trum.....	27	493
redivivus...	6	59
regalis.....	25	3
Requienia-nus......	18	5
reticulatus.	6	5
Rhodani....	19	8
Ricordeanus.	18	7
Rollandi....	24	215
Sauperi.....	6	2
Saussureanus	19	7
semistriatus.	9	24
simplex	22	6
sinuato-punc-tatus	22	8
sinuatus....	10	7
Sowerbyanus	21	1
Sowerbyanus	22	7
sphæricus..	22	6
striatus.....	7	2
stygialis....	5	20
subbiangula-tus......	11	2
subinflatus..	15	2
sublævigatus	21	2

NE

NAUTILUS.	Étages		Numéros
subradiatus .	20		4
subreticula-tus.......	6		5
subsinuatus .	10		7
subsulcatus .	5		11
subtubercu-latus.....	2		133
sulcatus....	5		12
sulcifer.....	5		13
sulciferus...	3		21
Tehefkinii..	5		10
tetragonus..	5		16
Toarcensis..	9		23
triangularis.	20		5
triangulatus.	5		36
trochlea. ...	5		9
truncatus...	9		26
tuberculatus.	5		22
umbilicaris..	25		4
undosus....	1	a	4
Varusensis..	17	a	572
Verneuilianus	5		15
Woodwardii	5		513
zigzag......	25		7

Nerinea.	Étages	Numéros
acicula.....	11	43
Acteon	15	77
affinis......	17	98
Allica	14	78
Altenensis ..	14	38
Anglica	10	57
Archiaciana.	11	44
Archimedi ..	17	666
Atalanta....	15	79
Aunisiana...	20	69
Axonensis ..	11	45
bacillus	11	36
Bauga......	20	71
Bernardiana.	14	40
bicincta.....	22	160
bifurcata....	17	95
brevis......	21	53
Bronnii.....	22	159
Bruntrutana.	16	19
Bruntruta-na.......	11	42
Cabanetiana.	14	81
Cæcilia.....	14	47
Calliope....	14	48
Callirhoe...	14	49
Calypso.....	14	51
canaliculata.	14	44
Carteroni...	17	93
Cassiope....	14	52

NE

NERINEA.	Étages	Numéros
Castor......	14	54
cesticulosa..	21	39
Chamousseti.	17	667
cingenda....	10	56
clavus......	15	89
Clio........	14	58
Clymene ...	14	59
Clytia......	14	60
constricta...	15	21
Coquandiana	17	663
Cottaldina..	14	43
crenata.....	22	157
Crithea.....	14	62
cylindrica...	16	12
cylindrica..	11	39
Cynthia.....	14	61
Defrancii...	14	53
depressa....	16	11
Dewoidyi...	14	56
dubia.......	20	73
Dupiniana ..	17	91
elatior......	14	55
Elea........	16	18
elegans.....	13	81
elegantula ..	11	33
elongata....	14	23
Erato.......	16	17
Eschwaldiana	15	81
Espaillacia-na.......	22	150
Eudora.....	16	16
fasciata.....	14	25
fasciata....	15	78
Fleuriausa ..	20	68
flexuosa.....	22	162
funiculosa ..	11	38
fusiformis...	14	80
Geinitzii....	22	163
gigantea....	17	665
Goldfussiana	16	21
Goodhallii..	15	24
Gosæ.......	15	22
grandis.....	16	10
grandis....	16	21
granulata...	22	161
imbricata...	14	74
implicata...	11	35
incavata....	22	156
inornata....	14	39
involuta. ..	22	165
Jollyana....	14	36
Jurensis....	10	55
Lebruniana .	10	54
lobata......	17	64

NE

NERINEA.	Étages	Numéros
longissima..	21	37
Luciensis...	11	37
Mandelslohi.	14	24
Marcousana.	17	96
margariti -fera......	11	50
Marcotiana..	22	149'
Martiniana..	17	668
Matronensis.	17	92
monilifera..	20	72
Moreauiana.	14	30
Mosæ.......	14	29
Nantuacensis	14	41
nodosa.....	13	76
nodosa.....	13	79
nodulosa....	14	75
nodulosa....	14	55
ornata......	14	50
Pailletteana.	21	51
pauperata..	21	32
Perigordiana......	22	398
Podolica....	22	164
pseudocylindrica.....	11	39
pulchella...	22	149
punctata....	16	20
pupoides....	14	79
quadricincta.	14	71
quinquecincta........	14	70
regularis....	20	70
Renauxiana.	17	664
Requieniana.	21	35
Rœmeri....	14	72
Royeriana..	17	90
Rupellensis.	14	37
Salinensis...	16	15
scalaris.....	11	34
scalata......	14	63
Sequana....	14	28
sexcostata...	14	35
simplex.....	14	76
speciosa....	14	27
striata......	14	57
subæqualis..	21	54
subbruntrutana,.....	11	42
subcochlearis	14	66
subcylindrica	14	34
subpulchella.	22	149
subpyramidalis........	16	14
subscalaris..	14	51

NE

NERINEA.	Étages	Numéros
subteres....	14	65
subtricincta.	14	46
subturritella	14	64
sulcata.....	14	68
suprajurensis	15	23
suprajuren-sis.......	11	44
terebra.....	14	67
teres.......	14	42
trachœa.....	11	40
tricincta....	14	60
trinodosa...	16	13
tuberculosa.	14	73
turriculata..	14	45
turrita.....	14	53
turritella....	14	52
tutritellaris..	22	158
Uchauxiana.	21	36
umbilicata..	14	56
Visurgis....	14	26
Voltzii......	11	41
Voltzii....	11	45
Nerita.		
Acherontis..	24	273
Alpina.....	6	254
ampliata...	2	167
angistoma..	25	1439
angulata....	16	26
aperta......	25	150
Aquensis...	26	94
arcuata.....	22	225
asperata....	26	599
bisinuata...	13	100
Bourgeoisiana........	21	57
Brongniartina........	24	87
Burdigaleosis	26	605
cancellata..	5	22
Caronis.....	24	274
Caronis....	26	624
compacta...	22	224
compressa..	26	619
concava....	25	149
concava....	26	94'
—	26	607
conoidea....	24	270
consobrina..	24	83
corallina....	14	102
cornea.....	26	602
costala.....	10	69
—	11	57
—	27	101
costellata...	14	104

NE

NERITA.	Étages	Numéros
costulata....	11	57
costulata...	22	221
Danubialis..	26	618
decorata...	6	202
divaricata...	22	225
Duchasteli..	26	93
elegans.....	25	146
epiglottina.	26	576
Fittonii.....	17	116
funata......	26	600
Galloprovincialis.....	26	514
gigantea....	26	620
glaucina....	27	73
—	27	76
globosa.....	25	148
globulus....	24	84
Goldfussii...	22	222
granulosa...	25	151
		1440
Grateloupiana	26	605
haliotis....	1 *b*	73
helicina....	26	574
—	27	74
hemisphærica.......	14	95
—	15	26
Hisingeri...	26	621
intermedia.	26	613
Jurensis....	15	54
lævigata...	10	68
Liasina.....	7	48
lineolata...	23	145
lirata......	3	216
mammæformis.......	17	675
mammaria..	25	144
Martiniana..	26	616
Morellii....	26	622
Mosæ......	14	105
Moulinsii...	26	609
munita.....	11	56
munita.....	22	217
nodoso-costata......	21	58
nucleus.....	24	85
ornata.....	22	225
—	24	81
ornatissima.	21	56
ovata......	14	105
oviformis...	22	218
ovula......	13	99
paleochroma	14	101
perversa...	24	270

NE

NI

NO

NU

Nucleolites.

	Etages	Numéros
Alpinus.....	17	483
analis......	22	1196
carinatus...	20	644
Cereeleti....	19	318
clunicularis.	11	402
	12	259?
clunicularis	10	501
Collegnyi...	22	1199
conicus.....	11	405
cor-avium..	22	1201
crepidula...	11	403
cruciferus..	22	1197
depressus...	19	319
depressus...	22	1206
dimidiatus..	13	507
Edmondi....	11	406
elongatus...	12	260
Goldfussii.	12	259
granulosus..	13	501
Gresslyi....	17	482
Grignonensis	25	1214'
heptagonus.	24	620
lacunosus...	17	478
lapis-cancri.	22	1192
latiporus....	10	499
major......	15	186
Marmini...	22	1193
micraulus...	13	506
Neocomiensis	17	481
Nicoleti.....	17	478
Olfersii.....	17	480
ovalum	22	1187
parallelus...	22	1198
paraplesius.	13	507
patellaris...	25	1216
pyriformis..	22	1188
Renaudi....	17	765
Requieni....	21	222
Sarthacensis	10	501
scrobiculatus	22	1195
scutatus.....	13	505
subquadratus	17	479
Terquemi...	10	500
Thurmanni..	11	404
transversus.	14	409

Nucleopygus.

	Etages	Numéros
cor-avium..	22	1201
minor......	22	1200

Nucula.

	Etages	Numéros
abbreviata..	25	879
acuminata..	8	151
—	10	257
aculidens...	26	1944
æquilatera.	26	2201

NU

NUCULA.

	Etages	Numéros
æquilatera - lis.......	13	250
Ahrendi ...	2	486
Albensis....	19	250
Albertina...	22	657
Alpina......	25	1012
amata......	11	255
amygdaloi- des.......	9	175
—	25	805
Anglica.....	1 *b*	104
angulata...	20	268
antiquata...	20	361
apiculata...	20	363
Archiaciana.	26	287 *g*
Arduennensis	19	251
axiniformis.	10	255
Baboensis...	24	513
bellatula...	2	490
birostrata..	3	396
bivirgata....	19	252
brevirostris.	5	401
Cæcilia.....	12	176
Calliope....	12	177
cardiiformis.	3	481
carinata ...	3	397
—	26	1945
Castor......	12	178
caudata....	10	259
Chassyana..	12	180
Chastellii...	26	287 *h*
clavata.....	3	398
claviformis.	3	400
—	9	174
cobboldiæ ..	26	2280
complanata.	9	173
concava....	26	1939
concinna....	22	652
cordata.....	8	186
cordata	6	491
Cornueliana.	17	319
costulata....	27	366
cuneata....	3	506
—	5	60
—	6	493
—	10	260
cuneiformis..	12	181
cylindrica...	3	480
diaphana....	26	2286
delta.......	3	593
deltoidea...	22	654
—	25	1019
depressa ...	26	1938
Deshayesia-		

NU

NUCULA.

	Etages	Numéros
na.......	25	807
dolabella ...	26	2285
donaciformis	1 *a*	198
electra	13	530
elliptica	13	331
elliptica....	2	654
—	6	448
emarginata.	26	1942
Erato.......	10	345
Eudora......	9	207
Eurita......	13	328
excavata....	5	42
faba.......	6	452
falcata	22	520
Feronia	14	290
fornicata...	2	481
Forsteri....	22	522
fragilis.....	24	175
Gabrielis....	15	140
Galeottina .	25	808
gigantea....	15	103
glaberrima.	25	802
glabra.....	26	1940
globulus....	10	344
Goldfussii...	5	61
grandæva..	2	482
gregaria....	5	47
—	13	229
Hæsendone- kii.......	26	2282
Hamiltonen- sis.......	2	636
Hammeri...	9	206
Hammeri...	9	207
Hausmanni..	9	203
Hellica.....	13	329
impressa....	20	360
impressa....	17	319
incerta......	17	717
incrassata..	5	46
inflata.....	9	173
—	25	804
inflexa.....	10	258
Ingleri.....	2	485
intermedia..	13	352
interrupta..	26	1936
Kasanensis.	4	19
Krachtæ....	2	488
lacryma....	10	256
—	10	261
—	11	188
lacrymæ - formis....	13	228
lævata.....	1 *a*	183

NU

NUCULA.	Étages	Numéros
lævigata....	26	2281
lævis......	1 a	197
lanceolata..	26	1931
latissima...	2	480
leiorynchus.	3	394
Levesquei...	24	514
liciata.....	26	1934
lineata......	2	629
lineata.....	6	449
—	20	269
lineolata....	2	491
lingulata...	18	98
longirostris.	3	593
lucinifor - mis......	3	476
lunatula...	26	1935
lunulata...	25	1016
machæræfor- mis......	1 b	100
mactræformis	1 b	103
margarita - cea	22	635
—	25	1008
—	26	2283
Mariæ.....	19	220
Menkii.....	15	139
minima	25	1010
minuta......	27	363
minuta.....	26	1932
mucronata..	9	177
—	11	189
Murchisoni.	2	487
Nicobarica.	27	309
nitida.....	26	1933
nucleus.....	10	344
nucleus.....	26	2278
nuda.......	6	487
—	13	228
obesa.......	2	654
obesa	20	359
obliqua.....	26	2284
obliqua.....	6	488
oblonga.....	2	656
—	3	386
obsoleta....	2	632
oblina......	18	116
obtusa......	20	562
obtusa	17	318
opima......	2	637
ornata......	26	1941
ornatissima.	19	234
ovalis......	1 b	104
ovata......	19	253
ovata......	22	519

NU

NUCULA.	Étages	Numéros
—	25	1009
orum......	9	173
palmæ.....	3	399
parunculus.	4	20
pectinata....	19	255
pectinata ..	22	653
pectinata...	25	287 g
Phalanta....	6	187
placentinæ..	26	2278
—	27	363
planata.....	17	518
plicata	2	630
Podolica....	26	2283
Polli.......	27	365'
Pollux......	12	179
porrecta....	20	270
poststriata.	1 a	196
—	1 a	199
præacuta...	6	450
primigenius.	3	532
prisca......	2	633
producta...	22	518
Protei......	2	635
pygmæa....	25	803
rectangula - ris.......	3	416
Renauxiana.	21	129
Renauxiana	20	360
Reussii.....	22	655
rhomboides .	13	335
rostralis ...	9	174
rostrata....	27	309'
Ryckholtiana	26	287 i
scapha......	17	243
securiformis	2	483
semilunaris.	22	516
siliqua.....	22	515
similis......	25	1008
simplex	17	520
solea.......	19	221
solenoides ..	2	484
spathulata.	18	98
speciosa	5	41
speluncaria.	4	21
stilla	3	592
Stotteri....	6	495
striata.....	9	176
—	25	801
—	26	1937
—	27	508!
striatula.....	22	653
strigilata....	6	489
subæqualis .	22	521
subclavifor-		

NU

NUCULA.	Étages	Numéros
mis......	15	104
subcordata..	6	490
subcuneata..	6	493
subdeltoidea.	22	654
subelliptica .	2	631
subglobosa..	9	209
subnuda....	6	487
subobliqua..	6	488
subobtusa...	18	116
subovalis...	6	455
—	8	150
subrecurva .	18	116
—	19	222
subtransversa	26	287 j
subtriangula- ta........	17	321
subtrigona..	6	494
sulcata.....	27	565
sulcellata..	6	451
Taurina. ...	26	2279
tellinula...	25	806
tenera......	22	656
tenuilineata.	6	492
tenuirostris.	22	517
tenuis......	6	443
tenuistriata.	12	182
trigona.....	25	1011
tumida.....	3	404
undata.....	6	454
undulata...	3	451
—	19	224
Ulysses.....	3	60
unilateralis.	3	458
variabilis...	11	254
variabilis...	10	545
Vibrayeana	19	223
Wymmensis.	4	25
Nuculina.		
miliaris.....	25	1017
Nucunella.		
Nystii......	25	1039
Nullipora.		
glomerata...	22	1348
Provincialis.	21	353
ramosissima.	21	354
Nummularia.		
acuta......	24	675
Nummulites.		
Alacicus...	24	677
Biarritzianus	24	677
complanatus	24	676
contortus...	23	1303
crassus.....	24	680
distans.....	24	676

NU

NUMMULITES.	Étages	Numéros
elegans.....	25	1302
exponens...	24	685
Floridanus,	25	1301
globosus,...	24	680
globularius.	24	674
irregularis.	24	676
lævigatus...	25	1302
lævigatus..	24	680
lenticularis..	24	679
mammilla...	24	682

NU

NUMMULITES.	Étages	Numéros
Mantellii..	25	1296
mille caput.	24	676
nummiformis	24	678
nummularius	24	676
obtusus	24	680
papyraceus.	24	672
placentula .	24	676
planospira..	24	683
planulatus...	24	677
polygyratus	24	676

NU

NUMMULITES.	Étages	Numéros
rotula......	24	681
rotularis...	24	682
Sanguanttæ.	22	1377
scaber......	24	675
spissus	24	680
striatus.....	25	1303
variolarius..	25	1673
Nummulus.		
Brattenbur-
gensis....	22	979

O

OL

obelia.	Étages	Numéros
alternata...	26	2590
disticha....	26	2591
obelus.		
Apollinus...	1 a	228
ocellaria.		
alcyonides..	22	1438
Benettiæ....	22	1437
cupuliformis.	22	1450
Decheni....	22	1451
grandipora..	22	1439
longipora...	22	1452
muricata....	22	1453
nuda.......	22	1415
radiata.....	22	1436
ramosa.....	20	765
oculina.		
dendrophyl-
loides....	25	1261'
explanata..	20	702'
gemmata...	11	445
incerta.....	24	661
Meyeri......	17	516
Neustriaca..	11	444
varistella...	25	1270
Solanderi..	25	1270
Viginea....	26	2754
oliva.		
Alpina......	6	200
ancillariæfor-
mis.......	26	866
Basterotina .	26	860

OM

OLIVA.	Étages	Numéros
Branderi....	25	1458
canaliculata.	26	865
clavula. ...	26	136
—	26	859
constricta..	25	249
cylindracea .	26	862
dimidiata...	26	868
dubia.......	25	247
Dufresnei...	26	858
gracilis.....	25	249
Gratteloupi..	26	861
Greenoughii	25	247
hispidula..	26	862
Laumontiana.	25	1459
Laumontiana	26	861
littoralis.....	26	870
luteola......	25	859
Marmini....	25	1460
Noe........	26	137
Pichelina...	26	864
pseudoclavu-
la.........	26	136
pupa.......	26	869
rosacea.....	26	863
serena......	26	867
subclavula..	26	859
zonalis	26	871
ommastrephes.		
angustus....	13	9
cochlearis..	13	11
intermedius.	13	10

OP

OMMASTREPHES.	Étages	Numéros
Munsterii...	13	12
omniretepora.		
anastomosa..	1 b	329
crassa......	1 b	330
oncoceras.		
constrictum.	1 a	75
Eichwaldi...	1 a	74
tortuosum ..	1 b	59
oniscia.		
cythara.....	26	1663
verrucosa...	26	1662
onychoteuthis.		
angusta.....	13	9
oolina.		
clavata.....	27	480
operculina.		
ammonia....	24	687
angularis...	17	787
complanata .	26	2889
costata.	26	2881
granulosa,...	26	2882
granulosa..	24	688
subgranulosa	24	688
Taurinensis .	26	2883
Thouini.....	24	686
ophicoma.		
granulosa,..	22	1264
ophileta.		
complanata.	1 a	100
lævata.....	1 a	99

OP

ophiura.

	Etages	Numéros
carinata...	13	543
Cunliffei...	22	4266
Furstenber-		
gii...	22	1265
granulosa..	22	1264
loricata....	5	100
Milleri....	8	244
prisca....	-5	99
serrata....	22	1265
speciosa....	13	542

ophiurella.

	Etages	Numéros
bispinosa...	14	448
carinata....	13	543
speciosa....	13	542

opis.

	Etages	Numéros
angulata....	15	108
Annoniensis.	20	292
Arduennensis	13	239
bicornis....	22	556
Buvignieri..	13	237
cardissoides.	14	234
Carusensis..	8	153
Coquandiana.	20	288
Cotteausia...	14	238
Davoustiana.	10	268
depressa....	10	270
elegans....	20	289
excavata....	14	240''
excavata...	18	239
galeata....	22	558
gigantea....	17	275
Goldfussiana.	14	235
Guerangeri..	20	290
Haleana....	22	559
Hœninghausii	6	455
Hugardiana.	19	228
Ligeriensis..	20	291
Lorieriana..	10	267
Luciensis...	11	196
lunulata....	10	265
Moreausia...	14	237
Neocomiensis	17	266
ornata....	18	109
paradoxa...	14	236
Phillipsiana.	13	236
pulchella...	11	195
pusilla....	22	557
Radisensis..	14	240
Rauliniana..	13	240
rhomboidalis	13	241
Rupellensis..	14	240'
rustica....	11	197
Sabaudiana.	19	229
Sarthacensis,	9	180

OR

opis.

	Etages	Numéros
similis,......	10	266
Thais.......	14	239
Thalia......	10	269
trigonalis...	10	271
Truellei....	22	556
Venus......	13	238

orbicella.

	Etages		Numéros
Buchii......	1	a	353
cœlata......	1	a	358
corrugata...	1	b	313
crassa.......	1	a	357
deformis....	1	a	355
filosa.......	1	a	356
lamellosa...	1	a	360
parmulata..	1	b	310
punctata....	1	a	354
rugata......	1	b	308
squamæfor -			
mis......	1	b	311
striata......	1	b	309
subtruncata.	1	a	359
terminalis..	1	a	361

orbicula.

	Etages		Numéros
antiqua....		2	1025
Buchii.....	1	a	353
cœlata.....	1	a	358
concentrica,		2	589
—		5	851
corrugata..	1	b	313
crassa.....	1	a	357
Davreuxiana		3	830
deformis...	1	a	355
discoidea....		6	616
elliptica...		11	543
filosa......	1	a	356
Forbesii....	1	b	314
granulata..		11	558
Humpriesia-			
na........		15	181
Koninckii..	1	b	316
—		4	74
lævigata...		2	1029
lamellosa..	1	a	360
lata........		6	617
Lodensis...		2	1031
lugubris....		26	2539
Mæotis		13	486
minuta.....		2	1032
Morissii....	1	b	315
multilineata.		26	2540
nitida......		3	829
parmulata .	1	b	310
plana......		2	1028
plicata......		2	1033

OR

orbicula.

	Etages		Numéros
punctata...	1	a	354
quadrata...		3	833
radiata.....		13	487
reflexa.....		9	273
reversa. ...	1	a	353
rugosa.....	1	b	308
squamæfor-			
mis.......	1	b	311
striata.....	1	b	309
subrugata..		2	1030
subtruncata	1	a	359
Tarbelliana.		24	550
terminalis..	1	a	361
trigonalis..		5	354

orbiculina.

	Etages	Numéros
rotelia	26	2905

orbiculites.

	Etages	Numéros
antiqua.....	5	1013
complanata.	25	1293
macropora..	25	1184

orbiculoidea.

	Etages		Numéros
Alpina......		25	1297
antiqua.....		3	832
Babeana....		7	161
Charmassei .		7	162
concentrica .		5	851
Davidsoni...	1	b	316
Davreuxiana.		3	830
discoidea....		6	616
Forbesii....	1	b	314
granulata...		11	558
Humpriesiana		15	181
Koninckii,...		4	74
Koninckii..	1	b	316
lævigata....		2	1029
lata........		6	617
Lodensis....		2	1031
Mæotis. ...		13	486
Mantellii,...		25	1290
minuta.....		2	1032
Morissii.....	1	b	315
nitida.......		3	829
plana		2	1028
plicata.		2	1033
quadrata....		5	833
radiata,.....		13	487
reflexa......		9	273
subradiata,.		18	144
subrugata...		2	1030
trigonalis...		3	834
vesiculosa...		3	835

orbitoides.

	Etages	Numéros
media......	22	1349
papyracea..	24	673

OR

orbitolina.	Étages	Numéros
concava....	20	745
conica....	20	745
gigantea....	22	1350
lenticulata..	19	342
mamillata...	20	744
plana....	20	743
radiata....	22	1351
orbitolites.		
complanata.	25	1295
elliptica....	24	673
media....	22	1349
Prattii....	24	672
submedia...	24	672
orbulina.		
universa....	27	479
ormoceras.		
crebrisep-		
tum...... 1 a		47
gracile.... 1 a		46
tenuifilum.. 1 a		45
orthis.		
œquivalvis.. 1 a		291
1 b		158
anomala... 1 a		242
— 1 a		270
antiquata... 1 b		149
Antoniæ.... 1 a		277
arachnoidea	2	836
arcuata....	2	794
argentea.... 1 b		153
arismaspus.	2	1015
ascendens.. 1 a		271
Bechei....	3	718
bellarugosa. 1 a		288
biforata.... 1 b		166
biloba.... 1 b		159
bilobata.... 1 a		247
Bouchardi.. 1 b		155
caduca....	3	719
calcar....	2	795
callactis.... 1 b		163
calligramma. 1 a		281
1 b		157
canalis.... 1 b		150
carinata....	2	847
centrilineata 1 a		296
circularis...	2	843
circulus.... 1 b		161
collactia.... 1 a		275
comata....	3	715
concentrica.	2	835
concentrica.	6	587
concinna....	2	818
Cora....	5	731

orthis.	Étages	Numéros
costalis.... 1 a		285
costata.... 1 a		273
crenistria...	3	723
crenistria..	2	819
crenulata..	2	784
cylindrica...	3	721
Dalmani...	6	586
Davidsonii.. 1 b		164
demissa.... 1 b		162
dichotoma.. 1 a		299
dilatata....	2	833
dilatata....	2	782
disparilis... 1 a		289
divaricata..	3	728
elegans....	2	824
elegantula.. 1 b		150
erratica.... 1 a		295
excavata ...	4	55
expansa.... 1 a		245
extensa.... 1 a		283
fascicularis..	2	822
filosa.... 1 b		128
fissicostata.. 1 a		292
flabellum... 1 a		272
Fletcheri... 1 b		127
formosa.... 1 b		165
funiculata.. 1 b		136
grandis.... 1 a		244
granulata...	2	834
granulosa..	2	796
Goldfussii..	4	53
hemiproni-		
tes...... 1 a		230
hians....	2	828
Humboldtii. 1 a		303
hybrida.... 1 b		151
impressa....	2	848
Inca....	2	850
insculpa... 1 a		298
interlineata	2	829
interstrialis	2	797
irregularis.	2	800
Kellii.	3	716
Keyserlingia-		
na....	5	729
Keyserlingia-		
na....	3	731
Koninckii...	3	726
latissima...	3	717
lens....	2	830
lentiformis..	2	845
lepis....	2	802
Lewissii.... 1 b		156
limitaris....	2	852

orthis.	Étages	Numéros
longisulcata	2	798
lunata....	2	826
lynx.... 1 a		279
macroptera.	2	801
Michelini...	7	728
minuta....	2	755
moneta.... 1 a		282
Murchisoni..	2	837
nucleiformis.	2	838
nucleus....	2	846
oblita....	26	2540'
obovata....	2	841
occidentalis. 1 a		301
Olivieriana..	3	724
opercularis..	2	844
orbicularis.. 1 a		274
	2	831
orbicularis . 1 b		150
ornata.... 1 a		284
ovalis....	2	886
oximia.... 1 b		133
parallela....	2	827
partita....	2	842
parva.... 1 a		280
pecten. .... 1 b		146
pectinatus...	2	851
pectinella... 1 a		297
pelargonata.	4	60
perveta.... 1 a		290
plicatella... 1 a		294
productoides	2	776
protensa... 1 a		239
radians.... 1 a		278
redux.... 1 a		304
resupinata..	3	727
rigida. .... 1 b		152
rustica.... 1 b		152
scabrosa.... 1 b		148
Sedgwickii.	2	803
semicircula-		
ris...... 1 a		241
senilis....	3	722
Sharpei....	3	730
Sharpei....	3	730
sinuata.... 1 a		301
sinuosa.... 1 b		165
Sowerbyi... 1 a		240
striatella... 1 b		126
striatula....	2	821
striatula...	3	726
Strogonowii. 1 a		265
strigosa....	2	840
subarachnoi-		
dea....	2	856

OR

ORTHOCERATITES	Étages	Num.
Phillipsii....	2	44
politus......	6	13
primigenius. 1 *a*		22
punctatus...	2	51
pygmæus...	5	89
rectianulatus 1 *a*		24
recticamera-		
tus...... 1 *a*		38
regularis... 1 *b*		27
reticulatus..	5	76
salinarius...	6	16
semipartitus.	2	57
semiplicatus.	2	58
speciosus...	2	54
Steinhaueri.	5	86
striato-punc-		
tatus.....	2	69
striatulus...	2	47
striatulus.'.	2	71
striatus.....	5	82
striatus....	2	39
strigatus.... 1 *a*		41
strigillatus..	5	65
striolatus...	5	70
subannularis	2	62
subarcuatus. 1 *a*		25
subattenua-		
tus...... 1 *b*		24
subcanalicu-		
latus.....	5	74
subcentralis.	5	62
subconicus.. 1 *a*		19
subdimidia-		
tus...... 1 *b*		14
subdistans..	5	84
subellipticus.	6	12
subflexuosus.	2	66
subflexuosus	2	86
subfusiformis	2	35
sublævis.... 1 *b*		26
sublinearis..	5	75
subpyriformis	2	56
substriatus..	2	39
subtrochleatus	2	75
subulatus...	2	78
subundatus..	6	10
sulcatulus..	5	62
tentacularis.	2	46
tenuiseptus.. 1 *a*		28
tenuistriatus.	2	70
teretiformis. 1 *a*		30
textilis..... 1 *a*		31
triangularis	2	82
trochlearis..	2	33

OS

ORTHOCERATITES	Étages	Num.
tubicinellus.	2	45
undulatus...	5	69
undulostria-		
tus...... 1 *a*		56
Wissemba-		
chii......	2	83
venustus....	2	57
vertebralis.. 1 *a*		54
virgatus.... 1 *b*		13
orthocerina.		
clavulus....	25	1299
orthonota.		
contracta... 1 *a*		189
curta....... 1 *b*		96
parallela.... 1 *a*		188
pholadis.... 1 *a*		187
undulata....	2	512
osculipora.		
aculeata....	20	621
lateralis....	20	622
Royana.....	22	1141'
rugosa......	22	1141
truncata....	22	1140'
osteodesma.		
Kutorgana.	4	16
ostracites.		
gryphoides.	26	2509
ostræa.		
abrupta.....	17	741
acuminata...	11	557
acutirostris..	22	927
Alabamensis.	25	1147
Albertina....	12	232
Alimena.....	12	228
Alvarezii...	26	2519
amata.......	12	227
ambigua....	25	1049
Americana..	22	938
Amor.......	12	226
	15	453
	14	576
ampulla....	11	339
angulata...	26	2520
angusta....	24	545
anomiæformis	22	931'
aquila......	18	457
archetypa...	12	250
Archiaciana.	24	553
arcta.......	6	572
arcuata.....	7	139
arcuata....	26	2490
Arduennensis	19	282
arenaria....	25	1047
arietina.....	22	940'

OS

OSTRÆA.	Étages	Numéros
auricularis..	22	931
auricularis..	9	262
aviculoides..	6	573
Bathonica...	11	358
Belgica.....	26	294 *a*
Bellovacina..	24	193
Bellovacina	26	294 *a*
biauriculata.	20	519
blandina....	13	454
Boussingaul-		
tii.......	17	404
Broderipi...	26	2504
Bronnii.....	6	573
Bruntrutana.	16	56
bulla.......	17	408
bullata.....	26	2513
calceola....	9	261
callifera.....	26	291
callifera...	24	551
canaliculata..	19	283
	20	513
	22	915
	23	46
Carantonen-		
sis........	20	516
carinata.....	20	517
carinata....	12	227
—	13	448
cariosa......	25	1130
Carolinensis.	23	1146
caudata.....	26	2511
Clytia......	14	378
cochlear.....	27	424
cochlearia...	26	292
colubrina...	12	226
columba.....	20	520
complanata.	5	90
complicata.	5	90
compta.....	5	89
conica......	20	524
conica......	12	228
convexa....	22	925
cornucopia.	27	429
corrugata...	26	2505
costata.....	11	540
costata.....	9	260
—	22	938
Couloni.....	17	405
crenata.....	10	432
crepidula...	22	930
	25	1656
cretacea.....	22	936
crispa......	27	415
cubitus.....	25	1655

OS

OSTRÆA.	Étages	Numéros
cucullaris....	25	1656
curvirostris..	22	914
cyathula....	26	294
cymbiola....	25	1652
cymbium....	8	217
cymbula....	25	1135
Cypræa.....	14	379
Darwinii....	7	142
deformis....	25	1137
Defrancii...	25	1651
deltoidea....	15	175
deltoidea...	26	2510
denticulata..	27	425
denticulata.	16	56
deperdita...	25	1135
difformis....	5	90
digitalina...	26	2510'
dilatata.....	12	224
	13	447
diluviana...	20	521
	21	169
	22	922
discors.....	26	2422
—	27	408
disparilis...	26	2516
distorta....	17	408
divaricata..	25	1145
dorsata.....	25	1139
dorsata.....	25	1653
Doublieri....	26	2502
dubia......	26	2414
—	27	409
duriuscula...	13	450
eduliformis.	12	224
edulina....	24	195
Edusa......	7	141
electa......	7	140
elongata...	25	1656
Erina.......	9	263
eversa......	24	195
exarata.....	10	450
excavata....	13	447
expansa.....	16	58
extensa.....	25	1136
falcata......	22	919'
falcata....	16	57
—	24	549
Ferrarisi....	26	2518
flabella.....	20	518
flabellifor-		
mis......	27	411
—	27	414'
flabelloides.	10	432
—	12	225

OSTRÆA.	Étages	Numéros
flabellula....	26	1126
flabellulum..	26	254
frons.......	22	916
gibbosa.....	27	426
gigantea...	24	548
gigantica...	25	1129
globosa....	22	925
—	26	2524
Goldfussii...	26	2510
gregaria....	12	231
	13	448
	14	577
gregaria...	17	406
gryphina....	25	1654
gryphoides..	26	2509
haliotidea...	20	522
harpa......	22	916
Hellica.....	16	57
Hersilia.....	24	549
heteroclita..	24	198
hippopodium	22	917
hippopodium	20	523
hippopus...	26	291
hybrida....	25	1656
hyotis......	27	427
incurva.....	7	139
inflata.....	22	930
—	25	1654
inoceramoi-		
des......	17	739
irregularis..	8	219
Italica.....	27	424
Kaærcii.....	9	260
Koroshoven-		
sis.......	13	450
Kunkeli.....	18	431
laciniana....	22	918
læviuscula..	8	219
lamellaris..	26	293
lamellosa...	27	428
larva.......	22	919
latirostris...	22	932
latissima...	24	548
—	25	1129
—	27	405
Lesueurii...	20	523
Leymerii...	17	737
lima......	27	393
lingua......	26	2525
lingua-ca-		
nis......	25	1147
lingulata...	25	1656
longirostris.	26	293
Luciensis....	11	341

OSTRÆA.	Étages	Numéros
lunata......	22	928
macroptera.	17	406
	18	128
Marshii.....	12	225
	13	451
Marshii....	10	432
matercula...	4	46
Matheroniana	22	920
maxima.....	27	414
Meadii.....	26	294"
Megæræ....	23	45
Melania.....	24	552
menoides...	15	450
mesenterica.	22	919'
Milletiana..	19	284
Montis-ca-		
prilis.....	6	574
multicostata.	24	546
multicostata	5	91
multiformis.	15	176
multistriata.	25	1655
multistriata	27	407
mutabilis...	25	1137
nana........	13	419
nasuta.....	22	919'
Naumani...	22	925
navicularis..	27	430
navicularis.	27	431
neglecta....	26	2507
Neocomiensis	17	402
nodosa.....	15	448
Normaniana.	22	921
Nystii.......	26	294"
obscura.....	11	359
opercularis.	27	405
orbicularis..	24	552
palmata....	15	448
Panda......	22	934
paradoxa....	26	294'
Patagonica..	26	2517
percrassa...	26	2515
pes-felis...	27	406
pes-leonis...	22	912
Phædra.....	10	434
pixidata...	27	412
placunoides..	5	92
plana......	25	1048
planicosta..	16	294
plebeia.....	27	405
pleuronectes	26	2421
—	27	401
plica.......	27	401
plicata......	25	1128
plicatella...	24	540

OS

OSTRÆA.	Étages	Numéros
plumosa....	22	953
polygona ...	17	742
polymorpha.	10	433
ponderosa..	22	929'
Ponticeria-		
na........	22	919
profunda ...	25	1131
Proteus.....	22	929
pulchra.....	24	200
pulligera...	14	575
punctata...	24	194
pasio.......	27	407
Pyrenaica...	24	548
radians....	25	1145
radiosa......	25	1650
Rauliniana..	19	285
recondita..	25	1103
Rœmeri.....	15	177
Ricordeana..	20	524'
rostellaris..	13	448
rugosa......	15	175
sandalina....	13	452
Santonensis.	22	922
Sarthaceusis.	9	264
scapha.....	13	447
sculpturata..	26	2515
sellæformis..	23	1145
semilunata.	25	1145
semiplana...	22	923
semiplicata..	8	218
similis.....	22	910
simplex....	25	1656
solitaria.....	14	375
	15	175
Sowerbyana.	24	551
Sowerbyana	13	450
Sparnacensis	24	196
spathulata..	26	293
spinosa.....	22	920
spiralis.....	14	380
spondyloides	5	89
—	5	91
squamata...	17	740
striata.....	10	431
—	27	408
subangulata.	26	2520
subangusta..	24	545
subarcuata..	25	1132
subauricularis	9	262
subbullata...	26	2512
subcrenata..	10	452

OU

OSTRÆA.	Étages	Numéros
subfalcata...	26	2514
subgibbosa..	27	426
subglobosa...	26	2524
subinflata...	22	930
sublingua....	26	2523
subplana....	25	1648
subplicata...	25	1127
subpunctata.	24	194
subserrata..	13	448
subsimilis...	22	940
subspathulata	22	939
subspondy-		
loides....	5	91
subsquamata.	17	740
subundulata.	26	2503
sulcifera....	10	430
Tarbelliana..	24	550
tegulacea...	22	919
tenera.......	24	199
Tombec-		
kiana.....	17	407
torosa......	22	935
tuberculata.	26	2395
—	27	392
tuberculifera	17	404
tuberosa....	10	435
tubifera.....	26	2522
Turonensis..	26	2751
Turonensis..	22	924
uncinata....	23	1134
undata.....	26	2506
	27 ?	429
undosa......	12	229
undulata...	26	2503
Urgonensis..	17	738
varia.......	27	410
ventilabrum.	26	294'''
venusta.....	6	671
vesicularis...	22	923
vesicularis..	24	553
virgata.....	25	1141
virgula.....	15	174
vomer.......	22	937
Wegmaniana	22	926

oulophyllia.

	Étages	Numéros
astroides....	13	637
Ataciana....	21	326
Bronnii.....	6	690
confluens ...	13	638
corallina....	14	608
corrugata...	14	607

OV

OULOPHYLLIA.	Étages	Numéros
disjuncta....	14	610
elegans......	10	547'
excavata....	14	669
lamelloden-		
tata......	14	604
labyrinthica..	6	691
macropora..	14	606
Martiniana..	21	329
meandra....	10	547
Michelini....	14	611
Michelotti...	26	2772
montana....	14	605
profunda....	26	2772
Reussiana...	21	527
reticulata...	22	1307
turbinata...	21	328
Valpondoi-		
siaca......	25	1665

ovalastrea.

	Étages	Numéros
caryophylloi-		
des........	13	619

ovula.

	Étages	Numéros
Alabamensis.	25	247
antiquata ...	22	295
birostris....	27	114
bombylis ...	25	249
bullaria.....	25	42'
carnea......	26	842
cretacea	25	42
depressa....	24	298
gigantea....	24	91
incerta.....	22	297
intermedia..	25	252
Kayei	22	296
Leathesi	26	841
Marticensis..	22	294
mitreola	25	245
mucronata ..	24	502
nitidula.....	25	244
passerinalis,.	27	113
Phillipsii. ..	25	248
Salisburyana	25	246
spelta	27	114
subcarnea...	26	842
tuberculosa .	24	217
ventricosa...	21	69

ovulites.

	Étages	Numéros
elongata....	25	1291
margaritula .	25	1290
pavantina...	25	1292

PA

PA

PA

PA

PANOPÆA.	Étages	Numéros
Albertina ...	17	205
Alduini	15	54
Americana ..	25	1824
angusta	9	147
antiqua	15	185
Arduennensis	19	207
arenacea	10	207
Astieriana ..	20	231
Basteroti....	26	1827
Beaumontii..	22	465
Broogniartina	12	107
Buvignieri ..	13	181
calceiformis..	10	218
Carteroni ...	17	193
Castellanen-		
sis	24	444
Constantii ...	19	208
Coquimbensis	26	1825
Cornelia	10	214
corrugata ...	7	71
Cottaldina...	17	194
crassa.......	7	65
cretacea....	22	464
Crithea.....	10	213
Danae.......	11	150
decurtata...	10	226
	11	153
Dejanira....	11	151
Delia.......	11	152
Deshayesii..	24	123
dilatata.....	10	216
dubia.......	26	1821
Dunkeri....	15	58
Dupiniana...	17	195
elatior......	20	234
Elea........	12	105
elegans.....	9	146
elongata....	8	137
elongata....	5	35
—	10	208
—	20	238
—	21	443
—	26	1820
elongatissima	5	35
ensis.......	10	222
Erina.......	12	106
Ewaldi	21	95
Faujasi.....	27	274
Faujasi....	25	735
—	26	1827
Faujasii ...	26	1822
Galatea.....	7	64
Galdrina....	11	155
gibbosa.....	10	237
glabra.......	8	140
Goldfussii...	22	466
gracilis	15	61
grandis.....	5	57
gurgitis.....	20	233
gurgitis....	22	466
Halliæ	14	206
Hellica......	14	205
Hersilia.....	14	210
Hesione.....	14	211
hians	12	109
hiantula.....	15	62
Hippia......	14	208
Hylax	14	209
Hylla.......	14	207
Idalia.......	15	59
inæquivalvis.	19	209
inæquivalvis	5	59'
inflata......	26	1819
intermedia..	24	123
intermedia..	25	755
—	26	2776
—	26	277'''
irregularis...	17	196
Jurassi......	10	209
Keyserlingii.	15	189
lævigata.....	13	180
læviuscula...	20	255
lata........	17	206
lateralis.....	10	224
latissima....	13	184
Lepechiniana	13	187
Lissiana....	7	72
lunulata.....	4	13
maetroides..	5	36
mandibula ..	26	232
marginata...	10	225
Massiliensis .	17	204
Munsterii....	25	1820
musculoides.	5	53
Nair........	10	213
Neocomiensis	17	197
	18	88
Normaniana.	22	465
oblata......	25	736
oblata......	26	277 a
obliqua	17	198
oblonga.....	9	148
obtusa......	5	58
Orientalis...	22	467
ovalina......	14	213
ovalis.......	20	237
ovalis......	10	220
—	12	108
—	14	213
parvula......	7	67
Pelea........	8	159
peregrina...	13	182
Pherusa.....	7	68
Phileta	7	69
pholadina...	10	219
plicata......	19	210
porrecta....	26	1826
Prevostii....	17	698
—	18	87
pseudointer-		
media ...	26	277'''
Pyrenaica...	24	443
Pyrrha.....	7	70
quadrata....	16	33
Qualeniana..	13	186
recta........	17	199
recurva.....	13	183
reflexa	26	1825
regularis....	21	94
Remensis ...	24	124
Ringmerien-		
sis........	20	236
Robinaldina.	17	200
robusta.....	13	57
Rœmeri.....	20	238
rostrata	17	201
rostrata....	7	66
rotundata..	17	215
Rudolphii...	26	1822
rugosa......	15	60
rugosa.....	18	189
sanna	26	1828
scaphoidea..	17	207
securiformis.	11	154
sinistra.....	10	221
sinuosa......	14	204
—	15	55
Sowerbyi...	12	108
striata......	14	212
striata.....	20	230
striatula	7	65
	8	156
subæquival-		
vis........	5	59
subelongata .	10	208
subintermedia	25	735
sublobata...	26	277 a
subovalis....	10	220
subrostrata..	7	66
substriata...	20	230
tellina......	15	56
tenuistria...	10	212

PA

PANOPÆA.	Étages	Numéros
tenuistria...	13	181
Toarcensis...	9	145
Urgonensis..	17	203
ventricosa...	5	34
vetusta......	8	138
Voltzii......	17	202
Zietenii.....	10	211
Paracyathus.		
brevis......	25	1267
caryophyllus	25	1256
cyathus.....	27	472
Desnoyersi..	25	1254
Pedemonta-		
nus........	27	471
procumbens.	25	1255
Turonensis..	26	2721'
Paracyclas.		
elliptica....	2	678
Parasmylia.		
centralis ...	22	1284
elongata....	22	1287'
Faujasii....	22	1285
Gravesii...	22	1284'
punctata...	22	1285'
Parastrea.		
gratissima ..	26	2760"
Lifoliana....	14	522
meandrites..	14	525
Parmaphorus.		
angustus ...	25	690
Bellardii...	26	1738
elongatus...	25	689
lævis.......	25	1565
Pasithæa.		
diaphana...	26	476
eburna.....	26	477
exarata.....	26	475
lævigata ...	26	485
ovalum.....	26	475
subula.....	26	474
umbilicata..	25	92
Patella.		
acuminata..	26	271
æqualis.....	26	1740
ancyloides..	11	143
angulosa ...	22	437
appendicu-		
lata......	11	141
Astensis....	27	251
Aubentonen-		
sis........	11	145
Bornii......	26	1745
campanæ-		
formis....	6	442

PA

PATELLA.	Étages	Numéros
campanulata	21	91
capulina ...	6	441
cingulata...	13	169
clypeata....	11	140
comosa,....	22	435
cornu-copiæ	25	663
corrugata..	22	445
costaria....	25	1562
—	26	270
costulata...	6	438
curvata.....	5	345
dilatata....	25	664
diluvii......	27	251
disciformis.	2	448
discoidea...	2	455
discoides....	5	51
Duclosii....	25	688
elevata.....	22	440
elliptica.....	2	450
—	3	337
elongata....	25	689
fissura.....	27	250
glabra......	25	1564
Græca.....	17	249
granulata...	6	440
imbricata...	3	338
Klipsteini..	26	1741
lævigata ...	2	451
lævis.......	8	132
—	19	200'
lamellosa...	17	187
lata........	11	142
latissima...	15	51
lineata.....	6	443
litteralis...	3	547
mamillaris..	10	201
miniata....	26	1745
minuta.....	15	170
mitrata	5	29
mucronata..	3	344
muricata...	27	246
nana.......	11	144
neglecta....	26	1741
Neptuni....	2	455
nuda.......	6	439
oblonga.....	3	340
orbis.......	22	430
ovata.......	15	171
papyracea..	9	319
—	11	59
pennata....	25	667
pileus......	3	337
primogenia.	2	454
quadrata...	17	188

PE

PATELLA.	Étages	Numéros
retortella...	25	691
retrorsa,....	5	346
Reussii.....	22	436
Rickholtiana	5	348
rugosa.....	9	138
—	11	437
saccharina..	26	1744
Saturni....	2	452
Schmidtii..	7	62
scutiformis ,	5	343
semistriata.	22	438
sinuosa.....	5	343
—	27	245
solaris.....	5	342
speciosa....	2	456
spirirostris.	25	662
squamæfor-		
mis......	25	659
striata.....	25	691
striatula...	25	1563
subaciculata	5	50
subpolygona.	26	1744
suprajuren-		
sis........	13	51
subquadrata	7	61
subradiata..	2	439
sulcata.....	10	200
—	26	1695
tentoria....	22	442
tenuicosta..	22	94
tenuistriata.	13	172
Tessonii....	10	199
unguis......	26	1742
vulgata.....	26	1737
Pavonia.		
agaricites...	13	640
meandrinoi-		
des.......	14	616
tuberosa....	14	578
—	10	549
Pecten.		
abjectus....	10	425
actinodus...	22	848
actinoides..	26	2474
acuarius...	22	861
acuticosta..	9	250
acuticostatus.	10	425
acutecostatus	6	565
acutiradiatus.	9	253
æqualis.....	5	618
æquistriatus.	12	249
æquivalvis..	8	209
æquivalvis .	9	250
affinis,.....	22	868

PE

PECTEN.	Étages	Numéros
alatus.....	17	734
Alpinus.....	17	750
alternans...	26	2454
alternans...	6	552
alternatus...	2	758
Altonis.....	2	762
ambiguus...	26	2429
ambiguus...	10	416
anatipes....	25	1112
anisopleurus	13	440
anisotus.....	3	598
annulatus...	11	522
annulatus..	11	332
—	15	167
Aptiensis...	18	131
arachnoideus	2	754
Archiacianus.	17	384
arcuatus...	22	859
arenosus....	3	596
Arinus.....	3	619
Arion......	26	2478
articulatus..	10	419
articulatus.	26	2478
asper.......	20	475
asperulus...	3	619
asperulus..	26	2440
Astierianus..	17	592
atavus.....	17	
auristriatus..	6	551
barbatus....	10	415
barbatus...	13	438
Barbesillensis	22	830
Bathus.....	3	641
Beaveri.....	20	485
bellis.......	3	620
Beudanti...	26	2415
Biaritzensis.	24	530
bifidus......	26	2443
biformis....	26	2460
Boissyi.....	24	532
Bouei.......	3	603
brevianritus.	24	189
Brongniartii	20	479
Buchii......	14	565
Burdigalen-		
sis.......	26	2486
caelatus.....	3	628
calcatus.....	22	872
Calisto.....	26	2434
calvus.....	9	256
Calypso....	20	484
Camillus....	12	216
Campaniensis	22	838
cancellatus.	2	748

PE

PECTEN.	Étages	Numéros
—	26	2454
—	3	621
carbonarius.	3	627
carinatus...	25	1105
Carteronianus	17	585
Cassianus...	6	560
Castor......	7	136
Cenomanensis	20	477
centralis....	26	2473
Cephus.....	8	212
Chilensis....	22	875
cicatrisatus.	22	850
cinctus.....	10	426
cingendus...	3	554
cingulatus..	8	213
—	9	251
circularis...	22	852
clathratus...	14	551
clathratus..	3	627
Clintonius.	24	2466
Cloreus.....	26	2467
cognatus...	3	580
collineus...	13	427
comans.....	20	480
comatus....	11	335
complanatus	26	2485
complicatus.	22	847
compositus..	20	487
compositus.	26	2426
comptus....	3	629
concentrice- punctatus.	22	859
concentrice- striatus..	3	553
concentricus	14	367
concinnus...	14	366
concinnus..	3	614
conoideus...	3	609
cousimilis...	3	610
convexus...	2	749
Coquandianus	17	586
corallinus...	14	557
corneus.....	25	1109
corneus.....	8	210
—	24	527
costulatus..	8	211
Cottaldinus.	17	387
Coyanus....	3	621
crassitesta..	17	388
craticula...	22	889
crenulatus..	2	751
cretosus....	22	836
cretosus....	20	489
crinitus....	26	2448

PE

PECTEN.	Étages	Numéros
crispus.....	20	489
cristatus....	26	2461
	27	401
curvatus....	21	161
Cypris......	26	2441
Darius......	19	277
Darwinianus.	26	2470
decalvatus..	22	860
Decheni....	14	355
decemcostatus	20	497
decemmarius	26	2469
decipiens...	21	162
decoratus...	6	559
decussatus..	26	2432
decussatus..	3	626
demissus....	12	214
	13	424
dentatus....	10	422
deornatus...	3	593
depilis.....	3	573
depressus...	22	844
Deshayesi..	26	290 e
dextilis.....	9	249
diaphanus...	26	2452
Diomedes...	26	290 e
disciformis.	8	210
discites.....	3	88
discors.....	26	2422
dispalatus...	26	2459
dissimilis...	3	595
distriatus..	15	167
divaricatus..	22	861
dolabriformis	2	752
Doris.......	15	168
dubius?....	26	2414
	27	409
Duboisianus.	26	2453
Dufrenoyi..	17	734
Dujardini...	22	834
Dumasi.....	27	402
duodecimla- mellatus..	26	2416
duplicatus..	25	1104
duplicatus.	2	769
duplicicosta.	3	611
Dutemplei..	19	275
elongatus...	20	480
elongatus..	3	612
Eolus.....	5	87
Erebus.....	10	417
Espaillaci...	22	853
Eudoxus....	26	2410
exiguus.....	3	613
fallex......	3	504

PE

PECTEN.	Étages	Numéros
Faujasii.....	22	851
fibrosus.....	12	213
fibrosus. ...	13	423
filatus......	5	636
fimbriatus..	3	694
flabelliformis	27	411
flabelliformis	26	2487
flabellum...	5	542
flavus......	26	2455
flexuosus...	5	545
Forbesii....	5	544
Galliennei...	20	481
Galloprovin-cialis....	26	2481
geminatus..	26	2476
Gerardii. ...	26	2408
Germaniæ..	11	552
Getus.......	10	424
gibbosus....	5	624
gibbosus....	5	624
Girondinus..	22	841
glaber.....	2	770
—	7	130
gloria—maris.	26	2456'
Goldfussii...	17	589
gracilis.....	26	2413
grandævus..	5	602
grandis. ...	26	2483
granilifer...	22	866
granosus...	5	521
granulatus..	22	874
granulo-cos-tatus.....	6	563
granulosus.	2	755
Grayi.......	26	2418
Hallianus...	2	768
Hardingii..	5	562
Hasbachii...	2	763
Haveri.	26	2417
Hedonia....	10	418
Heblii......	7	130
hemisphæri-cus......	5	586
hians.......	5	633
hispidus....	20	490
Hoffmanni..	26	2431
illegalis. ...	5	600
imbricatus.	25	1094
imperialis...	13	443
inæquicosta-tus......	13	426
	14	350
inæquicosta-tus......	27	408

PE

PECTEN.	Étages	Numéros
inæquistriatus	5	86
incrassatus.	3	560
incurvatus..	26	290 *f*
inflatus....	27	592
infumatus...	23	1099
Ingriæ.....	2	707
insularum..	16	55
intercostata	5	561
intertextus..	13	427
interstitialis.	5	592
interstriatus.	6	558
interstriatus	18	131
inversus....	22	878
irregularis.	5	631
Jacobæus...	27	413
Janus......	26	2438
Jeffersonius.	26	2464
Jouesii.....	3	630
Klipsteini...	6	565
Knockonnien-sis......	2	634
Kokcharofi..	4	43
lævicostatus.	24	534
lævigatus..	5	83
Lamalii.....	26	2406
lamellosus..	15	167
	16	54
laminatus...	11	524
Langrunensis	11	530
lapidus.....	26	2427
laticostatus.	27	403
latissimus...	27	403
Leiotis.	3	637
lens........	12	215
	13	425
	14	355
Leymerii...	17	394
limatus.....	26	2455
lineato-costa-tus......	17	593
linteatus....	2	761
lucidus.....	26	2444
Luciensis...	11	326
Lyelli......	25	1112'
macronus...	26	2446
macrotis....	3	640
mactatus....	3	601
Madisonius..	26	2468
magnificus..	26	2417
Makorii....	22	887
Malvinæ....	26	2451
Mantellianus	22	857
Marcus.....	15	170
Marrotianus.	22	831

PE

PECTEN.	Étages	Numéros
Martinianus.	17	781
Matheronia-nus......	17	783
Matronensis.	22	859
maximus...	27	414
medius.....	27	404
megalotis...	5	563
meleagrinoi-des......	5	652
Mellevillei..	24	527
membranosus	22	873
Menkei.....	26	2445
micropleura.	26	2479
micropterus.	5	635
Midas......	15	171
Millerii.....	20	488
Minerva....	15	169
miscellus....	22	846
mitis.......	25	1096
moniliferus.	6	149
multicarina-tus.......	25	1097
multicostatus	22	857
multiradia-tus.	6	560
multistriatus.	25	1102
mundus....	5	555
Munsteri....	26	2447
Murchisoni..	5	644
muricatus..	22	842
Neptuni....	26	483
Nerei.	6	554
nexilis......	2	759
Nicæus.....	14	363
Niciensis....	24	529
Nilssoni....	22	835
Nireus.....	14	362
Niso........	14	360
Nisus......	14	358
nitidus.....	22	882'
nobilis.....	20	508'
nodosus....	10	424
Northampto-ni........	26	2420
nothus.....	14	330
novemplica-tus......	7	232
nummularis.	13	451
obliquus....	20	478
obliquus....	22	869
obscurus....	11	531
obsoletus...	2	771
—	26	2410
orbiculatus.	5	556

PE

PECTEN.	Étages	Numéros
Oceani	2	765
octocostatus	13	426
octoplectus..	6	533
Ocyrrhoes ..	13	435
opercularis.	27	405
Opis.........	13	437
orbicularis..	20	482
orbicularis .	19	277
ornatus	25	1095
Orontes,.....	13	433
—	14	356
ovatus.......	3	646
Palæmon....	8	214
Palinurus...	12	217
palmatus.....	26	2433
Pandarus ...	9	257
papyraceus,	3	570
—	9	257
paradoxus..	9	247
Paranensis..	26	2472
Paredezii ...	3	608
Parisiensis..	25	1094
partitus......	12	218
Passyi.......	20	494
Patagonensis	26	2471
pera	3	558
perplanus...	25	1112'
personatus,.	13	459
personatus .	9	247
pes-felis....	27	406
Philenor.....	8	213
Phillipsii.....	2	766
Phillipsii ..	26	2416
Philocles.....	7	153
Phillus	9	258
planoclathra-tus........	3	622
planocosta-lus.........	3	550
—	26	2482
plebeius....	15	1100
pleuronectes.	26	2421
plicatus....	3	520
Podolicus..	22	886
Pollux.......	7	135
polymorphus	27	408
polymorphus	26	2422
polytrichus.	2	755
Præteus......	9	251
princeps....	26	2412
priscus	8	211
proboscideus	17	752
propinquus..	26	2442
Protei,......	6	555

PE

PECTEN.	Étages	Numéros
pseudorecon-ditus,.....	16	290 *d*
ptychodes...	22	849
pulchellus ..	22	864
pulchellus..	17	733
—	22	858
—	26	2453
pulcher......	26	2423
pumilus	9	247
pusillus......	4	44
pusio........	27	407
Puzosianus..	21	160
pygmæus ...	26	2450
quadricosta-tus........	21	167
quinquecos-tatus......	22	890
—	22	888
quinquelinea-tus........	3	623
raricostatus.	6	556
rarispinus...	22	870
Raulinianus .	19	276
reconditus...	25	1103
reconditus..	25	1106
—	26	290 *b*
—	26	2407
rectangula-tus.........	26	2456
reticulatus .	5	87
Reussii	22	869
Rhætus,.....	11	329
Rhotomagen-sis	20	495
rigidus	11	323
Riphæus....	11	328
Robinaldinus	17	590
Rogersii,....	26	2462
Rossimon...	11	327
Royanus,....	22	832
rudis........	26	2475
rugosus	2	760
rugulosus...	3	625
Sabinus.....	7	132
Sandbergeri.	6	562
sarmentitius.	26	2439
Saturnus....	10	420
scabrellus...	27	409
scabridus,...	26	2457
scabriusculus	26	2405
scabriuscu-lus	25	1108
sclerotis	3	615
Sedgwickii..	3	616

PE

PECTEN.	Étages	Numéros
segregatus..	3	617
semicircula-ris........	3	550
semicostatus.	26	2449
semistriatus	3	551
septemnarius	26	2465
septemplica-tus........	22	862
seriato-puncta-tus........	22	843
sericeus	4	45
serratus	20	493
serratus....	3	645
—	26	2457
Sibericus....	3	606
Silenus.....	10	421
—	11	325
Simbirsken-sis.......	22	885
simplex.....	3	587
—	3	571
—	26	2424
sinuosus....	27	416
solarium ...	26	2488
solea.......	25	1101
solidus	14	361
Soomrowen-sis........	26	2477
Sowerbyi...	26	2407
Sowerbyi...	3	641
spathulæfor-mis........	22	867
spathulatus..	22	853
spinulosus...	26	2437
spinulosus..	3	638
spurius.....	22	865
squamifer...	20	492
squamula...	24	528
squamula..	22	878
stellaris.....	3	597
striato-costa-tus........	26	2428
striato-costa-tus........	20	508
striato-punc-tatus.....	17	591
—	18	132
striatus....	2	750
—	26	2409
—	26	2450
strictus.....	14	353
striolatus....	2	764
Stutchburien-sis.......	20	486

PE

PECTEN.	Étages	Numéros
subacutus...	20	479
subaffinis...	22	868
subalternans	6	552
subaratus...	22	863
subarmatus..	13	428
subarticulatus	14	354
subbarbatus.	13	438
subcancella-tus........	13	441
subcingulatus	13	436
subclathratus	3	607
subcomposi-tus.......	26	2426
subconcentri-cus	14	367
subconcinnus	5	614
subdecussa-tus.......	3	626
subdemissus.	6	550
subdepressus	20	496
subdiscors..	24	533
subduplicatus	2	769
subelongatus.	3	612
subfibrosus..	13	423
subfimbriatus	3	604
subglaber...	2	770
subgranula-tus........	22	854
subgranulo-sus........	6	564
subimbrica-tus........	14	364
subinterstria-tus.......	20	495
subirregula-ris........	3	631
sublævigatus	25	1110
sublævis....	8	212
—	15	168
submuricatus	22	842
subobsoletus.	2	771
subornatus..	25	1095
subpleuro-nectes....	26	2421
subpulchellus	22	858
subpunctatus	13	442
subrecondi-tus........	25	1106
subrugosus..	2	760
subscabrius-culus.....	25	1108
subserratus.	3	645
subsimplex..	26	2424
subspinosus.	13	430

PECTEN.	Étages	Numéros
subspinulosus	3	638
substriatus..	26	2430
subsquamula	22	878
substriatus..	26	2409
subtenuis ...	26	2480
subtextorius.	13	432
subtripartitus	3	642
subulatus...	9	255
subundulatus	3	613
subvarius...	26	2436
subvirgatus.	22	877
suprojuren-sis.......	13	167
tenuis......	26	2480
tenuistriatus	5	85
terebratuloi-des.......	6	561
ternatus....	22	855
textorius....	7	134
textorius ...	9	258
texturatus...	9	254
textus	26	2419
Thorenti....	24	531
tigerrinus..	26	2410
transversus.	2	756
tricenarius..	26	2478
trigeminatus	22	856
tripartitus..	25	1098
tripartitus..	3	642
tubulatus ...	5	639
tubulifer....	6	557
tumidus....	7	131
tumidus....	20	500
undulatus...	22	840
undulatus..	3	645
vagans......	11	321
vagans.....	7	135
Valdaicus...	8	605
variabilis..	3	516
varians.....	14	352
varius......	27	410
varius......	26	2436
velatus	9	248
ventilabrum.	26	2425
venustus....	22	871
venustus ...	26	2441
Verdachellen-sis.......	22	876
vestitus	6	83
vimineus ...	13	429
vimineus...	7	132
virgatus.....	20	476
virgatus ...	22	877
Virginianus..	26	2463

PECTEN.	Étages	Numéros
virguliferus.	10	416
vitreus.....	13	424
Westendor-pianus...	26	2484
Pectunculina.		
complanata.	20	565
Guerangeri.	20	564
Pectunculus.		
alternatus...	19	257
angusticosta-tus........	26	288
angusticosta-tus	26	208
aratus......	26	2300
arcaceus....	22	628
auritus......	26	287 k
—	26	2293
australis....	22	667
aviculoides..	23	1036
Bourgeoisia-nus......	22	151
brevirostris.	25	1027
brevirostris.	20	370
Broderipii..	25	1056
calvus......	22	660
cancellatus.	26	2304
Carolinensis.	26	2312
circulus	25	1055
corbuloides.	25	1033
costatus....	25	1029
crassus.....	26	2305
decisus	25	1032
declivis.....	25	1031
decussatus...	25	1028
decussatus..	22	663
deletus.....	25	1029
deletus.....	26	2293
deltoides ...	25	1024
depressus...	25	1627
dispar.......	25	1026
Duboisianus.	26	2295
Geinitzii....	21	132
glycimeris..	27	568
glycimeris..	26	2294
Goldfussii...	26	290
granulatus.	25	1018
hamula.....	22	660
Hœninghau-sii.......	22	658
idoneus.....	25	1037
inflatus.....	27	569
insculptus...	22	664
insubricus ..	27	570
lævis.......	21	132

PE

PECTUNCULUS.	Étages	Numéros
lens........	22	661
lentiformis..	26	2314
lunulatus...	26	2299
Marrotianus.	22	659
Marullensis..	17	322
minimus ...	11	258
minor......	25	1031
minutus....	26	287 *k*
—	26	2289
modiolus...	26	2292
nommarius..	27	376
nummiformis	26	2261
obliquus	25	1036
oblongus....	11	256
obsoletus....	20	367
oolithicus...	11	257
orbiculus....	26	2294
parilis......	26	2315
passus......	26	2313
Paytensis....	26	2307
pecten......	24	515
perplanatus.	25	1034
Petschoræ..	13	334
pilosus......	27	372
pilosus.....	26	2303
planus.....	22	660
Plumstedien-		
sis........	24	177
polyodontus.	27	373
pseudopulvi-		
natus......	24	516
pulvinatus...	25	1025
pulvinatus..	26	2294
—	26	2297
—	27	372
pusillus.....	26	2300
pygmæus...	27	567
qoinquerugo-		
sus........	26	2310
Renauxianus	21	130'
Requienianus	21	130
reticulatus..	22	665
Reussii.....	20	370
scalaris....	25	1023
spinescens...	20	369
stramineus..	25	1038
subauricula-		
tus.......	22	668
subcancella-		
tus........	26	2302
subconcentri-		
cus........	20	566
subdecussatus	22	663
subdeletus...	26	2298

PE

PECTUNCULUS.	Étages	Numéros
sublævis.....	20	367
sublævis....	22	661
subovatus...	26	2308
subpilosus...	26	2303
subpulvinatus	20	571
subsulcatus..	22	662
subterebratu-		
laris.......	26	289
sulcatus....	22	662
Taurinensis..	26	2297
terebratula –		
ris........	24	176
terebratula-		
ris........	26	289
texatus.....	14	289
textus......	26	2301
transversus.	26	2295
tricenarius..	26	2311
trigonellus..	25	1024
tumulus.....	26	2306
undatus.....	27	574
variabilis...	26	2304
ventricosus..	20	368
violacescens.	27	370
Volhynianus	26	2296'
Pedina.		
arenata.....	10	508
Gervillii....	12	263
granulosa...	11	411
Sinaica	21	231
sublævis....	13	512
Pedipes.		
Alpinus.....	25	106
crassidens...	24	79
ovatus......	25	105
punctila –		
brum.....	26	546
striatus....	26	544
umbilicatus..	26	495
Pelagia.		
clypeata....	11	370
Defranciana.	25	1195
Eudesii.....	20	598
infundibulum	20	599
insignis.....	20	600
Peltastes.		
acanthoides.	20	670
marginalis..	20	671
pulchellus..	20	670
punctatus...	17	496
stellulata....	17	495
Peneroplis.		
Fleuriausus.	14	624
Gervillei....	25	1307

PE

PENEROPLIS.	Étages	Numéros
opercularis..	25	1306
orbicularis..	26	2896
Orbignyi...	10	556
planatus....	25	1307
Penniretepora.		
antiqua.....	2	1051
disticha.....	2	1052
dubia.......	4	78
Geinitzii....	4	79
gracilis.....	3	883
grandis.....	3	881
Lonsdalei...	1 *b*	531
pluma......	3	828
Pentacœnia.		
elegantula...	17	519 *b*
microtrema..	17	519 *d*
pulchella....	17	519 *c*
Pentacrinus.		
Alpinus.....	25	1230
alternans...	14	470
alternatus...	17	510
annulatus...	17	509
Bajocensis...	10	522
basaltiformis	8	246
—	9	277
Bollensis....	9	275
Braunii.....	6	662
Briareus...	9	275
Buchii......	22	1272
Buvignieri...	11	432
carinatus....	22	1271
Cenomanen-		
sis........	20	680
cingulatus...	13	593
cretaceus ...	19	334
cylindricus..	13	589
didactylus ..	24	640
fasciculosus..	8	245
Gastaldii....	26	2687
Goldfussii...	14	471
gracilis.....	8	247
granulosus..	13	392
inornatus....	10	523
lævigatus...	6	663
lævis.......	8	247
lanceolatus..	22	1273
liasinus.....	8	248
Marcousanus	13	591
monilifer....	9	278
Neocomiensis	17	508
—		768
Nodotianus..	11	433
nodulosus...	22	1273
Oceani	8	249

PH

PHASIANELLA.

	Étages	Numéros
adpressa....	2	340
Alberti.....	26	749
Alberti.....	6	364
angulifera..	26	744
angulosa...	25	1411
angusta.....	6	367
Aquensis....	26	746
Beadlei.....	20	127
Bessarabica..	26	750
Bolina......	6	364
bulimoides..	13	125
Buvignieri..	14	143
Cæcilia.....	12	80
Calliope.....	12	81
Cassiana....	6	369
Cassiana...	6	356
Cassiope....	12	82
cincta......	10	117
consobrina..	11	86
Delia.......	11	83
elongatissima	26	751
Ervyna.....	19	147
formosa.....	20	125
fusiformis...	2	344
Gaultina....	19	146
glaber......	26	754
Gratteloupi..	22	741
Hagenowii..	6	363
Haleana.....	22	269
Iason.......	8	86'
incerta.....	22	383
intermedia..	6	557
Kichinevæ..	26	752
Klipsteiniana	6	356
lamellosa....	22	270
Leymeriei...	11	84
limnearis...	2	359
lineolata....	22	168
melanoides..	25	217
Menkei.....	5	23
microtricha..	2	345
minuta......	25	1412
multisulcata.	25	216
Munsteri....	6	561
Neocomiensis	17	128
neritoidea...	2	341
articularis..	25	1410
ovata.......	2	343
ovula......	19	148
paludiformis	14	143
paludinæfor-mis........	9	101
paludinaria.	9	100
paludinaris.	6	362
Parisiensis...	25	214
Partschii ...	6	366
phasianoides	8	87
plicata.....	6	365
Prevostina..	26	748
pulla.......	26	747
pullus.....	25	214
punctata...	26	753
pusilla.....	20	124
Royana.....	22	268
rubra.......	27	99
semistriata..	25	215
similis......	6	359
Sowerbyi....	20	126
spirata.....	26	745
striata......	12	79
—	13	124
striata.....	20	126
striatula.....	6	353
subclathrata.	2	546
subpulla....	26	748
subpunctata.	26	753
substriatula..	13	126
subumbilica-ta......	11	87
subventricosa	3	229
supracreta-cea.......	22	267
tricostalis...	25	218
Trouvillensis	13	125
turbinoides .	25	213
turbinoides.	26	746
variabilis....	6	368
varicosa....	26	359
ventricosa ..	2	342
ventricosa..	3	229
venusta.....	6	360

Phillangia.

	Étages	Numéros
conferta....	26	2761"

Phillipsastræa.

	Étages	Numéros
Hennahii ...	2	1151'
parallela....	2	1155

Phillipsocrinus.

	Étages	Numéros
caryocrinoi-des	3	953

Pholadomya.

	Étages	Numéros
abrupta.....	26	1840
acuminata ..	13	192
acuta.......	9	154
aculicostata .	15	65
æqualis....	15	64
æquivalvis..	22	472
Agassizii....	17	208
Agassizii...	26	1838

PHOLADOMYA.

	Étages	Numéros
Albina	20	244
Allica	10	243
Alpina......	26	1837
alternans...	17	210
Amathusia ..	10	242
ambigua....	8	141
ambigua ...	7	73
—	13	199
—	14	215
ampla......	13	193
anaglyptica .	14	216
angulata....	12	120
angulata...	9	152
angulifera ..	11	159
angustata...	10	240
angustata..	13	201
Archiaciana.	21	96
arcuata.....	26	1839
arcuata....	26	1838
Aspasia.....	10	231
Bellona.....	11	160
Bernardiana.	11	162
bicostata...	14	215
biplicata....	20	245
Bolina......	11	163
canaliculata.	14	214
Carantonnia-na.......	22	468
cardissoides	13	193
carinata....	12	110
Castellannen-sis........	7	75
caudata.....	17	215
caudata....	22	472
cincta......	9	158
cingulata...	13	195
clathrata....	13	204
Clytia......	12	116
complanata.	13	201
compressa ..	13	191
compta.....	9	157
concentrica..	15	206
concentrica.	13	198
concinna ...	13	200
conformis...	13	208
connectans..	22	478
constricta...	13	196
contraria...	15	64
cordiformis.	20	246
Cornueliana.	17	699
—	18	90
corrugata...	7	71
costellata ...	10	241
crassa......	12	112

PH

PHOLADOMYA.	Étages	Numéros
curta	5	363
cylindrica	12	114
decemcostata	13	201
decorata	9	150
decussata	12	111
depressa	13	76
designata	22	476
designata	21	98
dilata	13	211
Donacina	13	67
Donacina	14	204
Duboisii	13	197
Dutempleana	19	213
echinata	13	77
elliptica	22	469
elongata	17	209
Engelhardtii	9	160
Erina	9	161
Escheri	9	156
Esmarkii	22	468
exaltata	13	198
fabacea	11	168
Fabrina	19	211
fidicula	10	229
flabellata	13	201
foliacea	9	155
Geinitzii	21	98
gibbosa	11	156
gibbosa	13	63
gigantea	20	243
gigas	20	241
glabra	8	144
goniomya	11	159
gracilis	13	69
granosa	12	119
Hausmanni	8	151
hemicardia	13	195
heteropleura	8	145
hortulana	13	70
Hugii	14	214
Idæa	7	73
inornata	12	117
intermedia	14	217
iridinoides	3	359
Kasimiri	22	475
Knorrii	9	159
Koninckii	25	738
lævigata	2	471
lævis	17	214
læviuscula	13	193
Ligeriensis	20	240
lineata	13	193
lirata	9	162
litterata	13	190

PH

PHOLADOMYA.	Étages	Numéros
loricata	2	464
Mailleana	20	239
major	13	209
margaritacea	25	737
margarita-cea	24	446
Mariæ	13	203
Marrotiana	22	470
Martini	18	89
Mellevillei	24	446
modiolaris	15	71
Moulinsii	22	479
multicostata	15	65
Münsteri	2	479
Murchisoni	11	158
Murchisoni	11	160
—	13	198
nitida	15	71
nodosa	13	205
nodulifera	22	474
Normaniana	15	72
Noueliana	21	97
nymphacea	10	228
obliqua	14	214
—	14	214
obliquata	8	142
obsoleta	12	118
obtusa	10	228
occidentalis	22	477
Omaliana	3	370
Ouralensis	13	210
ovalis	11	167
ovulum	11	168
parcicosta	14	215
parvula	15	66
parvula	16	37
paucicosta	14	215
pectinata	15	74
pelagica	14	214
Petschoræ	13	212
plicata	3	360
plicata	24	125
plicosa	14	215
polymorpha	13	203
proboscidea	11	159
producta	9	149
Protei	13	64
pudica	24	447
Puschii	24	445
radiata	2	463
radiata	3	364
Rauliniana	19	212
recurva	15	66
regularis	3	362

PH

PHOLADOMYA.	Étages	Numéros
rhomboida-lis	17	240
rostralis	13	64
rostrata	22	471
Rouyana	17	211
Royana	22	469
Royeriana	13	115
rugosa	13	65
Russiensis	13	210'
scalprum	4	165
Scheucherii	17	209
scripta	10	290
semicostata	17	212
siliqua	10	240
similis	13	200
similis	13	201
simplex	13	207
sinuata	15	75
soleniformis	2	470
striata	13	79
striatula	13	71
striatula	2	467
subangulata	9	152
subarcuata	28	1838
subcarinata	10	230
subdinnensis	20	242
subplicata	24	125
subradiata	3	364
substriatula	2	467
subtruncata	13	68
sulcata	3	361
sulcata	13	196
tellinaria	2	465
tenera	15	71
tenuicostata	15	66
texta	11	161
trapezicosta	12	115
—	13	194
trigonata	13	199
triquetra	10	232
truncata	13	78
truncata	13	68
tumida	18	200
umbonata	22	475
Urania	8	145
Varusensis	11	164
ventricosa	7	74
ventricosa	14	215
Vezelayi	11	152
Voltzii	9	163
Voltzii	8	143
Zieteni	10	229

Pholas.

	Étages	Numéros
acuminata	26	1814

PH

PHOLAS.	Étages	Numéros
aperta......	25	1569
Baugieri....	10	206
cithara.....	22	462
compressa...	13	191
conoidea....	23	1570
constricta...	18	86
Cornueliana.	18	85
crassa......	11	149
cylindrica...	26	1812
dimidiata....	26	1810
hians......	27	279
Hommairei..	26	1813
Jouannelii..	26	1808
Lamarckii...	26	1811
Orbignyana.	24	539
palmula.....	26	1809
prisca......	17	190
recondita...	13	179
rhomboides.	26	1815
Rœmeri.....	17	191
scalata.....	25	1571
semicauda..	26	1808
subcylindrica	19	204
Toarcensis..	9	144
Waldheimii..	13	178
Phorus.		
Aquensis....	26	627
Borsoni.....	26	628
canaliculatus	22	226
confusus....	25	153
crispus.....	27	81
cumulans...	24	275
Dehayesi....	26	95
—	27	82
extensus....	25	155
gigas.......	26	628
Gravesianus.	24	276
Gratteloupi..	26	96
infundibulum	27	83
leprosus....	22	227
Parisiensis...	25	154
plicomphalus	26	626
scrutarius...	26	625
subonchylio-		
phorus....	25	1441
subextensus.	26	96'
testiger.....	26	629
Phyllocœnia.		
Archiaci....	26	2744"
arachnoides..	22	1309
astroites....	26	2744
Caryana....	26	2745'
Corbarica...	21	297
Cottaldina...	17	518

PI

PHYLLOCORNIA.	Étages	Numéros
cribraria....	21	295
Doublieri...	21	292
glomerata...	21	298
grandis.....	21	264'
intermedia..	21	271
irradiata...	26	2744
irregularis..	25	1269
Icaunensis..	17	518"
Lucasiana...	26	2744'
macrocona..	22	1300'
Marticensis..	21	275
Neocomiensis	17	518'
pediculata...	21	275
pediculata..	21	315'
radiata.....	26	2744
regularis....	21	295
sculpta.....	21	299
sculpta.....	21	299
striata......	21	293
sulcato-la-		
mellosa...	21	292
Vallisclausæ.	21	272
varians.....	21	291
variolaris...	21	274
Phyllocrinus.		
Malbosianus.	17	767
Physa.		
columnaris..	24	26
doliolum....	24	30
Draparnaudi.	24	27
Galloprovin-		
cialis.....	24	28
Gardaneosis.	24	29
gigantea....	24	32
Michaudi...	24	31
pulchella....	24	33
Phytogyra.		
Deshayesiana	14	594
magnifica...	14	594'
Pileolus.		
costatus.....	14	106
cretaceus...	20	103
lævis.......	11	59
Moreanus...	14	108
neritoides...	25	152
plicatus.....	11	38
radiatus.....	14	107
Pileopsis.		
anciliformis	26	265
angusta....	3	316
Aquensis...	26	1690
arquata....	22	223
bistriata....	26	1691
arsidea....	2	431

PI

PILEOPSIS.	Étages	Numéros
compressa..	2	422s
cornu-copiæ.	25	663
dilatata.....	25	661
dispar......	27	243
—	27	244
—	26	1696
elegans.....	25	660
—	26	1689
elongata....	20	221
favaniella..	26	1693
globrata....	27	240
granulosa..	26	1688
Jurensis....	13	123
lævigata....	24	429
lineata.....	2	351
neritoides..	3	316
opercularis..	25	659
patelloides..	25	1560
Pedemontana	27	241
pennata....	25	667
prisca......	2	423
reticulata..	9	102
retortella...	25	661
rugosa.....	9	140
spirirostris.	25	662
squamæfor-		
mis......	25	659
substriata..	2	352
sulcosa.....	27	242
trigona.....	2	421
trilobus....	3	315
tubifera....	3	317
Ungarica...	27	243
variabilis...	25	668
vetusta.....	3	315
—	3	316
Pinna.		
affinis......	25	1068
ampla......	10	371
ampla......	15	146
arata.......	22	721
arcuata.....	25	1069
bicarinata...	20	395
Brocchii....	26	2361
Buchii......	10	375
compresea..	20	398
consobrina..	22	722
costata.....	5	517
Cottæ......	22	720
crassissima..	12	191
cuneata.....	10	372
decussata...	20	599
decussata...	22	722
depressa....	20	599

PI

PINNA.	Étages	Numéros
diluviana....	7	112
discrepans..	22	725
elliptica.....	22	724
fenestrata...	22	719
fissa........	9	213
flabelliformis	3	517
flexicostata.	3	517
folium......	7	111
Galiennei....	20	396
Gallica......	10	373
gracilis.....	18	119
granulata...	15	146
granulosa...	3	515
Hartmannii..	7	113
Joaniskiana..	3	518
Koninckii...	3	516
lanceolata...	13	362
lanceolata..	13	363
Ligeriensis..	21	144
lineata.....	13	564
Luciensis...	11	280
margaritacea	25	1631
mitis........	15	365
Moreana....	20	394
Moulinsii....	22	722'
mutica......	3	519
Neptuni.....	20	395
nobilis......	27	383
nobilis.....	26	2361
obliquata....	14	308
obliquata...	16	47
ornata......	15	147
petasunculus.	22	716
prisca......	5	64
prisca......	3	516
quadrangula-ris......	21	143
radiata.....	13	366
recticostata..	22	715
Renauxiana	20	395
restituta.....	22	718
Robinaldina.	17	537
rugosa.....	17	339
rugoso-radiata........	12	190
Russiensis...	13	367
Saussurei..	14	548
socialis.....	15	148
sublanceolata........	13	363
subquadri-valvis.....	27	584
subrugosa...	17	359
subtetragona.	20	397

PL

PINNA.	Étages	Numéros
sulcifera....	17	538
supracretacea	22	723
suprajurensis	16	47
tenuistria..	15	564
tetragona....	27	584
tetragona..	20	597
transversa...	24	522
Pinnigena.		
Bathonica...	11	319
magna.......	17	729
rugosa.......	14	349
Saussurei....	14	548
—	15	106
Pinnopsis.		
acutirostra.	2	591
ornata......	2	592
Pittonnillus.		
Archiacianus	20	118
callifer......	25	1450
carinatus...	26	705
compressus.	8	92
cretaceus...	22	245
Defrancii....	26	703
depressus...	9	76
dubius......	25	172
expansus....	8	92
—	9	76
heliciformis.	2	267
lenticularis..	26	706
nanus.......	26	702
subconicus..	26	704
subsuturalis..	26	708
umbilicatus..	26	707
Placocœnia.		
macrophthalma.......	22	1302
Placocyathus.		
Nystii.......	20	685'
Placophyllia.		
dianthus....	13	605
Placopsilina.		
Cenomana...	20	758
Cornueliana.	17	791
Neocomiensis	17	557'
Placosmilia.		
arcuata.....	21	245''''
cuneiformis.	21	245'
cymbula....	21	245''
elongata....	21	245'''
Parkinsoni.	21	245
rudis.......	21	245
Placuna.		
Jurensis....	14	382
pectinoides.	8	215

PL

Plagioptychus.	Étages	Num.
paradoxa...	21	186
Toucasiana.	21	187
Plagiostoma.		
carduiforme.	12	203
dumosum...	22	904
—	25	1089
duplicatum.	12	202
gregale.....	22	905
interstinctum	11	297
labyrinthicum......	22	1531
laeviusculum	14	329
lineatum...	5	70
obscurum...	12	204
ovale........	11	308
pectinoide..	9	222
pelagicum..	22	793
punctatum..	5	74
—	8	198
—	22	787
regulare....	5	72
rigidum....	13	389
rigidulum..	11	296
rusticum...	16	51
semilunare..	26	2396
solidum....	24	540
striatum...	5	68
ventricosum.	5	75
Planaxis.		
multisulcatus	26	1568
punctatus,.	26	1600
striatus....	26	1599
Planorbis.		
contortus....	27	24
cornu.......	26	27
cornu......	26	534
cylindricus..	25	1392
depressus...	25	29
Gratteloupi.	26	534
hemistoma..	25	1594
hemistoma..	27	23
imbricatus..	27	22
inflatus.....	25	1395
inversus....	25	1399
laevigatus...	24	38
lens........	25	1397
liasinus....	7	49
Massiliensis.	26	29
obtusus....	25	1393
planulatus..	25	1398
pseudoammonicus.....	27	21
pseudorotundatus......	24	36

PL

PLANORBIS.	Étages	Numéros
radiatus....	20	121
rotundatus..	26	28
Sparnacensis.	24	59
subangulatus	25	1396
subcingulatus	24	35
subhémisto-ma......	27	23
subovatus...	24	37
trilobatus..	1 b	78
Planorbulina.		
Mediterra-neus......	27	541
Planularia.		
Bronnii....	17	547
costata.....	17	781
depressa....	11	489
elongata ...	11	487
longa.......	17	779
reticulata...	17	780
striata......	11	488
Planulina.		
Orbignyi...	17	549'
ornata......	17	550
Plasmopora.		
antiqua.....	5	1033
Platycrinus.		
Buchii......	2	1075
contractus...	5	937
depressus...	2	1077
ellipticus....	5	932
elongatus....	5	936
expansus....	5	940
gigas.......	5	934
granulatus...	5	929
granulifer...	2	1074
hieroglyphi-cus.......	2	1078
interscapula-ris........	2	1076
laciniatus....	5	933
lævis.......	5	926
ornatus	5	959'
pentangularis	5	931
pentangula-ris.......	5	912
Phillipsii....	2	1080
punctatus....	5	935
rosaceus....	2	1101
rugosus.....	5	927
similis......	5	938
striatus.....	5	930
triacontadac-tylus.....	5	959
tuberculatus.	5	928

PL

PLATYCRINUS.	Étages	Numéros
ventricosus..	2	1079
Platymya.		
dilatata....	17	227
hiantula....	15	62
longa.......	13	222
minuta......	18	96
rostrata....	17	225
tenuis......	17	228
Platyschisma.		
Jamessii....	5	193
Kircholmien-sis.......	2	203
Uchtensis...	2	492
Platytrochus.		
Goldfussii...	25	1245"
Stokesii.....	25	1245'
Plectambonites.		
ibex........	1 a	237
—	1 b	138
Pleuraster.		
arenicola....	13	535
obtusa......	5	98
Pleurocænia.		
Provincialis..	21	547
Pleurocora.		
alternans....	20	722"
explanata....	20	722'
gemmans...	21	268
Haueri......	21	269
Koninckii...	20	722'"
Pailletteana..	21	267
ramulosa....	26	266
Pleuromya.		
æquistriata..	8	148
Aldouini....	12	107
alta........	10	207
angusta.....	9	147
arenacea ...	10	207
crassa......	7	65
Donacina...	14	204
elongata....	10	208
Galatea	7	64
glabra......	8	140
Gresslyi....	15	55
pholadina..	10	219
recurva. ...	13	183
rostrata....	7	66
striatula...	7	65
—	8	136
tellina	15	56
tenuistria...	10	212
Voltzii.....	15	56
Pleuronites.		
pusillus.....	4	44

PL

Pleuropora.	Étages	Numéros
Provincialis..	21	347
Pleurorhynchus.		
aliformis...	3	441
armatus....	3	441
elongatus...	3	443
fusiformis...	3	437
giganteus...	2	438
hibernicus..	3	442
inflatus....	3	439
minax......	2	619
—	3	447
nodulosus...	3	440
trapezoidalis	2	617
trigonalis...	2	618
—	3	446
Pleurostoma.		
lacunosum...	22	1505
radiatum....	22	1506
Pleurotoma.		
abbreviata..	26	1104
aciculina....	26	185
acuminata..	26	195 d
acutangula-ris	25	554
acuticosta...	26	195 j
acutirostra...	25	410
affinis......	24	535
Agassizii....	26	1098
alternata....	25	433
amœna.....	26	1094
angulata....	24	101
angulosa....	25	384
angusta.....	27	146
Aquensis....	26	182
articulata..	1 b	70
asperula....	26	1050
asperulata..	26	1043
attenuata ...	25	407
attenuata...	24	340
—	26	1092
Basteroti....	26	1085
Beaumontii..	25	454
Belgica.....	26	195 b
Bellardii....	26	1101
Bellardii...	27	152
bicatena.....	25	352
bicatenaria..	26	1160
biseriata.....	25	439
bistriata.....	25	397
Blumii.....	6	412
Borsoni.....	26	1047
Bosquetii....	26	195 e
brachyura...	26	1141'
bracteata ...	26	1102

PL.

PLEUROTOMA.	Étages	Numéros
brevicauda..	25	385
brevicula....	25	356
brevirostrum	25	411
brevirostrum	26	1103
brevis......	26	1104
Brocchii....	27	151
Broderipii...	26	192
bucciniformis	27	147
buccinoides..	26	1048
cælata	25	432
cærulans....	27	149
calcarata....	26	1035
Calliope	26	1105
cancellata...	24	100
—	24	527
cancellina...	27	148
carinata.....	25	368
carinifera...	26	1051
cataphracta..	26	1034
catenata	25	381
cerithioides..	26	1076
cheilotoma..	26	1072
Chinensis ...	26	1106
cincta	25	377
circulata...	26	1044
cirrata	26	1107
clavicularis..	25	404
colon.......	25	409
colon.......	24	342
—	25	413
columnæ....	26	1140
colus.......	26	1091
comma......	25	414
communis...	26	1154
concatenata.	26	1084
conoidea....	26	195 a
controversa..	26	1108
conulus.....	26	1078
Coquandi....	27	152
Corallii....	1 b	71
Cordieri	26	1067
Cordieri....	27	158
coronata....	26	1109
coronata ...	26	1040
costaria.....	25	1477
costellaria...	25	419
costellata ...	26	195 e
costellata...	26	1054
crassinoda ..	26	1053'
crebricosta..	26	1110
crenata......	26	195"
crenulata ...	23	374
crenulata...	26	1083
crispata.....	26	1111

PL.

PLEUROTOMA.	Étages	Numéros
curvicosta...	25	355
Cypris......	26	1061
Cyrilli.....	27	144
Cythere.....	26	184
decussata ...	25	563
Delucii.....	26	195 i
dentata.....	25	382
denticulata..	26	1039
depygis.....	25	435
Desnoyersii.	25	436
detecta.....	26	1071
dimidiata ...	26	1042
discors.....	26	1151
—	26	1169
dissimilis....	25	1156
dubia.......	25	357
dubia	26	1105
Dufourii.....	26	1052
Dumontii....	26	195 f
Dupuisii.....	26	1074
eburnea....	26	1145
—	27	164
elaborata....	25	431
elegans.....	24	331
elongata....	25	391
emarginata..	26	195
exerta......	26	195 m
fallax......	26	1075
Farinensis..	26	1033
fascellina....	26	1089
filifer.......	24	336
filosa.......	25	378
filosa.......	26	194
fragilis......	25	386
furcata	25	393
fusiformis...	25	410
fusiformis ..	22	393
fusoidea....	26	1116
fusus.......	26	1046
Gastaldii....	26	1112
Genei.......	26	1115
gibberula...	26	191
glabella.....	26	1064
glaberrima..	26	181
glabrata.....	25	392
gradata.....	26	1114
granaria....	26	1095
granifera....	25	573
granulata...	25	361
granulato-cincta.....	26	1165
granulosa...	24	339
—	26	1128
granum.....	27	156

PL.

PLEUROTOMA.	Étages	Numéros
—	27	157
Gratteloupii.	26	189
Hœninghau- *sii.......*	25	456
harpula.....	26	1137
harpula....	25	369
Hausmanni..	26	1150
heptangula- *ris.......*	27	162
hirsuta.....	26	1115
hispidula....	26	1158
hypothetica.	26	1159
hystrix......	27	150
incarnata..	26	1130
inclinifera..	26	1171
incrossata..	26	1087
induta......	22	392
inflata......	26	1161
inflata.....	27	144
inflexa.....	23	359
intermedia..	26	1116
interrupta..	26	1037
interrupta..	25	450
intorta......	26	1099
intorta.....	26	1033
Jani........	26	1117
Javana. ...	26	1056
Jouannetii..	26	1079
Koninckii..	26	195 h
labes........	26	1090
labiata.....	25	390
lævigata....	25	412
lævigata ...	24	331
lævis.......	26	1119
Lajonkairii..	24	350
Lamarckii ...	26	1118
Laurensii...	26	195
Lesuerii....	25	453
Leufroyi....	27	144
Leunisii....	26	1143
limatula.....	26	1157
lineolata....	25	394
longirostris.	26	1057
longiscata..	14	160
Lonsdalii...	25	455
lunata......	26	1152
lyra........	25	1478
margaritula.	25	585
marginata...	25	393
marginata..	26	195
Meyracina...	26	197
Michelini..	26	1224
Michelottii..	26	1120
Milletii.....	26	1055

PL

PLEUROTOMA.	Étages	Numéro
mitræola....	25	558
mitræola...	27	149
mitrula.....	26	1165
modiola....	26	1121
monilifera...	24	338
monilis.....	26	1010
monilis.....	26	1041
Morreni....	26	195'
Moulinsii...	27	145
Moulinsii...	26	184
multicostata.	25	599
multicostata	26	195 d
multinoda..	26	188
nana........	25	389
Neptuni....	26	1073
Nisus.......	26	195 i
nodosa.....	26	1123
nodularis...	25	365
nodulosa....	25	398
nupera.....	25	436
Nystii,.....	26	195 g
Nystii.....	26	1073
obeliscus....	26	188
obliterata...	25	588
oblonga....	26	1103
obsoleta....	26	1133
obtusangula..	26	1068
Opis........	26	1058
Orbignyi....	26	1124
ornata......	26	1081
pannus.....	26	1060
Partschii...	26	186
parva.......	26	1135
parviuscula..	25	437
Phillipsii...	26	1137
plicata.....	25	566
plicata.....	26	1063
plicatella...	27	155
plicatella...	26	1142
plicatilis....	25	400
plicatilis...	27	155
—	26	1142
plicatula....	26	195
plicatula...	26	1115
polita......	26	1069
polygona....	25	372
prima......	26	1162
prisca......	25	1475
propinqua...	25	1476
prorata.....	25	438
pseudoatte-nuata....	26	1092
pseudocolon.	24	342
pseudodis -		

PLEUROTOMA.	Étages	Numéros
cors......	26	1151
pseudofusus.	26	1048
pseudohar-pula......	25	569
pseudojava-na......	26	1056
pseudospira-ta........	24	337
pseudoturbi-da.......	26	188'
purpurea...	27	156
purpurea...	26	1067
pustulata...	26	1035
pyrenoides..	26	1159
pyrulata....	25	579
quadrillum..	26	1093
ramosa.....	26	1049
regularis...	26	195 m
Renierii....	26	1134
Requienii...	26	1065
reticulata...	26	1049
—	27	158
rhingens....	27	159
rissoides....	14	161
Rochettæ....	27	154
rostrata....	25	429
rostrata....	26	195 m
rotata......	26	1041
rotata.....	26	1036
rotifera....	26	1153
rotulata....	26	1125
rudis......	27	157
rugosa......	25	557
rugosa.....	25	436
rustica.....	26	1126
Scacchii....	27	160
scalaria.....	26	1143
Selysii......	26	184'
semicolon...	25	195 g
semicostata.	27	161
semilineata.	22	342
semimargi-nata......	26	1058
seminuda...	24	335
semiplicata.	22	564
—	27	165
semistriata..	25	396
semistriata.	26	1118
—	26	1141
septangularis	27	162
septangula-ris........	27	165
septangulata	27	163
sigmoidea...	27	164

PLEUROTOMA.	Étages	Numéros
simplex.....	25	370
—	26	1149
sinuata.....	26	1127
Sismondai..	26	1128
spinescens..	26	1129
spinifera....	27	153
spinosa.....	26	1043
spinosa....	22	594
—	26	1050
spinulosa...	27	153
spiralis.....	26	1130
spirata.....	24	557
—	26	1097
Stoffelsii....	26	195 l
Stoffelsii...	26	1133
stria.......	27	165
stria.......	27	165
striatella....	25	362
striatula...	25	427
—	26	1086
striatulata...	26	1070
striolaris....	24	328
strombillus..	26	1088
subacumina-ta........	26	195 d
subæqualis..	26	1167
subaffinis...	24	333
subangulata.	25	401
subattenuata	24	540
subcanalicu-lata......	26	1164
subconoides.	26	195 a
subcostellata	26	1054
subcrebricos-ta........	26	1110
subcrenulata	26	1085
subdecussata	25	576
subdentata.	26	1056
—	26	1011
subdiscors..	26	1151
subelegans..	24	531
subfilosa....	26	194
subfusifor-mis.......	22	595
subgranula-ta	6	455
subgranulosa	24	539
subharpula.	26	1166
subincrassa-ta........	26	1087
subinterrup-ta........	25	430
subintorta..	26	1033
sublævigata.	24	534

PLEUROTOMARIA.	Étages	Num.
Cauchyana..	3	266
centrifuga...	2	373
cingulifera..	8	99"
cirriformis..	2	384
clathrata...	13	157
—	3	310
cochlea.....	9	382
compressa...	8	92'
concava. ...	25	219
concava....	6	380
concentrica.	3	275
concinna....	6	390
conica......	5	279
conoidea...	10	126
constricta...	10	136
contraria ...	3	284
—	17	152
coronata....	6	389
coronata....	19	166 *f*
costata......	2	393
Credneri....	6	337
crenata.....	6	352
crotaloides..	22	276
Cydippe.....	12	86
Cypria......	12	83
Cypris......	12	84
Cytherea....	12	85
Dalcidensis..	2	377
Debuchii ...	8	98
Debuchii...	8	98'
—	8	99
—	8	99'
—	8	99"
decipiens...	8	101"
decipiens...	8	102
—	8	102'
decorata. ...	10	152
decorata...	6	385
decussata...	5	311
Defrancei...	17	149
Defrancei...	2	407
delphinuloi-des.......	2	387
delphinuloi-des.....	3	261
dentata.....	10	144
dentata....	10	145
depressa....	12	89
Deshayesii...	8	102"
Deshayesii..	8	103
—	8	103'
—	8	103"
—	8	104
—	8	104'
Deslongchamp-sii	8	104'
Devonica.....	2	360
discingulata.	6	387
dictyota....	22	244
dimorpha...	17	158
discus......	10	128
disticha.....	*22	288
distincta....	22	283
distincta....	22	280
dives.......	3	298
Dumontii....	20	170
Dupiniana ..	17	144
Electra.....	13	132
elegans.....	2	385
elegans.....	17	681
Eliana......	3	296
ellipsoidea..	8	95'
elliptica.....	6	393
elongata....	10	154
Escheri....	8	93
Espaillaciana	22	273
Eudora.....	13	131
Euterpe.....	13	133
—	14	149
exaltata.....	2	386
excavata....	3	252
expansa.....	8	92
expansa....	3	287
falcata......	20	160
fallax.......	10	142
fasciata.....	10	155
fasciata....	2	367
—	2	391
—	10	146
—	10	147
—	26	138
Faucignyana	19	166 *a*
filigrana...	13	127
—	13	150
filosa.......	3	306
Fittoni......	17	150
Fittoni....	19	166 *h*
flammigeri-na.......	2	281
Fleuriausa...	22	271
formosa	20	158
foveolata....	7	56
foveolata...	8	95'
—	8	94
—	8	94'
—	8	94'*
—	8	95'
—	8	95'
fraga.......	10	150
fragilis.....	3	293
Frenoyana...	3	278
funata......	22	290
fusiformis..	3	250
Galatea.....	14	150
Galeottiana..	3	280
Galliennei...	21	65
Gaultina....	19	159
Geinitzii....	20	165
gemmulifera.	3	297
Gibbsii......	19	161
gigantea....	17	148'
gigantea ...	20	165
—	22	289
gigas.......	8	104"
Glycera.....	14	151
Goldfussii...	22	280
gracilis.....	2	388
gracilis	6	344
granulata...	10	121
granulata..	10	123
—	10	151
—	26	121'
granulifera..	22	286
granulosa...	3	294
granulosa..	6	343
Griffitthii...	3	308
Guerangeri.	20	164
gurgitis....	19	161
guttata.....	12	88
gyrocycla...	26	133
gyrocycla ..	26	138'
gyroplata...	26	137'
gyroplata...	10	131
Hainesii...	3	282
helicinoides.	3	183
helicoides ..	3	194
Hesione....	15	57
Honii......	20	170'
hyphanta....	8	100'
hyphanta...	8	101
Iason.......	17	685
imbricata...	2	375
impendens...	2	378
inconspicua.	3	256
indenta.....	1 *a*	122
Indica......	22	293
insculpta....	3	268
instata......	3	269
intermedia..	9	113
interstrialis..	3	273
Itieriana....	19	166 δ
Johannis-Aus-		

PL.

PLEUROTOMARIA.	Étages	Num.
triæ	6	333
Julia	8	99
Jurensis	14	155
jurensisimilis	17	147
Karpinskiana	3	302
Koninckii	3	261
lævigata	10	148
lævis	11	96'
—	5	288
Lahayesii	20	154
lenticularis	1 a	107
lenticularis	2	368
lenticulata	3	177
lima	19	160
limbata	5	289
limbata	2	379
lineata	2	397
lineata	6	377
lirata	5	282
Lloydii	1 b	72
Lonsdalii	2	380
Lorieri	10	125'
Luciensis	11	94'
Mailleana	20	156
Marcousana	7	57
marginata	2	370
margine-nodosa	6	346
Marrotiana	22	273
Matheroniana	20	161
M'coyana	3	310
Medusa	10	159
Meyeri	6	336
micromphala	10	145
Midas	8	90'
millepunctata	13	138'
Minerva	8	89'
minuta	3	285
mirabilis	8	93
monilifera	14	148
monilifera	3	272
monticulus	10	129'
Mopse	8	99
Moreausiana	19	159
Moutoniana	19	165
multicarinata	3	307
multicincta	9	117
Munsteri	13	127
Munsteri	6	347
Munsteriana	3	276

PL.

PLEUROTOMARIA.	Étages	Num.
Murchisonii	2	366
Murchisonii	11	128
mutabilis	10	141
mutabilis	10	122'
—	10	126
—	10	126'
—	10	127
—	10	127'
Mysis	8	104
naticoides	5	288
Neocomiensis	17	141
Neptuni	20	166
Nerei	9	108
Nerei	6	259
Nicias	8	98
nobilis	5	263
nodosa	11	93'
nodosa	6	313
nodulosa	1 a	116
Normaniana	11	100
nucleata	1 a	112
Nystii	20	108
obesa	11	100'
obtusa	6	398
Octavia	8	91
Orbignyana	2	389
Orbignyana	13	141
ornata	10	120'
ornata	10	121
—	10	122
—	14	144
—	26	135'
ornatissima	3	295
Ouralica	5	300
pagodus	26	98
Paillettesna	17	142
Palamedes	2	367
Palemon	10	121'
Pales	2	391
Palinurus	11	96'
Pamphilus	6	377
Panope	3	276
Paphia	2	383
Paris	19	164
patula	8	105
paucistriata	10	137
Penea	4	8
pentagonalis	6	349
penultima	25	11
percarinata	1 a	124
Peresii	24	293
Persius	9	106
perspectiva	20	157

PL.

PLEUROTOMARIA.	Étages	Num.
Phidias	17	151
Philocles	9	107
physospira	10	147
Pictetiana	19	166 f
pinguis	8	93
plana	22	287
plana	6	373
planata	6	400
planiuscula	3	102'
platyspira	8	99'
platyspira	10	138
plicata	19	166'
plicato-nodosa	6	342
polita	10	137
Pollux	17	686
Portlokiana	5	283
præcatoria	8	96
princeps	8	91
principalis	9	101
procera	8	94"
Protei	6	386
Proteus	10	123'
Proteus	10	137
Provincialis	17	683
pulchella	2	202
punctata	10	122
punctata	10	159
punctulata	11	92'
Puzosii	2	394
pyramidalis	3	265
quadrata	22	252
quadricarinata	1 a	114
quadricincta	5	263
quadricincta	2	563
Quenstedtii	9	103
quinquecincta	14	134
radians	6	351
radians	8	97
—	11	100
radiata	2	569
radula	3	297
regalis	22	353
regina	19	166 g
Requieniana	21	66
reticulata	15	58
reticulata	10	132'
Rhodani	19	102
Robinaldi	17	143
rotellæformis	8	89
rotuloides	1 a	119
rotundata	9	116

PLEUROTOMARIA.	Étages	Num.
Rouillieri...	13	141
Ronxii...	19	166 *h*
Royana...	22	273
rustica...	8	97"
Sabaudiana...	19	166
saccata...	26	156'
Santonesa...	22	277
saturalis...	2	374
Saussureana...	19	166 *i*
Sauzeana...	10	124`
Saxoneti...	19	166 *d*
scalaris...	10	159
scalaris...	6	288
—	26	139'
Scarpacensis...	20	169
scripta...	5	291
scrobiluna...	26	140
sculpta...	3	253'
secans...	22	278
simplex...	20	155
Sowerbyana...	5	277
speciosa...	10	160
spiralis...	5	270
spuria...	6	397
squamula...	3	290
strialis...	5	257
striata...	5	282
striata...	2	360
—	17	450
striato-granulata...	20	164
strigosa...	10	139'
strobilus...	11	93
Studeri...	9	112
subangulata...	5	299
subcancellata	6	396
subclathrata...	13	157
—	22	291
subconcava...	6	380
subconica...	1 *a*	120
subconoidea...	10	126
subcoronata...	6	388
subcostata...	6	269
subdecorata...	9	103
subdentata...	6	271
subelongata...	10	127
subexpansa...	5	287
subfasciata...	10	146
subfoveolata...	8	95'
subgigantea...	22	289
subgracilis...	6	391
subgradata...	8	103'
subgranulata	6	384
subintermedia	8	98'

PLEUROTOMARIA.	Étages	Num.
sublævigata...	10	135'
sublævis...	2	371
sublenticula- ris...	2	368
sublimbata...	2	379
sublineata...	13	138
submonilifera	3	272
subnodosa...	8	90
subornata...	10	158
subplana...	6	378
subplatyspi- ra...	10	138
subplicata...	6	392
subpunctata	6	327
subradians...	8	97'
subreticulata	10	132'
substriata...	6	535
subsulcata...	2	367
subtæniata...	2	396
subtilis...	9	114
subtilistriata	1 *a*	117
subtricincta...	5	305
subtrochifor- mis...	5	303
subtubercu- losa...	13	136
subturrita...	8	94
subundulata	2	372
subvittata...	2	392
sulcata...	10	143
sulcata...	3	259
sulcatula...	3	259
sulcosa...	8	96
suprajurensis	17	148
Syssolæ...	13	130
tæniata...	2	364
texta...	20	167
textilis...	10	133
texturata...	6	383
Thalia...	11	99
Thetis...	11	96
Thurmani...	19	106"
tiarella...	11	95'
tornata...	13	135
tornatilis...	3	260
torosa...	9	110'
Toucasiana...	22	281
triangula...	11	94
tricarinata...	6	379
tricincta...	2	362
tricincta...	2	401
Triton...	6	385
trochiformis	3	303
trochoïdes...	11	99

PLEUROTOMARIA.	Étages	Num.
tuberculo- costata...	9	111
tuberculosa...	7	55
—	10	120'
—	10	121
—	15	136
tumida...	5	255
tumidula...	8	103"
turbinoides...	22	274
turgida?...	1 *a*	111
turgidula...	8	101
turrita...	8	94'
Uchauxiana...	21	68
umbilicata...	1 *a*	115
undata...	1 *b*	68
undosa...	8	88'
undulata...	5	254
undulata...	2	372
variata...	5	267
varicosa...	1 *a*	113
Varusensis...	17	683
velata...	22	285
venusta...	6	312
Verdachellen- sis...	22	292
Verneuilii...	4	10
Vieilbancii...	12	87
virgula...	5	252
vittata...	5	258
Worthiana...	13	140
Yvanii...	5	275
zonata...	9	116
Plicatula.		
ampla...	10	429
armata...	13	446
aspera...	22	907
asperrima...	17	399
Bajocensis...	10	428
Carteroriana...	17	400
densata...	26	2500
dilatata...	27	421
elegans...	25	1119
elegantula...	11	336
filamentosa...	25	1121
follis...	24	191
imbricata...	17	403
Jurensis...	15	446
Koninckii...	24	541
lævigata...	8	216
lævis...	27	422
Mantelli...	26	2498
Mantelli...	25	1121
marginata...	26	2499
Martinii...	26	2496

PO

PLEUROTOMARIA.	Étages	Num.
multicostata.	22	910
Neptuni	9	259
nodosa......	22	908
nodulosa ...	8	215
obliqua.....	6	570
Oceani......	7	158
pectinoides.	12	222
—	22	908
pedum......	12	225
peregrina...	12	222
placunea....	17	402
—	18	135
pliocenica...	27	423
radiata.....	22	909
radiola.....	18	136
—	19	281
ramosa.....	27	423
Rœmeri.....	17	401
rudis.......	26	2501
rugulosa....	11	335
rustica.....	14	371
sarcinula...	8	215
septemcostata	22	911
solida......	24	540
spinosa.....	7	137
—	8	215
squamula....	25	1120
tubifera....	13	446
urticosa...	22	907
ventricosa..	7	137
Floeoscyphia.		
Bennettiæ...	22	1535
contorto-lo-bata......	22	1531
expansa....	22	1535
formosa....	22	1532
labyrinthica.	22	1530
meandrinoi-des......	20	797
Michelini...	20	799
morchella...	50	798
rugosa.....	22	1434
Ploto.		
vetusta....	22	77
Pocillopora.		
glabra......	26	2779'
raristella....	26	2779"
Solanderii...	25	1671
stellifera....	11	448
Supergiana..	26	2779
Polia.		
legumen....	27	284
Polycyphus.		
arenatus....	22	1227

POLYCYPHUS.	Étages	Numéros
nodulosus...	11	414
stellatus....	11	415
textilis......	12	267
Polymorphina.		
aculeata....	25	1345
acuta.......	26	2982
acuta.......	26	2978
anceps......	26	2987
Burdigalensis.	26	2981
Cenomanen-sis......	20	761'
complanata.	26	2979
compressa...	26	2988
compressa..	26	2976
contecta....	26	2983
digitalis.....	26	2980
dilatata.....	26	2984
glomerata...	22	1409
inæqualis...	27	560
oblonga.....	26	2975
obtusa......	25	1344
ovata.......	26	2977
pupa.......	26	2985
subacuta....	26	2978
subcompressa.	26	2976
truncata....	27	559
teretiuscula.	36	2986
Thouini.....	25	1346
Polyphyllastrea.		
convexa....	17	532
Icaunensis..	17	532"
plana......	14	587'
Provincialis.	21	510'
Toucasiana..	21	510
Polyphyllia.		
explanata....	17	512
patellata....	20	692'''
Polypora.		
biarmica.....	4	80
bifurcata....	5	889
dendroides..	2	874
fastuosa.....	5	868
flexuosa.....	5	872
flustriformis.	5	870
Goldfusisana.	5	867
infundibulum	15	328
marginata...	5	875
orbicribrata.	5	871
papillata....	5	876
roliformis...	5	866
verrucosa...	5	873
Polypotecia.		
Pictonica..	22	1483
Polystoma.		

POLYSTROMA.	Étages	Numéros
Antonina ...	26	2891
flexuosa	26	2890
Polystomella.		
aculeata....	26	2895
angularis...	26	2884
Burdigalen-sis..	26	2883
crispa......	27	334
Fichteliana..	26	2889
Hauerina....	26	2885
Josephina...	26	2894
Listeri......	26	2892
obtusa......	26	2888
regina......	26	2893
rugosa.....	26	2887
semistriata..	27	533
Polytrema.		
applicata....	26	2790
Arduennen-sis......	19	559
avellana....	22	1335
Boloniensis...	2	1171
capilliformis.	14	621
catenifera...	21	355
clavula.....	20	786
cnemidium..	6	694
compressa...	22	1339
Coquandi...	21	330
Corallina...	14	621'
crassa......	4	85
cretosa.....	21	331
dilatata.....	22	1344
dubia.......	4	99
escharoides..	20	728
fibrosa......	6	695
ficulina.....	11	473'
flabellum....	21	343
granulata....	6	695
incrostans...	22	1343
lobata......	20	727
Lyncurium...	26	2738
Mackrothi...	4	98
mamilla....	22	1341
meandra....	22	1335
micropora...	22	1340
Muletiana...	18	149
nuciformis..	22	1337
pavonia.....	22	1338
polymorpha.	20	752
producti.....	4	89
pseudotube-rosa......	26	731
pygmæa....	22	1342
pyriformis..	11	473

PO

POLYTREMA.	Étages	Numéros
simplex	26	2788'
sphæra	22	1336
spinigera	4	87
spongioides	19	340
spongiosa	26	2789
spongites	20	725
spongites	6	692
subincrustans	11	473''
subirregula-ris	22	1334
subpyrifor-mis	25	1672
subspongites	6	692
subtuberosa	17	535
Tasmanensis	4	86
tuberosa	17	554
truncata	29	729
urceolata	22	1338
Polytremacis.		
Blainvilliana	21	338
bulbosa	20	723
complanata	21	339
glomerata	21	346
micropora	21	545
supracreta-cea	25	60
Polytremaria.		
catenata	3	231
Polytrypa.		
elongata	25	1294
Porambonites.		
æquirostris	1 a	811
alta	1 a	510
reticulata	1 a	509
Tcheffkini	1 a	508
Porcellia.		
armata	2	416
Buchii	6	401
cincta	2	415
cingulata	6	294
costata	6	402
Edouardii	2	418
lævigata	5	201
parvula	2	414
Puzo	3	312
radiata	2	417
Woodwardii	3	513
Verneuilii	3	314
Porites.		
aculeata	21	286'
Collegniana	26	2759'
complanata	26	2748
cyathiformis	1 a	425
elegans	24	664

PO

PORITES.	Étages	Numéros
expaliata	1 b	400
inordinata	1 a	415
interstinc-ta	1 b	396
ornata	26	2755
Parisiensis	25	1287
patellifor-mis	1 b	399
pyriformis	2	1182'
—	1 b	593
—	1 b	594
—	1 b	595
tubulosa	1 b	405
tubulosa	1 b	403
—	1 b	401
vetusta	1 a	416
Poromya.		
globulosa	22	480
lata	22	481
Porospongia.		
impressa	13	667
intermedia	13	668
marginata	13	669
micropora	13	666
Neocomien-sis	17	566'
pezita	13	665
Posidonomya.		
acuta	2	662
acuta	2	687
alata	1 b	112
amygdalina	1 a	212
anomala	13	400
Becheri	3	589
bellistriata	1 a	210
bellula	10	400
Bronnii	9	336
canaliculata	14	339
concentrica	2	664
costata	2	676
costata	3	590
dubia	6	548
elegans	2	671
elliptica	2	678
elongata	2	679
Germaniæ	2	663
gibbosa	2	682
gigantea	14	338
glabra	2	661
grandis	2	672
inflata	2	683
Kimmerid-gensis	15	158
lata	2	675

PO

POSIDONOMYA.	Étages	Numéros
lineata	6	543
lobata	13	403
Lommelii	6	547
membrana-cea	5	591
minuta	6	544
Munsterii	2	665
mytiloides	1 a	215
Neptuni	2	667
Nerei	2	666
nobilis	2	671
obovata	2	668
obtusa	1 a	214
orbicularis	9	258
orbicularis	1 a	211
radiata	9	257
regularis	2	684
relevata	13	402
rugosa	2	681
scilla	2	689
semiauricu-lata	2	680
semiorbicu-laris	2	685
semistriata	2	673
semistriata	2	689
socialis	13	401
striata	6	543
subacuta	2	687
subcostata	3	590
suborbicula-ris	1 a	211
subovata	2	688
subtextilis	2	677
subundata	1 a	213
sulcata	2	669
trigona	2	686
undata	2	670
undata	1 a	213
venusta	2	674
vetusta	3	588
Wengensis	6	546
Potamides.		
acutus	25	1549
carbonarius	17	181
cinctus	25	1544
concavus	25	1528
duplex	25	1546
margarita-ceus	25	1545
plicatus	25	1545
rigidus	25	1548
Potamomya.		
gregaria	25	1600

PR

Poterioceras.

	Étages	Numéros
ventricosum	3	59

Poteriocrinus.

	Étages	Numéros
alternatus... 1	*a*	504
conicus	3	945
crassus	3	943
Egertoni	3	950
fusiformis	2	1083
gracilis	3	947
gracilis... 1	*a*	395
granulosus	3	948
impressus	3	946
nobilis	3	949
subgracilis.. 1	*a*	395
tenuis	3	944

Prionastrea.

	Étages	Numéros
Alimena	11	452
ambigua	20	713
Ameliana	25	1277
angustata	14	562
bellula	25	1278
Bernardina	10	543'
Blandina	14	557
Cabanetiana	14	561
Callaudi	24	662
Corallina	14	559
crispa	24	665
diversiformis	26	2758
dubia	14	563'
Goldfussiana	13	626
gracilis	17	523
grandiflora	21	277'
grandis	14	556
helianthoides	13	624
hirtolamellata	25	1279
Icaunensis	17	523'
infundibuliformis	17	523"
infundibulum	21	278
irregularis	26	2757
lamellosissima	21	276
Ligeriensis	22	1306
limitata	11	449
lobata	10	544
Luciensis	11	454
magna	11	451
Martinii	26	2760
meandra	10	547
microcoma	13	625
moneta	11	455
mutabilis	17	523"
Noe	14	560
ornata	10	545
polygonalis	5	105

PR

Prionastrea.

	Étages	Numéros
punctata	14	563
Rathieri	14	559'
reticulata	22	1507
sexradiata	26	2759
striata	14	558
subramosa	26	2757
supracretacea	23	56
Tombeckiana	17	522
venusta	6	685
vesparia	21	279

Productus.

	Étages	Numéros
aculeatus	3	697
arcuarius	3	660
Boliviensis	3	673
brachythaerus	3	693
Buchianus	3	664
Cancrini	4	50
carbonarius	3	678
Christiani	3	699
comoides	3	702
Cora	3	659
costatus	3	676
depressus	3	720
Deshayesianus	3	690
dissimilis	2	778
dubius	6	575
ermineus	3	662
expansus	3	674
fimbriatus	3	689
Flemingii	3	677
flexistria	3	657
Geinitzianus	4	57
genuinus	3	669
giganteus	3	654
Goldfussii	4	53
granulosus	3	696
Griffithianus	3	665
hemisphaerium	4	48
horrescens	4	54
horridus	4	51
Humboldtii	3	684
Keyserlingianus	3	692
latissimus	3	655
Leonhardi	6	575
Leplayi	4	49
Leuchtenbergensis	3	687
Lewisianus	4	55
Lorieri	2	779
mammatus	3	658

PS

Productus.

	Étages	Numéros
margaritaceus	3	656
marginalis	3	691
Medusa	3	670
mesolobus	3	698
modestus... 1	*a*	328
Morisianus	4	56
Murchisonianus	2	776
Nystianus	3	686
obtusus... 1	*a*	232
Orbignyanus	3	694
plicatilis	3	671
porrectus	3	666
proboscideus	3	667
productoides	2	776
punctatus	3	688
pustulosus	3	686
pyxidiformis	3	685
scabriculus	3	683
semireticulatus	3	675
spiniferus	4	52
spinulosus	3	680
striatus	3	653
subaculeatus	2	777
sublaevis	3	672
subquadratus	3	679
tessellatus	3	682
Twamleyii... 1	*b*	124
undatus	3	685
undiferus	3	661
variolatus	3	708
Verneuilianus	3	695
Villiersi	3	691

Pronites.

	Étages	Numéros
ascendens.. 1	*a*	271

Psammobia.

	Étages	Numéros
affinis	20	1353
angusta	20	1301
decussata	3	499
dubia	25	980
Dumontii	26	1906
eborea	25	792
Feroensis	26	1896
—	27	292
filosa	25	791
gracilis	20	265
inconspicua	22	510
Labordei	26	1894
laevigata		180
laevis	26	1907
lucinoides	26	1918
lusoria	26	1913

PT

PSAMMOBIA.	Étages	Numéros
regia	26	1924
rigida	1 *b*	84
rudis	25	1585
rugosior	26	2149
semicostata	20	262
solida	26	1905
—	25	1586
vespertina	27	301
Pseudocœnia.		
Bernardina	14	533
digitata	14	535
elegans	14	540
octonis	14	538
ramosa	14	541
suboctonis	14	552
subramosa	14	534
Pterinea.		
bicarinata	2	712
Bilsteinensis	2	710
carinata	1 *a*	209
—	2	713
costata	2	714
desquamata	3	531
elegans	2	728
elongata	2	724
fasciculata	2	731
intermedia	3	532
lævis	2	721
ovata	2	730
Seckendorf-fii	2	729
suborbicula-ris	2	737
truncata	2	711
Pterocera.		
Aglaia	12	96
Amyntas	12	95
angulata	16	29
aranea	13	149
	14	157
Ariadne	12	94
armigera	12	97
Arsinoe	12	93
Artemis	12	90
Aspasia	12	91
Athulia	12	92
atractoides	11	102
balanus	11	104
Beaumont-ana	17	687
bicarinata	19	168
bicarinata	13	142
—	22	319
carinata	9	124

PT

PTEROCERA.	Étages	Numéros
carinella	19	168 *a*
Cassiope	13	146
caudata	9	118
cingulata	13	151
cirrus	11	108
Clio	13	147
Collegnei	20	182
Corinna	24	412
cornuta	11	101
costata	13	151'
costellata	13	143
curvicauda	9	125
Doublieri	10	166
Dupiniana	17	155
Emerici	17	157
Eola	14	159
Eudora	14	158
Fittoni	18	70
Galatea	15	44
Gaultina	19	168"
Glaucus	15	45
gracilis	9	119
gracilis	21	47
hamulus	11	107
hamus	10	162
incerta	15	42
—	20	175
inflata	20	179
Keyserlingii	15	145
lævis	15	42
kasina	8	105
Lorieri	10	167
marginata	20	178
minuta	9	123
Moreausiana	17	154
musca	15	46
Myurus	10	163
naticoides	16	30
Neocomien-sis	17	158
nodifera	13	152
nodosa	9	122
Oceani	15	40
	16	23
oolithica	11	109
paradoxa	11	106
pelagi	17	156
Philippi	10	164
Phillipsii	10	165
polycera	20	177
Ponti	15	41
Ponti	14	155
—	15	40
pseudobicari-		

PT

PTEROCERA.	Étages	Numéros
nata	22	319
pseudoretu-sa	19	168'
pupæformis	11	110
radix	24	326
retusa	20	181
retusa	11	105
—	19	168'
Rochatiana	17	688
Rupellensis	14	155
semicarina-ta	9	120
sexcostata	15	41
speciosa	17	159
speciosa	17	153
stella	13	148
strombifor-mis	15	43
subbicarinata	13	142
subpunctata	8	105'
subretusa	11	105
subretusa	19	168'
supracreta-cea	22	317
tenuistria	9	121
tetracera	14	156
Toucasiana	22	318
tricarinata	17	160
tridactyla	13	144
trifida	13	150
Verneuilii	20	182'
vespa	11	103
vespertilio	15	47
Pterocoma.		
pinnata	13	548
scutellata	13	548
Pterodonta.		
carinella	19	168 *a*
elongata	20	85
Gaultina	19	168"
gracilis	21	48
Guerangeri	20	83
inflata	20	86
intermedia	22	190
naticoides	21	47
ovata	22	189
pupoides	22	191
scalaris	22	192
Pteronites.		
angustatus	3	526
latus	3	527
semisulcatus	3	528
sulcatus	3	529
ventricosus	3	550

PU

Ptilodictya.

	Étages	Numéros
acuta	1 a	365
cruciformis..	1 a	367
elegantula..	1 a	366
labyrinthica.	1 a	364
lanceolata...	2	1035'
lanceolata..	1 b	318
palmata....	5	836
pavonia.....	1 a	369
ramosa.....	1 a	363
recta.......	1 a	368
squamata...	1 b	319
sublanceolata	1 b	318

Ptilopora.

pluma......	5	878
pluma	3	847
pulcherrima.	3	877

Ptychoceras.

adpressus...	19	68
Astierianus..	19	69
Emericianus.	17	68
Gaultinus...	19	70
lævis......	18	51
Puzosianus..	17	645
Puzosianus.	19	70
sipho.......	22	74

Pullastra.

antiqua....	8	174
complanata.	2	516
—	1 b	98
crassistria..	3	418
elegans.....	3	419
elliptica....	3	515
lævis.......	2	517
nana.......	26	2002
oblita......	10	264
ovalis......	3	420
recondita...	10	280
virgata....	26	2033

Pulvinites.

Rupellensis..	14	581

Pupa.

acinus	27	41
antiqua.....	27	10
antiqua....	24	21
elongata ...	24	77
maxima.....	26	317
patula......	24	22
quadridens.	26	318
striata.....	26	319
subantiqua..	24	21
subquadri – dens.....	26	318
substriata...	26	319
tenuicostata.	24	23

PU

Purpura.

	Étages	Numéros
angulata....	26	1451
angulata...	26	1337
antiqua.....	26	1446
costata.....	26	757
crispata....	26	1455
Cyclopum...	26	1457
exilis.......	26	1461
exsculpta ...	26	1452
filosa......	14	172
fusiformis..	26	1335
—	26	1458
hæmastoma.	26	1460
—	27	212
incrassata...	26	1454
intermedia...	27	211
intexta....	26	1453
Lapierrea..	13	158
Lasseignei..	8	1336
maculata...	26	1607
maculosa...	27	231
Martinii	26	1456
Moreausia..	13	159
—	14	164
neglecta....	26	1459
oblonga....	26	1339
planaxoides.	26	1447
pleurotomoi- des.......	26	1449
plicata.....	26	1463
—	27	182
rugosa.....	26	1458
scabriuscula.	26	1530
striola......	26	1460
striolata....	27	212
subfusiformis	26	1458
subtextilosa.	26	1448
textilosa....	26	1448
torulosa....	26	1338
turbinoides.	14	165

Purpurina.

brevis......	12	99
elegantula ..	10	169
Lapierrea...	13	158
—	14	166
Moreausia...	13	159
—	14	164
nassoides...	10	171
pulchella....	10	170
pumila.....	12	100
Thorenti....	11	111
turbinoides..	14	165
unilineata...	11	112

Pustulopora.

biformis....	17	559

PY

Pustulopora.

	Étages	Numéros
echinata...	20	606
—	25	1123
lobata......	25	571
mamillata..	24	570
pseudospira- *lis........*	20	624
pustulosa...	20	605
semiclausa.	20	610

Pygaster.

costellatus..	20	655
dilatatus....	15	189
Gresslyi. ..	15	511
inflatus.....	14	416
laganoïdes...	11	410
patelliformis.	14	414
pileus.......	14	413
tenuis......	14	415
truncatus...	20	656
umbrella....	15	510
umbrella...	15	189

Pygaulus.

affinis......	20	642
cylindricus..	17	477
Desmoulinsii.	17	764
macropygus.	20	641
ovatus......	19	316
pulvinatus...	20	610
subæqualis..	22	1185

Pygorhynchus.

Brongniarti..	24	211
catillus	5	196
crassus......	24	619
Cuvieri.....	25	1214
Desmoulinsii	25	1215
Desorii.....	24	621
elatus......	24	625
Grignonensis	25	1214'
heptagonus..	24	620
minor......	17	475
obovatus....	17	476
planatus....	24	625
sopitianus...	24	622
subcylindri - eus.......	25	1215
testudinarius	24	626
testudo.....	24	624

Pygurus.

acutus......	10	495
affinis......	24	617
amygdala...	24	612
angulatus...	26	2642
apicalis.....	22	1185
Beaumontii .	24	606
Blumenbachii	14	406

PY

PYGURUS.	Étages	Numéros
brevis......	24	614
Columbianus	17	765
curtus......	24	613
Delbosii.....	24	616
depressus...	12	256
dorsalis.....	24	611
ellipsoidalis.	24	608
Escheri.....	24	609
Fanjasii.....	22	1182
geometricus.	22	1184
Hausmanni..	14	407
hemisphæri-		
cus........	26	2637
Hoffmanni...	27	455
Jurensis.....	16	60
Kleinii	26	2641
Laurillardi..	26	2638
Linkii......	26	2640
Marmonti...	12	258
Meyeri.....	19	515
minor.......	17	475
Montmolini..	17	472
nasutus.....	14	408
obovatus....	17	476
orbiculatus..	12	257
politus......	24	607
productus...	17	474
pulvinatus..	20	640
rostratus....	17	475
sectiformis..	26	2636
semiglobosus	26	2639
subsimilis...	24	610
tenuis......	15	184
trilobus.....	20	659
varians.....	24	618

Pyramidella.

	Étages	Numéros
Alberti......	26	491
arcuosa.....	26	491
canaliculata..	21	40
cancellata..	26	71'
carinata ...	21	41
elaborata....	26	493
elongata.....	24	77
Grattcloupi..	26	489
mitrula.....	26	490
nitida......	24	247
striatella....	26	72

PY

PYRAMIDELLA.	Étages	Numéros
subcarinata..	21	41
suturalis....	26	492
terebellata..	25	93
terebellata..	25	92
—	26	489
turella......	24	246

Pyrina.

	Étages	Numéros
depressa.....	19	519
Desmoulinsii	20	651
Frenchesici..	25	50
Goldfussii...	22	1206
nucleus.....	22	1211
ovata.......	21	1208
ovulum.....	22	1207
Petrocorien-		
sis........	22	1210
pygæa......	17	484

Pyripora.

	Étages	Numéros
contexta....	25	1168
crenulata...	22	1060
dispersa.....	22	1062
perforata...	22	1061
pyriformis...	26	2556
tuberculum..	25	1167

Pyrula.

	Étages	Numéros
Brightii....	20	204
cancellata..	22	584
—	25	523
—	26	207
carinata....	22	361
—	22	368
Carolina...	22	591
clathrata...	26	1277
clava......	26	1276
condita.....	26	1279
costata.....	22	362
Cottæ......	22	570
depressa....	20	205
depressa....	22	369
distans.....	26	1280
elegans.....	25	520
elegans.....	26	206
elegantissima	25	524
fasciata....	26	1684
—	27	259
fenestrata...	22	590
ficoides.....	26	1278

PY

PYRULA.	Étages	Numéros
ficoides. ...	26	1282
—	27	176
ficus.......	27	175
geometra...	27	175
infracretacea	17	169
intermedia..	24	102
intermedia.	27	176
Jauberti....	26	1197
lævigata....	25	480
Lainei......	26	1196
longicauda..	26	207
longirostra.	22	375
megacepha-		
la.........	26	1281
melongena..	26	1193
microtricha	2	345
minux......	26	202
minima.....	22	389
nexilis......	25	521
nexilis.	26	205'
Nystii......	26	205'
ornata......	17	170
penita.......	25	523
planulata..	22	360
Pondicherien-		
sis...	22	591
reticulata...	27	176
rusticula ...	26	1333
Smithii....	19	186
spirillus. ..	26	1333
stromboides.	26	1189
subcarinata	20	203
—	25	481
subclathra-		
ta.........	26	1277
subelegans..	26	206
subinterme –		
dia........	27	176
subficoides .	26	1278
Tarbelliana	26	203
tricarinata..	25	522
tricostata....	24	364
undata.....	26	1282

Pyrulina.

	Étages	Numéros
acuminata...	22	1405
gutta.......	27	553

Q

QU

quinqueloculina.	Étag.	Num.
Akneriana...	26	3046
Badenensis..	26	3059
birostris....	25	1362
Brouniana..	26	3041
Buchiana....	26	3042
carinata	25	1372
contorta.....	26	3057
crassa.......	25	1369
depressa.....	27	581
dubia........	25	3043
Dutemplei...	26	3050
Ferussaci....	25	1370
glomerata ..	25	1366
Haidingerii..	26	3043
Hauerina...	26	3039

QU

QUINQUELOCULINA.	Étag.	Num.
Josephina...	26	3055
Juleana.....	26	3050
lævigata.....	25	1365
lamellata....	25	1374
longirostra..	27	582
Maria.......	26	3060
Mayeriana..	26	3040
Nussdorfen-sis..........	26	3051
orbicularis..	26	3044
pauperata...	26	3038
Paris'ensis..	25	1364
Partchii.....	26	3049
peregrina....	27	584
plana........	25	1367

QU

QUINQUELOCULINA.	Étag	Num.
prisca.......	25	1373
punctalata..	25	1371
Rodolphina..	26	3058
Roncana....	26	3049
rugosa......	27	579
saxorum....	25	1361
Schreibersii.	26	3054
semistriata..	25	1368
striata.......	25	1363
triangularis.	27	583
undulata....	27	580
Ungeriana..	26	3047
Verneuiliana	26	3053
zigzag.......	26	3052

R

RA

Radiolites.	Étages	Numéros
acuta........	22	997
acuticostata.	21	196
agaricifor-mis.......	20	565
alata........	21	996
angeiodes...	21	194
angulosa....	21	200'
Bournoni....	22	994
calceoloides.	22	1002
crateriformis	22	993
cylindracea..	22	1000
Desmoulinsia-na.........	21	201
dilatata.....	22	995
elliptica.....	21	207
excavata....	21	197
Fleuriausa ..	20	568
Galloprovin-cialis	21	194

RA

RADIOLITES.	Étages	Numéros
Germani....	21	208
Hœninghau-sii........	22	992
horrida.....	21	196
ingens......	22	1001
irregularis..	21	203
Jouannetii...	22	999
Lamarckii..	21	194
lamellosa....	20	568
Lapeyrousii.	22	1003
lombricalis..	21	191
mamillaris..	21	199
Marticensis..	17	751
Martiniana..	21	193
Neocomien-sis..........	17	751
Pailletteana..	21	195
plicata......	26	45"
polyconilites.	20	567

RA

RADIOLITES.	Étages	Numéros
Ponsiana....	21	190
radiosa......	21	192
Royana.....	22	998
Sauvagesii..	21	200
Saxoniæ.....	20	569
sinuata......	22	1002
socialis......	21	202
subdilatata..	21	206
Toucasiana..	21	204
triangularis..	20	566
undulata....	21	205
Radiopora.		
clavula	20	614
conjuncta...	21	569
cumulata....	26	2602
formosa.....	20	615
gregaria....	22	1137
Lamirioti ...	19	501
licheniformis	26	2603

RA

RADIOPORA.	Étages	Numéros
pustulosa....	20	615
substellata...	20	617
tuberculata..	20	616
tuberosa....	26	2601
Ranella.		
anceps.....	26	1411
bufo........	26	1413
cancellata...	26	1407
Deshayesii..	26	1414
elongata....	26	1415
gigantea...	26	1406
granifera...	26	1412
—	26	1239
granulata..	26	1403
Grateloupi..	26	1404
lævigata....	26	1402
leucostoma..	26	1409
longispina..	10	168
marginata...	26	1402
marginata..	27	193
Michaudi....	26	1416
nodosa.....	27	194
pseudotube -		
rosa......	26	1418
pygmæa....	26	1410
ranina.....	26	1408
reticularis..	26	1406
scrobiculata.	26	1409
scrobicula -		
tor.......	27	204
semigrano -		
sa.......	26	1404
spinosa.....	26	1417
subanceps...	26	1411
subbufo.....	26	1413
subgranifera.	26	1412
subgranulata	36	1403
submargina -		
ta......	27	193
subpygmæa.	26	1410
subranina...	26	1408
subspinosa..	26	1417
subtuberosa.	26	1403
tuberosa....	26	1405
—	26	1418
Raphitoma.		
angusta....	27	161
buccinifor -		
mis......	27	147
cærulans...	27	119
cancellina..	27	148
columnæ ...	26	1140
Desmoulin -		
sii.......	27	145

RE

RAPHITOMA.	Étages	Numéros
gracilis....	26	1136
harpula....	26	1137
hispidula...	26	1138
hypothetica.	26	1139
histrix.....	27	150
inflata.....	26	1161
Leufroyi....	27	144
planistria..	1 a	105
plicatella..	26	1142
scalaria....	26	1143
septangula -		
ta.......	26	1144
sigmoidea..	26	1145
straminea..	1 a	106
striata.....	1 a	104
textilis.....	26	1146
Reaulites.		
opercularis.	25	1306
Requienia.		
carinata ...	17	753
gryphoides..	17	756
Retepora.		
antiqua....	2	1045
applicata...	26	2790
Archimedes.	2	1052
Biaritziana..	24	566
bifurcata...	3	869
Boloniana...	2	1036
Braunii....	2	1047
cancellata..	22	1086
cellulosa....	26	2585
clathrata...	22	1887
—	22	1092
crassa......	20	764
cylindrica..	20	764'
disticha....	22	1090
—	22	1101
echinulata..	26	2586
	27	440
echinulata..	24	566
Ehrenbergii.	4	77
explanata...	2	1039
fenestrata...	26	2584'
Ferussaci....	25	1185
flabellata...	3	846
flabelliformis	26	2584
flexuosa....	3	872
flustrifor -		
mis......	2	1051
—	3	870
frustulata...	27	2583
glabra......	26	2583
granosa....	26	2587
infundibu -		

RH

RETEPORA.	Étages	Numéros
lum......	1 b	528
—	2	1043
irregularis..	3	840
laxa........	3	841
lichnoides..	22	1085
Martis.....	5	861
membrana -		
cea......	3	843
nodulosa....	3	863
pertusa.....	2	1038
Phillipsiana.	3	1037
pluma	3	882
polyporata..	3	850
prisca......	2	1040
retiformis..	2	1036
—	3	866
ripisteria....	3	839
tenuifila. ...	3	848
truncata...	22	1140'
undata	2	842
undulata ...	3	844
Veneris....	3	860
Reteporidea.		
cancellata...	22	1086
dactylus....	22	1090
lichenoides..	22	1085
ramosa.....	22	1089
Royana.....	22	1038
Reteporina.		
prisca.......	2	1040
Reticularia.		
reticulata...	3	773
Reticulipora.		
clathrata....	22	1092
cultrata.....	22	1091''
dianthus....	11	364
Girondina...	22	1094
Ligeriensis..	22	1091
obliqua.....	22	1093
papyracea...	22	1094''
Retispongia.		
Hœninghau -		
sii.......	22	1454
retiformis...	22	1455
Rhizangia.		
brevissima..	25	1268
Martini....	26	2761'
Rhodocrinus.		
canaliculatus	2	1096
crenatus....	2	1096
gyratus.....	2	1099
tortuosus ...	2	1098
verus.......	1 b	552
Rhynchonella.		

13.

RI

RIPIDOGYRA.	Étages	Numéros
Martiniana..	21	250
Micheliniana.	24	669
Rissoa.		
acinus......	27	41
acuta........	27	42
acuta......	11	22
Adela	26	372
affinis......	26	366
antiqua.....	27	43
Aqueusis ...	26	45
biseria.	6	103
bisulcata...	14	9
Bonellii.....	27	51
Haseii......	26	483
Braunii.....	6	97
brevis......	27	32
Bronnii.....	6	95
Calliopea....	26	381
cancellata..	26	372
carinata...	6	96
—	27	51
Chastellii. ..	26	45 c
cimex.......	27	33
cimex.......	26	564
—	26	373
clavula	25	32
cochlearella.	26	588
—	26	589
—	26	389'
—	26	590
costellata. ..	26	576
costellata...	26	574
costulina....	27	34
crenulata. .	26	368
curta........	26	377
decussata. .	26	565
—	26	366
—	26	371
—	26	391
Desmoulin-sii........	26	384
Duboisii.....	26	45 a
Dupiniana...	19	110
duplicata. .	11	21
elegans....	6	104
—	26	46
equestris....	27	33
Grateloupi..	26	382
Haueri	6	102
intermedia..	26	369
interrupta .	26	386
interstincta.	26	510
Lachesii....	26	567
lævigata....	27	36

RI

RISSOA.	Étages	Numéros
lævis.......	11	21
Lefebvrei...	3	148
liasina......	7	37
macrostoma.	26	378
macrostoma	26	384
Mariæ.	26	373
Michaudi. .	26	45"
minuta......	27	37
Montagui ...	26	44
Moulinsii...	26	363
nana........	26	370
nana......	26	381
Nerina......	26	43
nitida......	26	43
obliquata...	11	23
Oceani.....	26	368
ovulum.....	26	385
perpusilla...	26	375
planaxoides..	26	383
planaxoides.	26	384
plicata......	26	45'
polita......	25	31
—	26	43
pusilla.....	26	390'
—	26	392
quadrangulo-nodosa...	6	98
rimata.....	26	349
Roppii......	26	379
scalaris.....	26	380
Sowerbyi...	11	22
spinosa.....	6	99
striolata	27	58
subcanalicu-lata......	6	100
subcarinata .	6	96
subdecussata.	26	371
subelegans..	6	104
submarginata	24	237
succincta...	26	45 b
Sulzeriana...	27	39
tenuistria ...	6	101
terebellum..	26	472
terebralis...	26	484
textilis......	27	40
turricula....	25	30
unicarina...	14	11
unidentata..	26	587
unisulca....	14	10
varicosa	26	574
Venus......	26	564
Rissoina.		
acuta........	11	22
bisulca......	14	9

RO

RISSOINA.	es	Numéros
Burdigalensis	26	389'
clavula......	25	32
cochlearella.	24	238
—	25	537
cochlearella.	26	588
decussata ...	26	591
duplicata. ..	11	24
elegans......	26	46
Grateloupi...	26	589
incerta... ...	19	111
lævis........	11	21
Moulinsii....	26	590
Nystii.......	26	46'
obliquata....	11	23
polita.......	25	31
pusilla......	26	392
—	27	44
subcochlea-rella......	26	588
subpusilla. .	26	590'
Robulina.		
Ariminensis.	27	525
Austriaca...	26	2865
calcar......	27	523
clypeiformis.	26	2862
crassa.... .	17	555
cultrata.....	27	524
Cummingi. .	26	2869
depressa....	26	2870
echinata....	27	526
Ehrenbergii	17	552
gibba	10	555
imperatoria.	26	2867
inornata....	26	2863
intermedia..	26	2866
marginata..	26	2868
Munsterii..	17	551
orbicularis. .	27	520
ornata......	26	2861
similis......	26	2860
simplex.....	26	2864
Soldanii.....	27	522
vortex.......	27	521
Rosacilla.		
flabelliformis	17	458
Rosalina.		
affinis......	26	2941
ammonifor-mis......	27	547
Clementiana.	22	1397
complanata..	26	2935
depressa....	22	1395
dubia.......	26	2937
imperatoria .	26	2936

RO

RO

ROSTELLARIA.	Étages	Numéros
tricostata...	19	171
tridactyla..	13	144
trifida.....	13	150
turrita......	22	350
varicosa....	20	185
Varusensis..	17	694
velata.. ...	25	347
vespertilio..	22	334
Westphalica.	22	333

ROTALIA.	Étages	Numéros
aculeata,...	26	2922
Akneriana..	26	204
ammonifor-		
mis.......	27	547
armata......	26	2917
Audouini...	25	1325
auricula....	17	555
Bronchii....	26	2912
Brongniar –		
tii........	27	556
Burdigalen –		
sis.......	26	2916
cacaenlia....	17	556
carinata.....	26	2918
carinata....	25	1675
complanata.	25	1315
conica......	22	1391
consobrina..	24	693
Cordieriana.	22	1389
crassa......	22	1388

RO

ROTALIA.	Étages	Numéros
discoides....	26	2913
Dufresnii...	25	1321
Dutemplei...	26	2921
elliptica....	26	2919
Ferussaci..	23	1359
gibbosa.....	22	1590
Grateloupi...	26	2914
Guerini.....	25	1324
Haidingerii..	26	2910
Haueri......	26	2907
Italica.....	27	545
Jurensis....	11	495
Kalimbergi –		
na........	26	2906
lævis.......	27	537
marginata...	25	1320
marginata..	17	788
Micheliniana.	22	1386
Northamptoni	26	2920
orbicularis .	25	1328
papillosa...	25	1322
Partschiana.	26	2908
pileus......	26	2915
rosacea.....	26	2952
Roneana....	27	558
saxorum....	25	1319
Schreibersii.	26	2909
semimargina-		
ta........	25	1317
Siennensis..	27	546

RU

ROTALIA.	Étages	Numéros
Soldanii....	27	555
subcarinata .	25	1675
submargina-		
ta.........	17	788
subrotunda .	27	544
Suessonen –		
sis........	24	692
sulcata.....	17	557
Terquiemi...	8	270
Thouini.....	25	1323
trochiformis.	25	1318
turbo.......	25	1316
umbilicata..	22	1387
vesicularis..	25	1329
Voltziana....	25	1385

ROTELLA.	Étages	Numéros
Archiaciana.	20	118
Defrancii..	26	703
expansa....	8	92
Goldfussii..	6	372
heliciformis.	2	267
helicoides..	6	239
lucida......	10	85
nana.......	26	702
polita......	8	92
suturalis...	26	708
Wurmii....	2	325

RUNA.	Étages	Numéros
Comptoni...	27	456
decemfissa..	26	297

S

SA

Saccocoma.	Étages	Numéros
filiformis ...	13	540
pectinata ...	13	545
tenella......	13	544
Wagneri....	13	547

Sagrina.	Étages	Numéros
rugosa......	22	1413

Salenia.	Étages	Numéros
areolata....	22	1245
areolata....	17	496
folium-quer-		
ci.........	17	497
geometrica..	22	1242

SA

SALENIA.	Étages	Numéros
gibba	20	673
heliopora...	22	1245
personata...	20	672
minima.....	22	1244
petalifera...	20	672
rugosa......	20	674
sentigera,...	19	531
stellulata...	17	495
Studeri.....	19	532

Salmacis.	Étages	Numéros
pepo........	27	459
Vandeneckei	24	628

SA

Sanguinolaria.	Étag.	Numér.
Alpina.....	6	473
angustata..	2	474
—	5	365
arcuata.....	5	367
carinata....	2	509
compressa..	2	518
—	25	747
costellata ..	5	475
curta.......	5	365
dorsata.....	2	519
elegans	9	146
elliptica....	2	523

SA

SANGUINOLARIA.	Étages	Numér.
gibbosa.....	2	520
—	5	428
gracilis....	13	289
Hallawaysii	25	746
iridinoides..	3	359
lævigata....	2	471
Lamarckii..	25	1584
lamellosa...	2	521
lata........	8	149
lyrata.....	2	465
Neptuni....	9	193
obovata....	2	668
phaseolina.	2	472
plicata.....	3	560
—	3	360
pusilla.....	9	194
pygmæa....	2	623
radiata.....	3	564
Rœmeri....	3	371
soleniformis	2	470
striata.....	2	526
—	3	459
sulcata.....	2	669
—	3	361
tellinoria..	2	468
trigona....	2	601
truncata...	2	469
tumida.....	3	366
undata.....	2	670
—	13	221
undulata...	11	178
Ungeri.....	2	522
vetusta.....	8	158
Saracenaria.		
Italica.....	27	519
Sarcinula.		
Archiacii...	5	106
astroites...	26	2746"
favosa......	21	289
gratissima.	26	2760"
microphthal-		
ma......	22	1299
mirifica. ...	26	2764"
organum...	1 b	398
plana......	26	2747
punctata...	26	2748
quincuncia-		
lis......	21	284
Saxicava.		
antiqua.....	19	215
arctica.....	26	1851
	27	280
bilineata....	26	1850
depressa...	25	1591

SC

SAXICAVA.	Étages	Numéros
elongata....	26	1847
fragilis.....	26	1845
Grignonensis	25	741
lancea......	26	1852
margaritacea	25	1877
miocenica...	26	1848
modiolina...	25	1876
pectorosa...	26	1947
rugosa.....	26	1846
subrugosa...	26	1846
turgida.....	26	1849
vaginoides.	25	1873
Scalaria.		
acicula.....	26	421
acuta......	25	55
Albensis....	17	52
alternicostata	27	45
amœna.....	26	418
annulata....	22	103
antiqua....	2	505
Auca......	22	109
canaliculata,	17	81
cancellata...	27	46
cancellata..	26	398
carinata...	25	44
Chilensis....	22	104
clandestina.	26	47
clathra.....	27	47
Clementina,.	19	112
communis..	26	393
—	26	394
—	27	47
cornigera...	26	422
costata.....	26	47'
costato-stria-		
ta........	22	105
costellata...	25	1421
costulata....	25	42
crassicostata.	26	396
crispa......	25	50
crispa......	26	399
decorata....	22	106
decussata...	23	49
disjuncta....	26	408
Dubuisiana.	26	406
Dupiniana..	19	113
elatior.....	17	660
fimbriata...	26	414
foliacea.....	26	403
foliacea....	27	50
Francisci....	25	52
frondosa....	26	405
Gastina.....	19	116
Gaultina....	19	114

SC

SCALARIA.	Étages	Numéros
Guerangeri..	20	54
gurgitis.....	19	116"
impressa....	27	48
insignis.....	26	417
interrupta..	25	37
lamellosa...	26	409
lamellosa...	27	50
lanceolata..	26	410
lativaricosa	27	45
micropleura.	26	423
microstoma..	16	424
minuta.....	26	404
monilifera...	24	222
multilamella	25	48
multilamel-		
la.......	26	396
multilamello-		
sa........	26	395
Münsteri....	14	12
muricata....	27	49
nassula.....	25	43
oblita......	26	403
Philippi.....	20	55
planicosta...	27	53
planulata..	25	43
plicata.....	25	47
pseudoscala-		
ris......	27	50
pseudo-sca-		
laris.....	26	406
pulchella....	26	399
pulchra.....	20	54
pumicea.....	27	51
pusilla......	26	419
Rauliniana..	19	115
reticulata...	25	39
reticulata..	26	413
retusa......	26	412
Rhodani....	19	116'
Ricordiana..	18	55'
rugosa.....	26	395
rugulosa....	26	407
scaberrima..	26	414
semicostata.	25	56
Sillimani....	22	102
sessilis......	25	44
similis......	26	401
spinosa.....	26	415
spirata.....	25	40
striata......	26	400
striatula....	25	45
subcancellata	26	398
subcylindrica	25	41
subinterrup-		

SC

SCALARIA.

	Étages	Numéros
ta........	17	659
subreticulata	26	413
subscalaris..	26	394
subspinosa...	26	397
subturbinata.	22	110
subulata....	26	402
subundulata.	22	107
sulculata ...	27	52
tenuicosta...	27	53
tenuilamella.	25	51
terebralis...	26	393
torulosa. ...	26	416
trinacria. ...	27	54
turbinata...	22	110
turritella....	25	46
undata.....	22	108
undosa.....	25	38
undulata...	22	107
variabilis...	27	55
venusta....	6	560

Scalites.

	Étages	Numéros
angulatus...	1 a	103
Domanicien-sis........	2	347
Isedon.....	5	209
planistria...	1 a	103
Rœmeri. ...	2	348
stramineus..	1 a	106
striatus.....	1 a	104
Verneuilii...	5	210

Scaphander.

	Étages	Numéros
attenuata....	25	723
conica......	24	456
Fortisii.....	24	458
Grateloupi ..	26	1768
lignaria.....	27	266
Parisiensis..	24	457
Sowerbyi...	26	1769
sublignaria..	26	1767

Scaphites.

	Étages	Numéros
æqualis....	20	53
Alpinus	17	621
aqualis.....	20	34
Astierianus..	19	62
binodosus...	22	60
Bowerbankii.	18	38
compressus..	22	52
compressus.	22	61
Conradi. ...	22	54
constrictus..	22	53
Cuvieri....	22	55
Geinitzii. ...	22	58
gigas.......	18	42
hippocrepis .	22	55

SCAPHITES.

	Étages	Numéros
Hugardianus	19	63
inflatus.....	22	59
Ivanii......	17	620
Kilsii......	18	49
obliquus....	20	35
ornatissimus.	22	57
ornatus.....	22	64
Phillipsii....	18	39
plicatellus...	22	62
pulcherrimus	22	63
reniformis ..	22	56
Rochatianus.	20	35
Rœmeri.....	22	61

Schizaster.

	Étages	Numéros
acuminatus..	24	580
æquifissus. .	24	202
Agassizii...	26	2614
ambulacrum.	24	574
Bellardi. ...	26	2610
Borsoni....	27	447
canalifer...	27	446
Djulsensis...	24	575
Eurynotus...	26	2609
Eurynotus..	24	577
—	26	2610
Genei......	26	2618
Grateloupi.	26	2615
intermedius	26	2619
latus.......	25	1198
obliquatus...	24	579
ovatus	26	2620
Parkinsoni..	26	2607
Raulini.....	26	2608
rimosus.....	24	576
scillæ.	27	445
stellatus. ..	26	2612
subincurva -tus.......	24	578
verticalis...	24	585
vicinalis....	24	577

Schizocrinus.

	Étages	Numéros
nodosus....	1 a	398
striatus....	1 a	399

Schizodus.

	Étages	Numéros
Devonicus..	3	832
Rossicus...	4	24
Schlotheimii	4	14

Schizostoma.

	Étages	Numéros
bistriatum..	2	396
Buchii.....	6	401
costatum...	2	393
—	6	402
fasciatum..	2	391
gracile....	6	391

SCHIZOSTOMA

	Étages	Numéros
Puzosii....	2	394
radiatum..	2	395
serratum...	6	290
tæniatum...	2	390
villatum...	2	392

Scutella.

	Étages	Numéros
crustuloides	25	1222
gibbosa.....	26	2656
inflata.....	25	1215
Patagonensis	26	2652
Paulensis...	26	2651
producta. ..	26	2650
striatula....	26	298
subrotunda .	26	2651
subtetragona	26	2653
truncata. ...	26	2649

Scutellina.

	Étages	Numéros
complanata .	25	1224
elliptica. ...	25	1227
Hayesiana..	25	1223
nummularia.	25	1225
placentula. .	25	1226

Scyphia.

	Étages	Numéros
acuta..	22	1480
alternans. .	22	1420
alveolites...	22	1549
angularis. .	22	1422
angustata..	22	1546
armata. ...	7	717
articulata..	13	671
auricularis.	22	1512
Beaumontii.	22	1426
Benettiæ...	22	1533
bifrons.....	22	1516
bissoides....	22	1542
Bronnii....	13	697
Buchii.....	13	653
calopora....	13	686
cancellata..	13	657
capitata....	6	704
cellulosa. ..	13	689
clathrata. .	13	646
concoidea...	13	694
costata.....	10	562
—	13	681
cylindrica..	13	695
—	22	1504
Decheni....	22	1451
decorata. ..	13	658
dictyola....	13	651
elegans.....	13	693
empleura...	13	677
fenestrata..	13	643
foraminosa.	20	766

SC

SCYPHIA.	Étages	Numéros
fragilis....	22	1522
fungiformis.	22	1462
furcata....	20	778
heteromor-pha......	22	1544
heteropora .	22	1479
heterostoma	22	1428
hieroglypha	6	709
Hœninghau-sii.......	22	1454
Humboldtii.	13	659
infundibuli-formis....	20	777
intermedia .	13	699
isopleura...	22	1424
longipora...	22	1452
mamillaris.	20	774
manon.....	6	696
Mantellii..	22	1528
micrommata	22	1511
micropora..	20	778
—	22	1482
millepora..	13	691
millepora-cea.......	13	698
monilifera..	17	563
Munsterii..	13	655
Murchisoni.	22	1434
Neesii.....	13	664
obliqua.....	13	649
odontostoma	22	1502
Osranœ....	21	566
paradoxa...	13	652
parallela...	13	647
pedunculata	22	1453
pertusa....	13	660
—	13	687
—	22	1467
polymorpha	6	698
polyomma-ta........	13	644
porosa.....	22	1515
procumbens.	13	674
propinqua..	13	688
psilopora...	13	648
punctata...	13	673
pyriformis..	13	672
radiata....	22	1454
radiciformis		724
reticulata..	13	650
reliformis..	22	1455
rugosa.....	13	696
—	13	718
Sackii.....	20	784

SE

SCYPHIA.	Étages	Numéros
Schweiggeri	13	661
Schlotheimii	13	676
socialis.....	22	1481
Sternbergii.	13	675
stellata....	22	1515
striata.....	13	678
striato-punc-tata......	22	1421
subcariosa..	6	699
subcæspito-sa........	6	701
tenuis......	22	1514
tenuistria..	13	670
terebrata...	22	1471
tetragona..	20	774
texata......	13	645
—	13	719
texturata...	13	654
—	13	656
trilobata....	22	1536
tuberosa....	21	1469
tubulosa....	22	1550
venosa.....	22	1425
verrucosa...	13	692
verticilliles.	22	1463
Zippei.....	22	1425

Scyphocrinus.

	Étages	Numéros
elegans,....	2	1082
heterocosta-lis.......	1 *a*	396
nodosus....	1 *a*	398
striatus....	1 *a*	599

Sedwickia.

	Étages	Numéros
attenuata..	3	374
bullata.....	3	573
corrugata...	3	372
gigantea...	3	375
globosa.....	3	468
minima....	3	388
polymorpha.	2	1196

Sepia.

	Étages	Numéros
antiqua.....	13	2
Blainvillei.	25	1
caudata, ...	13	3
compressa, .	25	1376
Cuvieri.....	25	1
gracilis.....	13	4
hastiformis..	13	1
linguata.....	13	4
longirostris.	25	1
longispina..	25	1
obscura,....	13	4
regularis...	13	4
sepioidea...	25	1

SI

SEPIA.	Étages	Numéros
venusta.....	13	5
Sepiolites.		
gracilis, ...	9	3
Septaria.		
Tarbelliana.	24	440
Septastrea.		
Forbesii....	26	2737
multilateralis	26	2737"
ramosa.....	26	2737'
Serpula.		
articulata..	27	102
bicarinata.	26	775
glomerata.	27	103
granifera..	26	778
intorta....	27	103
Virginica..	26	777
Serpularia.		
angiostoma.	3	208
centrifuga...	2	302
circinalis....	2	303
serpula.....	3	207
spiruloides...	25	197
Sertularia.		
antiqua. ...	2	1081
Siderastrea.		
crenulata....	26	2751'
funesta.....	24	660'
Galatea.....	26	2750
Italica......	26	2715
Parmensis..	25	1374
Siderolina.		
calcitrapoïdes	22	1382
lævigata....	22	1383
Sigaretus.		
arctatus.....	25	142
bilix.......	25	141
canaliculatus	25	138
canalicula-tus.......	20	589
carinatus...	6	376
declivis.....	25	143
depressus...	26	590
—	26	591
fragilis	26	596
haliodideus.	26	589
—	26	591
—	27	80
lævigatus...	25	139
lævigatus...	26	92
Levesquei...	24	269
opertus.....	26	595
pellucidus..	25	140
rugosus.....	2	350
striatulatus.	26	591

SI

SIGARETUS.	Étages	Numéros
subcanaliculatus.....	26	589
subelegans..	26	594
subglobosus.	26	593
subhaliotideus	27	80
sublævigatus	26	92
tenuicinctus	6	576
Uchtæ.....	2	452
Siliquaria.		
anguina....	26	781
Claibornensis	25	225
dubia......	25	1454
Grantii.....	26	783
lima........	25	220
multistriata.	25	221
occlusa.....	25	222
spinosa.....	24	292
—	25	225
striata......	25	224
subanguina.	26	781
—	27	104
sulcata.....	25	1453
terebella....	26	782
vitis........	25	223
Sinemuria.		
Dufrenoyi..	7	103
Sinodesmya.		
carinata....	26	1890
subovata....	26	1888
subreflexa..	26	1889
Siphonaria.		
bisiphites...	26	1730
Konínckii..	5	349
Vasconiensis	26	1729'
Siphonia.		
acaulis.....	20	772
arbuscula...	22	1472
biseriata...	22	1428
bisiphites...	26	1730
brevicostata.	22	1475
capitata.....	13	690
cervicornis.	22	1545
costata......	20	771
dichotoma..	22	1470
elongata....	22	1476
elongata...	20	786
excavata...	22	1486
ficus.......	20	773
fiscoidea....	22	1475
Fittoni.....	22	1474
Goldfussii..	22	1490
incrassata..	22	1466
Infundibulum	22	1471
Konigii.....	22	1467

SO

SIPHONIA.	Étages	Numéros
lycoperdites.	22	1466
lycoperdoides	11	497
multiformis.	22	1478
multioculata	22	1484
nuciformis.	22	1488
oligostoma..	22	1491
pistillum...	22	1487
præmorsa..	22	1486
punctata...	20	785
pyriformis.	13	703
—	20	773
—	22	1466
ramosa.....	22	1495
ternata.....	22	1477
tuberosa...	22	1469
Vasconiensis	26	1729'
Siphonophyllia.		
cylindrica...	5	966
ibicina......	5	967
Siphonotreta.		
unguiculata.	1 *a*	351
verrucosa...	1 *a*	352
Sistrum.		
calcaratum..	26	1463
Grateloupi..	26	1464
subasperum.	26	1462
Solanocrinus		
Bronnii.....	13	553
costatus....	13	549
—	13	552
Jægeri.....	13	551
scrobiculatus	13	550
Solarium.		
acies.......	26	723'
affine......	26	739
Albense....	19	144
Alpinum...	19	137 *a*
alveatum...	25	184
amœnum...	25	191
angulatum.	22	246
antiquum..	5	193
—	3	205
antrosum...	25	188
Apenninum.	17	125
Astierianum.	19	138
bicarinatum.	26	718
bilineatum.	25	184
bistriatum...	24	285
calix......	10	123
—	10	126
canaliculatum	25	174
canaliculatum.....	26	716
—	26	732

SO

SOLARIUM.	Étages	Numéros
—	26	733
cancellatum.	25	181
cancellatum.	25	181
Carcitanense.	18	65
carinatum.	26	725
caracallatum	26	709
Castellanense	24	287'
cirrhoide...	19	142
complanatum	26	734
conoideum..	19	137
—	26	715
coronatum..	11	69
costulatum..	26	736
crenulosum.	26	733
crispulum..	26	725
Danae......	23	9
delphinulum.	26	714
dentatum...	19	141
deperditum.	22	247
Deshayesi...	19	144"
discoideum..	25	177
Doublieri...	26	711
dubium.....	26	726
Dumontii...	26	111
Dupinianum	17	126
elaboratum..	25	183
elegans.....	25	190
exacutum...	25	186
funginum...	25	195
grande.....	25	180
granosum...	19	143
granulatum	24	283
—	25	192
Grateloupi..	26	111
Guerangeri.	20	123
Henrici.....	25	185
Hugianum.	19	137 *c*
humile.....	26	729
luteum....	26	730
Lyelli......	26	731
marginatum.	24	89
Martinianum	19	145
millegranum.	26	732
minimum...	26	722
minimum...	18	62
miserum....	26	712
moniliferum	19	139
—	26	733
neglectum..	26	727
Neocomiense	17	121
nuperum....	26	740
Nystii......	25	178
obliquestriatum......	26	737

SO

SOLARIUM.	Étages	Numéros
ornatum.	25	187
ornatum ...	19	140
patulum	25	175
perversum..	5	204
planorbillus.	26	713
planulatum .	26	720
plicatulum ..	25	1449
plicatum....	25	173
plicatum...	26	717
polygonium.	11	70
pseudogra — nulatum..	25	192
pseudoper- spectivum.	26	734
pseudoper- specticum	26	111
—	26	727
pulchellum..	17	679
pulchellum.	26	732
quadratum.	22	282
quadrifascia- tum	26	719
quadristria — tum	26	738
raristriatum.	24	284
Rochatianum	19	144'
Sarthacense.	12	76
scalare.....	20	119
scrobiculatum	25	189
semisquamo- sum......	26	735
semistriatum	3	193
simplex....	26	727
—	27	97
spinatum...	25	176
stalagmium .	25	190
stramineum	27	98
subangulatum	22	246
subcanalicu- latum	26	716
subcarinatum	26	725
subconoideum	26	715
subgranula — tum......	24	283
subluteum..	26	730
submonilife — rum.....	26	733
suboruatum.	19	140
subplicatum.	26	717
subpuncta — tum......	6	287
subvariega — tum......	26	728
—	27	98

SO

SOLARIUM.	Étages	Numéros
sulcatum...	26	727
—	26	735
—	27	97
suturale. ...	26	724
syrtale	25	182
Thirrianum..	20	120
Tingrianum.	19	144 *a*
Tollotianum.	19	144 *b*
trigonosto — mum.....	26	710
triplex	19	137 *b*
trochiforme.	25	1448
tubulatum...	18	66
turbinoide ..	26	721
umbrosum ..	24	287
variegatum.	27	98

Solecurtus.

	Étages	Numéros
Acteon.....	20	255
aequalis.....	20	251
affinis......	26	1853
appendicula- tus.....	25	742
coarctatus...	27	281
compressus .	25	747
compressus .	22	491
cyclopeus...	24	448
dilatatus....	27	282
effusus	25	745
elegans.....	21	103
elongatus...	24	449
Guerangeri .	20	252
Hallowaysii.	25	746
Hanetianus..	26	1855
inflexus	22	490
magnodenta- tus......	26	1857
obscurus...	22	492
ovalis......	25	745
Parisiensis..	25	744
pelagi.	20	254
Petschorae..	15	212
pudicus.....	24	447
radians.....	20	253
Robinaldinus	17	254
strigillatus..	27	283
subcaribaeus.	26	1854
subcompres- sus......	22	491
substrigillatus	26	1856
tellinellus...	25	1579
Warburtoni.	18	93

Solemya.

	Étages	Numéros
biarmica...	4	15
—	4	18

SO

SOLEMYA.	Étages	Numéros
Mediterranea	27	285
primæva....	5	390
Puzosiana...	3	391
Voltzii.....	9	153

Solen.

	Étages	Numéros
æqualis	20	251
affinis......	26	751
ambiguus ..	25	752
antiquatus .	27	281
appendicu — latus.....	25	742
carinatus ..	17	252
coarctatus..	27	281
compressus .	22	491
dilatatus ..	27	282
Dupinianus .	19	205
effusus	25	745
elegans.....	20	253
—	21	103
ensiformis. .	26	1817
ensis........	27	271
ensis........	26	1818
fragilis.....	25	733
Guerangeri.	20	252
inflexus....	22	490
Jurensis....	15	55
lamellosus..	20	265
legumen ...	27	284
magnodenta- tus	26	1857
Olivii.......	27	272
ovalis......	25	745
papyraceus.	25	748
Parisiensis.	25	744
pelagicus...	2	507
—	3	387
strigillatus.	25	744
—	26	1856
—	27	285
subensis....	26	1818
subvagina...	26	1816
subvaginoides	25	752
tellinella...	25	1579
vagina.. ...	27	273
vagina.....	25	752
—	26	1816
vaginalis...	25	752
vaginoides..	25	752
vespertinus.	27	501
vetustus....	2	503

Solenastrea.

	Étages	Numéros
Turonensis..	20	2762'

Solenopsis.

	Étages	Numéros
minor.......	3	387

SP

Sowerbya.	Étages	Numéros
crassa......	13	227
Sparsispongia.		
concinna....	6	718
pulvinaria..	20	790
radiosa.....	2	1197
ramosa.....	2	1198
rugosa.....	20	789
rugosissima.	22	1483
tuberosa....	11	516
Spatangus.		
acuminatus.	24	580
—	26	2611
acutus.....	20	635
ambulacrum	24	574
amygdala..	22	1159
ananchytes.	22	1155
angula.....	22	1169
Aquitanicus	24	575
Archiaci....	25	1205
asterias.....	26	2630
brissoides ..	24	595
bucardium .	22	1174
bufo.......	20	638
capistratus.	13	503
carinatus ..	13	502
chitonosus..	26	2632
columbaris.	26	2622
cor-marinum	22	1167
Corsicus....	26	2628
crassissimus	20	634
delphinus...	26	2629
depressus...	24	602
Desmarestii.	26	2627
elatus......	20	637
elongatus ..	26	2626
gibbus.....	22	1171
granulosus .	22	1156
Grignonensis.	25	1208
Grignonensis	24	590
lacunosus ..	22	1175
lateralis....	26	2624
Leskei.....	22	1172
Nicoleti....	26	2631
nodulosus..	20	630
obesus......	24	581
obliquatus..	24	579
ocellatus....	26	2631
ornatus....	24	597
—	26	2627
ovalis......	13	500
parastatus .	22	1178
Parkinsoni.	26	2607
pendulus....	24	603
Philippii....	27	452

SP

SPATANGUS.	Étages	Numéros
planus.....	22	1162
prunella...	22	1173
radiatus ...	22	1146
rostratus...	22	1170
Siculus.....	27	451
stella......	22	1179
subglobosus.	21	221
—	25	1199
suborbicula-		
ris........	22	1160
—	24	201
truncatus ..	22	1163
Veronensis.	24	596
Sphæra.		
corrugata ..	17	299
Sphærella.		
subconvexa.	26	2152
Sphæroidina.		
Austriaca...	26	3057
Sphæronites.		
testudinarius	1 a	386
—	1 a	385
Sphærulites.		
agaricifor-		
mis......	20	565
Bournoni...	22	994
calceoloides.	22	1002
craterifor -		
mis......	22	993
cylindracea	22	1000
dilatata....	22	995
foliacea....	20	565
Hæninghau-		
sii.......	22	992
ingens.....	22	1001
Jouannetii..	22	999
Ponsiana..	21	190
rotularis...	21	191
Sauvagesii.	21	200
turbinata ..	21	191
undulata...	21	205
ventricosa..	21	194
Sphenia.		
argentea....	25	888
dispar.....	25	884
Victoria	24	471
Sphenotrochus.		
crispus	25	1246
granulosus..	25	1249
intermedius.	26	2688
Milletianus .	26	2689
mixtus	25	1247
nanus.	25	1250
nanus......	25	1250

SP

SPHENOTROCHUS	Étages	Numéros
pulchellus...	25	1248
Rœmeri....	26	2689'
semigranosus	24	654
Spinigera.		
compressa..	12	98
longispina ..	10	168
ovata.......	22	346
rostellarifor-		
mis.......	13	153'
spinosa.....	13	153
Spiricella.		
unguiculus..	26	1692
Spirifer.		
acanthosus..	2	991
acuminatus .	2	986
acuticostatus.	3	769
acutus......	3	767
affinis......	2	949
alatus......	4	67
alatus.....	1 a	348
ambiguus ..	3	818
Anossofi	2	977
antarcticus..	2	997
aperturatus .	2	964
arachnoideus	3	713
Archiaci....	2	927
arenosus ...	2	987
attenuatus..	3	759
attenuatus .	3	776
bicarinatus.	3	789
bidorsatus..	6	593
bisulcatus...	3	787
Blasii......	4	65
Boliviensis..	2	994
Bouchardi ..	2	925
brachynota..	1 b	281
Brandis	6	597
Bronnianus .	3	774
Buchianus ..	3	770
Buchii.....	6	594
cabanillas...	2	969
cabedanus..	2	968
calceola....	6	585
cardiosper -		
miformis.	1 b	139
Cassianus...	6	594
chama......	1 a	344
Chechiel....	2	999
cheiropteryx	2	961
cheiropteryx	3	783
Chilensis...	7	150
cinctus.....	3	799
clathratus..	3	784
comprimatus	2	964

SP

SPIRIFER.	Étages	Numéros
concentricus.	6	587
conchidium .	1 b	283
Condor	5	777
congestus	2	982
connivens	3	727
conoideus	2	937
consobrinus.	2	988
convolutus	3	785
corculum	3	813
coristites	3	788
costatus	2	935
crassus	3	782
crenistria	3	723
crispus	1 b	277
crispus	5	791
cristatus	4	64
cultrijugatus	2	953
cuneatus	2	956
curvatus	2	954
curvirostris	4	66
cuspidatus	3	775
Cyrtæna	1 b	282
Cytherea	2	924
Dalmani	6	586
decemcostatus	3	804
decoratus	3	772
deflexus	2	958
dentatus	1 a	343
dichotomus	6	590
disjunctus	2	934
distans	3	761
dorsatus	3	800
duodenarius	2	993
duplicicosta	3	779
duplicicostata	3	755
elevatus	1 b	287
ellipticus	3	775
expansus	3	821
extensus	2	936
fasciger	3	80
ficaria	3	728
fimbriatus	2	984
fimbriatus	3	775
Fischerianus	3	784
fragilis	5	93
furcatus	3	755
fusiformis	3	785
giganteus	2	937
glaber	3	772
glabristria	3	821
Gliskanus	2	971
globularis	3	821
grandævus	2	938
granulifer	2	981

SP

SPIRIFER.	Étages	Numéros
Hawkinsii	2	996
heteroclytus	2	920
—	3	792
hirundo	2	959
Humboldtii	6	593
hystericus	5	790
imbricatus	3	762
imbricatus	5	773
incrassatus	3	798
indentatus	2	978
indifferens	1 b	288
inermis	2	985
inornatus	2	940
insculptus	5	791
insularis	1 a	547
integricosta	3	756
interlineatus	1 b	276
Koninckianus	3	792
labellum	2	975
lævis	2	990
Lamarckii	3	794
lamellosus	3	817
laminosus	3	805
lineatus	3	775
linguifer	3	772
—	7	154
Lonsdalii	2	952
lynx	1 a	279
—	1 b	166
macropterus	2	955
Maximiliani	6	592
medialis	2	983
mediotextus	2	960
megalobus	2	941
mesocostalis	2	980
mesogonia	3	801
mesoloba	3	772
mesomalus	2	942
mesostrialis	2	979
microgemma	2	943
micropterus	6	962
Minerva	2	922
minimus	3	767
Mosquentis	3	795
mucronatus	2	965
muralis	2	972
Murchisonianus	2	951
Niagarensis	1 b	279
nucleolus	3	811
nudus	2	944
oblatus	3	766
obliteratus	2	945
Occani	3	783

SP

SPIRIFER.	Étages	Numéros
octoplicatus.	3	791
octoplicatus	1 b	284
Orbignyi	2	993
ornithorhynchus	3	763
ostiolus	2	950
ovalis	3	758
oxypterus	8	229
pachyrhynchus	2	974
Panderi	1 a	346
panduriformis	3	809
pectinoides	3	780
Pellico	2	967
pentaedra	3	822
pentagonus	3	812
Pentlandi	3	798
phalæna	2	946
pinguis	3	765
pinguis	7	150
piocarinatus	6	596
pisum	1 b	184
planatus	3	797
planosulcatus	3	820
plicatus	1 b	280
porambonites	1 a	310
princeps	3	777
protensus	2	947
ptychodes	2	928
ptychoides	1 b	286
pulchellus	2	932
quadriradiatus	3	795
Quichua	2	995
radialis	5	714
radiatus	1 a	349
radiatus	1 b	282
rariplectus	6	589
rectangulatus	3	807
rectus	1 a	345
recurvatus	5	781
regulatus	5	808
Rœmerianus	3	789
resupinatus	3	727
rhomboidalis	3	802
rhomboideus	3	785
regulatus	4	69
Roissyi	5	813
rostratus	6	588
rostratus	5	814
—	8	237

SP

SPIRIFER.	Étages	Numéros
rotundatus...	5	768
rudis......	2	931
Saranæ.....	5	797
Schrenckii..	4	68
sculptilis....	2	992
semicircularis.......	5	787
Seminula..	5	754
senilis.....	5	722
septuosus...	5	760
sexradialis...	5	764
Signensis..	9	269
simplex.....	2	933
sinuatus...	1 b	159
Souichei....	2	926
Sowerbyi...	5	788
speciosus...	2	930
spurius.....	6	591
spurius....	1 b	284
squamosus.	5	817
Strangwaysi	5	796
striatulus...	2	928
striatulus..	2	821
striatus.....	5	777
strigocephaloides....	5	803
strigoplocus.	2	975
subalatus...	1 a	348
subconicus..	5	776
sublamellosus	5	778
subrostratus.	8	814
subspurius..	1 b	284
subsulcatus.	1 b	285
sulcatus....	1 b	278
sulcatus....	1 b	278
superbus...	2	970
superbus...	5	799
symetricus.	5	772
Tcheffkini..	1 a	308
tenticulum..	2	975
transiens...	5	786
trapezoidalis.......	1 b	274
triangularis.	5	763
trigonalis...	5	786
tripartitus..	1 a	350
triplicatus...	5	810
triradialis.	5	771
trisulcosus..	5	771
undifer.....	2	966
undulatus..	2	989
undulatus..	4	67
unguiculus..	2	948
unguiculus.	2	849

SPIRIFER.	Étages	Numéros
Venus.....	2	923
Verneuilii..	2	928
Walcotii...	7	149
zigzag......	2	959
spiriferina.		
Chilensis....	7	153
Hartmani...	8	227
linguiferoides	7	154
microptera..	8	230
octoplicata..	7	152
ostiolata.....	8	228
oxypterus...	8	229
pinguis.....	7	150
Signensis...	9	269
verrucosa...	7	151
Walcotii....	7	149
Spirigera.		
ambigua....	3	818
Blodeana...	3	819
Campamanensis......	2	1011
Ceres......	1 b	295
Circe.......	1 b	297
concentrica.	2	1000
crista-galli..	6	601
decussata...	2	1003
expansa.....	3	821
Ezquerra....	2	1006
Ferronesensis	2	1005
Harpyia....	1 b	500
Hecate.....	1 b	301
Helmesenii..	2	1001
Herculea....	1 b	299
Hispanica...	2	1007
lamellata....	3	817
Meyendorfii.	2	1012
Palapayensis.	2	1010
passer......	1 b	298
pectinifera..	4	70
pentaedra..	5	822
planosulcata.	5	820
plebeia.....	2	1004
Puschana...	2	1002
quadricostata.	6	599
quinquecostata.......	6	598
Roissyi.....	3	815
serpentina..	3	816
subconcentrica.......	2	1009
Toreno.....	2	1008
tricostata...	6	600
tumida.....	1 b	302
vultur......	1 b	296

Spirigerina.	Étages	Numéros
affinis......	1 b	291
arismaspa...	2	1015
aspera......	1 b	292
Barrandi....	1 b	293
cuneata.....	1 b	290
desquamata.	2	1016
dumosa.....	2	1019
Ferita......	2	1023
hystrix.....	2	1020
lepida......	2	1022
marginalis..	1 b	289
Oliviani.....	2	1017
princeps....	1 b	294
quadricostata	2	1018
reticularis...	2	1013
spinosa.....	2	1014
tribulis.....	2	1021
trigonella...	5	94
Spirolina.		
æqualis....	17	554
agglutinans.	21	2902
Austriaca...	26	2901
cylindracea..	25	1308
depressa....	25	1310
lævigata....	25	1311
pedum.....	25	1312
striata......	25	1309
Spiroloculina.		
Badenensis..	26	3014
bicarinata...	25	1352
Brongniartii.	27	576
canaliculata.	26	3013
depressa....	27	572
dilatata.....	26	3015
elongata....	27	574
excavata....	26	3016
Grateloupi...	26	3017
limbata.....	27	575
lyra........	11	3019
orbicularis..	27	573
perforata...	25	1351
pulchella...	25	1677
tricarinata..	26	3018
Spiropora.		
Cenomana..	20	611
cespilosa...	11	588
elegans.....	11	582
spirorbis.		
maximus...	2	283
Spirula.		
nodosa.....	1 b	7
sulcata.....	2	91
Spirulirostra.		
Bellardii....	26	301

SP

Spondylus.	Étages	Numéros
acutecosta-tus	6	565
alternatus	21	466
Aonis	23	43
asper	22	903
asperulus	24	190
auriculatus	26	290 g
bifrons	24	556
calcaratus	22	906
capillatus	20	510
Carantonnen-sis	22	801
Cisalpinus	24	538
complanatus	18	434
Coquandianus	21	164
coralliphagus	14	*568
costatus	27	417
crassicosta	27	418
denticostatus	6	476
Deshayesi	26	2495
detritus	21	537
dubius	24	536
dumosus	22	904
Dutemplea-nus	22	896
fimbriatus	22	900
Gæderopus	27	419
Gæderopus	27	418
gibbosus	19	279
globulosus	22	893
granulosus	25	1117
granulosus	6	564
gregalis	22	905
hippuritarum	21	165
hystrix	20	511
imbricatus	26	2493
inæquistria-tus	14	369
latus	6	566
lineatus	22	899
multistriatus	25	1642
muticus	26	2494
Nystii	24	536
obesus	22	898
obliquus	6	570
Omalii	20	511
plicatus	22	901
quinquecos-tatus	27	420
radiatus	20	511
radula	25	1115
radula	26	2495
rarispina	25	1116

SP

SPONDYLUS.	Étages	Numéros
Renauxianus	19	280
Rœmeri	17	597
Royanus	22	895
Santonensis	22	892
Schlothei-mii	6	567
spinosus	22	897
striato-costa-tus	17	598
		736
striatus	20	510
subcalcaratus	24	539
subcostatus	27	417
sublævis	22	902
sublevatus	6	569
subplicatus	22	901
subsquamo-sus	22	906
sulcatus	6	568
tenuistriatus	13	444
truncatus	22	894
tuberculosus	10	427
velatus	13	445
Spongia.		
Benetiæ	22	1464
boletiformis	19	359
capitata	22	1520
clavarioides	10	563
—	11	499
contorto-lo-bata	22	1531
convoluta	22	1508
cymosa	11	502
furcata	14	629
helvelloides	11	519
—	11	520
labyrinthi-ca	22	1530
lævis	22	1548
lagenaria	11	496
—	14	650
macrocaulis	11	525
mamillifera	11	503
—	14	628
marginata	22	1496
meandrinoi-des	20	797
multidigita-ta	20	775
multiporella	22	1547
nummularis	17	569
osculifera	22	1509
peziza	20	793
pilula	21	560

ST

SPONGIA.	Étages	Numéros
pistilliformis	11	409
plana	22	1519
porosa	22	1419
pseudosipho-nia	21	561
radiciformis	22	1479
ramosa	22	1494
—	22	1537
stellata	10	872
—	11	517
sulcatoria	22	1536
terebrata	22	1467
triasica	5	107
Trigerii	20	795
umbellata	11	517
undulata	2	1191
volæ	21	564
Spongus.		
Townsendi	22	1518
Stalagmium.		
margarita-ceum	25	1040
Nystii	25	1039
Stellaria.		
elegans	20	722
rustica	20	721'
Stellipora.		
antheloides	1 a	575
Stellispongia.		
astroites	6	720
conglobata	22	1503
conica	22	1501
costata	13	711
cylindrica	22	1504
fasciculata	9	287
mamillaris	13	713
mammillata	11	518
Manon	6	722
microstella	20	791
Mosensis	14	633
odontostoma	22	1502
pseudosipho-nica	21	561
reptans	14	633
rotula	13	712
rugosa	10	575
stellaris	6	719
stellata	11	517
stellifera	10	573
subrotula	14	634
substellata	20	792
sulcatoria	21	562
turbinata	0	721
variabilis	6	725

ST

Stenoceras.

	Étages	Numéros
Verneuilii...	3	131'

Stenopora.

	Étages	Numéros
crassa...	4	85
Mackrothi..	4	88
spinigera...	4	87
Tasmaniensis	4	86

Stephanocœnia.

	Étages	Numéros
angulosa...	22	1305
Bernardiana.	10	536
Carantonnensis	20	709
concinna...	13	622
Cottaldina..	17	521'
Coniacensis.	20	706
Desportesiana	20	708
elegans...	21	665
excavata...	21	286
Fleuriausa..	20	711
florida...	14	552
formosa....	21	290
grandipora..	20	707
Icaunensis..	17	521"
intermedia..	14	551
irregularis..	21	285
littoralis...	20	710
microstella..	25	1664
plana...	14	553
Sinemuriensis	7	172
subornata...	17	521
trochiformis.	14	554'
tuberosa...	11	457

Stephanophyllia.

	Étages	Numéros
Bowerbankii	20	684'
discoides...	25	1260"
elegans...	26	2775
imperialis...	27	476
imperialis..	26	2775'
Italica...	26	2722
Nystii...	26	2775'
Suecica...	22	1275'

Stichopora.

	Étages	Numéros
regularis...	22	1096'

Stictopora.

	Étages	Numéros
acuta...	1 a	365
elegantula..	1 a	366
fenestrata..	1 a	370
labyrinthi-ca...	1 a	364
ramosa...	1 a	365

Stomatella.

	Étages	Numéros
funata...	14	142

Stomatia.

	Étages	Numéros
aspera...	20	153
auriformis..	1 a	102
carinata....	6	576

ST

STOMATIA. (suite)

	Étages	Numéros
carinata...	14	141
cincta...	6	375
compressa..	6	374
costata...	27	101
Ermani...	5	230
funata...	14	142
furcata...	2	349
Gaultina...	19	166 j
Goldfusii...	6	372
Jurensis...	13	123
lineata...	2	351
Munsteri...	6	375
neritoides...	6	371
reticulata...	9	102
rugosa...	3	350
subcarinata.	14	141
substriata...	2	352
subsulcosa..	11	88

Straparollus.

	Étages	Numéros
acutus...	3	187
æquilatera-tus...	1 b	50
alatus...	1 b	44
ammonitæfor-mis...	20	123'
angulatus...	1 b	53
annulatus...	2	301
antiquus...	3	203
Archiaci...	2	300
articulatus..	2	292
Bronnii...	2	288
carinatus...	1 b	45
Cassianus...	6	293
catenulatus..	1 b	51
catilloides...	3	184
catillus...	3	196
cingulatus...	6	291
circularis...	2	285
complanatus.	1 a	100
Cornusensis.	1 a	91
dentatus...	6	293
Dionysii...	3	192
discors...	1 b	46
discus...	2	290
Dupinianus..	17	126
fallax...	3	193
Guerangeri..	20	123
heliciformis.	2	281
helicinus...	2	282
helicoides...	3	194
helicoides..	6	291
hemisphæri-cus...	1 b	48
hians...	3	205

ST

STRAPAROLLUS. (suite)

	Étages	Numéros
Kircholmien-sis...	2	293
Konincki...	3	188
Labadyei...	2	295
lævatus...	1 a	99
lævigatus...	3	201
Leonhardii..	2	284
lepidus...	3	200
liasianus...	7	49
magnus...	1 a	98
Martinianus.	19	145
matutinus...	1 a	101
maximus...	2	283
minutus...	2	75
Moutonianus.	17	680
nodosus...	3	186
pentagonalis.	3	198
pentagulatus.	3	185
perturbatus.	1 a	93
perversus...	3	204
pervetustus..	1 b	56
Petropolita-nus...	1 a	95
pileopsideus.	3	191
planorbis...	2	299
priscus...	2	296
profundus...	1 b	49
pseudoqualte-riatus...	1 b	55
pugilis...	3	199
pulchellus..	10	93
quadratus...	3	206
Qualtierianus	1 a	90
radians...	3	195
radiatus...	2	286
reconditus..	6	292
rotula...	2	291
rugosus...	1 b	47
Sapho...	13	122
Schnurii...	2	207
series...	3	189
serpens...	2	298
sinister...	8	75
Soiwæ...	3	202
sordidus...	1 a	97
subæqualis..	10	92
subcarinatus.	2	280
subhelicoides	6	291
subsulcatus.	1 b	52
sulcatus...	1 b	54
tenuistriatus.	1 a	92
tuberculatus.	3	190
tuberculosus.	10	91
tubulatus...	3	107

ST

STRAPAROLLUS.	Étages		Numér.
Uchtensis...	2		294
uniangulatus.	1	a	96
Verneuilii ..	2		287
Wahlenbergii	2		289
Waschkinæ.	1	a	91
Streptolasma.			
bina.......	1	b	364
corniculum..	1	a	408
crassa......	1	a	409
expansa....	1	a	406
multilamello-			
sa.......	1	a	410
parvula.....	1	a	411
pluriradialis.	2		1115
profunda...	1	a	407
Strigocephalus.			
Burtini.....	2		856
dorsatus....	2		857
Stromatocerium.			
rugosum...	1	a	426
Stromatopora.			
capitata.....	2		1193
concentrica..	2		1191
concentrica.	1	b	417
distans.....	5		1047
Goldfussii...	2		1194
nummulitisi-			
milis.....	1	b	418
polymorpha.	2		1192
polymorpha.	2		1193
—	2		1194
—	2		1196
—	2		1197
—	2		1198
porosa......	6		753
rugosa......	1	a	426
striatella....	1	b	417
subtilis.....	3		1406
sulcata.....	2		1195
Strombodes.			
distortus...	2		1133
pentagonus..	2		1148
pentagonus.	3		992
plicatus....	1	b	567
Strombus.			
amplus.....	25		342
auricularis..	26		180
Bartonensis.	25		540
Bonelli.....	26		1015
callosus....	24		93
canalis.....	25		541
conoideus...	26		179
contortus...	22		426
decussatus..	26		1015

ST

STROMBUS.	Étages		Numéros
deflexus....	26		1015
deperditus..	26		1020
Dupinianus..	19		167
errans......	25		482
fasciatus...	27		142
fasciolaroides	26		176
fissurella...	25		344
fortis.......	24		325
fusoides....	26		178
gibbosulus..	26		1008
giganteus..	24		91
Gratteloupi.	26		1014
incertus....	20		175
inornatus...	20		174
Italicus.....	27		142
intermedius.	26		1009
latissimus..	26		177
lentiginosus.	26		1014
Lucifer.....	26		1018
macrostoma.	20		180
Mercatii....	26		142
nodosus....	26		1021
nodulosus...	20		176
Oceani.....	15		40
ornatus....	25		540
pes-pelicani	27		143
Ponti.......	14		155
—	15		41
pseudoradix.	26		1011
radix......	26		1011
scalatus....	5		12
speciosus...	17		155
spinosus....	25		278
subcancellatus	26		1010
sublatissimus	26		177
sublucifer...	26		1018
subspeciosus.	17		153
trigonus....	26		1017
uncatus....	22		427
varicosus...	26		1012
ventricosus.	21		69
volutæformis.	26		1016
Strophomena.			
acutiradiata	2		814
alternata...	1	a	267
antiquata...	1	b	149
arctostriata	2		811
bifurcata...	2		810
cornuta....	1	b	125
corrugata...	1	b	144
crenistria..	2		815
depressa....	5		720
inæquistria-			
ta........	2		806

ST

STROPHOMENA.	Étages		Numéros
interstrialis	2		813
lepis.......	2		802
mucronata..	2		807
nervosa.....	2		809
pectinacea..	2		812
punctilifera.	1	b	141
pustulosa...	2		808
radiata	1	b	142
rhomboidalis	1	b	147
—	2		820
scabrosa....	1	b	148
setigera....	2		787
striata....	1	b	143
subplana...	1	b	145
tenuistriata.	1	a	268
undulata...	2		820
Struthiolaria.			
ornata......	26		957
Stylastræa.			
inconferta..	3		694
Stylina.			
Arduennen-			
sis.......	14		544
Babeana....	10		557
bacciformis.	11		447
Bourgueti...	14		548'
crasso-lamel-			
losa......	21		316
Delucii.....	11		542
depravata...	14		549
echinulata...	14		548
Gaulardi...	14		548
lobata......	13		621'
microcoma..	14		547
Nantuacensis	14		544
provincialis	21		317
Renauxii..	21		281'
Rupellensis.	14		543
sexradiata...	13		621
tubulifera..	13		620
tubulosa....	13		620
Stylocœnia.			
Emarciana..	25		1281
hystrix.....	25		1282
Lapeirousia-			
na.......	21		281'
lobato-rotun-			
data......	26		2752
monticularia.	25		1282
Turonensis..	26		2751
Stylocyathus.			
dentalinus..	20		685
Stylogyra.			
flabellum...	14		595

SY

Stylosmilia.

	Étages	Numéros
Michelini...	14	593'
organisans..	17	517

Subclymenia.

evoluta.....	5	93

Subretepora.

reticulata...	1 a	571

Subulites.

elongata...	1 a	80

Sulcobuccinum.

fissuratum..	24	116
obtusum....	24	422
— ?	25	642
semicostatum	24	117
tiara.......	24	118

Sulcopora.

fenestrata...	1 a	370
scalpellum..	1 b	320

Sulcoretepora.

parallela....	5	857
raricosta....	3	858

Symbathocrinus.

conicus	3	960

Symphyllia.

bisinuosa...	26	2766
macroreina.	21	356

Synastrea.

agaricites...	21	302
arachnoides.	13	630
Arduennen-sis.......	13	652
Ataxensis...	21	309
Babeana....	10	540
bellula.....	17	530
Cadomensis.	11	461

Synastrea. (suite)

	Étages	Numéros
cistella.....	21	506
clathrata....	22	1314
collinaria....	14	572
complanata..	14	577
composita...	21	301
conferta....	20	715'
confusa.....	14	576
consobrina..	10	542
Corbarica...	21	505
crenulata...	10	539
cristata.....	13	629
—	14	571
decipiens...	20	718
Defranciana.	10	538
excavata....	14	573
filamentosa..	22	1309
Firmasiana..	21	303
flexuosa....	22	1312
frondescens.	17	531
geometrica..	22	1313
gyrosa......	22	1310
hemisphæ-rica......	14	570
Icaunensis..	17	580'
Jurensis....	10	543
lamellostria.	21	307
Lamourouxi.	11	460
Langruuen-sis........	11	465
Leuuissii....	17	526
Luciensis...	11	463
magna.....	20	717
meandra....	17	532
media......	21	309'

Synastrea. (suite)

	Étages	Numéros
micrantha...	17	528
Moreana....	14	578
Neocomiensis	17	529'
Neptuni....	11	464
Oceani......	14	574
pinnata.....	20	715
pulchella...	14	575
ramosa.....	6	687
Renauxiana.	21	308
Requieni...	21	309"
rotata......	13	631
Simonneliana	10	541
subexcavata.	21	300
superposita.	20	718'
Teissieriana.	21	304
tenuissima..	20	716
textilis.....	22	1311
Tombeckiana	17	527
undulata....	17	529
Zieteni.....	6	688

Synhelia.

gibbosa.....	22	1296

Syringopora.

bifurcata...	1 b	410
cespitosa...	1 b	411
—	2	1183
filiformis..	1 b	407
graniculata	5	1058
parallela...	5	1037
ramulosa...	1 b	412
—	5	1059
reticulata..	1 b	408
—	5	1041
verticillata.	1 b	409

T

TE

Taxocrinus.

	Étages	Numéros
polydactylus	3	959

Tellina.

Ægea........	11	180
Ægle.......	11	181
aquilatera-ta.......	10	321
Agatha.....	11	183

Tellina. (suite)

	Étages	Numéros
Aglaia......	11	184
alata......	13	220
Albertina...	22	511
Alcyone.....	11	185
Allita......	11	187
alta.......	25	761
Amata......	11	186

Tellina. (suite)

	Étages	Numéros
ambigua....	23	777
ampliata...	13	296
angulosa...	27	536
angusta....	26	1901
apelina....	27	340
arctata.....	26	1909
articulata..	26	1922

TE

TELLINA.	Étages	Numéros
Astartea...	26	2167
Benedenii...	26	1904
biangularis..	25	769
Bogotina....	17	701
bipartita....	26	1900
biplicata....	26	1914
Branderi..	25	762
carinulata..	25	737
Carteroni...	17	242
complanata.	27	294
compressa..	27	298
concentrica.	22	503
concinna...	25	783
convexa....	15	97
corbis......	27	305
corbisoides..	25	758
corneola....	25	772
costulata...	22	501'
crassa......	27	306
Cuisensis...	24	454
Delanouana.	10	262
declivis.....	26	1911
distorta....	26	1899
donacialis.*..	25	771
donacialis..	24	127
Duboisiana..	26	1897
Dumontii...	26	1906
eborea......	25	792
egena......	26	1912
elegans.....	25	753
—	26	1925
elliptica....	27	502
erycinoides.	25	756
exarata....	26	1919
Feroensis...	27	299
filosa.......	25	776
filosa......	25	791
gibba......	26	2042
gigantea...	27	303
Goldfussii...	22	506
gracilis.....	20	265
Grangii.....	22	510
Hautoniensis	25	763
inæqualis...	20	262
incarnata...	26	1898
incerta.....	15	86
inflata.....	2	528
Labordii....	26	1894
lactea......	27	346
lacunosa...	27	292
lævis......	26	1907
Lamarckii..	25	1584
lamellosa...	25	760
Largillierti..	22	509

TE

TELLINA.	Étages	Numéros
lenis.......	26	1910
lucinalis...	25	1582
lunulata....	25	779
lupinoides.	26	1965
lusoria......	26	1913
Moreana....	19	219
muricata....	26	1896
muricata...	26	1896
—	27	299
nitida......	27	295
nuculiformis	13	290
nuculoides..	26	1916
obliqua.....	26	1902
oblita......	10	263
oblonga....	26	1918
obovata....	25	764
obtusa.....	26	1921
Oceani.....	24	455
ovalis......	25	787
ovata......	26	1903
ovata......	2	477
—	15	94
papyria.....	25	790
patellaris..	25	755
pellucida...	27	540
plana......	22	507
—	25	784
planata.....	27	294
planata....	26	1897
Pondiche – riensis....	22	513
pretiosa....	26	1898
producta....	26	1915
protexta...	26	1917
pseudodona- cialis.....	24	127
pseudoplana.	22	507
pseudorostra- lis...	24	455
pusilla.....	26	1908
pustula....	25	759
Raveneli....	25	785
Reichii....	22	483
Renauxii....	24	100
revoluta....	26	2043
—	27	535
rhomboida- lis..	25	778
Rœmeri....	8	146
rostralina...	25	770
rostralina..	26	1898'
—	26	1925
rostralis....	26	277'''
Royana.....	22	505

TE

TELLINA.	Étages	Numéros
rudis.......	25	1585
rugosa......	15	93
scalaroides..	25	768
scandula....	25	786
serrata.....	27	295
Sillimani....	25	759
sinuata.....	25	734
solida......	25	1586
solida......	26	1905
striatella....	27	296
striatula....	20	264
stricta.....	27	339
strigata....	22	501
subalpina..	8	182
subangusta..	26	1901
subcarinata..	27	297
subconcinna.	25	783
subdecussa- ta......	22	502
subdistorta..	26	1899
subfilosa....	25	791
sublævis....	26	1907
suboblonga.	26	1918
subplana....	25	784
subpusilla...	26	1908
subradiata..	22	512
subrostralis.	26	277'''
subrotunda.	25	1581
subsolida...	26	1905
subtenuistria	25	778
subtenuistria- ta......	20	266
sulcata.....	25	895
tellata.....	27	304
tellinoides..	25	773
tenuissima..	22	508
tenuistria...	25	767
tenuistria..	25	775
tenuistriata	20	266
togata.....	27	285
tumescens..	25	780
tumida.....	27	292
unicostalis.	27	289
uniradiata...	27	300
vespertina..	27	501
Volhyniana..	26	1898
zonaria.....	26	1920
zonaria....	26	1904
Tellinites.		
carbonarius.	3	421
dubius.....	4	11
rostralus...	9	178
Tellinomya.		
anatinifor-		

TE

TELLINOMYA.	Étages		Numéros
mis......	1	a	166
dubia......	1	a	165
gibbosa.....	1	a	164
nasuta.....	1	a	162
sanguinola-			
roidea...	1	a	163
Temnocheilus.			
coronatus..	5		29
crenatus...	5		17
pinguis....	5		50
porcatus...	5		14
Temnopleurus.			
Woodi.....	26		2678'
Tentaculites.			
annulatus...	1	a	404
flexuosus...	1	a	405
ornatus.....	1	b	855
scalaris.....	1	a	405
tenuis......	1	b	356
Terebellaria.			
antilopa....	11		592
gracilis.....	10		484
ramosissima.	11		391
tenuis......	11		393
Terebellopsis.			
Braunii....	24		303
Terebellum.			
Braunii.....	24		303
Brongniartia-			
num.....	24		307
Carcasson –			
nense.....	24		305
convolutum.	25		263
—	26		140
fusiforme...	24		304
fusiforme...	26		141
obtusum....	26		880
obvolutum..	24		306
sopitum....	25		263
subconvolu-			
tum......	26		140
subfusifor –			
me.......	26		141
Terebra.			
acuminata...	26		1630
Astezana....	27		233
Basteroti...	26		1625
bistriata....	26		1628
Brochii.....	26		1644
cinerea.....	26		1626
coronata...	22		409
costata.....	25		647
costellata...	26		1641
dimidiata..	27		235

TE

TEREBRA.	Étages		Numéros
Duboisiana..	26		1639
duplicata..	26		1625
—	26		1640
—	27		233
flammea...	27		234
fuscata...	26		1635
gracilis.....	25		641
granulata..	11		117
Hennahiana	2		223
inversa.....	26		1638
Melaniana...	26		262
minuta.....	22		425
—	24		248
murina.....	26		1631
neglecta....	26		1636
Nereis......	24		424
perlata.....	25		646
pertusa.....	26		1635
pertusa....	26		1637
plicaria.....	26		1634
plicatula....	25		645
plicatula...	26		1632
—	26		1639
Portlandica	16		52
reticulata...	26		1643
simplex.....	26		1645
sinuosa....	1	b	40
striata......	26		1627
strigillata..	27		236
subcinerea..	26		1626
subflammea..	27		234
subplicatula.	26		1632
substrigillata.	27		236
subsubulata.	26		1629
subtessellata	26		1637
subulata...	26		1629
tessellata...	26		1637
undulifera..	26		1642
venusta....	25		646
vetusta.....	10		52
Volhyniana.	26		1640
Vulcani....	24		417
Terebratella.			
Astieriana...	18		143
Bourgeoisii..	22		967
canaliculata.	20		551
Carantonnen-			
sis......	20		530
decemcostata	20		552
Fleuriausa..	14		398
hemisphærica	11		557
loricata.....	14		396
Menardi....	20		548
Moreana,...	19		296

TE

TEREBRATELLA.	Étages		Num.
Neocomiensis	17		435
oblonga....	17		434
orthiformis..	20		553
Parisiensis..	22		970
pectita.....	20		540
pectunculoi-			
des..	14		395
pectunculus..	14		397
plicata.....	22		968
pusilla.....	26		2338
quadrata....	17		436
reticulata...	17		433
Santonensis.	22		966
subpentagona	7		160
substriata...	13		485
Veuxemiana	22		969
Terebratula.			
acuminata..	5		741
acuta......	8		223
acuticosta..	10		443
Adrieni.....	2		1024
ænigma....	7		148
æqualis.....	6		612
æquilateralis	24		535
æquirostris.	1	a	311
alata......	20		529
—	4		67
Alecto......	1	b	219
Alinensis...	2		861
Amalthea..	1	b	214
ambigena..	1	b	211
ambigua....	5		818
Andii......	5		751
angulata...	5		732
—	10		446
angusta....	5		93
anisodonta.	2		880
antidichoto-			
ma.....	19		295
antiquata..	5		749
Antisiensis..	2		914
aprinus....	1	b	169
arabilis.....	22		964
Arachne...	1	b	226
Arduennensis	13		480
arenosa....	20		542
arismaspa..	2		1015
asper......	2		1014
auriculata.	20		556
Bajocina....	10		466
Barrandi..	1	b	293
Baucis.....	1	b	285
Baugieri....	13		479
Baylii.....	1	b	176

TE

TEREBRATULA.	Étages	Numéros
Beaumonti..	20	544
Berenice...	1 b	230
Bernardina..	13	475
bicanaliculata........	12	245
bidens.....	8	220
bidentata...	1 b	193
—	10	464
bifera......	2	881
bipartita....	27	436
bipartita...	6	607
biplicata....	20	536!
biplicata...	12	245
bisinuata....	25	1151
bisuffarcinata........	12	245
Blodeana...	3	819
borealis....	1 b	170
Boubei.....	20	536
Bouchardi..	1 b	307
Bouei......	20	536
brevirostris.	1 b	194
Bronnii....	6	613
bucculenta..	13	472
—	14	591
Buchii......	8	237
Buchii.....	2	887
—	6	614
bullata.....	10	449
—	10	450
Caica.......	2	1023
Calloviensis.	12	248
camelina...	1 b	178
Camilla.....	22	963
Campamanensis....	2	1011
canaliculata	20	551
—	20	555
canalis.....	1 b	256
Capewellii..	1 b	255
capillata...	20	539
caput-serpentis.......	26	2537
carinata...	14	591
carnea.....	22	958
Carteroniana	17	428
Cassiana....	6	613
Causoniana..	7	157
Ceres......	1 b	295
Chauviniana.	12	247
cingulata..	2	915
Circe......	1 b	297
coarctata...	11	551
collinaria....	17	429

TE

TEREBRATULA.	Étages	Numéros
comata.....	1 b	224
communis...	5	95
communis..	1 a	305
compta.....	2	882
concentrica.	2	1000
concinna...	11	543
—	12	256
contracta...	17	744
contraplexa........	6	581
corallina...	14	383
cordiformis.	3	755
cornuta.....	8	233
corvina....	1 b	204
crassa.....	20	536
crassificata.	20	536
crebricosta..	1 b	187
crispata....	3	824
—	1 b	174
crista-galli.	6	601
cristata....	4	64
Crithea......	9	271
cuboides....	3	746
cuneata....	1 b	290
Cybele.....	1 b	221
Daleidensis.	2	865
Daphne....	1 b	206
decemcostata.......	20	552
decemplicata........	1 a	314
decorata...	11	344
decussata..	2	1003
deflexa.....	1 b	194
deformis...	14	586
Defrancii..	24	556
depressa....	20	539
Deschampsii.	10	458
Desnoyersi..	20	533
digona.....	11	350
digona.....	13	478
dimidiata..	12	238
diphya.....	12	243
diphyoides..	17	747
disparilis...	20	540
—	21	175
dorsata....	1 b	195
dubia......	20	527
Duboisii...	1 b	189
Dufrenoyi..	20	527
Dutempleana	19	295
Duvalii....	22	983
echinulata..	22	952
elongata....	6	602

TE

TEREBRATULA.	Étages	Numéros
elongata...	4	71
emarginata..	10	451
ephemera..	1 b	208
equestris...	14	593
Erina......	8	230
Eucharis..	1 b	202
Eurydice...	1 b	239
excavata...	3	732
excisa.....	2	928
Exquerra...	2	1006
faba.......	17	426
famula.....	1 b	241
ferita......	2	1023
Ferronensis.......	2	1005
fimbria.....	10	460
Fischeriana.	13	482
fissuracula.	2	855
flabellata....	25	1152
flabellulæformis...	10	444
flabellum...	11	354
flexistria...	3	744
flexuosa....	6	580
florella......	9	272
Floridana...	22	957
fragilis.....	3	93
—	22	963'
furcata.....	1 a	313
—	11	349
furcellata...	8	222
fusiformis...	3	826
Galliennei...	13	476
Garantiana..	10	459
Gaudryi...	3	752
Geinitziana	4	61
globata....	10	450
gracilis.....	22	955
grandis.....	26	2536
—	27	437
granulifera.	1 b	223
Haidingeri.	1 b	231
hamifera....	1 b	305
Harlani.....	22	963
Harpyia...	1 b	300
hastata....	3	825
Haueri.....	6	582
Hebe......	1 b	198
Hebertiana..	22	960
Hecate.....	1 b	301
Helvetica..	10	445
Helmesenii.	2	1001
hemisphærica.......	11	357

TE

TEREBRATULA.	Étages	Numéros
Henrici....	1 b	171
Herculea...	1 b	299
Heyseana....	8	238
Hippopus...	17	432
—		746
Hispanica..	2	1007
Huotina....	2	894
Ignaciana...	7	159
imbricata..	1 b	289
impressa....	10	463
inæquilate- *ra*........	10	442
—	13	459
inconstans..	13	460
—	14	586
incurva....	23	47
indentata..	11	350
inelegans...	1 b	209
insignis.....	13	471
—	14	387
incisa........	23	49
intermedia..	11	355
intermedia..	10	452
—	12	245
interplicata.	1 b	188
Johannis-Aus- *triæ*	6	577
Juno........	1 b	238
juvenis.....	2	1027
Keyserlingi	20	536
Kickxii.....	25	1154
Kleinii......	10	450
labiata.....	13	474
lacryma...	20	538
—	25	1155'
lacrymosa...	20	538
lacunosa....	1 b	174
—	13	457
lævis.......	25	1153
læviuscula..	1 b	181
lagenalis....	13	475
lamellosa...	5	817
lampas.....	8	231
lata........	10	455
latecosta...	2	883
lateralis...	5	752
latesinuata.	1 b	244
latissima...	20	527
Latona.....	1 b	212
lentiformis.	13	465
lepida	2	1022
Lewisii.....	1 b	254
lima	20	557
lineolata....	18	142

TE

TEREBRATULA.	Étages	Numéros
linguata...	1 b	232
lingularis..	2	772
Linnoeana....	12	250
Livonica...	2	863
longa......	12	249
longirostris.	22	962
loricata....	14	396
lunaris.....	10	465
Maceana....	7	158
major......	12	259
Mantiæ....	3	745
Marcousana.	17	430
marginalis.	1 b	289
Mariæ......	2	236
marsupialis..	7	156
matercula..	1 b	201
maxillata...	10	461
media......	13	470
Megæra....	1 b	220
megastrema.	20	541
Melonica...	1 b	240
membranife- *ra*.......	1 b	222
mesagena ..	3	741
Meyendorfii	2	1012
Michelini..	3	728
microrhyn- *cha*......	2	866
—	12	241
Minerva...	1 b	203
minuta.....	13	463
modica.....	1 b	229
monaca....	1 b	217
monas.....	1 b	210
Montolearen- sis........	24	554
Moreana....	17	427
Moutoniana .	17	748
—	18	140
multicostata.	6	615
multiplicata	15	457
Munsterii...	6	608
navicula...	1 b	255
neglecta....	1 a	512
Nerviensis..	20	539
Niobe......	1 b	242
nobilis.....	12	237
nucleata....	14	589
nucula.....	1 b	190
—	2	906
nuda.......	1 b	180
numismalis..	8	235
nympha....	1 b	205
obesa.......	21	176

TE

TEREBRATULA.	Étages	Numéros
oblita......	26	2540
obolina.....	1 b	236
obovata.....	11	552
obovata....	2	908
obtrita.....	13	461
Oliviani...	2	1017
omalogaster.	10	462
orbicularis..	11	549
orbicularis.	8	235
ornata.....	22	956
ornithocepha- la........	11	353
ornithocepha- *la*........	9	270
—	12	246
orthiformis.	20	553
ostiolata....	2	950
oxyoptycha.	13	467
Palapayen- *sis*.......	2	1010
Parracena..	24	200'
parva.......	20	545
parvula....	20	545
passer.....	1 b	298
Patagonica..	26	2535
paucicosta..	17	419
—	20	534
pectinifera.	4	70
pectuncula .	14	397
pectunculata	13	465
pectunculoi- *des*.	14	393
pelargonata.	4	60
pentagona..	1 b	192
pentagona		609
pentatoma..	5	744
—	15	467
perforans...	26	2534
perovalis...	10	452
personnata .	13	469
Peruviana..	2	915
Phillipsii....	10	456
Philomela..	1 b	233
Phœnix....	1 b	228
pinguis. ...	13	460
planosulca- *ta*.......	3	820
plebeia.....	2	1094
pleurodon..	2	916
—	3	744
plicata.....	10	455
plicatella..	10	437
Pomelii....	1 b	17
prægnans..	1 b	20

TE

TH

THECIDEA.	Étages	Numéros
tetragona...	17	451
triangularis.	11	561
Thecocyathus.		
mactra.....	9	280
tintinnabulum	9	279
Thecophyllia.		
Arduennensis.	15	600
boletiformis.	6	668
capitata.....	6	670
cellulosa....	6	666
crenata.....	6	664
cyclotitoides.	10	530'
decipiens...	10	531
elongata....	8	251
gracilis.....	6	669
granulata...	6	671
Guettardi...	8	251'
Luciensis...	11	436
numismalis..	11	436
obliqua.....	6	667
patellata...	20	692
Sarthacensis.	10	531
sessilis.....	15	599
Thecosmilia.		
Buvignieri...	14	491
confluens...	14	491'
crassa.....	14	489
cylindrica...	15	603
glomerata...	14	488
ramosa.....	10	535
Requieni...	21	535'
rudis.......	21	258
seminuda...	15	604'
subcylindrica	14	490
trichotoma..	15	604
trilobata....	15	604"
turbina.....	14	491
Thetis.		
lævigata....	18	105
major......	20	285
minor......	19	226
trigona.....	2	492
Thracia.		
alata.......	15	220
alta.......	10	253
Chauviniana.	12	127
corallina....	14	221
Cypris.....	15	219
depressa....	15	85
depressa...	17	216
elongata....	20	249
Friasiana....	15	217
gibbosa.....	20	248
glabra......	9	166

TO

THRACIA.	Étages	Numéros
Gnidia......	4	169
lata........	8	149
lens........	11	174
Nicoleti.....	17	217
phaseolina..	27	276
Phillipsii....	17	215!
pinguis.....	15	218
pubescens...	27	277
recurva.....	18	92
Reichii.....	22	483
Rœmeri.....	9	165
subangulata.	17	220
subdepressa.	17	216
subrugosa...	7	76
supra-jurensis	14	220
	15	86
taurica.....	17	219
transversa..	26	1841
triangularis..	12	128
truncata....	9	165
Viceliacensis.	11	173
vulvaria....	17	218
Thoracoceras.		
spirale.....	1 a	69
Tilesia.		
distorta.....	11	565
Tiphis.		
acuticosta...	26	1401
fistulosus...	26	1596
gracilis.....	25	549
horridus....	26	1597
muticus.....	25	547
Nystii.....	26	225'
Parisiensis..	25	545
pungens....	25	548
simplex....	26	1399
subtubifer..	26	1598
tetrapterus..	27	196
tripterus....	26	225
tubifer.....	25	546
Tomogera.		
elliptica....	24	12
Matheroni...	24	14
Urgonensis..	24	13
Tornatella.		
abbreviata..	6	199
—	22	194
Achatina..	27	68
affinis.....	20	75
alligata....	25	1432
—	26	74
Brocchii...	27	70
bullata.....	22	172
cancellata..	26	73

TO

TORNATELLA.	Étages	Numéros
cincta.....	9	66
conica......	22	183
conoidea....	26	511
costellata..	26	506
curculio....	22	169
cuspida....	11	48
Dargelasii.	26	527
elegans.....	24	251
elongata...	25	09
—	26	530
fasciata....	26	533
—	27	69
fragilis....	7	46
gigantea...	11	46
hordeola...	26	527
inflata.....	25	96
—	26	520
labiosa.....	22	177'
lævigata...	26	524
Lamarckii..	22	179
—	22	180
maculosa...	26	551
marginata.	18	86
miliola.....	26	523
Noæ........	26	536
Nystii.....	26	74'
ovalis......	26	525
papyracea..	26	529
Popii......	17	104
pulchella...	10	62'
pulla......	20	62
punctata...	26	557
—	26	551
scalaris....	6	198
semen......	22	171
semistriata.	26	522
—	27	70
simulata...	25	94
—	26	74'
striata.....	15	72
—	26	535
striatella...	26	526
subglobosa..	22	181
—	25	532
sulcata.....	25	95
—	26	521
tiplicata...	24	78
voluta.....	22	182
Toxaster.		
Collegnii'...	19	508
complanatus.	17	470
Couloni.....	17	471
gibbus......	17	468
Nicæensis...	19	509

TR

TOXASTER.	Étages	Numéros
Verrany....	17	469
Toxoceras.		
æqualicosta-tum......	10	43
annulare. ..	17	64
Astierianum.	17	65
bitubercula-tum......	17	61
Cornuelia-num......	18	45
cylindricum.	10	44'
Duvalianum.	17	63
elegans.....	17	62
Emericianum	17	656
Garanti.....	11	17
gracile......	21	20
Honoratianum	17	637
Joubertianum	17	641
Moutonianum	17	640
nodosum....	17	642
obliquatum..	17	658
Orbignyi...	10	42
plicatile	17	639
rarispina....	10	44
Requienianum	17	644
Royerianum.	18	50
tenue	11	18
tubercula-tum.....	12	65
Varusense ..	17	645
Tragos.		
acetabulum.	13	704
—	13	710
acute-margi-natum...	6	750
astroites. ..	6	720
capitatum..	2	1193
globulare...	22	1432
hippocasta-num.....	22	1541
hybridum..	6	705
involutum..	6	708
milleporatum	6	706
patella.....	13	715
perizoides..	13	714
radiatum...	13	705
ramulosum.	6	713
reticulatum.	13	707
rugosum. ..	13	706
—	20	780
spongiosum.	6	732
stellatum...	20	792
sulcatum ..	6	710
verrucosum.	13	708

TR

Tremocœnia	Étages	Numéros
pulchella....	14	525
subornata....	14	524
varians.....	13	618
Tremospongia.		
sphærica....	20	779
Trichotropis.		
canaliculatus	26	1273
carina......	26	1272
coronatus...	26	1270
incilis......	26	1274
quadricosta-tus........	26	1275
tuberculatus.	26	1271
Tridacna.		
media......	26	2276
Triforis.		
plicatus....	23	1537
Trigonia.		
abrupta.	17	709'
aculeata ...	14	258
alæformis...	21	117
aliformis....	19	240
aliformis...	22	592
angulata....	11	225
antiqua....	3	402
Archiaciana .	19	241
arcuata....	26	1859
Bachelieri...	12	163
bicostata....	14	263
bipartita....	22	594
Bronnii.....	14	259
cardissa....	12	161
cardissoides.	5	58
carinata....	17	288
Cassiope....	11	226
Castor.....	11	229
caudata.....	17	292
Chiron.	11	230
cincta......	17	291
clavellata...	13	292
clavellata..	15	120
Clio........	11	227
Clytia......	11	228
concentrica.	15	121
concinna. ..	14	265
conformis..	20	524
Constantii...	19	242
Coquandiana	20	520
Corallina ...	14	260
costata.....	10	311
costata.....	12	161
—	14	262
costellata...	9	196
crenulata...	20	521

TR

TRIGONIA.	Étages	Numéros
crispidata...	11	225
Cybele.	11	231
Dædalea	20	522
denticula...	10	514
disparilis. ..	22	591
divaricata...	17	288'
duplicata...	10	317
echinata....	22	595
elongata....	12	161
elongata...	17	288
excentrica...	20	328
excentrica..	17	289
—	22	598
Fittoni.....	19	243
Gaytani.....	6	464
geographica.	14	267
gibbosa.....	16	42
Hanetiana...	22	601
harpa......	6	463
harpa......	17	288
Houdeana...	17	711
Humboldtii .	17	712
hybrida.....	14	264
imbricata...	11	224
incurva.....	16	43
inornata.....	22	590
lævigata...	5	54
Lajoyei.....	17	289
Lamarckii..	22	596
limbata.....	22	592
lineolata...	10	311
litterata....	15	126
longa.......	17	289
longirostris .	22	595
lyrata......	7	106
major.......	12	162
maxima....	13	292
Meriani.....	14	262
monilifera. .	13	293
muricata....	15	120
navis.......	8	175
Neptuni. ...	10	516
Nereis......	20	327
nodosa	17	291
notata.....	13	292
Orientalis...	22	602
ornata	17	290
		709
palmata.....	17	291
papillata....	15	122
paradoxa...	17	294
parvula....	13	293
perlata.....	13	292
plicata......	15	124

TR

TRIGONIA.	Étages	Numéros
plicato-cos-tata	22	605
Proserpina	10	515
pulchella	9	197
pulchella	22	599
pullus	11	222
pullus	12	161
Pyrrha	20	326
quadrata	20	329
quadrata	20	322
reticulata	13	293
Robinaldina	17	290'
rostrum	15	125
rudis	17	291
Rupellensis	14	261
scabra	21	117
scapha	17	295
semiculta	22	604
semiornata	22	602
signata	10	315
similis	9	195
sinuata	20	325
sinuata	22	603
Smeeii	12	162
spinifera	13	294
spinosa	20	324
striata	10	312
subcostata	14	262
subcrenulata	17	710
subexcentrica	22	598
suborbicularis	22	603
subpulchella	22	599
[*sulcata*	2	497
—	17	288
sulcataria	20	325
suprajuren-sis	15	122
tenuisulcata	22	597
Thoracica	22	600
truncata	15	123
tuberculata	10	312
undulata	11	223
Voltzii	15	120
Trigonellites.		
vulgaris	5	55
Trigonocœlia.		
auritoides	25	1020
complanata	20	365
decussata	26	2288
deltoidea	25	1019
Goldfussii	26	287 h
granulata	25	1018
Hœninghau-sii	22	658

TR

TRIGONOCOELIA.	Étages	Numéros
inæquilatera-lis	24	518
insolita	26	2290
lima	25	1021
scalaris	26	287 l
sublævigata	26	2287
subgranulata	24	57
trigonella	25	1024
Trigonotreta.		
globus	2	917
ostiolata	2	950
speciosa	2	930
Tricolia.		
rubra	27	99
Triloculina.		
affinis	26	3020
angularis	25	1356
angusta	26	3031
Austriaca	26	3023
bipartita	26	3024
carinata	26	3032
—	27	578
consobrina	26	3027
cretacea	24	559
cylindrica	26	3021
deformis	25	1358
gibba	27	577
inflata	26	3028
inornata	26	3029
oculina	26	3026
orbicularis	26	3034
ovalis	26	3035
pulchella	26	3030
reversa	26	3022
rostrata	26	3035
scapha	26	3025
strigillata	25	1357
subangusta	26	3031
tricostata	25	1659
trigonula	25	1355
Triphyllocœnia.		
excavata	25	1275
Tripneustes.		
Parkinsonii	26	2678
planus	26	2077'
Triton.		
affine	17	205
angustum	24	569
anus	26	1434
—	27	200
Apenninicum	26	1428
argutum	25	560
argutum	26	227'
atavus	22	385

TR

TRITON.	Étages	Numéros
bicinctum	25	552
clathratum	26	1420
colubrinum	25	556
colubrinum	26	1425
corrugatum	26	1424
crassum	26	226
distortum	27	198
doliare	26	1422
	27	199
elegans	26	1441
Flandricum	26	227'
gibbosum	26	1419
gracile	26	227'
heptagonum	26	1429
	27	201
Hisingeri	26	227
intermedium	26	1430
	27	202
Lejeunii	24	568
leucostomoi-des	26	1440
maculosum	26	1451
Miocenicum	26	1451
multigranife-rum	25	550
nodiferum	27	203
nodularium	25	551
nodularium	26	1436
nodulosum	26	1428
—	27	197
obliquatum	26	1419
parvulum	26	1432
personatum	26	1434
—	27	206
planicostatum	25	554
pyraster	25	555
ranelliforme	26	1433
ranelloides	26	1426
reclicauda-tum	14	562
reticulosum	25	555
rugosum	26	1438
scrobiculator	27	204
striatum	25	558
sublavatum	26	1457
subclathra-tum	26	1420
subcolubri-num	26	1425
subcorruga-tum	26	1424
subnodula-rium	26	1436
subranelloi-		

TR

TR

TROCHUS.	Étages	Numéros
Basteroti...	22	261
Bathus.....	20	109
Baugieri....	10	89
Beaumontii..	26	655
Bellona.....	11	60
bellus......	26	696
Belus.......	11	62
Benettiæ....	25	164
Benettiæ...	26	95
—	27	82
Bianor......	6	287
biarmatus...	10	71
bicarinatus..	26	98
bicarinatus.	6	277
—	13	134
—	25	170
bicinctus....	17	125
bicrenatus...	6	281
binodosus...	6	240
binodosus..	6	272
—	14	115
Linodulosus.	6	350
bipunctatus.	6	242
biserratus...	3	178
bisertus....	6	239
bistriatus...	6	244
bisulcatus..	22	250
Bixa.......	11	66
Blainvillei..	26	654
Borsoni....	26	767
Boscianus...	24	280
Boscianus..	26	101
—	26	678
Bourgeoisii.	22	232
Bronnii.....	22	259
Brutus.....	11	63
Buchii......	26	666
Buchii.....	22	259
Buklandi....	26	106
Bunelii.....	20	112
Buvignierii.	20	110
calcar......	6	268
calliferus..	26	110'
canaliferus.	6	270
cancellatus..	14	116
cancellatus.	6	280
carinatus...	26	679
carinatus..	26	636
Cassianus...	6	260
Castor.....	22	243
Caumontii..		252
Cerberi.....	24	278
Chilensis...	26	700
cinctus.....	6	276

TR

TROCHUS.	Étages	Numéros
—	10	161
cinerarius..	26	670
cingulatus..	27	94
cingulatus.	26	205
cirrus......	8	65
cognatus....	26	701
collaris.....	26	699
colligens...	26	629
columellaris.	10	86
complanatus.	6	285
concavus...	10	87
—	26	648
—	26	685
conchyliopho-rus......	25	1441
—	26	95
—	26	96
—	26	627
concinnus...	22	237
confusus....	25	153
coniformis..	5	181
conoideus...	19	137
consobrinus.	26	634
conulus.....	27	95
conus......	26	687
Cordieri...	20	111
Cordierianus.	26	656
costellifer...	22	238
crenularis..	25	160
crenulatus..	26	672?
	27	84
cumulans...	24	275
Cupido.....	8	65
cyclostoma..	26	97
Cypris......	26	659
Dædalus....	14	111
Dargelasii...	26	105
Darius......	14	112
decoratus..	10	152
Dekinii.....	26	646
Delia.......	14	119
delphinuloï-des......	26	685
dentigerus..	17	121
Deslongcham-psii......	6	255
Devonicus..	2	277
dictyotus...	22	244
difficilis....	22	229
dimidiatus...	10	88
Diomedes...	14	110
Dirce.......	14	120
discoideus...	13	106
divergens...	26	675

TR

TROCHUS.	Étages	Numéros
Doris.......	9	73
Drusius.....	25	170
Dujardini....	22	235
Duperreyi..	20	114
duplicatus...	10	77
elatior......	26	662
elatus......	25	158
elegans....	6	262
—	26	109
elegantissi-mus......	26	109
elegantulus.	26	697
Eichwaldii.	26	664
ellipticus...	2	279
elongatus...	8	51
elongatus..	10	154
Emylius....	8	55
Epulus.....	8	58
Eudoxus....	15	35
Eurythus...	6	261
exaltatus....	2	273
exasperatus.	27	84
excavatus..	26	110
exiguus....	13	111
extensus....	26	96'
extensus....	25	155
famulum....	27	85
fasciatus...	10	155
fasciolatus..	6	263
Feneonianus	26	657
Fidia.......	8	67
Fischeri....	9	74
flexuosus...	9	69
foveolatus..	7	56
fragilis....	24	88
funiculosus..	25	156
Gabrielis...	25	8
Gea........	8	55
Geinitzii....	21	60
Getus......	24	281
Gibsii.....	19	161
gigas.......	26	674
Girondinus..	22	250
glaber......	8	57
Gnidus.....	6	277
gracilis.....	8	72
granosus...	26	767
granulatus.	10	121
—	10	122
granulosus.	27	88
Guerangeri..	20	105
Guttadauri..	27	86
guttatus....	42	88
Guyotianus..	19	137'

TR

TR

TROCHUS.	Étages	Numéros
quinquecos-tatus. ...	14	154
radiatulus...	22	243
Rajah......	22	241
reclusus.....	26	692
regalis.....	22	284
Requienianus.	20	104
reticulatus .	15	38
—	18	61
Robynsii....	26	651
Rollandianus	26	658
rostelloides.	22	262
rotellaris...	26	675
Roullieri....	15	104
Ruffinii.....	26	685
rugosus. ...	26	640
Sarthinus...	20	106
Schübleri...	10	83
serutarius..	26	625
Sedgwickii..	26	648
Sedgwickii.	9	80
semigranula-tus.......	26	668
semipuncta-tus.......	6	245
serratus....	6	290
similis.....	26	645
simplex....	22	255
solarium....	26	652
speciosus...	10	160
sphæroidi-cus......	6	284
spiniger....	22	233
spiratus. ...	11	68
spiritus.....	6	275
striatulus...	25	169
striatulus..	17	119
striatus.....	27	90
strigillatus..	6	254
strigosus...	26	676
Studeri.....	6	285
subcalcar....	6	268
subcalliferus.	26	110'
subcancella-tus.......	6	280
subcinctus...	6	276
subcinerarius	26	670
subcingulatus	26	103
subconcavus.	6	241
subconus...	26	687
subcostatus .	6	258
subcostatus.	6	269
subdecussa-tus	6	266

TR

TROCHUS.	Étages	Numéros
subdentatus.	6	271
subelatus...	25	158
subelegans..	6	262
subexcavatus	26	110
subfragilis..	24	88
subglaber...	6	247
subgracilis..	6	274
subhelicinoi-des......	3	183
subhelicinus.	26	633
subimbrica-tus......	8	71
subincrassa-tus......	26	99
sublævigatus	26	642
sublimbatus.	27	92
sublineatus.	15	138
submonilifer.	26	100
subnodosus .	6	275
subnudus...	9	72
subornatus..	6	264
subpulcherri-mus......	18	63
subpunctatus	6	256
subpyramida-lis.......	6	245
subpyrami-datus.....	10	81
subreticula-tus......	18	61
subrudis....	26	680
subscalaris..	6	288
subsolaris...	26	635
substriatulus	17	119
substrigosus.	26	676
subsulcatus.	9	71
subtricarina-tus......	6	250
subturgidu-lus.....	26	643
subumbilica-tus......	8	73
subvariabilis.	26	698
subverruco-sus......	6	248
sulcatus.....	25	159
sulcatus....	10	156
tenuispira..	3	182
Theodori...	9	98
Thetis.....	9	99
Thorinus....	26	630
Timæus	6	969
Tityrus.....	11	61
Tollotianus..	19	137"

TU

TROCHUS.	Étages	Numéros
tornatus. ...	15	155
torquatus...	26	689
triangulus..	11	94
—	11	95
tricarinatus	6	250
tricostatus..	25	1447
trigonostomus	26	652
trimonilis...	8	56
triplex......	19	137 *b*
tristriatus...	6	265
Triton......	24	282
tuberculato-cinctus...	22	256
tuberculosus	15	136
tunatus.....	22	234
turgidulus..	27	91
turgidulus .	26	643
turriformis..	8	74
turritus.....	26	677
umbilicatus.	8	73
undosus....	8	88'
—	8	95
uniangularis.	24	277
variabilis..	26	698
variegatus .	27	98
Verneuilii..	2	271
verrucosus..	6	248
vertex......	26	678
Voltzii......	20	117
Voronejensis	2	278
Voronzofii..	26	660
vorticosus..	27	96
Yvanii.....	3	275
Zinkenii	6	286

Truncatulina.

	Étages	Numéros
Beaumontia-na......	23	1394
Boueana....	26	2929
contecta....	25	1676
elongata....	25	1327
infractuosa..	26	2928
lobatula.....	27	542

Triacrinus.

	Étages	Numéros
pyriformis..	2	1102

Tubipora.

	Étages	Numéros
catenulata .	2	1185
—	3	1042
ramulosa...	3	1036
strues......	3	1040
tubulata...	22	1327

Tubulipora.

	Étages	Numéros
Brongniartii	22	1111
comigera...	26	2592
elegans.....	20	596

TU

TUBULIPORA.	Étages	Numéros
fascicularis..	17	461
fimbriata..	26	2592
fungicula...	26	2599
Grignonen-sis......	25	1192
Megæra. ...	22	1108
Parca.......	22	1107
proboscidea.	25	1191
stelliformis.	25	1193
Turbinella.		
affinis......	26	1314
Allienii....	26	1311
Basteroti....	26	1307
Bellardii....	26	1308
buccinoides.	26	216
cancellata...	26	71'
coarctata. ..	26	1309
crassa......	26	1310
crassicosta...	26	1311
craticulata.	26	1300
elegans.....	26	215
fusoidea....	26	1312
heteroclita..	26	1302
infundibu-lum......	26	1310
labellum....	26	1318
Lynchii.....	26	1209
multistriata..	26	1301
muricata...	26	1305
muricina....	26	218
Parisiensis.	25	1491
pleurotoma .	26	1303
polygona...	26	1306
pugillaris..	26	219
pyruliformis	26	214'
subcraticula-ta........	26	1300
submuricata.	26	1305
subpolygona.	26	1306
subpugillaris	26	219
Tritonina...	26	1304
Turbinolia.		
alala......	21	247
Alpina.....	24	651
antiquata..	27	465
appendicu-lata.....	24	644
Arcotensis..	22	1288
armata. ...	26	2719
avicula.....	26	2693
—	26	2694
bilobata....	24	655'
—	24	655'
Bellardii...	26	2714

TU

TURBINOLIA.	Étages	Numéros
Bellingheria-na........	26	2707
brevis......	25	1265
calcar......	24	648
caryophyl-lus.	25	1256
centralis...	22	1284
cernua.....	21	243
clavus......	25	1259
complanata.	21	247
compressa..	21	246
conulus.....	19	356
corniculum .	24	659
corniformis.	27	465
cornua.....	21	253
cornucopia..	26	2716
costata......	25	1244
crispa......	25	1246
cuneata.....	24	641
—	24	645
—	26	2693
cyathus.....	27	465
—	27	471
cyclolitoides.	24	654'
—	24	650
cylindrica..	26	2725
cymbula...	21	259
decemcostata	27	465
didyma.....	24	652
dispar.......	25	1245
dispar.....	15	596
Dixonii.....	25	1241
Dufrenoyi..	24	645
duodecimcos-tata.....	27	465
elliptica. ..	25	1259
exarata.....	24	655
expansa....	5	976
fungites.....	5	973
Goldfussii..	25	1245"
granulosa..	25	1249
Gravesii. ..	25	1260
hemisphæria	24	659
hippuritifor-mis......	21	249
ibicina.....	5	967
inauris.....	22	1285
intermedia .	26	2688
Italica.....	26	2722
Macluri....	25	1252
Magnevillia-na........	10	525
Michelotti..	27	475
Milletiana ,	26	2688

TU

TURBINOLIA.	Étages	Numéros
—	26	2689
minor,.....	25	1243
mixta......	25	1247
multiserialis	26	2691
multistriata	24	655
mustispina.	26	2690
nana.......	25	1250
nitida......	24	247
obesa	26	2718
patellata...	20	692
pharetra....	25	1242
plicata.....	26	2701
—	26	2702
proelonga. .	26	2725
pyramidata	26	2721
raricostata.	25	2711
Roissyana .	21	244
rudis	21	245
semigranosa	24	654
Sinense....	26	2699
sinuosa. ...	24	649
Sismondia-na	26	2724
spiraia.....	3	971
Stokesii....	25	1245'
sulcata.....	25	1240
tenuistria..	25	1266
trochiformis	25	1246
truncata...	25	1261
undulata...	26	2717
unicornis...	21	243 *b*
—	21	255
vaginalis...	24	645
versicostatus	26	2708
Turbinopsis.		
pleuriradia-lis........	2	1115
Turbo.		
abbreviatus..	6	524
Acastus.....	17	138
acuminatus..	17	136
Adonis.	17	132
Albensis....	17	145
Albertinus..	5	24
Alceæ......	17	681
Alcyon......	20	139
Alpinus.....	19	155
Alsus.......	19	152
alternans...	22	260
amatus,.....	22	261
Americanus. 1 *a*		83
Amor.	13	112
anaglypticus.	10	107
Anchurus...	14	139

TU

TURBO.	Étages	Numéros
granulo-costatus.....	6	353
granulosus..	6	345
granulosus .	26	755
Grateloupi ..	26	114
Gravesii. ...	25	10
grégarius...	5	28
Gresslyanus.	19	157'
Guerangeri .	20	151
Hallii.	1 *b*	66
haud-carinatus.	6	502
Hausmanni..	5	28
heliciformis.	9	85
helicinoides.	25	167
helicinus....	4	5
helicites....	5	27
Henrici.....	25	209
Hero.......	10	110
Hilsensis....	17	133
Hœninghausianus....	3	223
Honii.......	20	152'
hybridus...	6	237'
Icarus......	19	157
imbricatus .	10	116
inconstans..	17	129
indecisus. ..	19	156
inflatus.....	2	311
intermedius.	6	377
Iris........	22	252
Itys........	8	77
Ixion.......	17	139
Jaschianus..	6	318
Jazckoyianus.	13	117
Johannis-Austriæ......	6	333
Julia.......	8	85'
Klipsteinii..	6	338
Kochii......	9	94
Könincki...	20	152"
Labadyei...	11	82
Lachesis....	26	567
Lacordairianus......	5	219
lævigatus. .	10	94
—	25	166'
—	26	113
lævis.......	22	257
Lamarckii. .	25	202
lamellosus..	26	409
Landrioti...	7	53
lapidosus.¹..	22	248'
Leblancii. ..	20	150
Leda.......	1 *b*	57

TU

TURBO.	Étages	Numéros
Leo........	8	76
Lichas......	8	84
lima	25	1431
lineatus....	2	397
linteatus....	2	330
liratus......	3	216
litorinæformis.	7	51
Lorieri.	20	137
Lyelli......	11	83
Mailleanus...	20	130
mamillaris..	26	762
Mantellii....	17	130
margaritiferus.	2	333
marginatus..	25	203
marginatus.	9	84
margine-nodosus.	6	346
Mariæ......	3	225
Marollinus..	17	137
Mars	1 *b*	67
Martinisaus.	18	68
Melania.....	6	316
Meleagris...	26	117
Menippus...	8	83
Menkei.....	5	23
Meriani.....	13	107
meridionalis.	2	315
metis.......	9	92
Meyendorfii..	13	116
Meyeri.	4	7
Meyoardii...	26	768
Midas.	8	82
Minerva....	2	535
minutus....	18	67
—	26	757
Misippus....	10	105
Momus.....	1 *b*	65
moniliferus .	20	141
Montmollini.	19	157 *c*
Moreausius..	14	140
Morpheus...	13	110
Mulleti.....	20	131
multicarinatus.......	26	119
Murchisoni..	10	115
muricatus..	13	107
Munsteri....	6	347
Mysis.	2	313
naticoides..	25	137
Nerei.......	2	309
Nicias......	8	84'
Nilsoni.	22	258
Nireus......	8	81
Nisea.......	8	85

TU

TURBO.	Étages	Numéros
Niso.......	2	337
Nisus.......	8	79
nixicosta....	2	517
nobilis......	5	227
nodosus. ...	6	215
noduloso-cancellatus...	6	519
nudus......	9	97
obliquus....	1 *a*	87
obscurus....	1 *a*	85
obtusus.....	11	78
—	20	136
—	22	265
Octavia.....	1 *b*	62
Octavius....	20	135
octocinctus..	2	324
Odius	8	80
Omaliusii...	26	760
Opis........	2	528
Orion.......	8	78
ornatus. ...	10	95
ovatus......	2	510
Oxfordiensis	13	107
Palæmon...	26	765
Palinurus...	9	79
paludinæformis.......	20	152
paludinarius.	9	100
Panderianus	13	120
Panopæ	6	340
parallelus...	5	215
Parkinsoni..	26	116
Patroclus...	9	81
Pelops......	2	506
pentagonalis.	6	549
Perristii....	26	415
Perseus.....	2	512
Philemon...	7	54
Philenor....	7	52
Philiasus...	9	82
Philippi. ...	6	517
Pictetianus..	19	151
Pintevillei. .	20	116
pisum......	26	758
planorbularis.......	25	168
pleurotomarioides. ..	6	555
pleurotomarius......	6	529
plicatilis....	19	150
plicato-carinatus.	22	255

TU

TURBO.	Étages	Numéros
plicato-nodo-		
sus......	6	542
plicatulus..	26	1644
plicatus....	9	79
—	26	45'
—	26	120
prætor.....	10	113
princeps....	14	122
Fryceæ. ...	1 *a*	82
pseudoscala-		
ris.......	27	50
pulcherrimus	17	153
—	18	65
pumiceus...	26	411
—	27	51
punctato-sul-		
catus.....	14	158
Puschianus..	13	115
pustulosus..	26	759
pygmæus...	6	339
pygmæus...	3	221
—	25	166
pyramidalis	11	81
pyramidatus.	26	122
quadricarina-		
tus.......	27	57
quadricinctus	10	104
quadrulus..	26	682
quinquecinc-		
tus.......	2	334
Rathierianus.	14	133
Raulini.....	20	145
Redilis.....	10	114
reflexus....	6	297
Renauxianus.	21	62
Rœmeri.....	2	320
Rœmeri....	2	348
retusus.....	26	412
Reussianus..	21	63
rhomboides.	13	118
Rhotomagen-		
sis.......	20	129
Roissyi.....	20	149
rotelloides..	22	262
rotundatus.	20	95
Royanus....	22	248
rudis.	26	680
rugoso-carina-		
tus.......	6	351
rugosus....	27	100
rusticus.....	26	771
salinarius...	6	356
salus......	6	512
Saxoneti...	19	157 *b*

TU

TURBO	Étages	Numéros
scabriculus..	26	763
scalaris....	6	175
scobina.....	24	291
scrobiculatus	22	264
sculptus. ...	25	208
Sedgwickii..	9	80
semicostatus	2	528
semiornatus.	9	87
semiplicatilis.	6	322
semistriatus	2	506
semisulcatus.	3	212
senator.....	9	95
setosus.....	26	756
sigaretiformis	25	204
similis.....	6	359
simplex	26	766
solidus.....	3	218
Sowerbyi...	9	96
speciosus...	26	769
spinulosus..	10	108
spiralis. ...	2	512
—	6	340
spiratus....	3	169
squamiferus.	2	329
striatellus...	1 *a*	83
striato-costa-		
tus.....	6	305
striato-punc-		
tatus.....	6	514
strialulus..	6	358
—	25	169
striatus....	1 *b*	57
—	2	513
—	2	535
—	25	202
strigillatus..	6	326
subangulatus	2	337
—	10	110
subangulosus	2	523
subantiquus.	3	228
subarmatus.	6	507
subcalcar...	25	205
subcanalis..	9	91
subcancella-		
tus.......	1 *b*	65
subcarinatus.	6	300
subcinctus..	6	315
subcingulatus	15	421
subclathratus	17	154
subconcinnus	6	521
subcostatus .	2	516
subcrenatus.	6	352
subdecussatus	6	510
subdispar...	19	154

TU

TURBO.	Étages	Numéros
subduplicatus.	9	78
subelegans..	9	89
subexiguus..	26	764
subfunatus..	14	128
subgracilis..	6	544
subgranula -		
tus.......	2	314
subgranulosus	22	755
subimbricatus	10	110
subinflatus..	22	266
sublævigatus.	26	113
sublævis....	22	257
submargina-		
tus.......	2	518
subnodosus .	13	113
subnodulosus	6	309
subobtusus..	11	78
subornatus..	6	508
subpleuroto-		
marius. ...	6	330
subplicatus..	6	306
subpunctatus	6	327
subpusillus..	4	6
subpygmæus	3	221
subpyramida-		
lis........	11	81
subreflexus..	6	297
subscobinus..	26	121
subsculptus..	22	265
subsetosus..	26	757
subspiralis..	3	214
substellatus.	14	124
substriatus..	6	335
subsulcatus .	26	123
subsulcifer..	22	250'
subtricarina-		
tus.......	6	528
subtrochifor-		
mis......	25	206
subulatus..	27	67
subvaricosus.	17	140
subtrochlea-		
tus.......	6	331
subundulatus	8	85'
sulcifer. ...	22	250'
sulciferus...	25	211
sulcostomus.	12	77
supranodo -		
sus.	6	345
symmetricus	1 *a*	86
tabulatus...	3	217
tegulatus...	14	129
tenuicingula-		
tus.......	9	323

TU

TURBO.	Étages	Numéros
terebellatus.	27	71
terebra	27	56
terebratus	10	111
texatus	2	309
Theodori	9	98
Thetis	9	99
tiara	3	211
tricarinatus	6	328
tricingulatus	6	325
tricinctus	6	334
tricostatus	20	133
—	25	1147
tripartitus	13	117
trochiformis	26	772
trochiformis	25	206
trochleatus	22	255
trochleatus	6	331
tuberculato-cinctus	22	256
turbinoides	25	201
turritella-tus	22	348
umbilicatus	20	138
undulatus	8	83'
variabilis	26	118
varicosus	27	58
ventricosus	1 *a*	89
venustus	2	307
venustus	9	88
vermicularis	27	59
viviparoides	15	56
vix-carinatus	6	301
Voltzii	20	117
Walferdini	20	144
Williamsii	2	504
Wisinganus	13	119
Wurmii	2	321
Wurmii	2	325
Yonninus	17	131
Zietenii	9	84
Zilmæ	2	338

Turbonilla.

	Étages	Numéros
acicula	24	249
	25	88
angulata	27	513
bimarginata	24	76
bulimoides	26	496
cancellata	25	90
columnaris	27	60
conoidea	27	511
costellata	26	506
decussata	27	61
dubia	26	498
elongata	26	508

TU

TURBONILLA.	Étages	Numéros
glans	27	514
gracilis	26	500
granulata	27	515
Grateloupi	26	504
hordeola	25	86
incerta	26	503
intermedia	26	71
interstincta	27	510
miliola	25	87
milium	26	517
milliaris	26	67
minuta	24	248
nitens	26	516
nitidula	26	70
Nystii	26	70"
plicatula	27	63
pseudo-auri-cula	26	501
pygmaea	21	512
simplex	26	218
spina	25	89
subacicula	26	497
subcostellata	26	505
subcylindrica	27	509
subgracilis	26	507
subumbilica-ta	26	499
Tarbelliana	24	250
terebralis	26	68
tornatella	26	69
turbinata	27	512
turrella	24	246

Turonia.

	Étages	Numéros
variabilis	22	1536

Turrilites.

	Étages	Numéros
acute-costatus	22	93
Alpinus	20	52
Archiacianus	22	94
Astierianus	19	91
Bergeri	19	09
	20	44
bifrons	20	51
bitubercula-tus	19	93
Boblayei	7	54
Carcitanensis	20	53
catenatus	19	88
catenatus-evo-lutus	19	107
costatus	20	47
Coynarti	7	56
Desnoyersi	20	48
elegans	19	90
Emericianus	17	653

TU

TURRILITES.	Étages	Numéros
Escherianus	19	100
Essensis	20	55'
Geinitzii	22	97
Germaniæ	22	95
Gravesianus	20	46
Hugardianus	19	97
Mayorianus	19	89
Moutonianus	19	94
ornatus	20	50
plicatilis	22	98
plicatus	22	02
polyplocus	22	100
—	22	101
Puzosianus	19	96
Reussii	22	98
Robertianus	19	95
Senequeria-nus	19	92
Scheuchzeria-nus	20	49
tuberculatus	20	45
undulatus	22	97
—	22	107
Valdani	7	35
Vibrayeanus	19	98

Turritella.

	Étages	Numéros
absoluta	2	241
abbreviata	25	54
abbreviata	3	240
acicularis	22	139
acutangula	26	444
acutangula-ta	26	62
acuticarinata	26	442
acuticostata	6	165
æquistriata	26	452
Alpina	20	59
alternans	22	126
alticostata	26	450
Amalthea	6	171
ambigua	25	66
ambulacrum	26	458
Andii	17	656
angulata	26	461
angulata	17	84
angulosa	22	140
angustata	17	84
antiqua	2	237
Aonis	26	70'
Archiaci	20	63
Archimedis	24	231
Archimedis	26	61
—	26	440
arcte-costata	6	162

TU

TURRITELLA.	Étages	Numéros
armata.....	6	154
asperula....	24	230
asperula...	26	55
assimilis....	26	462
Astieriana..	17	658
Ataciana....	24	232
Bauga......	22	413
biangulata.	2	250
biarmica...	4	12
biformis....	22	118
bilineata...	2	404
bimarginata	9	154
binodosa...	6	155
biplicata....	26	445
bipunctata.	6	129
bistriata....	26	455
Bolina.....	6	146
Brauniana..	24	234
Breantiana..	22	141
brevis......	25	71
Brocchii....	26	446
Buchiana...	22	156
Bucklandii.	6	427
Calliope....	26	50
Calypso....	22	145
cancellata..	1 *a*	76
—	2	240
—	26	60
carinata...	6	134
—	25	75
carinifera...	24	226
	25	60
cathedralis..	26	427
Cenomanensis	20	58
cesticulosa..	21	39
Chilensis....	26	459
cingenda...	10	56
—	18	160
cingulata...	26	428
cingulata..	1 *b*	69
clathrata....	26	434
cochleata...	6	125
colon......	6	424
communis...	27	56
communis..	26	447
compressa..	2	233
—	6	149
concava....	16	31
conica.....	2	222
—	6	410
conoidea....	25	69
Coquandiana.	22	112
Corbarica...	24	233
coronata...	2	406

TU

TURRITELLA.	Étages	Numéros
costata.....	20	61
crenulata...	26	64'
cylindrica..	6	160
Cytherea....	26	55
Decheniana..	22	132
decorata....	6	425
decussata..	6	421
Desmarestina	26	64
difficilis....	21	22
Doublieri....	26	455
Dufrenoyi..	24	228
Dupiniana..	17	85
duplicata..	20	456
edita......	24	227
—	25	70?
Eichwaldiana	22	135
elongata....	25	68
elongata...	9	130
encrinoides..	22	115
Eryna......	26	429
excavata....	22	117
fasciata.....	25	62
Faurignyana.	19	119'
Fittoniana...	22	137
flexuosa....	6	156
frondosa....	26	438
Fuchsii....	6	177
funiculosa...	25	1425
funiculosa..	22	122
Gaylani...	6	411
Geinitzii....	20	64
Goldfussii..	6	178
Goupiliana..	20	57
grandæva..	2	412
granulata...	20	60
granulata..	21	25
granulatoides	21	25
granulosa,..	26	1426
Greteloupi..	26	49
gregaria....	2	232
Guerangeri..	20	56
Hagenowiana	22	134
Hartmannia-		
na......	9	132
Haueri.....	6	434
Hehli.....	6	428
Hugardiana.	19	118
hybrida.....	24	225
hybrida...	6	159
imbricata..	26	52
imbricataria.	25	59
imbricataria	26	429
inæquicincta	9	155
imbricaria..	26	446

TU

TURRITELLA.	Étages	Numéros
incerta.....	25	1424
incisa......	24	229
incisa......	10	187
—	26	49
incrassata...	26	457
indigena....	26	456
intermedia..	25	58
Jægeri.....	6	409
Koninckiana	6	157
lævigata....	17	85
læviuscula..	22	120
lanceolata,.	26	410
laqueata....	26	451
lineata,....	2	235
—	25	76
lineolata....	22	124
Lommelii...	6	125
margaritife-		
ra........	6	152
marginalis.	26	48
margine-no-		
dosa.....	6	422
marginula..	24	224
Marticensis..	22	127
megaspira.	5	146
melanoides..	25	74
monilifera..	25	1427
monilifera,.	22	141
Mortoni....	25	75
Moutoniana.	17	657
multistriata.	22	138
multisulcata.	25	55
multisulcata	26	50
muricata...	10	188
Nœggerathia-		
na.......	22	130
Neptuni.....	20	62
Neptuni....	26	63
Nerinæa....	22	123
nodosa.....	22	122
nodoso-pli —		
cata.....	6	164
nodulosa...	6	423
nuda......	9	65
obliterata..	5	15
obruta.....	25	76
obsoleta....	2	271
—	5	16
octonaria...	26	449
ornata......	20	57'
ornata.....	6	163
—	26	1475
Pailleteana..	24	236
Patagonica..	26	457

TU

TURRITELLA.	Étages	Numéros
paupercula..	22	121
perarmata,	6	155
perforata...	25	61
Petschoræ..	12	69
planispira...	26	64"
plebeia.....	26	455
Pondicheryen-sis......	22	140
Ponti.....	2	249
provincialis.	22	116
pseudosutura-lis.......	26	460
punctata...	6	128
Pygmæa...	6	150
punctulata..	26	51
Pyrenaica...	24	235
quadrangu-lata.....	6	426
quadrangu-lato-nodo-sa.......	6	98
quadricarina-ta........	27	57
quadricincta.	22	128
quadrilinea-ta.......	9	137
quadriplicata	26	432
quadrivilla-ta......	10	186
quinquecincta	22	129
quinquesul-cata......	26	58
Rauliniana..	19	119
reflexa.....	6	135
Renauxiana.	21	27
	22	111
replicata...	26	54
Requieniana.	21	4
rigida......	22	119
Rippelii.....	26	463
Robineausa..	17	68
Roissyi....	11	31
rotifera.....	24	74
Rouyana....	25	64
scalaria.....	26	455
scalarina....	25	1422
semiglabra.	6	123

TURRITELLA.	Étages	Numéros
semistriata,.	25	57
septem-cinc-ta.......	9	136
sex-cincta..	22	131
sex-lineata..	22	125
similis.....	6	124
simplex.....	26	65
simplex....	22	144
Sowerbyi...	22	143
spinosa....	2	406
—	6	99
spiralis....	3	234
strangulata..	26	53
strigillata..	6	166'
subacutangu-la........	26	62
subangulata.	26	444
subarchime-dis.......	26	440
subcanalicu-lata......	6	100
subcancellata	26	60
subcarinata.	6	137
subimbricata.	26	52
sublamellosa.	26	59
submargina-lis.......	26	48
subornata..	6	161
subpunctata	6	145
subreplicata.	26	54
subsimplex..	22	144
subsuturalis.	26	57
subterebra..	26	436
subtriplicata.	26	431
subula.....	25	67
subulata....	26	439
subvariabilis.	26	448
sulcata.....	25	53
sulcifera....	25	1425
sulcifera...	6	127
supracretacea	23	5
supraplecta.	6	148
—	6	167
suturalis...	3	255
—	26	57
—	26	460
tæniata....	3	236

TURRITELLA.	Étages	Numéros
tenuicarina-ta.......	2	234
tenuis......	6	158
terebra.....	26	436
—	26	447
terebralis...	26	426
terebralis...	26	57
terebratella.	25	56
teres.......	2	252
terstriata....	26	454
Thetis......	26	61
Torinensis..	26	447
tornata....	6	188
torulosa....	26	416
tricincta....	6	354
—	6	147
tricincta...	6	354
tricostata..	6	151
—	9	135
triplicata...	26	443
triplicata..	26	431
triserialis...	3	257
tristriata...	12	70
trochleata..	2	236
turris......	26	430
Uchauxiana.	21	23
uniangularis.	25	63
unicarinata.	12	105
unisulcata..	25	65
variabilis...	26	448
varicosa....	27	58
varicosa....	26	63
velata......	22	135
ventricosa...	22	142
Venus......	26	425
vermicularis.	27	59
vermicularis	26	58
—	26	425
Verneuiliana.	21	26
vertebroides.	22	114
vetusta.....	25	77
Vibrayeana.	19	117
Zeuschneri.	6	189
Walmsted-tii.......	6	166

Turritellites.

	Étages	Numéros
scalatus....	5	12

U

UM

	Étages	Numéros
Umbrella.		
disculus....	10	197
lævigata...	3	345
Laudunensis.	24	434
Mediterranea	27	267
Uncites.		
gryphus....	2	858
Ungulina.		
antiqua....	3	436
suborbicula-		
ris........	2	541
Unicardium.		
Alceste.....	13	307
	14	276
Alcyone. ...	13	308
Aspasia.....	8	184
Bernardianum	13	514
Calliope. ...	10	325
Callirhoe. ..	14	277
Calloviensis.	12	166
Calypso.....	10	326
cardioides...	7	108
circulare....	16	45
cognatum...	10	324
corbisoideum	11	244
costatum....	15	134
depressum..	10	329
despectum..	10	528
Euterpe. ...	9	201
excentricum.	15	133
globosum...	15	513
Hesione. ...	7	109
heteroclitum	15	515
Ianthe.	8	179
incertum. ...	10	523
inflatum	10	327
inornatum...	17	508
inversum. ..	10	530
lævigatum..	20	334
laxecostatum	15	309
lobatum. ...	15	512
Moeme.....	8	180
oblongum...	11	242

UN

	Étages	Numéros
UNICARDIUM.		
ornatum.....	11	245
ovale.......	13	310
ovoideum...	11	243
Ranvillianum	11	247
rotundatum.	8	183
rugosum....	11	241
striolatum...	15	135
subalpinum.	8	182
sublæve. ...	13	311
subregulare.	14	278
subtrigonum.	8	181
uniforme. ...	9	200
varicosum...	11	246
Unio.		
abbreviata .	3	421
abducta....	10	244
acuta......	3	429
adunca.....	17	314
Alpina.....	25	843
antiqua.....	17	312
Bosquiana..	24	166
compressa...	17	511
concinna...	7	88
convexa....	7	90
cordiformis .	17	313
Cornueliana.	19	715
crassissima.	7	84
crassiuscula.	7	85
Cuvieri.....	24	168
Deccanensis.	24	171
depressa....	7	89
diluvii......	26	2277
Eichwaldia-		
na........	5	453
Galloprovin-		
cialis.....	24	165
Gardanensis.	24	169
Gualtierii...	17	516
hybrida....	7	87
Liasiana...	7	72
Listeri.....	7	86
Mantellii. .	17	510

UR

	Étages	Numéros
UNIO.		
Martinii...	17	311
—	17	715
Nilsoni....	7	92
orthonota..	1 *b*	95
peregrina. .	11	169
phaseolus...	3	430
plana......	7	76
porrecta....	17	510
problemati-		
ca........	6	461
robusta....	3	423
Solandri....	25	1826
striata.....	14	212
subconstric-		
ta........	3	425
subporrecta.	7	88
subrugosa..	24	170
subtruncata.	17	315
subtumida...	24	172
suprajuren-		
sis........	13	115
tellinaria..	3	431
Toulouzanii.	24	167
trigona. ...	7	87
—	7	91
truncatosa..	24	512
tumida.....	24	172
umbonata..	4	22
uniformis..	3	426
utrata.	3	427
Unionites.		
Munsteri...	6	462
Uniretepora.		
granosa.....	26	2587
Urigerina.		
aculeata....	26	2951
Pygmæa....	27	552
rugosa.....	27	554
semiornata..	26	2950
tricarinata..	22	1404
trilobata....	16	2948
urnula.....	26	2949

W

WE

	Étages	Numéros
Webbina.		
flexuosa. ...	17	782
irregularis.	7	783
scorpionis...	9	283

V

VE

Vaginella.	Étages	Numéros
depressa....	26	1802
sublanceolata	27	269
triangularis.	1 a	160
Vaginipora.		
fragilis....	25	1157
Vaginulina.		
Bronnii.....	17	547
citharina....	20	750
depressa....	11	489
elongata....	11	487
barpa......	17	546
harpula....	9	281
Kochii.....	17	545
lævigata....	26	2842
laminosa....	9	282
longa.......	17	779
reticulata...	17	780
striata......	11	488
striato-costata	20	751
subcostata...	17	781
Valvulina.		
Austriaca...	26	2942
columna-tor-		
tilis......	25	1335
deformis....	25	1337
gibbosa.....	22	1398
globularis..	25	1335
ignota......	25	1334
pupa.......	25	1332
triangularis.	25	1331
Varigera.		
abbreviata..	22	194
Carantonen-		
sis.......	20	84
Escragnollen-		
sis.......	19	121
Fittoni.....	18	58
Guerangeri..	20	83
Ricordeana..	17	1071
Rochatiana..	17	672
Toucasiana..	22	193
Venericardia.		
aculeata...	25	916
acuticostata	25	920
angusticos-		
tata.....	25	921

VE

VENERICARDIA.	Étages	Numéros
asperula....	25	912
carinata....	25	923
chamæformis	26	284 j
—	26	2118
complanata.	25	1612'
cor-avium..	25	1613
Cyclopea...	24	448
decussata..	24	481
—	25	917
deltoidea...	26	284 i
elegans.....	25	915
globosa.....	25	1614
granulata..	26	2137
imbricata..	25	919
intermedia.	26	2111
—	26	2132
Jouanneti..	26	2127
lævicosta...	26	2130
Lauræ.....	24	487
minuta.....	24	483
mitis.......	25	918
multicostata	24	155
orbicularis..	26	284 i
orbicularis..	26	2122
parva......	25	929
pectuncula-		
ris.......	24	132
pinnula....	26	2116
planicosta..	25	913
retrostriata.	2	590
rotunda....	25	928
scalaris.....	26	2119
senilis.....	26	2117
—	26	2124
Sillimani..	25	927
spissa......	24	482
—	25	1613
squamosa...	25	914
subalpina..	26	2126
tenuicosta..	22	580
transversa..	25	927
trigona....	24	484
vicinalis...	24	485
Venerupis.		
cingulatus..	3	406
coralliopha-		

VE

VENERUPIS.	Étages	Numéros
ga.......	26	2140
globosa.....	25	1592
obsoleta....	5	466
scalaris....	5	467
striatula...	25	1593
substriata..	26	1951
Venilia.		
Conradi....	22	586
Ventriculites.		
alcyonoides.	22	1438
Benettiæ...	20	770
—	22	1437
radiatus...	22	1436
quadrangu-		
laris.....	22	1431
Venulites.		
concentricus	2	539
trigonellaris	8	172
Venus.		
acetabulum..	26	2025
acutirostris..	15	106
æqualis....	26	2142
æquorea....	25	843'
affinis.....	13	285
Agassizii...	27	318
Aglauræ...	24	465
albaria.....	26	2018
Alpina.....	25	843
alveata.....	26	2007
alternans....	27	321
analoga.....	22	546
angulata...	9	190
antiqua....	9	189
apicalis.....	27	322
Archiaciana.	22	527
Arcotensis..	22	567
armata.....	26	2003
Ascia......	26	2017
astartoides..	26	1999
Astieriana...	20	283
Aucasiana...	22	545
Basteroti....	26	1955
Bavarica....	22	530
Bellovacina..	24	128
Bessarabica.	26	1994
Bonnetiana..	25	884

VE

VENUS.	Étages	Numéros
Boryi.......	27	512
Bosquetii ...	26	278'
Brocchii ...	26	1953
—	27	327
Brongniartii.	27	323
Brongniartii	15	98
Brongniar-tina......	17	247
cancellata..	26	1982
—	26	2032
capax.......	26	2013
caperata....	20	276
caperata ...	22	524
carditæfor-mis......	15	280
carinata ...	15	282
catinoides...	26	1966
caudata....	16	55
Cenomanen-sis.	20	271
centralis...	5	382
Chia.......	17	702
Chilensis...	26	2028
Chione.....	27	315
chionoides..	26	1958
cincta......	26	1971
	27	320
Cleryana....	26	2026
complanata.	26	1977
concentrica.	22	536
corallina....	14	252
corbulina...	25	829
cordiformis.	17	299
Cornueliana.	17	244
Cortinaria..	26	2010
Cottaldina...	17	245
crassa.....	27	306
cretacea....	17	705
cribraria....	26	2036
cuneata	25	1597
cuneata....	26	1980
Custugensis.	24	457
cycladiformis	26	1960
decipiens...	26	1986
deltoidea...	25	828
deltoidea...	13	231
depressa....	18	306
Deshayesiana	26	1969
discoidalis...	25	847
distans......	25	1599
Donacina...	5	45
Dubuisii....	26	1995
Duchatelii...	26	2005
Dupiniana..	17	246

VE

VENUS.	Étages	Numéros
dycera......	26	1998
dysera	26	1977
—	27	325
edentula...	27	343
elegans.....	25	827
elegans.....	25	841
—	26	2035
elevata.....	26	2015
elliptica....	5	452
elongata...	22	542
eremita.....	27	513
erycinoides..	26	1954
excentrica..	27	519
eximia.....	22	546
exsularis....	15	252
extincta. ...	26	1972
faba........	20	275
faba.......	22	529
fabacea.....	22	535
Fasinii......	26	1974
fenestrata..	17	284
flagilis.....	20	271
Floridana...	25	840
fragilis.....	26	1985
fragilis....	20	271
Galdryna....	17	248
gallina......	27	324
Genei.	27	525
geographica.	27	326
gibbosa.....	26	1964
gibbosa.....	22	532
globosa.....	25	1592
globulosa...	25	830
granosa.....	26	2031
granum. ...	21	113
gregaria....	26	1978
Hanetiana...	26	2025
Icaunensis..	17	249
immersa....	20	278
incrassata..	25	835
—	26	1999
incrassatoides	26	278
inflata......	26	1985
inoceriformis	26	2014
Islandica..	27	518
Islandicoides.	26	1955
Islandicoides	27	518
isocardioides	15	99
Jacquemarti.	26	1992
jucunda....	22	528
Jureosis.....	14	251
Kickxii.....	26	277 b
Labadyei ...	20	284
lævigata....	25	825

VE

VENUS.	Étages	Numéros
lævis.......	27	315
Lamarckii...	22	558
laminosa...	22	543
lata	22	584
latelirata...	26	2012
latesulcata ..	22	539
latesulcata.	26	2089
leus........	26	1989
lentiformis..	26	1963
lineolata....	20	277
lithophaga .	27	311
litterata ...	27	326
lucinoides...	25	1598
lunularia....	25	815
lupinoides ..	26	1965
lupinus. ...	26	2172
Martiniana..	21	111
Marylandica.	26	2021
Matronensis.	17	250
Maura......	24	462
melastriata..	26	2020
Menestrieri..	26	1991
meridionalis.	26	2029
Meroe......	25	855
Meroe.	26	277 c
Miocenica...	26	1975
modesta	26	2000
Mortoni. ...	25	846
Mortoni....	26	2006
multilamello-sa.	26	1959
multisulcata.	25	812
nana.......	26	2003
nitidula.....	25	814
non-scripta.	26	2034
Noueliana...	21	110
nuculæformis	15	94
nuda.......	3	44
numismalis.	22	609
Nuttali.....	25	850
Nystii......	26	277 c
obesa	17	251
obliqua.....	25	821
obliqua.....	9	191
—	24	129
oblonga.....	24	464
	25	842
obovata.....	26	2019
orbicularis..	27	514
Orbignyana.	18	101
ornata.....	26	1975
obtusa......	26	2001
ovalis.......	20	274
ovalis.......	22	554

VE

VENUS.	Étages	Numéros
ovoides	13	246
ovum	22	540
parallela	5	412
—	22	551
parva	20	282
parva	20	332
—	22	533
parvula	15	105
parvula	15	119
pectinifera	25	833
pectinifera	25	936
pectinula	26	1975
pectinulata	26	1975
pectunculus	27	329
Pedemontana	27	527
penita	25	859
Pensylvanica	26	2179
pentagona	22	576
perovata	25	845
Petitiana	26	2027
plana	20	272
plana	21	108
—	22	525
plicata	26	1987
	27	528
polita	25	831
ponderosa	25	894
—	26	1990
Poulsoni	25	848
Proserpina	24	470
pseudocan-cellata	26	2032
pseudoelegans	26	2035
pseudoturgida	22	541
puellata	25	820
pumila	8	176
pusilla	24	130
Rabica	24	458
radiata	26	1975
Renauxiana	21	108
Renierii	26	1976
reposta	26	2022
revoluta	27	525
Rhotomagen-sis	21	109
Ricordiana	17	252
Rileyi	26	2008
Ringmeren-sis	20	236
Robinaldina	17	253
Roissyi	18	99
rotundata	27	325
Royana	22	526
Rubiensis	24	459

VE

VENUS.	Étages	Numéros
rudis	26	1968
rudis	27	329
rugosa	26	1971
—	27	320
rupestris	26	1945
—	27	510
rustica	25	1594
Sayana	26	2011
scalaris	26	1977
scobinellata	25	819
semicostula-ta	13	215
semisulcata	25	822
senilis	26	1997
—	27	324
Solandri	25	838
solida	25	817
spadicea	26	1975
sphærica	26	2016
striatella	26	1957
striatula	25	825
		1593
subbrongni-artiana	17	247
subcancellata	26	1982
subchilensis	26	2028
subcincta	26	1971
subconcentri-ca	22	536
subcrassa	25	849
subcuneata	26	1980
subdecussata	22	537
subdeltoidea	13	231
subelegans	25	841
subelongata	22	542
suberycinoi-des	25	824
subexcentrica	27	319
subfaba	22	529
subgibbosa	22	552
subglobosa	25	1592
sublævigata	26	277 d
sublævis	20	279
sublaminosa	22	543
submersa	20	281
submortoni	26	2006
subnasuta	26	2024
subnitidula	26	1988
subobliqua	24	129
suborbicula-ris	26	1984
subovalis	22	534
subparallela	22	551
subparva	22	533

VE

VENUS.	Étages	Numéros
subplana	22	525
subpolita	26	1996
subponderosa	26	1990
subpusilla	24	130
subpyrenaica	24	460
subrotunda	20	273
subrugosa	26	1981
subsenilis	26	1997
subsulcata	26	1962
subsulcataria	26	278'
subtransversa	24	463
subtruncata	20	280
subturgida	22	541
subundata	26	1979
subvirgata	26	2033
sulcata	26	1962
sulcataria	25	813
sulcataria	26	278'
sulculosa	26	2030
tellinaria	25	826
tenuis	25	1595
tenuis	10	320
tenuistria	3	469
—	13	276
tetrica	26	2004
Texta	25	818
Tigerina	27	347
transversa	25	832
transversa	24	463
trapeziformis	13	281
tridacnoides	26	2009
trigona	26	1961
trigonula	25	1596
truncata	20	280
tumida	22	544
turgida	22	541
—	26	1956
turgidula	25	816
umbonaria	27	317
undata	13	262
—	26	1979
uniformis	22	524
unioides	8	148
Westendorpii	26	277 e
varicosa	11	246
Vassiacensis	18	100
Vectensis	18	102
Vendoperata	17	254
Venetiana	27	329
Verneuilii	24	461
verrucosa	27	330
verrucosa	27	319
vetula	26	1967
Vibrayena	19	225

VI

VENUS.	Étages	Numéros
virgata....	26	2035
Vitaliana....	26	1995
Volhyniana.	26	1998
Vermetus.		
Albensis....	18	55
anguis......	22	146
articulatus..	27	102
gigas.......	26	775
graniferus..	26	778
Rouyanus...	18	54
sculpturatus.	26	776
subglomera-		
tus.......	27	103
Virginicus..	26	777
Verneuilina.		
tricarinata..	22	1398'
Verrucospongia.		
arcuata.....	6	717
convoluta...	22	1508
osculifera...	22	1509
sparsa......	22	1507
turbinata...	22	1510
Verticillites.		
digitata....	19	557
Goldfussii...	22	1465
incrassata...	20	768
truncata....	17	560
Verticillopora.		
dubia......	3	1025
—	3	1023
Vincularia.		
Bronnii....	22	1013
Cenomana..	20	578
Cretacea....	22	1009
Defrancii...	25	1157
dichotoma..	3	1032
dubia......	22	1019
fragilis.....	25	1156
glabra......	26	2542
gracilis.....	22	1008
grandis.....	22	1018
hexagona...	25	1160
incrustata...	22	1017
labiata......	22	1016
Lorieri.....	20	579
macropora..	22	1012
marginata..	25	1158
megastoma.	3	1029
nodulosa....	22	1015
Normaniana.	22	1007
raricosta...	3	858
regularis...	22	1010
rhombifera..	25	1159
rhombifera.	22	1014

VO

VINCULARIA.	Étages	Numéros
subrhombifera	22	1014
sulcata.....	22	1011
Vioa.		
Duvernoyi .	26	5062
nardina....	26	5063
Virgularia.		
Alpina......	24	671
Vivipara.		
extensa.....	20	92
suboperta...	26	348
Voluta.		
acuta......	22	302
afûnis......	26	884
affinis	26	151
alta........	26	888
ambigua....	24	315
ambigua ...	20	171
—	26	150
ampullacea.	26	936
angusta.....	24	312
athleta.....	25	1465
auris-leporis	26	147
bicorona....	25	272
Branderi....	25	1463
breviplicata.	22	588
buccinea ...	26	542
bulbula.....	25	270
calcarata ..	26	945
Camdeo....	22	309
cincta......	22	310
cingulata...	26	155"
cithara.....	25	277
citharella ..	26	145
citharina....	22	505
clandestina.	27	115
conoidea....	21	74
costaria.....	25	267
—	26	145
costata......	26	155
crenulata ...	25	273
cupressina..	26	909
cypræola...	26	843
—	27	117
Defrancii ..	25	290
depauperata.	25	1464
deperdita...	22	304
depressa....	24	92
digitalina..	25	1468
elegans.....	26	148
elongata....	21	70
ficulina.....	26	149
ficulina	24	92
fusiformis..	26	912
—	27	119

VO

VOLUTA.	Étages	Numéros
Gasparini...	21	72
geminata ...	25	284
gracilis....	25	290
Guerangeri..	20	170'
harpa.......	25	277
harpula.....	25	264
harpula. ...	26	144
jugosa......	26	889
labrella.....	25	1469
lævis.......	27	117
Lahayesi....	22	301
Lambertii...	26	892
leporis	26	147
lineolata....	25	271
luctator.....	25	282
lyra........	25	269
lyrata	26	942
Magnorum..	25	281
magorum...	26	883
mitræformis	26	146
—	26	944
mitrata.....	25	274
mitreola....	25	266
mixta	25	267
multistriata .	24	311
muricata...	22	508
muricina....	25	275
musicalis ...	25	279
mutata	25	1462
myosotis....	27	12
myotis	27	12
nodosa......	25	283
obsoleta....	26	914
oliva.......	26	898
papillata....	26	885
parva......	25	290
petrosa.....	25	291
picturata....	26	142
piscatoria..	26	938
plicatella...	24	315
plicatula...	26	915
pseudoambi-		
gua......	20	171
pseudolyra..	24	317
purpurifor-		
mis......	22	581
pyramidella	26	918
pyriformis..	22	512
pyruloides ..	22	303
radula......	22	506
rarispina...	26	881
Rathieri....	26	165 a
Renauxiana.	21	73
Requeniana.	21	71

VO

VOLUTA.	Étages	Numéros
Sayana.....	25	290
scabricula ..	25	1468
scrobiculata	26	919
semigranosa.	26	153
semiplicata..	26	153 '''
septemcostata	22	307
simplex.....	25	1466
solitaria	26	886
spinosa	25	278
spinulosa...	26	947
spirata.....	27	265
striata.....	26	1607
—	27	251
striatula...	26	920
—	27	122
strombiformis	25	1467
subacuta.....	22	302
subambigua.	26	150
subaffinis...	26	151

VO

VOLUTA.	Étages	Numéros
subcostaria..	26	145
subcostata ..	26	153
subcytharella	26	145
subelegans..	26	148
subfusiformis	23	13
subharpula..	26	144
submitræformis	26	146
submuricata.	22	308
subspinosa..	24	516
subtriplicata.	26	887
subturgidula	25	276
suspensa....	25	280
suturalis....	26	153 '
Tarbelliana .	26	152
Taurina.....	26	885
tornatilis...	27	69
torulosa	25	268
Trinchinopo-		

VU

VOLUTA.	Étages	Numéros
lensis	22	311
triplicata..	26	887
trisulcata...	24	314
turgidula ..	25	276
—	26	1657
umbilicaris.	26	933
—	27	126
Vanuxemi..	25	291
varicosa....	26	953
variculosa...	25	265
ventricosa ..	25	289
Volvaria.		
acutiuscula..	25	1453
bulloides....	25	109
miliacea....	27	116
tenuis......	22	451
Vulsella.		
deperdita ..	25	1153
falcata. ...	24	549

Z

ZO

Zonopora.	Étages	Numéros
cespitosa...	22	1139
Cottaldina..	17	462''
elegans.....	22	1140

ZO

ZONOPORA.	Étages	Numéros
lævigata...	19	305
ramosa.....	17	462 '
spiralis.....	22	1138

ZO

ZONOPORA.	Étages	Numéros
variabilis ...	25	1197

FIN DE LA TABLE ALPHABÉTIQUE.

ADDENDA.

CL	Étages	Numéros	PH	Étages	Numér.	PH	Étages	Numéros
chilina.			**Phragmoceras.**			PHRAGMOCERAS.		
antiqua.....	26	333'	arcuatum...	1 *b*	35	*nautileum*..	1 *b*	36
Cleidophorus.			*Brateri*.....	2	89	*subventricosum*	2	90
planatus...	1 *a*	182	*compressum.*	1 *b*	38	*ventricosum.*	1 *b*	37

ERRATA.

Tome Ier, p. XXIV, 34e ligne. Au lieu de *Gervilianus*, lisez *Gevrilianus*.

— p. 1, au titre A. Au lieu de *Silurien supérieur*, lisez *Silurien inférieur*.

— p. 21, n° 367, 5e ligne. Au lieu de *Bue lime*, lisez *Blue lime*.

— p. 25, 9e ligne. Au lieu de *Lousdalia*, lisez *Lonsdalia*.

— p. 31, n° 81. Espèce à placer au Silurien inférieur, au lieu de supérieur.

— p. 33, n° 101, 2e ligne. Au lieu de *de France*, lisez *Defrance*.

— p. 63, n° 239, 2e ligne. Au lieu de *Allem.*, lisez *Angl.*

— p. 65, n° 296, 2e ligne. Au lieu de *Helcites*, lisez *Helicites*.

— p. 67, n° 335, 2e ligne. Au lieu de 1847, lisez 1837.

— — n° 337, 2e ligne. Au lieu de 1844, lisez 1814.

— p. 68, n° 347, 1re ligne. Au lieu de *Natuoses*, lisez *Naticopsis*.

— — n° 351, 1re ligne. Au lieu de *Peleopsis*, lisez *Pileopsis*.

— — n° 352, 1re ligne. id. id. id.

— p. 99, n° 1013, 1re ligne. Au lieu de *Len.*, lisez *Lin.*

— p. 117, n° 149, 4e ligne. Au lieu de *Kirbi, Lonsdale*, lisez *Kirbi-Lonsdale*.

— p. 133, n° 464, 1re ligne. Au lieu de *Amphiderma*, lisez *Amphidesma*.

— p. 149, n° 788, 1re ligne. Au lieu de *Coristile*, lisez *Coristites*.

— p. 212, n° 15, 1re ligne. Au lieu de *Aphioides*, lisez *Ophioides*.

— p. 243, après le n° 5, supprimez *Belopeltis Voltz* 1840.

— p. 244, n°s 20 et 21. Au lieu de *Partous*, lisez *partout*.

— p. 263, n° 54, 2e ligne. Au lieu de *trous*, lisez *trois*.

— p. 321, avant le n° 434. Au lieu de *Anabatia*, lisez *Anabacia*.

— p. 343, n° 235, 2e ligne. Au lieu de *Bajocien*, lisez *Toarcien*.

— — n° 235, 1re ligne. Au lieu de n° 235, lisez 245.

Tome II, p. 58, n° 11. Espèce à renvoyer au 14e étage : Corallien.

— p. 251, n° 846, 1re ligne. Au lieu de *Miscallus*, lisez *Miscellus*.

— p. 264, avant le n° 1090. Au lieu de *Reteporina*, lisez *Reteporidea*.

TABLE DES MATIÈRES

CONTENUES DANS LE TROISIÈME VOLUME.

TERRAINS TERTIAIRES.

FIN DE LA TABLE.

Corbeil, typ. et stéréot. de Crété.

www.ingramcontent.com/pod-product-compliance
Lightning Source LLC
LaVergne TN
LVHW010208070726
842528LV00014B/165